U0743231

首钢迁钢高炉长寿技术与实践

张福明　郑敬先　贾国利　编著

北　京
冶　金　工　业　出　版　社
2024

内 容 提 要

本书介绍了首钢迁钢 1~3 号高炉长寿技术与实践。首钢迁钢是国内钢铁厂易地搬迁的先行者，取得了三座高炉运行 10 年铜冷却壁零破损业绩，1 号高炉最长运行接近 20 年，单位炉容产铁量最高超过 1.5 万吨/立方米。本书既有长期系统治理炉缸运行安全隐患的技术探索和实践，也有近年来开发的高炉炉缸内衬浇注新技术。

本书可供从事高炉炼铁的决策、管理、生产技术人员，科研设计单位工程技术人员参考，也可作为高炉炼铁相关专业师生的参考教材。

图书在版编目(CIP)数据

首钢迁钢高炉长寿技术与实践 / 张福明，郑敬先，贾国利编著. -- 北京 ：冶金工业出版社，2024. 8.

ISBN 978-7-5024-9973-0

Ⅰ. TF57

中国国家版本馆 CIP 数据核字第 2024SC2294 号

首钢迁钢高炉长寿技术与实践

出版发行 冶金工业出版社　　**电　　话** (010)64027926

地　　址 北京市东城区嵩祝院北巷 39 号　　**邮　　编** 100009

网　　址 www. mip1953. com　　**电子信箱** service@ mip1953. com

责任编辑　赵缘园　刘小峰　美术编辑　彭子赫　版式设计　郑小利

责任校对　石　静　责任印制　窦　唯

北京捷迅佳彩印刷有限公司印刷

2024 年 8 月第 1 版，2024 年 8 月第 1 次印刷

787mm×1092mm　1/16；29 印张；703 千字；452 页

定价 300. 00 元

投稿电话　(010)64027932　投稿信箱　tougao@cnmip. com. cn

营销中心电话　(010)64044283

冶金工业出版社天猫旗舰店　yjgycbs. tmall. com

(本书如有印装质量问题，本社营销中心负责退换)

前　　言

21世纪初，为了成功举办2008年北京奥运会，落实国家钢铁产业政策和北京城市总体规划，改善首都生态环境质量，疏解非首都核心功能，首钢决定关停北京地区钢铁厂，率先开展城市钢铁厂搬迁，并进行战略性结构调整。借此契机，进行产品结构优化升级和产业结构调整，使首钢钢铁产业在新的起点实现传承、创新和发展。首钢迁钢公司正是在此背景和机遇下，异地设计建设的全新的钢铁制造基地。

首钢迁钢工程建设遵循钢铁制造全流程的动态有序、协同连续、集约高效和耗散优化的设计理念，充分吸收并应用了当时国内外高炉炼铁、转炉炼钢、高效连铸以及宽带钢热轧等新理念、新工艺、新技术和新设备。首钢迁钢1号高炉2004年10月8日投产，有效容积2650 m^3；2号高炉2007年1月4日投产，有效容积2650 m^3；3号高炉2010年1月8日投产，有效容积4000 m^3。为实现高炉生产“高效、低耗、长寿、清洁”的多目标协同优化，在首钢北京地区高炉炼铁技术取得成功实绩的基础上，首钢迁钢继承了首钢炼铁的技术创新成果，采用了近百项首钢自主设计创新的先进工艺和技术，以流程结构合理和耗散结构优化为出发点，追求流程结构优化条件下的高炉大型化和多目标的集成优化。

首钢迁钢高炉建成投产以来，高炉高效和长寿协同发展、互为支撑，为首钢迁钢高炉投产以来长周期高效、低耗、清洁和安全运行提供了坚强的技术和装备保障。

首钢迁钢3座高炉均取得了高效生产10年以上铜冷却壁“零破损”的运行实绩。其中1号高炉长期稳定运行20年，单位炉容产铁量超过1.5万吨/立方米，成为当代高炉高效长寿的典型示范。取得如此工程业绩既有长期以来对高炉长寿技术的研究和探索，也有结合首钢迁钢高炉的生产实际进行的技术创新和工程实践。在首钢迁钢建成投产20周年之际，我们组织有关专家和工程技术人员，用了2年的时间编撰本书、数易其稿，如今终将付梓出版。这样做既可为百年首钢做好技术、知识和经验传承，同时为广大从事高炉炼铁设计、科研、教学、生产、管理人员提供有益的参考和借鉴，这也是本书所有参与编著作者的初衷。

为做好本书的编撰工作，组建了以首钢迁钢公司炼铁作业部牵头，并集中了首钢集团和高等院校、科研院所的有关专家、教授和学者组成的编委会。编委会由首钢一级科学家、全国工程勘察设计大师张福明为组长，龚卫民、贾国利、张海滨、龚坚、章启夫、宋静林、焦克新为副组长，郑敬先为总召集人，进行总体协调及组织本单位的所负责章节的编撰工作。

本书依托张福明专家工作站、张建良专家工作站和吴胜利专家工作站为技术支撑，以首钢迁钢3座高炉长寿技术实践为研究主体，包括高炉长寿技术及机理、工程设计建造、高炉操作维护、高炉炉缸长寿拓展技术及破损调研等，对高炉全生命周期的长寿技术进行了系统的研究、论述、分析和总结。本书的学术核心思想是新时代首钢高炉长寿技术工程理念的凝聚和汇集，充分体现了首钢搬迁战略性结构调整以来，在21世纪对高炉高效长寿技术发展的探索与实践，同时指出了首钢迁钢公司未来高炉长寿技术发展的系统认识与理念创新。综上所述，本书将是一部具有历史传承、实践经验、理论研究、技术创新的高炉长寿技术领域的专业著作。

本书共分为8章，各章节主要撰写作者如下：

第1章	绪论	张福明[1]
第2章	首钢迁钢高炉设计基础与设计实践	王智政[3]、郑敬先[2]、贾国利[2]、张琳[3]
第3章	高炉长寿技术及机理研究	张勇[1]、张磊[4]、李洋[2]
第4章	高炉长寿运行和操控维护技术	贾国利[2]、赵满祥[2]、宋少华[2]、杨晓婷[2]
第5章	高炉炉缸长寿新技术拓展研究与应用	杨晓婷[2]、郑敬先[2]、王翠[4]
第6章	首钢迁钢高炉长寿技术探索与认知	郑敬先[2]、余晓波[2]、张磊[4]、孙健[1]
第7章	高炉长寿技术设计优化	王智政[3]、张福明[1]、乔红梅[2]、张琳[3]
第8章	展望	张福明[1]

注：1. 首钢集团有限公司；2. 北京首钢股份有限公司；3. 北京首钢国际工程技术有限公司；4. 北京科技大学

参加本书编撰工作的，还有首钢迁钢公司炼铁作业部的程洪全、贾新、王荣刚、罗德庆、林春山、张小林、段伟斌、肖春、冯静谋、王彬、王海波、耿兴业、尚栋、宗宁、石存广、王雪玮、张小兵、刘刚、芦文凯、王连忠等同志。本书在编撰成文过程中，得到了首钢股份公司原党委书记刘建辉、副总经理王凯、总经理助理刘凤刚，以及炼铁作业部吴建海、刘斌、许佳、刘金英等领导同志的大力支持。毫无疑问，首钢迁钢高炉长寿是长达20余年的技术探索和工程实践，是几代首钢炼铁人长期为之付出并奋斗的结果，我们要感谢由文泉、杨立宗、黄晋、马金芳、刘国友、张思斌、张卫东、高广金、万雷、王卫平、姚轼、焦月生等首钢老一辈炼铁专家所作出的贡献！本书由首钢迁钢公司炼铁作业部李洋、乔红梅、郑雅青具体负责审稿校核工作。

面向百年未有之大变局，高炉炼铁技术挑战与机遇并存，在全球“双碳”发展的背景下，高炉炼铁的本构工艺技术优势将在碳中和的发展进程中得到充分发挥。可以预言，21世纪是高炉炼铁的持续发展期，也是技术革命和颠覆性创新的辉煌时代，作为这个重要技术迭代和技术革命时代的参与者和见证者，当代炼铁工作者都愿意为此做出努力和贡献，来迎接这个辉煌的时代！

鉴于作者的水平和时间所限，本书难免存在疏漏及不妥之处，敬请广大读者批评指正、不吝赐教。

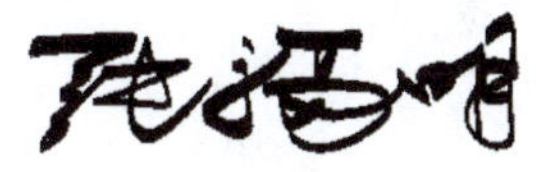

2024年8月

目　录

1 绪　论

首钢始建于 1919 年，至今已历经百余年漫长的发展历程，目前已成为国内外瞩目并具有重要影响力的现代化大型企业集团。追溯历史渊源，可以发现就在这一年，1919 年 5 月 4 日，在中国历史发展进程中爆发了一个影响千秋万代、改变中国命运的重大事件——“五四运动”。“五四运动”是中国人民彻底的反对帝国主义、封建主义的爱国运动，也是中国新民主主义革命的开端，是中国在“科学、民主”精神的鼓舞下，开展艰苦卓绝民族独立解放运动和民主革命运动的肇始，在中国革命历史进程中具有极其重要的、划时代的里程碑意义，首钢正是在这个百年未有之大变局、民族命运巨变时代和波澜洪流中诞生的。在当时社会政治经济条件下，1919 年北洋政府批准成立了官商合办龙烟铁矿股份有限公司，并选址在北京石景山创办北方最大的冶炼厂——石景山炼厂，由此开启了首钢历经沧桑、栉风沐雨的百年发展历程。

1919—1949 年 30 年间，首钢累计产铁 28.6 万吨，而且仅有高炉冶炼生铁而并无炼钢、轧钢。1949 年新中国成立以后，首钢获得了新生，开启了技术革新和扩大生产规模的新时代。1958 年建成了中国第一座侧吹转炉，结束了首钢有铁无钢的历史；1964 年建成了中国第一座 30 t 氧气顶吹转炉，建成中国第一个顶吹转炉炼钢厂；1964 年在中国最早实现高炉喷吹煤技术工业应用；1966 年首钢 1 号高炉（576 m^3）喷煤量达到 279 kg/t，创造了当时的国际高炉喷煤最高纪录；20 世纪 70 年代末，首钢 2 号高炉（1327 m^3）采用自主设计研究的无料钟炉顶、顶燃式热风炉、高炉喷煤、胶带机上料等 37 项新技术、新工艺和新设备，建成当时中国最先进的大型高炉，这项技术成果获得了国家科技进步奖一等奖。

20 世纪 90 年代，首钢发展进入新时代。首钢炼铁系统相继进行了技术升级和现代改造，首钢四座高炉陆续进行现代化新技术大修改造，高炉总容积由原来的 4139 m^3 扩大到 8898 m^3，炼铁总产能增加一倍以上。1991 年 5 月，首钢 2 号高炉扩容大修改造建成投产，高炉有效容积由 1327 m^3 扩大到 1726 m^3；1992 年 5 月，首钢 4 号高炉扩容大修改造建成投产，高炉有效容积由 1200 m^3 扩大到 2100 m^3；1993 年 6 月，首钢 3 号高炉移地扩容大修建成投产，高炉有效容积由 1036 m^3 扩大到 2536 m^3；1994 年 8 月，首钢 1 号高炉扩容大修改造建成投产，高炉有效容积由 576 m^3 扩大到 2536 m^3。

在高炉设计中采用了自主开发研制的无料钟炉顶、顶燃式热风炉、煤气干法除尘、无中继站直接上料工艺；为延长高炉寿命，采用了软水密闭循环冷却、第三代双排水管球墨铸铁冷却壁、炉缸内衬热压小块炭砖（NMA）、炉腹至炉身下部高热负荷区域 Si_3N_4-SiC 砖和热压石墨炭砖 NMD、炉缸陶瓷杯内衬等先进技术，在高炉容积扩大的同时，高炉整体技术装备达到当时国内外先进水平，成为 2000~2500 m^3 级高炉的典型工程范例。首钢 1 号高炉于 1994 年进行现代化扩容大修改造，是我国第一座采用法国 SAVOIE 公司陶瓷杯炉缸内衬的高炉[1]。

从 2002 年开始，为了落实北京市城市总体发展规划，成功举办 2008 年北京奥运会，首钢开始规划依托已有的迁安矿山，进行战略性搬迁结构调整。借此机会进行产品结构优化升级和产业结构调整，在河北迁安和曹妃甸相继建设了新的钢铁基地，使首钢钢铁产业在新的起点实现传承、创新和发展。

首钢 1 号、3 号高炉均于 2010 年 12 月 21 日停炉，尽管两座高炉均已运行 15 年以上、超过设计寿命，但停产时炉体状况依然良好，两座高炉在没有进行中修的条件下，获得了高炉长寿的实绩，高炉寿命超过了设计指标。1 号高炉一代炉役寿命达到 16 年 5 个月，累计产铁量为 3380 万吨，高炉单位容积产铁量达到 13328 t/m^3；3 号高炉一代炉役寿命达到 17 年 7 个月，累计产铁量为 3548 万吨，高炉单位容积产铁量已达到 13991 t/m^3，成为至 2024 年为止中国具有代表性的长寿高炉。值得指出的是，首钢 3 号高炉炉缸侧壁采用热压小块炭砖+简易陶瓷杯结构、炉底采用大块炭砖+综合炉底结构，在近 18 年一代炉役运行期间，炉缸、炉底内衬和冷却壁工作正常，内衬和冷却壁温度及热流强度始终保持在正常运行范围内，从未出现过炉缸、炉底的局部过热和高温，而且在一代炉役期间，从未进行过加钛护炉操作，堪称是首钢高炉长寿发展史上的一座丰碑。首钢高炉长寿实绩见表 1-1[2]。

表 1-1　首钢高炉长寿实绩

高　炉	有效容积/m^3	开炉时间	停炉时间	寿命/年	一代炉役单位容积产铁量/$t \cdot m^{-3}$
首钢 3 号	2536	1993 年 6 月 2 日	2010 年 12 月 21 日	17.4	13991
首钢 1 号	2536	1994 年 8 月 9 日	2010 年 12 月 21 日	16.3	13328
首钢 4 号	2100	1992 年 5 月 15 日	2007 年 12 月 31 日	15.6	12467

从 2002 年开始，首钢开始史无前例的钢铁厂战略搬迁、结构调整。率先在河北迁安建设新厂，依托首钢已有的迁安矿山资源及生产设施，设计建设新的钢铁制造基地——迁安钢铁公司（简称迁钢）。迁钢是首钢历史上第一次整装设计建造的集成原料场、焦化、烧结、球团、炼铁、炼钢、轧钢等多工序、涵盖钢铁制造全流程的现代化大型钢铁厂。工程总体规划、分期建设，目前已形成 800 万吨/年生产能力，全部生产高品质高性能的板带材产品，成为我国重要的精品钢材制造基地。迁钢工程设计建造了两座 2650 m^3 高炉和一座 4000 m^3 高炉，相继于 2004 年 10 月、2007 年 1 月和 2010 年 1 月建成投产，其中 1 号高炉至今已稳定运行 19 年以上，高炉炉体铜冷却壁实现“零破损”，炉缸、炉底于 2019 年进行了浇注造衬修补，炉体冷却系统运行正常，达到甚至超过了设计预期目标。表 1-2 为迁钢高炉工程工艺技术装备。

表 1-2　迁钢高炉工程工艺技术装备

高炉炉号	1	2	3
有效容积/m^3	2650	2650	4000
炉缸直径/m	11.5	11.5	13.5
设计日产量/t	6000	6000	9200
炉体结构	薄壁内衬+全冷却壁	薄壁内衬+全冷却壁	薄壁内衬+全冷却壁

续表 1-2

高炉炉号	1	2	3
炉体冷却	软水密闭循环冷却+炉缸、炉底工业水冷却	软水密闭循环冷却+炉缸、炉底工业水冷却	全软水密闭循环冷却
无料钟炉顶	SG-3	SG-3	SG-4
煤气净化系统	湿法文氏管除尘	干法布袋除尘	干法布袋除尘
喷煤系统	总管+分配器	总管+分配器	总管+分配器
热风炉	内燃式	内燃式	内燃式
热风炉数量/座	3	3	4
煤气空气预热工艺	换热器	换热器+前置预热炉	换热器+前置预热炉
热风炉燃料	高炉煤气掺烧少量焦炉煤气	全高炉煤气	全高炉煤气
设计风温/℃	1250	1250	1250~1300
投产时间	2004 年 10 月	2007 年 1 月	2010 年 1 月

迁钢三座高炉始建于 21 世纪初期，特别是 1 号和 2 号高炉早在 2001 年就开始概念设计和规划论证，当时关乎到首钢搬迁转移的整体战略规划，其产能规模、产品结构、产线配置、工序流程等都在研究论证之中。高炉有效容积的确定在设计论证时主要考虑了四个方面的因素：(1) 高炉的生产能力要与首钢搬迁结构调整的产能转移相协调，当时首钢北京地区的生产能力为 800 万吨/年，除了在迁钢地区规划建设新的钢铁基地，还考虑了秦皇岛和曹妃甸也要建设新的钢铁基地，从产能转移的层面，要综合权衡单个钢铁基地的生产能力；(2) 当时以钢铁厂搬迁、结构调整为出发点，在北京地区的高炉停炉后将不再进行大修改造，因此最初考虑的是高炉的整体搬迁，要充分利用既有的设备和设施，高炉容积和装备配置基本以首钢 1 号和 3 号高炉为样本，并充分考虑高炉风机、无料钟炉顶等主要设备的可利用性；(3) 21 世纪初，正值中国钢铁工业蓬勃发展的高潮期，许多钢铁企业都在竞相开展高炉扩容大修和新建高炉，在当时 2500 m^3 级高炉的生产技术成熟可靠且操作指标表现最为优异，对原燃料条件要求也不过于苛刻，具有普遍的适用性和经济性，而且主要技术装备和关键材料基本能够全部实现国产，设备制造周期短、装备成熟可靠、建造周期短、投资适中且经济适用，因此选择确定高炉有效容积为 2500 m^3 级；(4) 项目规划设计研究期间，我国著名冶金工程学家殷瑞钰院士提出并创立了冶金流程学，并于同期出版发行了《冶金流程工程学》[3]，冶金流程是研究钢铁制造宏观动态运行规律及机制的工程科学，对于设计建设新一代钢铁制造流程和现代化钢铁厂，具有重要的指导意义和参考价值。规划设计中为了实现迁钢钢铁制造全流程的动态有序、协同连续、集约高效和耗散优化，对工序的集成优化和流程的重构优化进行了深入的设计研究和解析，经过对比权衡最终优选确定了 2500 m^3 级高炉。由于迁钢是钢铁制造全流程联合企业，高炉工序上游与原首钢矿业公司 360 m^2 烧结机、200 万吨/年链箅机—回转窑球团生产线、55 孔6 m 焦炉相衔接，下游与炼钢厂 210 t 转炉及精炼和连铸机相匹配，在单体装置的效能协调和动态运行连续高效等方面，通过设计耦合匹配和协同有序的静态物理流程架构，以构建功能优化、要素优化、结构优化、效率优化的耗散结构体系。

因此，迁钢工程在概念设计、顶层设计和总体设计过程中，以冶金流程工程学理论为指导[4]，遵循钢铁制造全流程的动态有序、协同连续、集约高效和耗散优化的设计理念，以流程结构合理和耗散结构优化为出发点，追求流程结构优化条件下的高炉大型化和多目标的集成优化。迁钢厂址及附属区域的场地原属于旧河道和河滩地带，地质条件不佳，且土地四至受限，总图规划和发展空间并不充裕，空间的合理布局和运行时间的有效匹配，在工程顶层设计之初就给予了充分的考量。在迁钢后续发展中，由于总图布局空间狭小、土地资源紧张，在高品质硅钢生产线建设以后，为了提高高炉生产效能和生铁总量，3 号高炉有效容积确定为 4000 m^3，2010 年建成投产以后，迁钢形成了 3 座高炉、2 个炼钢厂和 2 条热连轧生产线的工艺流程，生产能力达到 800 万吨/年。

迁钢工程于 2003 年 3 月开工，2004 年 10 月一期工程建成，2005 年 3 月二期工程开工，2006 年 12 月建成，2010 年 1 月三期工程建成。当前迁钢钢铁主流程主要工艺装备包括：2 座 2650 m^3 高炉，1 座 4000 m^3 高炉，5 座 210 t 转炉，LF、RH、CAS 精炼装置各 1 台，2 台 2150 mm 双流板坯连铸机，2 台 1600 mm 双流板坯连铸机，1 条 2160 mm 半连续式热轧带钢生产线和 1 条 1580 mm 热连轧带钢生产线。主流程工序产能分别为生铁 780 万吨/年、粗钢 800 万吨/年、热轧板带 780 万吨/年。

迁钢铁前工序现有 2 台 360 m^2 烧结机，产能为 725 万吨/年；1 条 200 万吨/年链箅机—回转窑球团生产线，1 条 345 万吨/年带式焙烧机球团生产线；6 座 55 孔 6 m 顶装焦炉，配套 3 套 140 t/h 干熄焦装置，年产焦炭 330 万吨/年。迁钢炼铁系统主要工艺技术装备见图 1-1。

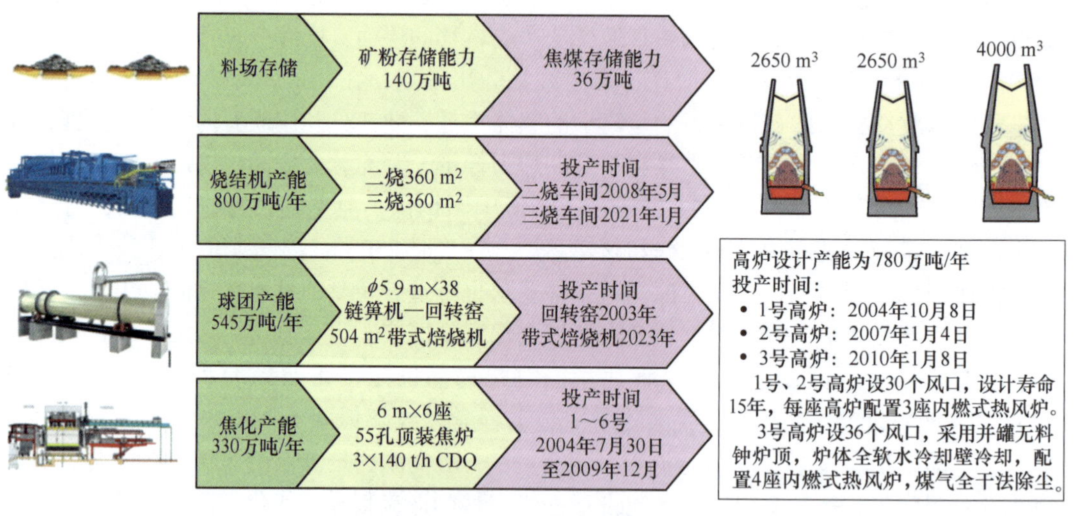

图 1-1　迁钢炼铁系统主要工艺技术装备

2001—2006 年，迁钢 1 号、2 号高炉设计建设之时，正值国内外高炉炼铁技术取得长足进步的迅猛发展期。高炉工程是概念设计、顶层设计和详细设计，充分吸收了当时国内外高炉炼铁的新理念、新工艺、新技术和新设备。为实现高炉生产“高效、低耗、长寿、清洁”的多目标协同优化，在首钢北京地区高炉炼铁技术取得成功实绩的基础上，传承了首钢炼铁的技术创新成果，采用了多项首钢自主设计创新的先进技术。在精料、长寿、高风温、喷煤、清洁生产等方面，积极采用当今国内外高炉炼铁先进技术，如无中继站直接上料工艺；焦丁回收装置及矿焦混装工艺；首钢自主设计制造的水冷并罐式无料钟炉顶设备；软水密闭循环冷却系统；炉腹至炉身下部高热负荷区采用3段国产铜冷却壁；炉缸采用热压小块炭砖和大型风口组合砖；首钢设计研制的矮式液压泥炮及液压开口机；设计建造3座霍戈文式改进型内燃式热风炉，采用分离式热管换热器预热助燃空气和高炉煤气，在掺烧极少量焦炉煤气的条件下，使风温达到1250 ℃；2号和3号高炉热风炉采用助燃空气高温预热技术，采用纯高炉煤气燃烧实现1250 ℃以上高风温；制粉喷煤系统采用中速磨制粉、总管+分配器长距离直接喷吹工艺；采用螺旋法水渣处理工艺及长寿渣沟；1号高炉煤气清洗采用串联文氏管湿法煤气清洗工艺，2号和3号高炉均采用全干法布袋除尘工艺，并采用压差发电技术；配置电动大型静叶可调轴流鼓风机。为提高高炉自动化控制水平，实现高效化生产，设计完善的高炉温度、压力、流量检测装置，预留了人工智能专家冶炼系统接口。为实现清洁化生产，降低环境污染，对高炉上料、炉前等系统优化了除尘系统设计[5]。

迁钢1号、2号高炉有效容积均为2650 m^3，年平均利用系数为2.365 t/(m^3·d)，燃料比495 kg/t，焦比335 kg/t，煤比160 kg/t，综合焦比463 kg/t，综合入炉矿品位不小于59%，熟料率不小于85%，热风温度1250 ℃，炉顶压力0.2~0.25 MPa，高炉寿命一代炉龄无中修达到15年。

为实现高炉高效长寿，在迁钢3座高炉设计研究过程中，基于首钢北京地区高炉长寿取得的成功经验和技术传承，建立起高炉“自组织结构”的长寿技术理念，构建了高炉无过热-低应力设计体系，通过设计高炉本体具有“自感知-自适应-自维护-自修复”的耗散结构体系，采用传热学最新理论和研究方法，对炉缸、炉底、炉腹至炉身下部进行了温度场、速度场（流场）和应力场等多场耦合的数字仿真计算和设计方案优化，形成并建立了一整套基于合理高炉内型、高效冷却器、先进耐火材料体系、可靠冷却系统和自动化检测耦合匹配的高炉长寿综合技术体系，为高炉高效长寿、稳定顺行奠定了坚实的技术基础，提供了可靠的装备保障。

众所周知，高炉炼铁是铁氧化物（烧结矿、球团矿、块矿等）以焦炭（煤粉及天然气等）作为主要燃料和还原剂，在高炉内经过一系列的物理-化学反应和冶金传输过程，生产出液态生铁的冶金工艺过程，并产生炉渣和高炉煤气等副产品，焦炭是高炉炼铁工艺不可或缺的料柱骨架[6]。采用焦炭生产高温液态生铁，是高炉炼铁工艺的本构技术特征，也是区别于其他非高炉炼铁工艺的重要差异。高炉炼铁的物理本质是铁素物质流在碳素能量流的驱动和作用下，按照设定的运行程序，沿着特定的流程网络动态-有序、协同-连续运行，实现铁素物质流和碳素能量流在整个流程范围内流动并转变/转换的过程。

由此可见，高炉炼铁区别于非高炉炼铁的重要工艺特征，主要表现在两个方面：一是采用焦炭作为主要燃料、还原剂、渗碳剂和料柱骨架；二是其产品为高温液态生铁。高炉冶炼进程是典型的竖炉逆流移动床过程，下降炉料与上升煤气流在相向运动过程中，经过一系列的物理-化学反应与热量、质量和动量传输过程，完成铁氧化物的还原、渗碳和熔化以及非铁元素的还原，最终形成多组分的高温液态生铁。

从钢铁制造全流程的视野分析，高炉的基本功能应当解析为：（1）铁氧化物的还原和渗碳器；（2）液态生铁的发生器和连续供应器；（3）能源转换器；（4）冶金质量调控器。对于高炉—转炉长流程钢铁厂而言，高炉在整个钢铁制造流程中的作用至关重要，是全流程物质流和能源流转变/转换的核心关键环节[7]。因此，高炉冶炼过程要求是连续稳定运行，稳定顺行成为高炉操作的核心要旨。

高炉冶炼过程的冶金传输过程及反应和物质流、能量流的转变/转换都是在高炉炉体内完成的，高炉炉体是一个复杂的高温、高压、密闭冶金反应器，高炉冶炼则是多元-多相-多态的复杂巨系统，是复杂的、开放的、远离平衡的不可逆过程，是有大量物质、能量和信息输入/输出的耗散结构。高炉炉体的核心本质功能，是保障高炉冶炼进程连续稳定运行的高效长寿冶金反应器，其生产效率和质量要满足钢铁厂对铁水供应的需求，其寿命周期要持续15~20年甚至更长[8]。

经过近200年的演进发展，现代高炉已经形成了炉喉、炉身、炉腰、炉腹、炉缸、死铁层“六段式”的炉体结构，炉体每个部位都有着不同的功能和作用。对于高炉冶炼过程而言，连续稳定运行是其重要的工艺特征。正是在这样一个特定的高温、高压、密闭的流程结构中，大通量物质流和能量流的输入/输出，并完成物质流、能量流的转变/转换。下降炉料从炉喉到炉缸，物质的形态、成分、温度、性能等因子发生了巨大变化；焦炭（煤粉）在风口前燃烧形成高炉煤气，煤气流与下降炉料逆行向上运动，经过炉缸、炉腹、炉腰、炉喉至炉顶，能量的形态、矢量、势量等因子也发生了巨大变化。基于耗散结构和冶金流程工程学理论，可以将高炉炉体视为一个物质流和能量流做动态-有序、协同-连续流动的流程路径（结构），进而言之，高炉炉体是高炉炼铁工序中核心关键的流程结构。在这个流程结构中，既有铁矿石、焦炭、煤粉、热风等物质或能量的输入，也有铁水、炉渣、煤气等物质或能量的输出。同时，在高炉冶炼过程中，伴随着物质和能量的输入/输出，信息也在不断的输入/输出。从微观尺度分析，高炉冶炼过程表现为质量传输、热量传输、动量传输和一系列物理-化学冶金反应工程的集成；从宏观尺度分析，高炉冶炼过程表现为物质流（特别是铁素物质流）、能量流（特别是碳素能量流）和信息流在高炉炉体特定的物理空间内做动态耦合运行。图1-2为高炉冶炼过程物质和能量输入/输出的耗散结构示意图[9]。

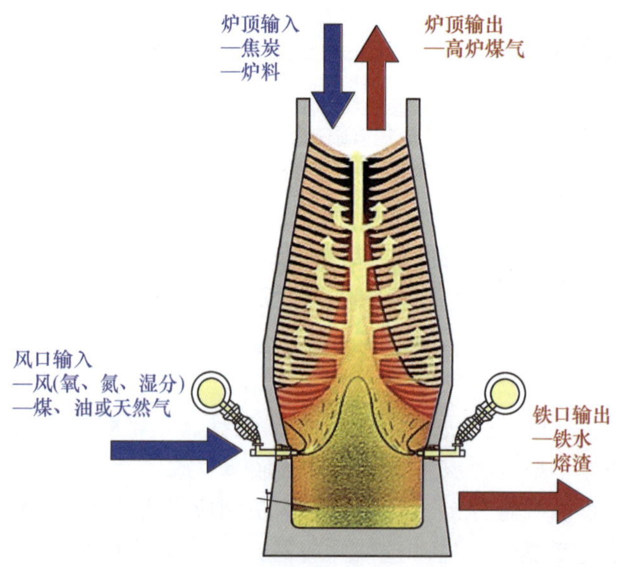

图1-2　高炉冶炼过程物质和能量输入/输出的耗散结构

因此，高炉炉体作为高炉冶炼的核心流程结构，从高炉生产运行角度看，高炉炉体结构直接影响高炉的稳定、顺行，进而影响高炉生产的高效、优质、低耗和长寿。从冶金流程工程学角度看，高炉炉体结构直接影响整个钢铁制造流程的物质流、能量流和信息流动态耦合运行的效率和效果。由此可以推论，高炉长寿不仅是高炉生产稳定顺行的重要基础和前提，而且在整个钢铁制造流程的时空尺度上，高炉长寿也是维持冶金流程长期连续、协同稳定、动态运行的基础和前提。由高炉炉壳、冷却器和耐火材料内衬等构成的高炉炉体，是高炉炼铁的核心关键工艺单元，既是高炉炼铁的冶金反应器，也是重要的能源转换器。铁氧化物（烧结矿、球团矿和块矿等）和部分非铁元素（硅、锰、硫、磷等）在高炉内被还原，形成液态生铁；焦炭（煤粉）在高炉内经过燃烧、气化，参与铁矿石的还原反应，形成了高炉煤气。铁素物质由固态氧化物被还原成液态生铁；绝大部分非铁氧化物由固态变成液态炉渣；固态焦炭（煤粉）变成了具有化学能、动能和热能的高炉煤气。在整个钢铁制造流程中，高炉炼铁工序是物质、能量和信息因子变化最多的多相态复杂系统，其物质流和能量流的转变/转换也最为复杂。因此，高炉炉体是集成多功能为一体的大型冶金反应器和能源转换器。

组成高炉炉体的各个子系统（单元)，其功能和作用也不尽相同。炉壳是保障高炉炉体具有一定强度和刚度且具有承压密封功能的钢结构，其功能是固定炉体冷却器，支撑炉顶设备、煤气上升管，承受炉体附属设备的荷载，因此炉壳是维持高炉炉体的基本结构(骨架结构)。冷却对于现代高炉炉体长寿至关重要，炉体冷却结构经过不断演进发展，目前现代高炉已形成了以冷却壁为主流的炉体冷却模式，特别是在炉腹至炉身下部高热负荷区域采用铜冷却壁，使高炉炉腹至炉身区域从厚壁结构演进为薄壁结构，甚至演化为“无衬结构”，从而减少甚至摆脱了对耐火材料的依赖。依靠铜冷却壁的高效冷却作用，以快速形成保护性渣皮作为“动态自生炉衬”，为高炉长寿奠定了基础。应当说通过冷却壁材质和结构的优化，铜冷却壁的研发和应用，使高炉冷却壁的功能实现优化，炉体高热负荷区的冷却效率得到优化，进而实现了炉体结构的优化。

毋庸置疑，铜冷却的应用实现了高炉冷却壁结构—功能—效率的协同优化。冷却器的主要功能是为耐火材料内衬提供有效的冷却，降低耐火材料内衬的热应力和热面温度，促进在耐火材料内衬热面形成自生的、动态的保护性渣皮（渣铁壳)，进而延长耐火材料内衬的使用寿命。对于炉腹至炉身中下部区域，当冷却壁内侧的炉衬侵蚀消失以后或取消铜冷却壁内侧炉衬结构时，依靠冷却壁的有效传热，能够在冷却壁热面直接形成动态性渣皮，即所谓“动态自生炉衬”。与此同时，冷却器还有保护炉壳、降低炉壳温度，从而延长炉壳使用寿命的作用。高炉内衬是由耐火材料构成的高炉冶金反应器的砖衬砌体（局部也可以是不定形耐火材料)，一般是由若干种异质-异构、功能不同的耐火材料所组成。随着铜冷却壁的广泛应用，炉腹至炉身区域普遍采用薄壁内衬结构，炉衬厚度一般为100~150 mm，而且与冷却壁镶砖融为一体，成为砖壁一体化薄壁结构。还有不少高炉开炉之前，仅在高炉炉腹至炉身区域的冷却壁热面喷涂一层厚度约 100 mm 的不定形耐火材料保护层，取消了砖衬砌体和冷却壁的镶砖结构。直至目前，高炉炉缸、炉底耐火材料内衬仍是不可或缺且无法替代的结构，而且对炉缸、炉底耐火材料内衬的材质、质量和结构要求更加严格，具有导热性、抗铁水渗透性和抗铁水熔蚀性优异的炭砖则是必不可少的功能材料。

高炉炉缸是高炉冶炼过程的起始和终结，也是高炉冶炼进程中冶金传输和物理-化学反应最为集中的区域，是典型的多元-多相-多态复杂系统。炉缸、炉底还是高温液态渣铁积聚的区域，炉缸、炉底内衬工作条件恶劣，承受着高温热应力、铁水渗透、化学侵蚀、机械冲刷磨损等各类破坏作用。而高炉炉缸、炉底的使用寿命决定着高炉一代炉役寿命，是延长高炉寿命的核心关键环节。因此，延长高炉寿命的技术难点和技术重点就是要有效延长高炉炉缸、炉底的使用寿命。

高炉冶炼过程中，热量的输入与输出是直接影响高炉冶炼稳定顺行的关键环节之一。将高炉视为一个耗散结构体系，在当前的原燃料条件下，理论上高炉冶炼过程中总的热量耗散为4~6 GJ/t，其中炭素物质（焦炭、煤粉）燃烧的化学热大约占高炉消耗总热量的60%，鼓风带入的物理热约占40%。热量输出项中除了液态渣铁和高炉煤气带出的物理热，炉体冷却水所带出的热量耗散为8%~10%。未来高炉降低热量输入和消耗，特别是降低炭素燃料的消耗，高效回收炉渣显热，应是实现低碳绿色发展的重要途径。对于炉体冷却而言，在保证高炉炉体寿命的前提下，降低炉体热量耗散也应当给予关注。

高炉炉体各部位的功能不同，炉体不同部位的热流通量也存在较大差异。一般情况下，高炉炉腹至炉身下部的热流通量最高，其次是炉缸的中下部区域，特别是炉缸—炉底交界处，对应“象脚状”侵蚀区，炉缸内衬侵蚀严重或炉役末期的热流通量可以达到60 GJ/h甚至更高。高炉炉体热量耗散的热流通量参数一般采用热流强度表示，其物理意义是单位面积高炉冷却壁（热面）或炉壳（内表面）所传递的热量。因此，高炉炉体设计时，必须充分考虑高炉炉役末期，冷却器和冷却系统所能承受的最大热流通量。实践表明，炉体冷却系统的功能设计不应片面追求冷却系统的节水、节能，应根据高炉冶炼过程动态变化和突变的工艺特征，留有一定的富裕能力，以适应高炉炉体热流强度和热流通量的波动、涌现、涨落和突变。高炉炉体顶层设计时，要依据炉体热流通量的变化和高炉操作数据的统计分析，经过归纳-综合、权衡-选择，确定合理的冷却水流量和压力等关键参数。当然，高炉炉体采用纯水（或软水）密闭循环冷却系统是现代高炉设计中的基本配置，工程设计的重点是构建热量耗散优化的冷却系统工艺流程，冷却参数选择，泵组、换热器、脱气罐、膨胀罐、稳压罐的配置，供回水管网及网络路径设置，智能化监测控制等。

高炉炉体冷却耗散结构优化的设计方法和思维进路应当是：(1) 采用纯水（或软水）密闭循环冷却技术；(2) 参照高炉炉体热流强度进行传热学计算得出炉体总的最大热流通量，再计算出冷却水量、冷却水温差，进而设定出进水温度与出水温度；(3) 根据冷却水的换热量，确定出冷却水热交换器的能力、型式和规格；(4) 计算脱气罐、膨胀罐、稳压罐等罐组的容量及结构参数；(5) 设计冷却系统工艺流程，初步确定供回水管网参数，计算管网系统的阻力损失；(6) 根据计算管网系统阻力计算结果，确定循环泵组的优化配置（扬程、台数、工作制度及布置方式）；(7) 设计系统各关键节点的流量、压力、温度监测控制系统，数据的自动采集与处理，构建信息流网络，使系统具备智能化调控的功能；(8) 评估冷却系统的顶层设计，重点关注冷却系统的安全性和可靠性，确定备用电源供电、配置事故差油泵、供回水管道安全供水可靠性分析评价等。

高炉炉体结构优化的核心关键，是要构建具有自组织特性的“自感知—自适应—自维护—自修复”的炉体长寿结构。高炉的结构特性和连续运行的工艺特征，使高炉炉体结构必须长期适应高炉冶炼过程的各种影响和破坏，具备抵抗恶性事故的可靠性、安全性和耐久性。遵循自组织理论，高炉炉体的功能拓展与功能集成是现代高炉区别于传统高炉的重要所在，现代高炉的多功能化和功能集成体现在应当具备优质铁水生产、高效能源转换和消纳废弃物并实现资源化的功能，因此，功能优化是现代高炉炼铁发展理念的重要创新。毋庸置疑，高炉炉体是实现高炉炼铁“高效、优质、低耗、长寿、安全”多目标优化的载体。

为适应高炉功能优化，炉体结构优化应当以全寿命周期的时间尺度，从高炉的设计、建造、运行、维护各个阶段都必须给予足够的重视。高炉炉体静态结构的优化重点是高炉设计和建造，尤其是高炉炉体结构设计，关乎到高炉的全寿命周期。高炉炉体结构设计的本质就是构建高效协同的高炉炉体自组织体系，应当建立耗散结构自组织体系优化的理念，遵循冶金学、传热学和材料科学的基础理论，采用概念设计、顶层设计、动态精准设计、仿真优化设计的系统设计方法，经过综合、权衡、选择、评估、决策的过程，以高炉全寿命周期和高炉炉体整体结构为关注点，注重顶层设计，通过空间结构设计优化实现炉体综合功能的协同优化。

炉体结构设计优化的思维进路和设计方法是：（1）以物质流和能量流通量参数为基础，设计合理的高炉内型，为高炉稳定顺行和高效长寿奠定基础；（2）高炉炉体结构的选择与确定；（3）高效冷却器参数与结构设计；（4）炉缸、炉底的冷却和耐火材料结构设计优化；（5）采用传热学和材料力学数值仿真计算方法评估验证冷却器与炉缸、炉底内衬的温度场、应力场等；（6）高炉炉壳传热学和弹塑性力学数值仿真计算、材质选择、结构设计。

高炉建造过程中，要以工程设计为依据，科学组织、统筹管理，兼顾质量、进度、成本等要素，精细施工、精益管理，不宜片面追求工期进度或降低成本，应以质量为核心实现多目标协同优化。无数的案例证实，高炉施工建造过程的质量问题和隐患，是造成高炉短寿、出现恶性事故的直接原因，损失惨重、教训深刻，必须加强工程建造管理，提高施工水平，保证高炉一代炉役期间生产安全稳定[10]。

高炉长寿的实质就是保持高炉一代炉役期间的合理操作炉型[11]。高炉投产以后，根据高炉炉型的演变进程可以划分为操作炉型形成期、操作炉型稳定期和操作炉型维护期三个阶段。高炉生产中，要通过精料、炉料分布控制、煤气流分布控制、炉体冷却与热负荷管理、渣铁流动控制等措施，保持高炉全寿命周期的合理操作炉型。高炉生产操作的调控，实质上就是对高炉冶炼过程的“他组织”，是物质、能量和信息的输入过程。高炉冷却系统的调控、含钛物料的加入等措施则主要是为了维护高炉炉体长寿，在高炉运行的状态下，通过高炉系统的自组织特性和自组织体系，促进形成动态的、自生的“保护性渣皮”，即所谓“自生炉衬”，通过自生炉衬的动态生成-涨落，实现高炉炉体具有自组织功能的自维护和自修复，从而延长高炉寿命。

未来高炉智能化的一个重要特征是要建立起“自感知—自适应—自维护—自修复”的炉体结构，在自动化、数字化、信息化的基础上，构建高炉炉体温度、压力、流量、应力/应变的精准监测和大数据分析处理，形成基于高炉冶炼-炉体长寿耦合的信息流管控体系，精准操作、精准护炉，实现与铁素物质流、碳素能量流和集成信息流高效耦合运行的协同管理[12]。

现代高炉的高效和长寿是相互支撑、协同作用的两个要素。大型化的现代高炉生产要求稳定顺行，延长高炉寿命就是延长高炉稳定运行的生命周期，其实质则是提高了高炉生产效率。高炉一代炉役期间，其寿命延长一年就可以显著增加产量，产生可观的经济效益。高炉一代炉役期间的铁产量是衡量高炉生产效率的重要指标，单位容积产铁量则是衡量高炉寿命的综合指标。与此同时，还应当关注高炉在一代炉役期间，生产效率（利用系数、一代炉役产铁量）、燃料消耗、物质流和能量流的协同优化水平等多重目标，如一代炉役的平均利用系数、入炉焦比、煤气、燃料比、风温、作业率和服役寿命等。半个世纪以来，世界各主要产钢国为了延长高炉寿命，开展了大量卓有成效的技术研究、设计优化和实践创新，现代高炉在不断变化的原料燃料条件和强化操作条件下，延长高炉寿命使其在预期的一代炉役期间稳定顺行、高效低耗、安全长寿，无论对于生产运行实践和还是全流程的动态连续运行，都是极为重要和关键的。因此，延长高炉寿命的主要意义具体体现在以下方面：

（1）延长高炉寿命是高炉大型化的重要技术支撑。高炉大型化是建立在原燃料条件改善、操作技术优化、工程系统集成等诸多要素条件之上的。高炉长寿化是高炉大型化的基础和前提，不能实现长寿的大型高炉从根本上就失去了技术发展优势。因此，延长高炉寿命是高炉大型化的重要技术保障，是提高高炉生产效能最直接的体现。高炉大型化以后，钢铁企业的高炉数量大为减少，因而要求高炉寿命越来越长，作业率越来越高，这样才能保证钢铁联合企业的正常生产，充分发挥各工序设备的能力，因此延长高炉寿命已成为高炉大型化的前提条件和重要的技术支撑。

（2）延长高炉寿命可以大幅度降低大修投资。高炉大型化以后，高炉建设投资费用增加。延长高炉寿命，可以减少高炉大修和维修的费用，有效降低工程投资，节约建设成本。从降低炼铁生产成本因素考虑，延长高炉寿命意义重大。现代高炉大修和相关配套设施的检修更换，单位投资约在 30 万元/立方米，在新技术改造和扩容大修时费用更高，甚至达到 40 万元/立方米以上，一座容积 2500 m^3 级的高炉大修改造，工程投资将近 10 亿元。由此可见，延长高炉寿命，可以有效地降低高炉大修费用，减少经济损失，提高企业经济效益。

（3）延长高炉寿命可以有效降低高炉大修期间减产损失，提高经济效益。高炉大修期间将造成高炉停产，对企业的铁产量和生产平衡影响很大，经济效益损失巨大，高炉容积越大、产量越高，这种影响也就越大。在目前的技术条件下，一般高炉大修的工期为 60~150 天甚至更长，在此期间高炉停炉造成的产量损失和经济损失对整个钢铁企业都将是一个较大的负担，特别是对于上下游工序的协同连续、动态有序“层流化”运行带来干涉和破坏，而这种干涉或破坏带来的负影响越小越好，所以延长高炉寿命也是降低企业经济损失的有效措施。

现代化高炉由于技术装备水平高，新建高炉的工程投资巨大，高炉进行大中修所需的费用可观。高炉容积越大、技术装备水平越先进，高炉停炉进行大中修的损失也就越大。延长高炉寿命可以降低高炉大中修费用，减少高炉频繁大中修对生产的影响，保证钢铁联合企业各工序设备能力的充分发挥，对于提高钢铁联合企业经济效益意义十分重大。例如德国蒂森公司在 1993 年 10 月建成投产了施委尔根 2 号高炉，这座高炉有效容积为 5513 m^3，炉缸直径为 14.9 m，建造投资约为 15.255 欧元（7.8 亿马克），设计寿命为 15 年以上，

实际寿命已经达到18年。

（4）延长高炉寿命是实现高炉稳定顺行、高效低耗的重要保障。高炉生产的稳定顺行是高炉实现高效低耗的基础，没有高炉稳定顺行，就无法实现高炉生产的高效低耗[13]。从生产实践的视野考察，可以发现，高炉稳定顺行的基础除了赖以依托的精料技术、操作技术和装备条件等，极为重要的就是要保持高炉操作炉型的合理性，换而言之，就是高炉内型的动态变化、炉衬的侵蚀、渣皮的涨落、凝铁层的波动都是高炉操作内型在空间上的维度和尺寸的变化，也就是高炉冶炼空间几何结构和耗散结构径路的变化，而这种微小的、不易控制和掌握的变化，却造成了高炉运行过程物质流和能量流的交互、耦合、协同和对峙，高炉运行过程最关键的要素指标——透气性一旦发生较大的波动、涨落、涌现或突变，原有的有序运行结构和状态将被打破，一种新的耗散结构将形成[14]。因此，高炉运行过程中，基于传热、传质过程，动量传输则是具体体现在下降炉料和上煤气相向运动过程的相互作用，而这个相向运动、动态变化过程的有序化、稳定化、规律化、协同化，则是高炉操作稳定顺行最根本的基础所在。高炉在一代炉役期间，应长期具备良好的工作状况，适应不同阶段由于炉型变化、设备条件变化和原燃料条件以及操作条件的变化，换而言之就是在高炉不同的炉设阶段仍要保持良好的操作炉型。毋庸置疑，高炉的生命周期具有典型性，从高炉设计、设备制造、工程建造、生产操作、运行维护、高炉退设，整个生命周期中，要经历10余年甚至更长时间，特别是高炉炉体冷却设备、耐火材料、炉壳等关键系统，应能够在不维修或少维修的条件下，满足高炉高效化生产的要求。如果高炉本体状况不佳，高炉“带病操作”，将影响高炉生产能力的发挥，也会造成事故隐患。因而对于大型高炉而言，更要求高炉寿命要满足高效化生产的要求，不因高炉寿命而影响高炉正常生产；进而言之，高炉长寿则是现代大型高炉实现稳定高效生产的重要基础和保障[15]。

（5）延长高炉寿命已成为现代高炉技术进步的主要标志。现代高炉生产都是以长寿技术为基础，高炉富氧喷煤、提高产量、降低消耗等都要以高炉长寿作为基础保障。高炉富氧喷煤可使高炉焦比大幅度下降，使焦炉-高炉传统炼铁流程的竞争力提高。高炉频繁进行大中修将使高炉在正常生产状态下的作业时间大为减少，不利于提高喷煤量和产量；高炉精料、高顶压、高风温以及过程计算机控制技术等也都因此而失去应有的作用。因此，现代化高炉都致力于延长高炉寿命，使高炉在整个炉役期间长时间地保持良好的炉体状况，充分发挥高炉的效能，提高高炉一代炉役期间的工作效率，延长高炉寿命则成为现代高炉技术进步的主要标志[16]。

高炉炼铁生产成本占整个钢铁联合企业生产成本的70%以上，炼铁工序能源消耗占整个钢铁制造流程能源消耗约70%，相应地高炉工序的CO_2排放也占全流程的70%以上。因此在全球“碳达峰、碳中和”的发展形势下，进一步提高高炉生产效率、降低生铁成本、降低能源消耗、减少CO_2排放是钢铁企业实现可持续发展的必由之路，设计建造长寿高效高炉是实现上述目标的基础和保障。

高炉炼铁要实现绿色化、智能化、低碳化发展，必须建立新的技术发展理念，以适应经济社会发展的要求。在资源、能源和环境可承载的前提下，加大供给侧结构性调整，淘汰落后产能和工艺装备，推动技术进步和转型升级。运用耗散结构自组织理论，构建高炉炼铁动态有序、协同连续和耗散优化的流程体系，创新具有“自感知—自适应—自维护—自修复”功能协同优化的长寿炉体结构，积极采用高炉长寿创新理念、理论和方法，以高炉一代炉役全寿命周期为视角，注重高炉的概念设计、顶层设计和动态精准设计，促进物质流、能量流和信息流流程结构优化、实现高效耦合运行。高炉运行过程中，通过大数据、信息流的智能化管理，提高精准化智能操作水平，动态在线监测和调控炉体运行状态，增强高炉炉体的自组织性和自组织功能，保障高炉冶炼稳定顺行，进而实现高炉炼铁高效、优质、长寿、安全多目标协同优化。

有鉴于此，总结首钢迁钢近 20 年的高炉设计、建造、运行、维护的经验，客观分析、认识评价高炉近 20 年生产过程的成功与欠缺，通过回顾总结而提高对高炉长寿技术的认知和感悟，为广大从事高炉炼铁设计、科研、教学、生产、管理人员，提供有益的参考和借鉴，正是本书所有编写者的初衷。

参考文献

[1] 张福明. 热压炭砖-陶瓷杯技术在首钢 1 号高炉上的应用 [J]. 炼铁, 1996, 15 (2): 12-15.
[2] 张福明, 程树森. 现代高炉长寿技术 [M]. 北京: 冶金工业出版社, 2010.
[3] 殷瑞钰. 冶金流程工程学 [M]. 北京: 冶金工业出版社, 2004.
[4] 殷瑞钰. 冶金流程工程学 [M]. 2 版. 北京: 冶金工业出版社, 2009.
[5] 毛庆武, 张福明, 张建, 等. 迁钢 1 号高炉采用的新技术 [J]. 炼铁, 2006, 25 (5): 5-9.
[6] 张福明, 颉建新, 殷瑞钰. 钢铁制造流程炼铁区段耗散结构的解析 [J]. 钢铁, 2022, 57 (3): 1-9.
[7] 张福明. 当代高炉炼铁技术若干问题的认识 [J]. 炼铁, 2012, 31 (5): 1-6.
[8] 张福明. 面向未来的低碳绿色高炉炼铁技术发展方向 [J]. 炼铁, 2016, 35 (1): 1-6.
[9] 马丁・戈德斯. 现代高炉炼铁 [M]. 3 版. 沙永志, 译. 北京: 冶金工业出版社, 2016.
[10] 张福明. 延长大型高炉炉缸寿命的认识与方法 [J]. 炼铁, 2019, 38 (6): 13-18.
[11] 张寿荣, 于仲洁. 武钢高炉长寿技术 [M]. 北京: 冶金工业出版社, 2010.
[12] 张福明. 智能化钢铁制造流程信息物理系统的设计研究 [J]. 钢铁, 2021, 56 (6): 1-9.
[13] 张福明. 低碳高效高炉的设计研究 [J]. 中国冶金, 2021, 31 (11): 1-8.
[14] 张福明. 炼铁系统低碳技术发展前景与途径 [J]. 钢铁, 2022, 57 (9): 11-25.
[15] 项钟庸, 王筱留, 银汉. 再论高炉生产效率的评价方法 [J]. 钢铁, 2013, 48 (3): 86-91.
[16] 张福明, 党玉华. 我国大型高炉长寿技术发展现状 [J]. 钢铁, 2004 (10): 75-78.

2 首钢迁钢高炉设计基础与设计实践

高炉的高效长寿是集“高炉设计、建造、运行、维护”于一体的综合技术系统，其中工程设计是基础和前提。在具体设计过程中，既要以冶金流程工程学理论为指导，积极采用新技术、新工艺、新设备和新材料，也要借鉴采用在实践中行之有效的成熟技术，守正创新。本章在总结首钢高炉几十年以来在炉型结构、冷却壁结构、内衬结构、冷却制度和耐火材料等长寿技术的基础上，逐步形成和集成了具体首钢特点和技术认知的“高炉长寿工程设计技术”，在首钢迁钢高炉上进行了工程设计实践。

首钢高炉设计理念主要是以高效、优质、低耗、长寿和环保为目标，旨在实现高炉在生产过程中的优化和可持续发展。具体来说，高炉设计理念包括以下几个方面：

(1) 合理的炉型设计：炉型设计是高炉设计的核心，需要根据原料条件、燃料种类和生产工艺等因素进行合理设计，以保证高炉在运行过程中的热量交换、燃料燃烧和冶金反应的优化。

(2) 高效的能源利用：高炉设计应注重能源的高效利用，通过优化燃料燃烧和热能回收等措施，降低能源消耗，提高能源利用效率。

(3) 长寿命设计：高炉设计应考虑其使用寿命，采用高质量的材料和先进的制造工艺，确保高炉在长期运行过程中具有稳定性和耐久性。

(4) 环保和节能减排：高炉设计应遵循低碳绿色的发展理念，通过工艺优化和技术开发等措施，减少污染物排放和能源消耗，实现高炉的环保和节能减排。

总之，高炉设计理念是以生产工艺和设备为基础，以高效、优质、低耗、长寿和环保为目标，通过不断的技术创新和优化，实现高炉生产的优化和可持续发展。

2.1 高炉炉型的设计和演变

高炉是炼铁行业中的核心设备，高炉炉型的选择和演变对炼铁生产效率和产品质量有着至关重要的影响。高炉炉型是指高炉冶炼反应空间的几何形状，高炉炉型的演变历程，包括早期炉型、近代炉型和现代炉型。

(1) 早期炉型。在炼铁行业早期，高炉炉型相对简单，主要是以石头、黏土、砖等材料建造的矩形或圆形炉窑。这种炉型构造简单，操作方便，但存在很多问题，如炉温不稳定、通风不良、耐火材料易损坏等，导致炼铁生产效率低下、产品质量差。

(2) 近代炉型。随着炼铁技术的不断发展，高炉炉型也在不断改进。19 世纪末到 20 世纪初，高炉炉型逐渐发展为以熟铁板为原料的“熟铁式高炉”。这种炉型采用了机械化操作，包括送风、排渣、出铁等工序，大大提高了生产效率。同时，熟铁式高炉的炉膛呈现方形或矩形，炉壳用钢板或铸铁板制成，增强了炉子的强度和耐久性。然而，这种炉型仍然存在一些问题，如高炉热效率低、燃料消耗大、铁含量低等。

(3) 现代炉型。为了解决上述问题，现代高炉炉型得到了进一步发展。现代高炉由上至下可划分为炉喉、炉身、炉腰、炉腹、炉缸五部分。理论研究和生产实践证明，高炉炉型是否合理直接影响冶炼过程。为了能够促进高炉生产稳定顺行，降低能耗，提高效率，改善生产指标，延长高炉的使用寿命，首先就要探索一种更为合理、更加适合当今冶炼条件下的高炉炉型。

高炉炉型是高炉冶炼过程热量、质量和动量传输以及冶金物理化学反应的几何空间。其物理本质是高炉内部的几何形状、结构尺寸及其之间的关系，高炉炉型是构成高炉本体的重要组成部分。

在高炉炉缸形成的高炉煤气上升过程中，与下降炉料相向运动，在运动过程中与下降炉料进行热量、质量和动量的传输，并发生一系列冶金物理化学反应。高炉炉腰是高炉径尺寸最大的区域，也是高炉软熔带所处区间，为保证高炉煤气上升过程的顺利排升、降低煤气阻力损失，适当扩大炉腰截面积有利于改善高炉透气性、促进高炉顺行。

球团矿、烧结矿等炉料由高炉炉顶装入高炉炉喉，根据高炉操作要求，要形成与高炉上升煤气流分布相适应的炉料分布矩阵和料面形状。由于球团矿在高炉冶炼过程中，具有和烧结矿不同的物理、化学和冶金特性，还原过程具有较高的还原膨胀率，且粒度均匀、形状相同、滚动性强，高炉布料过程中，炉料堆尖和布料环形宽度难以控制，球团矿更易于向高炉中心和边缘滚落。设计合理的炉喉和炉腰截面积比，以保障炉料分布精准控制，形成合理的料层结构和料面形状，特别是满足炉料下降过程中一系列冶金过程物理化学变化、体积膨胀、料层重构及其均匀分布，具有重要的物理意义。合理的炉喉与炉腰截面积比，同时也有利于煤气流的稳定上升和均匀分布。

高炉炉料由炉喉下降过程中，发生预热、水分蒸发、碳酸盐分解、还原、渗碳、软化、熔化、滴落等一系列复杂的冶金物理化学反应，这些冶金反应和冶炼过程是同时、交替或者相继发生的，在炉料下降和煤气上升的相向运动过程中传热-传质几乎同时发生，含铁炉料在下降过程中被不断加热和还原，炉料发生体积膨胀、软化、收缩、熔化、滴落等复杂变化。高炉炉身部位主要是块状带所处区间，软熔带中上部处于炉身的中心区域。为保障炉料下降顺行和炉况稳定，炉料在下降过程保持均匀稳定的料层结构，实现圆周方向和半径方向的均匀。

炉腹是软熔带根部所处区域。在炉腹区域，熔化的液态渣铁穿透滴落带焦炭层，滴落、沉降并汇聚到炉缸中。在此区域，既有半熔融的渣铁的下降、液态渣铁的滴落和沉降、焦炭的下降运动，也有炉缸高温煤气的向上排升，是个气、固、液多态、多相共存的复杂冶金过程区间。在炉腹和炉缸交界处、风口回旋区平面以下，球团矿、烧结矿等炉料几乎全部转变/转换成液态的铁水、炉渣或液态铁氧化物，炉料体积急剧收缩。

2.1.1　首钢高炉炉型演变概述

为了利用煤气，降低燃料比而增加高炉的高度，所以过去的高炉多为瘦高型，炼铁工作者逐渐意识到焦炭强度低会限制高炉高度的增加，开始逐渐改变高炉炉型。首钢高炉同样经历了这个过程，随着高炉炉容不断增加，高度与直径也相应增加，直径的增加速度大于高度增加速度，使得高炉由瘦高型发展成为矮胖型。首钢率先在世界上提出并在国内实践了矮胖炉型和高效炼铁的理念。

原北京首钢炼铁厂 1 号高炉是一座小型矮胖高炉。1978 年中修前，高炉炉型仍不规则，1978 年 7 月中修至 1979 年 8 月，中修后的高炉炉型规整并且趋向合理，在合理的基本操作制度下配合状态良好的设备，使得高炉生产指标保持较高水平，北京首钢及首钢迁钢高炉内型演变见图 2-1。

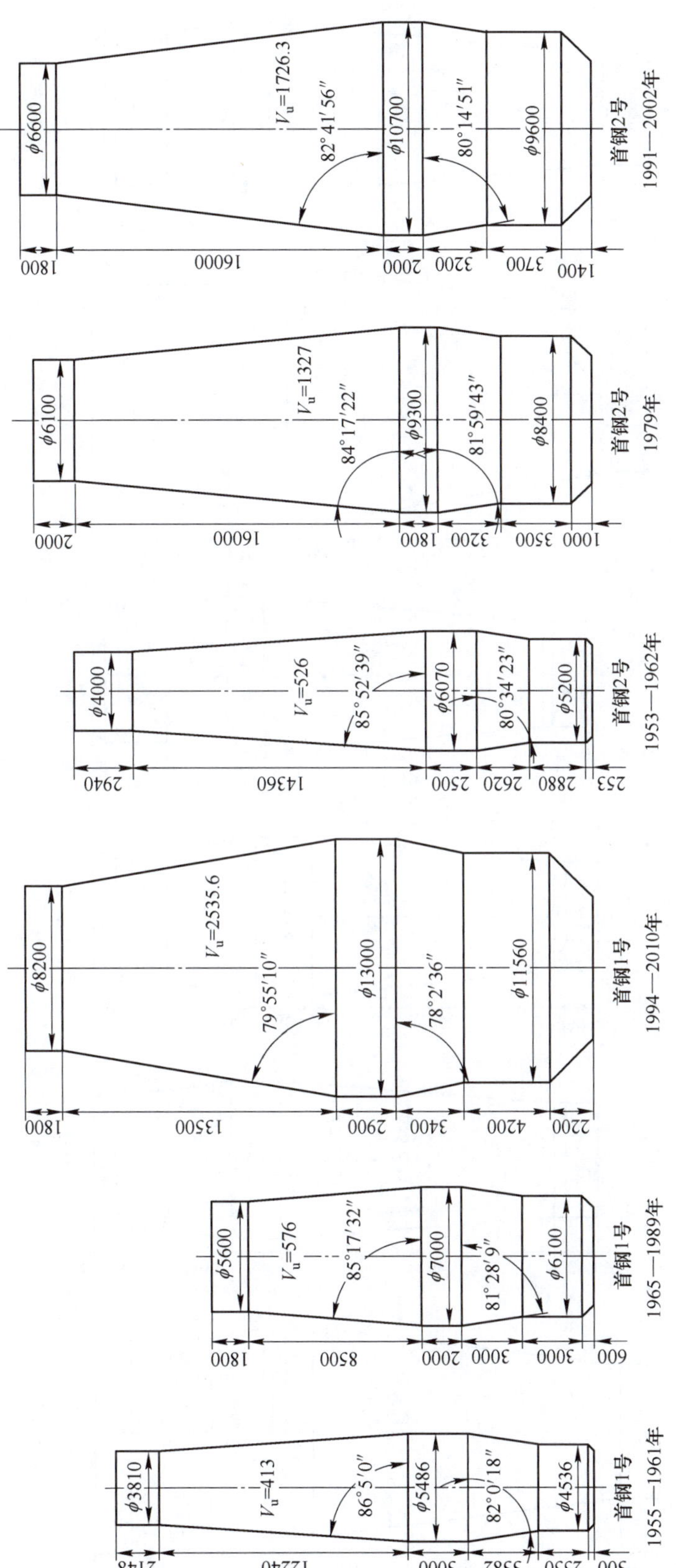
首钢2号
1991—2002年
V_u=1726.3
φ6600
φ10700
φ9600
82°41′56″
80°14′51″
1800
16000
2000
3200
3700
1400
首钢2号
1979年
V_u=1327
φ6100
φ9300
φ8400
84°17′22″
81°59′43″
2000
16000
1800
3200
3500
1000
首钢2号
1953—1962年
V_u=526
φ4000
φ6070
φ5200
85°52′39″
80°34′23″
2940
14360
2500
2620
2880
253
首钢1号
1994—2010年
V_u=2535.6
φ8200
φ13000
φ11560
79°55′10″
78°2′36″
1800
13500
2900
3400
4200
2200
首钢1号
1965—1989年
V_u=576
φ5600
φ7000
φ6100
85°17′32″
81°28′9″
1800
8500
2000
3000
3000
600
首钢1号
1955—1961年
V_u=413
φ3810
φ5486
φ4536
86°5′0″
82°0′18″
2148
12240
3000
3382
2550
300

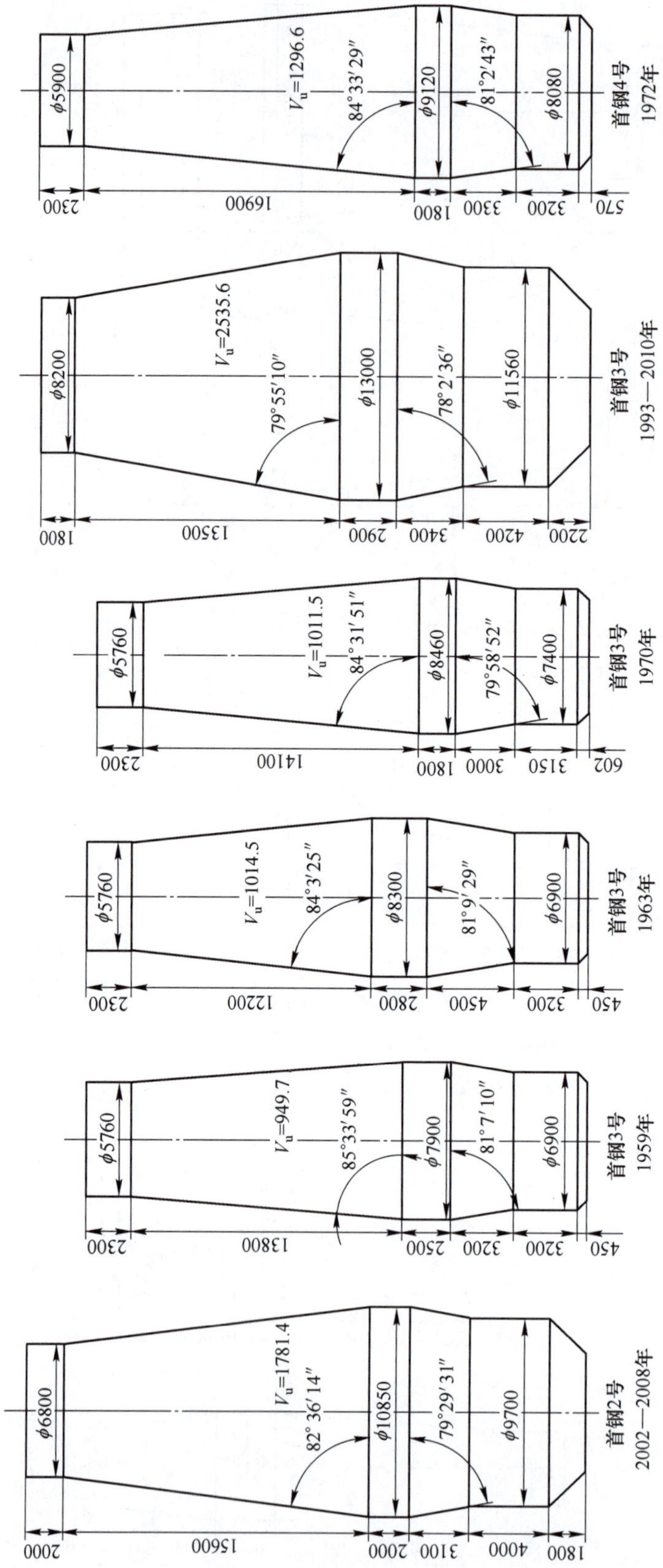

首钢4号
1972年
V_u=1296.6
ϕ5900
ϕ9120
ϕ8080
84°33′29″
81°2′43″
2300 16900 1800 3300 3200 570

首钢3号
1993—2010年
V_u=2535.6
ϕ8200
ϕ13000
ϕ11560
79°55′10″
78°2′36″
1800 13500 2900 3400 4200 2200

首钢3号
1970年
V_u=1011.5
ϕ5760
ϕ8460
ϕ7400
84°31′51″
79°58′52″
2300 14100 1800 3000 3150 602

首钢3号
1963年
V_u=1014.5
ϕ5760
ϕ8300
ϕ6900
84°3′25″
81°9′29″
2300 12200 2800 4500 3200 450

首钢3号
1959年
V_u=949.7
ϕ5760
ϕ7900
ϕ6900
85°33′59″
81°7′10″
2300 13800 2500 3200 3200 450

首钢2号
2002—2008年
V_u=1781.4
ϕ6800
ϕ10850
ϕ9700
82°36′14″
79°29′31″
2000 15600 2000 3100 4000 1800

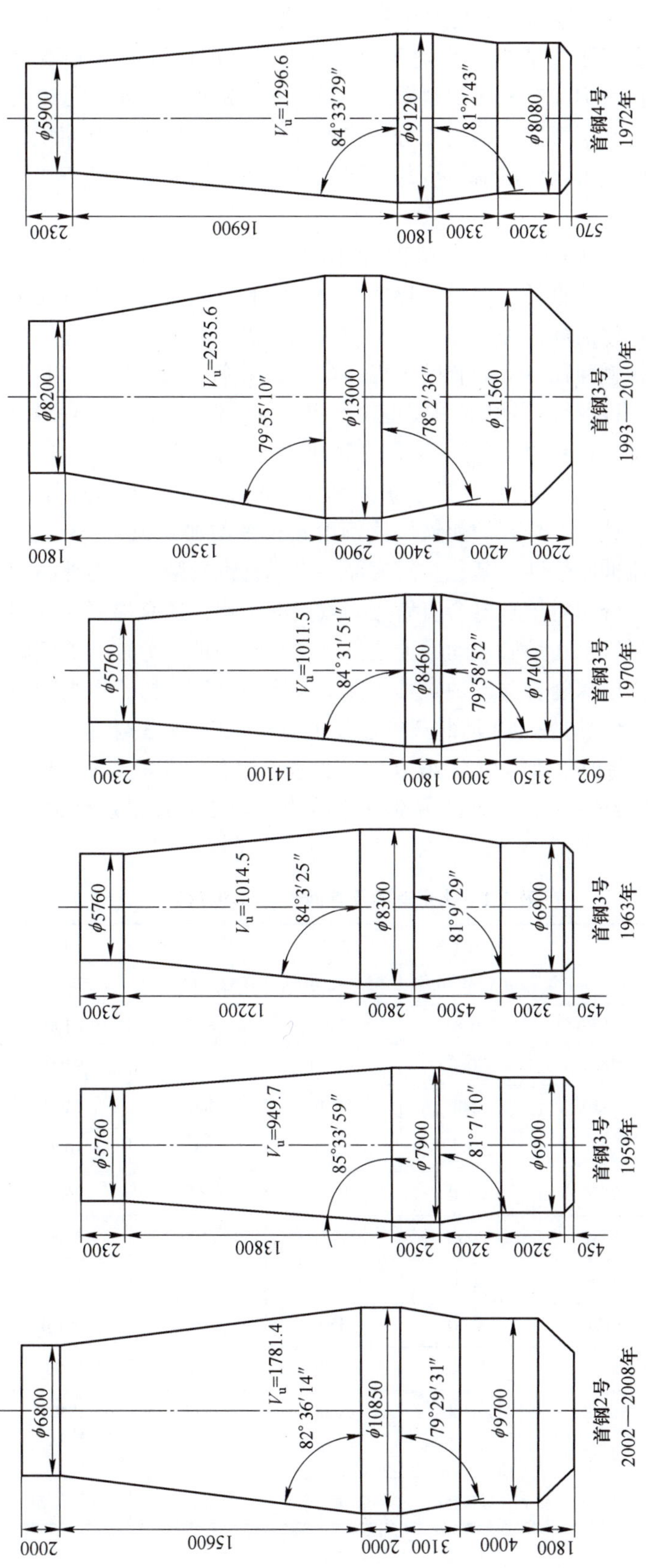

图 2-1 北京首钢及首钢迁钢高炉内型演变

从图 2-1 中可以很明显地看出高炉炉容在迅速增加，炉腹角与炉身角逐渐减小，炉型朝着更加矮胖的趋势发展。适当减小炉身角，可以减小炉料对炉墙的侧向压力，减小摩擦，减少冷却壁机械磨损，有利于炉料顺利下降；适当减小炉腹角，可以为炉腹煤气提供适宜的扩张空间，有利于煤气流的均匀分布，提高煤气与炉料的接触面积，减小煤气对炉腹冷却壁的冲刷；同时可以使熔渣与冷却壁之间的摩擦力增大，有利于挂渣，形成稳定的渣皮。

北京首钢炼铁厂 1 号高炉高径比 H_u/D 值由 4.25 降到了 2.61，最终降为 1.98，炉型适当矮胖。适当扩大炉腰直径，提供了煤气充分扩张的空间。高炉越容易接受风量，透气性则越好，越容易强化冶炼；加大高炉上部横向截面积，有利于增加煤气在炉内的停留时间及煤气与炉料的接触面积，从而有助于提高煤气利用率。风口数量由 8 个增加至 15 个，再增加至 30 个。风口数量适当增加，使得进风更均匀，保证高炉均匀、顺行。

在高炉炉型的发展过程中，V_u/A 呈现先减小再增大的趋势，炉容扩大率小于炉缸直径的扩大率，导致 V_u/A 减小，后期炉容扩大率大于炉缸直径扩大率，则 V_u/A 增大。

同时北京首钢炼铁厂 1 号高炉死铁层比例由 6.61%增加到 19.03%，加深死铁层厚度有利于减轻铁水环流冲刷侵蚀，延长炉缸寿命。根据首钢及结合国内外高炉生产经验，炉底、炉缸铁水的流场分布对炉缸寿命有着相当重要的影响，适宜加深死铁层深度能够减小铁水环流速度，增强铁水在炉底流动的通透性。从实际停炉后炉缸、炉底的侵蚀状况，适宜但不过分增大死铁层深度有益于炉缸整体冷却系统的有效发挥，提高炉缸、炉底寿命。

首钢迁钢于21 世纪初先后在河北迁安建设了 1 号、2 号和 3 号高炉，其中 1 号高炉与 2 号设计参数一致，高炉有效容积为 2650 m^3，3 号高炉有效容积为 4000 m^3。在增加炉容的情况下，3 号高炉的炉身角与炉腹角都有所减小。表 2-1 为北京首钢及首钢迁钢高炉参数。

表 2-1 北京首钢及首钢迁钢高炉参数

炉 型	首钢 1 号	首钢 1 号	首钢 1 号	首钢 2 号	首钢 2 号	首钢 2 号
炉役时间	1955—1961 年	1965—1989 年	1994—2010 年	1953—1962 年	1979 年	1991—2002 年
炉缸直径 d/mm	4536	6100	11560	5200	8400	9600
炉腰直径 D/mm	5486	7000	13000	6070	9300	10700
炉喉直径 d_1/mm	3810	5600	8200	4000	6100	6600
死铁层高度 h_0/mm	300	600	2200	253	1000	1400
炉缸高度 h_1/mm	2550	3000	4200	2880	3500	3700
炉腹高度 h_2/mm	3382	3000	3400	2620	3200	3200
炉腰高度 h_3/mm	3000	2000	2900	2500	1800	2000
炉身高度 h_4/mm	12240	8500	13500	14360	16000	16000
炉喉高度 h_5/mm	2148	1800	1800	2940	2000	1800
有效高度 H_u/mm	23320	18300	25800	25300	26500	26700
高径比 H_u/D	4.25	2.61	1.98	4.17	2.85	2.50
有效容积 V_u/m^3	413.00	576.00	2535.60	526.00	1327.00	1726.30

续表 2-1

炉　型	首钢 1 号	首钢 1 号	首钢 1 号	首钢 2 号	首钢 2 号	首钢 2 号
炉腹角 α	82°0′18″	81°28′9″	78°2′36″	80°34′23″	81°59′42″	80°14′51″
炉身角 β	86°5′0″	85°17′31″	79°55′9″	85°52′39″	84°17′21″	82°41′55″
炉缸截面积 A/m^2	16.16	29.22	104.96	21.24	55.42	72.38
V_u/A	25.58	19.72	24.16	24.77	23.96	23.85
渣口数/个			0			1
铁口数/个			3		2	2
风口数/个	8	15	30	10	22	26
风口间距/mm	1781.28	1277.58	1210.56	1633.63	1199.52	1159.97
d_1/d	0.84	0.92	0.71	0.77	0.73	0.69
d_1/D	0.69	0.80	0.63	0.66	0.66	0.62
$(V_1/V_u)/\%$	9.97	15.21	17.38	11.63	14.61	15.51
风口高度 h_f/mm			3700		3000	
渣口高度/mm						
死铁层比例/%	6.61	9.84	19.03	4.87	11.90	14.58

炉　型	首钢 2 号	首钢 3 号	首钢 3 号	首钢 3 号	首钢 3 号	首钢 4 号
炉役时间	2002—2008 年	1959 年	1963 年	1970 年	1993—2010 年	1972 年
炉缸直径 d/mm	9700	6900	6900	7400	11560	8080
炉腰直径 D/mm	10850	7900	8300	8460	13000	9120
炉喉直径 d_1/mm	6800	5760	5760	5760	8200	5900
死铁层高度 h_0/mm	1800	450	450	602	2200	570
炉缸高度 h_1/mm	4000	3200	3200	3150	4200	3200
炉腹高度 h_2/mm	3100	3200	4500	3000	3400	3300
炉腰高度 h_3/mm	2000	2500	2800	1800	2900	1800
炉身高度 h_4/mm	15600	13800	12200	14100	13500	16900
炉喉高度 h_5/mm	2000	2300	2300	2300	1800	2300
有效高度 H_u/mm	26700	25000	25000	24350	25800	27500
高径比 H_u/D	2.46	3.16	3.01	2.88	1.98	3.02
有效容积 V_u/m^3	1781.40	949.70	1014.50	1011.50	2535.60	1296.60
炉腹角 α	79°29′31″	81°7′9″	81°9′29″	79°58′52″	78°2′36″	81°2′42″
炉身角 β	82°36′14″	85°33′58″	84°3′25″	84°31′51″	79°55′9″	84°33′29″
炉缸截面积 A/m^2	73.90	37.39	37.39	43.01	104.96	51.28
V_u/A	24.11	25.40	27.13	23.52	24.16	25.29
渣口数/个	0				0	
铁口数/个	2	1	1	1	3	1

续表 2-1

炉 型	首钢 2 号	首钢 3 号	首钢 3 号	首钢 3 号	首钢 3 号	首钢 4 号
风口数/个	24	12	12	15	30	18
风口间距/mm	1269.73	1806.42	1806.42	1549.85	1210.56	1410.23
d_1/d	0.70	0.83	0.83	0.78	0.71	0.73
d_1/D	0.63	0.73	0.69	0.68	0.63	0.65
(V_1/V_u)/%	16.59	12.60	11.79	13.39	17.38	12.66
风口高度 h_f/mm	3400	2800	2800	2750	3700	2750
渣口高度/mm		1400/1600	1400/1600	1550		
死铁层比例/%	18.56	6.52	6.52	8.14	19.03	7.05

炉 型	首钢 4 号	首钢 5 号	首钢迁钢 1 号	首钢迁钢 2 号	首钢迁钢 3 号
炉役时间	1992—2008 年	1995—2005 年	2004 年	2007 年	2010 年
炉缸直径 d/mm	10400	7400	11500	11500	13500
炉腰直径 D/mm	11550	8460	12700	12700	14900
炉喉直径 d_1/mm	8150	5760	8100	8100	9600
死铁层高度 h_0/mm	1600	977	2100	2300	3000
炉缸高度 h_1/mm	4350	3150	4200	4200	5100
炉腹高度 h_2/mm	3400	3300	3400	3400	3800
炉腰高度 h_3/mm	2200	1800	2400	2400	2700
炉身高度 h_4/mm	13950	14100	16600	16600	17800
炉喉高度 h_5/mm	2000	2300	2200	2200	2000
有效高度 H_u/mm	25900	24650	28800	28800	31400
高径比 H_u/D	2.24	2.91	2.27	2.27	2.11
有效容积 V_u/m^3	2099.90	1026.40	2678.10	2678.10	4078.50
炉腹角 α	80°24′3″	80°52′33″	79°59′31″	79°59′31″	79°33′45″
炉身角 β	83°3′7″	84°31′51″	82°6′41″	82°6′41″	81°31′55″
炉缸截面积 A/m^2	84.95	43.01	103.87	103.87	143.14
V_u/A	24.72	23.86	25.78	25.78	28.49
渣口数/个	1	2	0	0	0
铁口数/个	2	1	3	3	4
风口数/个	28	18	30	30	36
风口间距/mm	1166.88	1291.54	1204.28	1204.28	1178.10
d_1/d	0.78	0.78	0.70	0.70	0.71
d_1/D	0.71	0.68	0.64	0.64	0.64
(V_1/V_u)/%	17.60	13.20	16.29	16.29	17.90
风口高度 h_f/mm	3400	2750	3700	3700	4600
渣口高度/mm	2150	1550			
死铁层比例/%	15.38	13.20	18.26	18.26	22.22

2.1.2　首钢高炉炉型演变的特点

结合图 2-1 与表 2-1 分析发现，高炉炉型演变有以下几个特点：

（1）随着高炉容积的扩大，H_u/D 值相应降低。对于大修的高炉，通过扩大高炉横截面的尺寸，并减小高炉的有效高度，来降低具有细长炉型的 H_u/D 值。对于新建的高炉，选择比相同类型高炉更低的 H_u/D 值。此外，优化炉型的其他各部位尺寸及各部位的比值转化为新的合理值，其中包括适当增加炉缸高度和死铁层的深度，以及降低炉腰高度；适当降低 V_u/A 值和 d_1/D 值，减小炉身角并略微扩大炉腹角。

（2）尽量扩大高炉容积。例如，原北京首钢 3 号和 4 号高炉，具有同等电机设备能力，4 号炉扩大容积 164 m^3。

（3）北京首钢高炉改进炉体结构，大量增加风口数目。

（4）北京首钢 1 号高炉第八代比较特殊，炉顶安装 1053 m^3 高炉标准型设备，但是高炉容积只有 576 m^3，炉型矮胖、H_u/D 较小、V_u/A 值小、大炉喉、短炉身，这种炉型在生产时，具有压差低的特点，因此可以用表压 0.16 MPa 的小风机实现顶压为 0.08 MPa 的高压操作，有利于提高冶炼强度，提高高炉利用系数。但是由于大幅度降低高炉高度，对燃料消耗指标略有不利影响。

首钢高炉与国内同类型高炉对比具有炉缸、炉腰直径大，深炉缸、低炉腰，H_u/D 值小，风口数目多和双（多）出铁口等特点。

2.1.3　首钢高炉炉型演变特点探讨

2.1.3.1　扩大横截面和内型各部位尺寸的选择

A　扩大炉缸直径和增加炉缸高度

炉缸直径大小在很大程度上影响高炉冶炼强化的水平，有些国家以单位炉缸截面积的产量作为高炉利用系数，可见炉缸直径大小对高炉生产具有重要的意义。炉缸直径大，有利于高炉在单位时间内可以燃烧较多的炉料，每昼夜燃烧的燃料量与炉缸直径成正比。

在高炉喷吹燃料的情况下，可以获得较高的综合冶炼强度。但炉缸直径也不宜过大，过大有可能出现中心死区并导致炉腹角过大，易造成边缘气流过分发展和炉缸中心堆积，因此只能适当地扩大。

必须指出，每昼夜燃烧的燃料量同时也取决于其他因素，而且首先决定于风口水平面以上的料柱透气性，其次又决定于风口水平面以上的内型尺寸。

过去首钢高炉炉缸直径偏小，过窄的炉缸不适应 20 世纪 50 年代后期，提高冶炼强度增产生铁的任务。自 20 世纪 60 年代以来，首钢高炉逐步扩大高炉容积，相应扩大炉缸直径，北京首钢 1 号高炉炉缸直径由 4536 mm 扩大到 6100 mm，扩大炉缸直径的幅度大于扩大高炉容积的幅度，V_u/A 的值由 25.5 降低为 19.6。大修后 576 m^3 的高炉容积，比定型设计 620 m^3 高炉的炉缸直径高出 400 mm。其他北京首钢 2 号、3 号、4 号高炉炉缸直径与类型相近的高炉对比，炉缸直径也高出 100~200 mm，而 V_u/A 值比较低。

一般，炉缸燃烧强度波动范围很小，当扩大炉缸直径后，如保持燃烧强度不变，可以获得较高的冶炼强度。1 号高炉 V_u/A 值偏小，更加有利于提高冶炼强度。

B 增加炉腹高度、减小炉腹角

降低炉腹高度同增大炉腹角的意义一致，可以减小炉墙对炉料的摩擦阻力。北京首钢3号高炉结合生产时的炉墙探眼，根据探明的操作炉型，在1963年中修时，设计炉型采取增加炉腹高度、减小炉腹角的措施。北京首钢1号高炉在1972年中修时也增加了炉腹的高度或减小炉腹角，无疑将增加炉墙对炉料的阻力，实践证明这两种炉型都不利于炉况顺行，后又改回。经过前述反复实践不断比较合适的炉腹高度应略低于炉缸高度，炉腹角约为81°。

C 扩大炉腰直径、降低炉腰高度

扩大炉缸直径必须相应地扩大炉腰直径，不然将导致炉腹角过大，造成边缘气流过分发展。而炉腰直径之所以有意义，是因为初渣使炉膛区域透气性恶化，扩大炉腰直径实际为扩大上升煤气流的通道面积，减少熔融带对煤气流的阻力，改善透气性，促进炉况顺行。所以，宽炉腰有利于冶炼的强化。

炉腰高度对炉料下降和上升煤气流的运动有影响，炉腰高度越高，其中的炉料越紧密，当有软熔物质存在时，空隙度将更加减小。

北京首钢2号高炉（第四代）炉腰高度由2500 mm改为1813 mm，3号高炉（第二代）炉腰高度由3000 mm改为1800 mm。这两座高炉经此调整没有显示出坏的作用，好处是炉腰部位结厚现象减少，即使结厚也易于消除。

应当指出，获得这一好处的原因当然与原燃料和高炉操作等因素的改善分不开，即便这是主要的，但恰当地选择炉腰高度问题也不容忽视。

D 合理选择炉身高度、炉身角

降低炉身高度如果超出加热和还原炉料的必要条件时，会升高燃料比，减小炉身角同时又过分降低炉身高度，则可能因炉料横向松动下降行程的缩短，而导致炉况不顺。

北京首钢1号高炉，高炉容积由413 m^3，扩大为576 m^3，H_u/D值由4.25缩小为2.61，炉身高度由12.24 m降低为8.5 m，炉身角由86°4′44″减小为85°17′30″。这与同类型高炉对比，炉身高度约降低3 m左右，炉身角则相似。实践结果是，压差降低了，但极易出现管道行程，尤其在高冶炼强度操作时，发生管道行程后，炉顶温度会由400 ℃突然上升高达1000 ℃以上，带来炉温大幅度下降、大量损失产量和危害炉顶设备的严重后果。另外由于料柱过短，炉料在上部加热与还原不够充分，比一般高炉燃料比高。如果顶压高可使燃料比有所改善。

北京首钢1号高炉的实践表明，炉身高度不应降得太多。合理高度的选择，应依照炉容和选定的H_u/D值、有效高度及内型各部位尺寸的合适比值全面考虑。

炉身内型轮廓对高炉顺行有较大影响。自20世纪60年代以来，首钢高炉显著地扩大了高炉横截面尺寸，不仅炉腰、炉喉直径扩大了，而且炉腰截面积与炉喉截面积的差数也增大了。其差数以炉腰直径减炉喉直径（$D-d$）表示[1]。

（$D-d$）表示环形面积，表示炉身部位炉料下降自上而下横向松动区域的大小，也显示料柱透气性最好部分的大小。边缘环形松动区引导煤气沿炉墙内壁狭窄光滑的区域上升，狭窄的边缘气流犹如“气垫”而减小炉衬对炉料的摩擦力，避免生成料拱、减少悬料，因而促进炉况顺行。

北京首钢2号高炉和4号高炉的炉况顺行程度比1号、3号高炉好，这与（$D-d$）值偏大有关。($D-d$)值大，相应其炉喉直径偏小，因而炉身角也是偏小。过去高炉炉身角度为86°~87°，20世纪70年代炉身角缩小到84°左右。

随着高炉容积的扩大和喷吹燃料的增加，($D-d$)值将逐渐增大，炉身角将逐渐缩小。因为高炉喷吹燃料后，促使中心气流发展，边缘自动加重，又因焦比降低，焦炭在高炉中所占炉料体积比下降，因而料柱透气性较差。当($D-d$)值增大，炉身角缩小，创造促进边缘炉料松动和边缘气流发展的条件，能适当抵消高炉喷吹的不良影响，保证炉况顺行，而且可用多正装的装料制度，提高煤气能量的利用。

E 炉喉

炉喉直径的大小，对控制煤气灰吹出量有重要意义。炉喉间隙的作用，在于调节布料。采用无钟转动溜槽布料和采用可调式炉喉护板，可以灵活地布料和调节炉喉间隙而改善布料。

炉喉直径大，对减少煤气灰吹出量有好处。

炉喉间隙大，使大块料滚向边缘，促进发展边缘气流。炉喉间隙小，则堆尖靠近炉墙，使边缘负荷加重，抑制边缘气流。

北京首钢原1号、3号、4号高炉，大钟直径相同，都是4200 mm。高炉容积不同，最小为1号高炉576 m^3，最大为4号高炉1200 m^3，容积差2.03倍，炉顶却为同一类型的装料设备。4号高炉炉喉直径5900 mm，炉喉间隙是850 mm，1号炉炉喉直径5600 mm，炉喉间隙700 mm。按炉容大小衡量，1号炉实际为扩大炉喉直径，缩小炉喉间隙，4号炉为扩大炉喉间隙，而炉喉直径相对则偏小些，按对煤气分布的影响，1号炉是加重边缘负荷，4号炉是发展边缘气流的条件。因此在生产上，4号高炉比较容易接受多正装的装料制度，煤气灰的吹出量也大些。1号炉则恰好与之相反。

扩大炉喉直径与炉身高度及炉身角相适应，1号高炉炉喉直径很大，炉身高度很小，很不协调。虽然炉身角相对较大，但因炉身矮胖，炉身对炉料下降的疏松距离缩短，所以在生产上，1号高炉炉况不顺的原因就在此。

扩大炉喉直径应与炉缸直径的扩大相适应，冶炼强度高，原燃料条件差的高炉，d_1/d值相应要大些。

2.1.3.2 关于 H_u/D 值

在高炉下部如果没有足够大的炉缸截面积以提供燃烧空间，高炉就难以实现提高冶炼强度操作，而H_u/D值合理，使之与较大的炉缸截面积相适应，则是在高炉上部提供短而宽阔的通道，为提高冶炼强度创造条件。

首钢高炉在原来H_u/D值偏大的基础上，适当降低H_u/D值是有利的。因为降低H_u/D值就是降低有效高度和扩大横截面积，这会减少炉墙对料柱下降的摩擦阻力，减少料柱对上升气流的阻力，改善炉况顺行，有助于高炉接受风量，提高冶炼强度。

降低H_u/D值，能否引起高炉煤气流分布变坏，煤气能量利用变差，使燃料消耗增加呢？这是需要考虑的问题。

炉内煤气分布均匀、合理、停留时间长，炉料与煤气接触得好，热交换和还原反应进行得就充分，可以降低燃料比。过去认为，“高炉横截面狭小和增加高炉的有效高度，对炉内煤气分布和延长煤气的停留时间有利，高炉炉型应尽可能细长”，因此过去的高炉H_u/D值都很大，一般都在4.0左右。

北京首钢1号高炉第七代（413 m^3）、2号高炉第三、四代都是这一类型。如2号高炉第四代，有效容积516 m^3，H_u/D 值为4.17。这种高炉的生产力适应过去低水平要求，但不适应现代高水平要求。高冶炼强度生产中的突出矛盾是炉况不顺行和容易结瘤。H_u/D 值偏大，显然为主要影响。燃料消耗不仅不能降低反而升高。

过去，高炉布料设备落后，风机能力也小，为保证煤气在炉内有最好的分布和延长煤气在炉内的停留时间，高炉炉型细长，H_u/D 值偏大是合理的。然而现代高炉使用新型布料设备和配置大风机，可以保证炉料和煤气在炉内有最好分布的新条件下，H_u/D 值仍然偏大就是不合理的。

现代高炉，随着扩大容积，H_u/D 值逐渐降低，炉型向矮胖发展。

北京首钢高炉降低 H_u/D 值的实践表明，H_u/D 值偏大、偏小都不适宜，H_u/D 值按炉容大小应有一个合理值。

（1）H_u/D 值偏大，炉型细长、高冶炼强度操作时，炉况顺行差，容易结瘤，导致燃料消耗高，生产水平低。

（2）H_u/D 值偏小，虽然有利于提高冶炼强度操作，但炉型过于矮胖又将导致煤气与炉料接触时间缩短和煤气流分布恶化，过短的料柱又往往是“管道行程”较多的原因，从而使能量利用变差，升高燃料比。例如，北京首钢1号高炉在同一冶炼强度下与3号高炉相比，煤气与炉料接触时间少8.9%，煤气分布也不均匀和不稳定，常常出现主气流和管道行程，燃料消耗扣除炉容小的影响外，也比3号高炉高出20~30 kg/t。即使降低高冶炼强度，使与3号高炉具有相等的冶炼周期，燃料比仍然高出20~30 kg/t。这说明冶炼周期在一定范围内，不影响能量利用。

（3）H_u/D 值合理，即 H_u/D 值按炉容大小，应有一合理值。北京首钢1号、3号、4号高炉 H_u/D 值比较合理。例如，3号高炉经过大修，H_u/D 值降低后，炉况顺行改善，冶炼周期由原来的7~8 h，缩短到6 h，燃料消耗不仅没有升高而是降低了，达到既提高冶炼强度和利用系数，又降低燃料消耗的目的。

通过3号高炉的变化，从另一方面说明热交换和还原反应能否进行得很充分，固然与料柱高度及冶炼周期有关，但主要取决于炉况顺行程度。高炉的崩料、坐料、主气流和管道行程极少，则煤气与炉料的接触越好，煤气能量的利用程度则越高，这样会降低燃料比。

H_u/D 值是炉型一个很重要的比例关系，炉型设计的主要任务就在于，去创造一个合理的 H_u/D 值，以满足“炉况顺、负荷重、冶强高”的冶炼条件。

2.1.3.3　关于风口和铁口的数量

扩大炉缸直径应以多风口来配合。风口数目多能减少炉缸“死区”，使各风口区的氧化带连成完整的圆环，气流在炉缸内分布均匀、合理，促进料面均匀活动，也有利于喷吹燃料。

随着高炉容积的扩大，风口数目相应增加，而强化水平较高的高炉，其风口的数目更需加多。

首钢高炉过去由于风口数目少，20世纪50年代在生产中曾经长期使用椭圆形风口，以后改为圆形风口，直径都很大，一般都在 ϕ180 mm，最大达 ϕ220 mm。

实践表明，风口数目少，被迫使用大风口，对活跃炉缸，保证炉况稳定顺行都很不

利。尤其在喷吹燃料时，对实现均匀喷吹和提高喷吹率更为不利。

增加风口数目，在结构上受炉缸支柱数目、铁口、风口及渣口平面布置的限制。

1961 年北京首钢 1 号高炉大修后，炉缸仍有 5 根支柱，通常支柱之间设置 2 个风口，这次大修，采取在支柱之间设置 3 个风口的办法，使风口增加到 15 个。1970 年 3 号高炉大修，取消炉缸支柱，改为自立式结构，以后于 1972 年 4 号高炉、1979 年 2 号高炉第五代相继建成自立式结构，都为增加风口数目创造了条件。

北京首钢高炉在 20 世纪 50 年代与 60 年代初期，风口数目与炉缸直径的关系为风口数目等于炉缸直径的 1.74~1.92 倍，到 20 世纪 70 年代以后，发展为 2.03~2.62 倍。1 号高炉和 2 号高炉第五代高达 2.46~2.62 倍，生产效果较好。

北京首钢 1 号和 2 号高炉改为 2 个铁口，在生产中 2 个铁口轮流出铁，其效果正如预期的那样有以下优点：

(1) 在高炉高度强化之后，例如，利用系数达到 3.0 以上，每日出铁次数增加到 13 次，2 个铁口轮换操作，能有效地保证准时和安全出铁。

(2) 铁口深度比较容易维护，即便有一个铁口深度过浅，也可由另一铁口出铁。2 个铁口轮换出铁时，能尽快地使失常铁口恢复到正常。

(3) 当堵铁口泥炮发生事故或发生出铁铸死撇渣器、撇渣器烧穿、跑铁烧坏铁道、渣铁罐铸死在铁道上等意外事故时，能及时地打开另一铁口出铁，从而保证高炉不减风和不发生其他严重事故。

(4) 在正常生产时，可以更换泥炮而不影响高炉准时出铁。

(5) 炉前劳动条件有所改善，不仅减轻了劳动强度，而且改善了劳动环境，工人可以在残渣、残铁冷却之后去清理渣铁沟，做出铁前的准备工作。

高炉改为 2 个铁口，出铁设备增加 1 套，基建投资因而增加。尽管如此，对于高度强化，利用系数达 2.0 以上的高炉还是必要的。而一般生产水平的高炉则不必要。

2.2　首钢高炉结构的演变和应用

20 世纪 90 年代初，首钢厂区 4 座高炉相继大修改造，炼铁专业老一辈工作者将众多先进的设计技术与理念融入其中，使这 4 座高炉无论在生产效率还是在高炉长寿方面都超越时代的水准。

首钢 1 号高炉 1993 年原地扩容大修，高炉炉容 2536 m^3，于 1994 年 8 月 9 日建成投产，一直稳定工作。采用了新型无料钟炉顶设备及多环布料技术、热压炭砖-陶瓷杯组合炉缸内衬技术、大型顶燃式热风炉、圆形出铁场等 20 多项新技术。首钢 1 号高炉获 1997 年冶金部优秀设计一等奖，首钢 1 号高炉热压炭砖-陶瓷杯组合炉缸内衬技术设计与应用获 2000 年北京市科学技术进步奖二等奖。为响应北京市建设绿色北京的号召，首钢 1 号高炉于 2010 年年底停产，停产时高炉炉况良好，其单位炉容产铁量现已达到 13328 t/m^3，高炉一代炉役 16 年 5 月。

首钢 2 号高炉第七代炉役从 1991 年 5 月 15 日开炉，2022 年技术改造设计时，开发了高温预热及高风温长寿热风炉技术、高炉高效长寿综合技术、高炉人工智能专家系统、铜冷却壁技术、矿丁及焦丁回收技术等，高炉容积由 1726 m^3 扩容到 1780 m^3。经过 58 天技术改造，第八代炉役于 2002 年 5 月 23 日开炉，在顺利达产的基础上，焦炭负荷逐步加

重，风温不断提高，达到高炉风温 1250 ℃、焦比 290 kg/t、煤比 170 kg/t、利用系数 2.7 t/(m^3·d) 以上的国内领先水平。本次技术改造设计荣获 2004 年度全国优秀工程设计铜质奖、2003 年度冶金优秀工程设计一等奖及首钢科技进步奖一等奖；铜冷却壁技术获北京市科学技术进步奖一等奖；高炉热风炉高温预热工艺及装置开发与应用获北京市科学技术进步奖三等奖，这项技术对高炉系统低热值煤气的高效利用以及节能减排都有着非常重要的意义。首钢 2 号高炉于 2008 年停炉。

首钢 3 号高炉 1992 年移地大修，高炉容积 2536 m^3，1993 年 6 月 2 日建成投产，一直稳定工作。3 号高炉采用了无中继站高炉上料、新型无料钟炉顶设备及多环布料、热压炭砖-陶瓷垫综合炉缸内衬、大型顶燃式热风炉、顶燃式热风炉大功率短焰燃烧器、圆形出铁场、SGK-1 遥控全液压开铁口机及自动化控制等 20 多项新技术、新工艺。1995 年获得冶金部优秀设计一等奖及北京市优秀设计一等奖，1996 年获得全国优秀设计银质奖，8 项通过部级科技成果鉴定，获部、市级科技成果奖 5 项。与 1 号高炉相同，为响应北京市建设绿色北京的政策，首钢 3 号高炉于 2010 年底停产，停产时高炉运行状况良好，首钢 3 号高炉单位炉容产铁量现已达到 13991 t/m^3，高炉一代炉役达 17 年 7 月，炼铁专家一致认为，如果继续生产，首钢 3 号高炉的寿命一定能突破 20 年。

首钢 4 号高炉于 1991 年原地扩容大修，经过 60 天的大修改造，炉容由 1200 m^3 扩大到 2100 m^3，于 1992 年 5 月 15 日建成投产，1992 年首钢炼铁第一次拥有了容积超过 2000 m^3 的现代化大型高炉。为了缩短大修工期，首钢 4 号高炉采用整体推移的施工方案，高度 32.5 m，质量达 3700 t 的高炉在 4 个液压缸的推动下缓缓移动，推移 8 h 后移到炉基中心，这是中国首次采用整体推移新技术安装高炉，是冶金建设史上的一个创举。为响应 2008 年北京清洁奥运的指示，首钢厂区进行压产，4 号高炉于 2007 年 12 月 31 日停炉，单位炉容一代炉役产铁量达 12560 t/m^3，高炉一代炉役 15 年 8 月，是当时中国最长寿的高炉，也是一代炉役产铁量最多的高炉，停炉时，高炉状况依然良好。首钢 4 号高炉无料钟炉顶多环布料及多位往复布料研究获北京市科学技术进步奖一等奖。

首钢迁钢公司位于河北省迁安市，现役高炉共 3 座。首钢迁钢 1 号高炉（2650 m^3）于 2004 年 10 月 8 日建成投产，在借鉴原北京炼铁厂高炉先进成熟技术的基础上，进行了技术优化和创新。首钢迁钢 1 号高炉设计中采用了国内外先进、可靠、实用的新技术、新工艺、新设备及新材料，首钢迁钢 1 号高炉采用了无中继站上料新技术；新型无料钟炉顶及水冷气密箱、多环布料技术、高效矮胖炉型、热压炭砖-陶瓷杯组合炉缸内衬长寿技术、铜冷却壁技术、圆形出铁场、SGK 型全液压开口机、SGXP-400 矮式液压泥炮，大型高风温改进型内燃式热风炉技术，搅笼法渣处理技术及紧凑型长距离制粉串罐喷煤技术等 20 多项。首钢迁钢 1 号高炉工程设计获 2006 年冶金行业优秀设计一等奖及全国优秀工程设计铜奖。

首钢迁钢 2 号高炉（2650 m^3）于 2007 年 1 月 4 日建成投产，实现了首钢搬迁转移 400 万吨钢生产能力的总体目标。首钢迁钢 2 号高炉继承了首钢迁钢 1 号高炉的设计优点，并在首钢迁钢 1 号高炉新技术应用的基础上，对工艺技术与装备技术进一步优化与创新，使之更高效、节能和环保，并且更符合钢铁产业政策的发展方向。采用了新型顶燃式热风炉助燃空气高温预热及大型高风温改进型内燃式热风炉耦合技术、紧凑型长距离制粉并列罐喷煤技术及大型高炉煤气低压脉冲布袋除尘技术。首钢迁钢 2 号高炉高炉煤气脉冲布袋除尘工艺技术获第十二批中国企业新纪录，首钢迁钢 2 号高炉工程设计获 2008 年冶金行业优秀设计一等奖，新型顶燃式热风炉燃烧技术研究获北京市科学技术进步奖二等奖。

根据首钢总公司“十一五”期间的总体规划，结合首钢迁钢地区的总体规划发展，考虑到首钢北京地区 2008 年后产能压缩，为合理利用资源，盘活资产，满足北京地区生产能力向外转移的需要，进一步发展首钢迁钢的生产潜力，配合首钢的结构调整，创造更大的经济效益，实现年产 850 万吨钢，与其相配套的铁水生产规模为年产 780 万吨的目标，首钢国际完成了具有自主知识产权的首钢迁钢钢铁厂 4000 m^3 大型高炉工程设计，首钢迁钢 3 号高炉于 2010 年 1 月 8 日竣工投产，经过生产检验，高炉运行情况良好、生产稳定顺行，月平均煤比已达到 180 kg/t 以上，焦比下降到 278 kg/t 以下，月平均热风温度 1280 ℃，已取得良好的业绩。首钢迁钢 3 号高炉在国内首次采用自主创新独立的炉体分段软水冷却技术，满足了炉体不同部位对冷却强度的要求；在钢铁厂首次采用管式胶带机长距离输煤技术，节省了占地空间及投资，有利于改善环境；首次在大型高炉上采用国产最大的全静叶可调轴流式高炉鼓风机、国产最大的全干式高炉煤气余压透平（TRT），满足了高炉高效、大风量、高压操作、充分回收和利用余热余压，实现了节能降耗的要求；首钢迁钢 3 号高炉集成了大型高炉总图布置及流程优化技术、精料技术、无集中称量站直接上料工艺、首钢第四代并罐无料钟炉顶装料设备、高炉人工智能专家系统、高风温技术、热风炉人工智能专家控制系统、出铁场平坦化与机械化及自动化技术、4 套螺旋法串联加并联工艺、富氧大喷煤技术、重力除尘与旋风除尘耦合技术、高炉煤气系统综合防腐技术、节能和节水等环保技术等 20 多项新技术，为大型高炉的稳定运行创造了条件。首钢迁钢 3 号 4000 m^3 高炉工程设计项目获 2011 年度全国冶金行业优秀工程设计一等奖；首钢迁钢 3 号 4000 m^3 高炉煤气干法除尘系统获 2012 年优秀工程总承包项目一等奖。

2.2.1 炉喉钢砖结构

首钢在 20 世纪 70 年代初，各高炉炉喉钢砖是多层数的小块结构。小块钢砖结构具有整体性差、易变形的缺陷。在高炉使用热烧结矿为原料，高冶炼强度操作时，炉喉下部钢砖经常埋设在炽红、灼热的炉料中，并且炉顶温度高，四点温度差别大。在此条件下，下部小块钢砖有的被烧掉，有的严重变形，出现凸起、凹陷、扭曲等支离破碎的形态，破坏炉喉内型的完整性，影响布料和煤气流分布，迫使高炉中修，更换炉喉钢砖。钢砖破损情况，根据历次检修中所见，各高炉情况基本相同。

北京首钢 3 号高炉，1976 年中修，检修前生产 6.6 年。炉喉钢砖共十三层，每层 36 块，共计 468 块。分八块吊挂板。每块钢砖高 210 mm。上面四层较完整，越往下变形、烧损、凸起越严重，而且沿圆周各方位破损程度差别很大，个别部位有脱落，有的虽然没有脱落，但烧流现象非常严重，一般形变都如枕头面包似的，破损率高达 53%。

北京首钢 4 号高炉，1977 年中修，检修前生产 4.7 年，生产时间较 3 号高炉短，但炉喉钢砖破损程度比 3 号高炉严重，有大片脱落，裸露炉壳现象。为使炉喉钢砖不脱落，不变形，使炉喉内型经常保持完整，确保炉料和煤气的正常分布和提高钢砖的使用寿命。4 号高炉这次中修改用长条式炉喉钢砖。钢砖沿圆周每 8°一块，总计 45 块，钢砖工作面厚皮 100 mm，吊挂为工字形铸钢，其下焊有环形钢板作为托架，吊挂件通过螺栓焊在炉皮上，钢砖上下各有一悬臂，上臂承重，下臂不承重，只起限制钢砖横向摆动的作用，钢砖之间以螺栓连接，钢砖之间的竖缝填以耐火泥料，矩形箱内浇灌 600 ℃耐热混凝土，钢砖与炉壳之间填矿渣棉和水渣的混合料。

北京首钢 4 号高炉长条式炉喉钢砖经四年的生产实践考验，只发现最下部被炉料埋入的部分，略向炉内翘起，没有烧流和脱落现象，炉喉内型完整，继 4 号高炉之后，1 号高炉、3 号高炉和新建的 2 号高炉，都陆续改用长条式钢砖，这几座高炉也经历了 1~3 年的生产实践考验，观察结果与 4 号高炉情况相同。

综上所述，长条形钢砖，比多层小块钢砖优越，它结构比较合理，整体性强，刚性大，不易变形，寿命长，基本上能满足生产要求。这种结构钢砖之间竖缝和钢砖与炉壳之间填空的矿渣棉和水渣的混合料，必须填充坚实和严密，否则会造成窜入煤气而烧坏钢砖。煤气流的热冲击还会引起炉喉钢砖变形甚至烧坏，造成炉喉区域的炉料分布失常，炉料下降紊乱。

图 2-2 为首钢迁钢炉喉钢砖图，图 2-3 为首钢迁钢 3 号高炉炉喉钢砖图，图 2-4 为首钢迁钢 3 号高炉水冷炉喉钢砖结构图。

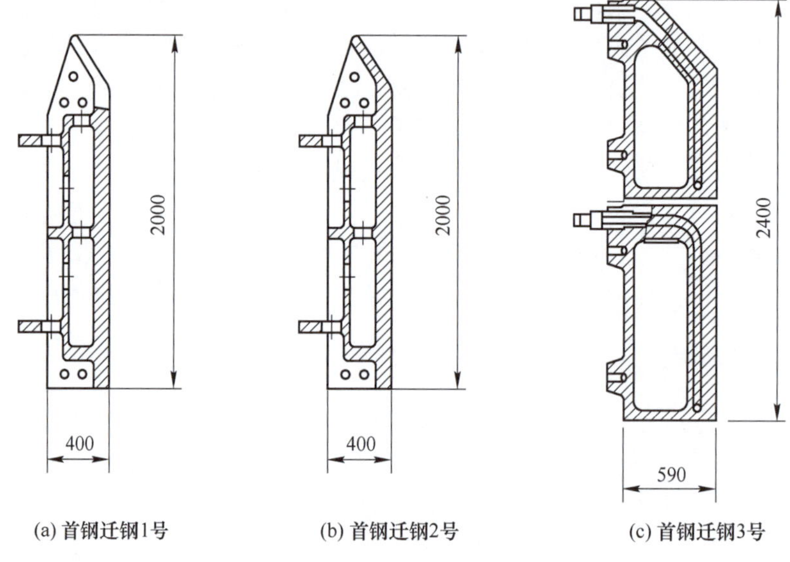

图 2-2　首钢迁钢炉喉钢砖图

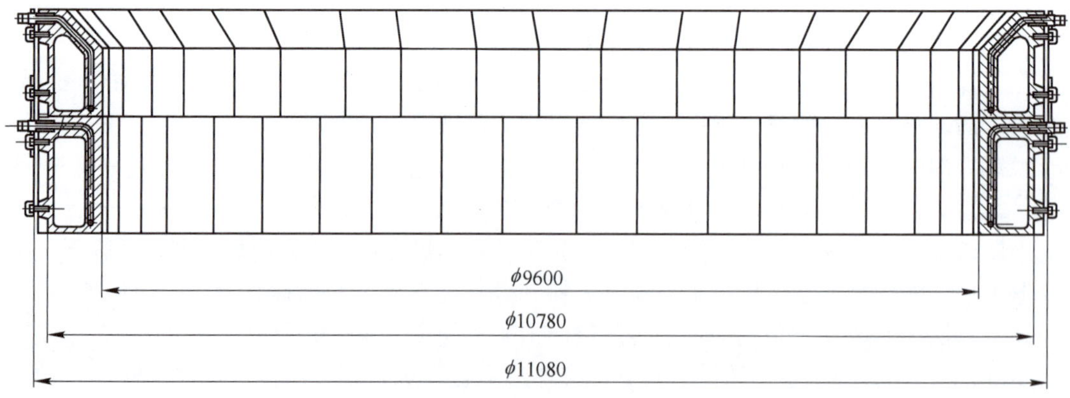

图 2-3　首钢迁钢 3 号高炉炉喉钢砖图

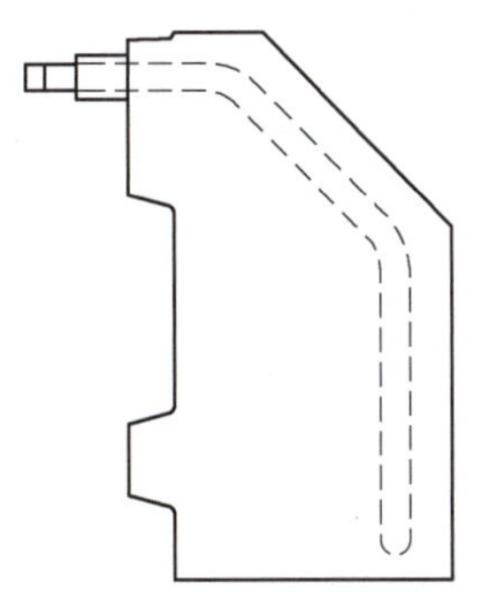
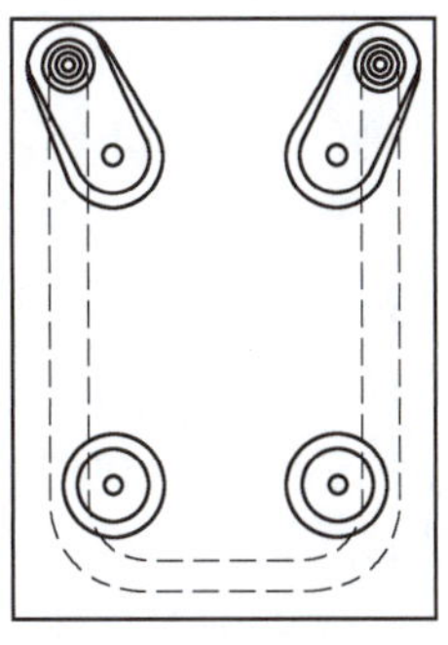

图 2-4 首钢迁钢 3 号高炉水冷炉喉钢砖结构图

2.2.2 炉腹以上炉墙结构

生产实践已证实，高炉的冷却结构对其寿命起着决定性的作用。无论是在炉缸、炉底区域，还是炉腹、炉腰和炉身下部区域，如果没有合理的冷却结构，即使采用最高档的耐火材料也无法获得高炉的长寿。合理的冷却结构对高炉寿命的延长具有重大意义，甚至可以说决定了高炉寿命的长短。为了实现高炉的长寿，高炉的冷却结构应具备以下条件：

（1）高炉炉体采用全冷却结构，消除冷却空区，从炉底至炉喉根据各部位的工作条件设置完备的冷却器，构建整个炉体全部进行冷却的全覆盖冷却体系。

（2）冷却结构与耐火材料内衬结构优化配置，构建冷却系统、冷却器与耐火材料内衬协同匹配的炉体结构，为耐火材料内衬提供有效、可靠的冷却。在炉腹至炉身区域的冷却器还应对耐火材料内衬提供有效的支撑。

（3）能够承受高温热负荷，在高炉工况的最大热流强度下，仍具有高效的传热能力，冷却器不应出现过热破损。炉缸区域冷却壁承受的热流强度要达到 10~12 kW/m^2，炉役末期在炉缸内衬侵蚀严重时应能承受的热流强度为 15 kW/m^2；炉腹区域的冷却器应承受的热流强度为 20~35 kW/m^2；炉腰、炉身下部的冷却器应能够承受的热流强度为 50~55 kW/m^2；炉身中部的热流强度为 30~40 kW/m^2，炉身上部的热量强度为 15~20 kW/m^2。

（4）对于炉腹、炉腰和炉身区域的冷却器，在耐火材料砖衬侵蚀甚至消失以后，能够依靠自身的冷却作用形成基于保护性渣皮的“自保护永久性内衬”，而且由这种永久性内衬所形成的高炉操作内型应有利于高炉生产操作和高炉稳定顺行。

（5）合理的炉体冷却结构还应当结合高炉的原燃料条件、操作条件以及操作习惯，这也是目前选择高炉冷却结构的一个重要因素。

20 世纪 70 年代以前，高炉风口以上炉腹到炉身的炉墙采用厚壁结构，耐火砖衬靠扁水箱和支梁式水箱支撑。长期的高炉生产实践表明，这种厚壁炉墙配合支梁式冷却水箱的结构，不能保持炉衬稳定存在，导致炉腹到炉身寿命很低。

毋庸置疑，降低炉体热负荷和炉衬热负荷波动对于延长高炉寿命意义重大。因为高炉在较高热负荷和热负荷波动的条件下，质量再好的耐火材料也难以实现高炉长寿。必须建立无过热、低应力的炉体设计体系，实现高效冷却系统、无过热冷却器、合理耐火材料材

质和结构的合理匹配，构建基于高效冷却的自保护炉体结构才是未来高炉长寿的必由之路。

高炉操作对高炉炉衬热负荷影响重大，与此同时，耐火材料和冷却系统的设计也对热负荷具有重要影响。在高炉冷却系统正常工作状态下，冷却器热面能够形成稳定的保护性渣皮，渣皮厚度能够对通过炉衬的热流起到有效的调节作用。显而易见，高炉炉衬热负荷的平均水平是由高炉操作模式所决定的，而不是由耐火材料和冷却系统的设计所决定的。在一定的操作条件下，系统热阻与冷却和炉衬系统无关。高炉操作过程中，高热负荷和热负荷波动所造成炉衬的热损坏仍是从冷却器和炉衬设计角度难以解决的问题，只有依靠改善原料和操作条件来解决。实践证明，通过控制高炉炉料分布来合理控制边缘煤气流是降低炉衬热负荷和减少热负荷波动最有效的措施。

2.2.2.1 炉身上部

高炉炉身中上部处于块状带，相对温度较低，尚没有液态渣铁的生成，因此液态渣铁的侵蚀也就不会在这个区域存在。实践表明，炉身中上部主要是下降炉料和上升煤气流的冲刷磨蚀和碱金属及锌对砖衬的破坏。高炉边缘煤气流的过分发展，会造成对炉衬的冲刷磨损，而且煤气流的热冲击还会引起炉喉钢砖变形甚至烧坏，造成炉喉区域的炉料分布失常，炉料下降紊乱，使炉身上部砖衬破损加剧，这种效果形成恶性循环，炉料的分布失常使煤气流分布紊乱，下降炉料与上升煤气交替作用，炉身中上部炉衬破损更加严重。在炉身上部未采用水冷壁结构以前，炉身上部无冷区经常要进行喷补或压浆造衬，以维护合理的高炉操作内型。

新建、大修的高炉炉身上部至炉喉钢砖区域取消了砌砖，在靠近炉喉钢砖的炉身区域采用倒扣“C”形的铸铁冷却壁。这种结构可使下降的炉料与稳定光滑的冷却壁面接触，改善布料条件，有利于煤气流的合理分布，延长炉身的寿命。图 2-5 为首钢迁钢倒扣“C”形冷却壁示意图，图 2-6 为首钢迁钢 3 号高炉倒扣“C”形冷却壁水冷结构示意图。

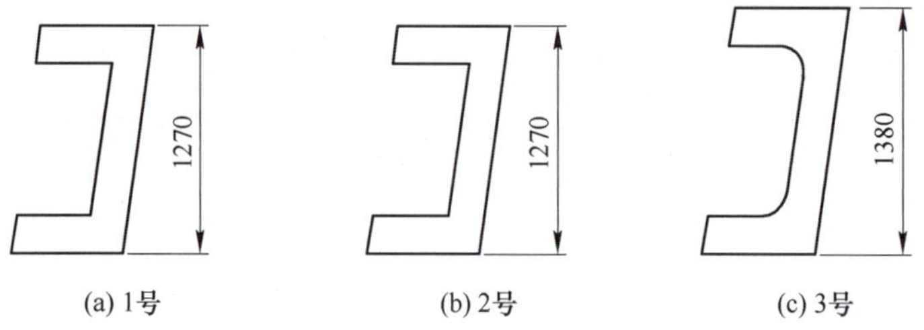

图 2-5 首钢迁钢倒扣“C”形冷却壁示意图

2.2.2.2 炉身中部

一般来说，炉身中部区域炉墙的热负荷不高，用球墨铸铁冷却壁取代支梁式水箱可明显改善这一区域的冷却条件，维持较好的操作炉型，提高高炉的使用寿命。

首钢高炉炉身部位的冷却，基本上分为以下四种类型：

（1）板式水箱冷却和厚墙炉衬结构。首钢高炉在 20 世纪 50 年代，都是采用板式水箱冷却和厚墙结构。图 2-7 为板式冷却水箱示意图。板式水箱的优点能较好地支承砖衬，在损坏时更换较方便。那时由于高炉容积小，冶炼强度不高，炉身水平低，炉身中下部炉衬侵蚀和板式水箱破损则极少。相反，在生产中，炉况顺行差和结瘤事故频繁。

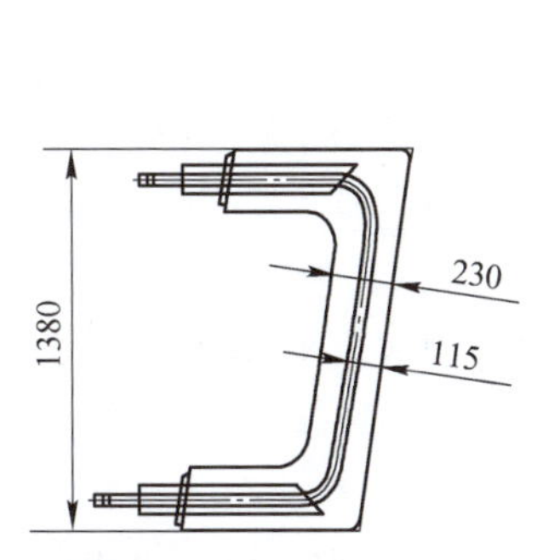

图 2-6 首钢迁钢 3 号高炉倒扣“C”形冷却壁

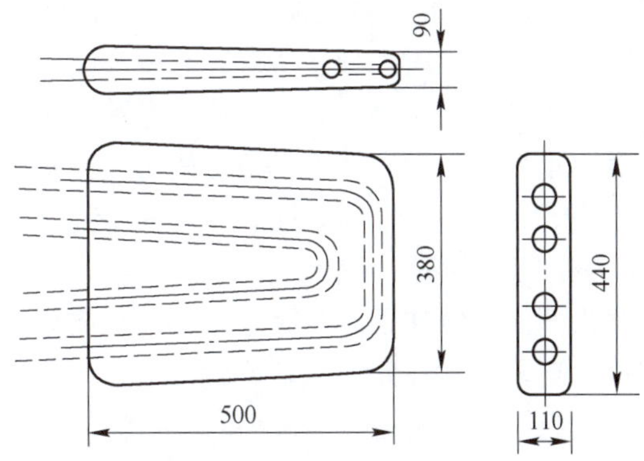

图 2-7 板式冷却水箱示意图

北京首钢 3 号高炉第一代，从炉腰到炉身共装置十五层板式水箱，砖衬厚度 1625~920 mm。每层 24 块，水箱长度 450~500 mm，双排水管。各层纵向间距，炉腰部分 532 mm，炉身中下部为 650~750 mm，上部为 918 mm。

由于板式水箱呈星棋布置，对炉衬起点状冷却，纵向及横向间距过大，相邻水箱之间冷却不均，在冷却强度低处，对炉衬不能起保护作用，使部分炉衬过早的损坏，以后逐步蔓延扩大，导致水箱裸露和损坏。因此寿命短，使用效果差。

北京首钢 3 号高炉第一代开炉后两年时间，炉腰部位冷却件破损 25%，炉身部位冷却件破损 41%，尤其 1963 年中修前，严重发展到炉壳变形、发红，甚至在炉外能听到炉内的炉料撞击炉壳的声音。中修停炉后检查内型，炉衬凹凸不平，极不规则，这在生产时势必增大料柱与炉墙的摩擦阻力，影响炉况顺行，崩、坐料增多，而突出裸露炉内的板式水箱，一般则成为结瘤的支点。在中小型高炉，因为高炉横断面积小，如果结瘤，则影响更为突出。

北京首钢 3 号高炉于 1963 年中修时，为提高冷却强度和冷却的均匀性，炉腰、炉身部位冷却板，在布置上增加数量以提高密度，将板式水箱由原 15 层改为 19 层，在其上还增加二层支梁式水箱。各层纵向间距，炉腰部位缩小为 450 mm，炉身部位缩小为 530~610 mm，砖衬厚度缩减到 1150~690 mm。

生产使用情况虽然较中修前略微好些，但是板式水箱点状布置，炉墙冷却不均，侵蚀不均，内型不规则，水箱突出裸露炉内等根本弱点，仍然未能克服。板式水箱在生产使用中，破损仍然继续发生，迫使每次检修都要更换几十块水箱。本来板式水箱的冷却形式，炉壳开孔就很多，又在更换水箱时，再次把炉壳割开，结果使炉壳变为千疮百孔，密封性极差，不适应高压操作。炉壳强度也被削弱，易产生应力集中，这是炉壳变形开裂的原因。另外，水箱密集后，水头多，尤其是在后期，不仅维护量大，而且给更换水箱带来麻烦。

自 20 世纪 60 年代以来，北京首钢三座高炉三个炉代，具有板式水箱冷却结构，共经过六次检修更换炉腰、炉身水箱及砖衬，其使用寿命平均为 5.1 年，最高 6.57 年，最低 3.17 年。寿命不算短。但是在炉役后期生产阶段，设备维护较大，生产技术经济指标差。

（2）光面冷却壁冷却，厚墙砖衬结构。北京首钢 1 号高炉第八代（容积 576 m^3），自 1962 年到 1965 年间，炉腰、炉身部位采用此类结构，在此区域内装置四层光面冷却壁，壁厚 120 mm，最上面装置二层支梁式水箱，砖衬厚度 805～690 mm。经过二年零八个月生产，大修拆炉时发现，所有紧靠冷却壁砌筑的砖衬，全部脱落，冷却壁裸露炉内。

由于高炉尚未经历强化冶炼的考验，生产水平低，炉腰、炉身部位，在生产中还没有暴露出重大的问题和缺陷。但是砖衬脱落问题引起了重视，因而在 1965 年大修时，临时变更设计，改为自炉腰向上 4.5 m 高度，装置板式水箱十二层，纵向间距为 300～450 mm，其上有二层光面冷却壁，最上有二层支梁式水箱，其中下层冷却壁是上一代的，因为没坏而继续使用。又因上一代，在支梁式水箱区域，炉壳温度高，支梁式水箱区域时有烧红现象，故在此区域新装置一层丁字形光面冷却壁，丁字形冷却壁伸展插入到支梁式水箱之间。炉体砖衬厚度改为 690～1035 mm。

上述改变，因为在炉体最容易破损的部位，采用密集式板式水箱冷却和砌筑厚墙，所以其结构形式，基本上仍然属于板式水箱冷却的厚墙结构。

北京首钢 1 号高炉生产中，出现了与前述 3 号高炉第一代的情况相似，同样暴露了明显的弱点和缺陷。

（3）镶砖冷却壁和板式水箱综合形式冷却，薄墙砖衬结构。针对板式水箱冷却，厚墙砖衬结构的根本弱点，1970 年对北京首钢 3 号高炉炉体设计改进为：在炉体下部采用镶砖冷却壁，以获取良好的操作炉型，试图提高要害部位冷却件及炉体的寿命。在炉身中部采用板式水箱，以避免砖衬脱落，最上面为支梁式水箱冷却，支撑炉身上部砖衬。

北京首钢 3 号高炉第二代从 1970 年 7 月开炉到 1976 年 12 月停炉中修，历时 6.6 年，是首钢高炉炉腰、炉身寿命最长的一次。其中经历了 1971 年至 1972 年大风冶炼强化阶段。

3 号高炉投产后约 3 年时间，炉身冷却件开始破损，板式水箱烧坏十分严重，有的烧坏堵死后，只在炉壳残存 4 根水管头，未完全烧坏的水箱，前端只剩下水管裸露在外，铸铁部分蚀掉。

镶砖冷却壁残厚 100～275 mm，镶砖大部分脱落，铁肋条突出，有的有横向裂纹，在铁口上方残厚最高达 400 mm，这是因为在生产中，铁口深度经常过浅，铁口上方风口常常用泥堵死的缘故。

支梁式水箱以上部分，炉体砖衬较完整，砌在支梁式水箱前端的砖衬，已被蚀掉，因而支梁式水箱小方头裸露炉内，表面被磨圆和被侵蚀成坑洞。

板式水箱区域，砖衬基本上全没有了，个别方位残砖厚 250～370 mm，内型呈明显的环形槽，其间凹凸不平，残留的坏水箱，水箱管损坏严重，炉壳断裂，变形也很严重，生产时经常漏煤气和发生多次烧出。镶砖冷却壁区域砖衬全部脱落，内型表面光滑。

（4）镶砖冷却壁，薄墙砖衬结构。首钢自 20 世纪 70 年代起，把高炉合理内型轮廓和冷却形式的选择及布置结合起来，统一考虑，进行设计，在炉体设计上，按照“厚墙改为薄墙，借助于沿设计内型所安装的冷却壁，以控制合理炉型轮廓和稳定良好操作炉型”的原则，新建高炉和对原生产高炉进行技术改造。

在 20 世纪 80 年代生产中的四座高炉，都是镶砖冷却壁冷却，薄墙砖衬结构，并各有特点。

1）无勾头式镶砖冷却壁。1972 年新建的北京首钢 4 号高炉，炉腰、炉身部位采用四层镶砖冷却壁，一层板式，二层支梁式水箱，炉体砖衬厚度 345～690 mm。

北京首钢4号高炉是以镶砖冷却壁为主的结构，为延长使用时间，镶砖厚度增加为345 mm，在最上层冷却壁的上面，沿圆周满布一层板式水箱，以防止冷却壁上端被磨坏。

北京首钢4号高炉于1972年10月投产到1977年7月停炉中修，历时4.83年，从时间上看，寿命是中上等水平。但是，投产后，因为与其相应的配套工程没有竣工，生产处于不平衡状态，另外，生产管理、技术操作等方面也存在不少问题，使用生产指标很低。特别在体炉前几个月内，炉体水箱破损严重，被迫慢风操作和经常处于休风不断的情况，生产指标更差。

北京首钢4号高炉生产一年半，就有三块镶砖冷却壁的水管头折断，四年多累计损坏冷却壁65块，破损率达45%，其中第七层破损率高达75%，大部分因水管头折断引起，最后导致烧坏冷却壁。

北京首钢3号高炉1976年中修，其炉腰、炉身结构，改为与4号高炉相同形式，然而冷却壁破损情况比4号高炉更为严重，生产未到半年冷却壁的水管头就开始折断，第1年坏了32块，两年半的时间，共计损坏78块，炉壳千疮百孔，多次烧出和休风补焊，无法维持正常生产，不得不提前于1979年停炉中修。

为了减少和消除冷却壁水管头折断和产生横向裂纹及提高冷却壁的耐磨性，于1977年4号高炉中修时，在冷却壁的制作上，除加强对浇注的一般工艺控制外，采取对水管涂铝粉防浇注渗碳和铁水加铬0.6%的新办法，在设计上，将炉腰、炉身冷却壁高度缩小200~300 mm，由四层改为五层，最大块高度由2300 mm改为2000 mm。因为冷却壁块大，质量大，使炉壳的应力集中，易产生变形断裂和使冷却壁下沉折断水管，大块冷却壁本身也会由于热应力关系而发生裂纹破裂。经上述改进，投产后，水管头折断现象消除，生产达五年之久，只烧坏11块水箱。分析原因，主要与上述缩小高度等措施有关，而且又与高炉操作的改善和管理工作的进步有关。例如，对边缘二氧化碳的控制由过去的6%~8%附加到12%左右[1]，在管理上执行定期清洗水箱制度，保持正常的冷却效率。应当说，这都是提高的炉身寿命的重要控制对象。

冷却壁水管头折断，除上述冷却壁块大，质量大及其他原因外，检修拆炉时发现，固定螺栓有拉弯、拉长和螺栓头烧掉，冷却壁与炉壳产生错位等现象。由此判断又与固定螺栓强度低，长度过大，螺栓拧得不紧及冷却壁与炉壳间局部区域压力灌浆填充不实等因素有关。究竟哪个是主要的，值得进一步研究、探讨例如，灌浆不实，则窜入煤气使局部区域过热，造成炉壳与冷却壁产生过大的错位，则导致水管头折断。

2）有勾头式镶砖冷却壁。采用无勾头式镶砖冷却壁，不论是厚墙或是薄墙砖衬，在高炉投产后时间不太长，都不可避免地发生砖衬自动脱落现象。如果使冷却壁裸露炉内，发生过早的损坏将导致降低高炉生产效率和增加修理费用。

有勾头式的冷却壁，具有支撑砖衬的作用，预防砖衬脱落，使冷却壁与砖衬相互依存而延长高炉寿命。

首钢自1978年以后，将北京首钢1号高炉、3号高炉、2号高炉都改为有勾头的镶砖冷却壁。1号高炉和3号高炉内衬是575 mm厚墙。北京首钢2号高炉仍然采用345 mm薄墙。

北京首钢1号高炉镶砖冷却壁全厚270 mm，浇注镶砖150 mm。高炉炉腰环梁，环梁上满布一层板式水箱，再往上共四层冷却壁，每二层冷却壁有一层勾头，勾长280 mm，各层勾头有冷却，单走水，最上有一层丁字形光面冷却壁和二层支梁式水箱。

北京首钢 2 号高炉镶砖冷却壁全厚 330 mm，浇注镶砖 230 mm。有勾头冷却壁自炉身开始，共五层，每层都有勾头，勾长 125 mm，只最上有一层勾头有冷却，其他各层勾头无冷却。因为是汽化冷却，其各层水箱管子及上下相邻冷却壁联管是自下而上单管串接方式。

北京首钢 3 号高炉镶砖冷却壁全厚 195 mm，砌筑镶砖 65 mm，有勾头冷却壁自炉身下端开始，共四层。每层有勾头，勾长 375 mm，各层勾头冷却单走水。

有勾头镶砖冷却壁，为提高对砖衬的冷却效率，冷却壁镶砖厚度都较薄。

北京首钢 1 号高炉自 1978 年 7 月投产，经三年生产，其炉腰环梁板式水箱已经全部烧坏，第七层冷却壁的勾头烧坏 5 块，其中冷却壁烧坏一块。1980 年 2 月检修，降料面到第七层冷却壁上，观察发现第七层冷却壁勾头以上紧靠冷却壁砌筑的砖衬已经脱落干净，勾头及冷却壁裸露炉内。炉腰环梁板式水箱全部破损及上部二层勾头裸露炉内，炉腰以上紧靠冷却壁砌筑的砖衬已经全部脱落。这说明，有环梁及每二层冷却壁有一层勾头的结构，尚不能解决砖衬自动脱落问题。

至于每层冷却壁都有勾头的结构，北京首钢 2 号高炉及 3 号高炉，生产三年多以来，3 号高炉冷却壁没有坏，但勾头烧坏 40 余块（内管坏），2 号高炉冷却壁水管烧坏 30 余根。由此看，就冷却件比较，3 号高炉较好，2 号高炉是汽化冷却，存在设计缺陷和管理不善等复杂问题，就冷却件来讲，尚难以判定好坏。

实践表明，炉腰、炉身部位的炉体结构形式，决定着高炉的生产效率和高炉的中修寿命。自采用炭砖、高铝砖综合炉底、炉缸以后，高炉炉缸、炉底寿命大大延长，大多数高炉一代炉龄延长到 12 年以上，但足炉腰、炉身部位的寿命则达不到，达到 6 年的也不多，即使达到 6 年以上，这也是在后期增加设备维护量和降低生产效率的条件下，才得以延长时间的。所以今后提高生产效率的重要方面，应是提高炉腰、炉身部位的寿命，使之比较完好地达到 6 年以上，在高炉一代中搞一次中修或不搞中修。图 2-8 为首钢迁钢炉身冷却壁设备示意图，图 2-9 为首钢迁钢炉身冷却壁砌砖示意图。

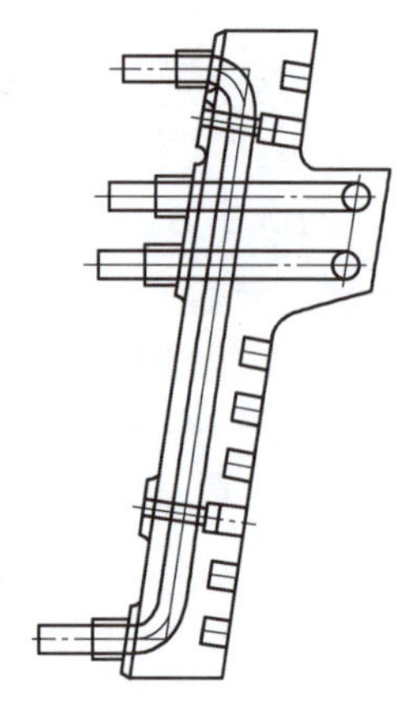
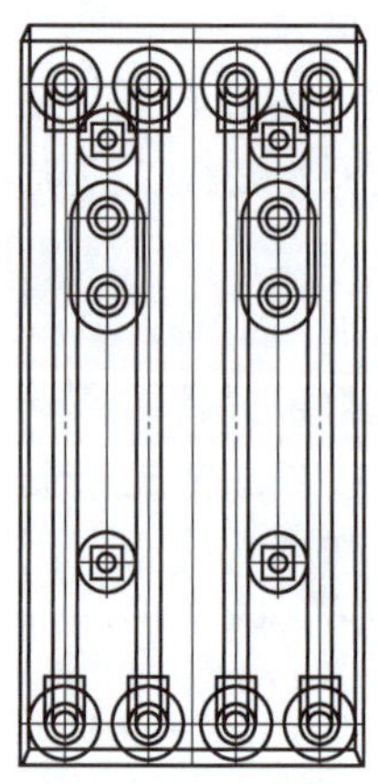

图 2-8　首钢迁钢炉身冷却壁设备示意图

2.2.2.3　*炉身下部、炉腰和炉腹*

炉身下部、炉腰和炉腹通常是高炉内软熔带形成的区域，工作条件极为恶劣，表现为热流强度最大，化学侵蚀和热震剥落最为严重。20 世纪 70 年代以前，在此高热负荷区多采用扁水箱或冷却壁配合黏土砖（或高铝砖）的厚壁炉墙。采用这种厚壁炉墙结构，生产几年后炉墙就被快速侵蚀，破损严重，使炉身到炉腹区域成为高炉长寿的严重薄弱环节。

正确选择设计炉腰、炉身冷却形式和与热流密度相应的冷却强度及耐火砖材质是很重要的。通常认为，冷却形式要符合高炉合理内型和使用寿命长的要求，耐火砖要符合耐磨、耐热、耐碱和导热性高的条件，这是选择的重要标准和依据。

高炉炉腰部位的冷却形式与高炉炉身形式基本一致，按上述首钢高炉炉腰、炉身采用过的四种结构形式，综合起来，体会如下：

（1）对延长寿命要求而言，在相同结构形式及布置下，有寿命长的，但也有寿命短的。这说明结构形式和布置是提高炉腰、炉身部位使用寿命的必要条件，但不是充分必要条件。从强化设备出发，为了提高炉腰、炉身部位的使用寿命，必须继续改进冷却件材质结构、布置和提高耐火材料质量及加强冷却系统。在当前基础上，选用耐热含铬铸铁、薄壁砌筑镶砖结构，适当扩大炉腰直径是今后值得提倡的改进方向。

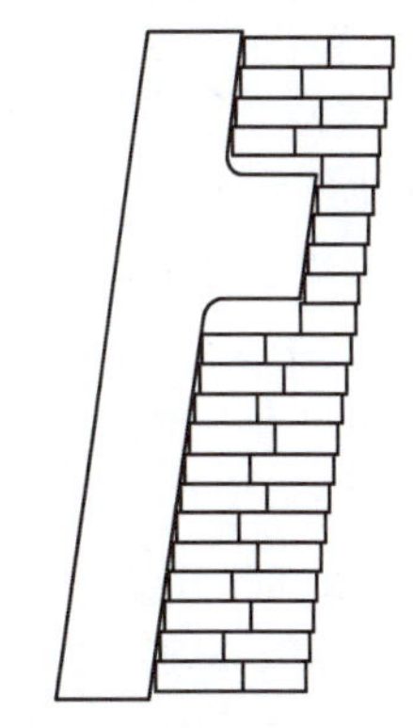

图 2-9 首钢迁钢炉身冷却壁砌砖示意图

（2）为创造一个长期稳定的合理操作炉型要求，选用镶砖冷却壁冷却，薄墙砖衬结构，优越于其他结构形式，在容积为 1000 m^3 左右或再小一些的高炉，其优点比较明显。今后应着重解决砖衬的自行脱落问题。

（3）严格控制炉内炉料分布，控制较重的边缘煤气，对提高高炉生产效率和延长使用寿命潜力很大，是高炉技术操作的重要控制对象。

（4）严格执行冷却件的定期清洗制度或冷却水的保质，避免削弱冷却强度。

炉腹部位经受的温度高、热负荷大，据北京首钢 1 号、3 号高炉实测，最大热流密度达到 207246.6 kJ/(m·h)，由于结构上的缘故，这里的砖衬又不可能砌得很厚，即便是高质量的砖也保持不住多久，一般在开炉后不到半年就蚀掉了。炉腹砖衬只是在开炉过程中，起热侵蚀的缓冲作用，主要是靠凝固在冷却件上的渣皮对冷却件及炉壳起保护作用，而冷却件的功能，则应促进生成稳定的渣皮，二者相互依存，相辅相成。因此选择恰当的冷却形式和冷却强度以适应最大热流密度的情况，是提高炉腹部位寿命的关键。图 2-10 为首钢迁钢高炉炉腰、炉腹冷却壁砌砖示意图。

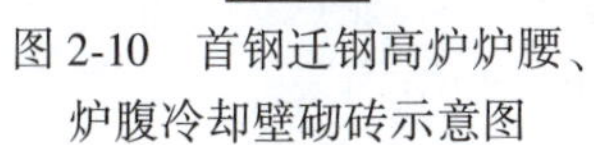

图 2-10 首钢迁钢高炉炉腰、炉腹冷却壁砌砖示意图

首钢在炉腹部位的冷却方式基本上有以下三种类型：

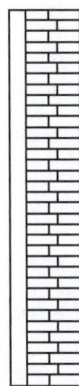

（1）外部喷水冷却。北京首钢 2 号高炉第三代 1953—1962 年约九年半的时间，采用外部喷水冷却形式。生产时间虽然很长，但问题很多，不宜采用。

1）炉况不顺行，风量小时，炉腹部位平安。当炉况顺行，风量大时，炉腹部位则面临烧穿威胁。

2）炉腰、炉腹环梁拐角处，喷水不良，最易烧出。

3）喷水不均，易造成炉壳变形。

4）喷水溅落，风口平台环境变坏。

北京首钢 2 号高炉于 1964 年大修，改为光面冷却壁冷却，自此之后，高炉就不再采用外部喷水冷却了。

（2）光面冷却壁冷却，内砌 345 mm 砖衬。北京首钢 1 号高炉 1961 年大修，炉腹部位试用光面冷却壁。1965 年炉底温度高，被迫再次大修时，因炉冷却壁完好，没有更换，继续使用到 1972 年中修，寿命达八年六个月。中修拆炉检查冷却壁，完全烧掉的占 25%，残存冷却壁全部裸露，上表面有较大的横向裂缝，而且有半数以上在上端被切去一角，露出水管。

1972 年中修，仍然采用冷却壁冷却，至 1978 年中修，寿命六年零一个月，破损率达 50%。

从北京首钢 1 号高炉使用情况可以看出，因为冷却壁是铸铁件，表面工作温度不应超过 500 ℃，否则会发生强度降低甚至烧裂。

光面冷却壁直接触及渣皮，渣与平整的铁面接触，不会形成牢固的渣皮，往往由于炉内煤气流不稳定等影响，导致渣皮脱落，使冷却壁表面承受高温而烧裂。至于半数以上被切去一角是因为炉腰环梁满布的冷却壁裸露，以致烧坏，往下则发展为炉腹冷却壁被切去一角。

北京首钢 2 号高炉第四代由外部喷水冷却，改为光面冷却壁的形式，在一代炉役中二次更换炉腹冷却壁，其寿命分别为 3 年、4. 9 年、6. 25 年，而破损率每次都在 90%以上。

从两座高炉使用情况看，有寿命短的，也有寿命长的，然而在生产后期，破损率都很高，成为降低生产效率的因素之一。

（3）镶砖冷却壁冷却，内砌 345 mm 砖衬。与光面冷却壁比较，光面冷却壁容易结成渣皮，并且比较牢固，一则可以降低冷却壁表面温度，二则也能经受炉料的摩擦和高温气流的冲刷，寿命可以长些。

北京首钢 3 号高炉第一代冷却壁镶砖厚度 230 mm，铁壁厚 100 mm，水管间距 130 mm，镶砖面积 43%，水管单出单进，进出水头都在水箱的下端。开炉后半年，就烧坏二块冷却壁，改通蒸汽冷却，经两年半时间（1961 年）累计烧坏 37 块，只剩下三块完好的水箱，以后靠外部喷水冷却，维持生产到 1963 年中修。

中修对炉腹冷却壁做了如下改进：镶砖厚度增加为 315 mm，镶砖面积缩小到 35%~42%，最为可取之处是，水管改为双进双出，进出水头移到上端，其好处是当冷却壁坏一半时可以拆开，冷却强度提高和流向合理。这样从中修后投产到 1970 年大修，连续生产 6. 57 年，炉腹冷却壁只坏三块，破损率只有 7. 5%，残砖厚度一般约为 70 mm。大修对炉腹冷却结构未作出变更，第二代经二次中修二次更换炉腹冷却壁，寿命分别为 6. 6 年和 2. 4 年，这二次炉腹冷却壁一块都没有坏。

北京首钢 4 号高炉第一代炉腹冷却壁镶砖厚度也是 345 mm，经 4. 7 年炉腹冷壁坏了一块半，破损率只有 4%。

就以上三种冷却形式比较，镶砖冷却壁要优越于外部喷水冷却和光面冷却壁冷却。镶砖厚度 345 mm，镶砖面积 35%~42%，双进双出水，进出水头在上端的镶砖冷却壁使用年限较长，可达 6~7 年，效果较好。

1980 年生产中的四座高炉炉腹水箱都是镶砖冷却壁结构，但在镶砖厚度上各不相同。其中北京首钢 1 号高炉、4 号高炉为一般形式浇注镶砖冷却壁。北京首钢 2 号高炉因为是汽化冷却，冷却水管为单管，自下端进上端出，再与上层水箱管串接直达炉身最上层冷却壁，与一般冷却壁的区别是，本块冷却壁水管没有拐弯的地方。北京首钢 3 号高炉每块水

箱的水管布置同一般形式，而镶砖改为栅格砌筑形式，这种水箱在浇注冷却壁时，要在冷却壁内侧，浇成平面并预留横向满砌 55 mm 耐火砖的砖槽，砖槽尺寸为 61 mm×65 mm 冷却壁弧长，用黏土耐火泥浆加 20%比例的 200 号以上硅酸盐水泥砌筑耐火砖。

2.2.3 炉缸、炉底结构

2.2.3.1 首钢炉缸、炉底内衬设计体系

中国首钢与汉阳钢铁厂是在同一年代诞生，从此，中国钢铁工业蹒跚起步，首钢石景山厂是伴随了中国钢铁工业漫长发展经历，并且是延续到 21 世纪的钢铁厂，于 2010 年底全部停产。炉缸、炉底内衬技术体系的发展经历了各种模式，从全陶瓷类炉缸、炉底内衬到目前的综合内衬结构体系，已经形成了“强化冷却，控制炉缸、炉底的‘象脚状’侵蚀，避开炉缸的过度侵蚀，使炉缸、炉底侵蚀向锅底状侵蚀的方向发展”的设计理念。

从 20 世纪 90 年代初开始，北京首钢 1~4 号高炉，首钢迁钢 1~3 号高炉，首秦 1 号、2 号高炉，首钢京唐 1 号、2 号高炉相继采用了“小块炭砖炉缸+综合炉底结构”和“小块炭砖炉缸陶瓷杯复合炉缸、炉底结构”结构体系，在首钢高炉炉缸、炉底结构中形成典范。北京首钢 1 号高炉（2536 m^3）是“陶瓷杯复合炉缸、炉底”结构；北京首钢 3 号（2536 m^3）、4 号（2100 m^3），首钢迁钢 1 号、2 号（2650 m^3）、3 号高炉（4000 m^3），首秦 1 号（1200 m^3）、2 号（1800 m^3）高炉，首钢京唐 1 号、2 号高炉（5500 m^3）是“碳质炉缸+综合炉底”结构。这两种结构在首钢得到成功应用，高炉炉缸、炉底结构形成典型对比，均已取得了 16 年以上（无中修）的长寿业绩，特别是北京首钢 1 号和 3 号高炉炉容炉型相同，在其他因素基本相同的条件下其炉龄基本上是并驾齐驱，这也充分说明了两种技术主流模式基本成熟。

炉底结构有两种形式：一是缓蚀型，二是相对永久型。

缓蚀型又称白色炉底（图 2-11（a））就是炉底全部采用陶瓷质材料，不重视冷却，完全靠耐火材料来抵抗炉内的侵蚀，炉底的厚度变化较大，是完全的耐火材料法。缓蚀型炉底在过去多年的生产实践中它的缺点已完全暴露，易造成炉底烧穿，寿命短，已被淘汰。

相对永久型分两种，全碳炉底（图 2-11（b））（又称黑色炉底）和综合炉底（图 2-11（c））。永久型结构就是在炉底采用了高导的碳质材料，比缓蚀型炉底减薄近三分之二，重视炉底冷却，加强冷却效果，在炉底尽早形成具有防护作用的挡铁墙，只要热平衡不被破坏，挡铁墙也就会相对“永久”地保持。

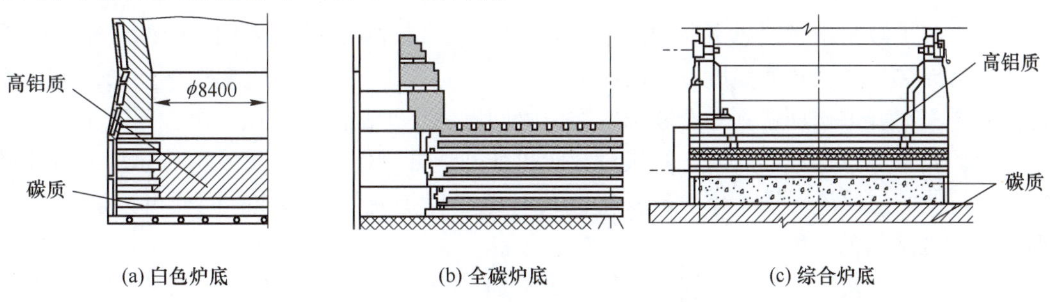

图 2-11 白色炉底、全碳炉底、综合炉底示意图

目前，多采用永久型并形成了综合炉底和全碳炉底两大流派，从传热学角度来说，综合炉底是绝热与导热的结合，全碳炉底是完全的导热机理。从设计构思角度来说，综合炉底和全碳炉底又是“现代耐火材料法”和“导热法”的杰出代表。从经济和高炉操作工艺过程来说，综合炉底将是今后的发展趋势。

全碳炉底虽然通过减薄炉底，采用高导优质的炭砖满足了高导热强冷却的要求，通过导热的办法尽快形成挡铁墙保护耐火材料不受炉内的侵蚀。然而，在开炉初期，由于冷却效果不能充分发挥，冷却不正常，还有操作不稳定，“挡铁墙”不能较快地形成，必然对炭砖衬强烈地磨损侵蚀，有可能在这段动态期，炭砖就遭到严重损坏，不利于稳态期的长寿。

相比之下，综合炉底在满铺炭砖的上面覆盖一层耐磨、低导热、抗碱、抗铁水渗透的高铝陶瓷材料，首先在开炉初期的动态期，这层高铝陶瓷材料直接面对渣铁，有力地抵抗炉料的冲击、渣铁的冲刷、炉内高温下的各种化学侵蚀，保护下面的炭砖；另外，某些具有受热微胀性的高铝陶瓷材料受热微胀可以将砖缝挤实，也使渣铁经砖缝的渗透减少，有效地延长动态期。待这层高铝陶瓷材料磨蚀后，又可在下面保护较完好的炭砖上尽早形成挡铁墙，这种结构更安全更有利于炉底长寿。

炉缸结构类似于炉底结构。一种是炭砖与高铝陶瓷材料结合的复合炉缸结构（图 2-12（a））；一种是全炭砖炉缸结构（图 2-12（b））。从传热角度来说，炭砖与高铝陶瓷材料结合的炉缸结构是绝热与导热的结合，通常称之为“保温型”炉缸结构。全炭砖炉缸结构是完全的导热机理，通常称之为“散热型”炉缸结构。

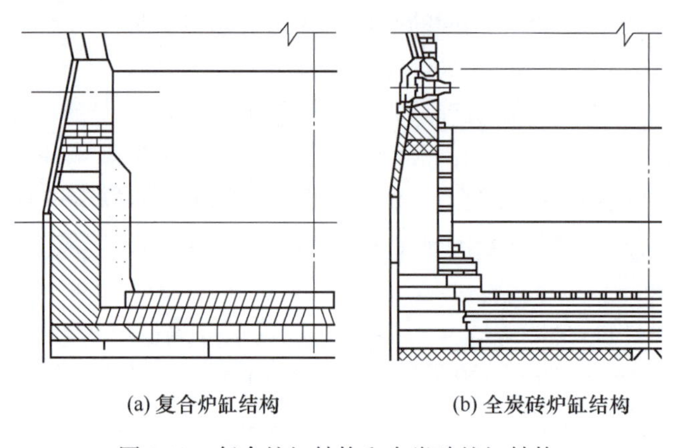

(a) 复合炉缸结构　　(b) 全炭砖炉缸结构

图 2-12　复合炉缸结构和全炭砖炉缸结构

全炭砖炉缸结构顾名思义在炉缸采用炭砖砌筑，这种结构曾在我国广泛的应用，依靠炭砖的高导热性降低热面温度，在内壁形成渣、铁焦、碳氮化钛及石墨保护壳来保护炭砖衬。同样，在开炉初期遇到和全碳炉底类似的问题，在炉缸壁渣、铁、焦、碳氮化钛及石墨层保护壳不能较快地形成时，必然对炭砖衬强烈地冲刷侵蚀。如果采用高导炭砖结合强冷却也促使炉缸壁渣、铁、焦、碳氮化钛及石墨层保护壳快速形成，同样可以实现“保温型”炉缸结构的功能。

相比之下，炭砖与高铝陶瓷材料结合的炉缸结构（紧贴冷却壁砌筑炭砖，在内壁镶砌高铝陶瓷材料），在开炉初这段动态期，高铝陶瓷材料壁直接面对渣铁，保护后面的碳衬；另外开炉初期高铝陶瓷材料低导热性对炉缸内起到了保温作用，可以提高铁水温度18~25 ℃；同时利用高铝陶瓷材料其强耐磨性、抗碱、抗铁水渗透性可以大大延长炉缸动态期的寿命。然而由于高铝陶瓷材料的低导热性，在其表面不易形成保护壳，它会被逐渐侵蚀掉，在炉役5~10年高铝陶瓷材料的功能失效，同时会产生内衬温度和炉缸热负荷的波动，北京首钢1号高炉采用陶瓷杯在生产6~7年时曾经发生过类似波动现象，不过高炉经长时间运行后，炉况较平稳，当热面接触到碳衬后很易达到热平衡，渣、铁、焦、碳氮化钛及石墨层保护壳也能尽快地形成，进入高炉寿命的稳态期，炭砖所受的冲刷侵蚀较浅，从而有效地延长了稳态期寿命，最终达到炉缸长寿目的。

2.2.3.2 首钢炉缸、炉底结构的演变

高炉炉缸、炉底寿命涉及到高炉炉型、内衬结构、冷却等多方面，并且密切相关，是首钢一直特别关注的问题，高炉寿命问题始终是侵蚀与防侵蚀的矛盾。从20世纪50年代以来，首钢不断改进结构设计，不断提高设备及耐火材料的使用水平，曾经试用过各类耐火材料的炉衬和冷却结构，例如，高炉炉缸、炉底内衬，使用过全黏土砖，有炭捣料+黏土砖综合炉底，有炭砖+高铝砖综合炉底，有炭砖+陶瓷杯复合结构，有UCAR热压小炭块+炭砖+高铝砖综合炉底，同时随着耐火材料的发展，使用了微孔炭砖、超微孔炭砖、高导石墨砖等碳质，使用了刚玉质、刚玉莫来石质、Al_2O_3-C-SiC质陶瓷材料；冷却结构采用过无冷炉底结构、风冷炉底结构、水冷炉底结构、喷水冷却炉缸结构、铜水箱炉缸冷却、板式水箱、支梁水箱、镶砖铸铁冷却壁、光面铸铁冷却壁、铜冷却壁等多种形式，在20世纪五六十年代经历过多次炉缸、炉底烧出事故，经过大量的侵蚀调查和分析研究，积累了宝贵经验，经过几十年的经验积累逐渐形成了具有首钢特色的高炉炉缸、炉底结构，在一代炉役无大修和中修的情况下，实现了17年以上连续生产的长寿业绩，北京首钢3号高炉如果不是首钢搬迁调整而停炉，根据热电偶内衬温度监测和推测分析仍然能够生产5~8年，创造高炉寿命的新纪录。从图2-13可以看到首钢炉缸、炉底结构演变的漫长历程。

自20世纪90年代，首钢高炉寿命取得巨大进步，摆脱了20世纪五六十年代寿命5~8年甚至2~3年的频繁大修的困境。

炉缸、炉底结构设计强调整体稳定的“炉缸杯结构”，例如，在风口、铁口组合砖采用大块组合砖，砌筑结构采用咬砌结构增强整体性等措施。

耐火材料的选择扬弃过去耐高温、高密度、耐冲刷的片面性，加入了高导热、超微孔、抗渗透、抗熔蚀、低膨胀等特性的质量控制，当然在表面质量、砖形尺寸控制以及砖缝尺寸控制也提出了较高的要求。

随着高炉设计结构优化和耐火材料的进步，进入21世纪，首钢高炉的炉缸、炉底结构逐步趋于完善，形成了“小块炭砖炉缸+高导微孔炭砖综合炉底结构”的基本模式。设计思想由原来的完全抗侵蚀抗磨损内衬，逐步发展到了今天以“无过热，无过应力”为核心指导思想，强调缸炉底整体结构，强化冷却，形成“炉缸杯结构”保护的长寿设计体系。从表2-2首钢近20年部分高炉炉龄统计可以看到炉缸、炉底寿命的进步。

2.2.3.3 首钢炉缸、炉底长寿设计技术思想

首钢高炉长寿设计技术思想是以加强冷却，“无过热，无过应力”为核心指导思想，强调缸炉底整体结构，强化冷却，在象脚状或蒜头状侵蚀区强化冷却，将侵蚀线向内推移

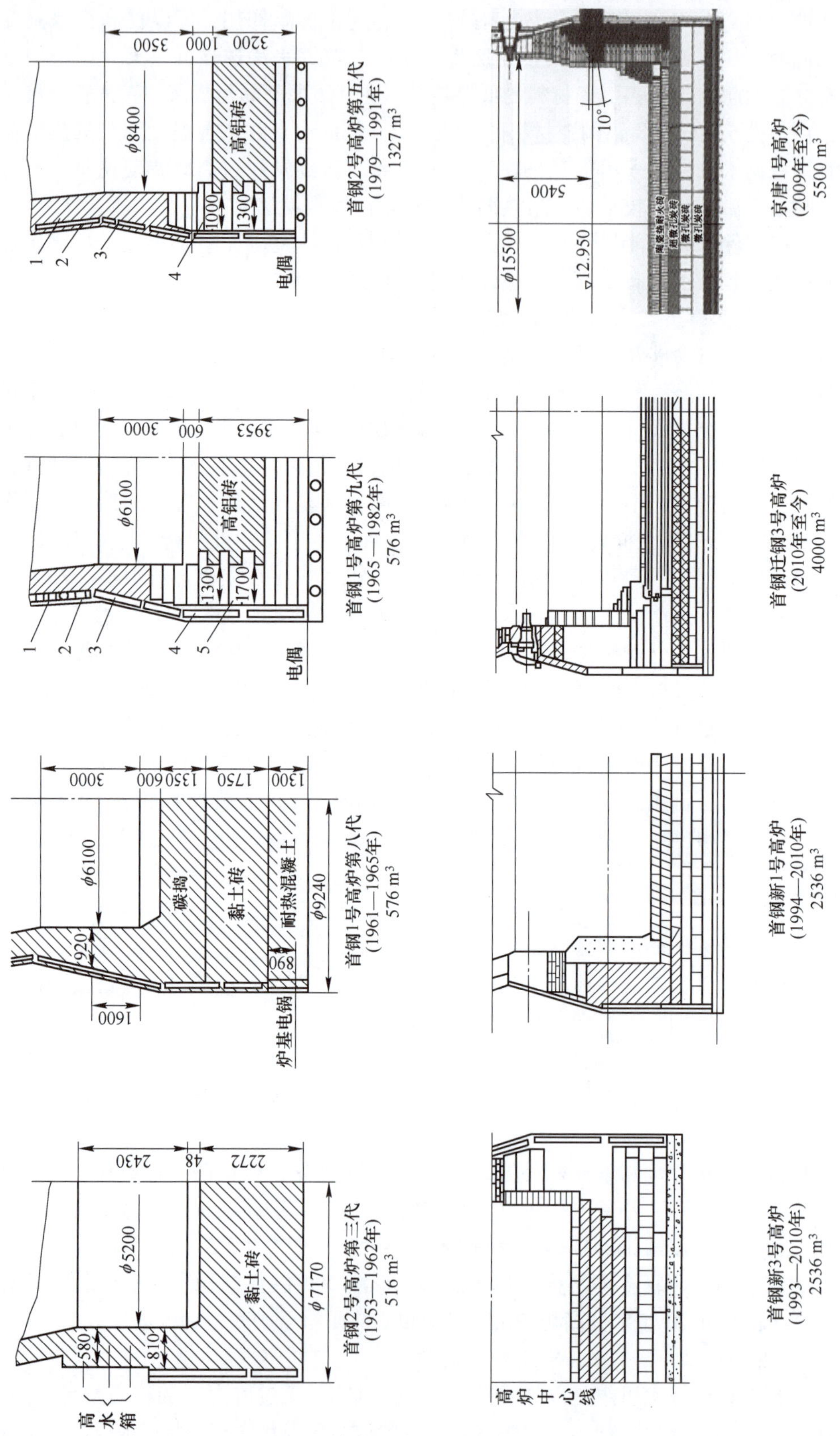

首钢2号高炉第三代
(1953—1962年)
516 m³
2430
48
2272
φ5200
φ7170
黏土砖
580
810
高水箱
首钢1号高炉第八代
(1961—1965年)
576 m³
3000
600
1350
1750
1300
φ6100
φ9240
碳捣
黏土砖
耐热混凝土
920
890
1600
炉基电偶
首钢1号高炉第九代
(1965—1982年)
576 m³
3000
600
3953
φ6100
高铝砖
1300
1700
电偶
首钢2号高炉第五代
(1979—1991年)
1327 m³
3500
1000
3200
φ8400
高铝砖
1000
1300
电偶
首钢新3号高炉
(1993—2010年)
2536 m³
高炉中心线
首钢新1号高炉
(1994—2010年)
2536 m³
首钢迁钢3号高炉
(2010年至今)
4000 m³
京唐1号高炉
(2009年至今)
5500 m³
φ15500
5400
10°
12.950

图 2-13 首钢炉缸、炉底结构的演变过程

表 2-2　首钢近 20 年部分高炉炉龄统计

厂名炉号	容积 /m^3	开炉/停炉日期	炉缸、炉底结构特点	炉龄	一代炉役单位炉容产量/$t \cdot m^{-3}$	备注
首钢 1 号	2536	1994 年 6 月/2010 年 12 月	炭砖+陶瓷杯	16 年 6 月	13328	停产
首钢 2 号	1726	1991 年 5 月/2002 年 3 月	炭砖+综合炉底	10 年 9 月	8857	停产
首钢 3 号	2536	1993 年 6 月/2010 年 12 月	炭砖+综合炉底	17 年 6 月	13991	停产
首钢 4 号	2100	1992 年 3 月/2007 年 12 月	炭砖+综合炉底	15 年 9 月	12569	停产
首钢迁钢 1 号	2650	2004 年 10 月 8 日	高导炭砖+微孔炭砖+综合炉底	—		生产中
首钢迁钢 2 号	2650	2007 年 1 月		—		生产中
首钢迁钢 3 号	4000	2010 年 1 月 8 日	高导石墨+超微孔炭砖+综合炉底	—		生产中

远离炉缸外壳，避开炉缸的过度侵蚀，使炉缸、炉底侵蚀向锅底状侵蚀的方向发展，在炉缸、炉底形成相对稳定的渣铁冻结层。同时合理布置热电偶计器检测实现有效判断。

根据首钢多年的实践得出：采用先进的炉缸、炉底结构的同时要特别注意炉缸、炉底炭砖的选用，强化炉缸、炉底冷却，加强检测监控。关键部位选用高导耐侵蚀的优质炭砖，其言外之意就是强化冷却，所以在冷却水量上要节约而不要制约，在冷却流量的设计能力上要考虑充分的调节能力，冷却流量控制应根据生产实践的实际情况实施，从而达到节能降耗的目的。不能在设计能力上过分限制冷却水量小，从而导致调节能力不足，在检测到炉缸、炉底温度或热负荷异常时诸多措施难以实施。在考虑炉缸与炉底整体结构和冷却的基础上要注意计器检测的工艺布置设计，计器检测是炉缸、炉底的眼睛，生产中通过此来判断炉缸、炉底的侵蚀情况和制定冷却制度，在炉缸、炉底合理布置热电偶计器检测，对侵蚀程度实现正确有效的判断，为及时护炉、调节冷却制度提供依据，为安全生产提供保障。

当然炉型合理性、耐火材料品质、施工建设质量、操作维护等同样重要。

2.2.3.4　首钢迁钢炉缸、炉底内衬设计特点

在炉缸与炉底侵蚀中最危险的是炉缸与炉底交界处侵蚀，这已形成共识，该区域同样受渣铁冲刷、化学侵蚀、铁水渗透熔蚀、热应力等侵蚀，其薄弱在于较其他区域受最大最复杂的热应力作用（同时受来自于炉缸、炉底上下纵向和炉底材料膨胀形成的径向应力），其侵蚀表现为通常所说的“象脚状”侵蚀，造成危险的炉缸过度侵蚀。

首钢炉底厚一般在 2800～3000 mm，因此在设计时要刻意控制炉缸、炉底的“象脚状”侵蚀，避开炉缸的过度侵蚀，使炉缸、炉底侵蚀向锅底状侵蚀的方向发展。故设计使用高导优质炭砖同时特别要加强该区域的冷却，充分发挥高导优质炭砖的作用。

以首钢迁钢 2650 m^3 高炉内衬结构为例，炉缸、炉底是“高导热炭砖+综合炉底”结构。立足于国内，选用优质耐火材料。炉缸、炉底交界处即“象脚状”异常侵蚀区，引进部分国外先进的耐火材料，美国 UCAR 公司的高导热、高抗铁水渗透性 NMA 和 NMD 热压炭块，风口和铁口区域分别采用风口组合砖和美国 UCAR 公司的 NMA+NMD 铁口组合结构。炉底满铺高导热大块炭砖（石墨砖）+优质微孔（超微孔）大块炭砖。炉缸、炉

底内衬结构详见图 2-14，主要耐火材料理化性能详见表 2-3、表 2-4。

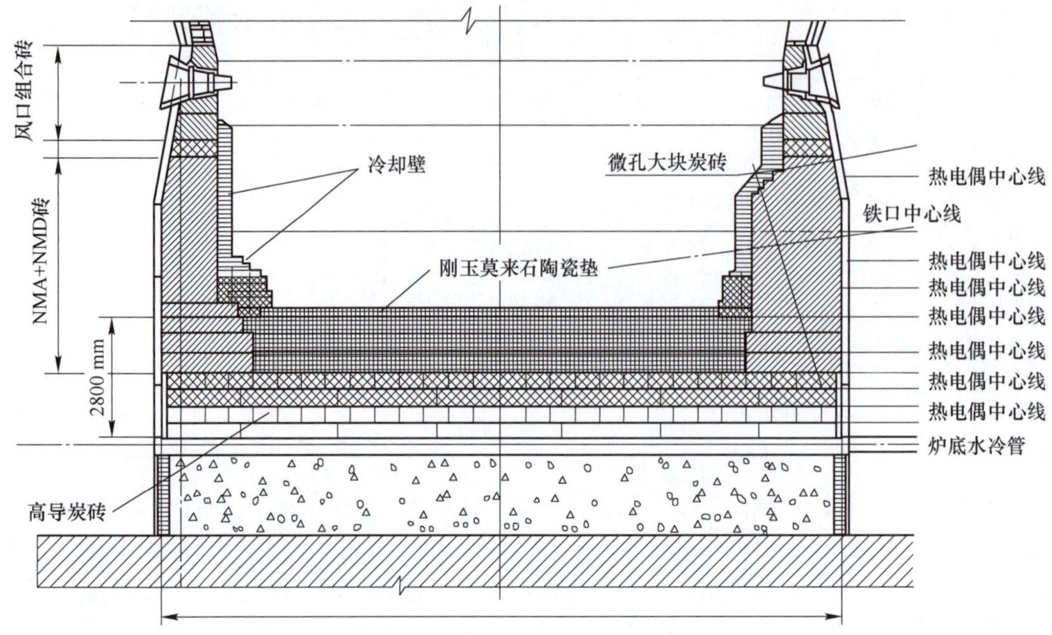

图 2-14 首钢迁钢 2650 m^3 高炉炉缸、炉底内衬结构

表 2-3 炭质材料理化性能表

序号	性能指标		单位	炭砖品种			
				高导炭砖	微孔炭砖	NMA	NMD
1	灰分		%	≤7	≤20	≤12	≤9
2	体积密度		g/cm^3	≥1.6	≥1.6	≥1.61	≥1.82
3	显气孔率		%	≤18	≤16	≤18	≤16
4	常温耐压强度		MPa	≥31	≥36	≥33	≥30
5	抗折强度		MPa	≥8.0	≥9		
6	耐碱性			U（优）	U 或 LC		
7	氧化率		%	≤20	≤14		
8	透气度		mDa	≤70	≤9	≤11	≤5
9	热导率	室温	W/(m·K)	≥25	≥6	≥20	≥60
		300 ℃		—	≥9	≥14	≥42
		600 ℃		≥30	≥14	≥14	≥38
10	平均孔半径		μm	—	≤0.5		
11	<1 μm 孔容积		%	—	≥70		
12	真密度		g/cm^3	≥1.9	≥1.9		
13	铁水熔蚀指数		%	≤2	≤28		

表 2-4 刚玉莫来石陶瓷垫理化性能表

项 目	单位	指标	项 目	单位	指标
Al_2O_3	%	≥80	1000 ℃下热导率	W/(m·K)	<2.7
Fe_2O_3	%	≤0.5	热膨胀系数	10^{-6}/K	<5
体积密度	g/cm^3	>2.9	抗碱性		优
耐火度	℃	>1790	铁水熔蚀指数	%	<1
常温耐压强度	MPa	>100	抗渣侵蚀指数	%	<8
荷重软化温度 (0.2 MPa，0.6%)	℃	>1700	重烧线变化率 (1500 ℃×3 h)	%	0~+0.1

2.2.3.5 首钢迁钢炉缸、炉底的理论计算分析

国内外对炉缸、炉底传热数学模型的研究和计算较多，主要有二维、三维的稳态和非稳态导热过程，有考虑炉缸凝固潜热的，也有不考虑炉缸凝固潜热的。在三维非稳态包括凝固潜热的炉缸、炉底传热数学模型基础上，考虑高炉的具体情况及其对称性，通过传热的对称性取绝热边界，从而对三维炉缸、炉底温度场进行简化数值模拟，建立二维稳态包括凝固潜热的炉缸、炉底传热数学模型。

A 物理模型建立

按照首钢迁钢 1 号高炉炉缸、炉底内衬结构和冷却设计建立温度场物理模型，计算物理模型见图 2-15，柱坐标系微元控制体见图 2-16。

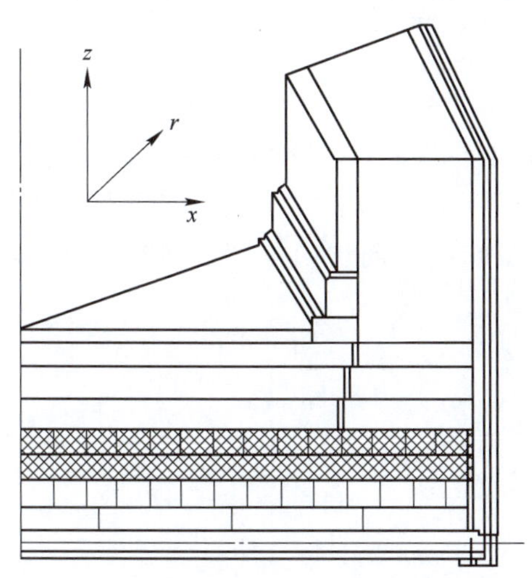

图 2-15 首钢迁钢 1 号高炉炉缸、炉底内衬温度场物理模型

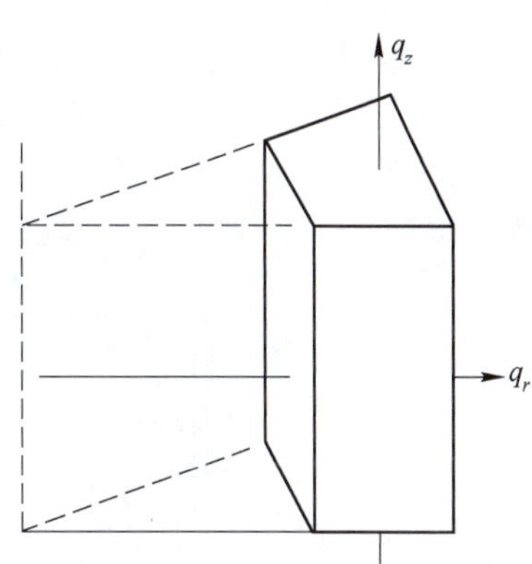

图 2-16 柱坐标系微元控制体
（q_z和 q_r分别表示 z 轴向和 r 径向热流）

B 数学模型建立

包括凝固潜热的二维非稳态炉缸、炉底传热控制微分方程为：

$$\frac{\partial}{\partial \tau}(\rho H) = \frac{1}{\gamma}\frac{\partial}{\partial \gamma}\left(\kappa\gamma\frac{\partial T}{\partial \gamma}\right) + \frac{\partial}{\partial Z}\left(\kappa\frac{\partial T}{\partial Z}\right) \tag{2-1}$$

其中：

$$H = V(LS + c_p T) \tag{2-2}$$

式中 ρ——密度；

τ——时间；

H——热焓；

κ——热导率；

T——温度；

V——体积；

L——凝固率；

S——潜热；

c_p——质量定压热容。

边界条件见图 2-17，说明如下：(1) z 方向铁水区域为恒温区；(2) z 方向耐火内衬鉴于传热的对称性取绝热边界条件；(3) 炉缸冷却水管与炉壳、耐火内衬间取对流换热边界条件；(4) 炉壳外表面取对流换热边界条件；(5) 炉底冷却水管与耐火内衬间取对流换热边界条件；(6) 炉缸、炉底中心鉴于传热的对称性取绝热边界条件。

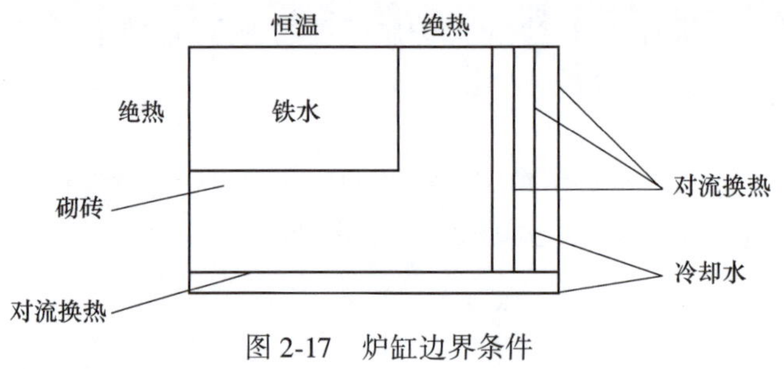

图 2-17 炉缸边界条件

C 计算结果分析

从无强化冷却和强化冷却炉缸、炉底等温线的分布（图 2-18 和图 2-19）可以看出，在炉缸、炉底使用高导优质的 NMA+NMD 炭砖，并且在第 2、3 段冷却壁采用中压工业净水循环强化冷却，起到明显效果，1150 ℃等温线明显向炉内推移，抑制炉缸、炉底的“象脚状”侵蚀，并形成了“锅底状”侵蚀趋势。

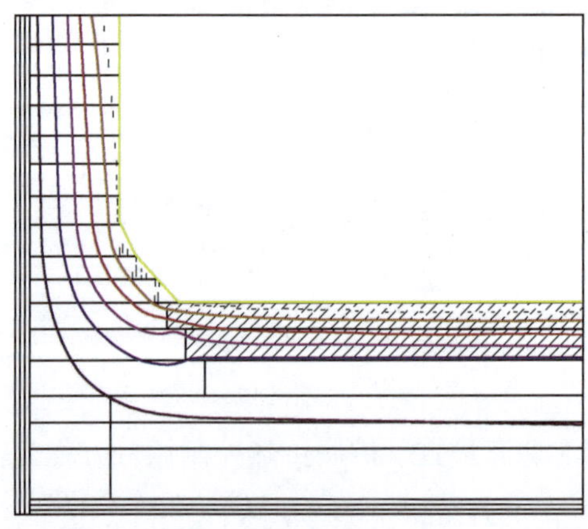

图 2-18 无强化冷却首钢迁钢 1 号高炉炉缸、炉底等温线分布

（由内至外曲线温度依次为 1150 ℃、100 ℃、800 ℃、600 ℃、400 ℃、200 ℃）

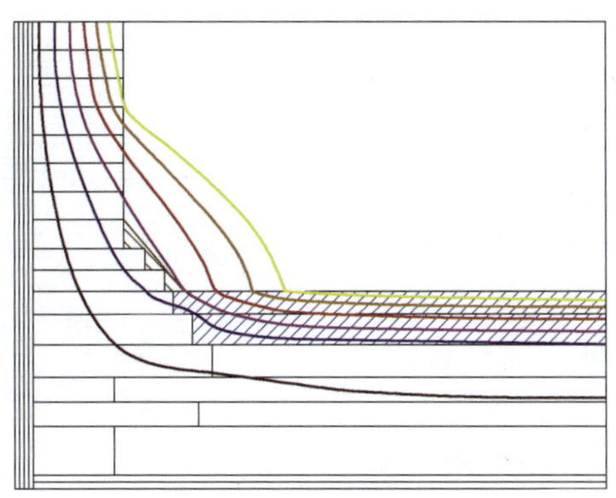

图 2-19　强化冷却首钢迁钢 1 号高炉炉缸、炉底等温线分布
（由内至外曲线温度依次为 1150 ℃、1000 ℃、800 ℃、600 ℃、400 ℃、200 ℃）

高炉寿命是冷却系统、耐火材料和高炉冶炼过程相互作用的结果。现代高炉长寿综合技术的开发和应用，使高炉的寿命已能延长到 15～20 年，部分大型高炉寿命甚至达到 20 年以上，高炉单位容积产铁量达到 15000 t/m^3。高炉寿命的大幅度延长不仅是由于耐火材料和冷却系统设计的改进，高炉精料水平的提高、炉料分布控制技术的改进、高炉冶炼过程控制、炉体自动化监测以及维护技术的提高，都对延长高炉寿命都具有重要作用。

2.3　高炉冷却设备设计

2.3.1　炉底冷却结构

根据高炉炉底封板位置的不同，炉底水冷管的布置有炉底封板上面布置和炉底封板下面布置冷却水管两种形式，首钢所有高炉的炉底冷却均布置在炉底封板上面。

20 世纪 50 年代以前，高炉炉底采用黏土砖或高铝砖砌筑，炉底一般不设冷却装置。随着炭砖的使用，高炉炉底开始进行冷却。最初采用风冷炉底，随后出现了油冷炉底和水冷炉底，现代高炉普遍采用水冷炉底，而且绝大部分高炉采用纯水或软水密闭循环冷却系统。近 30 年来，为了强化炉底冷却、抑制炉底侵蚀、延长炉底使用寿命，炉底冷却结构主要进行了以下的创新和改进：

（1）改善冷却水质，提高冷却效率，采用纯水或软水密闭循环冷却系统。传统的炉底冷却一般采用开路工业水，冷却水经过“C”形供水环管进入到每根炉底水冷管中，然后排入到环槽中。目前高炉炉底冷却系统一般作为高炉整体冷却系统的一个冷却子单元，单独进行冷却。高炉串联软水密闭循环冷却系统将炉底冷却串联在整个冷却回路中，由于炉底的热负荷不高，冷却水温升不高，这种串联冷却的模式也可以满足炉底冷却的要求。图 2-20 是传统的采用开路工业水冷却的炉底水冷管布置结构，图 2-21 是采用软水密闭循环冷却的炉底水冷管布置结构。

（2）改进炉底冷却水管结构，增大冷却水管管径，消除冷却死区，将传统的折返形冷却水管布置改进为直通式，提高冷却效果和冷却均匀性。21 世纪以来，首钢迁钢、首秦和京唐 1200～5500 m^3 的高炉炉底都采用了直通式的冷却结构。冷却水管中心间距为

220 mm，水管采用耐蚀不锈钢钢管，规格为 $\phi76$ mm×8 mm。

（3）提高冷却水管的传热性能，炉底冷却水管之上采用高导热碳质捣料或石墨砖，增加炉底的综合传热性能，适当缩小冷却水管的中心间距，优化冷却水管的安装位置，为炉底炭砖提供可靠的冷却。图 2-22 是典型的炉底冷却水管的布置结构。

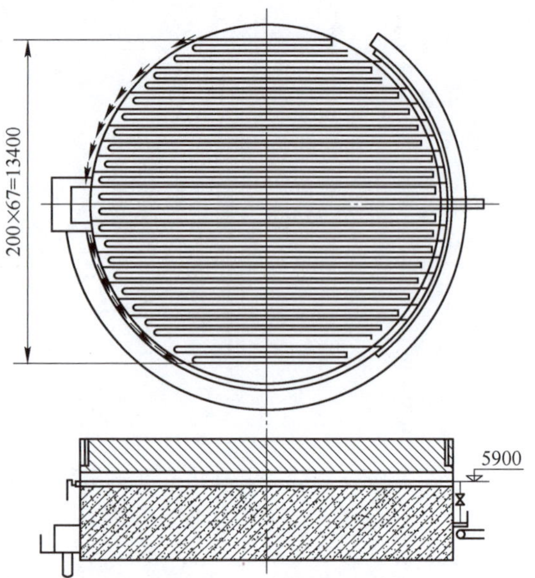

图 2-20　传统的炉底水冷管布置结构

（4）改进冷却水管材质和结构，改善与炉壳的连接和密封，提高炉体密封性，满足一代炉役寿命的要求。直至目前，现代大型高炉内只有炉底是采用冷却水管与耐火材料直接接触的冷却结构，炉底冷却水管作为高炉特殊的冷却器，不像冷却壁、冷却板或风口等冷却器，不是经过特殊的加工制造工艺制作而成。提高冷却水管的耐蚀性能和力学性能是设计中应考虑的重点，采用综合性能优异的耐蚀不锈钢无缝管，适当增加水管壁厚，考虑适宜的腐蚀裕量，同时取消或减少冷却水管的连接焊缝，不再采用在高炉内设置的“U”形弯头，采用直通式的结构或在高炉以外进行水管串联。冷却水管与炉壳不宜采用直接焊接的方式，可以采用冷却壁进出水管与炉壳的连接方式，采用波纹补偿器密封结构，在炉壳开孔较大的区域还要对炉壳进行加强处理，防止出现局部应力过高的情况。

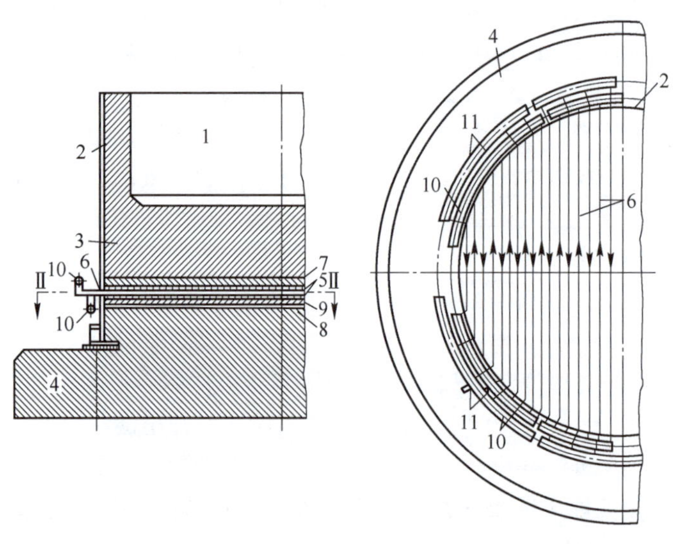

图 2-21　采用软水密闭循环冷却的炉底水冷管布置结构

1—炉缸；2—炉壳；3—炉底；4—高炉基础；5—填料；6—炉底冷却水管；7—碳质找平层；8—高炉地板；9—碳质填料；10，11—供回水环管

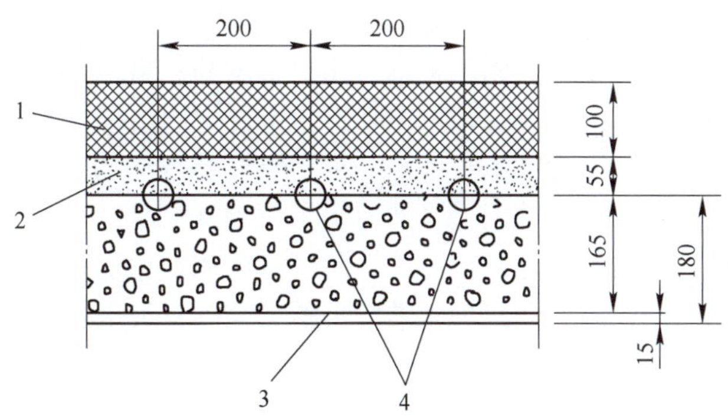

图 2-22 炉底冷却水管的布置结构

1—石墨砖；2—高导热碳质捣料；3—炉底钢板；4—冷却水管

关于炉底冷却水管在高度方向上的安装位置一直存在分歧。一种方式是将炉底冷却水管设置在炉底钢板之上、炉底碳质找平层之下，其主要目的是能够对炉底炭砖提供直接的冷却，减少更多的接触热阻。另外，目前大型高炉一般在炉底满铺炭砖之下设置一层高导热的石墨砖，也是为了改善炉底的温度分布，使 1150 ℃等温线尽量推向高炉内部。从传热学的角度分析，这种结构设计是合理的。另一种方式是将冷却水管设置在炉底钢板以下（图 2-23），其原因是认为炉底冷却水管在炉底满铺炭砖之下承受着很高的压应力，容易出现侵蚀或破损，而且在一代炉役期间基本无法进行更换，一旦出现泄漏等问题还会破坏炭砖，引起更严重的后果。因此不少高炉仍采用将炉底冷却水管安装在炉底钢板之下的方式。但这种结构也存在问题，一是设计结构复杂，施工过程要求安装精度高，高炉炉底直径越大，冷却水管的安装难度越大；二是不利于为炉底炭砖提供高效的冷却。基于上述分析，建议现代高炉应采用第一种安装结构。

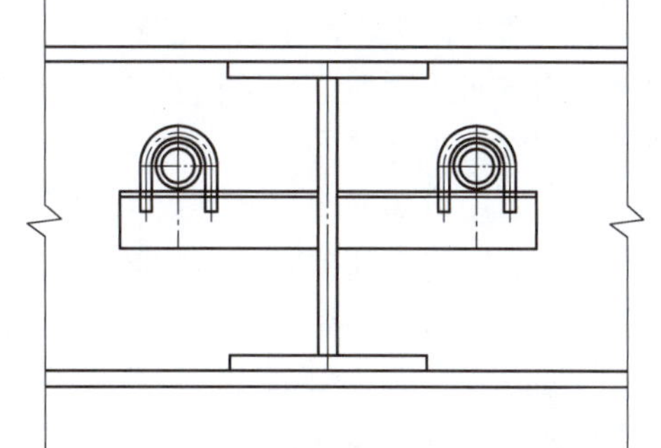

图 2-23 冷却水管设置在炉底钢板之下的结构

2.3.2 炉缸冷却结构

多年以来，炉缸冷却方式始终是国内外炼铁工作者密切关注和积极探讨的热点问题，直至 21 世纪以后这种争论才逐渐止于实践。20 世纪 80 至 90 年代，高炉炉缸有三种冷却结构，一种是采用铸铁冷却壁冷却，采用这种冷却模式的高炉居多；另一种是采用炉缸喷水冷却，日本、欧洲和北美有代表性的大型高炉很多采用这种冷却模式；还有一种是采用炉缸夹套式冷却，其实质也是在炉壳外部进行喷水冷却，只不过增加了一个冷却夹套，以防止喷水溅洒，提高炉壳冷却均匀性。

炉缸采用炉壳喷水冷却模式实际上是具有特定条件的。在冷却壁尚未问世时，高炉冷却装置就是炉壳喷水和水套冷却，冷却水套后来逐渐演变为支梁式水箱、扁水箱和冷却板，在炉腹、炉腰和炉身上部得到应用，取得了较好的使用效果。早在 20 世纪前期，炉缸侧壁也有采用冷却板的先例，但不难想象其冷却效果并非尽如人意。另外当时高炉生产效率不若当今，炉缸、炉底的寿命可以达到20年之久，而且和炉腹、炉腰、炉身下部相比，炉缸、炉底的热负荷并不高，因此炉缸采用喷水冷却，炉腹、炉腰和炉身采用铜冷却板，这成为20世纪80年代一种流行的炉体结构。值得指出这种技术的背景是钢铁厂沿海或临江，或是水资源丰富，因为喷水冷却是一种开路浊环冷却系统，水量消耗大，没有充足的水资源难以提供技术保证，欧洲、日本原来采用炉缸喷水冷却的高炉很多是采用海水冷却。采用喷水冷却，必须对炉壳进行清洗，防止水垢或锈垢的黏结，保持炉壳表面的清洁。美国钢铁公司某高炉曾由于炉缸炉壳外壁堆积了杂物，造成喷水冷却出现死区，最终导致了炉缸烧穿。

20世纪末期，炉缸喷水冷却曾一度受到追捧，甚至有的观点认为炉壳喷水结构更有利于传热，原因是避免了冷却壁与大块炭砖之间的碳捣层，减少了接触热阻。其实即便取消了冷却壁，大块炭砖和炉壳之间也不能直接贴紧砌筑，也会存在碳捣层。当然还有学者通过传热学计算，分析对比了冷却壁和喷水冷却的传热学效果，认为炉缸喷水冷却优于冷却壁冷却，直至今日这种观点可能仍会有很多支持者。但进入21世纪以来，国内外新建和大修改造的高炉实践证实，炉缸采用冷却壁冷却结构已成为一种无可争议的事实，这其中最大的技术推动力应是节约水资源这个全球性的发展主题，使得基于密闭循环冷却的冷却壁技术取得了空前的发展。

炉缸采用冷却壁冷却已有约70年的历史。炉缸冷却壁为光面铸铁冷却壁，其结构和炉腹以上的镶砖冷却壁有很大的区别。一般采用灰铸铁或低合金耐热铸铁，单排管结构，热面不设燕尾槽，采用软水密闭循环冷却的冷却壁的冷却水管，基本都采用了由下至上的垂直布置方式，防止由于管道弯曲而不利于气泡上浮。铸铁冷却壁热面与炉缸、炉底的炭砖相接处，为了提高导热性能、减少接触热阻，一方面是将冷却壁的热面制作成弧形，减少与大块炭砖之间的几何间隙；另一方面是将大块炭砖的端部设计加工成与冷却壁热面一致形状，使冷却壁与大块炭砖的结合处紧密配合，尽量减少在冷却壁与大块炭砖之间的碳质捣料层。炉缸、炉底采用热压小块炭砖时，由于其特殊的结构特性和材料特性，一般都是将热压小块炭砖与冷却壁紧贴砌筑，其间采用碳质泥浆填充的缝隙仅为3~5 mm，从结构上显著地提高了炉缸的综合传热能力。

目前国内外不少高炉在炉缸“象脚状”侵蚀区和铁口周围采用了铜冷却壁，旨在提高炉缸冷却能力，延长炉缸寿命。但是对于这种技术发展趋势的意见并不完全一致，持反对意见的观点认为炉缸采用铜冷却壁没有必要，因为铜冷却壁强化冷却的特性在炉缸区域并不能得到充分发挥，采用铸铁冷却壁匹配适宜的炉缸耐火材料内衬、冷却系统，完全能够实现高炉长寿的目标。实际上炉缸采用铜冷却壁的初衷是为了构建基于传热学理论的无过热炉缸、炉底，炉缸、炉底的传热过程和侵蚀机理与炉腹至炉身下部具有很大的差异，炉缸、炉底更注重强调耐火材料内衬-冷却系统-冷却器的综合体系。任何冷却器都难以抵御高温铁水的侵袭，都会很快被破坏，这与炉腹至炉身下部区域冷却器的工作特性存在着根本的不同，因此保护以炭砖为核心的炉缸、炉底内衬、减缓其侵蚀破损成为炉缸、炉底冷却器的核心功能。延缓炭砖侵蚀最有效的措施之一就是为炭砖提供可靠高效的冷却，降低炭砖的热面温度，将1150 ℃等温线尽可能推向高炉中心，从而使炭砖避开800~1100 ℃的脆变区间，改变碱金属侵蚀的热力学条件，抑制碱金属的化学侵蚀。另外，降低炭砖热面温度有利于在其热面形成稳定的渣铁壳，为炭砖提供保护，既可以避免铁水环流的机械冲刷，还可以自然生成隔热层进一步降低炭砖的工作温度。传热计算表明，在高炉开路初期炉缸、炉底炭砖相对完好的条件下，采用铜冷却壁对炉缸温度场的分布并不产生根本的变化，但一旦炭砖出现明显侵蚀后，特别是在炉役中后期，铜冷却壁优异的传热性能将发挥作用。传热计算表明，在相同残余炭砖厚度的条件下，采用铜冷却壁所黏结的渣铁壳厚度要比采用铸铁冷却壁黏结的渣铁壳厚度要厚，说明铜冷却壁对炭砖的保护作用已经显现。由于这项技术近些年刚刚开始采用，炉缸采用铜冷却壁的技术经济性还有待于长期生产实践的进一步检验。

2.3.3　炉腹、炉腰、炉身冷却结构

高炉长寿的实质就是在一代炉役期间构建使高炉生产稳定顺行的合理操作内型。炉腹、炉腰和炉身的冷却结构对于高炉合理操作内型的构建具有重要意义。长期的高炉生产实践证实，在炉腹至炉身下部高热负荷区，由于炉体结构不合理，耐火材料的极易出现损坏甚至脱落，依靠采用高档的耐火材料对延长高炉寿命的效果是十分有限的，而建立高效冷却系统——无过热冷却器和与之相适宜的耐火材料体系，则是现代高炉延长炉体寿命的最佳选择。按照传热学理论，由于高炉炉缸、炉底和炉腹至炉身下部的冶炼条件不同，传热过程也不尽相同，因此对于炉腹、炉腰炉身区域所谓的无过热冷却体系的内涵就是在高炉冶炼条件变化的情况下，冷却体系可以将高温热量顺畅地传递出去，使冷却器的最高工况温度始终低于其允许使用的工作温度，在这种条件下，冷却器或耐火材料砖衬热面能够生成稳定的自保护渣皮，形成所谓的“永久性内衬”。

在改进炉体冷却结构的同时，减薄炉体耐火材料砖衬厚度，建造高效冷却的薄壁高炉已成为当前高炉炉体结构创新发展的主流趋势。事实上从 20 世纪 50 年代开始，国内外都在探索减薄砖衬厚度以延长高炉寿命，高炉炉腹至炉身的砖衬厚度已由原来 1000 mm 左右减薄到现在的 100~150 mm，有的高炉甚至取消了铜冷却壁热面的镶砖结构，仅在铜冷却壁热面喷涂一层约 100 mm 的喷涂料，以保护铜冷却壁在高炉开炉期间免受各类破坏。薄壁高炉之所以在近 10 年间得以迅猛发展，具有内在的技术驱动力。一方面是软水（纯水）密闭循环冷却技术的推广和普及，这项具有节能、节水的高效冷却技术从根本上解决了冷却器水管结垢的致命问题，使冷却器的传热能力和使用寿命大幅度提高，无过热冷却器的技术理念也得到实践验证；另一方面是耐火材料的技术进步推动了薄壁高炉的发展，20 世纪 80 至 90 年代，以 SiC 砖为代表的新型耐火材料在高炉炉腹至炉身部位得到应用，这种耐火材料不同于传统的硅酸铝系耐火材料，不但具有耐高温、抗侵蚀、耐磨损、强度高的特点，而且导热性能优良，适用于高炉炉腹至炉身下部区域。SiC 系列的耐火材料很快取代了黏土砖、高铝砖、莫来石砖、硅线石砖、刚玉砖等硅酸铝系耐火材料在高炉上推广应用，Si_3N_4-SiC 砖、石墨-SiC 砖、Sialon-SiC 砖、Sialon-刚玉砖等新一代耐火材料成为现代高炉炉腹至炉身的主流耐火材料。与此同时，高导热的石墨砖、半石墨砖等石墨质耐火材料也在高炉上得到推广应用。高质量、高性能耐火材料的开发研制及应用，使高炉炉腹至炉身的砖衬厚度明显减薄，耐火材料技术进步对薄壁高炉的推动作用不容忽视。除此之外，最重要的技术推动是铜冷却壁的推广应用。铜冷却壁作为一种无过热冷却器，其优异的导热性能不但使自身的传热能力大幅度增加，而且无论是铜板钻孔还是铸造成形的铜冷却壁，都从根本上克服了铸铁冷却壁由于制造原因所产生的技术缺陷，铜冷却壁本

体内热阻很低，温度分布均匀，能够快速形成保护性渣皮。即便铜冷却壁的允许工作温度仅为150 ℃，比铸铁冷却壁约低 600 ℃，但铜冷却壁能够承受的短时峰值热流强度可以达到 300 kW/m^2 以上甚至更高，而铸铁冷却壁所能承受的短时峰值热流强度仅为 70 kW/m^2，铜冷却壁抵御高热负荷冲击的能力是任何铸铁冷却壁所不能达到的。采用铜冷却壁以后，在高炉冶炼过程中可以在无衬条件下自动形成保护性渣皮。由于铜冷却壁本体的厚度一般仅为 100 左右，因此真正意义上的薄壁高炉也就应运而生。

现代高炉炉腹至炉身区域的冷却结构主要可以归纳为：冷却壁结构、冷却板结构和冷却壁与冷却板结合的结构。

（1）冷却壁结构最具代表性的配置方案是：炉腹、炉腰和炉身下部采用铜冷却壁，炉身中上部采用镶砖铸铁冷却壁，同时也有不少高炉依然为炉腹、炉腰和炉身下部采用铜冷却壁，炉身中上部采用镶砖凸台铸铁冷却壁。

（2）冷却板结构的特点是在炉腹、炉腰和炉身中下部高热负荷区采用强化型密集式铜冷却板，炉身上部采用铸铁水冷壁结构。

（3）21 世纪国内外建成投产的高炉以采用全冷却壁结构的为主，包括日本、欧洲原来采用铜冷却板的高炉在近期大修改造时也改为冷却壁结构。我国宝钢 1 号高炉的第一代、第二代都是采用铜冷却板结构，在 2009 年 2 月大修后投产的第三代改为冷却壁结构，并在炉缸、炉腹、炉腰和炉身下部采用了铜冷却壁。国内外也有部分大型高炉采用铜冷却板结构，以荷兰艾莫伊登厂 6 号、7 号高炉为代表，一直沿用铜冷却板结构，但近期对铜冷却板的结构、垂直间距和插入深度等也进行了许多改进。韩国现代唐津 1 号、2 号高炉（5250 m^3）分别于 2010 年 7 月和 10 月建成投产，这两座高炉炉体采用铜冷却壁、铸铁冷却壁和铜冷却板结合的炉体结构，炉缸采用 5 段铸铁冷却壁，风口区以上至炉腹下部采用铜冷却板，炉腹上部、炉腰和炉身下部采用 7 段铜冷却壁，炉身中上部至炉喉采用 6 段镶砖铸铁冷却壁。这种板壁结合结构不同于传统的板壁结合结构，其实质是为了解决炉缸上部风口区与炉腹区的连接界面，既要保护风口组合砖结构并具有一定的厚度，还要和炉腹区铜冷却壁薄壁结构相衔接，同时还能使风口避免炉腹渣皮脱落时的机械损坏，这种结构可以较好地处理风口和炉腹交界处的结构设计，不失为一种优化设计的选择。

即使新日铁第四代球墨铸铁冷却壁也难以克服冷却壁壁体和冷却水管之间的气隙热阻问题。在高炉操作中冷却壁热面温度仍然有可能超过 700 ℃的安全温度。为了使高炉寿命延长到 20 年以上，德国和日本都试验了铜冷却壁并都取得了成功。铜冷却壁利用了铜高导热性的优点，取消了铸入钢管，消除了冷却水管与壁体间的气隙热阻，使冷却能力大幅度提高，能够承载更高的热流强度。另外，由于壁体温度梯度很小，热应力也很小，而且铜具有高延伸性，不易产生裂纹。这些特点决定了铜冷却壁可以长寿并有以下优点：由于砖衬可以减薄，高炉投资可以降低；由于冷却能力大幅度增加，冷却壁可以长寿；短的大修时间；同等炉壳条件下，高炉容积扩大；无维修费用；由于渣皮容易形成，通过炉墙的热损失降低。

日本钢管公司（现 JFE 公司）与 GotoGoukin 公司合作，成功地试验了带铸成通道的铜冷却壁，磨损很小且无任何裂纹。根据实际检测结果，铸铜冷却壁与轧制冷却壁在性能上并没有大的区别。德国 MAN · GHH 设计制造了带有钻成冷却水通路和在热面镶嵌耐火砖的轧制铜冷却壁，从 1979 年在德国蒂森公司的 Hamborn4 号高炉上使用，在使用 10 年

后，厚度方向上的磨损仅为 3 mm，使用效果令人满意。现在已有 30 座高炉应用了这种铜冷却壁。德国 MAN · GHH 试验成功了用轧制铜板制作的冷却壁，采用钻孔加工成冷却水通路，因而不存在冷却壁壁体与冷却水管之间的气隙，成功地解决了这个问题。由于铜具有很高的导热性，铜冷却壁的冷却能力大幅度提高，有望取得 20 年的寿命。

传统观点认为使用铜冷却壁后，由于其高导热性，通过冷却壁的热量损失会增大，高炉燃料消耗会升高。然而，实践证明冷却壁热面形成的渣皮克服了这个问题。由于铜冷却壁的强大冷却能力，渣皮非常容易形成，形成的渣皮一方面可以保护冷却壁，另一方面减少了通过冷却壁的热损失。根据实际测量结果，铜冷却壁热面温度小于 80 ℃，渣皮极易形成，德国测得的渣皮厚度为 150 mm 左右，日本测得的渣皮厚度为 40~60 mm。形成的渣皮大幅度降低了热损失，甚至铜冷却壁尖峰热流强度比铸铁冷却壁还要减少 20%~30%。一般而言，渣皮脱落以后，铜冷却壁热面能在数分钟内形成新的渣皮，这已被生产实践所证实。因此，可以认为铜冷却壁是依靠黏结的渣皮进行工作的。这是通过加强冷却，降低铜冷却壁热面温度，使冷却壁热面形成保护性渣皮，从而有效延长炉体寿命。当然，铜冷却壁比球墨铸铁冷却壁需要更可靠的冷却系统，但对冷却水量并没有更高的要求。从上述分析可知，为了获得 20 年以上的高炉寿命，采用铜冷却壁应是最优的选择。北京首钢 2 号高炉（1780 m^3）2002 年大修改造时，在炉腹至炉身下部采用了 3 段国产铜冷却壁，这是我国高炉第一次采用国产铜冷却壁。该高炉 2002 年 5 月 23 日投产以后铜冷却壁取得了优异的应用效果，冷却壁温度始终处于合理的温度范围。图 2-24 是炉腹第 7 段 21 号铜冷却壁在 7000 h 内的温度变化曲线，图 2-25 是炉腹第 7 段 21 号铜冷却壁在 2003 年 4—6 月的温度变化曲线，图 2-26 显示了渣皮脱落以后铜冷却壁黏结渣皮的过程。

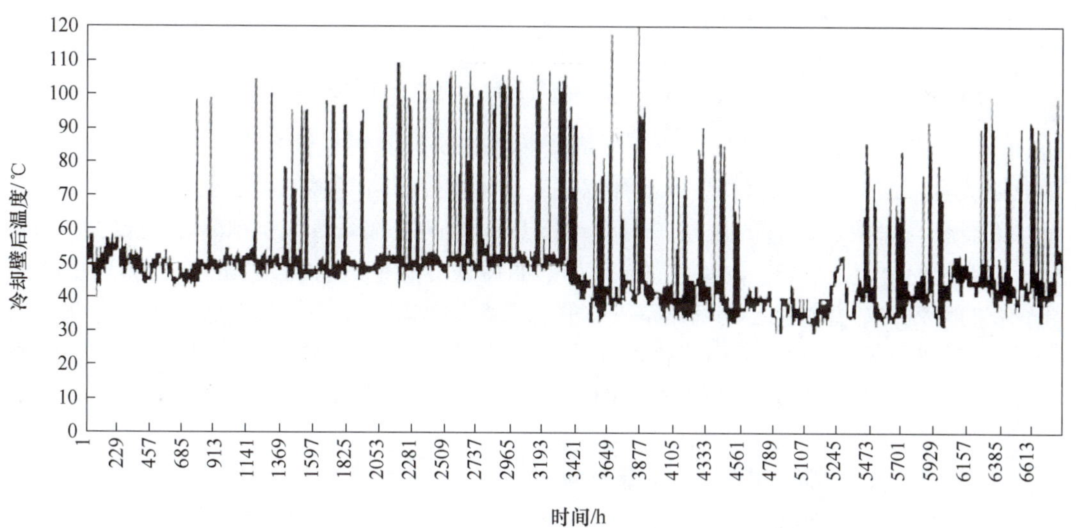

图 2-24　北京首钢 2 号高炉铜冷却壁在 7000 h 内的温度变化情况

铜冷却壁技术的研究和使用最早起源于欧洲。20 世纪 70 年代末，德国 MAN · GHH 公司最早研制成功，1978 年，开始在高炉上进行试验。最初仅在 SIDMARB 高炉炉身下部装了一块进行试验，经 1 年试用后拆下，发现铜冷却壁无裂纹，表面仅磨损 1 mm，而相邻的铸铁冷却壁已出现裂纹，损坏相对严重，试验取得成功。1979 年，在蒂森公司

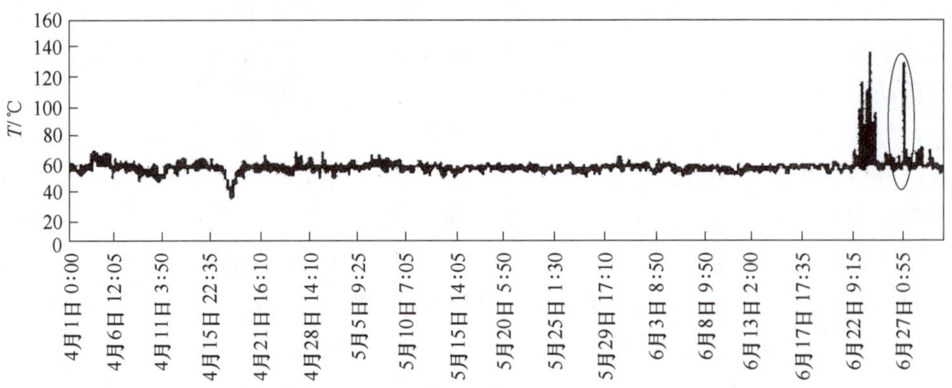

图 2-25　北京首钢 2 号高炉 2003 年 4—6 月铜冷却壁的温度变化

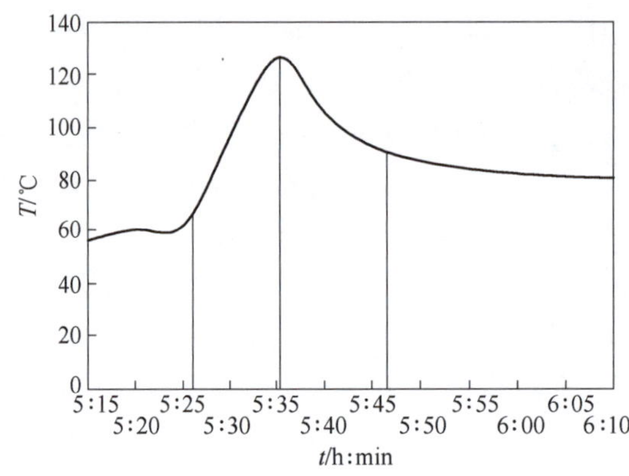

图 2-26　北京首钢 2 号高炉铜冷却壁渣皮黏结的过程

Hamborn 4 号高炉（2100 m^3）的炉身下部安装了 2 块轧制铜板钻孔而成的铜冷却壁进行工业性试验。从 1979 年 8 月到 1988 年 7 月，历时近 9 年，停炉后发现铜冷却壁状态良好，无裂纹且保留着原有的棱角。铜冷却壁热面肋高（60 mm）侵蚀最多处仅为 3 mm（铜冷却壁壁体厚度为 135 mm），而与其相邻的铸铁冷却壁都出现大量的裂纹和严重的损坏，有的铸铁冷却壁本体已局部剥落、水管裸露。铜冷却壁年平均最大磨损率仅为 0.3 毫米/年，其理论寿命已远远超过人们所期望的 30～50 年。20 世纪 90 年代开始在欧美国家推广应用，据不完全统计，国外已有 100 多座高炉安装了铜冷却壁，其设计寿命均大于 15 年以上。

我国的铜冷却壁研发开始于 20 世纪 90 年代，并确立为国家“九五”重大科技攻关项目，建立了完善的实验室，由首钢、北京科技大学和广东汕头华兴冶金设备厂等单位合作研究。采用轧制铜板钻孔制造工艺研制的 2 块铜冷却壁最早在首钢 2 号高炉炉腰区域（第 7 段）进行工业性试验（图 2-27），从 1999 年 12 月到 2000 年 12 月，经 1 年实践证实，铜冷却壁温度场分布均匀，工作正常，停炉后发现铜冷却壁状态良好，试验取得初步成功。2001 年武钢 1 号、本钢 5 号高炉从国外引进铜冷却壁。2002 年首钢 2 号高炉大修改造时，在炉腹、炉腰和炉身下部采用了 3 段共 120 块轧制钻孔铜冷却壁，这是我国首次采用自主设计制造的铜冷却壁，标志着国产铜冷却壁正式投入工业化应用，开创了国产铜冷却壁工业化应用的新局面。在此之后的10余年，国内新建或大修改造的近200座高炉相继采用国产铜冷却壁，使铜冷却壁技术在我国高炉上得到广泛推广应用，仅有少数高炉的铜冷却壁由国外引进。国产铜冷却壁完全替代了进口产品，其制造质量和技术性能达到甚至超过了国外产品，而且在国外的高炉上也得到了推广应用。铜冷却壁技术的开发研制成功，极大地促进了我国高炉长寿技术的发展，也带动了设计、装备制造等行业的技术进步，形成了一整套拥有自主知识的技术成果和技术标准，这些成功的经验弥足珍贵，值得深入总结。

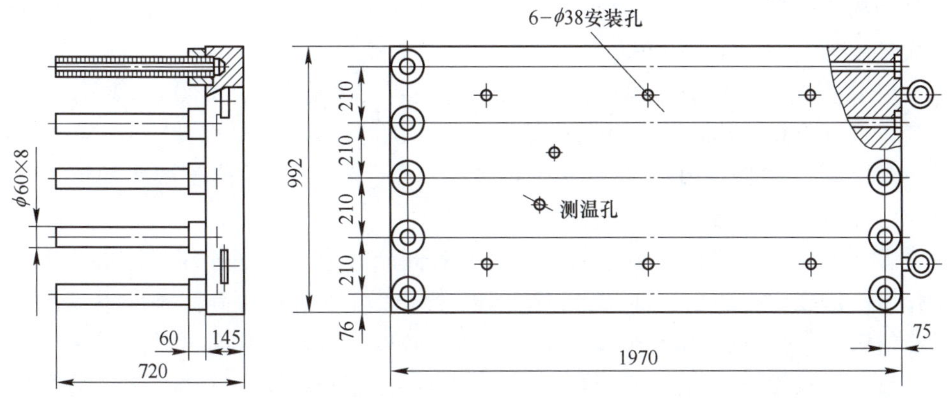

图2-27 首钢2号高炉试验用铜冷却壁

近20年来，铜冷却壁技术得到迅猛发展，世界上已有近200座高炉采用了铜冷却壁，主要应用在炉腹、炉腰和炉身下部，采用铜冷却壁的高炉越来越多，大幅度提高了高炉寿命，其先进性毋庸置疑。铜冷却壁以其一系列优异的技术性能，更易实现长寿高炉炉体无过热的设计要求。目前，在高炉炉腰、炉腹及炉身下部的高热负荷区域，铜冷却壁已经成功取代铸铁冷却壁，并取得显著的应用效果。铜冷却壁的技术优势主要体现在：

（1）高导热性能。铜的导热性能是铸铁的10倍左右（表2-5），铜冷却壁综合导热能力是铸铁冷却壁的40~45倍，由于铜冷却壁具有很高的导热性能，容易形成“无过热”冷却体系，可以使液态熔渣稳固地黏结在冷却壁热面，从而形成稳定的保护性渣皮，稳定的渣皮无疑是铜冷却壁最好的保护层。

表2-5 钢、铜、铸铁的物理和热学性能比较

项 目	铜	钢	灰铸铁	球墨铸铁
抗拉强度 σ_b/MPa	196	410	160	400
屈服强度 σ_s/MPa		245		250
伸长率 δ_s/%	30	25	0	20
龟裂前渣皮生成与脱落循环次数（300~900 ℃）/次		800~900	30~40	203~250
体积密度/g·cm^{-3}	8.9	7.85	7.0	7.2
熔点/℃	1083	1400~1500	约1150	约1150
热导率/W·(m·K)$^{-1}$	360	48	62.8	30~35
比热容/J·(kg·K)$^{-1}$	383	480	480	544

（2）抗热震性能优异。铜冷却壁热面能形成稳定的渣皮，渣皮脱落和重新生成的周期次数相应减少，这使冷却壁热疲劳得到抑制。首钢2号高炉的实践表明，铜冷却壁热面的渣皮脱落以后，壁体热面温度可以在9 min内就能达到最高温度170 ℃，再用11 min，新的渣皮就可以完全形成，铜冷却壁壁体温度恢复到正常的50～60 ℃，整个渣皮重新生成的周期约20 min，而铸铁冷却壁则需要数小时才能完成渣皮的重建。

（3）耐高热流冲击性能好。铜冷却壁具有很高的导热性能，使得壁体实际最高温度与允许最高温度之比不到0.65，而铸铁冷却壁此值高达0.8～0.9。因此，铜冷却壁能够承受更高的热流冲击。铜冷却壁正常承受热流强度为75.47 kW/m^2，短期内（30 min）可承受最大热流强度为384.33 kW/m^2。

（4）热量损失小。黏结在铜冷却壁热面的渣皮导热系数很低，1.0～1.2 W/(m·K)，稳定的渣皮具有很高的热阻，采用铜冷却壁后，高炉的热量损失较铸铁冷却壁小。另外，在高热负荷区域采用铜冷却壁以后，在同等条件下，冷却水量较铸铁冷却壁可以减少20%～40%，这也使得热量损失相应减少。

（5）耐火材料投资降低。由于铜冷却壁的表面能够形成一层相对稳定的渣皮，具有自保护作用，形成动态的永久性砖衬，这样铜冷却壁可以避免在高温条件下工作（相对于铸铁冷却壁而言），所以铜冷却壁一般不必砌筑较厚的砖衬，甚至可以采用90～150 mm的镶砖或喷涂料取代传统的砖衬结构，成为真正意义上的薄壁内衬结构，也无需采用高档耐火材料，这样可以节省价格昂贵的耐火材料投资。

（6）硬度低和晶相组织致密，加工性能优良。铜冷却壁材质的硬度和组织结构决定其具有突出的加工制造优势，可以在轧制的厚铜板上钻孔、焊接。

（7）加工精度高、易于安装。铜冷却壁厚度薄、质量轻、加工精度高，壁体外形尺寸、固定位置及进出水管的尺寸偏差、形位公差精度控制严格，可以达到机械加工的水平，减少了累积误差，提高安装精度，有利于避免因冷却壁公差而造成的安装难度。

（8）可重复利用。铜冷却壁年平均最大磨损率仅为0.3毫米/年，按铜冷却壁热面肋高40 mm，其理论寿命可达30～50年。铜质在250 ℃以下随温度变化不发生晶格变化，晶相结构稳定，耐酸耐碱侵蚀能力强，铜冷却壁在完成一代炉役后，完全可以再重新加工重复利用，在我国沙钢2500 m^{3}高炉上就有这样的先例。

（9）冷却稳定均匀，有利于高炉顺行。铜冷却壁凭借其强冷却性，热面能形成稳定的渣皮，渣皮不易脱落，存在周期长并且重新生成的时间短，冷却稳定均匀，有利于维持一个稳定高炉操作内型和高炉工况条件，有利于高炉稳定顺行。

铜冷却壁的这些优点可以总结概括为两方面：

一是铜冷却壁自身材质的性能。导热性好、热承载能力大、易加工性等优良的材质性能，保证了铜冷却壁在其热面形成渣皮的能力，可以在其热面无需采用昂贵的耐火材料砖衬。

二是由于渣皮的稳定存在所带来的优势。当有渣皮存在时，铜冷却壁热面温度迅速下降，而且铜冷却壁本体内部温差也迅速下降，从而提高了铜冷却壁抗热冲击能力和抗热震性能。同时随着渣皮厚度的增加，铜冷却壁热损失也迅速降低。

高炉冷却壁技术经过灰铸铁、低铬铸铁、球墨铸铁、铸钢、铜冷却壁的不断发展，至今铜冷却壁已成为先进冷却壁技术的代表。20世纪末期经过改进的铸铁冷却壁在我国宝钢、武钢、首钢、鞍钢等高炉上得到成功应用，并获得了 15 年以上的使用寿命，但冷却壁本体却损坏严重，且出现水管大量破损的问题。进入 21 世纪以后，鉴于铜冷却壁的诸多优点，铜冷却壁及其软水密闭循环冷却系统的普遍应用，有希望彻底解决炉腹、炉腰和炉身下部短寿的问题，在高炉无中修，甚至无喷补的条件下，实现一代炉役寿命达到 20 年以上。从 21 世纪投产的许多大型高炉生产运行状况分析，这个目标完全能够实现。目前，采用铜冷却壁的高炉越来越多，呈现为一种主流的高炉冷却发展模式，而且铜冷却壁在高炉炉缸关键部位和铁口区也得到应用，采用铜冷却壁已成为现代高炉炼铁技术显著的技术特征和必然的发展趋势。

进入 21 世纪以来，我国已有近 200 座高炉在炉腹、炉腰和炉身下部采用了铜冷却壁，配合软水密闭循环冷却系统，较好地解决了炉腹至炉身下部制约高炉长寿的技术问题，建立薄壁高炉无过热冷却体系，实现了高炉高效长寿。但铜冷却壁使用过程中由于设计不合理、制造质量和高炉操作等问题，也出现了极个别的高炉铜冷却壁过早破坏，因此进一步优化铜冷却壁结构、提高制造质量、改进高炉操作是未来铜冷却壁研究的主要内容。与此同时，通过设计优化降低铜冷却壁的造价也是未来技术发展的一个方向。首钢迁钢 1 号高炉（2650 m^3）所采用的铜冷却壁见图 2-28。

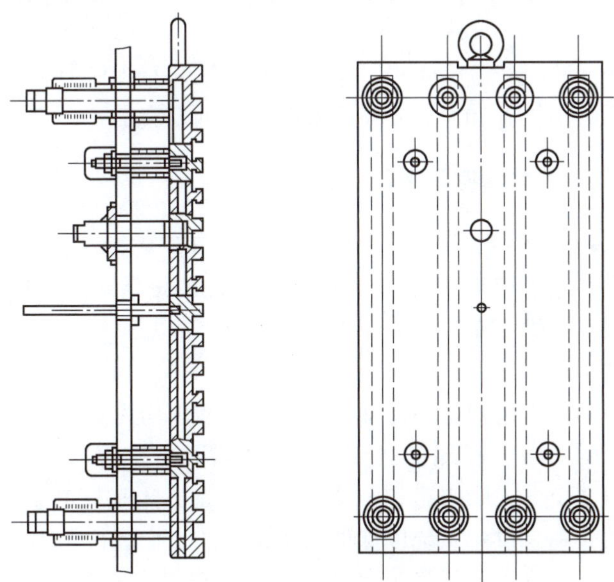

图 2-28　首钢迁钢 1 号高炉采用的镶砖铜冷却壁

炉腹、炉腰和炉身下部共设 4 段铜冷却壁，每段铜冷却壁为 60 块，每块冷却壁均设 4 条冷却通道，水管接口尺寸为 DN60，长度 30 mm。水管的保护套管采用不锈钢管，铜冷却壁的冷却通道为复合扁孔型。冷却通道由冷却壁本体一端钻孔，并采用铜质堵头填堵焊接，铜冷却壁热面设置燕尾槽，槽面宽 52 mm，槽底宽 66 mm，槽深 40 mm，槽间中心间距为 100~114 mm。其中炉腹、炉腰和炉身下部的 3 段铜冷却壁均采用折弯形，即上下两段冷却壁的连接缝不与炉壳拐点和炉壳焊缝重合。

高炉设计中，对铜冷却壁温度场和应力场分布进行了数值仿真计算，研究了冷却壁安装方式、温度变化、冷却壁定位销及固定螺栓对冷却壁热应力的影响，通过设计优化使炉体结构实现了“无过热、低应力”的状态。

2.4　高炉水冷系统设计

高炉水冷系统是高炉的重要组成部分，对于高炉的稳定生产和安全运行至关重要。以下是高炉水冷系统的设计要点：

（1）确定冷却水流量和压力：根据高炉的冷却需要和工艺要求，确定冷却水流量和压力。考虑到高炉不同部位的温度和热负荷差异，可以将冷却水分为多个循环系统，每个系统根据需要设置冷却水量和压力。

（2）选择合适的冷却器：根据高炉的结构和热负荷分布情况，选择合适的冷却器类型和规格。冷却器应能够承受高炉的高温、高压和具有高效的换热性能。

（3）设计冷却水管道系统：根据高炉的结构和冷却器的布局，设计合理的冷却水管道系统。管道系统应具有足够的流量和压力，同时要避免水流短路和滞留现象。

（4）确定水质处理措施：为了保证冷却系统的正常运行和防止腐蚀、结垢等问题，需要确定合适的水质处理措施。如采用化学除垢剂、离子交换、反渗透等技术进行处理。

（5）设计控制系统：为了实现对冷却系统的自动化控制，需要设计相应的控制系统。例如采用 PLC 或 DCS 控制系统，实现对冷却水流量、压力、温度等参数的实时监测和控制。

综上所述，高炉水冷系统设计需要综合考虑冷却水流量和压力、冷却器选择、冷却水管道系统设计、水质处理措施和控制系统设计等方面的要素。

2.4.1　北京首钢 1 号高炉软水密闭循环冷却系统

北京首钢 1 号高炉（2536 m^3）于 1994 年 8 月 9 日建成投产，至 2010 年 12 月 26 日首钢全面停产，该高炉已连续生产 16 年 4 个月，一代炉役期间内未进行过中修，取得了较好的长寿业绩。该高炉炉腹至炉身采用软水密闭循环冷却系统，炉缸、炉底和风口采用工业水开路循环冷却。

北京首钢 1 号高炉软水密闭循环冷却系统供水、回水均为双路系统，事故状态下单路供水可满足供水总量的 70%，冷却壁凸台管、前排管和后排蛇形管均采用单独的冷却子系统。软水泵站内设 2 个立式膨胀罐和 1 个氮气稳压罐，用来控制整个系统的操作压力；软水泵站内设有事故柴油泵供水系统以保证软水系统的安全运行；为防止冷却管道中产生气栓，在供回水环管和总管上都设有排气阀，炉顶平台设有 2 个卧式脱气罐。图 2-29 为北京首钢 1 号高炉软水密闭循环冷却系统流程图。

2.4.2　北京首钢 2 号高炉软水密闭循环冷却系统

北京首钢 2 号高炉 2002 年新技术大修改造时，对软水密闭循环冷却系统进行了以下改进：（1）更换了 3 台水泵，正常生产时两用一备。其他辅助设施如柴油机事故泵、补水泵等基本完好，仅进行日常检修；（2）对原有 12 台空冷器进行更换，并增加了 6 台空冷器以提高冷却效率，提高系统工作可靠性；（3）对原系统的脱气、排气功能进行了完善，冷却支管布置采取自下而上串联，消除了冷却支管的水平或向下的折返，优化了管路布置，提高排气功能。重新设计了脱气罐、膨胀罐和稳压罐，提高整个系统的工作可靠性；（4）炉腹、炉腰、炉身下部区域的冷却壁（第 6~11 段）进出水管采用金属软管连

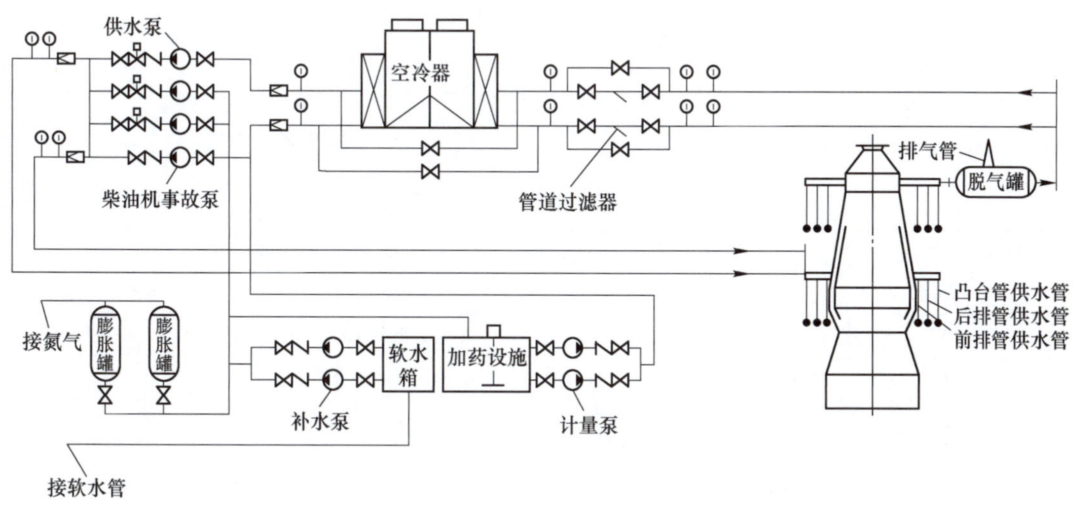

图 2-29 北京首钢 1 号高炉软水密闭循环冷却系统工艺流程图

接，减小冷却支管的阻力损失，使系统水量分配更加均匀；（5）根据冷却壁的工作特点和热负荷分布，强化了凸台管和前排管的冷却。将整个系统分为前排管、凸台管、后排管 3 个子系统。前排管和凸台管分别设 2 个供水环管，后排管设一个独立的供水环管，这种单独供水模式可以使冷却壁的各部位得到有效冷却，系统工作也更加稳定可靠。图 2-30 为北京首钢 2 号高炉软水密闭循环冷却系统工艺流程图。

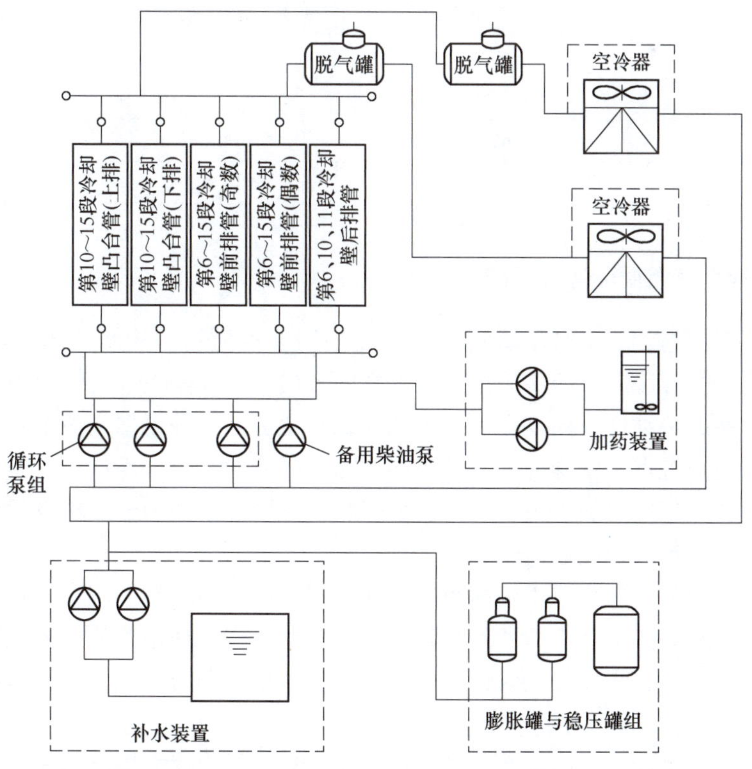

图 2-30 北京首钢 2 号高炉软水密闭循环冷却系统工艺流程图

2.4.3 首钢迁钢1号高炉循环冷却系统

首钢迁钢1号高炉炉底采用软水冷却；炉缸第2、3段冷却壁位于炉缸、炉底交界处即“象脚状”异常侵蚀区，采用中压工业水强化冷却，各冷却设备特征见表2-6。

表2-6 炉缸、炉底各冷却设备特征

冷却设备名称	冷却设备材质	冷却介质	水压/MPa
炉底水冷		软水	0.65
1、4、5段冷却壁	HT200	常压工业净环水	0.60
2、3段冷却壁	HT200	中压工业净环水	1.20
风口大套	QT450-10	常压工业净环水	0.60
风口中、小套	Cu≥99.90%	高压工业净环水	1.70
6~8段冷却壁	Cu≥99.95%	软水	0.65
9~15段冷却壁	QT400-20	软水	0.65
16段冷却壁	QT400-20	常压工业净环水	0.60

软水冷却总量为4500 m^3/h，根据软水总量、软水分配比例、水管直径和水管数量计算各个区域软水流量与流速关系见表2-7。

表2-7 软水流量和流速关系

冷却设备名称	循环总量/$m^3 \cdot h^{-1}$	单支管流量/$m^3 \cdot h^{-1}$	冷却水流速/$m \cdot s^{-1}$
炉底水冷管	500	20	2.4
前排管	2700	15	1.9
凸1	650	14.4	2.2
凸2	650	14.4	2.2

2.4.4 串联软水密闭循环冷却系统

近年来，根据高炉软水密闭循环冷却系统生产运行实践，为了提高高炉各区域的冷却强度，软水密闭循环冷却系统应该根据高炉高度方向上的不同热流强度来确定冷却水量。因而，提出了在高炉高度方向上实行分区域冷却的观点，这种根据高炉不同区域热负荷合理配置冷却系统的观点是正确的。但是高炉独立分区冷却会引起冷却水的循环流量大幅度增加，工程投资也相应增加。为了解决这个问题，一种基于高炉分区域冷却设计理念的串联软水密闭循环冷却系统应运而生。

另一种技术发展趋向是采用被称为联合软水密闭循环的冷却系统，这是近年来国内外部分高炉将整个高炉的多个冷却回路串联组合成一个密闭冷却回路的工艺流程。该系统将多个冷却回路串联组合集成的主要目的是降低冷却水量和动力消耗，充分利用冷却水的冷却能力，其系统流程见图2-31。

这种联合软水密闭循环冷却系统是以卢森堡PW公司为代表提出的一种新型冷却工艺流程，在我国武钢1号高炉上率先得到应用。串联冷却系统与并联冷却系统相比，可以减

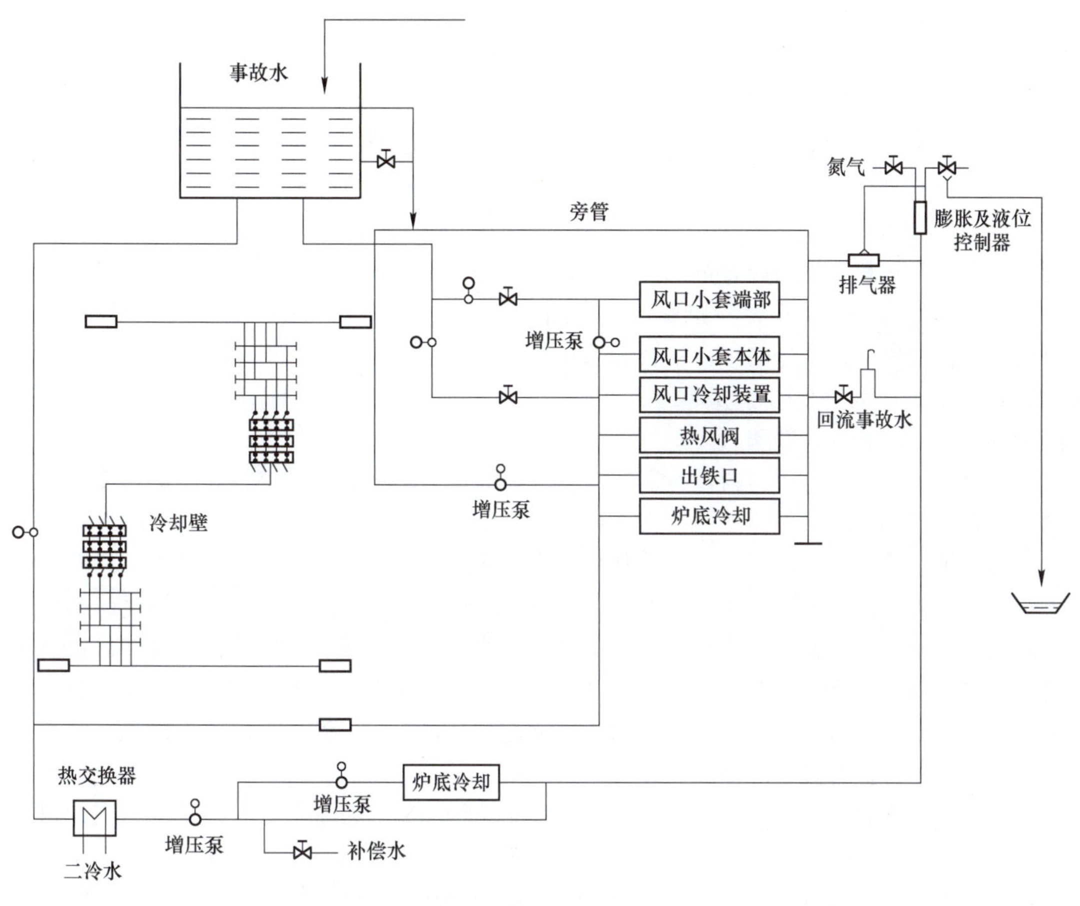

图 2-31 高炉串联软水密闭循环冷却系统工艺流程

少总循环水量约 50%，节约电耗 12%，降低投资约 14%。高炉串联软水密闭循环冷却系统的工艺流程是软水循环泵站出口水温不大于 40 ℃，冷却炉底、冷却壁以后出水温度为 47 ℃，部分冷却水经过升压后冷却风口和热风阀，最终出水为 52 ℃，经过脱气罐、膨胀罐、板式换热器后，水温降低到 40 ℃，再经循环泵站加压循环使用。由此可以看出串联冷却系统是在并联冷却系统的基础上的优化和改进。炉体冷却壁是冷却回路的第一个冷却区域，经过炉体冷却壁的冷却水被再次加压用于冷却风口和热风阀，炉底的冷却被整合到回路的回形管中，只需要一个膨胀罐。该系统的设计是建立在冷却水水温大幅上升的条件下，冷却水水温的上升会促进热交换器更加有效运行。对于系统流量控制及泄漏检测，必须使其精确度达±0.3%的程度，进行细微的流量测定，系统压力的调控也是系统运行成败的关键。

联合软水密闭循环冷却系统工艺流程的最大优势在于有效降低了循环水流量，但是由于冷却水水温的提高，相应需要提高换热器的换热效率，以减少二次冷却水的水量，这种新型冷却工艺流程与薄壁高炉相匹配，其设计思路是可取的，将会在生产实践中得到进一步检验。

2.5 高炉长寿耐火材料技术

高炉耐火材料是高炉的重要组成部分，其性能和质量直接影响到高炉的使用寿命和生产效率。以下是高炉耐火材料设计的要点：

（1）选用高性能的耐火材料：选择具有优异性能的耐火材料，如高导热性、高抗侵蚀性、高抗热震性等，可以有效地提高高炉的寿命和生产效率。

（2）优化耐火材料组合：根据高炉不同部位的工作条件和热负荷情况，选择不同性能的耐火材料进行优化组合，可以实现更好的耐火性能和生产效果。

（3）提高耐火材料的抗热震性：高炉在使用过程中会受到高温和急冷急热的反复作用，提高耐火材料的抗热震性可以有效地延长高炉的寿命。

（4）设计合理的耐火材料厚度：根据高炉的设计要求和使用情况，设计合理的耐火材料厚度，可以保证高炉的稳定运行和安全使用。

（5）加强耐火材料的日常维护：定期对耐火材料进行检查、修补和更换，可以保持高炉的耐火性能和生产效率。

综上所述，高炉耐火材料设计需要综合考虑高性能耐火材料的选用、不同性能耐火材料的组合、抗热震性的提高、厚度设计以及日常维护等方面的要素。

在高炉建设阶段，高炉结构、冷却器、冷却水以及炉衬耐火材料的选择对实现高炉长寿都至关重要，而且上述因素是紧密相关、不可分割的。20 世纪 60 至 70 年代，高炉炉身采用支梁式水箱结构，由于冷却结构不合理，水箱很容易损坏，此后炉身处的硅铝质砖衬很快脱落。20 世纪 80 年代后期，高炉炉身部位用带钩头的冷却壁取代了支梁式水箱，由于其寿命比支梁式水箱长，使同样耐火材质的炉身寿命得以延长。上述事例说明改善冷却对延长高炉寿命有重要的作用。

从炉衬耐火材料选择的角度看，同样的高炉结构和冷却设备，还必须选择适当的耐火材料与其匹配。以炉缸、炉底为例，该区域实现长寿的关键一是加强冷却，二是防止铁水渗透。除了炉缸冷却壁和炉底水冷管应具备足够的冷却能力外，提高炭质耐火材料的导热性和抗铁水渗透性对炉缸、炉底实现长寿非常重要。

总体来说，高炉冶炼时各部位的工作环境都很恶劣，但也有些细微区别。

（1）炉喉：它主要是起保护炉衬作用。炉喉正常工作时，温度为 400～500 ℃，受炉料的撞击和摩擦较为激烈，极易磨损。炉喉钢砖一般采用铸钢件，即使这样，炉喉受侵蚀仍不可避免，特别是炉喉钢砖下沿受物料冲击磨损更为突出。

（2）炉身：高炉本体重要组成部分，起着炉料的加热、还原和造渣作用，自始至终承受着煤气流的冲刷与物料冲击。但炉身上部和中部温度较低（400～800 ℃），无炉渣形成和渣蚀危害。这部位主要承受炉料冲击、炉尘上升的磨损或热冲击，或者受到碱、锌等的侵入，碳的沉积而遭受损坏。因此要求这个部位要求耐火材料耐磨、抗碱性能好以及拥有较好的热震稳定性。选用的耐火材料有黏土砖、高铝砖、刚玉砖，也有用 SiC 砖和浇注料的。现在一些大高炉炉身上部有采用冷却壁来代替耐火砖的趋势。炉身中部一般选择高铝砖、刚玉砖和碳化硅。

炉身下部温度较高，有大量炉渣形成，有炽热炉料下降时的摩擦作用、煤气上升时粉尘的冲刷作用和碱金属蒸气的侵蚀作用。因此这个部位极易受侵蚀，严重者冷却器全部被侵蚀殆尽，只靠钢甲来维持。如某钢厂 5 号高炉，1996 年 4 月破损调查时发现，7 段 2 钢甲裂纹像网一样纵横交错，几乎连成一片，裂纹、龟裂严重，此段冷却壁全部被侵蚀殆尽，只靠钢甲来维持（炉役后期）。这种现象在全国其他高炉上也可能有类似的现象。也

就是说，高炉寿命长短与炉身部位的寿命长短有很大关系。因此（特别是炉身下部）要求是选用有良好抗渣性、抗碱性及高温强度和耐磨性较高的优质黏土砖、高铝砖和刚玉砖。

（3）炉腰：炉腰是高炉软熔带根部所在位置，它起着上升煤气流的缓冲作用。这里温度高，但形不成渣皮或形不成稳定的渣皮“自我保护”。炉料在这里已部分还原造渣，透气性较差，同时渣蚀严重。另外，炉腰部位的温度高（1400~1600 ℃），高温辐射侵蚀严重，碱的侵蚀也比较严重，含尘的炽热炉气上升，对炉衬产生较强的冲刷作用；焦炭等物料产生摩擦；热风通过时引起温度急剧变化作用。所以，炉腰是极易受损的区域，直接影响了高炉寿命。因此要求耐火材料热震稳定性好、耐高温、抗碱性好、抗炉渣侵蚀能力强、抗氧化、耐磨、导热性好。曾用于该部位耐火材料有高铝砖、刚玉砖、铝碳砖、SiC砖、Si_3N_4 结合 SiC 砖、Sialon 结合 SiC 砖、热压石墨炭砖、半石墨碳-碳化硅砖、Sialon 结合刚玉砖等。

（4）炉腹：风口区和炉腹是高炉内温度最高的区域，炉腹连接着炉缸和炉腰。一般作上大下小设计也正适应气体体积增加和炉料变成渣铁后体积缩小的需要。风口前产生的高温煤气以很高的速度上升，其温度在 1600 ℃以上，1450~1550 ℃的高温铁水和炉渣经炉腹流向炉缸，各种冶金反应在这个区域剧烈进行。因此，该部位所受的热辐射、熔渣侵蚀都很严重。另外，碱金属的侵入，碳的沉积而引起的化学作用、由上而下的熔体和由下而上的炽热气流的冲刷作用也加剧。所以，该部位也一直是高炉易受损区域。用于这个部位的耐火材料有：刚玉砖、铝碳砖、热压半石墨炭砖、SiC 砖、Si_3N_4 结合 SiC 砖、Sialon 结合 SiC 砖、Sialon 结合刚玉砖。现在 SiC 系列砖表现出了较长的使用寿命。

（5）炉缸、炉底：炉缸主要起着燃烧焦炭和储存渣铁的作用，炉缸耐火材料在温度大于 1500 ℃时，必须保持足够的稳定。由风口鼓入的热风首先与焦炭燃烧，产生煤气（即煤气的初始分布）供给高炉冶炼还原用。风口区是高炉内温度最高的区域，一般在1700 ℃以上。炼铁生产的终了产物渣铁也聚集在炉缸，周期地由渣口和铁口排出。炉缸的衬砖（特别是炭砖）主要受渣铁水的冲刷与侵蚀。炉底主要是保护炉缸，避免渣铁泄漏。但炉底砖衬主要受铁水的冲刷侵蚀，乃至损毁。铁水侵入可引起耐火砖上浮，化学侵蚀可引起耐火砖脆化层的扩展，从而使高炉炉底耐火材料发生严重的破坏。由于炉缸、炉底耐火砖衬受侵蚀后不易修补，因此其损坏程度往往决定着高炉的一代寿命。该部位要求选用耐渣铁水的侵蚀性、渗透性，耐碱性和导热性更好的炭砖，可用热压小块炭砖取代大块炭砖，或在炭砖上面砌筑陶瓷杯。另外，半石墨产品已经用于炉缸、炉墙。半石墨砖具有较强的应力吸收特性和较高的导热性，可以大大减少耐火材料炉衬的径向温度梯度。国外新建及新近大修的大型高炉炉底、炉缸结构形式主要有以下几种：在炉底炭块上砌陶瓷垫材料，炉缸采用热压小块炭砖；典型的陶瓷杯结构，炉底炭砖上砌莫来石砖，炉缸侧壁砌筑刚玉质大型预制块或结合刚玉砖，炉缸砌筑优质炭砖或微孔炭砖；炉底、炉缸耐火材料主要采用大块炭砖，关键部位采用微孔或超微孔炭砖，炉底炭砖上砌 1~2 层陶瓷质衬砖。

2.5.1 高炉用石墨砖

用于高炉炉腹至炉身的高导热石墨砖，由于具有导热性能和高温强度好，气孔率、灰分低，耐碱性优良等突出特点，而在高炉上得以很好应用，并且满足高炉的使用要求。表

2-8 是石墨砖性能指标，高导热石墨砖在生产过程中，根据成品理化指标要求，结合人造石墨生产实际，确定如下工艺路线：

生焦—煅烧—破碎（磨粉）—配料—混凝（黏结剂沥青加入）—挤压成形—焙烧—一次浸渍—二次焙烧—二次浸渍—三次焙烧—石墨化—加工。

表 2-8　石墨砖性能指标

<table>
<tr><th>序号</th><th colspan="2">项　目</th><th>单位</th><th>指标</th><th>检验标准</th></tr>
<tr><td>1</td><td colspan="2">体积密度</td><td>g/cm³</td><td>≥1.65</td><td>GB/T 24528—2009</td></tr>
<tr><td>2</td><td colspan="2">固定碳</td><td>%</td><td>≥99</td><td>GB/T 3521—2008</td></tr>
<tr><td>3</td><td colspan="2">灰分</td><td>%</td><td>≤0.5</td><td>GB/T 1429—2009</td></tr>
<tr><td>4</td><td colspan="2">铁含量</td><td>%</td><td>≤0.05</td><td>GB/T 3521—2008</td></tr>
<tr><td>5</td><td colspan="2">显气孔率</td><td>%</td><td>≤20</td><td>GB/T 24529—2009</td></tr>
<tr><td>6</td><td colspan="2">常温耐压强度</td><td>MPa</td><td>≥30</td><td>GB/T 1431—2019</td></tr>
<tr><td>7</td><td colspan="2">常温抗折强度</td><td>MPa</td><td>≥11</td><td>GB/T 3001—2017</td></tr>
<tr><td>8</td><td colspan="2">耐碱性</td><td>级</td><td>U</td><td>YB/T 5213—2005</td></tr>
<tr><td>9</td><td colspan="2">氧化率</td><td>%</td><td>≤20</td><td>YB/T 5292—2017</td></tr>
<tr><td>10</td><td colspan="2">透气度</td><td>mDa</td><td>≤70</td><td>GB/T 9973—2006</td></tr>
<tr><td rowspan="3">11</td><td rowspan="3">热导率</td><td>室温</td><td rowspan="3">W/(m·K)</td><td>≥100</td><td rowspan="3">YB/T 5291—2016</td></tr>
<tr><td>200 ℃</td><td>≥80</td></tr>
<tr><td>300 ℃</td><td>≥60</td></tr>
<tr><td>12</td><td colspan="2">线膨胀率（20~600 ℃）</td><td>10^{-6}/K</td><td>≤4.5</td><td>GB/T 7320—2008</td></tr>
</table>

制作过程需要控制以下 5 点，分别是：

（1）煅烧质量的控制。根据阿伦尼乌斯公式，即 $\ln K = A^{-Q/T}$，K 为反应速度常数，A 为常数，Q 为结合能，T 为温度。如果制品缺陷增加，导致结合能下降，从而导致 K 值增大，即反应速度加快，消耗加快。

例如，将 8 层逆流罐式煅烧炉，5~8 层煅烧带温度控制在 1250~1300 ℃，并适当调整排料速度，使得煅后焦真密度保持在 2.07 g/cm³ 左右。此时煅后焦活性点适中，吸附性稳定，成形过程所消耗的沥青量少，制品强度高，性能好。

如果煅烧温度过低，煅后焦在随后的石墨化热处理中，体积出现二次收缩，结构产生裂纹缺陷，产品使用过程消耗加快；如果煅烧温度控制过高，煅后焦活性点增加，吸附性增强，黏结剂用量多，在后期焙烧热处理中，由于沥青轻质馏分的排除，使得制品孔隙增多，缺陷增加，产品使用过程消耗加快。

（2）延长混捏时间，提高混捏温度控制。近年来随着煤焦油产品的深加工，煤沥青性质出现了变化，软化点增高，沥青黏度偏大，可塑区间减小。通过对沥青黏度-温度曲线分析，确定了提高沥青浸润温度、混捏温度，以增加沥青对焦炭的浸润效果，保证混捏功率曲线不变形，使糊料具有良好的塑性，保证了石墨砖的结构。同时，采用高温下料制度，减少各排糊料的塑性差别；降低捣固压力，减少内分结构；延长压机预压时间，提高制品密度。

(3) 多次浸烧工艺。为保证产品较低的显气孔率，保证产品的综合性能指标，对产品增加两次浸烧，以达到填充气孔，对产品进行补强。焙烧后和浸渍前产品要彻底清理，制品要求错位装筐，保证间隙，进行浸渍。高压浸渍压力不小于 1.5 MPa，真空度不小于 0.09 MPa。

(4) 石墨化采用小炉芯装炉，送电变压器 16000 kV · A，电流密度 2.5 A/cm^2，石墨化温度达到 2900~3000 ℃以上。石墨化热处理温度越高，石墨材料开始氧化的起始温度越高，材料抗氧化性越强。

(5) 由于成品形状各异，加工精度要求高，数量多。

2.5.2　半石墨炭砖

20 世纪 80 年代以前，我国高炉用的普通炭砖是用苏联提供的技术生产的，炭砖性能落后于国际先进水平。普通炭砖以中温煅烧（小于 1300 ℃）无烟煤和冶金焦为主要原料制成，其主要缺点是热导率低（一般为 2~5 W/(m · K)），抗碱侵蚀性差。为了改进这两项性能，必须提高炭砖原料的质量。经过研究，将高温电煅烧的无烟煤取代原料中的冶金焦，因为冶金焦的孔隙大且多，结构疏松，对抗碱性能影响最大。另外，在 1700~2000 ℃高温下煅烧的无烟煤，有部分无烟煤已转变为石墨，因而称为半石墨化无烟煤，对提高半石墨炭砖的热导率有很好的效果。在煤种选择上，宁夏无烟煤具有低灰分、低硫、低磷、高发热值、高电阻率、高块煤率、高精煤率、高强度、高化学活性等诸多优点，很适合生产高质量的半石墨炭砖，因此选择宁夏无烟煤作为原料。为了进一步提高半石墨炭砖的热导率，在原料中还添加了适量的石墨碎块。该产品具有一定的热导率，抗碱性良好，能满足高炉的基本要求。表 2-9 是半石墨炭砖性能指标，炭砖生产的工艺流程为：原料→电煅烧→破碎筛分→配料→混碾（加结合剂）→成形→焙烧→加工→包装→入库。

灰分、显气孔率、体积密度、抗压强度是炭砖产品的技术标准，这些常规指标并不能反映高炉生产过程中对炉缸、炉底砖衬的工作要求。热导率、抗铁水熔蚀性、抗碱侵蚀性等这些指标才能比较真实地反映炉内的工作状况。

表 2-9　半石墨炭砖性能指标

序号	项　目	单位	指标	检验标准
1	体积密度	g/cm^3	≥1.65	GB/T 24528—2009
2	固定碳	%	≥99	GB/T 3521—2008
3	灰分	%	≤0.5	GB/T 1429—2009
4	铁含量	%	≤0.05	GB/T 3521—2008
5	显气孔率	%	≤20	GB/T 24529—2009
6	常温耐压强度	MPa	≥30	GB/T 1431—2019
7	常温抗折强度	MPa	≥11	GB/T 3001—2017
8	耐碱性	级	U	YB/T 5213—2005
9	氧化率	%	≤20	YB/T 5292—2017

续表 2-9

序号	项　目		单位	指标	检验标准
10	透气度		mDa	≤70	GB/T 9973—2006
11	热导率	室温	W/(m·K)	≥100	YB/T 5291—2016
		200 ℃		≥80	
		300 ℃		≥60	
12	线膨胀率（20~600 ℃）		10^{-6}/K	≤4.5	GB/T 7320—2008

经过多年的试验研究，确定了提高炭砖热导率、抗碱性和抗氧化性指标的技术措施，试制的半石墨炭砖的性能指标远优于国产普通炭砖，达到了较高的水平。

2.5.3 微孔炭砖

微孔炭砖是以高温电煅无烟煤为主要原料，加入少量添加剂，以中温沥青为黏结剂，经混凝、成形、高温焙烧、精加工而成，是透气度低、平均孔径小于 1 μm 和孔径小于 1 μm 的孔容积百分率大于 70%的微气孔砖。微孔炭砖不仅要有优良的常规性能，而且具有优良的使用性能，包括抗碱性、导热性、抗铁水溶蚀性、抗氧化性和抗铁水渗透性等，适用于高炉炉底、炉缸、铁口上方部位，可满足大中型高炉长寿的需要。表 2-10 是微孔炭砖性能指标。

表 2-10　微孔炭砖性能指标

序号	项　目		单位	指标	检验标准
1	体积密度		g/cm³	≥1.63	GB/T 24528—2009
2	灰分		%	≤20.0	GB/T 3521—2008
3	显气孔率		%	≤16.0	GB/T 24529—2009
4	耐压强度		MPa	≥38.0	GB/T 1431—2019
5	常温抗折强度		MPa	≥9.0	GB/T 3001—2017
6	耐碱性		级	U 或 LC	YB/T5213—2005
7	氧化率		%	≤16.0	YB/T5292—2017
8	透气度		mDa	≤9.0	GB/T 9973—2006
9	铁水熔蚀指数		%	≤30	YB/T 4036—2006
10	平均孔径		μm	≤0.5	YB/T 118—2020
11	<1 μm 孔容积比		%	≥70.0	YB/T 118—2020
12	热导率	室温	W/(m·K)	≥9.0	YB/T 5291—2016
		600 ℃		≥14.0	
13	线膨胀率（20~600 ℃）		10^{-6}/K	无	GB/T 7320—2008

高炉用微孔炭砖的制作方法主要包括以下几个步骤：

（1）原料准备：选择高质量的炭素材料作为原料。常用的炭素材料有焦炭、石墨等。将炭素材料破碎、磨粉，制备成细粉末。

（2）添加剂配比：将炭素粉末与适量的添加剂进行混合，添加剂的种类和含量可以根据具体需求进行调整。添加剂的作用是增加材料的可塑性、提高砖坯成形的性能和烧结过程中的反应。

（3）成形成砖：将混合物通过压制、挤出等方式进行成形，制成所需形状的砖坯。成形过程中需要控制好湿度和压力，以确保砖坯的均匀性和稳定性。

（4）碳化：将成形的砖坯放入高温炉中进行碳化处理。在高温下，砖坯中的炭素材料发生热分解和重组反应，形成碳化物结构。碳化过程中需要严密控制炉温、碳化时间和气氛，以确保炭砖的质量和性能。

（5）后处理：碳化后的微孔炭砖经过冷却、清洗和表面处理等工艺，以提高其表面平整度和耐火性能。

2.5.4 超微孔炭砖

与微孔炭砖相比，超微孔炭砖要求平均孔径不大于0.1 μm，小于1 μm孔容积率不小于80%，在600 ℃时，热导率不小于20 W/(m·K)，技术难度很大。提高微气孔指标必须增加微细粉和添加剂的用量，这将引起成形困难及炭砖烧成过程中裂纹增加；提高热导率要靠增加石墨加入量，这将引起抗压强度和抗铁水熔蚀性等指标下降。为了攻克这些技术难点，研究工作从基础试验做起，在基础试验的基础上进行小批量工业试验，最后再进入大批量试生产及推广应用。表2-11是超微孔炭砖性能指标。

表2-11 超微孔炭砖性能指标

序号	项目		单位	指标	检验标准
1	体积密度		g/cm^3	≥1.70	YB/T 119—1997
2	灰分		%	≤23.0	GB/T 3521—2008
3	显气孔率		%	≤15.0	YB/T 908—1997
4	耐压强度		MPa	≥36.0	GB/T 1431—2019
5	常温抗折强度		MPa	≥9.0	GB/T 3001—2017
6	耐碱性		级	U	YB/T5213—2005
7	氧化率		%	≤8.0	YB/T5292—2017
8	透气度		mDa	≤1.0	GB/T 9973—2006
9	铁水熔蚀指数		%	≤28	YB/T 4036—2006
10	平均孔径		μm	≤0.1	YB/T 118—2020
11	<1 μm孔容积比		%	≥80.0	YB/T 118—2020
12	热导率	室温	W/(m·K)	≥16.0	YB/T 5291—2016
		400 ℃		≥18.0	
		600 ℃		≥20.0	
13	线膨胀率（20~900 ℃）		$10^{-6}/K$	无	GB/T 7320—2008

高炉用超微孔炭砖的制作方法相对复杂，主要包含以下步骤：

（1）原料准备：选择高质量的特种炭素材料作为原料，如天然石墨。将石墨颗粒破碎、磨粉，制备成细粉末。

（2）混合和引入孔生成剂：将石墨粉末与气泡剂（通常为有机发泡剂）进行混合。气泡剂会在炭砖材料中生成气泡，形成超微孔结构。

（3）压制和成形：将混合物放入成形模具中，进行压制和成形。成形过程中需要控制压力和温度，以实现砖坯的均匀性和稳定性。

（4）预热和高温碳化：将成形的砖坯进行预热，去除水分和挥发物。然后，将砖坯放入高温炉中进行碳化处理，使石墨颗粒发生碳化反应，形成超微孔结构。

（5）辅助处理：碳化后的超微孔炭砖经过冷却和清洗等辅助处理，在清洗过程中，可以使用酸碱溶液和超声波等方法去除表面的杂质。

（6）后处理和烧结：对超微孔炭砖进行烧结，将砖坯中的石墨颗粒再次结合，增加其致密性和强度。烧结过程中需要严密控制温度、时间和气氛，以确保炭砖的质量和性能。

2.5.5　微孔刚玉砖

微孔刚玉砖由于其耐火性能好，能够有效抵御高温炉渣和熔融铁水的侵蚀，延长高炉的使用寿命。同时可以防止炉内燃烧气体和渣铁的热量散失，提高高炉的能源利用效率。也可以用于高炉的喷煤口和风口，因为其耐火性能良好，在高温高压的环境下能够保持较好的稳定性，减少维修和更换的次数。

总的来说，微孔刚玉砖作为一种耐火材料，在首钢高炉上的应用起到了极其重要的作用，能够提高高炉的使用寿命，提高能源利用效率，并减少维护和更换成本。表 2-12 是微孔刚玉砖性能指标。

表 2-12　微孔刚玉砖性能指标

序号	项　目		单位	指标	检验标准
1	体积密度		g/cm^3	≥3.0	GB/T 2997—2015
2	显气孔率		%	≤15	GB/T 2997—2015
3	常温耐压强度		MPa	≥110	GB/T 5072.2—2004
4	抗碱性（强度下降率）		级	U 或 LC，不允许全是 LC	GB/T 14983—2008
5	抗渣性（熔蚀率）		%	≤10	YB/T 117—1997
6	铁水熔蚀指数		%	≤1.5	YB/T 4036—2006
7	透气度		mDa	≤1.0	GB/T 3000—2016
8	平均孔径		μm	≤0.5	YB/T 118—2020
9	<1 μm 孔容积		%	≥70	YB/T 118—2020
10	重烧线变化率（1500 ℃×2 h）		%	-0.1～+0.1	GB/T 5988—2022
11	荷重软化开始温度（0.2 MPa，0.6%）		℃	≥1680	YB/T 370—2016
12	平均热膨胀系数（20～1000 ℃）		×10^{-6}/℃		GB/T 7320—2008
13	化学成分	Al_2O_3	%		GB/T 6900—2016
		Fe_2O_3	%	≤1.0	GB/T 6900—2016
14	热导率（200 ℃）		W/(m·K)	≤4	YB/T 5291—2016

高炉用的微孔刚玉砖的制作方法主要包括以下几个步骤：

（1）原料准备：选择高质量的刚玉矿石作为原料。刚玉矿石经过破碎、磨粉等工艺处理，制备成细粉末。

（2）添加剂配比：将经过处理的刚玉粉末与适量的添加剂进行混合，添加剂的种类和含量可以根据具体需要进行调整。添加剂的作用是增加材料的可塑性，促进砖坯成形和烧结过程中的反应。

（3）成形成砖：将混合物通过压制、挤出等方式进行成形，制成所需形状的砖坯。成形过程中需要控制好湿度和压力，以确保砖坯的均匀性和稳定性。

（4）干燥和烧结：将成形的砖坯进行高温干燥，去除水分和挥发物。然后，将砖坯放入高温炉中进行烧结，使刚玉颗粒之间发生结合，形成致密的微孔刚玉砖。

（5）后处理：烧结后的微孔刚玉砖经过冷却和表面处理等工艺，以提高其表面平整度和耐火性能。

2.5.6　磷酸浸渍黏土砖

质量合格的高炉黏土砖经干燥处理后真空磷酸浸渍、二次低温烧成的磷酸浸渍制品，也就是浸磷砖可用于砌筑高炉炉身上部炉衬。表 2-13 是磷酸浸渍黏土砖性能指标。

表 2-13　磷酸浸渍黏土砖性能指标

序号	项　目		单位	指标	检验标准
1	体积密度		g/cm^3	≥2.45	GB/T 2997—2015
2	化学成分	Al_2O_3	%	≥42.0	GB/T 6900.4—1986
		P_2O_5	%	≥7.0	GB/T 6730.20—2016
		Fe_2O_3	%	≤1.0	GB/T 6900.3—1986
3	显气孔率		%	≤12	GB/T 2997—2015
4	常温耐压强度		MPa	≥68	GB/T 5072—2008
5	常温抗折强度		MPa	≥15	GB/T 3001—2017
6	荷重软化开始温度（0.2 MPa，0.6%）		℃	≥1460	YB/T 370—2016
7	耐火度		℃	≥1750	GB/T 7322—2017
8	抗碱性（碱蒸气法）		%	≤15	GB/T 14983—2008
9	重烧线变化率（1450 ℃×3 h）		%	-0.2~0	GB/T 5988—2022
10	热震稳定性（1100 ℃水冷）		次	≥22	YB/T 376.1—1995

出窑后的黏土砖，把耐火砖的外形检查无缺角掉棱后，而且尺寸在规定范围内，还有就是理化指标和物理指标检验合格，如果是出窑久的耐火砖，需要在 200 ℃烘烤 2 h 后，在热砖的状态下，将其放入装有磷酸的容器中开始浸砖。

在浸渍过程中，经过二次低温烧成，磷酸沿砖的开口气孔进入，与砖中的 SiO_2、Al_2O_3 反应，生成磷酸盐化合物，并充填于气孔之中，但因此砖的气孔率会下降，提高砖耐压强度。但经多次试验结果表明，磷酸浸渍后黏土砖耐压强度比浸渍前提高了 20%以上，气孔率下降 5%左右。

在耐火砖酸浸渍过程中，生成的磷酸盐化合物提高了黏土砖抗碱腐蚀的特种功能。抗碱腐蚀试验表明，黏土砖经抗碱腐蚀后耐压强度下降30%以上；相同条件下，磷酸浸渍后黏土砖，就是浸磷砖腐蚀后耐压强度下降15%左右。磷酸浸渍废耐火砖回收价格的黏土砖具有较好抗碱腐蚀功能，价格相对比黏土砖价格会高出不少，但使用规模广泛。

就磷酸浸渍黏土砖的特色来看，磷酸浸渍黏土砖有着很好的市场前景与经济效益，所以应大力推广使用。

2.5.7　烧成微孔铝碳砖

高炉作为炼铁的主体设备，风口区和炉腹主要受高温状态的煤气、炉渣、铁水、焦炭的上、下运动和各种高温冶金反应的影响；炉腹和炉身下部主要受高FeO炉渣、碱金属、锌及CO的侵蚀以及CO_2、H_2O的氧化等影响。该两部分要求耐火材料具有良好的热震稳定性，耐高温、抗侵蚀、抗冲刷、抗氧化、耐磨等性能。目前，国内大中型高炉主要用Si_3N_4或Sialon结合SiC和烧成微孔铝碳砖，其中，后者因造价较低，不需专用氮化设备而更受欢迎。表2-14是烧成微孔铝碳砖主要原料的化学成分。

表2-14　主要原料的化学成分　（%）

原料名称	Al_2O_3	Fe_2O_3	R_2O	RO
特级矾土	≥88	≤1.2	≤0.35	≤0.4
白刚玉	≥98.5	≤0.2	≤0.35	≤0.35

采用的炭素材料含量不小于95%，SiC材料中SiC含量不小于90%。试样的制备过程为：先把特级矾土骨料混炼1 min，然后加入2/3的树脂混合2 min，再加入预混合粉混炼10 min，最后加入剩余树脂混炼10 min，最后加入剩余树脂混炼15 min，出料后在400 t摩擦压砖机下成形，干燥、烧成后经检选得到成品。表2-15是烧成微孔铝碳砖性能指标。

表2-15　烧成微孔铝碳砖性能指标

序号	项　目		单位	指标	检验标准
1	体积密度		g/cm^3	≥2.85	GB/T 2997—2015
2	化学成分	Al_2O_3	%	≥65	GB/T 6900—2016
		C	%	≥11	GB/T 13245—1991
		TFe	%	≤1.5	GB/T 6900—2016
3	显气孔率		%	≤16	GB/T 2997—2015
4	常温耐压强度		MPa	≥70	GB/T 5072—2008
5	荷重软化开始温度（0.2 MPa，0.6%）		℃	≥1650	YB/T 370—2016
6	抗碱性（碱蒸气法）		%	≤10	GB/T 14983—2008
7	氧化率		%	≤1	GB/T 17732—2008
8	透气度		mDa	≤0.5	GB/T 3000—2016
9	铁水熔蚀指数		%	≤2	YB/T 4036—2006
10	平均孔径		μm	≤0.5	YB/T 118—2020

续表 2-15

序号	项　　目	单位	指标	检验标准
11	<1 μm 孔容积比	%	≥80.0	YB/T 118—2020
12	热导率（0~800 ℃）	W/(m·K)	≥13	GB/T 5990—2021
13	热震稳定性（1100 ℃水冷）	次	≥100	YB/T 376.1—1995

为保证泥料及坯体的性能，特级矾土骨料要求加热到 50~60 ℃，树脂要求水浴加热到 50 ℃左右。

烧成微孔铝碳砖采取基质共磨工艺。具体是将电熔白刚玉、炭素材料、SiC 硅微粉、添加物及抗氧化剂等一起加入筒磨机细磨，制成预混合粉。

各原料的配比为：粗矾土 45%~55%；中矾土 10%~15%；预混合粉 35%~40%；结合剂 4%~4.5%。选用热塑性树脂做结合剂。硅微粉的加入量以 2%左右为宜，活性炭的加入量为 2%~3%。电熔白刚玉和抗氧化剂粒度要求在 0~0.044 mm 之间，硅微粉和添加物粒度要求在 0~5 μm 之间。采用强制式碾轮混砂机进行混料，结合剂分两次加入。混好的料要求手感好，易成形。

制品在 40~120 ℃的隧道干燥器中进行干燥，装窑采用在窑车上砌盒子，加焦炭密封砖坯的办法，要求焦炭烘干至残余水分不大于 1.0%。由于微孔铝碳砖的导热性能优于焦炭，故装窑时要求砖砖紧靠，砖与砖之间不放焦炭，以充分利用热源，利于烧成。由于微孔铝碳砖中碳含量较高，碳在高温下极易被氧化，故砖应在还原气氛中烧成，烧成温度（1540±10）℃，保温 14~16 h。

通过控制生产工艺，添加合适的添加物及优良的结合剂，可以制得性能优良的高炉用烧成微孔铝碳砖。该产品具有高强度，低气孔率，抗氧化、抗侵蚀、抗冲刷及热震稳定性好等特点，适合砌筑在高炉炉腰和炉腹等部位。

2.6 本章小结

（1）首钢高炉炉型设计经过几十年的演变，逐步形成了现在成熟的炉型设计。扩大炉缸直径和增加炉缸高度，扩大炉腰直径，适当减小炉身角和炉腹角。炉型适当矮胖，适当扩大炉腰直径，提供了煤气充分扩张的空间。高炉越容易接受风量，透气性越好，越容易强化冶炼；加大高炉上部横向截面积，有利于增加煤气在炉内的停留时间及煤气与炉料的接触面积，从而有助于提高煤气利用率。

（2）高炉炉缸、炉底结构采用综合炉底结构，从传热学角度来说，综合炉底是绝热与导热的结合；从经济和高炉操作工艺过程来说，综合炉底将是今后的发展趋势。逐步形成了“强化冷却，控制炉缸、炉底的‘象脚状’侵蚀，避开炉缸的过度侵蚀，使炉缸、炉底侵蚀向锅底状侵蚀的方向发展”的设计理念。

（3）炉身中上部采用带凸台的铸铁冷却壁，稳定砖衬。炉身下部、炉腰和炉腹采用铜冷却壁，铜冷却壁由于导热性好，抗热负荷冲击能力强，热面能形成稳定的渣皮，渣皮不易脱落，存在周期长并且重新生成的时间短，冷却稳定均匀，有利于维持一个稳定高炉操作内型和高炉工况条件，有利于高炉稳定顺行。

（4）采用软水密闭循环冷却系统，根据高炉热负荷分布和炉体冷却结构优化确定合理的冷却水量、水温差和水流速等工艺参数；根据高炉不同区域冷却器的工作特性，分系统强化冷却，改进系统流程，优化管路布置，提高系统脱气排气功能。

（5）选用高性能的耐火材料，优化耐火材料组合，设计合理的耐火材料厚度，加强耐火材料的日常维护，可以保证高炉的稳定运行和安全使用。

参 考 文 献

［1］安朝俊. 高炉生产（首钢炼铁三十年）.［M］. 北京：首钢印刷所，1983.

3 高炉长寿技术及机理研究

首钢迁钢是21世纪初首钢集团异地建设的钢铁生产基地，在建设过程中采用了多项先进实用技术，总体上实现了高炉生产“高效、低耗、长寿、清洁”的多目标协同。其中高炉长寿技术借鉴并发展了首钢北京炼铁厂的高炉长寿技术，在实际生产运用中，既有成功的效果和经验积累总结，进入高炉长寿技术水平序列，但是也经历了漫长维护技术探索和方法创新。本章解析了首钢迁钢铜冷却壁的长寿技术和长寿机理；通过破损调查，明晰了首钢迁钢三座高炉炉底、炉缸的侵蚀特征、侵蚀机理、保护层形成机理等，同时重点对炉缸内死料柱更新机理和侵蚀行为进行研究，揭示炉缸侵蚀特征的形成原因。为后续优化高炉长寿技术和提升高炉长寿技术水平提供了技术指引。

高炉是钢铁工业中投资最高、能耗最高的关键环节，延长高炉寿命对降低吨铁成本，提高钢铁企业竞争力有至关重要的作用。2020年，中国粗钢产量首次突破10亿吨大关，成为全球首个钢铁年产量达到10亿吨的国家，全球每年的钢铁产量中有接近六成出自中国。

然而，当前我国高炉平均寿命仅5~10年，远远低于国外，甚至低于我国20世纪80年代和90年代修建高炉的寿命。2000年以来，据不完全统计我国共至少45座高炉发生炉缸烧穿事故，其中包括多座大高炉，如鞍钢新1号3200 m^3 高炉、天铁6号2800 m^3 高炉和本钢1号4747 m^3 高炉。高炉长寿已成为制约钢铁高质量发展的重要影响因素。

高炉长寿是高炉设计、建设、运行、维护管理最终结果的集中表现之一。从更广泛的范围看，是钢铁厂炼铁系统综合水平最重要的表现之一。根据《高炉炼铁工程设计规范》要求，新建高炉的寿命应大于15年，高炉一代炉役期间，单位高炉容积的产铁量应达到或大于1.0万~1.5万吨。欧洲高炉长寿标准：寿命应达到15~20年，单位炉容产铁量应在1.5万吨/立方米以上。

为了提高高炉长寿技术水平，中国炼铁工作者付出了极大努力和智慧，创新并实施了很多有益的高炉长寿技术理论体系和先进实用技术，系统解决长寿技术瓶颈，高炉长寿技术水平不断提升，一批高炉高效稳定运行超过了15年，具体见表3-1。

表3-1　国内外典型高炉长寿技术对比

高　炉	容积/m^3	开炉时间	停炉时间	寿命/年	单位炉容铁产量 /$t \cdot m^{-3}$	利用系数 /$t \cdot (m^3 \cdot d)^{-1}$	备注
巴西图巴郎1号	4415	1983年11月	2012年4月	28.4	21272	2.05	寿命>20年
日本和歌山4号	2700	1982年2月	2009年7月	27.3	14850	1.49	
日本和歌山5号	2700	1988年2月	2015年7月	27.4	—	—	
德国汉博恩9号	2132	1987年12月	2012年1月	25.1	18762	2.05	
汉堡9号	2200	1987年	2012年	25.0	18136	2.07	

续表 3-1

高　炉	容积/m^3	开炉时间	停炉时间	寿命/年	单位炉容铁产量/$t \cdot m^{-3}$	利用系数/$t \cdot (m^3 \cdot d)^{-1}$	备注
神户制钢 3 号	1845	1983 年 4 月	2007 年 11 月	24.6	—	—	寿命>20年
日本仓敷 2 号	2857	1979 年 3 月	2003 年 8 月	24.5	15600	1.74	
德国施委尔根 2 号	5513	1993 年 1 月	2014 年 6 月	21.7	14148	1.79	
日本千叶 6 高炉	4500	1977 年 6 月	1998 年 3 月	20.9	13386	1.75	
日本仓敷 4 号	4826	1982 年 1 月	2001 年 1 月	19.9	13883	1.91	寿命15~20年
宝钢 3 号（第一代）	4350	1994 年 9 月	2013 年 8 月	19.0	15700	2.26	
武钢 1 号	2200	2001 年 5 月	2019 年 10 月	18.5	—	—	
首钢 3 号	2536	1993 年 6 月	2010 年 12 月	17.6	13991	2.18	
韩国浦项 3 号	3795	1989 年 1 月	2006 年 3 月	17.2	13720	2.19	
韩国光阳 2 号	3800	1988 年 7 月	2005 年 3 月	16.8	13557	2.21	
首钢 1 号	2536	1994 年 8 月	2010 年 12 月	16.4	13328	2.23	
荷兰艾默伊登 6 号	2678	1986 年 4 月	2002 年 5 月	16.0	12696	2.17	
武钢 5 号（第一代）	3200	1991 年 1 月	2007 年 5 月	15.6	11097	1.95	
首钢 4 号	2100	1992 年 5 月	2007 年 12 月	15.6	12560	2.21	
日本大分 2 号	5245	1988 年 12 月	2004 年 2 月	15.2	11826	2.13	
宝钢 2 号（第一代）	4063	1991 年 6 月	2006 年 8 月	15.2	11612	2.09	
韩国光阳 1 号	3800	1987 年 4 月	2002 年 3 月	15.0	11316	2.07	
荷兰艾默伊登 7 号	4450	1991 年 6 月	2005 年 12 月	14.5	11304	2.14	寿命10~15年
日本鹿岛 3 号（第二代）	5050	1990 年 8 月	2004 年 9 月	14.0	9246	1.81	
韩国浦项 2 号	2550	1983 年 5 月	1997 年 8 月	13.9	10287	2.03	
太钢 5 号（第一代）	4350	2006 年 10 月	2020 年 6 月	13.7	10798	2.16	
宝钢 2 号（第二代）	4706	2006 年 12 月	2020 年 8 月	13.7	10640	2.13	
马钢 2 号	2500	2003 年 1 月	2017 年 5 月	13.6	11234	2.26	
日本鹿岛 3 号（第一代）	5050	1976 年 9 月	1990 年 1 月	13.4	9535	1.95	
本钢 7 号	2850	2005 年 9 月	2017 年 8 月	11.9	9350	2.15	
宝钢 1 号（第二代）	4063	1997 年 5 月	2008 年 9 月	11.2	9092	2.22	
宝钢 1 号（第一代）	4063	1985 年 9 月	1997 年 4 月	10.5	7950	2.07	

3.1 首钢迁钢高炉长寿概述

北京首钢股份有限公司，前身是河北省首钢迁安钢铁有限责任公司，共有三座高炉（以下简称首钢迁钢），其中 1 号、2 号高炉有效容积为 2650 m^3，分别于 2004 年 10 月 8

日和2007年1月4日送风开炉，设计年产生铁445万吨，高炉采用软水密闭循环系统和工业净化水循环系统，6~8段为铜冷却壁、9~15段为球墨铸铁镶砖冷却壁、16段为光面冷却铸铁水箱冷却。3号高炉有效容积为4000 m^3，于2010年1月8日送风开炉，设计年产生铁340.8万吨，设4个铁口，36个风口，高炉本体结构采用无过热冷却体系+无应力砌体结构技术相结合，炉缸、炉底采用高导优质炭砖+陶瓷垫综合炉缸、炉底技术，为了提高强化冷却效果，在炉缸、炉底"象脚状"侵蚀区域、铁口区域、炉腹、炉腰、炉身下部采用铜冷却壁技术，炉体采用全冷却结构（包括炉喉钢砖），高炉冷却采用分段式软水密闭循环冷却技术。

三座高炉自投产后，均取得了良好的技术经济指标，但也都在开炉1~2年后不同程度地发生了炉缸水温差和热电偶异常升高问题，为了保证高炉安全生产，2010年前被迫采用压浆、改高压水强化冷却、加钛护炉、堵风口等一系列措施来稳定炉缸水温差。后期随着炉缸维护技术的提升与积累，逐渐形成了以长期加钛护炉与适宜利用系数（<2.3 t/(m^3·d)）相结合的控制措施，将水温差长期保持在安全范围内，维持高炉安全生产和合理经济运行。

首钢迁钢1号高炉于2019年6月27日进行炉缸浇注修复，期间高炉运行14年9个月，接近一代设计寿命，运行期间平均利用系数2.29 t/(m^3·d)，单位炉容产铁量11613 t/m^3，铜冷却壁15年零损坏的记录。2019年8月1日浇注后开炉，目前已经运行超过4年，2021年12月炉腰7段铜冷却壁首次出现坏管现象，自2023年2月以后冷却壁坏管现象加剧。

首钢迁钢2号高炉于2018年7月30日进行炉缸浇注修复，2018年9月15日一次浇注后开炉，此阶段运行中2021年6月发现铜冷却壁损坏，同年7月利用检修期间更换7块铜冷却壁。一次浇注后运行时间约为4年10个月后，于2023年7月18日停炉进行了二次浇注，6段、7段更换17块铜却壁。

首钢迁钢3号高炉2022年6月30日停炉，运行12.5年，期间平均利用系数2.26 t/(m^3·d)，铜冷却壁零损坏，3号高炉于2022年8月9日一次浇注后投入使用。

3.2 铜冷却壁长寿技术及机理研究

高炉长寿是个系统工程，任何一处存在薄弱环节都无法实现高炉长寿。而现代高炉制约长寿的限制性环节主要包括两方面，一是高炉上部的冷却壁破损问题，二是下部的炉缸侵蚀问题。为了实现高炉长寿，首钢迁钢三座高炉在高热负荷区域均使用了铜冷却壁，其中1号、2号高炉安装了三段铜冷却壁，3号高炉安装了四段铜冷却壁，采用的均是高纯度、高致密度的TU2无氧铜，热导率为380 W/(m·K)，其上为带凸台的铸铁冷却壁，可以保护下方铜冷却壁避免磨损。铜冷却壁采用软水密闭循环冷却系统，为能够在线实时监测铜冷却壁的温度变化和壁体侵蚀状况，在铜冷却壁上安装了热电偶进行检测。

铜冷却壁最早于20世纪70年代开始在欧洲进行研究和使用，1978年铜冷却壁首次在比利时西德玛B高炉炉身下部安装了一块进行试验，取得成功后，1979年德国蒂森钢铁又在汉堡4号高炉炉身中部安装了两块进行工业试验，经过9年运行其磨损量仅为0~3 mm。1988年蒂森又在鲁罗尔特厂6号高炉炉身下部安装了两块铜冷却壁，得到了相同的结果，由此铜冷却壁得到了大幅推广。我国使用铜冷却壁最早是在1999年首钢2号高炉上，当时在炉身安装了两块铜冷却壁进行试验，2002 年又首次使用了国产铜冷却壁进行试验。到目前为止，国内约有 200 多座高炉使用铜冷却壁。

铜冷却壁的主要优点是：(1) 热导率高，铜的热导率≥380 W/(m·K)，在工作温度下比球墨铸铁高约 10 倍。(2) 抗热震性能好，因铜材的导热性能好，延展率高，故铜冷却壁抗热震性能很好。(3) 抗热流冲击性能良好，铜冷却壁能承受的最大热流强度为 350 kW/m^2（约 15 min），而铸铁冷却壁能承受的最大热流强度仅为 70 kW/m^2（约 15 min）。由于铜冷却壁优异的性能和表现，人们预期其使用寿命可以达到 30~50 年。然而，随着应用的普及和时间的推移，应用并未达到炼铁界的预期寿命，多数铜冷却壁在使用 5~8 年后出现了大量破损现象。

3.2.1　铜冷却壁破损情况统计

根据现有已报道文献，对发生铜冷却壁破损的高炉进行了统计和原因分析。统计发现，众多铜冷却壁在使用 5~8 年后出现大量破损现象，具体见表 3-2。

表 3-2　国内部分高炉铜冷却壁损坏情况统计

炉号	开炉时间	开始损坏时间	寿命/年	损坏部位	原因分析
T1 号	2004 年 2 月	2011 年 8 月	8	6、7、8 段	磨损和烧损
A2 号	2005 年 12 月	2011 年 10 月	6.11	7、8、9、10 段	磨损
A3 号	2005 年 12 月	2013 年 5 月	8.6	7、8、9、10 段	磨损和烧损
A7 号	2004 年 9 月	2013 年 6 月	9.9	6、7、8 段	磨损
A4 号	2006 年 12 月	2015 年 6 月	9.6	6、7、8、9 段	磨损
L3200	2010 年	2016 年 11 月	7.10	7、8 段	磨损
M3200	2009 年 5 月	2016 年 9 月	8.4	4 段	磨损及少量水管拉剪断
H8 号	2009 年	2017 年 2 月	9.0	6、7、9 段	磨损，9 段上端烧损
B1 号	2008 年 9 月	2015 年 9 月	8.0	7、8、9、10 段	磨损
B2 号	2009 年 4 月	2016 年 4 月	7.0	7、8、9、10 段	磨损
S5800	2009 年 10 月	2017 年 5 月	7.7	6、7 段	磨损
W1 号	2001 年 5 月	2009 年	8.0	炉腰	磨损
W7 号	2006 年 6 月	2009 年 7 月	3.0	炉腹	磨损和烧损
X1 号	2006 年 11 月	2012 年 6 月	5.6	5、6、7、8 段	磨损和烧损
C5 号	2006 年 12 月	2009 年 1 月	2.1	炉身下部	水管剪裂、剪断
J7 号	2011 年 3 月	2013 年 3 月	2.0	6、7、8	磨损和烧损

此外，根据中国钢铁工业协会对 83 座高炉统计发现，其中有 30 座高炉曾发生过铜冷却壁损坏，破损率达 36.14%，铜冷却壁平均使用年限 6.3 年[1]。炉腰中下部铜冷却壁损坏的比例最高，占统计总数的 36.36%，炉腹中上部次之，占 27.27%。炉身下部到炉腰中上部铜冷却壁损坏的比例约为 18%。

3.2.2　铜冷却壁破损原因分析

(1) 边缘煤气流控制不合理。许多案例表明，由于边缘煤气流控制不合理，局部气流或边缘气流波动过大，造成渣皮频繁脱落，使铜冷却壁直接暴露在热煤气或炉料下，最终导致铜冷却壁破损。破损的形式主要是“上部干区”的炉料磨损和“下部湿区”的热熔损。还有一些案例，由于长期过分压制边缘气流，边缘温度过低，形成所谓的干区，难以形成渣皮，使铜冷却壁直接接触热煤气和炉料。而铜冷却壁最大的缺点就是硬度低，耐磨性极差，极易发生磨损，且这种情况多发生在软熔带之上的炉身中下部。

此外，还有一些铜冷却壁的破损是发生在上部布料矩阵发生较大变化期间，如“取消中心焦”的操作过程中。“取消中心焦”操作，往往意味着打破现有煤气流分布，重建煤气流分布，在此过程中极易造成铜冷却壁破损。因此，在发生煤气流大波动时，必须密切关注壁体温度的变化，一旦壁体温度由稳定变为大幅波动后，可认为渣皮已经脱落。当壁厚温度超过 150 ℃后，必须进行必要的人为干预，如增大水量、调整布料，防止铜壁破损。

（2）冷却制度管控不精细。还有一些案例，由于冷却制度管控不精细，特别是由于冷却水量设计偏低或特殊炉况时冷却制度管理不及时，导致了铜冷却壁的大量破损。如某 2000 m^3 高炉，在焖炉期间，冷却水量减至 500 m^3/h，期间又不注意观察壁体温度变化，导致冷却壁大面积损坏。因此，铜冷却壁冷却制度管控，要“粗看水量，细看水速，监控壁体温度”。

（3）炉体长期不进行修补维护。炉体喷涂维护对铜冷却壁有两点好处：第一是填补燕尾槽中脱落的耐火材料，营造了良好的挂渣环境。二是修整炉形，使操作炉型回归设计炉型，煤气流分布更均匀合理，更容易控制。但遗憾的是，很多高炉长期不进行炉身维护，操作炉型不规整，造成煤气流难以控制，进而导致渣皮频繁脱落，冷却壁破损。

（4）缺乏“渣皮再生与脱落”模型监控。很多高炉不注重监测手段的安装和运用，目前安装渣皮再生与脱落模型的高炉很少。日常操作中由于缺乏对渣皮的有效监控，工长无暇顾及壁体温度波动趋势，往往不能够在早期发现铜冷却壁异常问题，最终出现铜冷却壁损坏现象。

3.2.3 铜冷却壁渣皮物性参数研究

3.2.3.1 *渣皮取样方案及其宏观形貌*

表 3-3 给出了首钢迁钢 3 号高炉 7~10 段铜冷却壁渣皮的取样位置及厚度。渣皮的取样主要集中在铁口两侧及两个铁口中间。渣皮的厚度在 20~50 mm 之间，燕尾槽位置渣皮厚度在较筋肋位置厚。渣皮样品的周向分布见图 3-1，渣皮选择包含了铁口、非铁口及送风总管区域。

表 3-3 渣皮及镶砖取样位置及厚度

编号	取样位置	厚度/mm		备　注
1	7 段-1 号风口	37~48		
2	7 段-16 号风口	肋	18~22	
		槽	35~37	
3	7 段-27 号风口	29~35		
4	9 段-东北	21~26		9、10 号风口之间
5	9 段-西	21~27		23、24 号风口之间

续表 3-3

编号	取样位置	厚度/mm	备 注
6	9 段-南	22~30	32、33 号风口之间
7	10 段-北	22.5~46	14、15 号风口之间

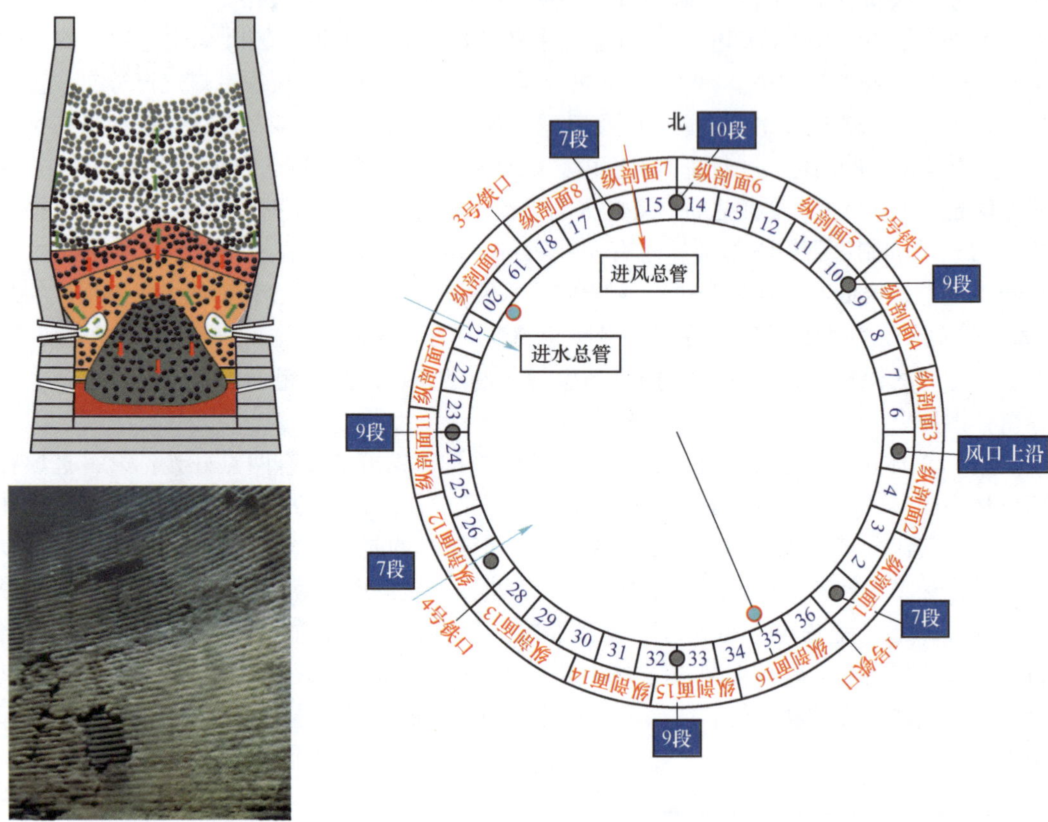

图 3-1 铜冷却壁渣皮取样位置示意图

图 3-2 为 7 段铜冷却壁渣皮的宏观形貌。从渣皮的宏观形貌可以看出，渣皮呈现分层结构，冷面为颗粒状，含有大量的铁锈，热面有一层灰黑色渣相，且空隙较少。

图 3-2 7 段铜冷却壁渣皮的宏观形貌

图 3-3 为 8 段铜冷却壁渣皮的宏观形貌。从渣皮的剖截面可以看出，渣皮存在明显的分层结构，渣皮宏观上呈现灰黑色渣相，相比 7 段无明显铁锈现象。冷面同样为颗粒状，剖截面为灰白色渣相，热面有一层灰黑色渣相，且含有明显的金属铁滴相。

图 3-3 8 段铜冷却壁渣皮的宏观形貌

9 段铜冷却壁上部渣皮整体颜色较深（图 3-4），存在明显铁锈，其中 9 段南侧冷却壁渣皮剖截面呈现黄绿色，渣皮厚度在 21～30 mm 之间，相对比较均匀。10 段铜冷却壁渣皮整体也存在明显铁锈（图 3-5），且冷面存在部分喷涂料。

图 3-4 9 段铜冷却壁渣皮的宏观形貌

图 3-5 10 段铜冷却壁渣皮的宏观形貌

3.2.3.2 化学成分分析

通过荧光分析（XRF）对不同高度渣皮的物相组成进行分析，其化学成分见表 3-4。可以看出渣皮成分波动较大，且无明显规律，为高铝低镁渣系，渣皮中渣相碱度在 0.93～1.58 之间波动，Fe_2O_3 含量在 8.46%～40.39%之间波动，Al_2O_3 含量在 14.48%～32.08%之间波动，MgO 含量在 2%～3%之间。其中 10 段冷却壁渣皮的碱度在 1.15 左右，Fe_2O_3 含量达到了 40.39%，Al_2O_3 含量为 14.48%，MgO 含量为 2.20%。9 段南侧冷却壁渣皮其成分含有一定量的有害元素，其主要成分为 ZnO、Fe_2O_3、K_2O 和 PbO。

表 3-4　首钢迁钢高炉渣皮化学成分　　(%)

位置	Al_2O_3	CaO	SiO_2	Fe_2O_3	MgO	TiO_2	SO_3	MnO	K_2O	Na_2O	ZnO	PbO	Cl	R（无量纲）
7-27 号	28.00	26.01	21.45	13.65	2.09	1.40	0.97	0.85	0.81	—	3.36	0.35	0.20	1.21
7	32.08	31.80	20.16	8.46	2.40	1.16	1.37	0.10	0.70	0.31	0.62	0.01	0.11	1.58
8	26.37	21.89	23.61	20.13	3.02	1.09	0.87	0.15	0.98	0.48	0.65	—	0.04	0.93
9-西	27.86	26.07	20.98	16.31	1.96	1.37	1.04	0.74	0.75	0.64	1.19	0.10	0.17	1.24
9-南	1.36	2.48	2.36	22.55	0.41	0.09	1.03	0.04	4.84	—	52.85	5.10	6.49	—
10-北	14.48	17.99	15.66	40.39	2.20	0.84	2.15	1.19	1.36	0.67	0.86	0.03	1.63	1.15

3.2.3.3　FactSage 预测渣皮的物相组成

A　渣皮冷却过程中物相析出

为了揭示渣皮的相和流动特性之间的关系，使用 FactSage 软件根据最小吉布斯自由能原理计算了平衡状态下渣皮的相和组成，结果见图 3-6。结果表明，炉腰的主要沉淀相为钙铝黄长石（$Ca_2Al_2SiO_7$，熔点 1590 ℃）、钙长石（$CaAl_2Si_2O_8$，熔点 1553 ℃）和 $CaMg_2Al_{16}O_{27}$（熔点 1820 ℃），而炉腹的主要沉淀相为少量尖晶石（$MgAl_2O_4$，熔点 2250 ℃）和钙长石。炉腰的初始析出温度为 1456 ℃，初生晶相为 $CaMg_2Al_{16}O_{27}$，而炉腹的初始析出温度为 1555 ℃，初始析出相为 $CaMg_2Al_{16}O_{27}$。与炉腰处的渣皮相比，炉腹处渣皮的碱度明显更高，CaO 量的增加为钙铝黄长石的沉淀提供了热力学条件，从而增加了其析出量和温度。同时，钙铝黄长石沉淀的增加也导致了其熔化温度的升高。炉腰和炉腹的固相线温度都在 1246 ℃。

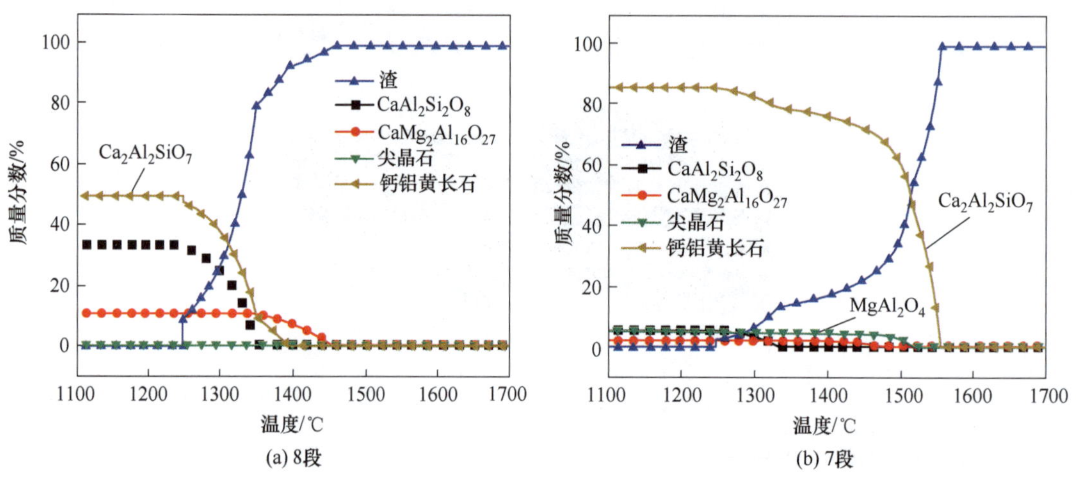

图 3-6　FactSage 预测冷却壁渣皮的物相析出

B　FactSage 预测 FeO 不同还原度下渣皮的物相析出

成分和冷却是影响渣相结晶行为的主要因素。考虑到 FeO 含量对渣相沉淀的影响，使用热力学计算了不同 FeO 还原率（0、25%、50%、75%）下渣相的沉淀，结果见图 3-7。

从图 3-7 中可以看出，随着 FeO 还原比的增加，渣相的初始析出温度升高，完全析出温度降低，有利于渣相在铜冷却壁上的结渣。当 FeO 还原率达到 75%时，炉腰中的初始沉淀相从尖晶石变为 $CaMg_2Al_{16}O_{27}$。尖晶石（$Fe/MgAl_2O_4$）和黄长石（$Ca_2Fe/Al(AlSiO_7)$）的沉淀温度随着 FeO 还原比的增加而增加。渣相初始析出温度的升高有利于渣皮的形成。渣皮的厚度在 10~20 mm 之间，沿渣皮厚度存在温度梯度。在靠近铜冷却壁的一侧是低温区，$CaMg_2Al_{16}O_{27}$和镁铝尖晶石在渣相中沉淀，Ca、O 元素迁移到铜冷却壁表面，这促进

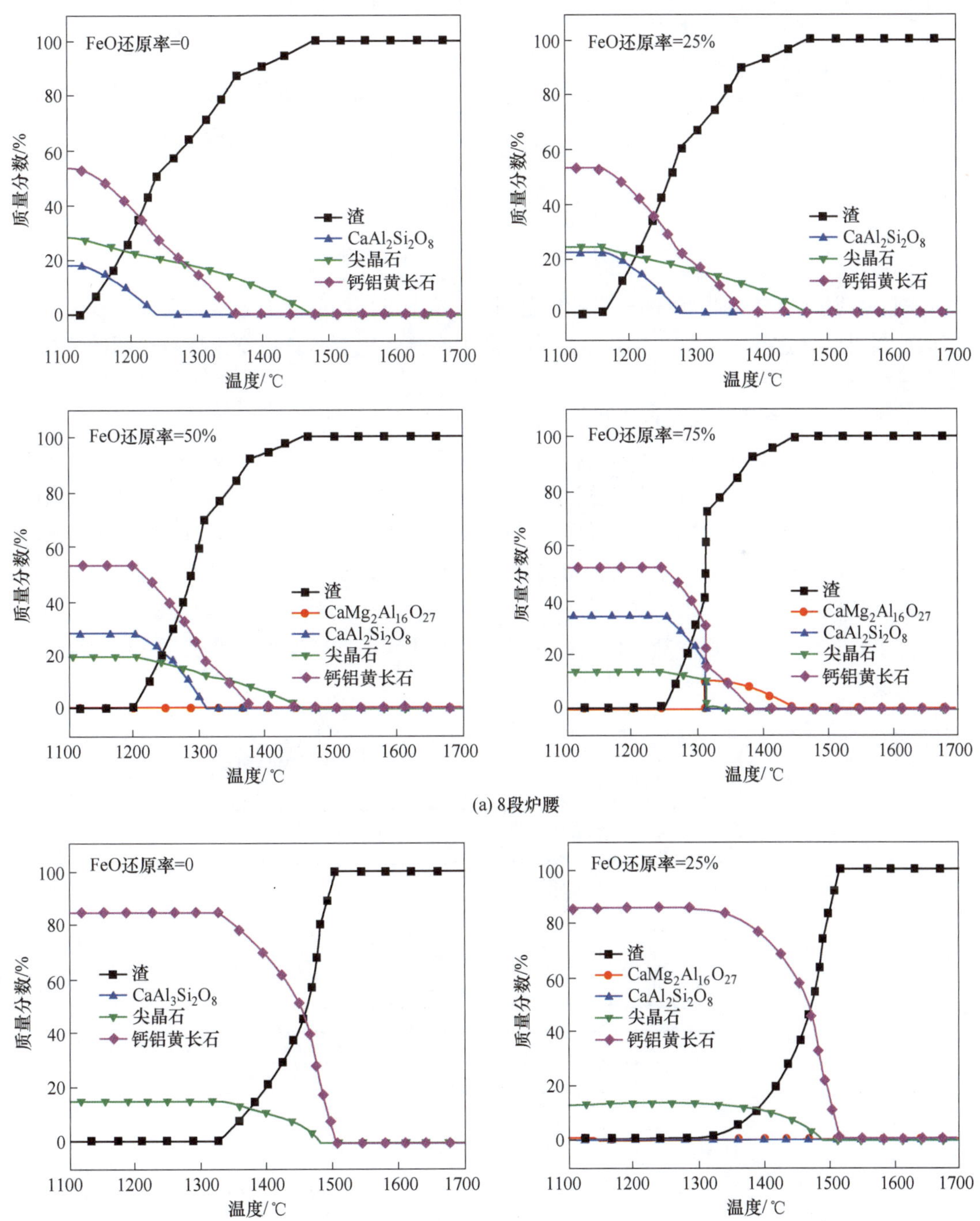

(a) 8段炉腰

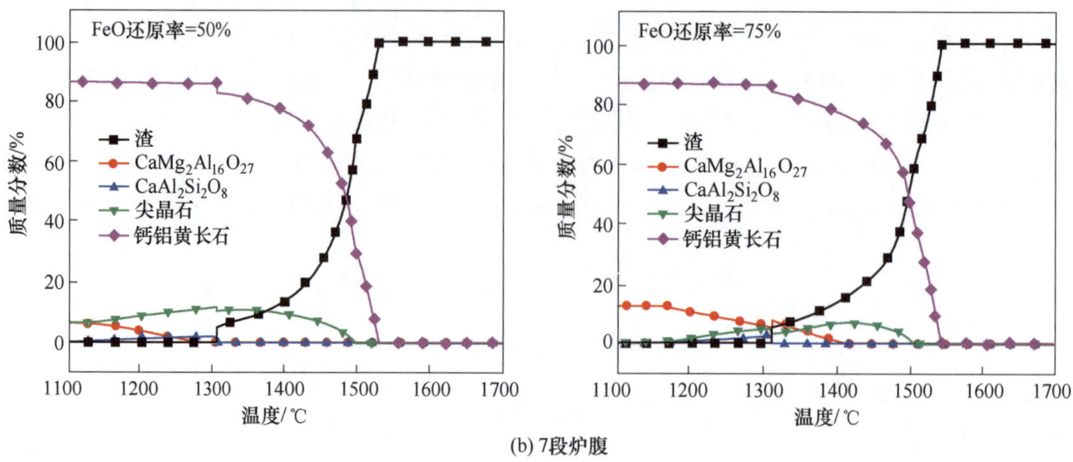

(b) 7段炉腹

图 3-7 FactSage 计算了不同 FeO 还原率

了 $CaMg_2Al_{16}O_{27}$晶体的柱状生长。在高温区域，晶体成核的驱动力不足，晶体生长是一种扩散控制机制，这导致了细长的板状结构。渣皮冷侧的钙铝黄长石富集导致冷侧的特征温度高于热侧。

3.2.3.4 渣皮的物相组成分析

考虑到 FactSage 计算过程中不包括动力学条件，对渣皮进行了 XRD 分析，XRD 图谱见图 3-8。Jade 6.5 软件的相分析结果表明，主要相为 $Ca_2Al_2SiO_7$、$(MgFe)_2SiO_4$、$MgAl_2O_4$ 和 Fe。从 XRD 图谱可以看出，渣皮的主衍射峰强度依次增加，即炉腹>炉腰>炉身下部，表明炉体下部渣皮中的 $Ca_2Al_2SiO_7$和 $MgAl_2O_4$ 的析出量大于炉身下部，这与热力学计算结果一致。然而，XRD 结果表明，在渣皮中没有检测到 $CaAl_2Si_2O_8$和 $CaMg_2Al_{16}O_{27}$相，这主要是由于在快速冷却条件下，相析出没有达到平衡状态，而是以非晶相的形式存在于渣皮中。

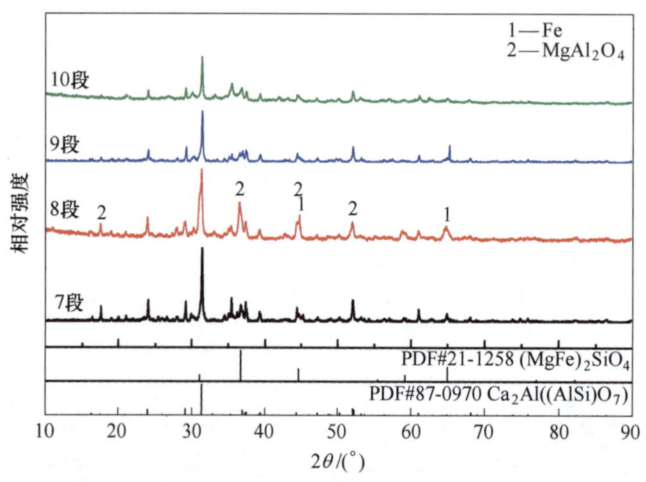

图 3-8 渣皮的 XRD 图谱

从图 3-9 可以看出，9 段冷却壁有害元素沉积层的 XRD 结果表明为 ZnO。而氧化锌在高炉中的稳定性相对较差。其在高炉中易于被煤气中的 CO 还原。而锌的沸点为 908 ℃，在高炉中锌主要以蒸气的形式存在。当高炉侧壁温度升高且频繁波动，冷却壁上沉积的 ZnO 层会还原脱落，导致冷却壁热面裸露，从而不利于冷却壁的长寿。

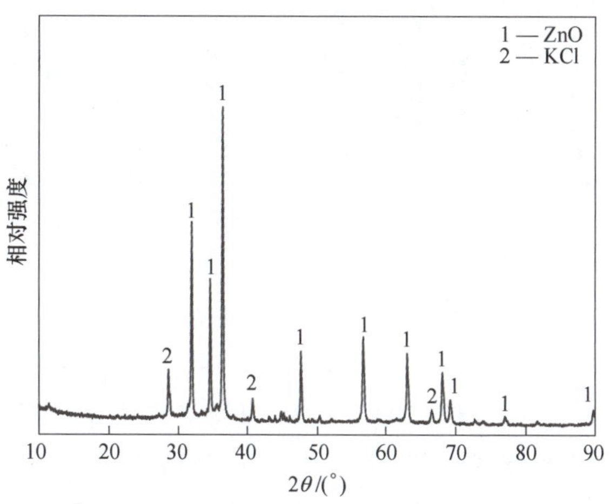

图 3-9　9 段冷却壁渣皮沉积层的 XRD 图谱

3.2.3.5　渣皮扫描电镜分析

A　炉身下部渣皮的微观形貌

图 3-10 为炉身下部渣皮的微观形貌。从图 3-10 和图 3-11（a）可见渣皮热面和中间层主要为无定型相，析出主要相为颗粒状主要为镁铝尖晶。结合 XRD 结果可知，而渣皮冷面析出主要为树枝状的钙长石相（$Ca_2(Al(Al,Si)O_7)$），Fe 在炉身下部渣皮中以金属铁和铁氧化物的形式存在于渣相中。

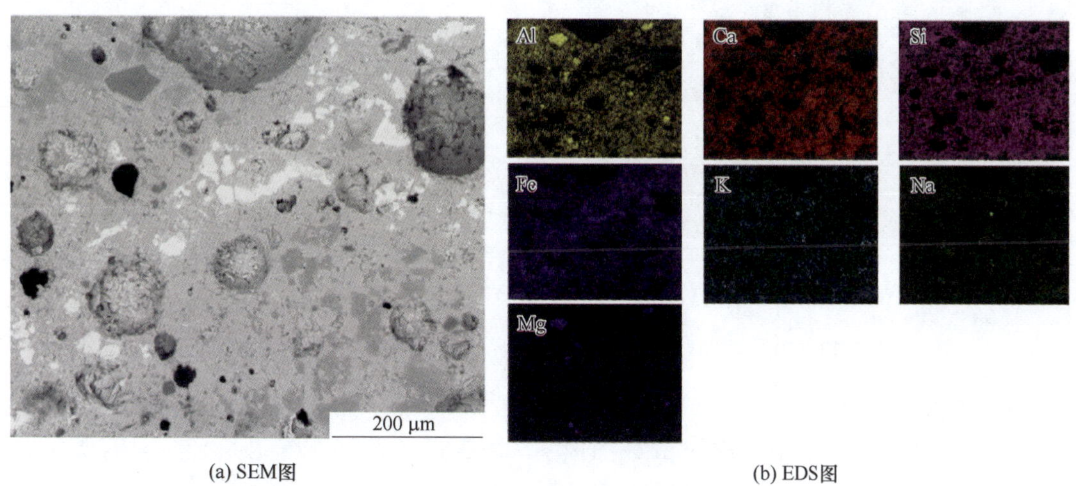

(a) SEM图　　(b) EDS图

图 3-10　炉身下部渣皮热面的 SEM-EDS 分析

此外，在 10 段铜冷却壁热面存在部分耐火材料，图 3-12 为炉渣和耐火材料之间的界

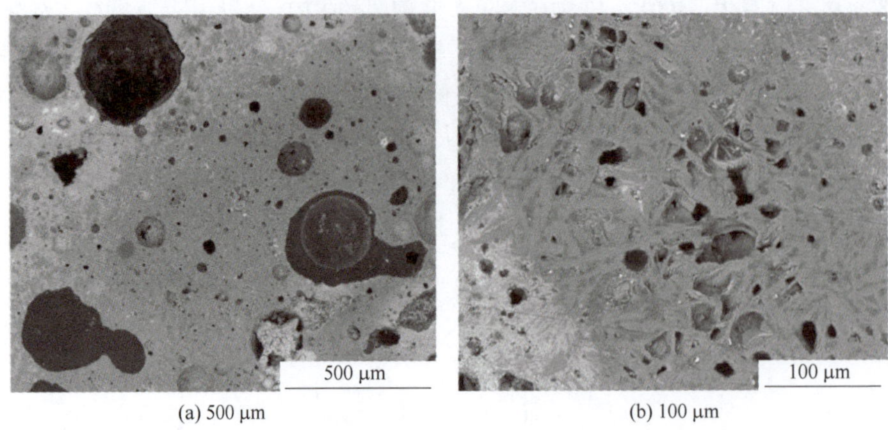

(a) 500 μm　　(b) 100 μm

图 3-11　炉身下部渣皮中间层和冷面的微观形貌

面微观形貌和元素变化情况。从微观形貌可以看出，渣相与耐火材料界面润湿较好，无明显的界面，渣相逐渐侵蚀耐火材料。通过线扫描结果可以看出，界面中渣主要元素向耐火材料中无明显迁移。但在渣皮和耐火材料界面，存在明显的 K 和 Cl 的迁移，沿着渣-耐火材料界面，K 和 Cl 含量逐渐升高，并在耐火材料中出现明显富集。可以看出，铜冷却壁热面耐火材料侵蚀主要是由于有害元素侵蚀造成的耐火材料剥落。而渣相易于在耐火材料表面形成固体渣皮，减缓渣相对耐火材料的侵蚀。实际高炉操作过程中应控制有害元素含量。

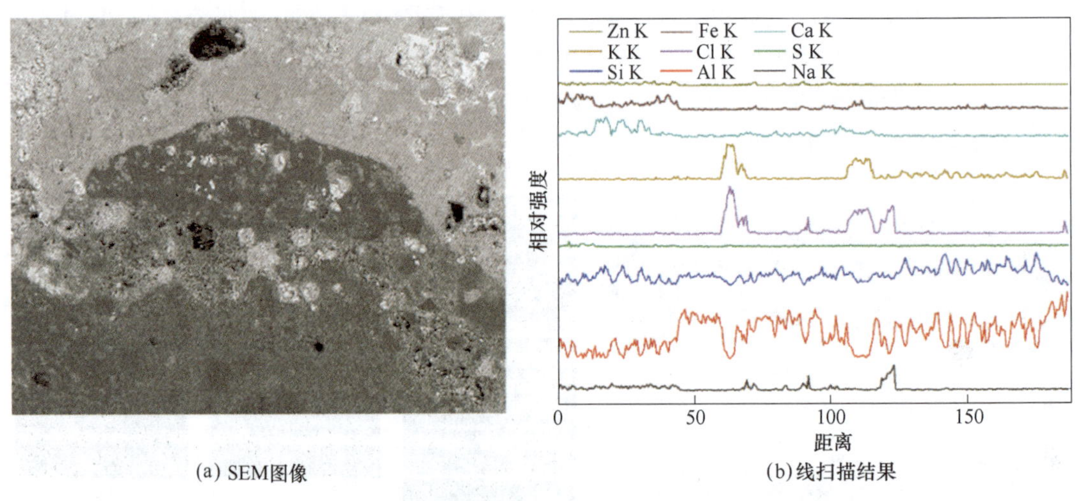

(a) SEM图像　　(b) 线扫描结果

图 3-12　10 段冷却壁渣皮与耐火材料界面的 SEM 图像及线扫描结果

B　炉腰渣皮的微观形貌

图 3-13 显示了炉腰中渣皮的 SEM 图像。从图 3-13（a）可以看出，渣皮具有明显的层状结构，其中热侧为多孔层，冷侧为致密层。对渣皮热侧和冷侧的详细分析表明，渣皮的热侧含有大量的金属铁，金属铁的积累导致渣皮热端的流动温度显著低于冷端。结合 XRD 分析结果，可以看出，渣皮热侧的主要晶相是粒状镁铝尖晶石和钙铝黄长石（图 3-13（c）），而非晶相主要包含 Ca、Al、Si、Mg 和 Fe 等元素。渣皮冷侧的结晶相主要为

钙铝黄长石，基质相的元素为 Ca、Al、Si 和 Mg（图 3-13（e）（f）和 P_3、P_4）。比较图 3-13（c）和（f），可以看出冷侧的晶体尺寸和晶体量显著增加。渣皮的低热导率将在渣皮的热侧和冷侧产生显著的温度梯度，冷侧的较低温度为晶体的成核和生长提供驱动力。

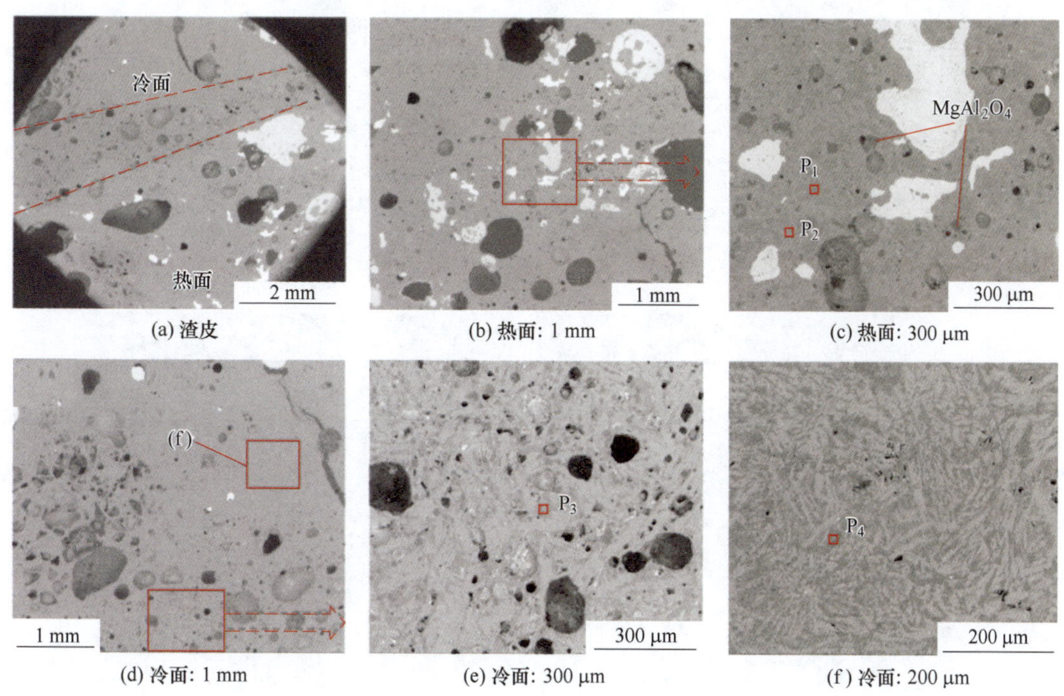

(a) 渣皮　(b) 热面: 1 mm　(c) 热面: 300 μm

(d) 冷面: 1 mm　(e) 冷面: 300 μm　(f) 冷面: 200 μm

图 3-13　8 段冷却壁渣皮的 SEM 分析

C　炉腹渣皮的微观形貌

炉腹中渣皮的微观外观见图 3-14。炉腹中的渣皮也被观察到具有层状结构（图 3-14），这与炉身中渣皮的结构相似。据报道，钢连铸产生的结晶渣具有类似的层状结构。为了澄清渣皮热侧和冷侧之间的相组成差异，进一步观察了渣皮冷侧和热侧的微观形态。见图 3-15（a）（b），渣皮的冷侧主要是柱状晶体和粒状晶体。图 3-15（b）P_1~P_3 位置的 EDS 结果表明，柱状晶体为黄长石，黑色粒状晶体为镁铝尖晶石，灰色晶体中 Al 与 Ca 的原子比约为 4∶1，这与 $CaAl_4O_7$的化学组成相同。渣皮热侧的 SEM 图像和 EDS 结果表明，主要沉淀相为柱状钙铝黄长石和粒状镁铝尖晶石（图 3-16（c），P_1、P_3 区域）。从图 3-16（d）及其元素分布图中可以看出，与基质相相比，析出相中存在显著的 Ca 富集现象，而 Mg 主要集中在镁铝尖晶石相中。根据热力学计算结果和渣皮的微观形态，可以认识到在铜冷却壁的热侧，在渣相中沉淀了钙铝黄长石、镁铝尖晶石和铝酸钙。由于渣皮的低热导率，冷侧渣皮的形成导致热侧的冷却速率降低，渣相的主要沉淀相转变为铝酸钙相，从而形成渣皮的层状结构。

3.2.3.6　渣皮的软熔性能和流动性

为分析渣皮的流动性能，对渣皮进行了熔融特性测试，并在实验过程中实时拍摄记录样品的熔化过程（每帧时间间隔为 1 s）。从与渣皮变形、软化、熔化和流动温度相对应的图像中可以看出，渣皮冷侧和热侧的熔化特征温度存在显著差异，并且热侧的特征温度

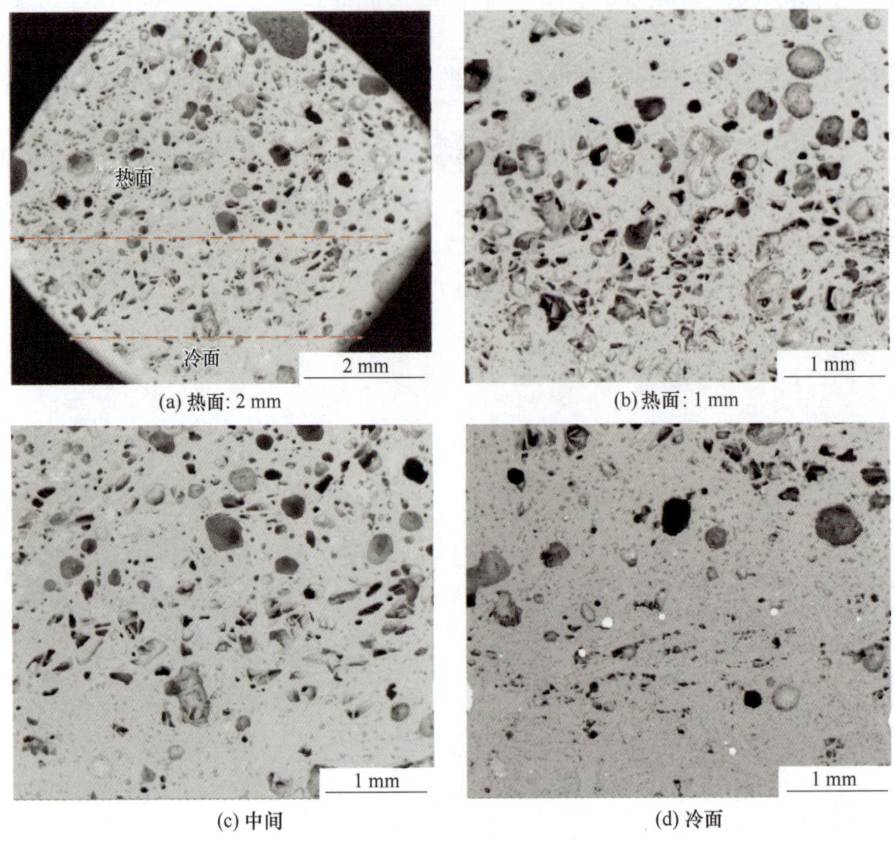

(a) 热面: 2 mm (b) 热面: 1 mm
(c) 中间 (d) 冷面

图 3-14 7 段铜冷却壁渣皮的 SEM 图

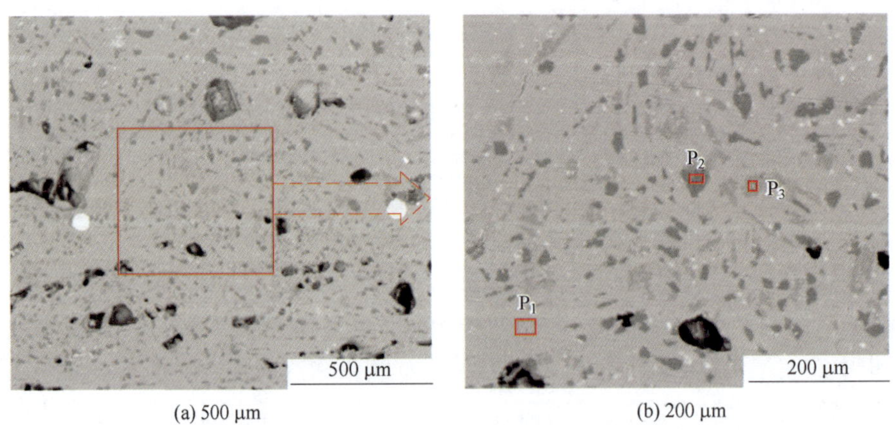

(a) 500 μm (b) 200 μm

图 3-15 渣皮冷面的 SEM 图

低于冷侧的特征。图 3-17 显示了渣皮热表面和冷表面的四个特征温度（T_d、T_s、T_m、T_f）的变化趋势。从图 3-17 的 8 段渣皮可以看出，炉腰处渣皮的特征温度范围在 1125～1303 ℃之间，在熔化过程中冷侧和热侧的变形、软化、熔化和流动温差逐渐增大。其中，热侧和冷侧的流动温度之间的差异显著增加。从图 3-17 的 7 段中可以看出，炉腹处渣皮

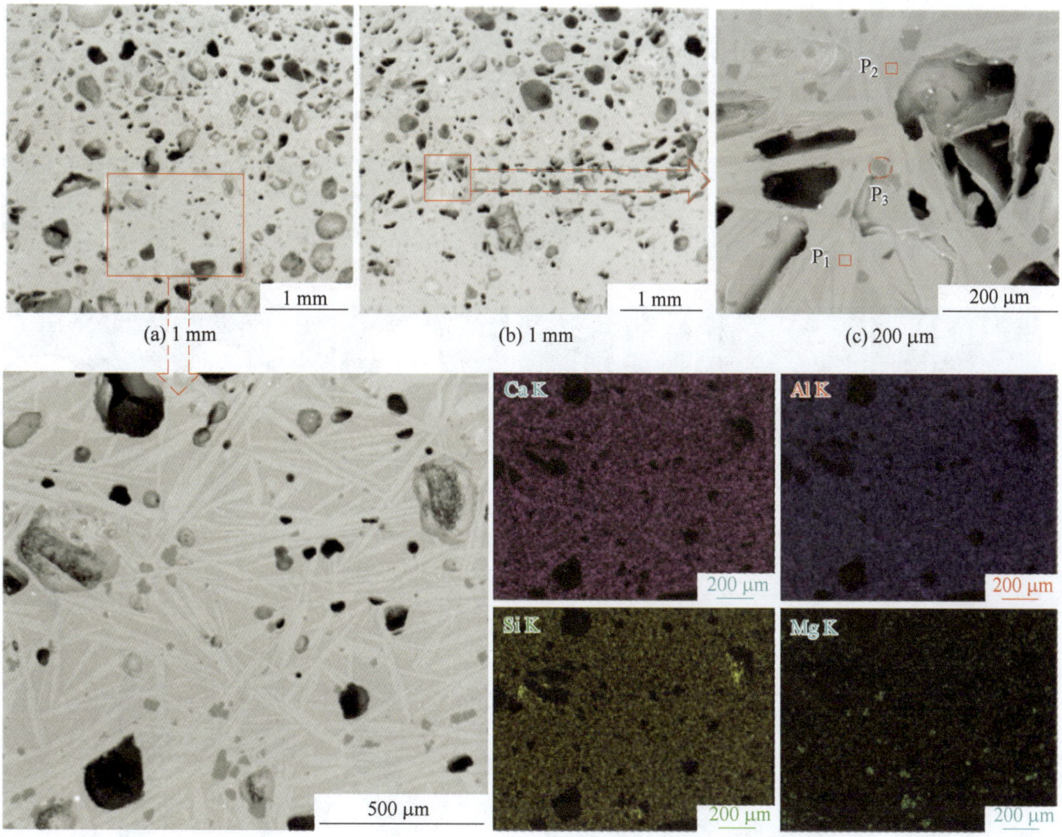

(a) 1 mm　(b) 1 mm　(c) 200 μm

(d) 500 μm　(e) 元素分布

图 3-16　渣皮热面的 SEM 图

的特征温度范围为 1287～1500 ℃，渣皮热侧和冷侧的变形温度差异相对较大，但软化、变形和流动温度差异变化不大，这与炉腹处渣皮特征温差的变化趋势相反。为了进一步探讨渣皮特征温度变化的机理，下面将更详细地分析渣皮的黏度、相组成和微观结构。

利用 FactSage 软件，计算了显示了炉腰和炉腹处渣皮黏度随温度的变化曲线。从图 3-18 中可以看出，当温度高于 1430 ℃时，炉腹处渣皮的黏度小于炉腹处渣皮的黏度。高温区的熔渣黏度主要由熔渣的网络结构决定。碱度的增加降低了炉渣中硅酸盐网络结构的聚合度，从而导致炉渣黏度降低。当温度继续降低时，炉腹处渣皮的黏度迅速增加。在低温区，熔渣的黏度受固相沉淀量的影响。固体颗粒的沉淀导致炉渣黏度的快速增加。在高炉实际生产过程中，低于 1 Pa·s 的炉渣黏度可以保证炉渣的流动性，而对于铜冷却壁挂渣，高于 1 Pa·s 的炉渣黏度有利于渣皮的形成。当渣皮黏度从 1 Pa·s 增加到 2.5 Pa·s 时，炉腹渣皮所需的温度变化为 10 ℃，炉腹渣皮温度变化为 85 ℃。与炉腹的渣皮相比，炉腹的渣皮更容易在铜冷却壁的表面上固结。

3.2.3.7　渣皮的热导率

在惰性气氛中使用激光热导率仪（ETZSCH LFA-427C Germany）测量渣皮的热导率。渣皮的热导率见表 3-5。样品直径为 12 mm，厚度为 2.5 mm，其表面喷涂有石墨碳。

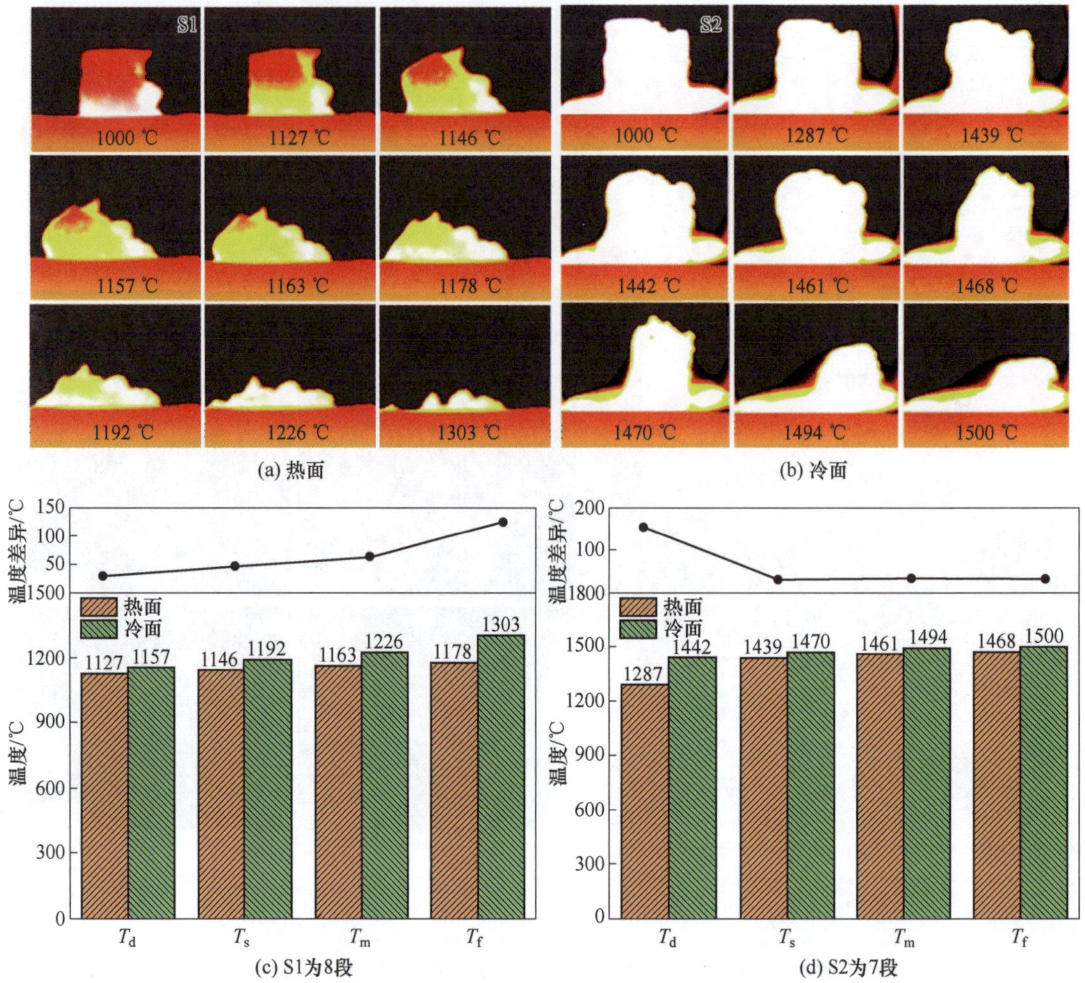

(a) 热面

(b) 冷面

(c) S1为8段

(d) S2为7段

图 3-17 渣皮冷面和热面的特征温度及渣皮两侧特征温差的变化趋势

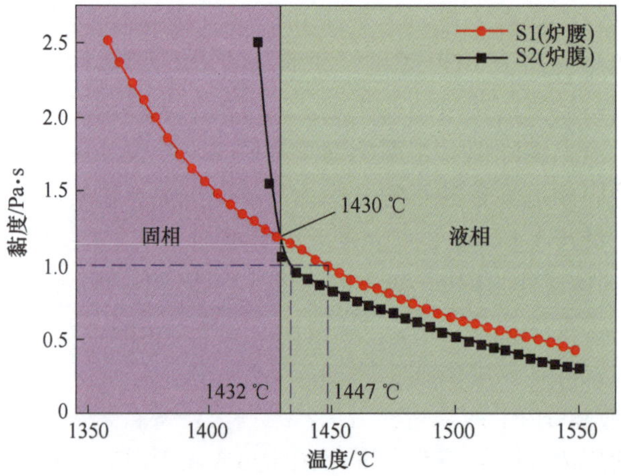

图 3-18 渣皮渣相的黏度温度曲线

表 3-5 渣皮热导率

项 目	热导率/W·(m·K)$^{-1}$		
	573 K	773 K	1073 K
8 段	6.32	5.80	4.70
7 段	3.42	3.37	2.34

3.2.4 冷却壁挂渣能力数值模拟

建立了高炉铜冷却壁一维稳态传热模型，传热示意图见图 3-19。在传热过程中，考虑到渣皮中的铁液滴和气泡分布均匀，材料的热导率恒定。

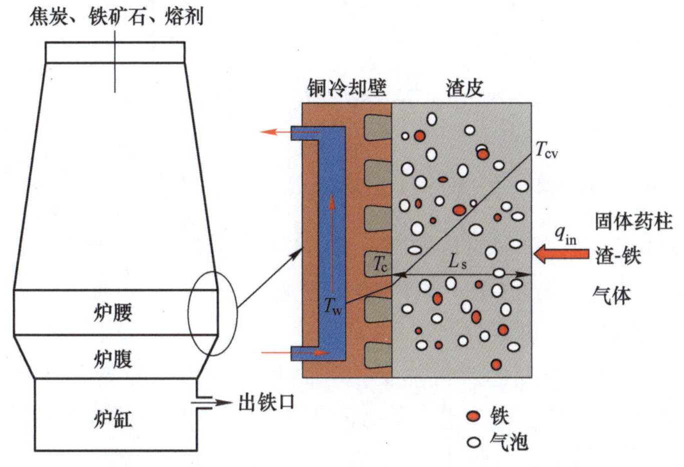

图 3-19 铜冷却壁传热模型

根据有限元计算结果，95%的热量由冷却水通过对流带走，而通过炉壳与大气之间的对流传热带走的热量仅占 5%。因此，该模型忽略了炉壳与大气之间的对流传热，并进一步简化了一维传热模型。简化的热阻分析图见图 3-20。铜冷却壁的传热被转换为具有六个热阻元件的热回路模型。根据基尔霍夫电流定律，铜冷却壁的传热方程如下：

$$q = \frac{T_g - T_w}{R_g + R_{S1} + \frac{R_b R_{S2}}{R_b + R_{S2}} + R_c + R_w} \tag{3-1}$$

$$q = \frac{T_g - T_{cv}}{R_g} \tag{3-2}$$

$$q = \frac{T_{cv} - T_h}{R_{S1}} \tag{3-3}$$

一维稳态传热，热流保持不变：

$$q = \frac{T_g - T_{cv}}{R_g} = \frac{T_g - T_w}{R_g + R_{S1} + \frac{R_b R_{S2}}{R_b + R_{S2}} + R_c + R_w} = \frac{T_{cv} - T_h}{R_{S1}} \tag{3-4}$$

其中，T_g 和 T_{cv}分别是气体温度和炉渣悬挂温度。渣皮的自由流动温度被认为是挂渣温度；T_h和 T_w分别是铜冷却壁的热表面温度和冷却水温度。

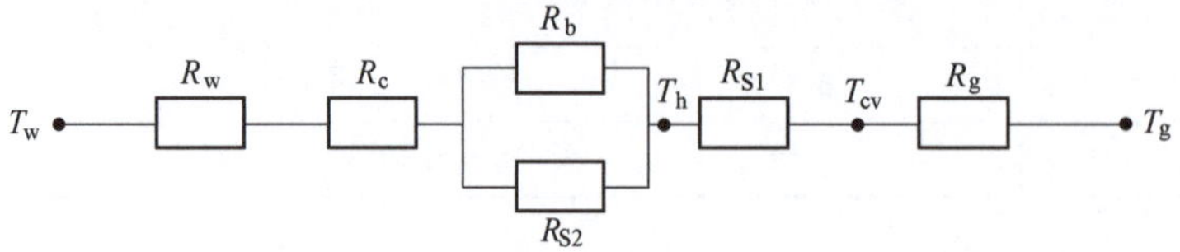

图 3-20 高炉铜冷却壁传热过程热阻分析图

边界条件：

（1）冷却水与铜冷却壁通道内表面之间的对流传热边界。铜冷却壁水道通过钻孔形成，无气隙结构。因此，冷却水和铜冷却壁之间只有对流传热热阻。冷却是与墙体的强制对流热交换，其数学描述见式（3-5）、式(3-6)：

$$-\lambda\frac{\partial T}{\partial x}=\alpha_w(T-T_w) \tag{3-5}$$

$$\alpha_w=Nu\times\frac{\lambda_w}{d_w},\ Nu=0.023\times Re^{0.8}\times Pr^{0.4},\ Re=\frac{vd_w}{u} \tag{3-6}$$

其中，Nu 是 Nusselt 数；λ_w 是铜的热导率，350 W/(m·K)；d_w 是铜冷却壁水道的等效直径。Re 是雷诺数；Pr 是 Prandtl 数；当冷却水温度为 30 ℃时，通过代入相关物理参数计算冷却壁中冷却水的对流换热系数。

（2）渣皮热面与气体之间的对流热交换。高炉内铜冷却壁热面工作条件复杂，热面主要为对流传热和辐射传热。理论上，等效对流换热通常用于描述渣皮热表面与气体之间的对流换热边界。其传热微分方程为：

$$-\lambda\frac{\partial T}{\partial x}=\alpha_g(T-T_g) \tag{3-7}$$

式中 λ——炉渣结皮的热导率，W/(m·℃)；

T_g——气体温度，℃；

α_g——等效对流换热系数，W/(m²·℃)；

拟合了不同温度下的等效对流传热系数，见式（3-8）。

$$\alpha_g=-1.22+72.27e^{\frac{t_g-507.26}{445.15}} \tag{3-8}$$

渣皮的厚度可描述为：

$$\delta_s=\lambda_s\frac{T_g-T_w}{\alpha_g(T_g-T_{cv})}-\left(\frac{1}{\alpha_g}+\frac{\frac{\delta_b}{\lambda_c}\times\frac{\delta_b}{\lambda_s}}{\frac{\delta_b}{\lambda_c}+\frac{\delta_b}{\lambda_s}}+\frac{\delta_c}{\lambda_c}+\frac{1}{\alpha_w}\right) \tag{3-9}$$

煤气温度和炉渣成分会随着高炉原料条件和操作系统的变化而变化，而合理的煤气温度和挂渣温度有助于提高渣皮的稳定性。理论计算过程将气体温度范围设置为 1473～2073 K，步长为 100 K；挂渣温度选择为渣皮的自由流动温度，设置为 1423～1723 K。

图 3-21 显示了不同金属铁体积分数下渣皮厚度和铜冷却壁温度的变化。从图 3-21

(a) 中可以看出，具有不同金属铁体积分数的渣皮厚度随气体温度的升高而减小，而铜冷却壁的温度随气体温度升高而升高。当烟气温度高于 1973 K 时，渣皮厚度下降趋势缓慢，但铜冷却壁温度超过安全使用温度。当温度低于 1573 K 时，渣皮厚度急剧增加。在高炉的实际生产过程中，人们认为，当渣皮厚度随气体温度和挂渣温度的波动幅度变化较小，且渣皮厚度不宜过薄时，这有利于提高渣皮的稳定性。因此，建议在高炉生产期间将其保持在 10~50 mm 之间。高炉渣皮的实际厚度在 20~50 mm 之间，这有效地保证了铜冷却壁的运行。在相同的气体温度下，渣皮厚度随渣皮中金属铁的体积分数而增加。在 1773 K 的气体温度下，金属铁的体积分数从 0.01 增加到 0.13，渣皮厚度从 4.86 mm 增加到 24.13 mm，渣皮的厚度增加了 430%，渣皮中金属铁体积分数对其厚度的变化是显著

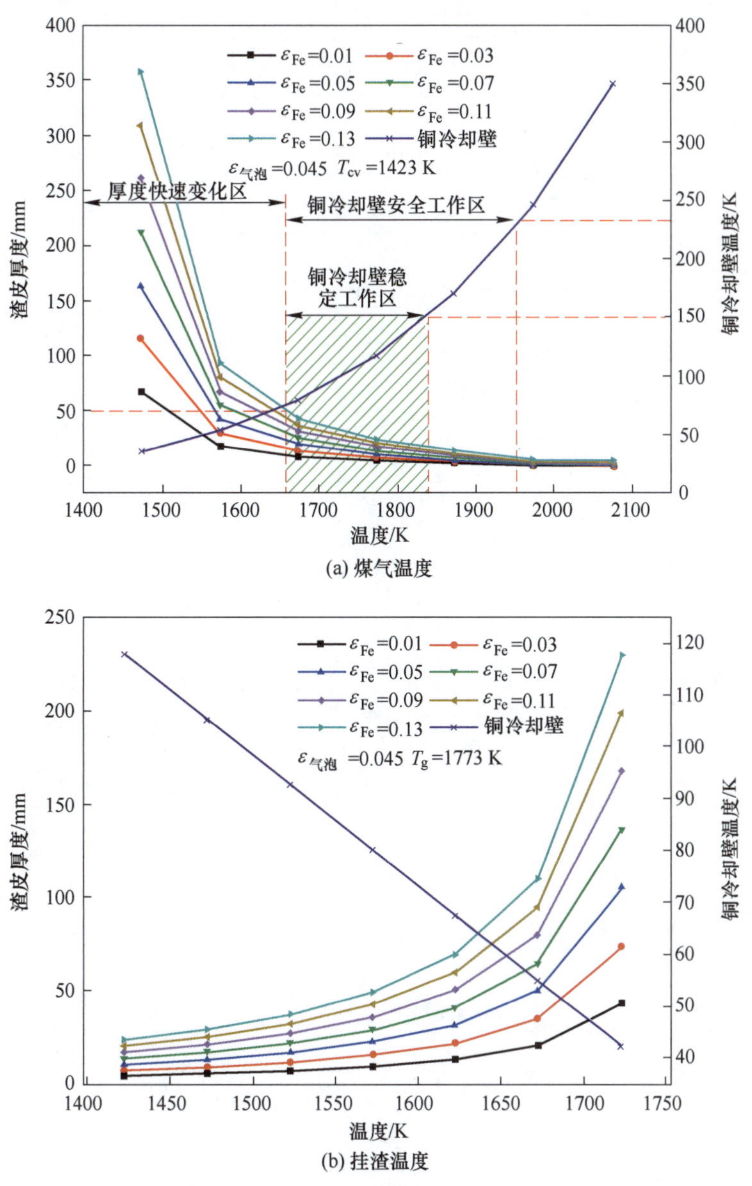

(a) 煤气温度

(b) 挂渣温度

图 3-21　不同金属铁体积分数下渣皮厚度和铜冷却壁温度的变化

的。从图 3-21（b）可以看出，随着挂渣温度的升高，具有不同金属铁体积分数的渣皮厚度增加。当挂渣温度低于 1473 K 时，渣皮厚度变化缓慢，而挂渣温度高于 1673 K 时渣皮厚度急剧增加。随着渣皮中铁金属体积分数的增加，渣皮厚度随挂渣温度的变化趋势更加明显，表明适当降低铁金属含量有利于在铜冷却壁热表面上稳定形成均匀的渣皮。

图 3-22 显示了不同气泡体积分数下渣皮厚度和铜冷却壁温度的变化。图 3-22（a）显示，渣皮厚度控制在 10~30 mm 之间。对于不同的气泡体积分数，铜冷却壁处于稳定工作区域。从图 3-22 中可以看出，渣皮的厚度随着气泡体积分数的增加而变薄。当煤气温度为 1773 K 时，渣皮中的气泡体积分数从 2%增加到 12%，渣皮厚度从 8. 12 mm 减小到 6. 94 mm，渣皮的厚度减小率约为 16. 87%（图 3-22（a））。

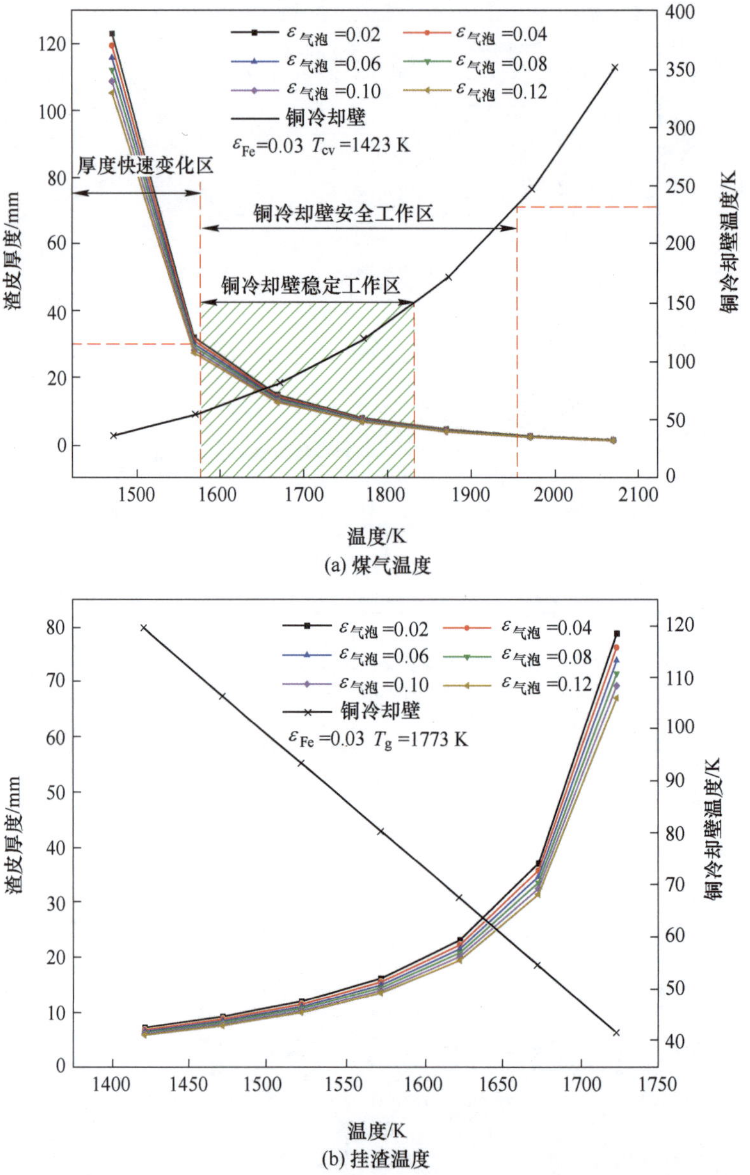

(a) 煤气温度

(b) 挂渣温度

图 3-22　不同气泡体积分数下渣皮厚度和铜冷却壁温度的变化

3.2.5 铜冷却壁长寿技术分析

经过研究和长期的操作实践，首钢迁钢形成了一套铜冷却壁维护技术，其要点如下：

（1）树立以“渣皮控制为核心”理念。铜冷却壁长寿关键就是铜冷却壁热面必须要有一定厚度的渣皮，理想厚度为30~50 mm。由于铜冷却壁具有良好的导热性，因而能形成一个相对较冷的表面，从而为渣皮的稳定存在以及脱落后短时间内重新形成创造了条件。渣皮的热导率极低，渣皮形成后，就形成了由炉内向铜冷却壁传热的一道隔热屏障，从而保护了铜冷却壁。若渣皮脱落后，壁体将面临机械磨损和高温烧损问题，若不能快速形成新的渣皮或不具备挂渣环境，极易发生破损。因此，要树立以“渣皮控制为核心”的理念是铜冷却壁长寿的前提。

（2）坚持“一稳、二均，三监控”。

1）保持原燃料质量与高炉运行的稳定。原燃料的稳定，主要是考虑原料软化温度和软化区间要稳定，进而保证软熔带的位置相对稳定。一般而言，软熔带部位对应的铜冷却壁壁体温度波动最大，软熔带下部的壁体温度波动很小，软熔带上部的壁体温度波动稍大。原燃料稳定，可以最大程度地稳定软熔带位置和高度，保障渣皮的稳定。

从众多案例看，高炉波动时极易发生铜冷却壁破损，但造成高炉波动的因素众多，形式各异，难以避免。因此，高炉操作者应该努力营造原燃料和高炉炉况稳定的局面，才能避免铜冷却壁的破损。从另一个调研角度看，铜冷却壁使用寿命比较长的高炉都具备高炉长期稳定这一要素。

2）保持煤气流均匀稳定分布。“以渣皮控制为核心”的主要手段就是控制好边缘煤气流，边缘煤气流分布要均匀分布。过度压制边缘气流，难以具备形成渣皮的条件，即所谓的“干区”过大，铜冷却壁无渣皮保护，容易造成铜冷却壁的磨损。边缘气流过大，容易失去控制，形成局部气流，造成渣皮频繁脱落，最终造成铜冷却壁烧损。

3）加强铜冷却壁监控。如上所述，高炉长期稳定是我们追求的一个目标，但实际上高炉波动有时难以避免，那就要加强铜壁的监控。经验发现，铜冷却壁在发生大面积破损前，会发生大幅波动，壁厚温度会大范围超过200 ℃，若能在早期发现异常，并实施行之有效的应对措施，破损现象是完全可以避免的。但在日常操作中，工长所要关注的高炉参数众多，致使无暇顾及铜冷却壁的壁厚温度，因此，我们提倡建立铜冷却壁渣皮脱落与再生模型，由模型进行及时提醒，高炉操作者获知后进行操作应对，避免铜壁破损，达到长寿目的。

首钢迁钢公司现有三座高炉，依次于2004年10月8日、2007年1月4日和2010年1月8日开炉投产，1号、2号高炉炉型相同，均在6、7、8段设置三段铜冷却壁，每段45块，共计135块；3号高炉在7、8、9、10段设置四段铜冷却壁，每段52块，共计208块。迁钢公司长期坚持“以渣皮控制为中心”，坚持“一稳（渣皮稳定）、二均（边缘煤气流均匀），三监控（炉身热电偶、水温差及渣皮监控）”的操作模式，铜壁零破损的时间达到或超过设计高炉寿命。

3.3 高炉炉缸破损调查及侵蚀机理研究

3.3.1 三维激光扫描技术

三维激光扫描技术原理主要是通过激光源按照一定的规律发射激光脉冲信号到被测量

物体上，然后再通过接收由物体表面反射回来的激光获得物体表面的三维信息，结合由CCD摄像机得到二维坐标，经过一系列的数据处理，形成被测物体的三维坐标系和点云图。

首钢技术研究院购置的三维激光扫描仪型号为 Maptek I-Site SR3，为便携式锂电池供电，最大测距 600 m，最小测距 1 m，距离精度 4 mm，重复精度±3 mm，激光发散角 0.25 mrad，数据采集速度 200 kHz，激光等级 1 级安全激光，波长接近红外线，步进角度 0.2°至 0.025°，扫描视场角水平 360°，垂直 260°。

通常破损调研工作与炉缸清理工作同期进行，考虑到检修工期限制，很多破损调研过程中的细节尺寸，单纯靠人为测量是不可能实现的，而三维激光扫描技术可以记录所有尺寸数据（图 3-23）。这些过程数据可以包括泥包尺寸、体积、渣皮厚度、死焦堆体积、炉底渣层厚度等。

图 3-23　炉缸破损调研过程中细节扫描

对炉料清理完成后的高炉进行三维激光扫描可以获取第一手的侵蚀数据，其中包括炉缸各个侵蚀部位形貌、象脚区上下沿标高、象脚区高度、侵蚀坑深度、侵蚀坑面积和体积等（图 3-24）。

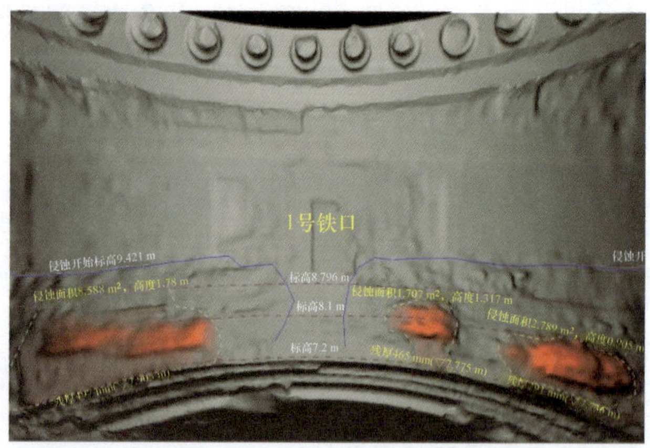

图 3-24　炉缸侵蚀炉型扫描结果

三维扫描技术最大的优点是一旦扫描完成，所有数据形成云点图，可以在今后的任何时间进行任何角度、任何部位的测量，也可以对任意面进行切割。还可以通过软件建立三维模型后导入 CAD 等软件中与设计炉型进行对比，最终获取残余厚度。炉缸侵蚀炉型三维扫描结构剖面图见图 3-25。

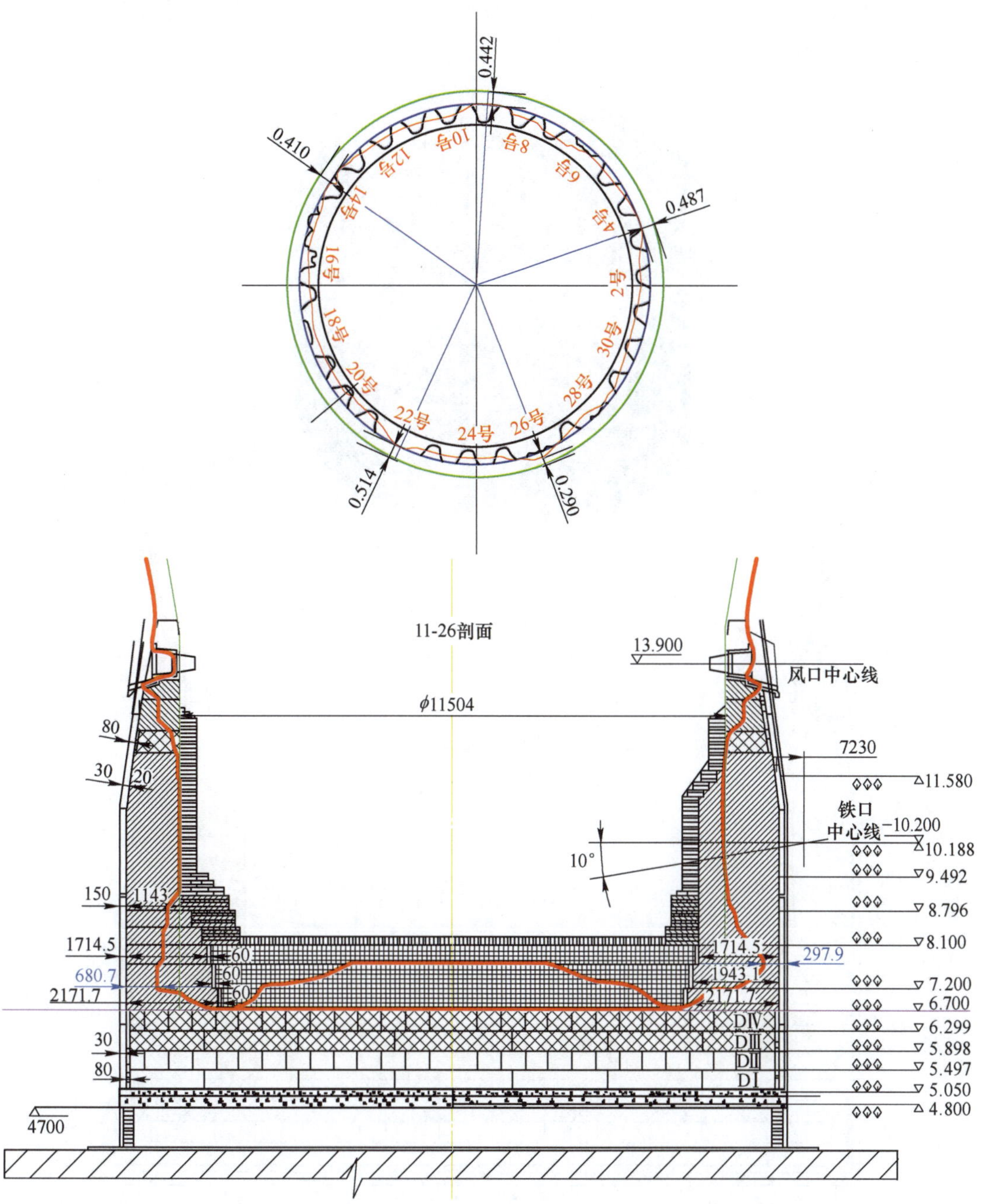

图 3-25　炉缸侵蚀炉型三维扫描结构剖面图

炉缸浇注技术是在炉缸侵蚀炉型的基础上进行浇注料填补，恢复至制定尺寸，由于侵蚀炉型的不规则，浇注厚度在各个部位的厚度是不同的，因此通过普通方法无法进行测量，这种情况下对于浇注后炉缸侵蚀残砖计算或者是侵蚀模型的再建立都存在很大困难。三维激光扫描技术可以简单地解决该问题，通过后期的数据处理，可获得任意热电偶前端的残砖厚度和浇注料厚度，可以为浇注后重建侵蚀模型提供参数支持。此外激光三维扫描技术在后续处理过程中还可以将炉内侵蚀状态建立三维模型和视频动画，非常直观、准确和生动，可供高炉操作人员观看，为高炉后期维护和高炉设计提供依据。炉缸浇注后三维扫描结果及剖面图见图 3-26。

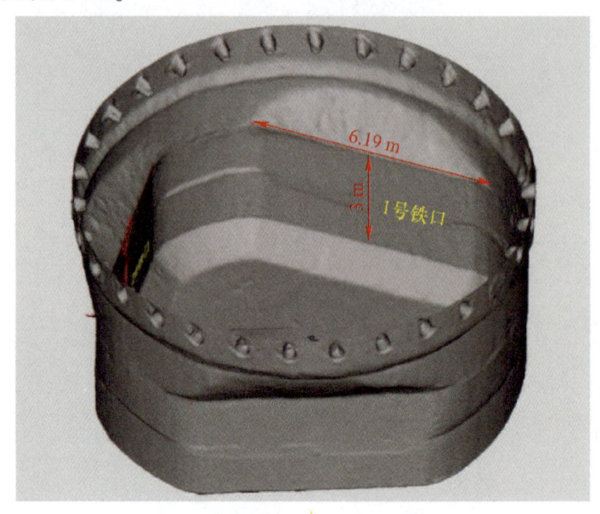

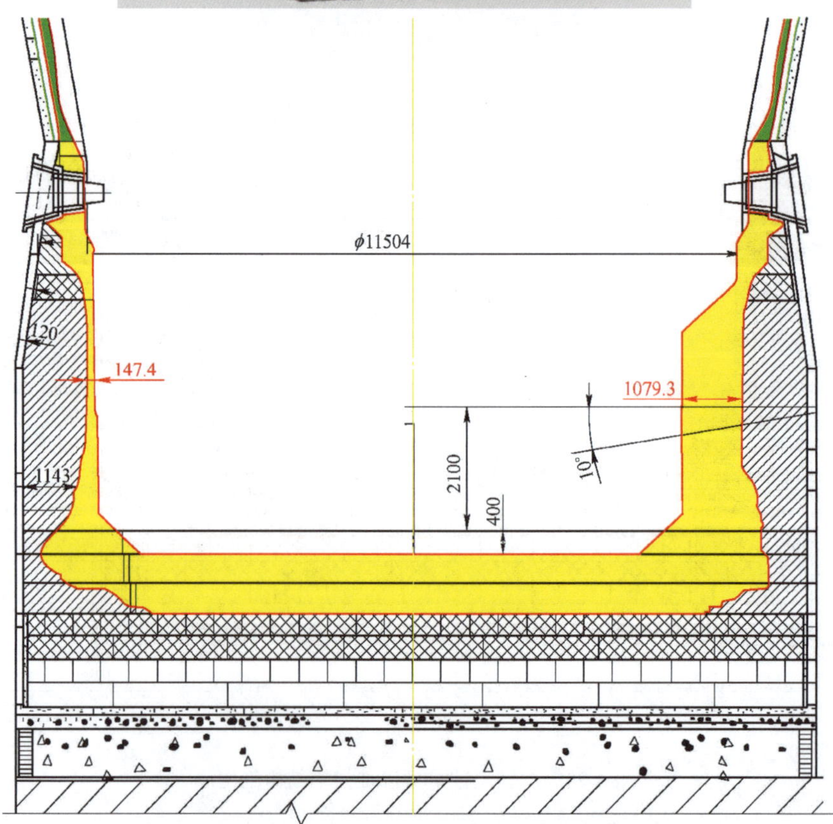

图 3-26　炉缸浇注后三维扫描结果及剖面图

除了上述一些应用外，三维激光扫描技术还可以计算任意部位的体积，利用该功能可以影响一些技术和效益方面的测算，比如在放残铁前对料面进行扫描，当放完残铁后，再对下降料面进行扫描对比后可以算出料面下降的体积，这样可以估算出放残铁的大致质量。再如使用三维激光扫描炉缸侵蚀炉型后与原设计炉型对比可以简单准确的获得残余炭砖和被侵蚀炭砖的体积和质量，进而可以得到浇注后利旧炭砖的效益值。

首钢迁钢公司二号高炉首次将三维激光扫描技术应用于炉缸破损调研工作中，相对于人工测量，误差小、准确度高，测量时间短，且可实现炉缸内全数据测量。

3.3.2 首钢迁钢 2 号高炉破损调研

首钢迁钢 2 号高炉于 2007 年 1 月 4 日开炉，至 2018 年 7 月炉役期 11 年零 6 个月，单位炉容产铁量 9816 t/m^3，因该高炉炉缸侵蚀严重，先后发生 38 次水温差升高，最高水温差 1.4 ℃，对应侧壁温度 626 ℃，测算炉缸残厚最薄处 680 mm，高炉被迫长期通过加钛护炉、控制产量等措施控制炉缸水温差。2018 年 8—9 月利用非采暖季限产停炉时机对该高炉进行炉缸整体浇注修复，同时开展一次系统性的大型高炉炉缸破损调研技术研究。

3.3.2.1 侵蚀炉型

A 铁口前泥包状态测量

据了解，其他高炉在破损调研中均发现了铁口前有较大体积的泥包，但在 2 号高炉的清料过程中，1 号铁口和 3 号铁口无明显的泥包，2 号铁口有小泥包，尺寸见图 3-27。铁口前无泥包的原因可能与炮泥质量、铁口维护、出铁制度等有关，需要进一步深入分析。

(a) 1号

(b) 2号

(c) 3号

图 3-27 三个铁口前泥包状态

B 炉底陶瓷垫侵蚀状况测量

炉底炭砖上方共设三层莫来石刚玉陶瓷垫，从上到下厚度分别为 400 mm+500 mm+500 mm，最上方第一层陶瓷垫已全部侵蚀完，第二层陶瓷垫大部分已渗铁，第三层陶瓷垫部分侵蚀，顶二层陶瓷垫过程中有很多发生断裂（图 3-28）。此外，实际测量发现越是靠近炉墙，陶瓷垫侵蚀越严重，说明高炉内环流是实际存在的，由于环流作用导致边缘侵蚀比中心侵蚀严重，见图 3-28。

C 象脚区侵蚀状况测量

象脚区在标高 9.5 m 开始出现，整个象脚区高度约 2 m，炉缸内较大的象脚侵蚀坑共

(a) 二层

(b) 三层

图 3-28 二、三层陶瓷垫实际残存状态照片

6 个。实际的象脚侵蚀区比预想的要严重很多。最严重的侵蚀区域出现在 25~27 号风口下区域，此处区域位于 1 号铁口西侧,标高约为 7.7 m,最薄残厚约为 271.7 mm，如图 3-29 中 A 点,但此区域为新断裂口，可能是在扒料过程中炭砖断裂处,但其旁的 B 点为旧面,残厚为 340 mm。

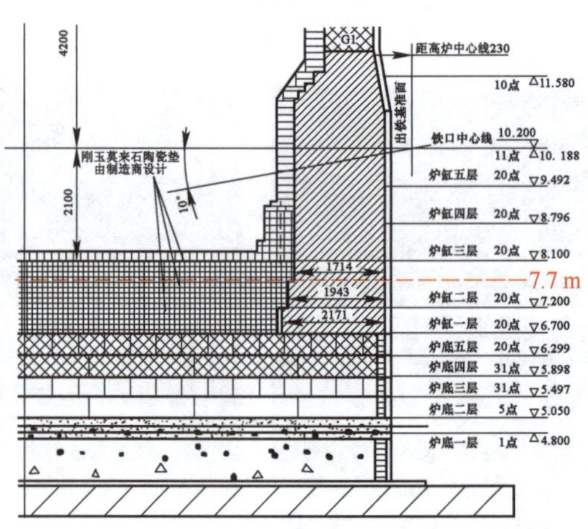

图 3-29 象脚区侵蚀最严重区域

D 炉缸整体侵蚀曲线

通过对渣皮厚度，陶瓷垫侵蚀，炉缸侵蚀等进行结合，绘制了渣皮厚度，侵蚀曲线与残铁状态组合图（图 3-30）。

从象脚区侵蚀形状可以发现，侵蚀最严重的标高位于 7.6 m 附近，死铁层高度为 2.1 m（陶瓷垫上沿标高 8.1 m），可以推测象脚区主要是受铁水环流的侵蚀而形成的。2 号高炉在开炉初期利用系数都高达 2.5 以上，导致环流异常严重，从炉墙侧壁和炉底的交界处开始侵蚀，随后向下部和外部同步进行。炉底边缘和中心由于环流程度不同，导致边缘低，中间高，这种形状使得炉缸中心形成了铁水的阻断区，铁水无法从中心穿透、只能

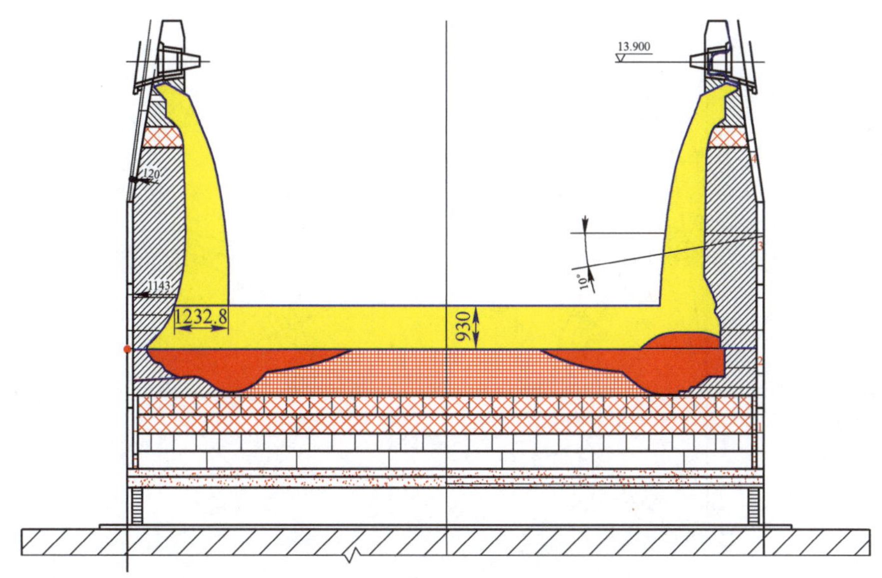

图 3-30　渣皮厚度与残铁示意图
（黄色为渣皮，红色为残铁）

从边缘流至铁口，这就是象脚区出现异常侵蚀的直接原因。

E　三维激光扫描结果

经过三维扫描仪扫描，高炉内部的三维数据坐标可获得。对炉缸二层到七层不同标高上的热电偶进行了 6 个横向剖面处理（图 3-31），主要测量此标高上的周向侵蚀情况，同时按照风口号对 30 个风口进行了 15 个竖向剖面处理，结果见图 3-32。高炉内型三维形态示意图见图 3-33。

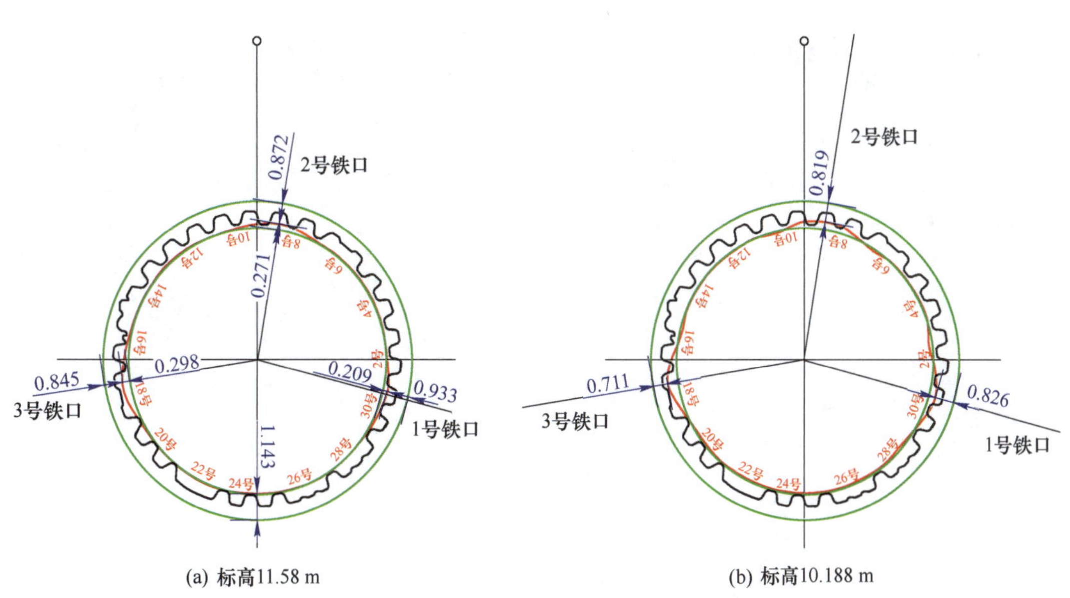

(a) 标高11.58 m　　(b) 标高10.188 m

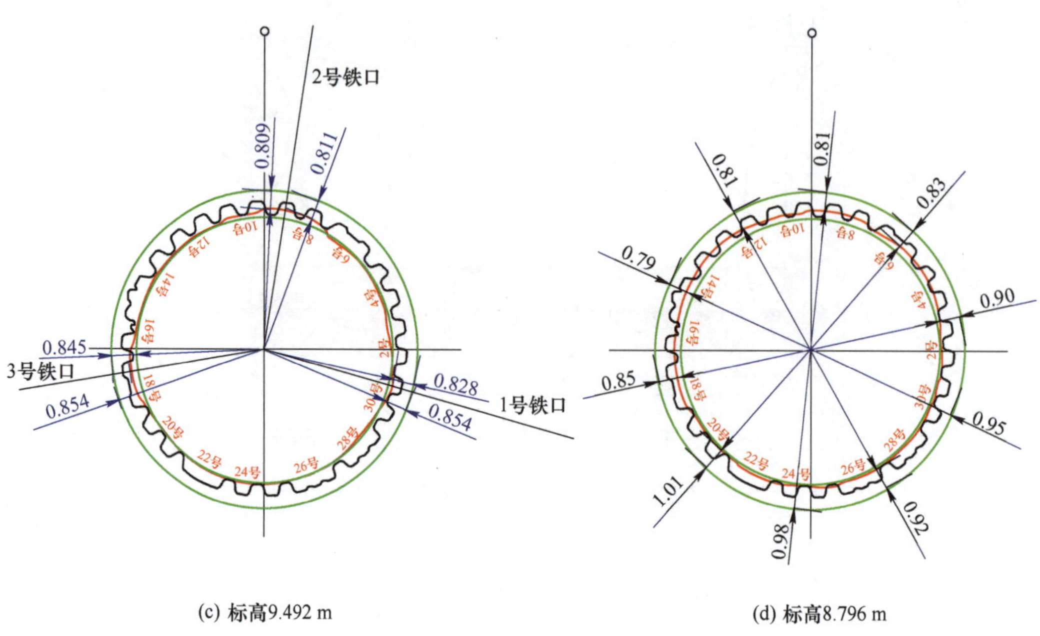

(c) 标高9.492 m　　(d) 标高8.796 m

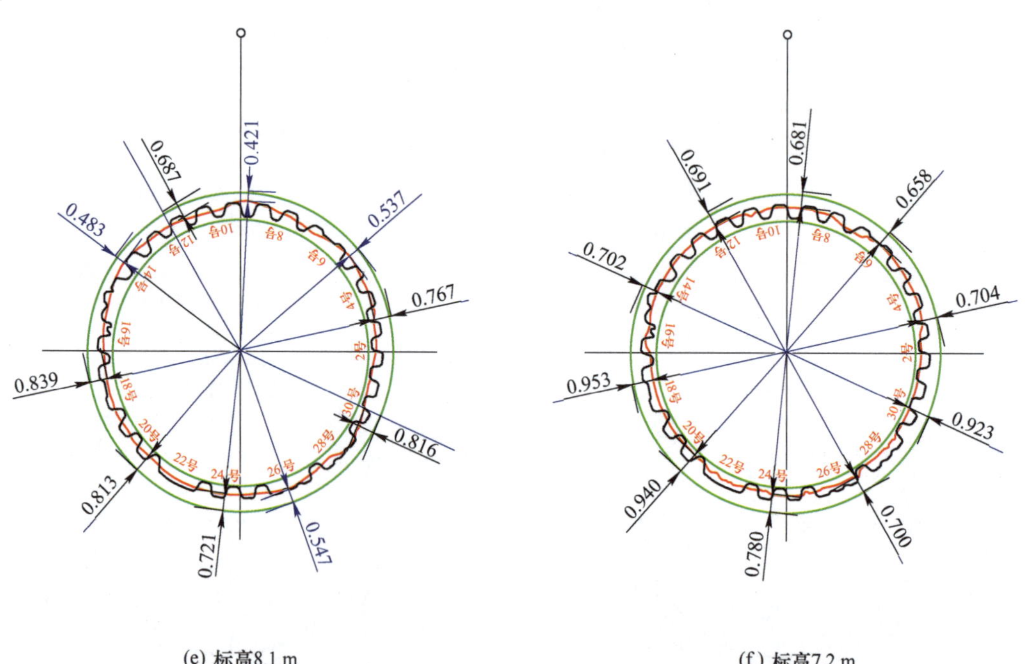

(e) 标高8.1 m　　(f) 标高7.2 m

图 3-31　高炉侵蚀横向剖面图

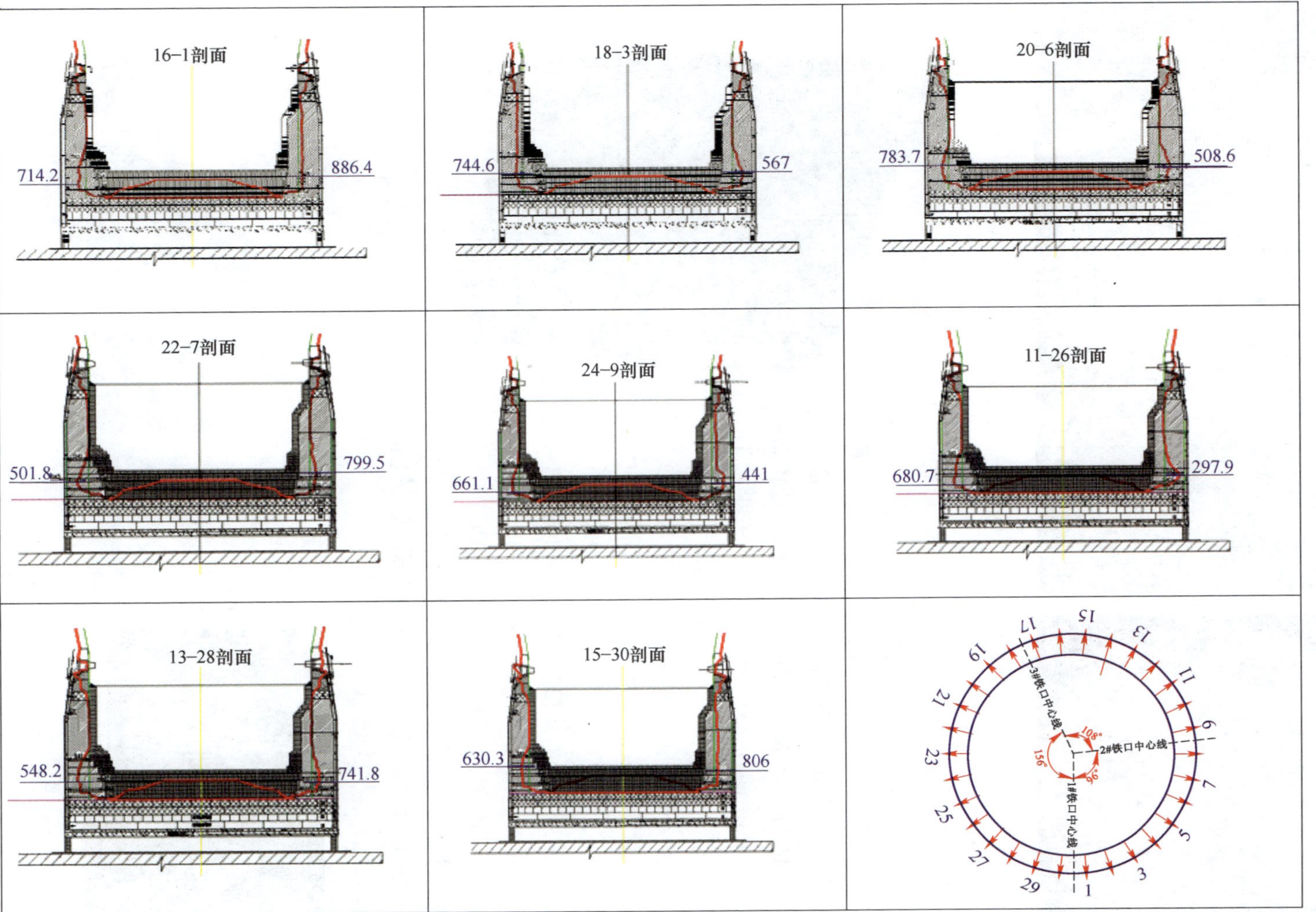

图 3-32　高炉侵蚀竖向剖面图

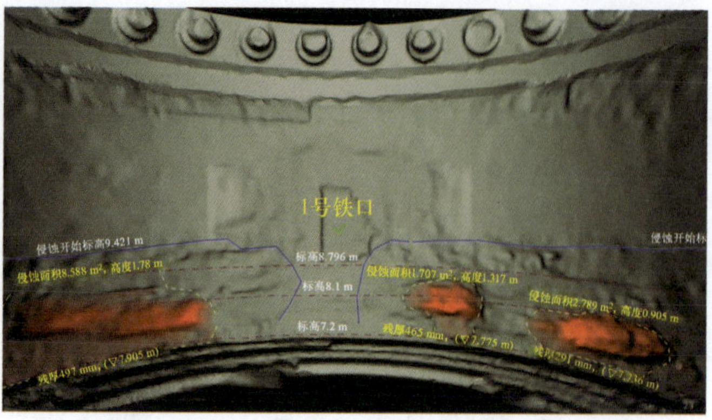

图 3-33　高炉内型三维形态示意图

3.3.2.2　检化验分析

A　炉缸耐火材料侵蚀分析

图 3-34　带渣炭砖
（13 号风口下方象脚区）

图 3-34 是切取的一块带渣炭砖的样块。该样块至少分为三个区：炭砖渣线区、高铁区、低铁区。渣线区为 2～5 mm；而高铁区即铁含量较高的区为 10～16 mm；整个炭砖的渗铁深度大于 30 mm。表 3-6 是 13 号风口下方象脚区带渣炭砖的化学成分分析。根据表 3-6 可知，渣砖和去表皮砖中 Fe 含量均较高，尤其是去表皮后砖中的 Fe 含 2.23%，由此可见 Fe 渗入炭砖中较多。图 3-35 是图 3-34 部分的线扫描分析，从扫描能谱可知，该部位的 Fe 和 K 含量明显增高。图 3-35 和表 3-6 是不同位置的 SEM 分析，从结果可知，象脚区带渣炭砖的侵蚀主要 Fe、K 和 S 渗透侵蚀。随着渗透深度增加，Fe、K 和 S 含量降低，但 K 和 S 侵蚀比 Fe 侵蚀深度浅。

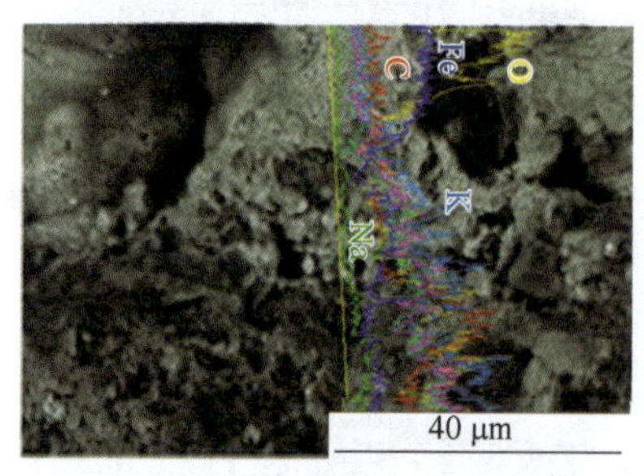

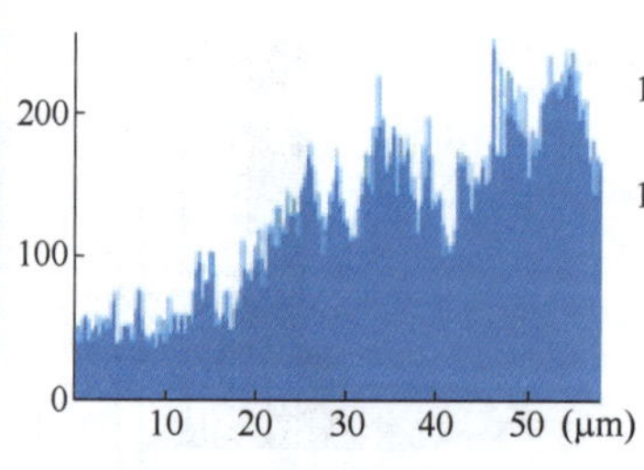

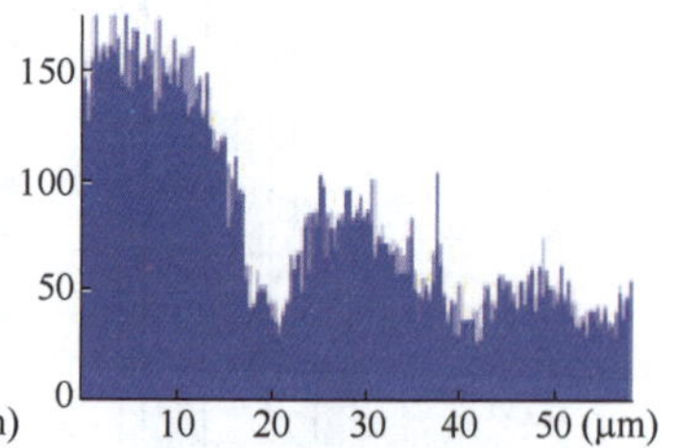

图 3-35　渣线区部分 SEM 分析

带渣炭砖切除表面浮渣后扫描发现：

（1）灰色颗粒为 SiO_2，白色为 Fe，基体黑色为 C（图 3-36）。

表 3-6　带渣炭砖的化学成分分析　（%）

名　称	TFe	SiO_2	Al_2O_3	CaO	MgO	MnO	P	TiO_2	K_2O	Na_2O	ZnO	C
砖芯部	0.26	6.79	0.28	0.10	0.070	0.016	0.009	0.032	0.061	0.079	0.026	91.86
去浮渣砖	2.23	3.22	3.34	0.14	0.10	0.039	0.014	0.096	0.14	0.044	0.025	86.59
渣+砖	8.84	4.86	0.94	0.13	0.057	0.077	0.018	0.046	0.17	0.061	0.021	78.98

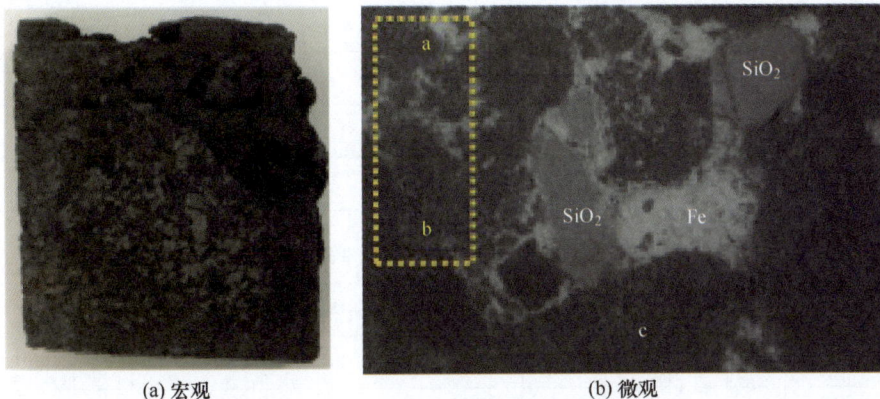

(a) 宏观

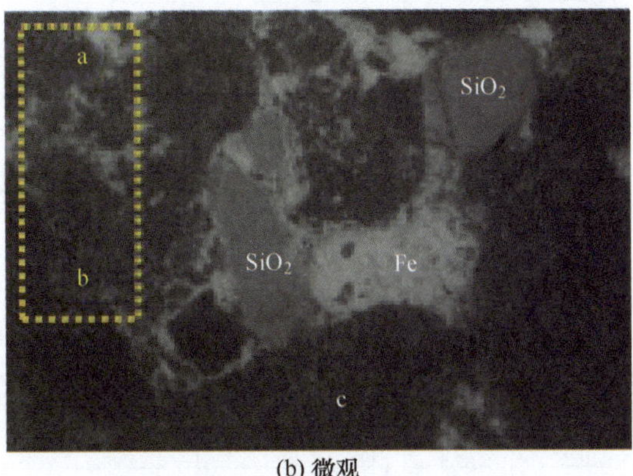

(b) 微观

图 3-36　带渣炭砖切除表面浮渣后 SEM 分析

（2）Fe 的聚集主要位于 SiO_2 颗粒周边，这可能是由于 C 与 SiO_2 二者热膨胀系数差距大，易形成裂纹，易导致 Fe 渗透（图 3-37）。

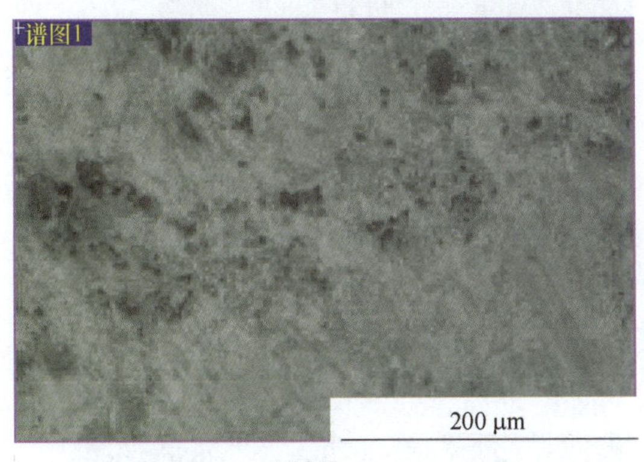

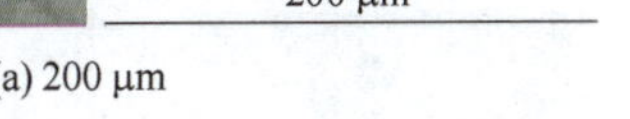

(a) 200 μm

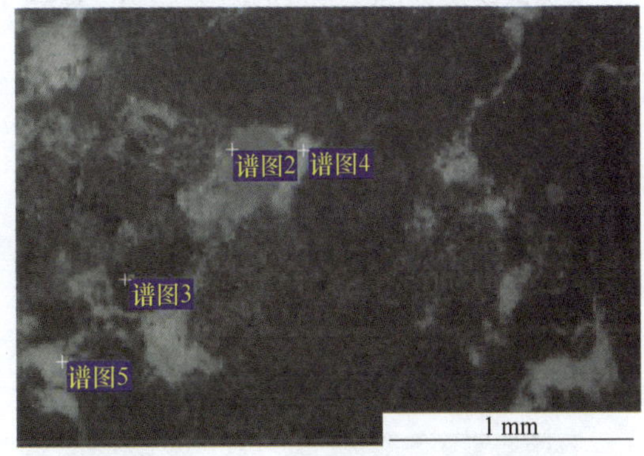

(b) 1 mm

图 3-37　不同部位的 SEM 分析

（3）根据表 3-7，怀疑最先是 Fe 侵蚀，渗入炭砖的铁水加速碳的溶解，从而造成炭砖原有孔隙增大，抗渣铁侵蚀性能变差，致使更多的铁水进入缝隙，周而复始，最终造成炭砖侵蚀。

B　20 号象脚区渣+砖

表 3-8 是 20 号象脚区带渣炭砖的化学成分分析。从表 3-8 可知，带渣炭砖和芯部炭砖相比，Fe_2O_3、ZnO、CaO 和 S 均显著提高。图 3-38 是 20 号象脚区渣+砖样块，样品表皮

有层裂，芯部被侵蚀。图 3-39 是不同部位的扫描电镜分析，经分析：20 号象脚区炭砖的侵蚀深度约 10 mm，但 ZnO 的侵蚀深度约 5 mm，低于 Fe_2O_3 和 S 侵蚀深度。

表 3-7　不同部位的能谱分析　（%）

图 3-37	谱图	C	O	Al	Si	S	K	Ca	Fe
(a)	总谱图	38.47	20.58	0.38	0.56				40.02
(b)	总谱图	80.25	8.26	0.61	0.81	0.18	0.11	0.07	9.71
	谱图 2	37.39	39.27	0.22	19.83				3.28
	谱图 3	87.80	6.14	1.43					4.63
	谱图 4	53.97	6.37		0.81	0.41			38.43
	谱图 5	62.27	8.33	0.32		0.44			1.64

表 3-8　20 号象脚区渣+砖化学成分分析　（%）

名称	SiO_2	Al_2O_3	Fe_2O_3	CaO	MgO	MnO	P	TiO_2	K_2O	Na_2O	ZnO	C	S	ZrO_2	Cr_2O_3
砖	8.35	2.07	3.56	0.29	0.20	0.027	0.028	0.11	0.80	0.23	0.32	82.22	0.22	0.004	0.010
渣+砖	5.35	1.55	13.00	1.30	0.35	0.068	0.080	0.14	1.25	0.32	2.61	70.81	1.80	0.003	0.007

图 3-38　20 号象脚区炭砖

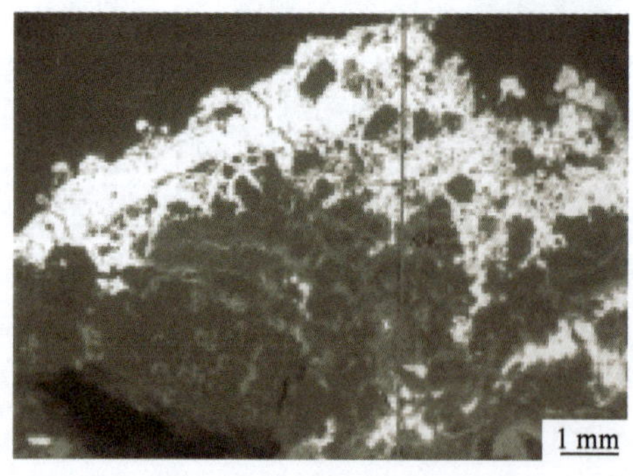

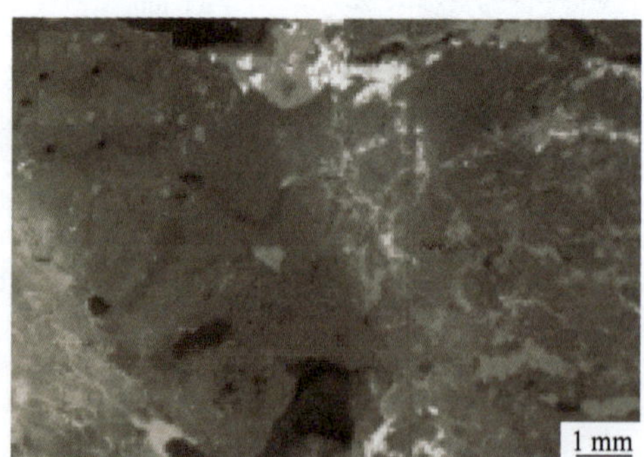

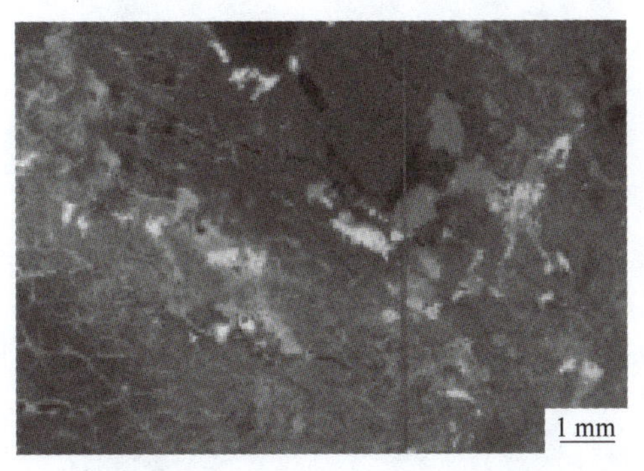

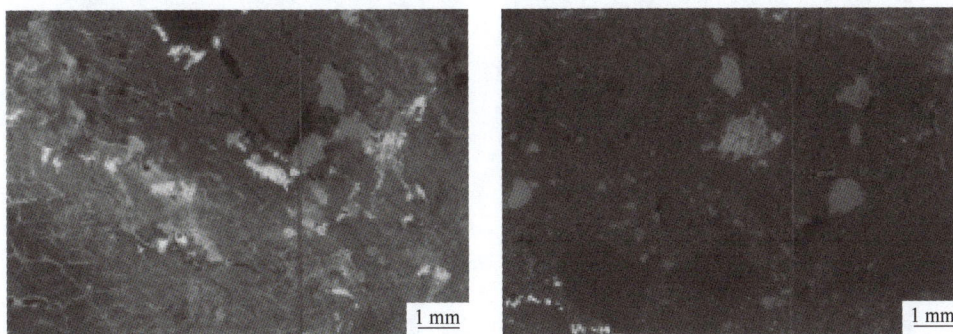

图 3-39 渣侵深度测量

C 铁口区域炭砖

对 2 号铁口串气面炭砖进行化学成分分析，薄样表面有串气层，厚“T”形样切取内部试样，从表 3-9 可知，薄样中 ZnO 含量相对较高。

表 3-9 2 号铁口串气面炭砖 (%)

名称	SiO_2	Al_2O_3	Fe_2O_3	CaO	MgO	MnO	TiO_2	K_2O	Na_2O	ZnO	C	SiC
薄样	4.31	1.77	0.69	0.28	0.26	0.025	0.069	0.12	0.061	0.16	90.18	1.17
厚“T”形样	5.16	2.09	0.96	0.40	0.22	0.037	0.11	0.12	0.071	0.001	87.90	1.60

从 2 号铁口炭砖串气面薄样切取小样块，进行不同部位的 SEM 分析，从线扫描分析可知，串气面表层 Zn 和 S 含量较高，图 3-40 中 a 处上部发亮为 Zn，随着侵蚀深度增加，Zn 含量逐渐减低，渗透侵蚀深度小于 10 mm。

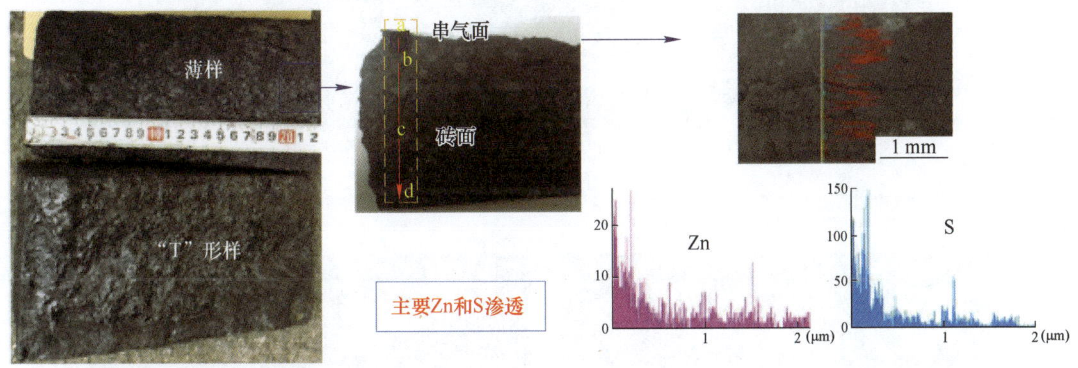

图 3-40 串气面炭砖薄样分析

从 2 号铁口炭砖厚“T”形样切取样块，经扫描分析发现：距离表层约 7~9 mm 部位有一条连续的裂纹线，裂纹线上方（靠近表皮）明显气孔增加，而裂纹线下方明显气孔减少（图 3-41~图 3-44）。

裂纹线经 Mapping 分析，可知，裂纹处主要是 Zn 和 S，白色为 Zn，与薄样对应；在炭砖内部发现部分区域混合不均，该区域的 SiO_2 细粉和颗粒较多，考虑到炭砖中 SiO_2 颗粒与基质之间的结合状态，随着炉缸温度、压力等发生不断变化易产生裂纹。煤气中 Zn

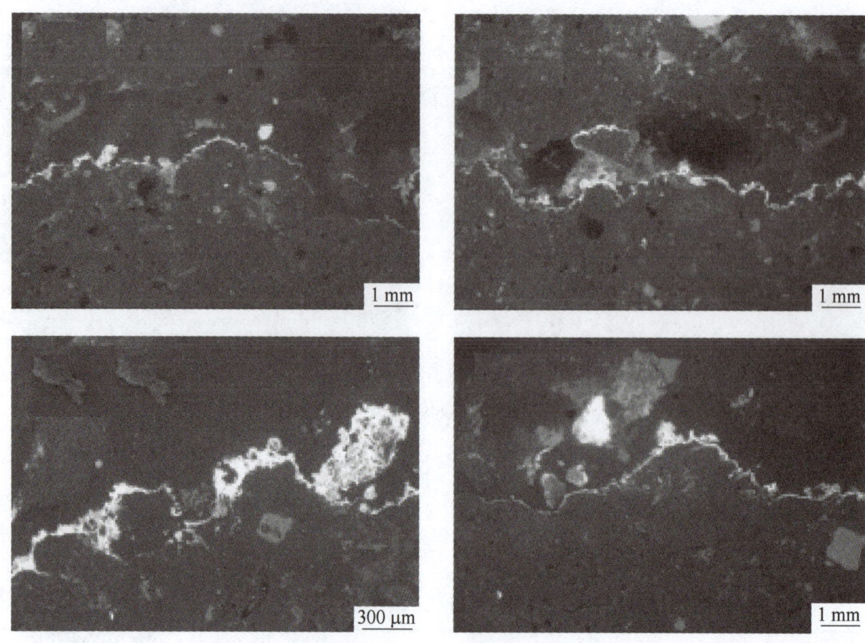

图 3-41　不同位置裂纹图

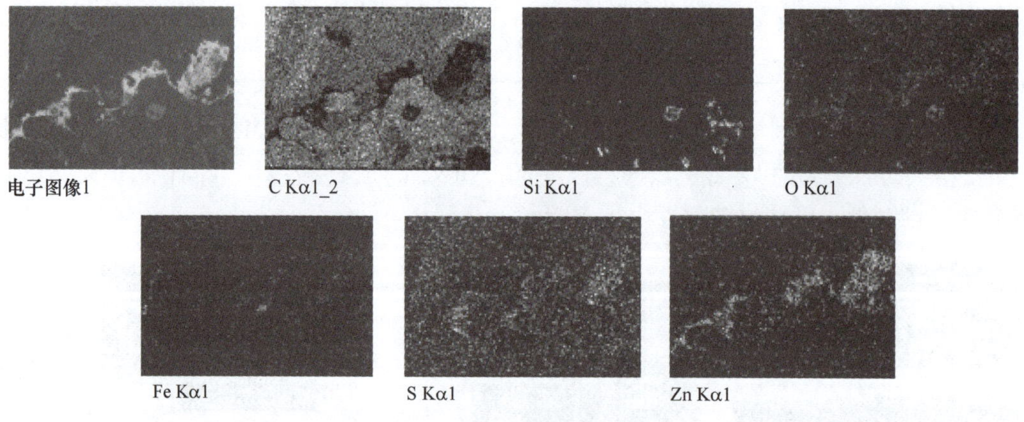

图 3-42　裂纹处 Mapping 分析

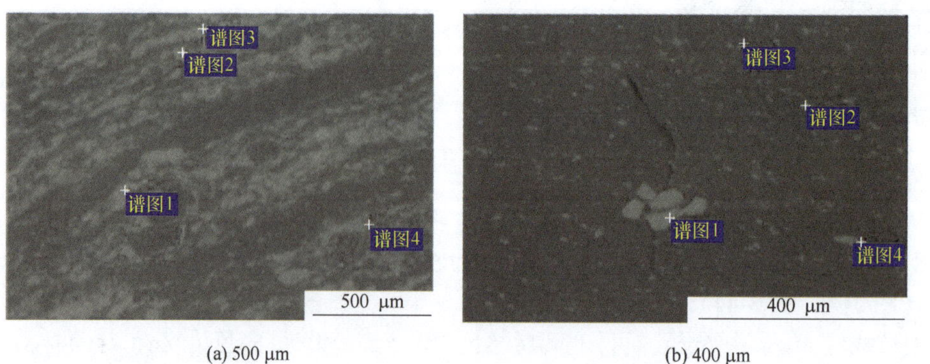

(a) 500 μm　　(b) 400 μm

图 3-43　部分区域 SiO_2 高度集中

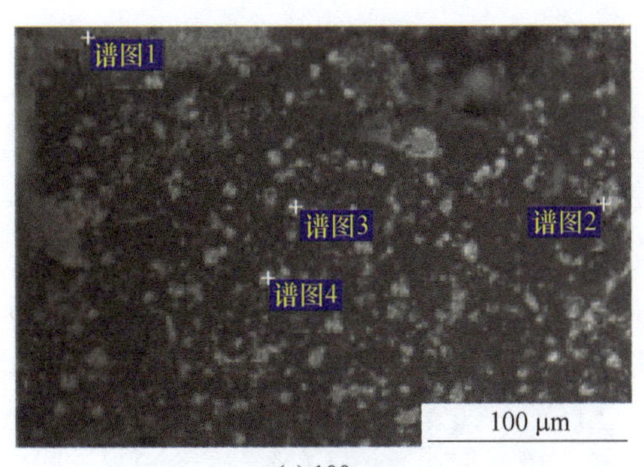

(a) 100 μm

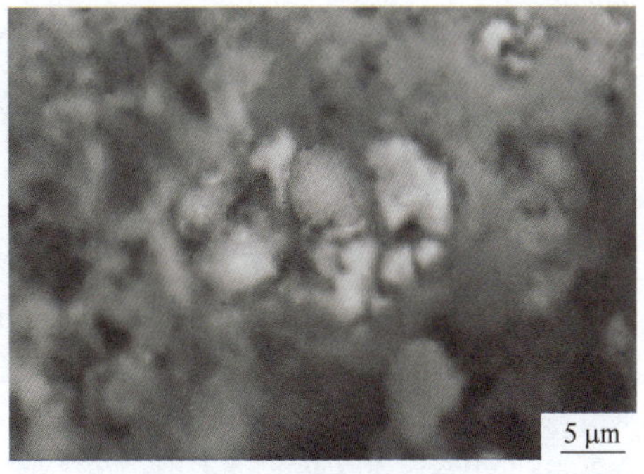

(b) 5 μm

图 3-44 蓝色部分的放大分析

气化后有一部分上升形成循环富集，一部分渗入砖衬的气孔或裂纹中，对炭砖造成损坏。总之，Zn 元素对 2 号铁口串气面区域的炭砖侵蚀的影响较大。

D 1 号铁口炭砖和 3 号铁口炭砖

从 1 号铁口炭砖和 3 号铁口炭砖的化学成分（表 3-10）能够看出，用后炭砖表面的 Al_2O_3、Fe_2O_3、TiO_2、ZnO 和 S 均有明显增加。测试结果见图 3-45~图 3-48。

表 3-10 铁口炭砖的化学成分分析 （%）

名称		SiO_2	Al_2O_3	Fe_2O_3	CaO	MgO	MnO	P	TiO_2	K_2O	Na_2O	ZnO	C	S
3 号铁口	芯砖	6.53	0.24	0.33	0.059	0.052	0.016	0.009	0.026	0.062	0.061	0.008	92.07	0.15
	外砖	7.19	0.52	0.59	0.18	0.065	0.020	0.009	0.039	0.095	0.062	0.23	90.51	0.30
1 号铁口	芯部	3.72	0.63	0.44	0.15	0.063	0.025	0.010	0.041	0.053	0.051	0.010	94.39	0.18
	外部	3.98	2.04	1.32	0.18	0.073	0.018	0.010	0.049	0.045	0.053	0.070	91.64	0.30

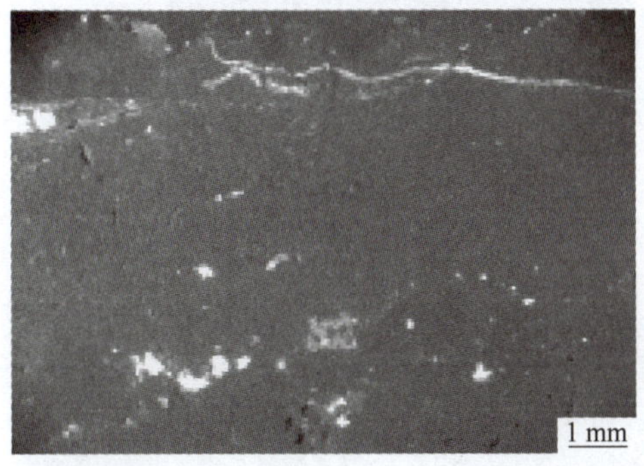

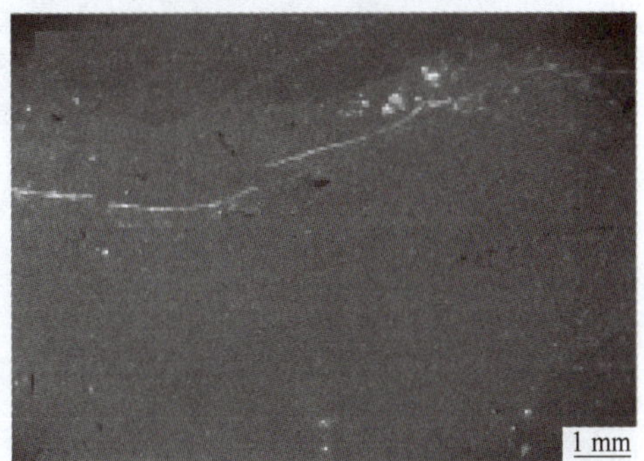

图 3-45 1 号铁口炭砖裂纹线

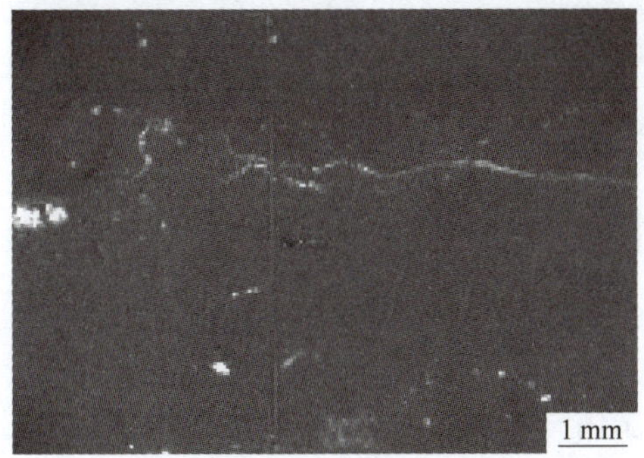

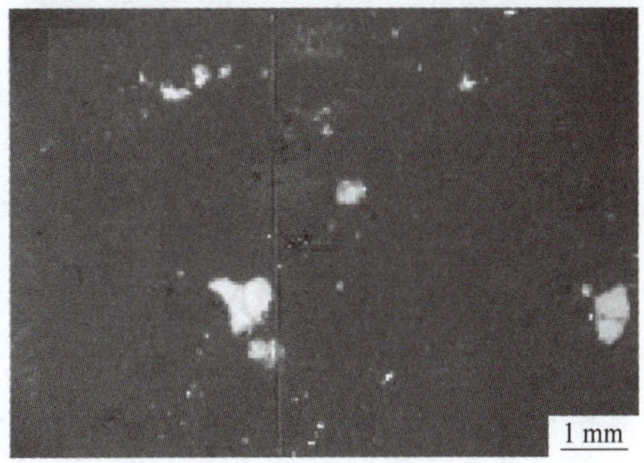

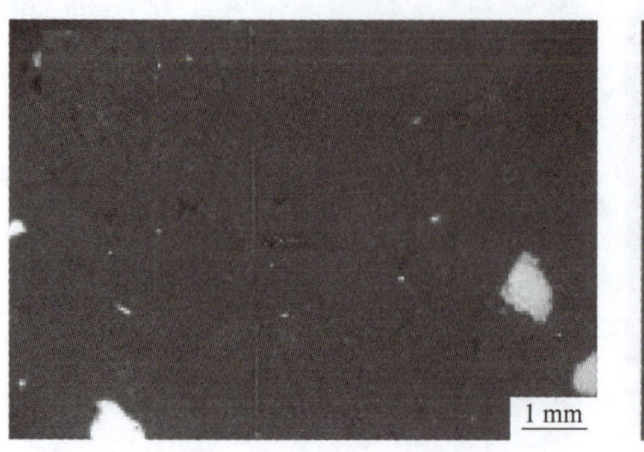

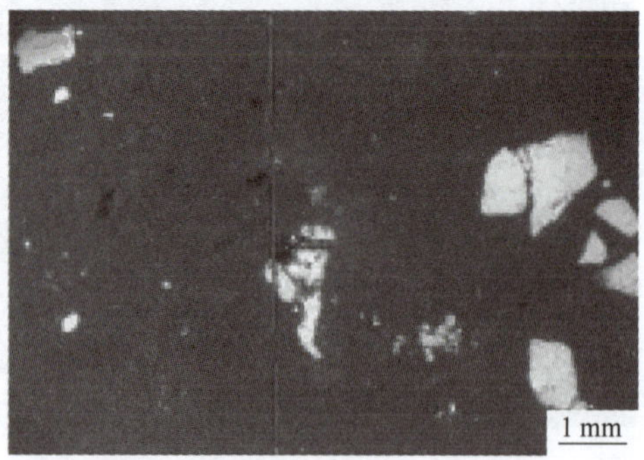

图 3-46 1 号铁口炭砖侵蚀深度测量

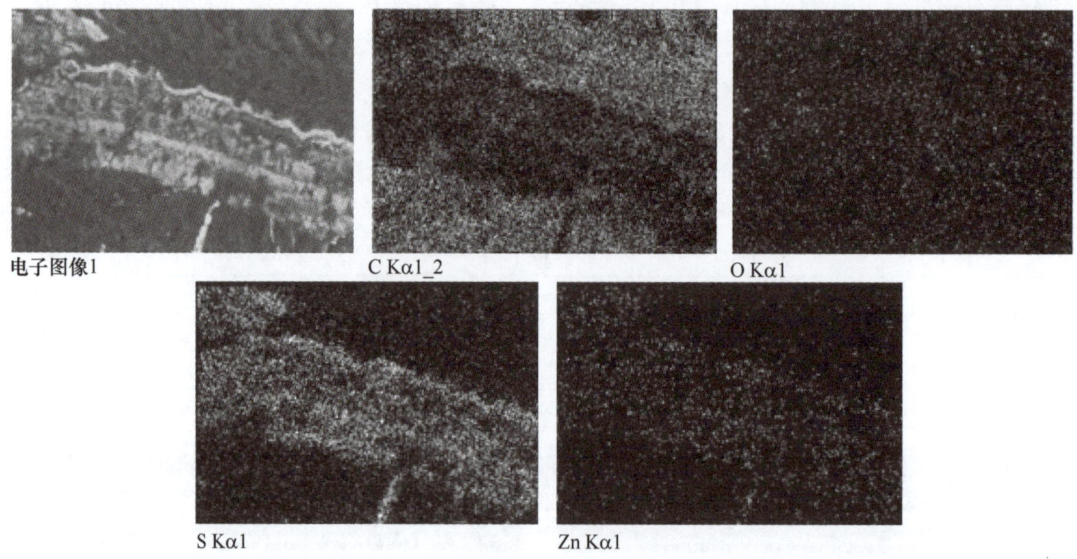

图 3-47 1 号铁口炭砖的 Mapping 分析

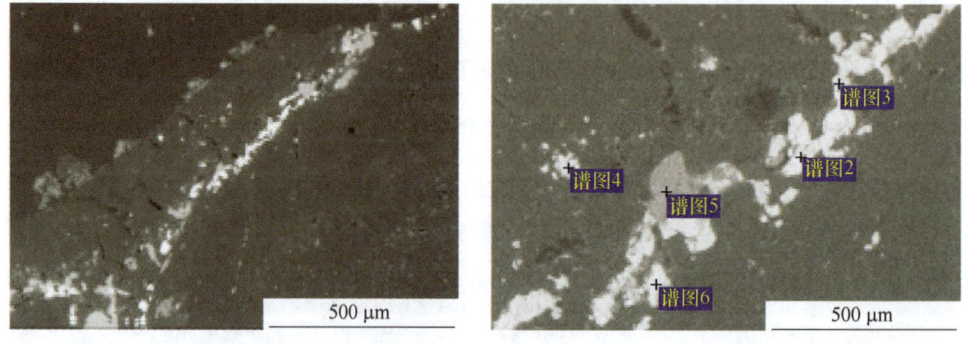

图 3-48 3 号铁口炭砖的裂纹侵蚀线

3.3.3 首钢迁钢 1 号高炉破损调研

首钢迁钢 1 号高炉有效容积 2650 m^3，至 2019 年 6 月底停炉浇注时，高炉寿命实现无中修炉龄14年9个月，已基本实现高炉设计寿命15年，且炉缸浇注后尚能运行若干年，是国内较为长寿的高炉。浇注前累计单位炉容产铁量达到11613 t，平均利用系数2.29 t/(m^3·d)，焦比349.04 kg/t（每吨铁），燃料比511.76 kg/t（每吨铁），处于较高水平。

3.3.3.1　侵蚀炉型

将各个风口方位展开，并与铁口方位建立联系，得到各个风口方向炉缸部位的侵蚀轮廓见图3-49。

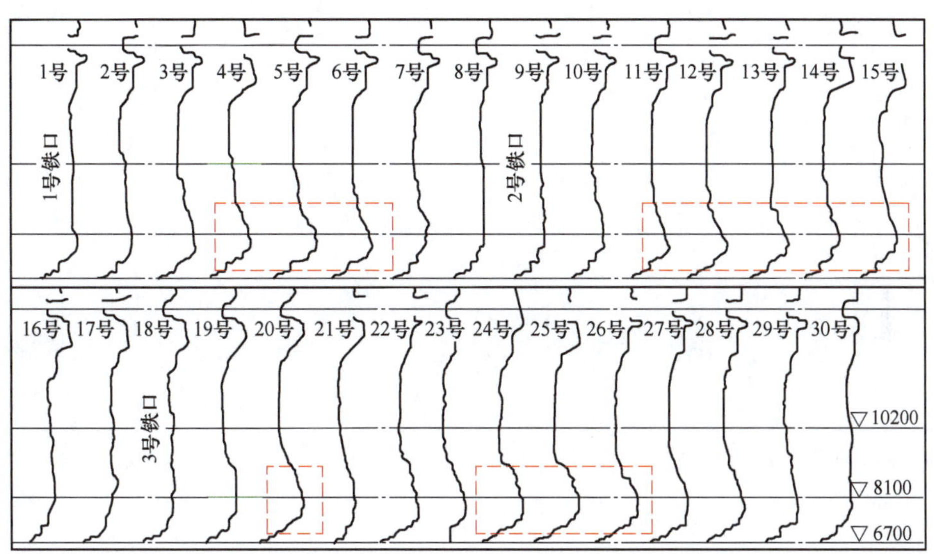

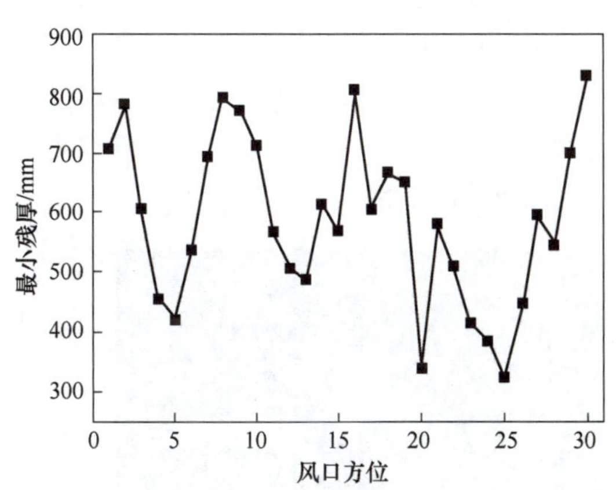

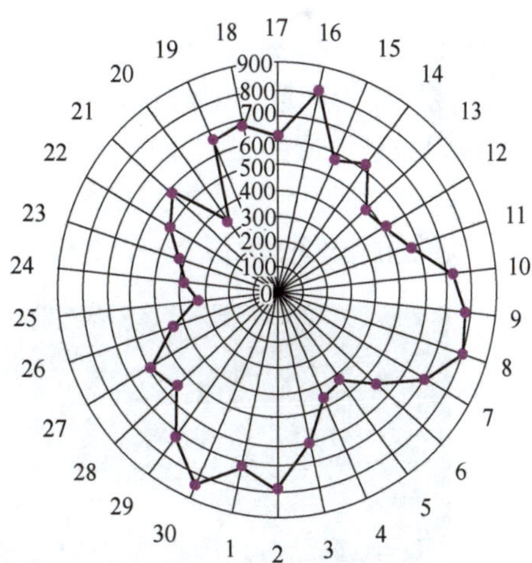

图3-49　各个风口方位炉缸侵蚀轮廓

从图3-49中可以看出：

（1）在三个铁口方向，炉缸下方炭砖侵蚀程度轻；

（2）侵蚀严重位置均位于两个铁口之间，如20号、23~26号、4~5号和11~15号风口下方位置；

（3）30个风口方向的侵蚀曲线中，侵蚀最严重位置位于25号风口方向，标高

8030 mm 位置。

通过截取距炉底距离不同标高位置的横截面，可以更好地观察到炉缸圆周方向的侵蚀情况，见图 3-50。

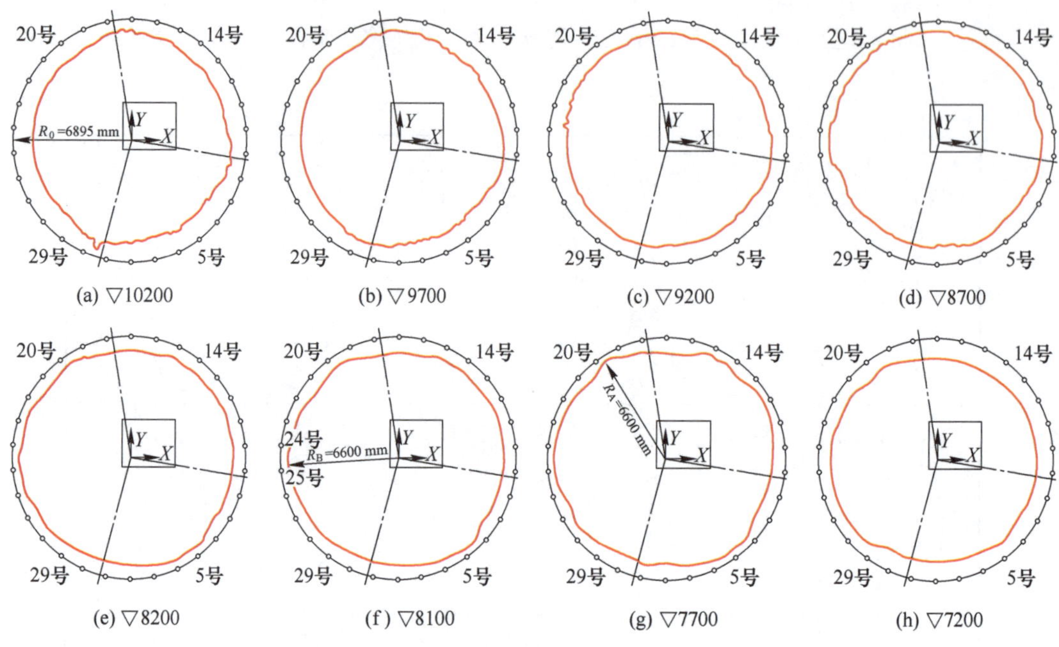

图 3-50 距离炉底不同标高处处炉缸侵蚀情况

从图 3-50 中标高 7700 至标高 8200 处可以看出，在象脚区域，4 号、5 号和 24 号、25 号位置侵蚀较为严重，即两铁口中间位置侵蚀较为严重。首钢迁钢 1 号高炉进风口位于 22 号风口方位，侵蚀最严重的 4 号、5 号风口方位正位于进风口对侧。在炉料清理过程中，可以明显观察到三个铁口区域被大量泥包包裹住，泥包维护状况良好，这是铁口附近炉缸区域侵蚀较轻的原因之一。2 号和 3 号铁口处泥包见图 3-51。

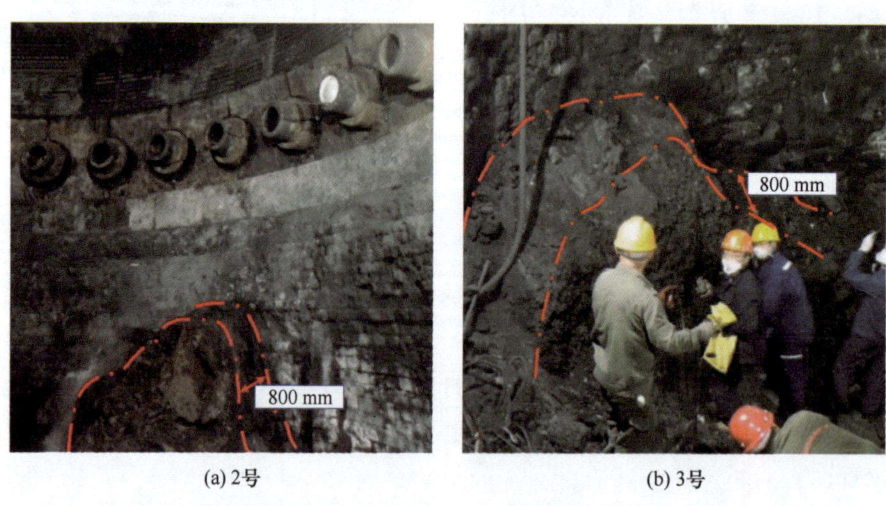

图 3-51 2 号铁口与 3 号铁口处泥包形貌

从图 3-51 可以看出，铁口周围及下部包裹着梯形泥包，其黏结物厚度在 750~800 mm，2 号铁口泥包从自上而下第 7 层炭砖位置开始存在，一直延伸到下部，在第 18 层炭砖位置处其宽度在 3300 mm 左右；3 号铁口泥包从自上而下第 10 层炭砖位置开始存在，一直延伸到下部，在第 19 层炭砖位置处其宽度在 3500 mm 左右。铁口处稳定存在的泥包很好地保护了此处的炉缸耐火材料，因此侵蚀程度较轻。

从炉缸残余物料的断面能够很好地获得炉底陶瓷垫剩余情况以及炉缸侧壁的侵蚀状态，图 3-52 为炉底陶瓷垫剩余情况，结合标高及陶瓷垫情况，可以看出炉底陶瓷垫第一层侵蚀完，部分第二层陶瓷垫剩余 220~280 mm。

图 3-52　炉底陶瓷垫剩余情况

图 3-53~图 3-55 分别为炉底陶瓷垫剩余情况、4 号风口下象脚侵蚀轮廓图、4 号风口下炉底及象脚侵蚀轮廓示意图和部分风口方位炉缸侵蚀曲线。从图 3-53、图 3-54 中可以看出，炉缸表现出明显的象脚侵蚀轮廓。在炭砖热面有一层 400 mm 左右的黏结物，再向内自上而下分别为渣焦层、残铁层，其中残铁层上表面标高约为 7740 mm，在两者之间夹杂着一部分渣相，可能是放残铁过程中渣相流动形成的。

图 3-53　4 号风口下象脚侵蚀轮廓图

结合激光扫描结果，炉底侵蚀情况，绘制了部分风口方位的侵蚀曲线见图 3-55。可以看出首钢迁钢 1 号高炉为“象脚状”侵蚀，其 1 号风口对应 1 号铁口方位，在炉缸设计时此方位炭砖比非铁口区域厚，采用凸台形式砌筑。从侵蚀线可以看出，该凸台炭砖已被侵蚀掉，且侵蚀后剩余厚度与非铁口区域基本相同。

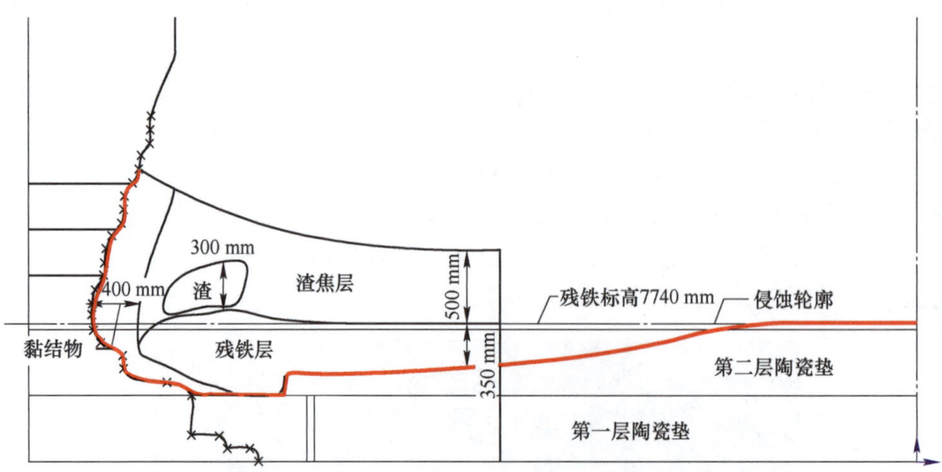

图 3-54　4 号风口下炉底及象脚侵蚀轮廓示意图

3.3.3.2　检化验分析

A　高炉中有害元素的分布情况

首钢迁钢 1 号高炉入炉碱金属负荷和锌负荷分别为 3.004 kg/t（每吨铁）和 0.126 kg/t（每吨铁）。K_2O、Na_2O 和 Zn 在高炉存在明显的循环富集现象，见图 3-56。从高炉高度方向看，风口部位碱金属含量最高，局部部位 K_2O 富集达到 12.52%，Na_2O 的含量达到 4.6%。风口以上碱金属含量整体高于炉缸部位碱金属含量，渣皮中碱金属含量

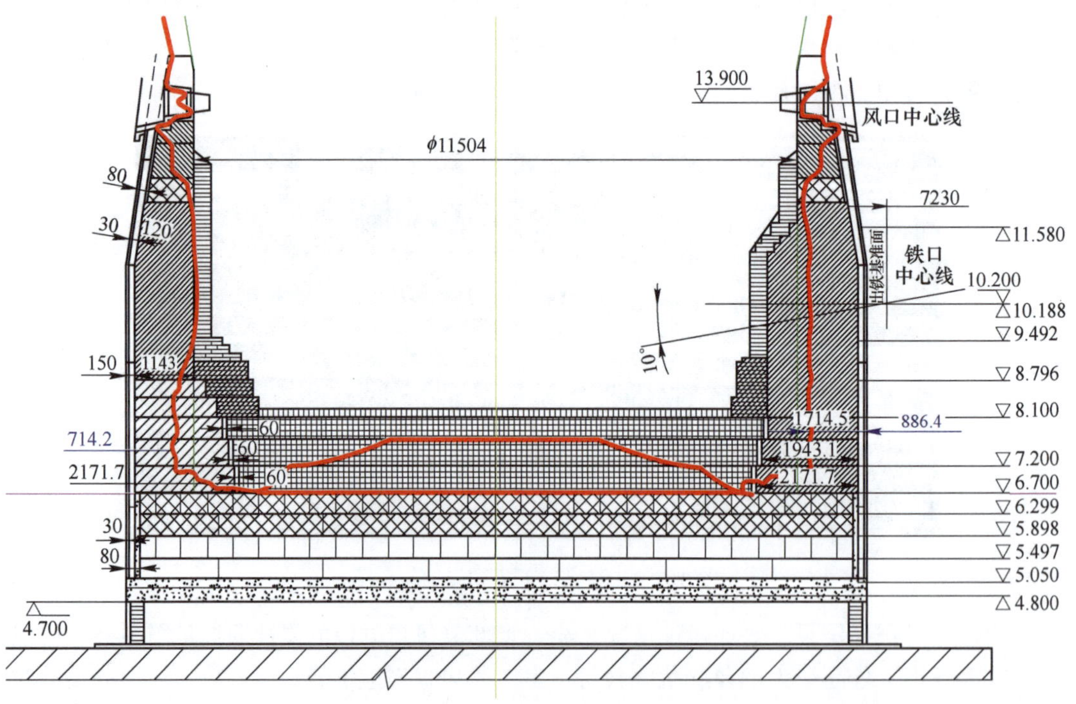

(a) 16-1剖面

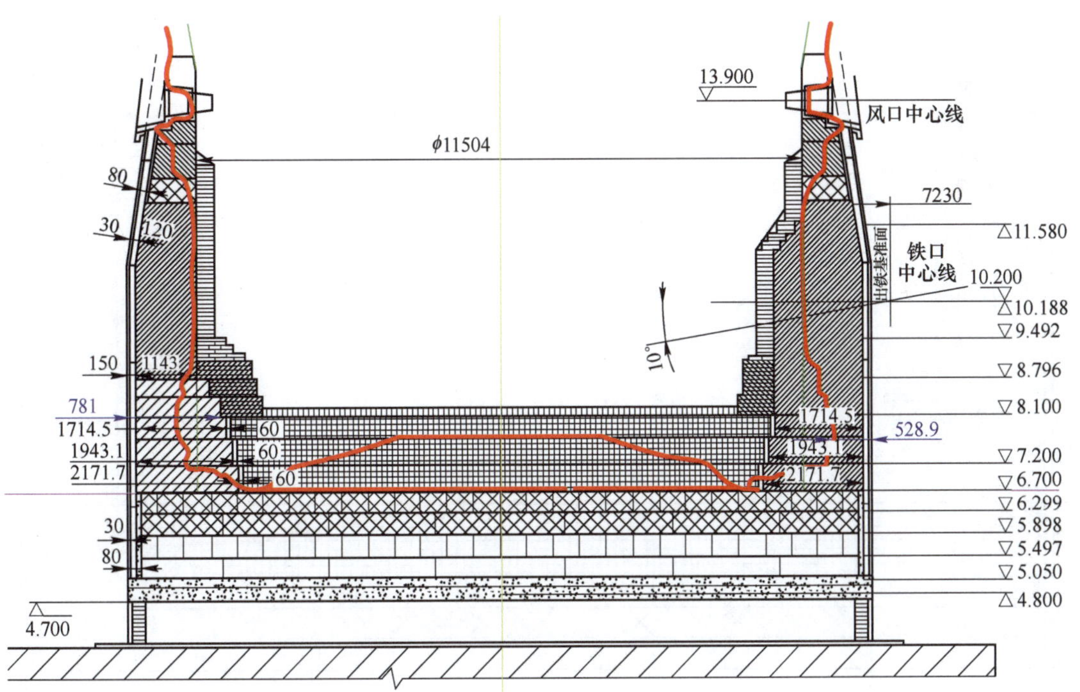

(b) 19-4剖面

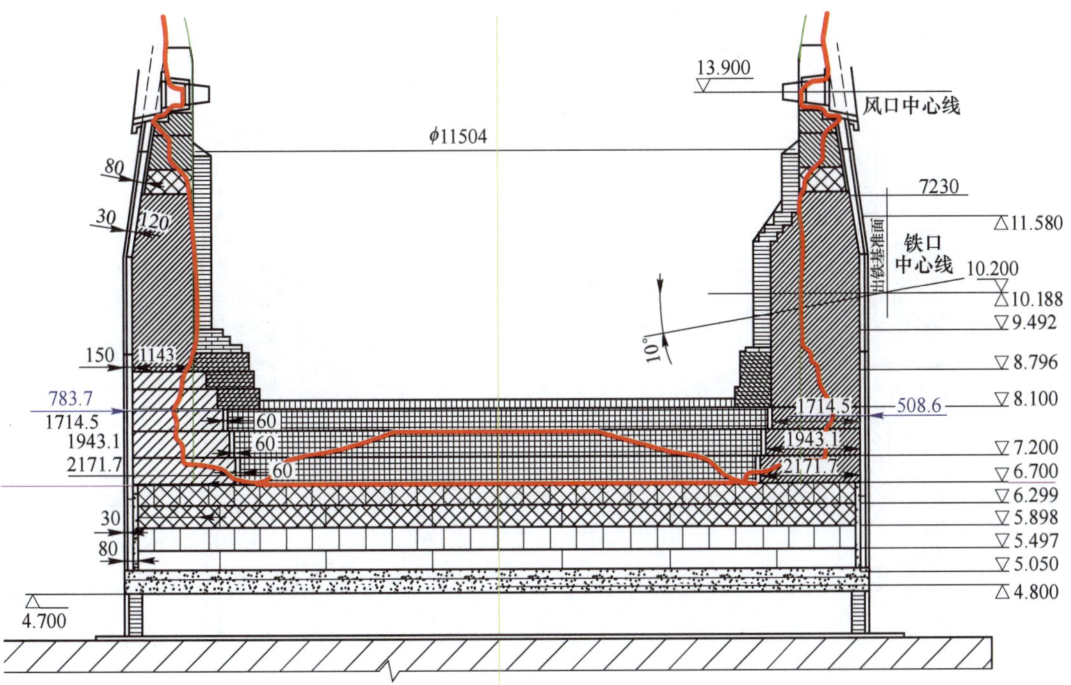

（c）20-5剖面

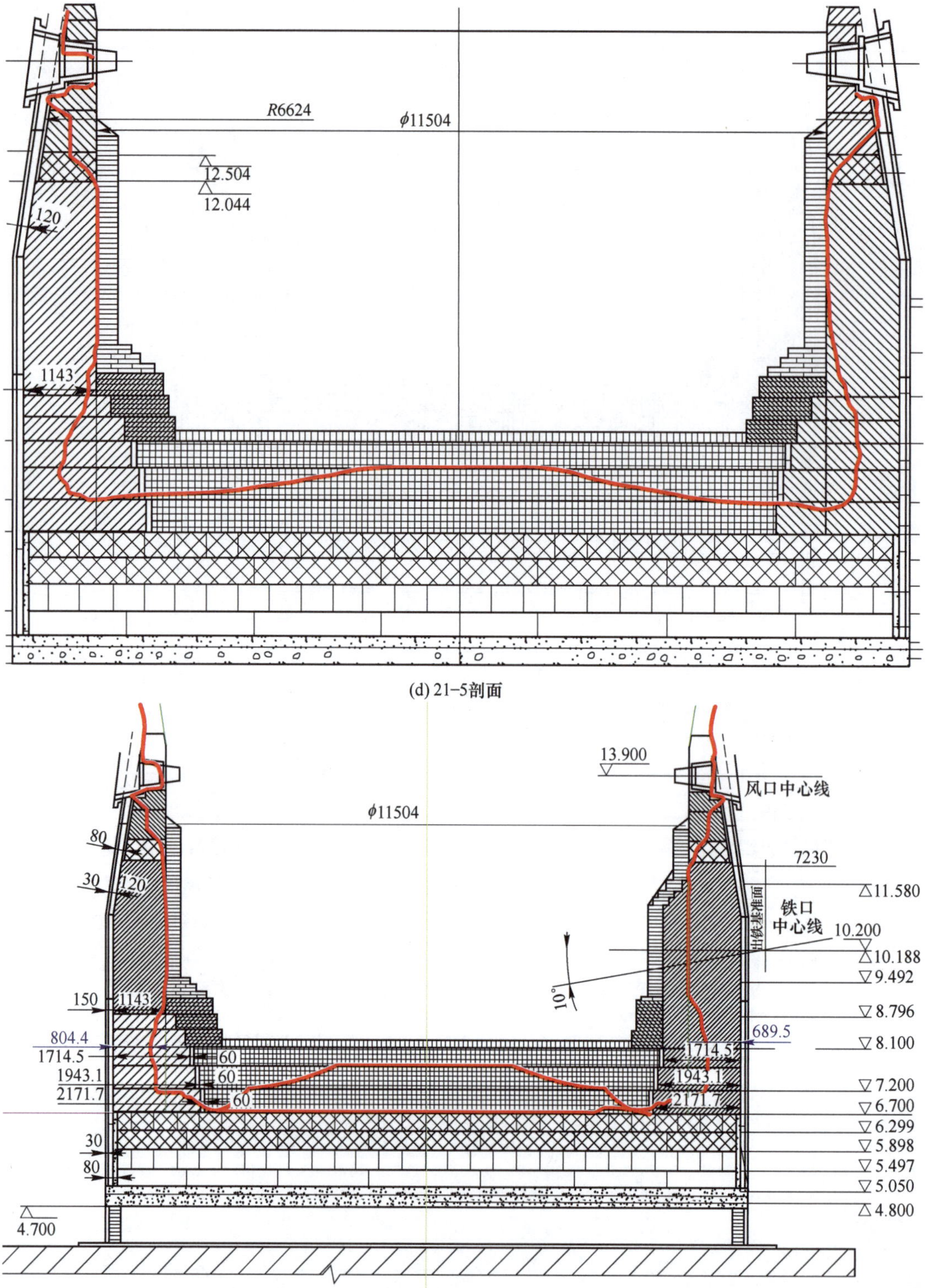

(d) 21-5剖面

(e) 21-6剖面

图 3-55 部分风口方位炉缸侵蚀曲线

均在0.5%以上，而炉缸内碱金属含量基本在0.5%以下。风口部位Zn含量较高，而渣皮和炉缸部位含量较低，渣皮中Zn含量从上到下分布相对均匀。从高炉径向方向看，Na_2O和Zn在炉内热面分布较多而冷面分布较少，K_2O在炭砖中分布较为均匀。基于高炉有害元素负荷及有害元素在高炉内的分布情况，计算得出第9段冷却壁渣皮中K_2O、Na_2O和Zn在高炉内循环富集倍数分别为39倍、10倍和44倍，风口部位K_2O、Na_2O和Zn在高炉内循环富集倍数分别为163倍、73倍和381倍。

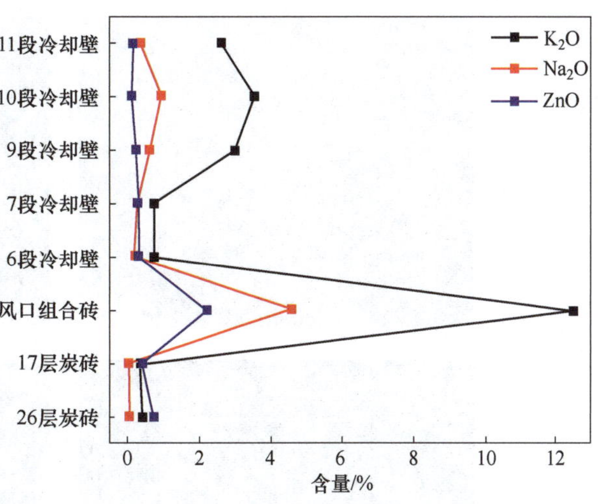

图3-56 高炉取样位置和有害元素分布图

高炉径向上有害元素分布规律可通过对样品进行电镜检测得到为1号风口样品SEM-EDS照片（图3-57、图3-58），靠近热面的黄色物质有害元素主要由Na_2O和ZnO组成，而K_2O较少，靠近冷面的白色物质有害元素主要为K_2O，白色物质和黄色物质交界处存在一定量的Cl元素富集。微观上Na_2O和K_2O分布不均匀，EDS的面扫描结果很好地说明了这一现象，这也和宏观上化学分析结果相对应。矿石等带入高炉中的钾在高温区被还

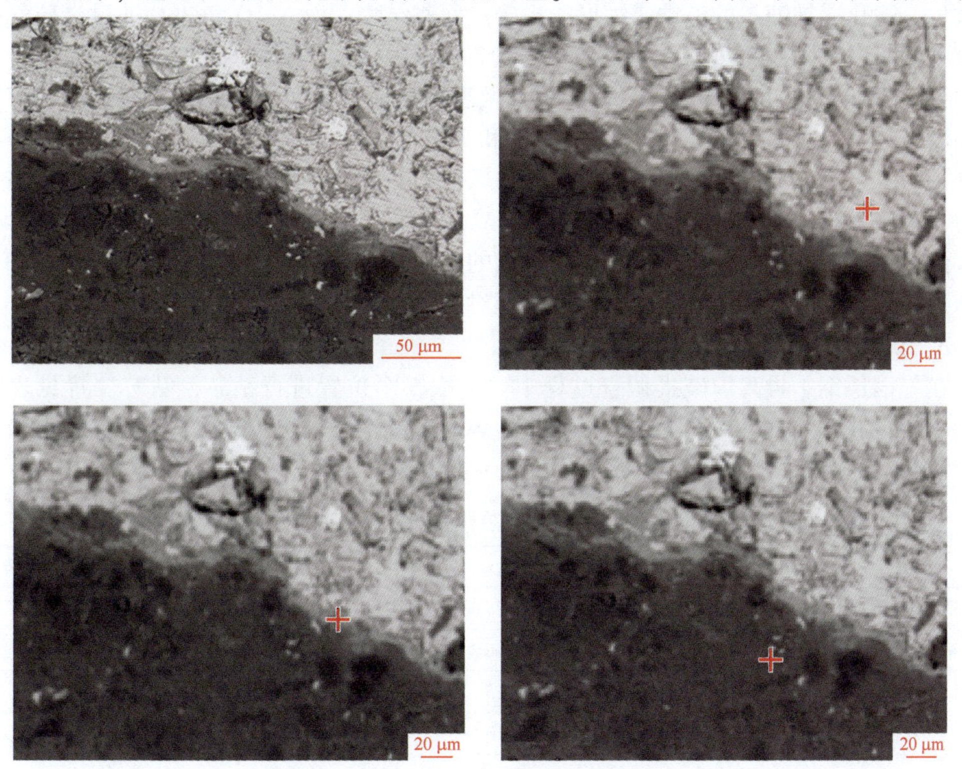

图3-57 1号风口样品SEM照片

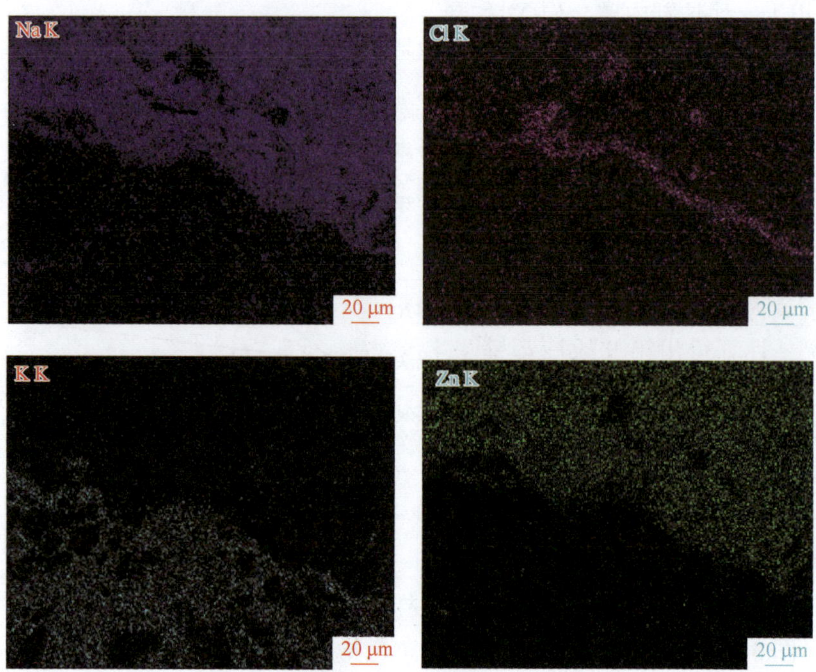

图 3-58　1 号风口 EDS 的面扫描结果

原之后会以气态形式存在于炉缸中，容易通过炭砖的气孔、缝隙等侵入炭砖内部，造成炭砖脆化，脆化层被液态的渣铁侵蚀形成炭砖热面黏结物。而 Na_2O 和 ZnO 通过炭砖气孔和缝隙的量较少，因而从热面到冷面 K_2O 部分较均匀而 Na_2O 和 ZnO 分布不均。

见图 3-59，炉缸内 4 号风口 17 层炭砖微观形貌见图，由图 3-59 中炭砖热面有害元素主要以 Na_2O 和 ZnO 为主，炭砖冷面 Na_2O 和 ZnO 含量较少，而 K_2O 分布较为均匀。这也表现了和 1 号风口相同的规律，这说明高炉风口和炉缸部位炭砖径向上有害元素分布并不均匀，Na_2O 和 ZnO 在炭砖热面分布较多而冷面分布较少，K_2O 在炭砖中分布较为均匀。有害元素在炭砖径向中的分布规律也和它们的热力学性质有直接关系，有害元素在炉内的分布规律也和高炉内有害元素的平衡计算相对应。

B　炉缸耐火材料侵蚀分析

在首钢迁钢 1 号高炉破损调查过程中，选取 5 个位置进行钻芯，钻芯位置见表 3-11 和图 3-60，并在炉缸、炉底进行取样，包括炉缸侧壁炭砖、炭砖热面黏结物、炉缸炭砖脆化层等。

表 3-11　钻芯样品取样位置

编号	试样类别	风口	层数（上至下）	对应炭砖
钻芯 1 号	炭砖黏结物	28	9	40
钻芯 2 号	炭砖黏结物	28	17	32
钻芯 3 号	渣铁滞留物相	15	19	30
钻芯 4 号	渣铁滞留物相	13	24	25
钻芯 5 号	铁棒	10~14	距象脚 1m 处	

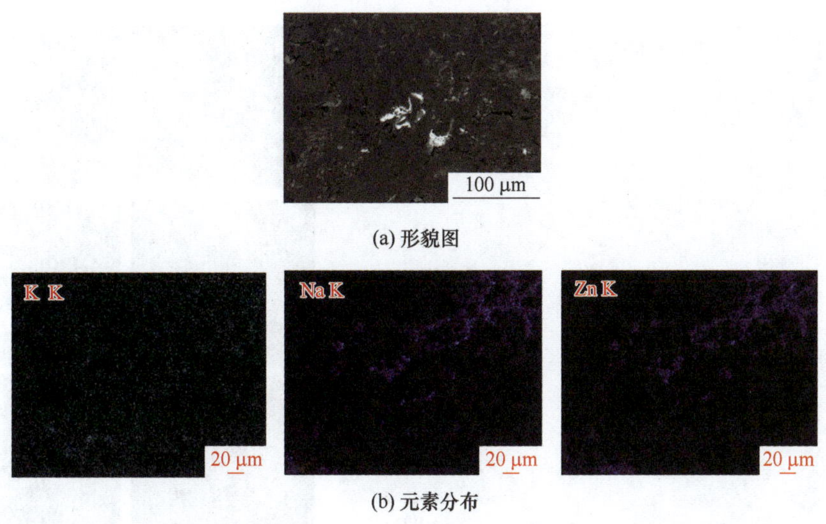

(a) 形貌图

(b) 元素分布

图 3-59 4 号风口 17 层炭砖热面样品 SEM-EDS 照片

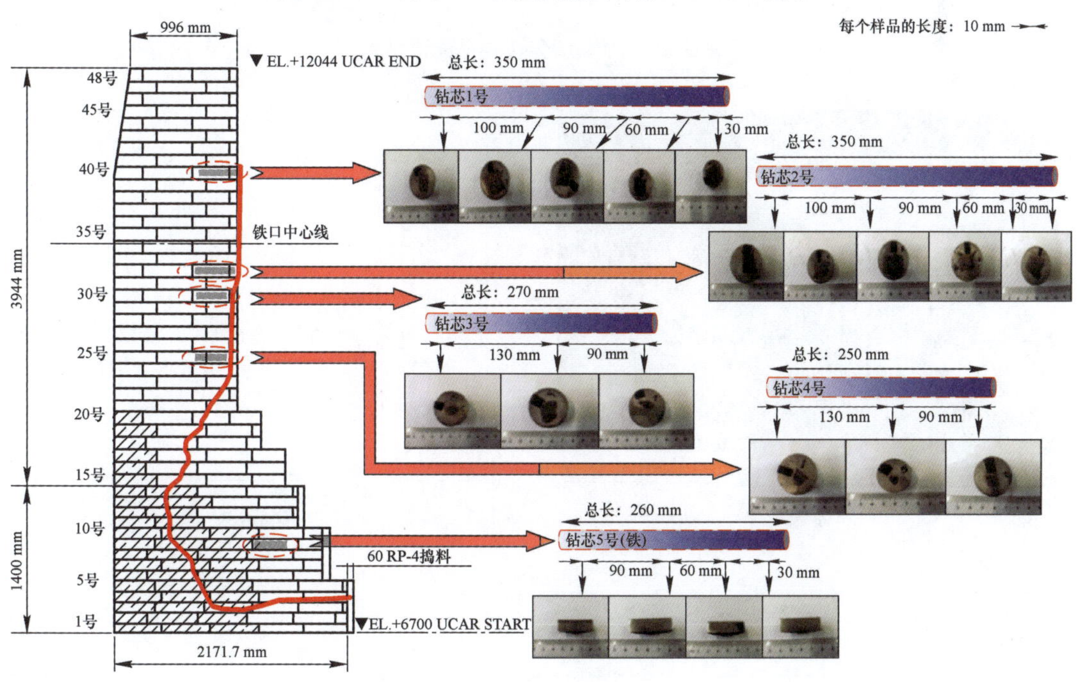

图 3-60 样品位置示意图

图 3-61 是 s1 样品在 300 倍条件下的背散射图像和能谱结果，由图 3-61 中可以看出，炭砖基质未受到明显的破坏，界面处有一定渣相的分布。渣相成分以镁铝为主，可能有少量镁铝尖晶石在 s1 的孔隙处生成。除渣相外，碳基质中还有极少量的钠，这可能是钻芯前端炭砖在碱金属蒸气的作用下，出现石墨化并呈现粉化，少量钠金属随渣相继续侵入炭砖内部，并随渣相在冷端固结。

图 3-62 是 s2 样品在 500 倍条件下的 SEM-EDS 图，该样品的取样位置距离钻芯热面 210 mm。由电镜照片结合能谱结果可以看出，碱金属与炭砖热面有明显的分界，K、Na 元素大量富集，并且 S 元素的含量也比较高，组分中的 Cl 元素可能来自于炭砖。有害元

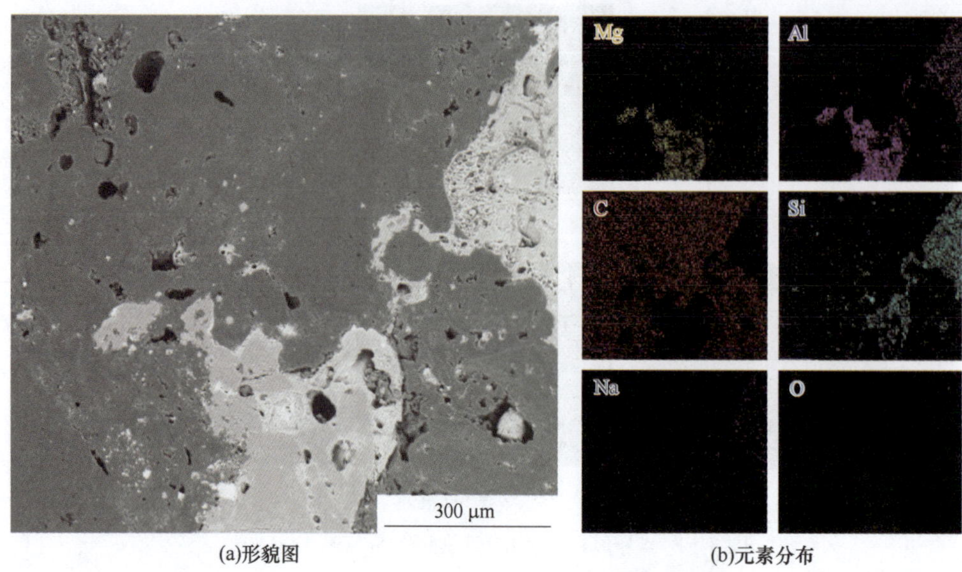

(a)形貌图　　(b)元素分布

图 3-61　钻芯 1 号-s1 样品能谱结果

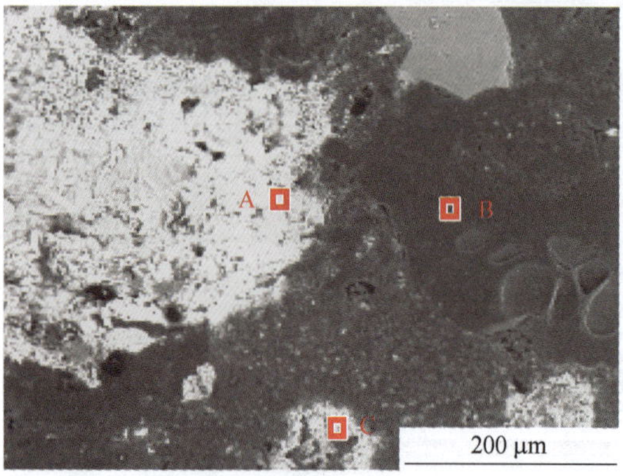

(a)形貌图

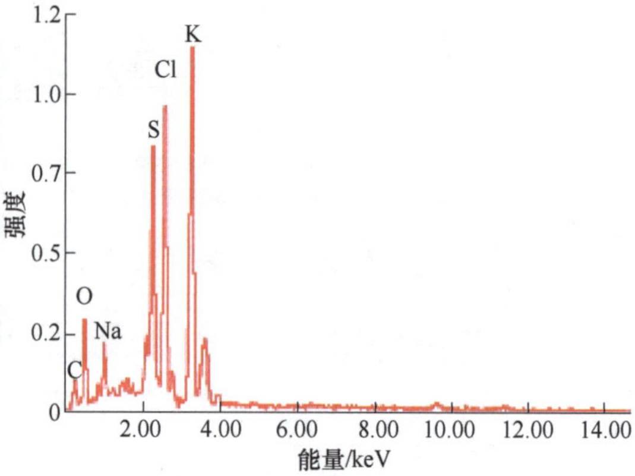

(b) A处EDS图

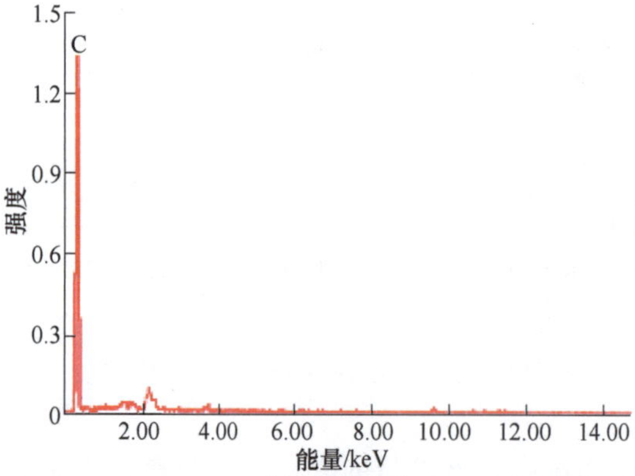

(c) B处EDS图

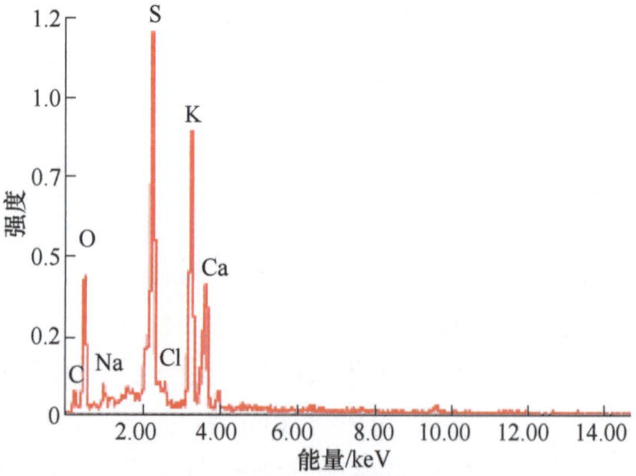

(d) C处EDS图

(e) 元素分布图

图 3-62 钻芯 1 号-s2 样品 SEM 及面扫结果

素同硅酸盐相呈片状富集，在碱金属的作用下，片状区域附近的炭砖高度石墨化，石墨化的炭砖呈现出严重的粉化。我们对炭砖中存在的 K 元素进行了化学分析，分析结果显示炭砖中 K 元素含量最高处达 36.61%（图 3-62 中 A 点处），侵入炭砖的碱金属在炭砖中形成了大量钾霞石和白榴石的硅酸盐物相，对残留的渣相进行破坏。

见图 3-63，s2 可以观察到明显的侵蚀相貌，对背散射结果的不同位置取点，结果如下：A 点是耐火材料基质，主要成分是 C 元素；B 点的灰色物相由 S、K、O 等元素构成；C 点含有很高的 Cl 元素与碱金属。由能谱结果可以推断 s2 区段可能是脆化区域，碱金属和硫酸盐矿物等有害元素在此区域发生了重度富集，s2 的电镜照片中多孔洞和细密裂纹，是因为碱金属能与碳基里的矿物发生反应形成钾霞石及钠铝硅酸盐，进而造成了体积膨胀并进一步破坏炭砖结构的完整性和稳定性。

钻芯 2 号-s3 SEM 及面扫结果见图 3-64，从 800 倍的电镜照片结果可以看出，炭砖碳基质上呈现出了比较多的孔洞和灰色物相，通过面扫结果可以发现这些长条状的灰色物相是 Al。碳基质在 K、O、S 富集区域可以看到细微裂纹，并已经出现粉化的碳基质，碱金

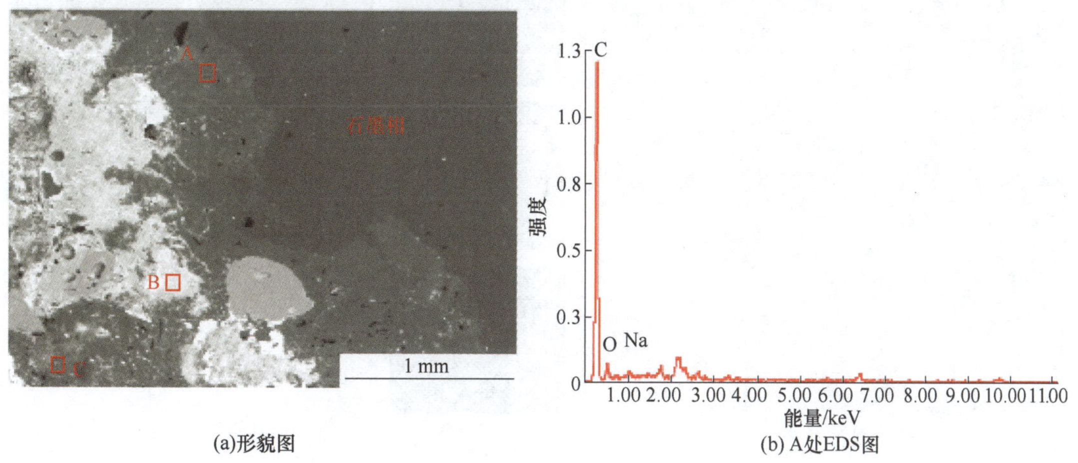

(a)形貌图 (b) A处EDS图

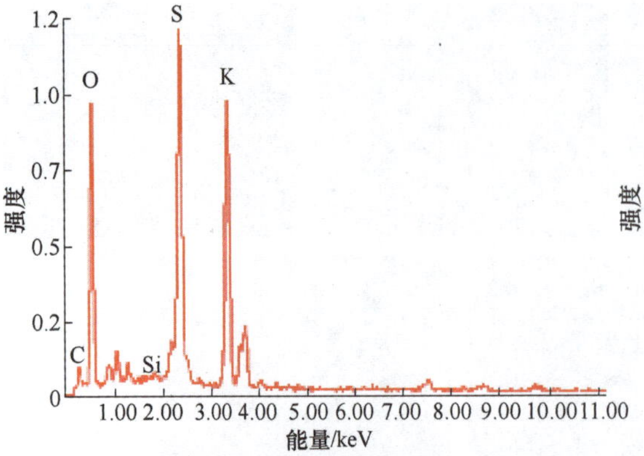

(c) B处EDS图

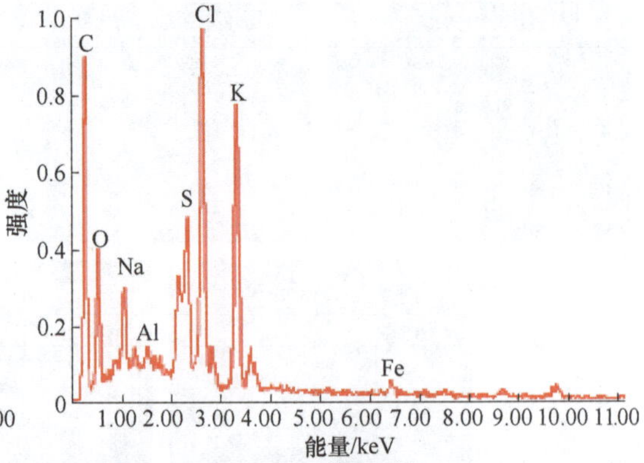

(d) C处EDS图

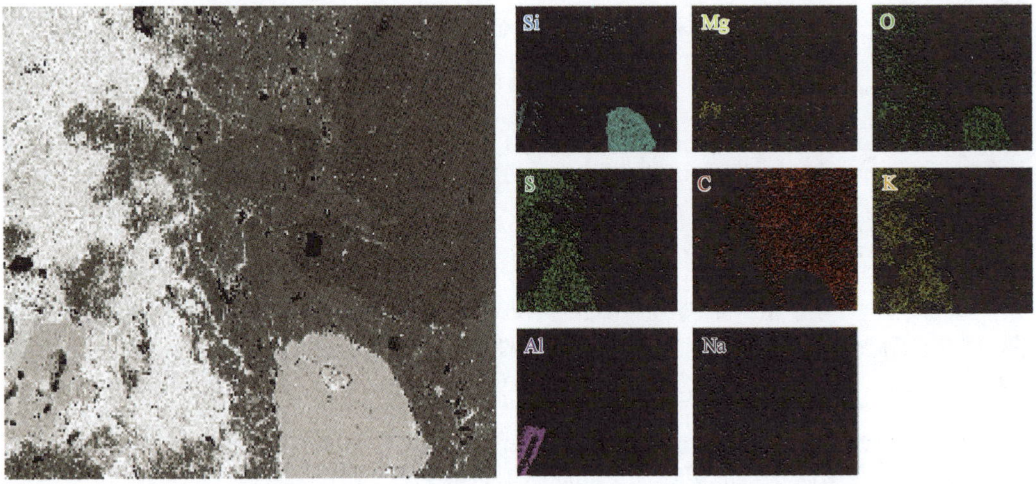

(e) 元素分布图

图 3-63 钻芯 2 号-s2 SEM 及面扫结果

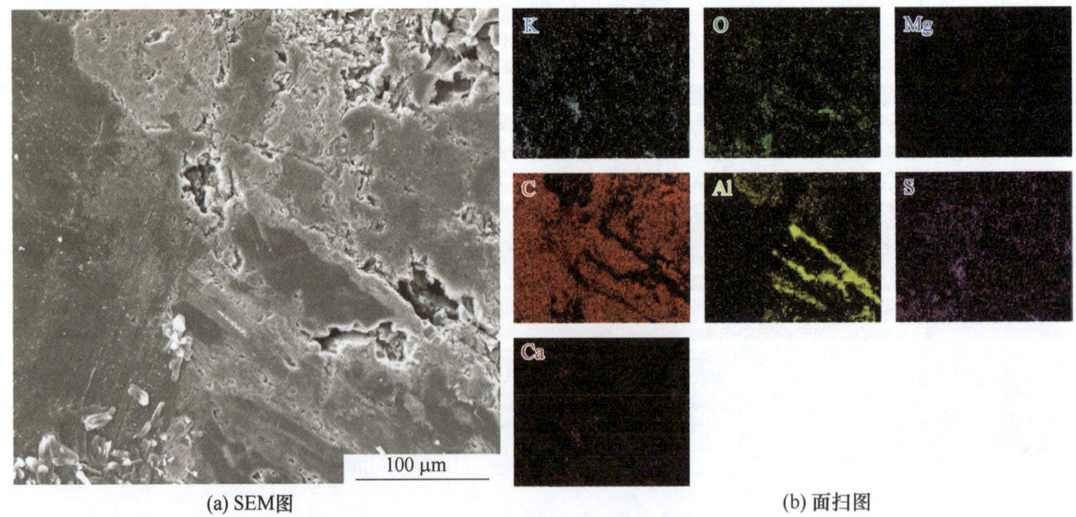

(a) SEM图 (b) 面扫图

图 3-64 钻芯 2 号-s3 SEM 及面扫结果

属蒸气与炭砖基体的石墨微晶发生反应形成层间化合物，造成体积膨胀，从而形成更多裂纹。碱金属蒸气与碳基里的矿物发生反应形成钾霞石及钠铝硅酸盐，同样也会造成体积膨胀，并进一步破坏炭砖结构。

见图 3-65，s4 样品可能位于脆化层与热面黏结物之间，主要的侵蚀物质是渣铁，没有发现有害元素的大量富集。由面扫结果可以看出，Fe 分布的区域 C 元素含量也比较高，这是因为渣铁渗入炭砖后，会使炭砖中的含碳物相向铁水溶解，产生溶蚀现象。钻芯 2 号-s5 形貌能谱结果见图 3-66。

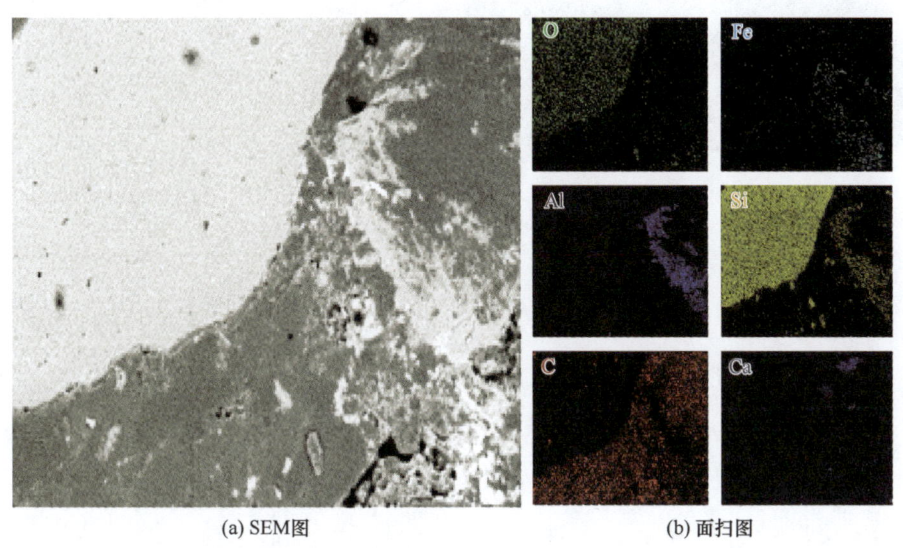

(a) SEM图　　(b) 面扫图

图 3-65　钻芯 2 号-s4 SEM 及面扫结果

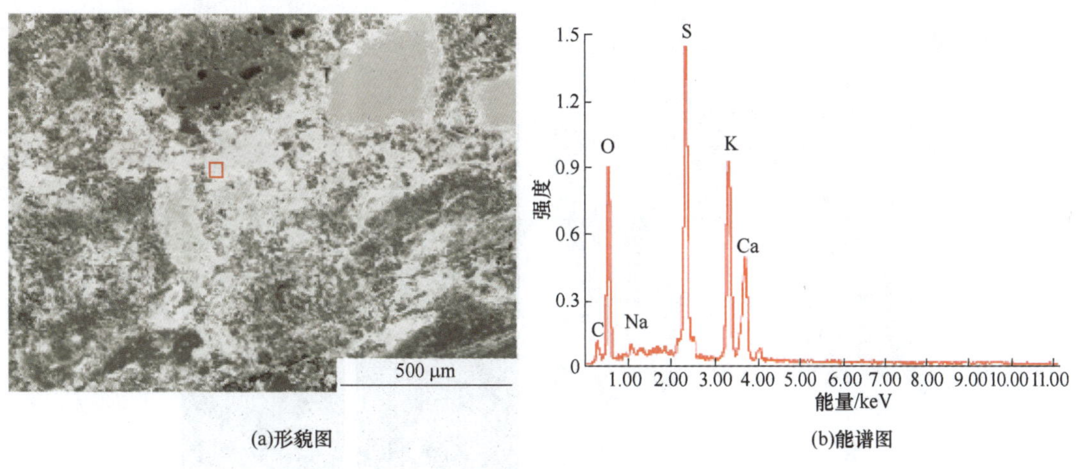

(a)形貌图　　(b)能谱图

图 3-66　钻芯 2 号-s5 形貌及能谱结果

图 3-67 为钻芯 3 号-s1 样品的 SEM 及面扫结果。由图 3-67 可见，s1 中含有大量的铁相与石墨相。对不同区域进行打点，结果如下：A 点的主要元素是 Ca 和 S；B 点的主要组成是渣相和铁相；C 点大部分是渣相。铁水是通过炉衬表面的显气孔在静压力和毛细压力的作用下向深处渗透的，由此可见钻芯 3 号的大部分区域（包括样品冷端）已经受到

了侵蚀。钻芯 3 号-s1 中，Ca 元素在各区域含量都很高，说明渣相在此处大量富集。

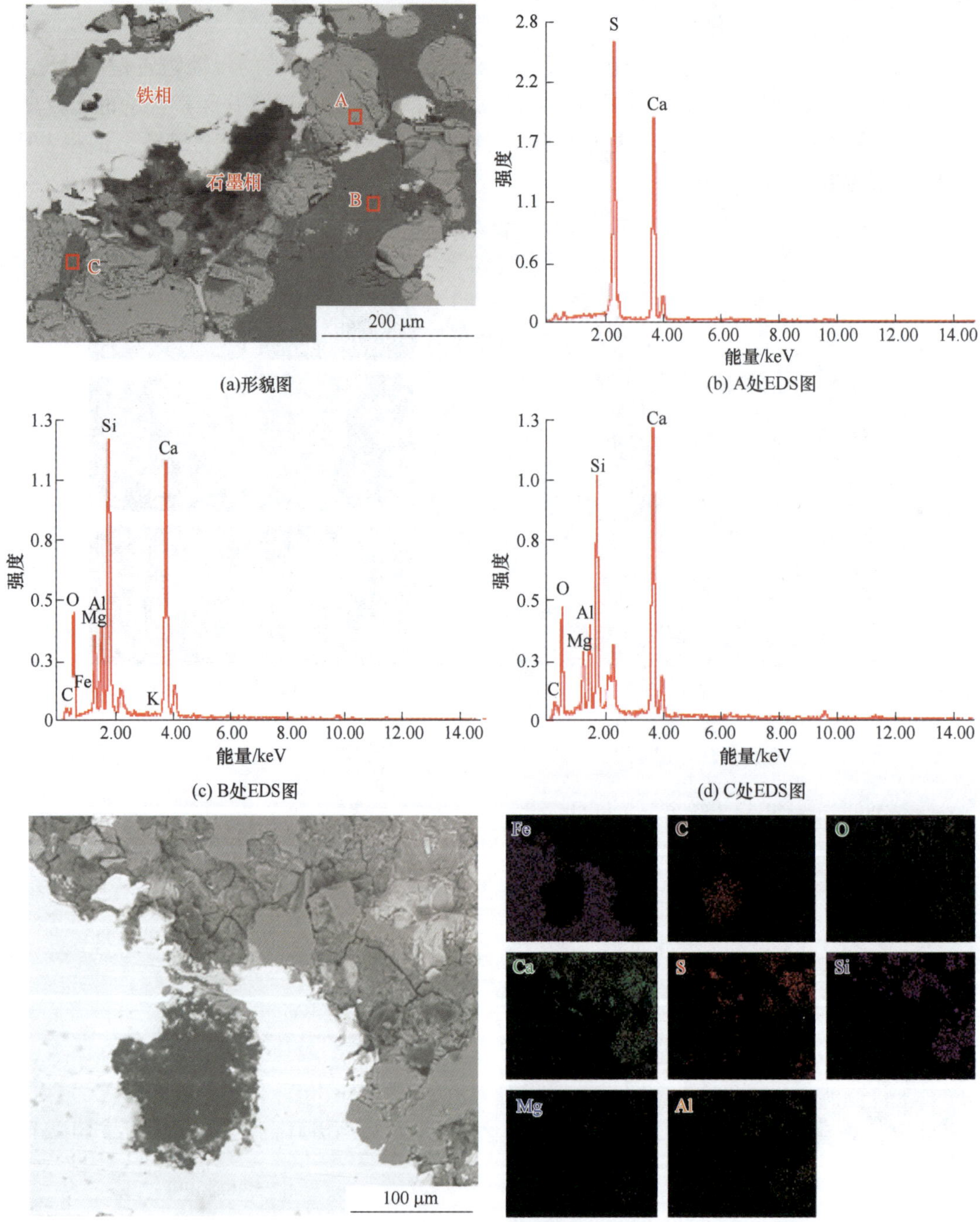

(a)形貌图

(b) A处EDS图

(c) B处EDS图

(d) C处EDS图

(e) 元素分布图

图 3-67　钻芯 3 号-s1 SEM 及面扫结果

图 3-68 是 s2 样品的 SEM 及面扫结果，可见大部分区域由渣铁钛构成。在渣铁与石墨相的共生区域，有 K 元素均匀分布。可以推测这片区域有钾霞石，白榴石、玻璃长石、

碳酸盐和硅酸盐等物相共同改变碳质耐火砖的正常组织，使耐火砖的体积膨胀的同时耐火度和强度也降低，并使耐火砖遭到破坏。图 3-68 中枝状的石墨相是焦炭或耐火材料被熔损后 C 元素分散到渣铁相而形成的。

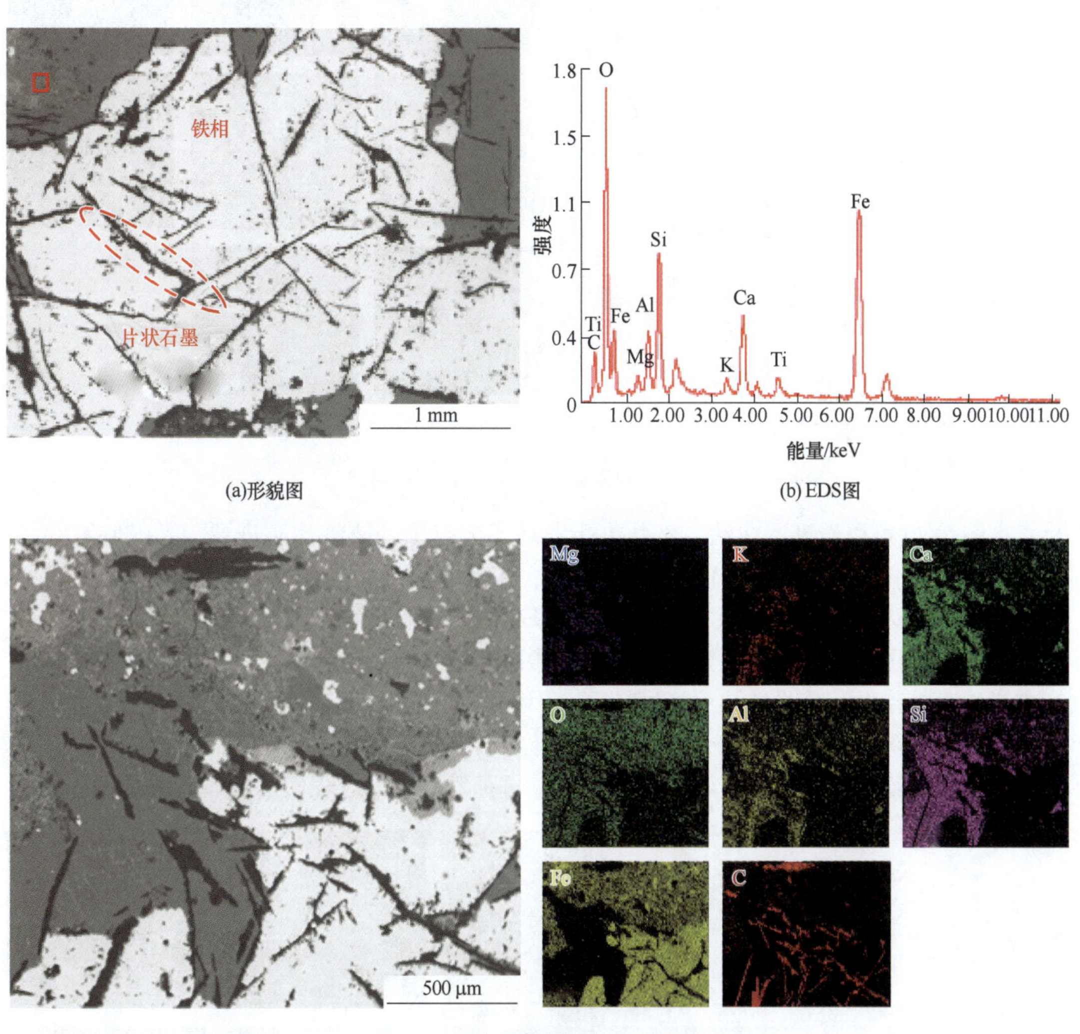

图 3-68　钻芯 3 号-s2 SEM 及面扫结果

钻芯 4 号-s2 样品的背散射图像见图 3-69，在 200 倍的条件下该区域分为明亮的铁相（渗有片状石墨）、较暗的渣相，以及渣铁之间的灰色相。图中渣相和铁相之间有一条明显的裂缝，在能谱结果中可以看到该裂缝处几乎没有 C 元素的存在，但有铁相，由此可以推断该裂缝是由渗铁和热应力导致的。还可以推测图中铁相与渣相之间的浅灰色区域可能是亚铁，高炉渣相中会存在一定量的亚铁，同时存在一些来自于焦炭和溶损耐火材料的碳分，当两者接触，亚铁就会和这些碳分发生反应：

$$FeO + C \longrightarrow Fe + CO$$

碳组分还会向新生成的单质铁中的溶解平衡可由下式表征：

$$C(s) \longrightarrow [C]$$

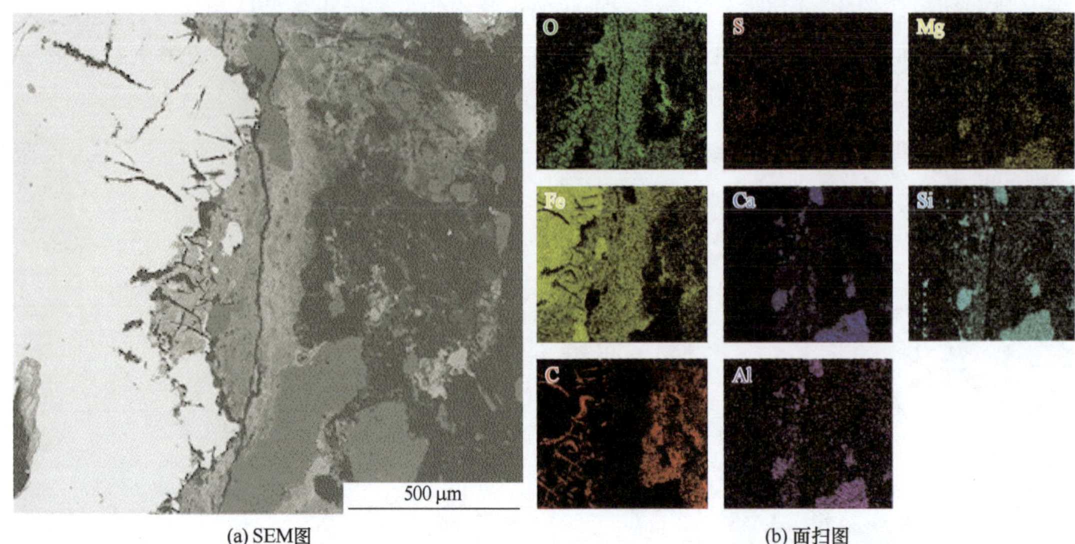

(a) SEM图　　(b) 面扫图

图 3-69　钻芯 4 号-s2 SEM 及面扫结果

由图 3-70 可以看到，在钻芯 4 号热面发现了大范围的渣铁渗碳现象，钻芯在此位置已经接近于粉化。图 3-70 中白色的物质为铁，灰黑色物质为渣相和石墨相。由图 3-70 可知，焦炭和耐火材料中被溶蚀的碳基质变为条状石墨，在铁水中形成渗碳通道，并在主要的渗碳通道周围继续拓展，逐渐形成树枝状渗碳。铁水容易通过结构不稳定的渣铁滞留物层与炭砖直接接触，使炭砖热面温度较高，因此铁水黏度较低，低黏度的铁水很容易沿着炭砖内部的孔隙向炭砖内渗透，同时溶蚀破坏炭砖结构。当铁水到达炭砖冷面内部时，此时温度较低，铁水黏度升高，不再继续渗透。这种铁水侵蚀过程使炭砖热面的强度急剧下

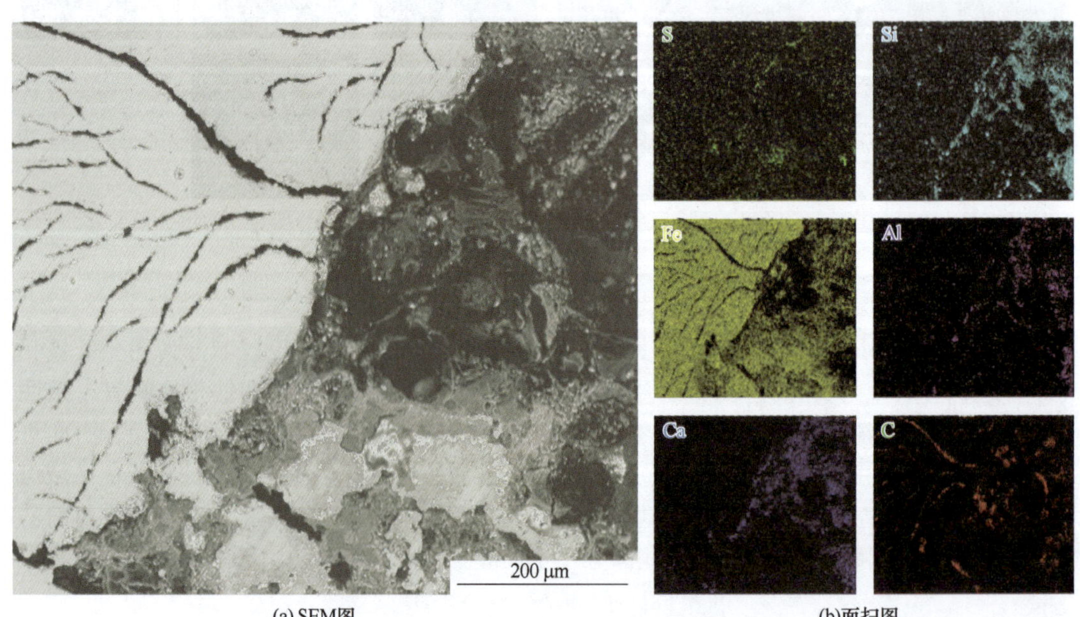

(a) SEM图　　(b)面扫图

图 3-70　钻芯 4 号-s3 SEM 及面扫结果

降，最终使炭砖热面脆化，甚至是粉化。表面脆化后的炭砖颗粒很容易从炭砖基体脱落，加入渣铁滞留物的物相层中，加速了炭砖的侵蚀。

破损调查过程中发现首钢迁钢 1 号高炉炉底中心侵蚀明显，最上层的陶瓷垫已被完全侵蚀（图 3-71）。

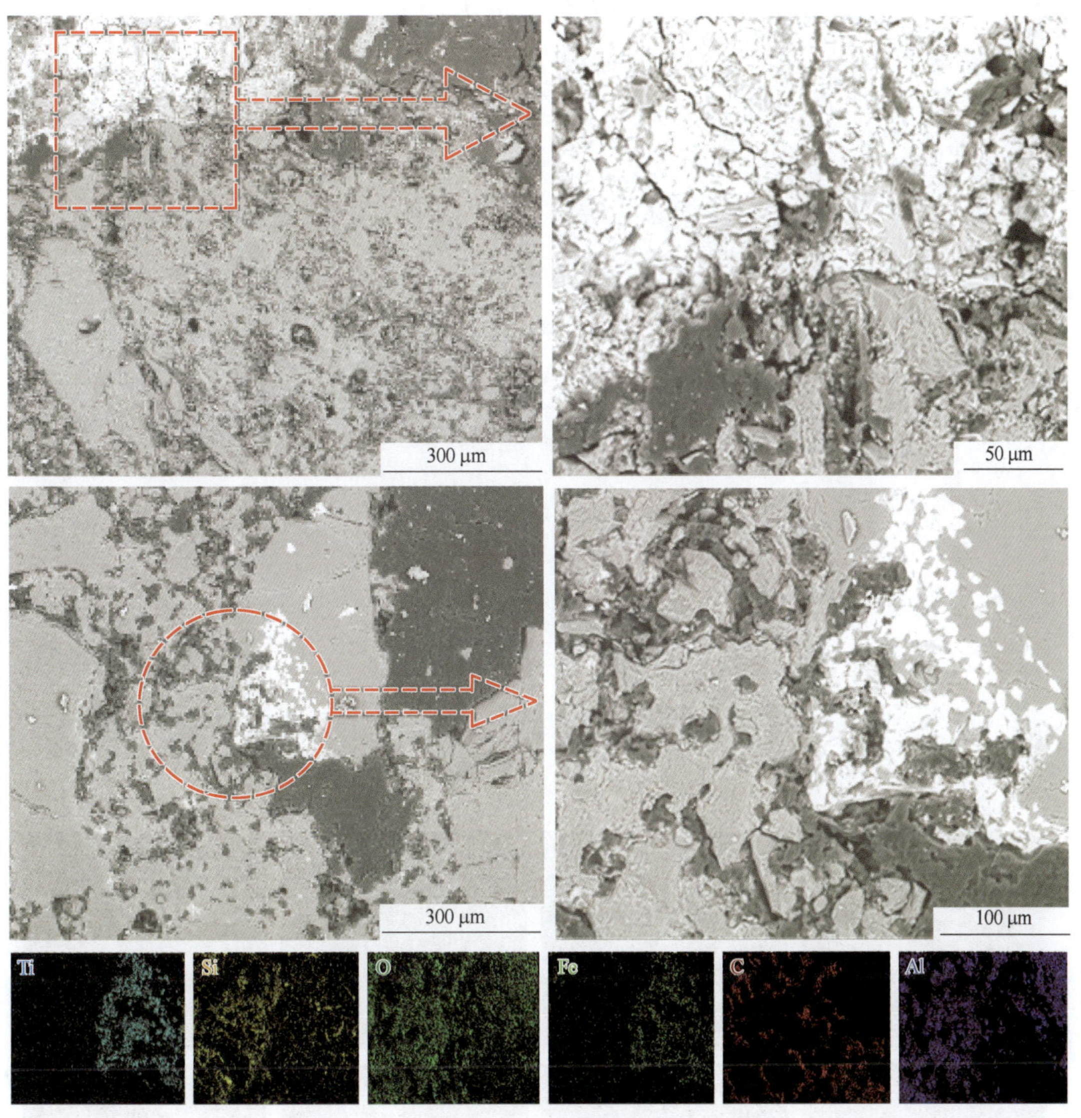

图 3-71 炉底中心部位渗铁陶瓷垫 SEM 图

通过 SEM 图可以看出，陶瓷垫的主要基质已经被破坏，基质的间隙间充满了黑色、灰色及银白色物相，通过 EDS 能谱分析可证实炭砖内部分布着大量渣铁钛等元素，其中铁是主要的侵蚀因素，其中凝铁会随炉芯温度的波动而凝固或熔化，使陶瓷垫内部产生热疲劳应力，从而劣化炭砖性能使其脆化，为有害元素的渗透提供途径。在图 3-72 中铝基质的界面处可见由热应力所导致的裂纹。在侵蚀过程中，铁的渗透是主要破坏因素，通过压汞法检测得知，该陶瓷垫平均孔径为 3.44 μm，小于 1 μm 孔容积为 3.27%。通过以往

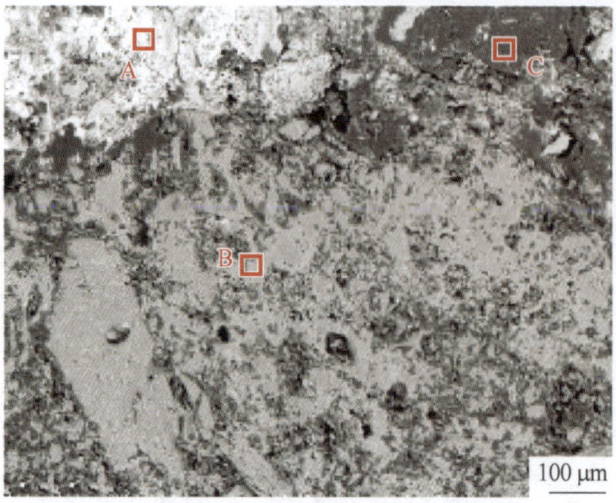

(a) 形貌图

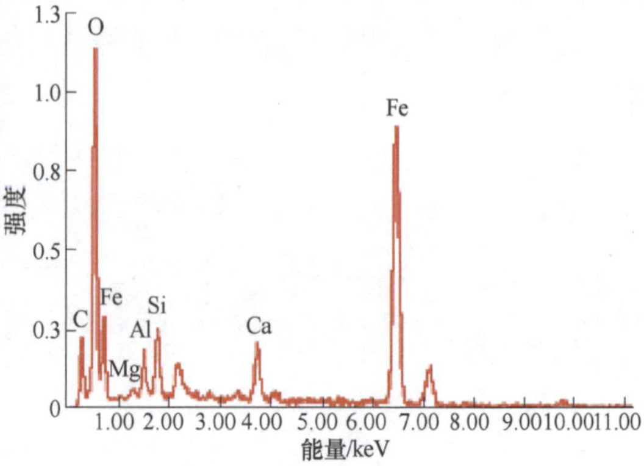

(b) A处EDS图

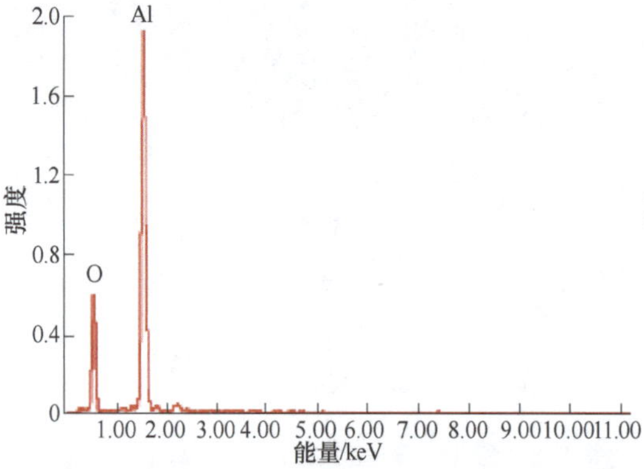

(c) B处EDS图

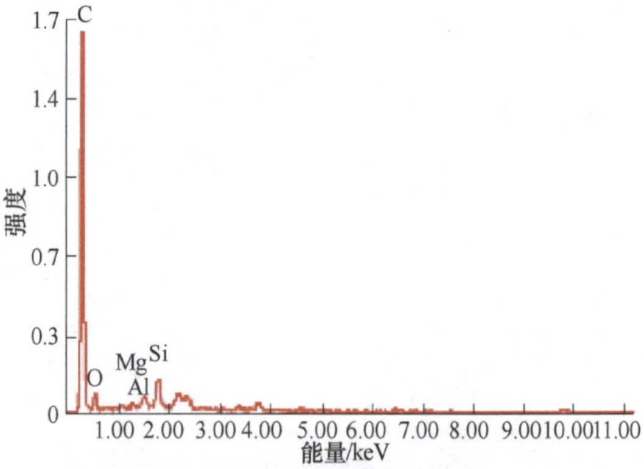

(d) C处EDS图

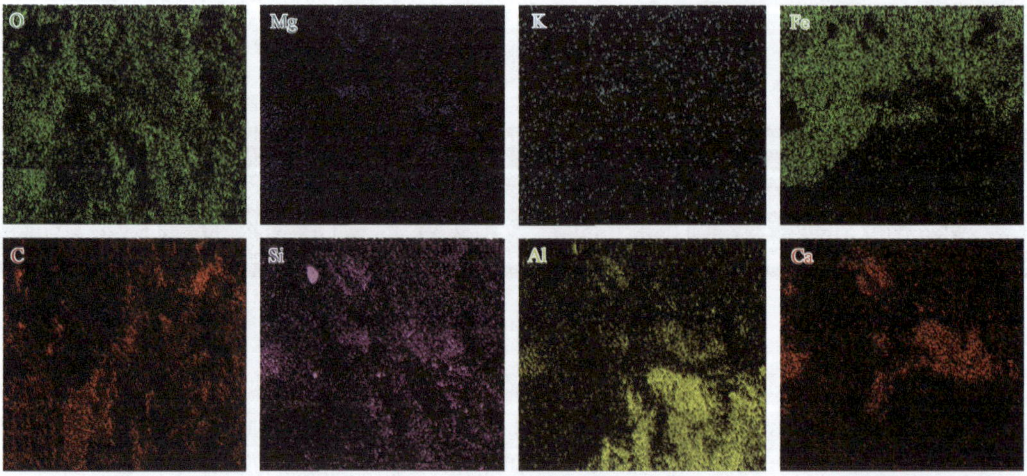

(e)元素分布图

图 3-72　炉底中心部位渗铁陶瓷垫能谱结果

计算，陶瓷垫孔隙大于 1 μm 就会导致铁水渗入，铁水在孔隙中冷热交替导致热应力破坏共同作用于耐火陶瓷。

炉底中心部位渗铁陶瓷垫能谱结果见图 3-73。铁水通过陶瓷垫的表面缺陷对陶瓷垫进行渗透，并在陶瓷垫裂纹深处冷却。通过不断的渗透与冷却，渗透铁会产生体积变化并引起的热应力破坏，进而扩大裂纹，使熔融的铁水在高的静压力下进一步向陶瓷杯砖内部渗透。随着铁与少数渣相的渗透过程，陶瓷垫表面层之间的结合度会逐渐松散直至被铁水冲刷剥落。

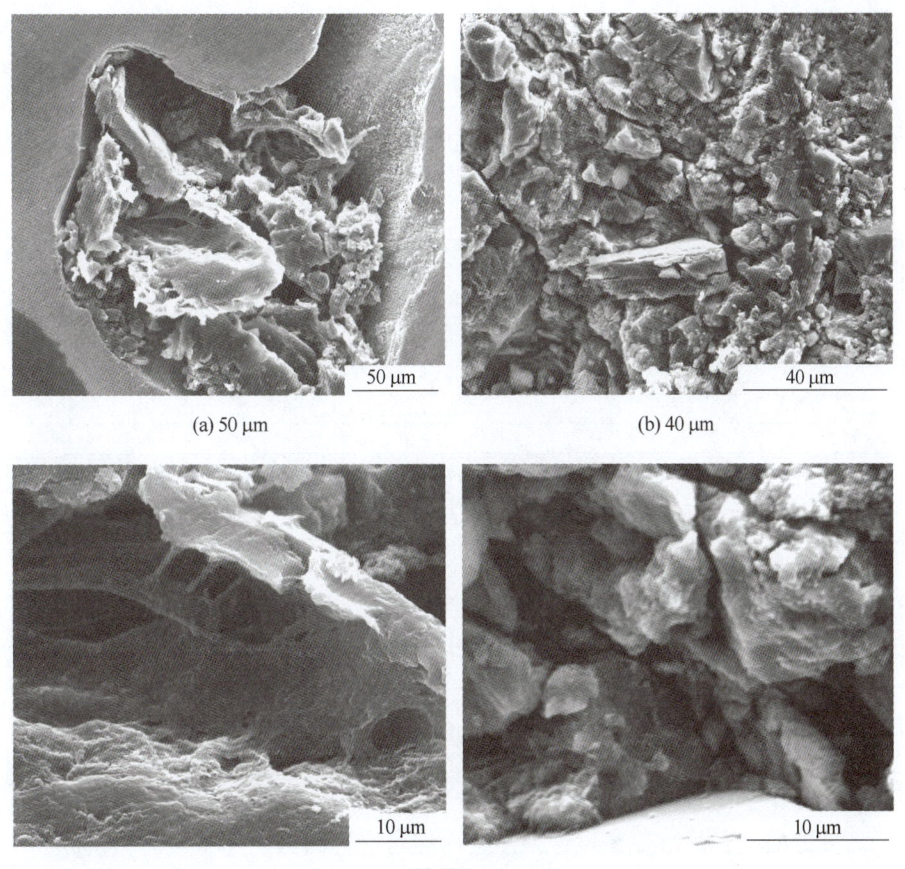

(a) 50 μm　(b) 40 μm

(c) 10 μm

图 3-73　渗铁陶瓷垫微观形貌

3.3.4　首钢迁钢 3 号高炉破损调研

在炉缸内物料清空，炉缸侧壁黏结物已清除，但尚未进行浇注前炉缸炭砖热面再次清理时进行三维激光扫描，既避免了炭砖热面黏结物对炉缸炭砖的遮挡，又避免了炉缸热面过度清理，此时结果更能反映炉缸炭砖实际侵蚀形貌和规律。

3.3.4.1　*侵蚀炉型*

依据三维激光扫描获得的高炉三维模型，可以输出不同标高位置的分层平面图，得到 9.782 m、10.826 m、11.870 m、12.200 m 等 4 个标高位置上的周向剖面图，结果见图 3-74。

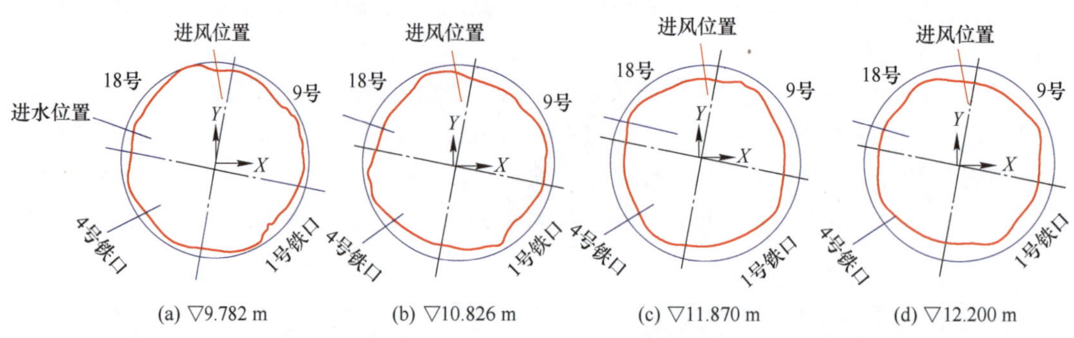

图 3-74　热电偶标高周向侵蚀曲线

将各个风口方位展开，并与铁口方位建立联系，得到圆周方向各个风口方向炉缸部位的侵蚀轮廓见图 3-75。

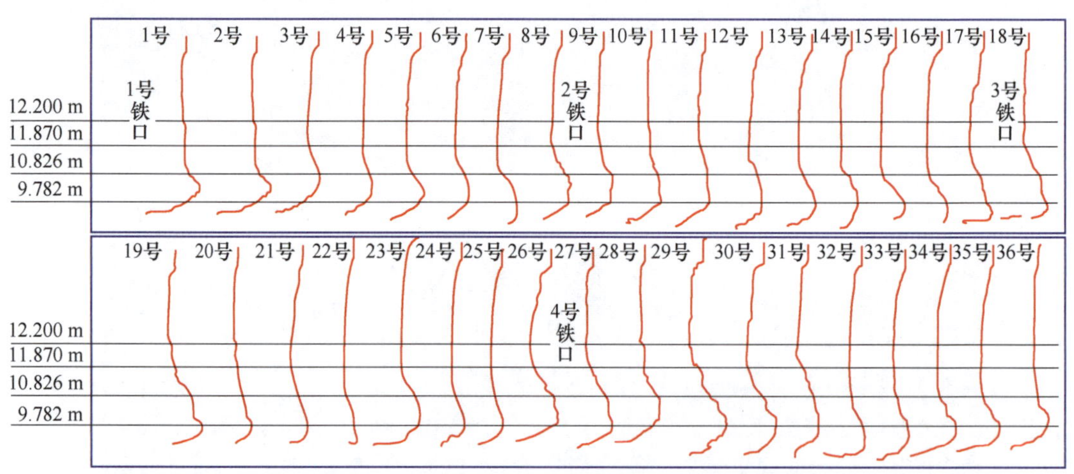

图 3-75　炉缸侧壁纵剖侵蚀曲线

扫描结果表明：

（1）高度方向上：炉缸侧壁侵蚀最严重区域对应标高为 9. 311～10. 256 m 之间，高度方向上呈现明显的象脚区异常侵蚀特征；

（2）圆周方向上：铁口区域的侵蚀比非铁口区域严重，其中以 3 号铁口区域侵蚀最为严重。

热电偶方位仅对应炉缸 16 个风口方位，因此本部分对所有风口方位对应的侵蚀最严重位置的炭砖残厚进行测量，绘制出风口方位与对应炭砖最小残厚的值见图 3-76。

从图 3-76 中可以看出，在所有风口方位中，侵蚀最严重区域位于 1 号和 19 号风口方位，对应 1 号铁口和 3 号铁口，在实际生产中此两处铁口被泥包覆盖。由于铁口泥包清理前未进行炉缸整体扫描，所以图中铁口区域残厚数值是在泥包清理后进行测量的，泥包的径向尺寸在 500～600 mm 之间，炮泥与砖衬结合牢固，清理过程中砖衬掉落较多，导致铁口区域残厚较小。炉缸侵蚀最严重部位以非铁口区域进行估算，残厚最小值为 437 mm，为 14～15 号风口对应方位，标高为 9. 782 m。

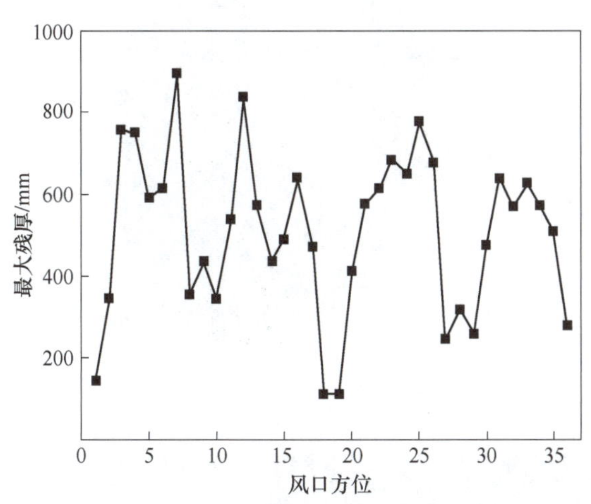

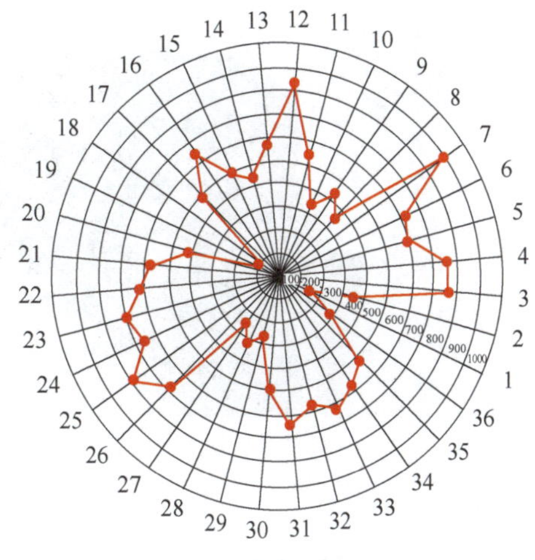

图 3-76 各风口方位侵蚀最严重炭砖残厚

3.3.4.2 检化验分析

A 有害元素分布研究

高炉有害元素分布情况的研究对于明确有害元素在高炉内的循环富集行为，有害元素对高炉原燃料冶金性能的影响规律及机理，有害元素对高炉炉衬的侵蚀机理以及高炉结瘤的原因等具有重要意义，而高炉破损调查是研究有害元素在高炉内分布最直接、最有效的手段。

在首钢迁钢 3 号高炉破损调查期间，发现一些有害元素在高炉不同部位的分布现象。从图 3-77 中可以看出，在风口砖内发现大量黄绿色有害元素，有害元素对高炉生产及寿命造成了严重的影响。

图 3-77 高炉风口区域有害元素分布

图 3-78 为高炉风口上部区域有害元素的分布现象。从图 3-78 中可以看出，在周围的黏结物中观察到一些分层淡黄色的结晶相，应该为有害元素形成的化合物，这也说明黏结物中有害元素的分布并不均匀。

图 3-79 为高炉风口以下部位有害元素的分布现象。不同高度炭砖的热面均发现了富含有害元素的黏结物，将炭砖切开后，发现炭砖内部也存在有害元素，说明有害元素已经渗入炭砖内部，对炭砖造成严重的危害。

图 3-78　高炉风口以上区域有害元素分布

图 3-79　高炉风口以下区域有害元素分布

通过以上高炉破损调查结果可知，高炉不同高度部位均发现了明显的有害元素富集现象，在高炉风口以上部位，有害元素主要存在于冷却壁渣皮以及软熔带物料中；在风口高度部位，有害元素多集中在黏结物中；在高炉风口以下部位，炭砖表面及内部均发现大量有害元素。因此，有害元素对高炉生产及寿命造成了严重的影响。

对高炉取出物进行破碎、筛分，利用化学分析方法对取出物进行有害元素碱金属含量的定量分析，分析结果见表 3-12。高炉高度方向上的碱金属含量分布情况见图 3-80。

表 3-12　碱金属含量检测结果

方　位	标高，m_0	取样类别	K_2O 含量/%	Na_2O 含量/%
9 段冷却壁	—	渣皮	1.98	1.26
6 段冷却壁	—	渣皮	0.83	0.56
15 号风口	16.8	炭砖	3.84	2.94
1 号风口	15.8	炭砖	3.02	2.85
27 号风口	14.8	黏结物	2.33	1.89
25 号风口	13.2	炭砖	1.12	0.86
14 号风口	12.7	黏结物	1.03	0.71
24 号铁口	11.7	黏结物	0.54	0.34
25 号风口	10.7	黏结物	0.36	0.25
16 号风口	9.2	炭砖	0.13	0.07

检测结果表明，高炉中碱金属分布存在一定规律，风口部位碱金属含量最高，局部地区 K_2O 富集可达到 3.84%，Na_2O 的含量可达到 2.94%。风口以上碱金属含量整体高于炉缸部位碱金属含量。渣皮中的碱金属随高度降低整体呈下降趋势，渣皮中碱金属含量相对较高，而炉缸内碱金属含量相对较低。根据前文对高炉中碱金属的热力学分析，矿石等带入高炉中的碱金属在高温区被还原之后会以气态形式存在于炉缸中，一部分随煤气上升并在低温区沉积，因此渣皮中碱金属含量较高；另一部分以气态的形式融入到铁水中，在死料柱的低温区析出并黏结在死料柱物料中。

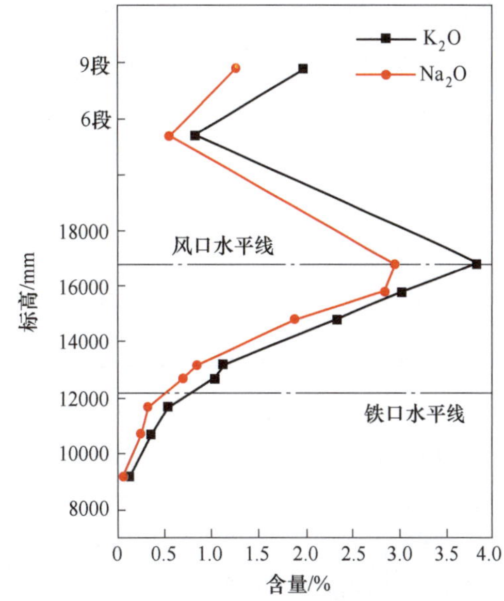

图 3-80 碱金属含量分布图

通过以上分析可知，高炉中碱金属元素主要分布在风口和风口以上部位，而相同位置上 K_2O 的富集量高于 Na_2O 的富集量，这是因为两种碱金属热力学性质存在一定的差异所致。

根据对高炉中钾的热力学分析，矿石等带入高炉中的钾在高温区被还原之后会以气态形式存在于炉缸中，容易通过炭砖的气孔、缝隙等侵入炭砖内部造成炭砖脆化，脆化层被液态的渣铁侵蚀形成炭砖热面黏结物，造成铁口中心线以上热面黏结物中碱金属钾含量较高；铁口中心线以下都是充满铁水，碱金属钾会以气态的形式融入到铁水中，在炉缸侧壁的低温区析出并黏结在炭砖热面形成黏结物，对炭砖进行侵蚀。

从热力学计算结果可以看到，主要是因为矿石中钠的硅酸盐化合物被 C 还原生成单质钠的温度要高于钾的硅酸盐被 C 还原生成钾单质的温度，这就使得更多的碱金属钠进入到高炉渣中随炉渣排出炉外。国内外高炉研究者对高炉入炉原燃料进行统计分析计算也得到相似的结论，即高炉中炉渣对碱金属钠的排出率要高于对碱金属钾的排出率，碱金属钠在高炉炉缸中的循环富集量低于钾的循环富集量，因此钠在炉缸取出物中的含量也要低于钾。

在高炉炉缸清理过程中对高炉炉缸不同部位进行取样，取样位置见表 3-12。对高炉炉缸取出物进行破碎、筛分，利用化学分析方法对取出物进行有害元素锌含量的定量分析，分析结果见表 3-13。高炉取样位置和 Zn 含量分布图见图 3-81。

表 3-13 Zn 元素含量检测结果

方 位	标高，m_0	取样类别	Zn 含量/%
9 段冷却壁	—	渣皮	0.28
6 段冷却壁	—	渣皮	0.22
15 号风口	16.8	炭砖	3.42
1 号风口	15.8	炭砖	2.93

续表 3-13

方　位	标高，m_0	取样类别	Zn 含量/%
27 号风口	14.8	黏结物	2.32
25 号风口	13.2	炭砖	1.83
14 号风口	12.7	黏结物	1.31
24 号铁口	11.7	黏结物	0.57
25 号风口	10.7	黏结物	0.42
16 号风口	9.2	炭砖	0.44

锌主要以 ZnO 的形式进入炉内并随炉料向下移动，直至进入较高温度区域被还原。锌的沸点为 907 ℃，因此被还原的单质锌以蒸气的形式存在，随着鼓入的热风在风口回旋区运动，风口部位锌的含量较高。锌蒸气随煤气上升的过程中，一部分被炉料吸收，另一部分凝固在冷却壁表面并逐渐积累，因此冷却壁表面的渣皮中含有较多的锌。炉缸铁口中心线以下，炉缸中充满液态铁水，锌要渗入到炉缸中只有先融入铁水中，通过铁水间接渗透到炭砖中，因此炉缸内锌的含量较少。

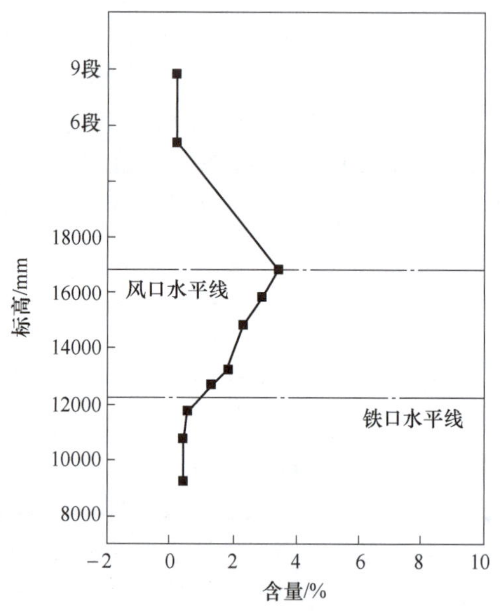

图 3-81　高炉取样位置和 Zn 含量分布图

在破损调查过程中发现，从上到渣皮，下到炭砖、黏结物等都发现了大量有害元素的存在，并主要以黄绿色（锌）为主。初步判定，入炉锌含量应该不低。高炉生产过程中，锌随煤气及其他废气排出，但大部分又会被煤气清洗系统收集，存在于污泥或粉尘中，这些污泥或者粉尘中除了含有一定量的锌外，一般还含有一定量的铁、碳等元素，而为了回收有价元素，国内许多钢厂将这些含锌粉尘、污泥直接以烧结配料的形式加入烧结系统中，而烧结过程难以有效脱除锌，因此大部分锌元素又因存在于烧结矿中而被返回带入高炉。锌的化合物进入高炉后，在高温区被还原成金属锌，还原后的金属锌以锌蒸气的形态随煤气上升，当温度较低时，锌又被氧化，一部分随煤气溢出，一部分随炉料下降，如此周而复始，也就形成了高炉内锌的循环富集。

高炉径向上有害元素分布规律可通过对样品进行电镜检测得到，为 25 号风口样品 SEM 照片，由图中红色点位 EDS 分析结果可知，靠近热面的黄色物质有害元素主要由 Na_2O 和 ZnO 组成，而 K_2O 较少，靠近冷面的白色物质有害元素主要为 K_2O，白色物质和黄色物质交界处存在一定量的 Cl 元素富集。微观上 Na_2O 和 K_2O 分布不均匀，矿石等带入高炉中的钾在高温区被还原之后会以气态形式存在于炉缸中，容易通过炭砖的气孔、缝隙等侵入炭砖内部造成炭砖脆化，脆化层被液态的渣铁侵蚀形成炭砖热面黏结物。而

Na_2O 和 ZnO 通过炭砖气孔和缝隙的量较少，因而从热面到冷面 K_2O 部分较均匀而 Na_2O 和 ZnO 分布不均（图 3-82、图 3-83）。

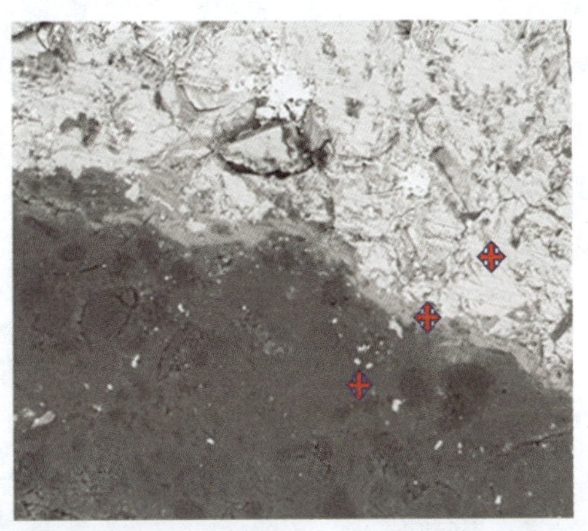

图 3-82 有害元素分布宏观照片

检测结果表明有害元素主要以 K_2O 和 ZnO 为主，ZnO 分布较为均匀。这说明高炉风口和炉缸部位炭砖径向上有害元素分布并不均匀。有害元素在炭砖径向中的分布规律也和它们的热力学性质有直接关系，有害元素在炉内的分布规律也和高炉内有害元素的平衡计算相对应。

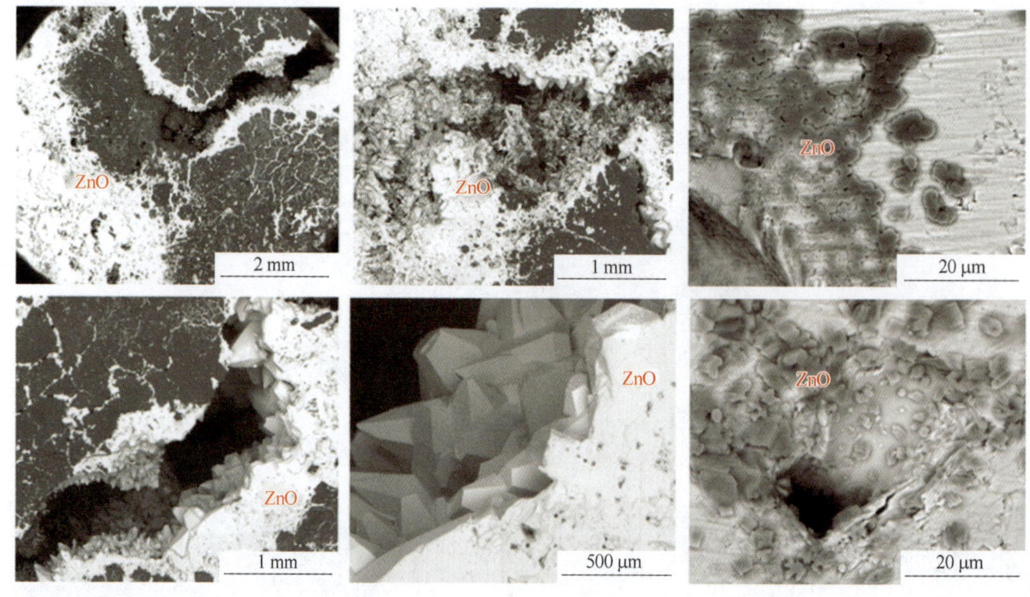

图 3-83 样品中各种形态的 ZnO

图 3-84 为 1 号风口边缘砖局部区域面扫结果。由图 3-84 可知有害元素主要为 ZnO。可以看出砖块被明显侵蚀产生裂纹，Al_2O_3 及 SiO 明显混杂其中。该处区域，ZnO 所占区域极大，K_2O 和 Na_2O 几乎不可见，同时还零星分布极少量的 Pb。有害元素在高温区被还原之后会以气态形式存在于炉缸中，容易通过炭砖的气孔、缝隙等侵入炭砖，破坏炭砖结构，产生裂纹，随着时间的延长，持续作用下，易导致炭砖脆化断裂，降低使用寿命。

B 服役后炭砖试样检测

在 21 号风口部位，铁口以上 1500 mm 处取炭砖，见图 3-85。图 3-85（a）中该炭砖上部为冷面，下部为热面，热面和冷面存在明显分界处。热端表面含有大量石墨，冷端可以看到炭砖已受到明显侵蚀，见图左侧，炭砖中含有有害元素 Zn。见图 3-85（b），切开样品，发现炭砖被 Zn 侵蚀严重，但几乎没有看到渣侵。

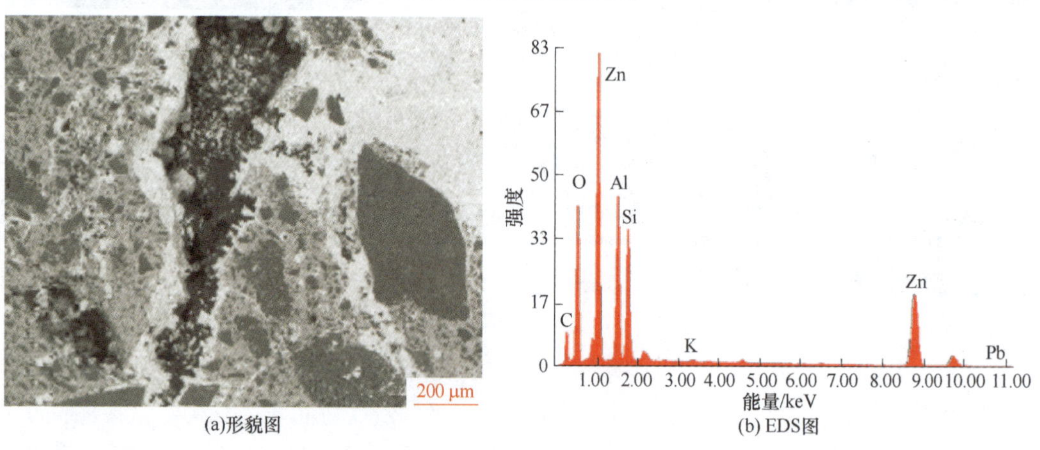

(a)形貌图 (b) EDS图

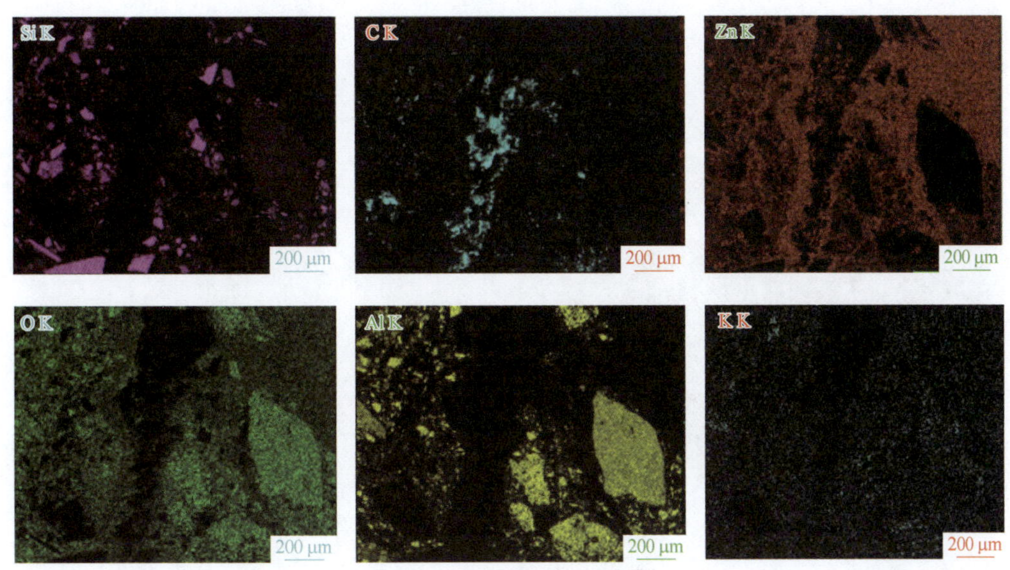

(c) 元素分布

图 3-84　1 号风口边缘砖局部区域面扫描

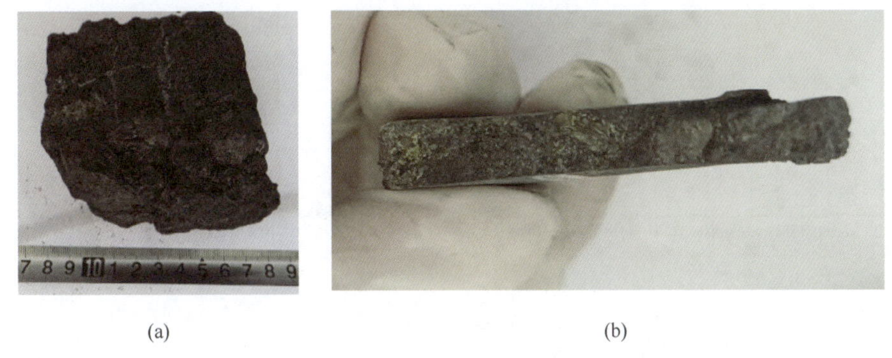

(a)　　(b)

图 3-85　21 号风口，铁口上 1500 mm 处炭砖

图 3-86 给出了该处耐火材料的微观形貌图，从图 3-86 中可以看出，黑色部分为碳，白色部分为 ZnO，P_3 灰色部分为渣相，图 3-86 中碳支离破碎，是因为锌的侵蚀，在高炉中，含锌物质先在高炉还原性气氛中变成 Zn 蒸气，锌蒸气通过炭砖中的孔隙进入炭砖，当到达炭砖内温度为其液化温度时，锌蒸气变成液体，锌会与 CO 发生反应生成 ZnO 和 C，新相生成后体积膨胀，扩展炭砖中的孔隙，使得炭砖破碎，见图 3-86，而渣相也会通过这形成的通道进入炭砖内部，参与侵蚀。

图 3-87 为 21 号风口，铁口上 1500 mm 处炭砖微观形貌图及面扫图，可以看出此处不止受到 Zn 侵蚀，还存在碱金属侵蚀，Na 与 Zn 侵蚀的地方相同，都在图 3-87 中白色区域，而 K 侵蚀的地方主要在锌侵蚀之外的炭砖中，碱金属以蒸气形式，进入到炭砖内部，液态 K 与 CO 发生反应生成大量的 C，C 的不断堆积，进而不断地挤压炭砖，促使炭砖裂纹不断的扩展，液态 Na 也会生成 Na_2O，从而生成大量的 C，使炭砖破坏。因此这是 Zn、K、Na 对炭砖的联合侵蚀，其中 Zn 侵蚀在其中起到了主导的作用。

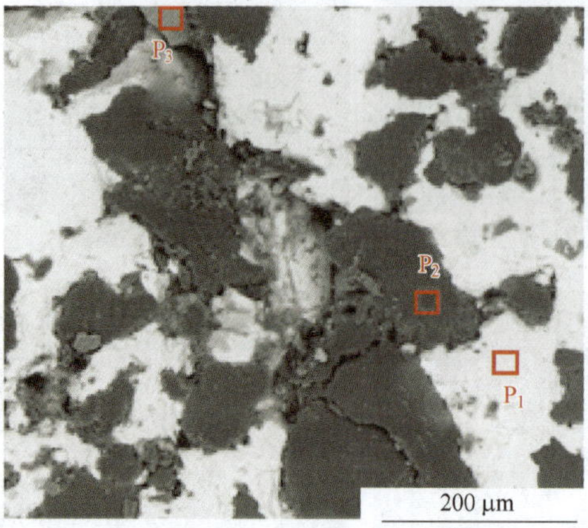

(a) 形貌图

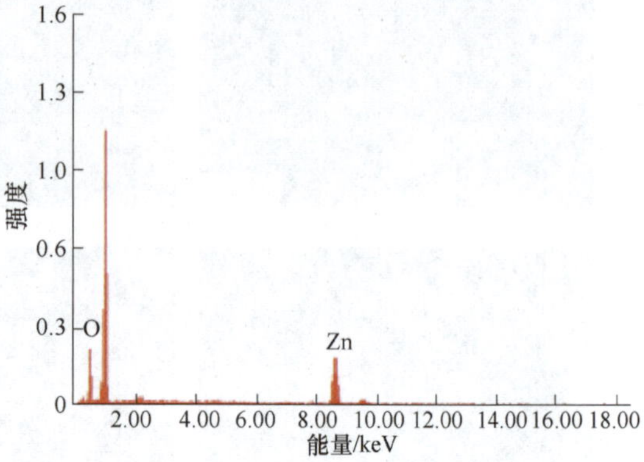

(b) P_1处EDS图

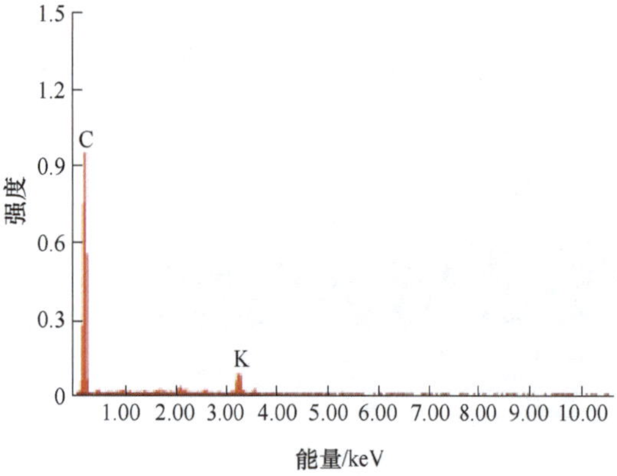

(c) P_2处EDS图

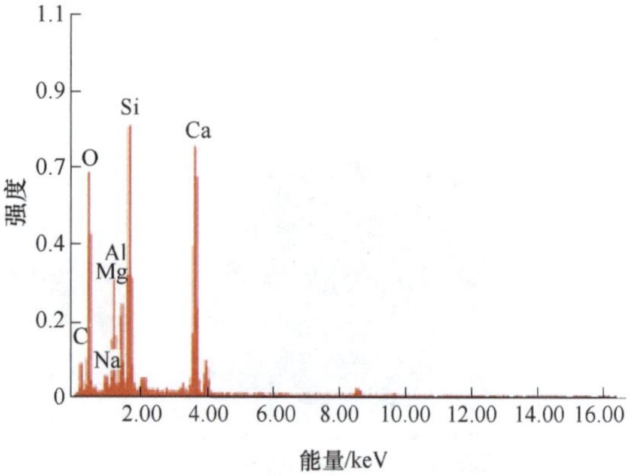

(d) P_3处EDS图

图 3-86　21 号风口，铁口上 1500 mm 处炭砖微观形貌图

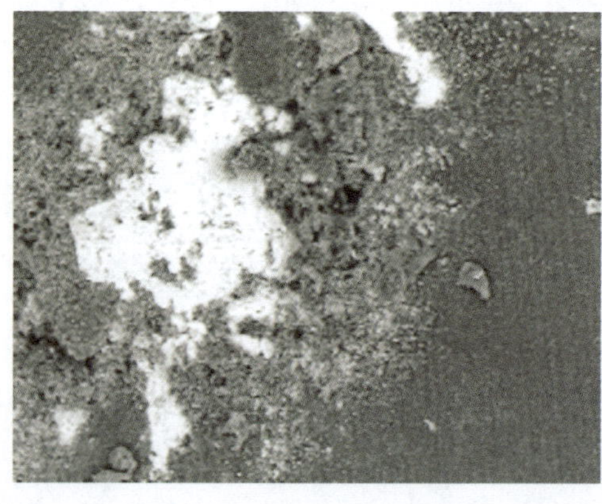

(a) 形貌图

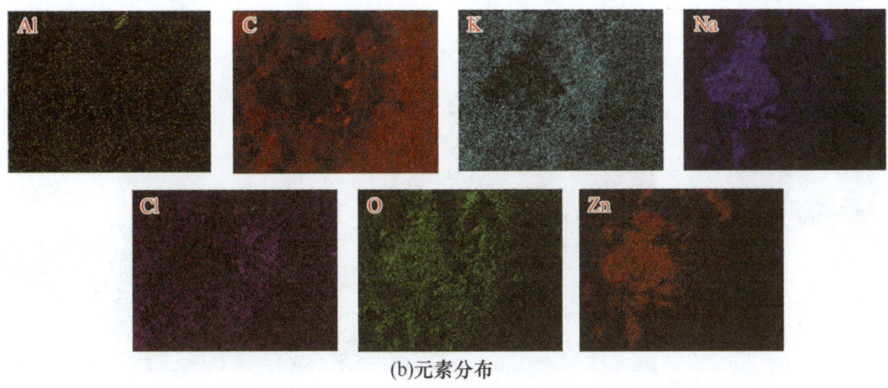

(b)元素分布

图 3-87 21 号风口，铁口上 1500 mm 处炭砖微观形貌图及面扫图

图 3-88 为该处炭砖的 XRD 图，从图 3-88 中可以看出 C、Al_2O_3 和 ZnO 的强度始终处于高峰，其中 ZnO 在大部分范围内强度最高，C 和 Al_2O_3 在一部分范围内强度最高，由此可得该处炭砖 C、Al_2O_3 和 ZnO 为主晶相。该处炭砖受到 Zn 侵蚀，故可得 Zn 在被侵蚀的炭砖中以 ZnO 的形式存在。

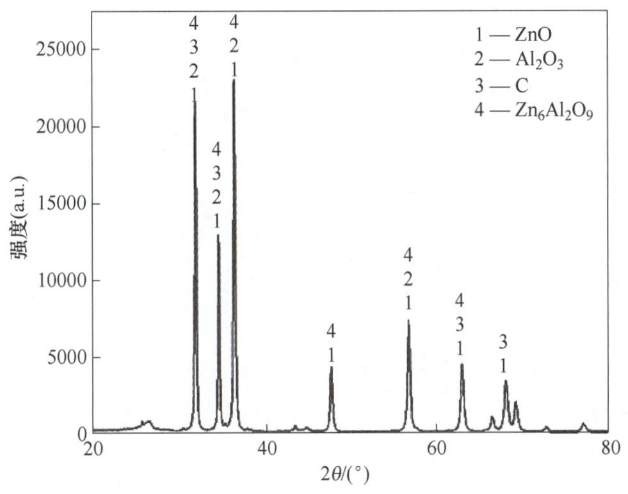

图 3-88 21 号风口，铁口上 1500 mm 处炭砖 XRD 图

见表 3-14，对 21 号风口，铁口上 1500 mm 处炭砖进行化学分析，其中主要成分为 ZnO 和 C，分别占 69.69% 和 22.25%，其中也含有一些碱金属，1.71% 的 K_2O 和 0.27% 的 Na_2O，含有 1.69% 的 Fe_2O_3。

表 3-14 炭砖化学分析结果 (%)

成分	ZnO	C	Al_2O_3	SiO_2	Fe_2O_3	K_2O	Na_2O	Cl	TiO_2
含量	69.69	22.25	0.76	2.14	1.69	1.71	0.27	0.3	0.08

在 27 号风口部位，铁口以上 500 mm 处取炭砖，见图 3-89。见图 3-89（a），该炭砖表面未看到有害元素和渣的侵蚀，状况较好。见图 3-89（b），切开后发现，炭砖内部存

在一条条相互平行的裂纹，结构疏松粉化，已成为脆化层，内部未看到有害元素和渣的存在。

(a) (b)

图 3-89 27 号风口，铁口以上 500 mm 处炭砖

图 3-90 为 21 号风口，铁口上 1500 mm 处炭砖微观形貌图，从图 3-90 中可以看出，此处脆化砖表面存在许多的裂纹与孔洞，裂纹长且大，此处炭砖已被侵蚀得十分严重，从图 3-90（b）可以看到黑色条纹状物质，此物是碳，其在整体中含量很少，炭砖已被侵蚀殆尽。

(a) (b)

图 3-90 27 号风口，铁口以上 500 mm 处炭砖微观形貌图

3.4 高炉炉缸死料柱行为研究

3.4.1 高炉炉缸死料柱宏观形貌分析

死料柱是高炉料柱在炉内的上下运动过程中，料柱中心部位的焦炭在高温高压和气流极不充分的条件下，受到渣铁、气流、周围料柱的压力而缓慢形成。死料柱的主要由焦炭组成，焦炭粒度小、强度低、粉化严重，更易粘连渣铁等物质，因此死料柱是炉缸渣铁焦三相发生复杂反应的主要区域，其形状大小、透气性、透液性、漂浮状态等行为是影响炉缸工作均匀性、活跃性以及炉缸侧壁冲刷状况的最重要因素。

铁水是通过死料柱焦炭颗粒间的空隙（死料柱空隙度）进入和排出炉缸的，死料柱空隙度的大小和分布决定了铁水流动速度和流动、滴落形式以及炉缸铁水液面的高度。死

料柱焦炭的粒度分布和粒径大小决定了炉缸空隙度的大小，炉缸孔隙度大，边缘铁水流速和流动量均会降低，炉缸侧壁的侵蚀将会减缓。

3.4.1.1 死料柱宏观形貌分析

基于首钢3号高炉的破损调查过程中对炉缸侧壁耐火材料的测量，得到炉缸的侵蚀类型主要为“象脚状”侵蚀——在炉底垂直方向的侵蚀较少，但是在炉底与炉缸侧壁的交界处出现严重的侵蚀，甚至在炉底中心部位会出现隆起，形状如同象脚，见图3-91（a）炉缸侵蚀线。首钢3号高炉破损调查过程中，在炉底和炉缸侧壁交界处进行清理测量，可以看到在此区域基本被残铁占据，而残铁左边即是炉底陶瓷垫，见图3-91（b），这证明了在实际生产冶炼过程中，铁水在“象脚状”侵蚀区域中不断进行流动，同时此区域的炭砖热面未发现相关的保护层现象，说明该部位的炭砖没有持久的保护层保护，从而使铁水直接接触炭砖造成侵蚀，这也是造成“象脚状”侵蚀的根本原因。

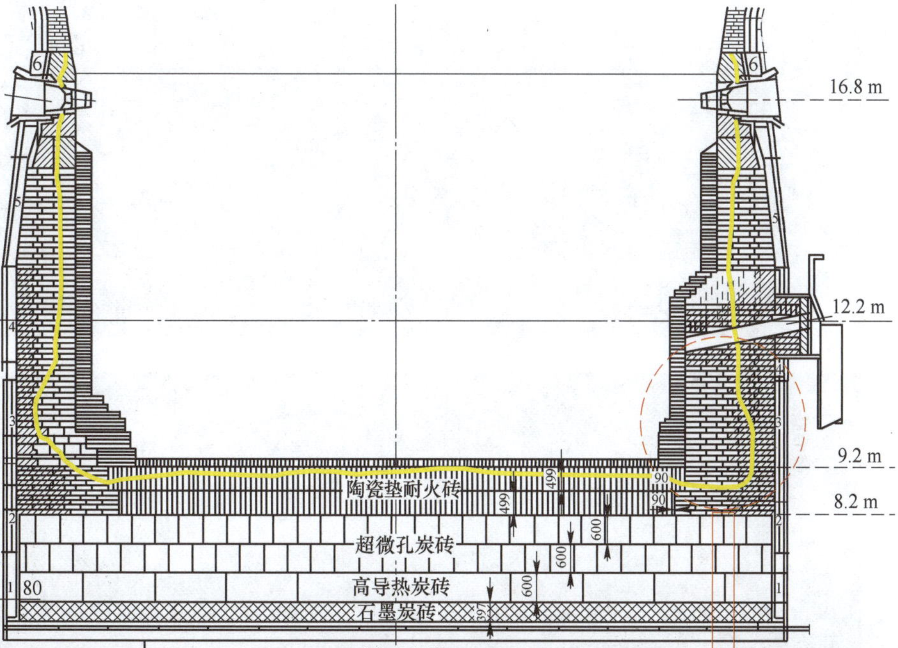

(a)炉缸侵蚀线

(b)“象脚状”侵蚀宏观形貌

图3-91 炉缸侵蚀线及“象脚状”侵蚀形貌

基于破损调查过程中对炉底死料柱残留渣铁焦黏结物进行清理测量记录，得到死料柱

根部（炉底和炉缸侧壁交界处即“象脚状”侵蚀区域）的宏观形貌见图 3-92。由图 3-92 可得，在死料柱根部区域，残铁占比较大，其中夹杂着较多的焦炭粉末、炭砖粉末和炉渣，无明显的大颗粒焦炭，见图 3-92（a）。由图 3-92（b）（c）可以看出，在死料柱边缘与炉缸侧壁含有一段无焦区，此区域即图 3-91（b）的铁水流动区域，铁水与侧壁炭砖直接接触，溶蚀炭砖后与炭砖粉末、焦炭粉末、炉渣等物相黏结形成“铁水-渣焦炭砖粉末混合物”，停炉后铁水凝固形成“渣残铁焦-炭砖粉末黏结物”，经测量可以得到此区域的宽度约为 1. 10 m。死料柱内部可以看到黑色的大颗粒焦炭，焦炭空隙中填充着大量的白色炉渣，这是属于正常死料柱形貌，实际冶炼过程中炉渣和铁水在焦炭空隙之间不断流动，铁水和炉渣的密度相差较大，铁水位于下部区域而炉渣位于上部，停炉放残铁之后，铁水流出，炉渣滞留在死料柱焦炭空隙中凝固形成图 3-92（b）（c）形貌。

(a)　(b)

(c)

图 3-92　炉缸死料柱宏观形貌

通过处理死料柱根部边缘区域的图像，得到死料柱的锥角角度见图 3-93（a）。由图 3-93 可得死料柱根部呈现“上锥+下锥”的形貌，死料柱上锥中的倾斜线与水平线的角度约为 45°，下锥的倾角约为 33°，将死料柱根部边缘宏观形貌置于炉缸砌筑图中可以看到，死料柱根部边缘的残铁轮廓界线与“象脚状”侵蚀线几乎一致，见图 3-93（b），这也证明了死料柱根部边缘的铁水流动是造成炉缸“象脚状”侵蚀的主要原因之一。

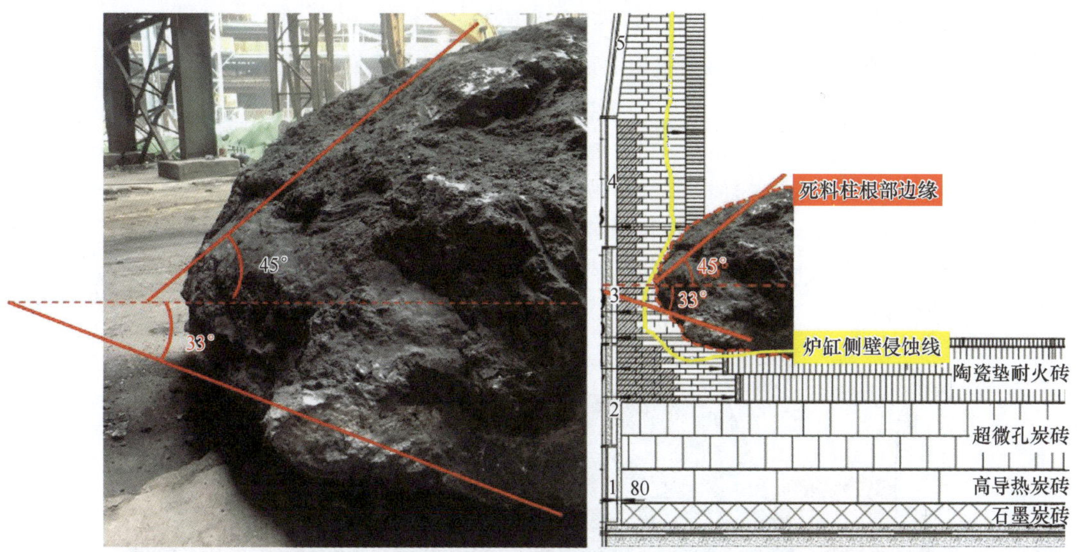

图 3-93　死料柱锥角形貌及角度

在首钢迁钢 3 号高炉破损调查过程中可以看到，在炉缸底部死料柱与陶瓷垫的交界处，死料柱的根部与炉底第一层陶瓷垫紧密黏结在一起，即死料柱根部的铁水和焦炭不断侵蚀着陶瓷垫。依据测量结果，炉缸底部第一层陶瓷垫被侵蚀掉 100 mm 左右，第二层陶瓷垫保持完整，即炉缸底部区域的侵蚀程度较小，因此炉缸的主要侵蚀区域集中在炉缸底部和侧壁的交界处的“象脚状”侵蚀区域（图 3-94）。

图 3-94　死料柱与陶瓷垫交界处形貌

3.4.1.2　死料柱占比分析

死料柱直径与炉缸直径比值是人们关注的一个方面，尤其是在炉缸流场、温度场模拟中，很多情况下将死料柱假设成圆柱形且认为其直径为炉缸直径的 80%。通过式(3-10)，计算炉缸死料柱半径与侵蚀后炉缸半径比值，即死料柱直径与炉缸侵蚀后直径比例。

$$\eta = \frac{R_0 - L_b - L_i}{R_0 - L_b} \times 100\% \tag{3-10}$$

式中　η——死料柱半径占炉缸侵蚀后半径百分比，%；

R_0——炭砖外径，即炭砖冷面距离高炉中心距离，取值 8600 mm；

L_b——炭砖残余厚度，取值 445 mm；

L_i——残铁长度，取值 2200 mm。

因此可以通过此方法计算死料柱占侵蚀后炉缸直径的占比，见式（3-11）。

$$\eta = \frac{R_0 - L_b - L_i}{R_0 - L_b} \times 100\% = \frac{8600 - 445 - 2200}{8600 - 445} \times 100\% = 73.02\% \tag{3-11}$$

经计算，可以得到死料柱根部边缘的半径占炉缸侵蚀后半径的 73.02%，基于破损调查测量结果可以得到“象脚状”侵蚀水平线的炉缸直径为 14390 mm，可以得到死料柱的直径为 10510 mm。根据破损调查得到的死料柱形貌及计算结果，可以得到死料柱在炉缸中的形状见图 3-95。

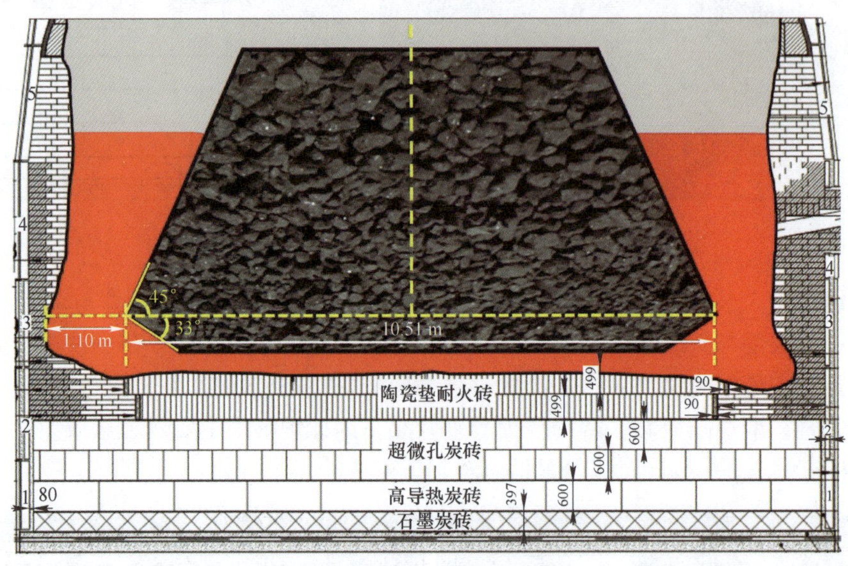

图 3-95　炉缸死料柱示意图

3.4.1.3　取样位置及表征方法

高炉炉缸所填充的物质主要由死料柱焦炭、高炉渣和铁水组成。大部分高炉渣和铁水填充在死料柱焦炭颗粒之间的空隙中。死料柱焦炭约占炉缸体积的 70%，对首钢迁钢 3 号高炉停炉冷却后炉缸死料柱焦炭进行了取样，取样位置见图 3-96。

见图 3-97（a），且利用人工破碎、磁选等方法将每个区域的渣铁焦混合物中的渣铁和焦炭区分开，对每个区域的焦炭称重得到总质量，将筛选出来的焦炭进行人工筛分，见图 3-97（b），筛子的孔径分别为 40 mm、20 mm、15 mm、10 mm、5 mm、1 mm，因此焦炭粒级分别为 >40 mm、20 ~ 40 mm、15 ~ 20 mm、10 ~ 15 mm、5 ~ 10 mm、1 ~ 5 mm、<1 mm 七个焦炭粒级，可得到此区域各个粒级的焦炭，称重得到各个粒级的焦炭质量，见图 3-97（c），通过式（3-12）计算得出此区域焦炭的平均粒径，进而得到不同径向和高度方向上的焦炭粒径及粒级的变化趋势。

$$d_{平均} = \sum d_i c_i \tag{3-12}$$

式中　d_i——每个粒级范围上下限的均值，mm；

c_i——各粒级焦炭占该区域焦炭总质量的百分比，%。

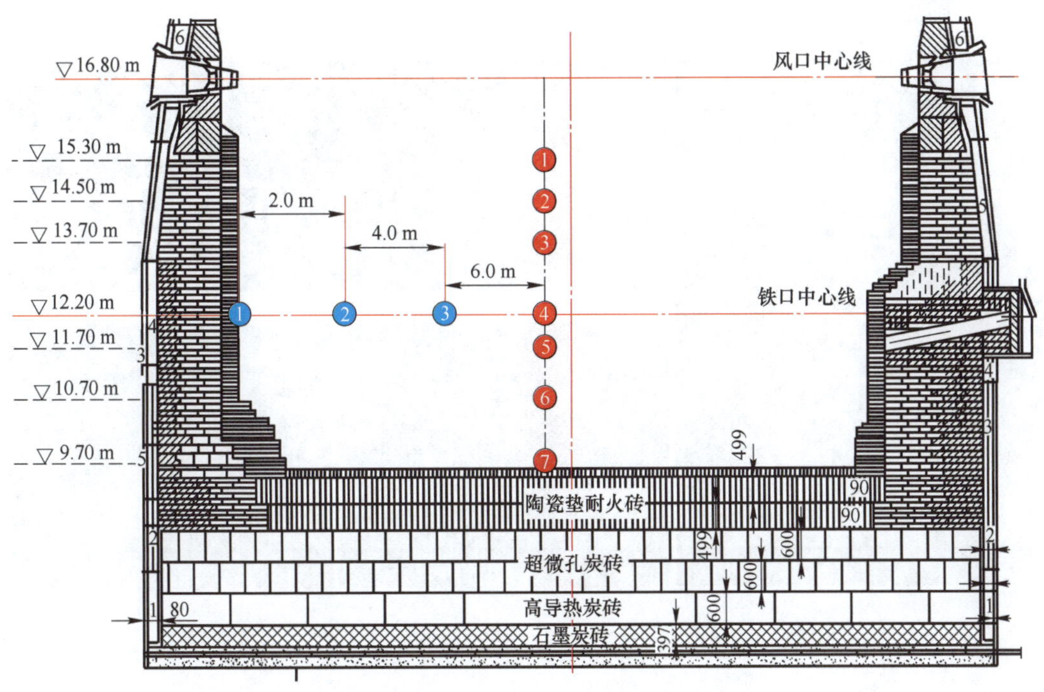

图 3-96 首钢迁钢 3 号高炉焦炭取样位置示意图

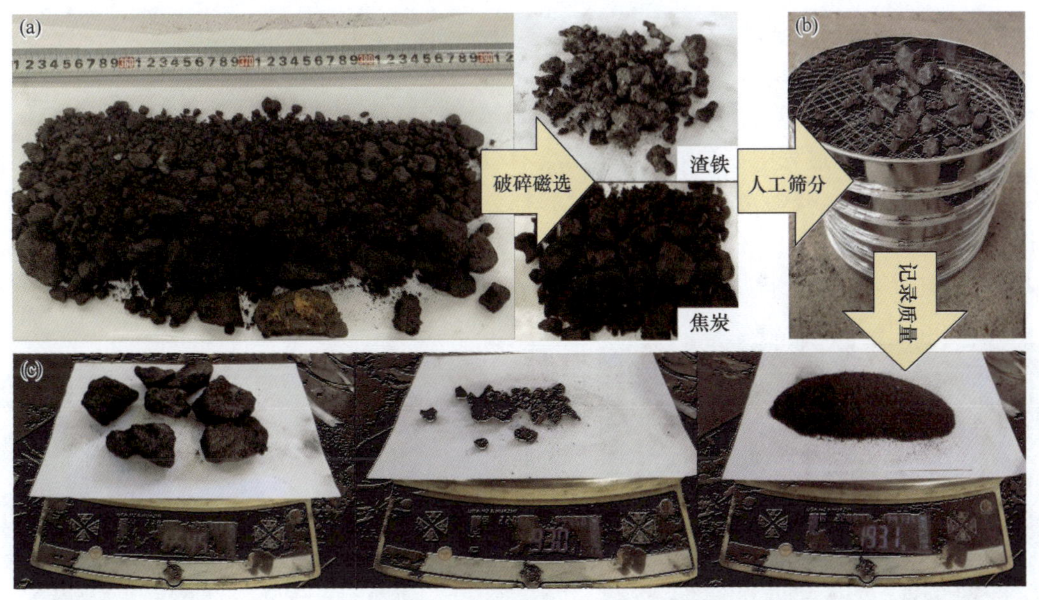

图 3-97 人工筛分计算焦炭粒度过程

通过图像处理技术可以得到死料柱的空隙度数值。见图 3-98，依据破损调查取得的死料柱黏结物相，对某一横截面进行拍照并导入 Photoshop 软件，选取焦炭物相填充黑色，其余物相（渣和铁）填充白色以得到二值化图像，见图 3-98（a）~（d），并利用 Photoshop 软件计算出总像素和黑色部分所占的像素面积，见图 3-98（e），分别定义为

A_1、A_2，则死料柱空隙度计算公式见式（3-13）。

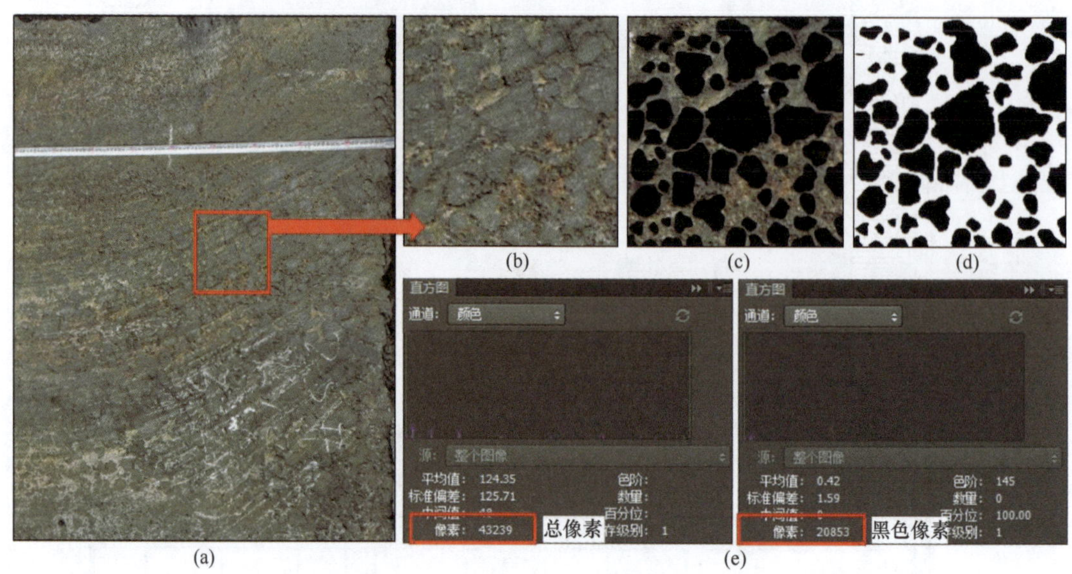

(a) (b) (c) (d) (e)

图 3-98　死料柱空隙度计算过程

$$\xi = 1 - \frac{A_2}{A_1} \tag{3-13}$$

式中　ξ——死料柱空隙度，%；

A_1——总像素；

A_2——黑色（焦炭）区域像素。

鉴于破损调查过程中在炉缸上部区域含有较多的焦炭散料，无渣铁焦的黏结物，见图 3-99（a），而焦炭散料无法直观的计算死料柱空隙度，因此将筛分后的焦炭置于大号烧杯中，模拟焦炭在高炉中的存在状态，并通过多角度拍摄得到烧杯中的焦炭形态，利用图像处理技术计算相应的空隙度，见图 3-99（b）。

(a)首钢3号高炉死料柱焦炭形貌　(b)烧杯模拟高炉计算死料柱空隙度方法

图 3-99　炉缸死料柱焦炭形貌及死料柱空隙度计算方法

3.4.1.4 死料柱焦炭粒度及粒级分析

经过人工筛分各区域的焦炭，并记录各粒级焦炭的质量见表 3-15 和表 3-16。

表 3-15 炉缸径向方向焦炭质量及粒度

粒 级	0 m	2 m	4 m	6 m
<1 mm	193.1	27.8	40.6	96.7
1~5 mm	294.3	31.8	35.8	146.7
5~10 mm	269.1	12.9	22.8	94.7
10~15 mm	93.0	15.3	9.3	39.4
15~20 mm	96.4	34.5	19.6	47.5
20~40 mm	571.3	571.5	438.1	236.4
>40 mm	654.5	879.1	627.3	1159.8
粒度/mm	24.07	32.54	34.02	33.89

表 3-16 炉缸高度方向焦炭质量及粒度

粒级	10.7 m	11.7 m	12.2 m	13.7 m	14.5 m	15.3 m
<1 mm	81.7	121.2	163.3	57.2	136.4	275.9
1~5 mm	99.5	563.7	126.6	41.9	235.8	474.5
5~10 mm	112.5	394.2	256.3	115.1	179.4	431.4
10~15 mm	57.6	173.0	152.3	147.5	72.2	182.2
15~20 mm	83.8	180.0	182.2	282.6	134.2	216.2
20~40 mm	679.3	1047.1	463.6	461.4	474.6	377.2
>40 mm	492.5	1367.1	533.3	238.3	451.9	1345.5
粒度/mm	23.03	27.09	33.89	34.01	35.99	36.54

死料柱焦炭粒度及焦炭粒级占比，在炉缸高度及径向方向的演变见图 3-100 和图 3-101。

由图 3-100 可得，首钢迁钢 3 号高炉炉缸死料柱的焦炭粒度，在高度方向上呈现逐渐减小的趋势，同时大颗粒焦炭粒级“>40 mm”百分占比逐渐降低，而“<5 mm”的小颗粒焦炭及焦粉变化程度不很大，普遍在“5%~10%”范围内，因此死料柱焦炭粒度在高度上呈现降低趋势，在炉缸底部区域达到粒度最小值 20.36 mm，而大颗粒焦炭占比则是起主导因素。

在炉缸径向方向上，炉缸死料柱焦炭粒度呈现逐渐增大的趋势，炉缸边缘焦炭粒度最小，约 24.07 mm，中心焦炭粒度较大，在 33~34 mm 之间，同时“>40 mm”的大颗粒焦炭粒级呈现增大的趋势，而“5~40 mm”的焦炭颗粒粒级则逐渐减小，“<5 mm”的小颗

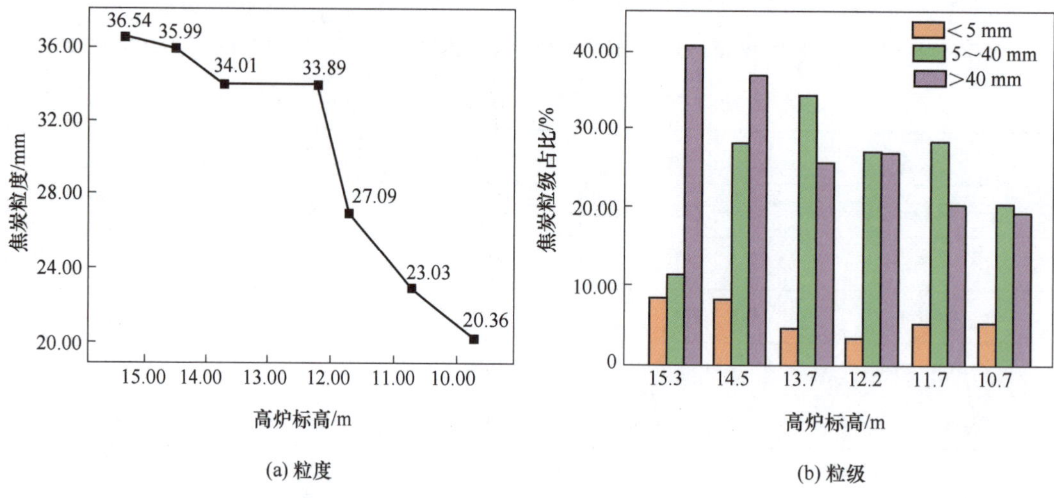

(a) 粒度　　(b) 粒级

图 3-100　炉缸高度方向焦炭粒度及粒级

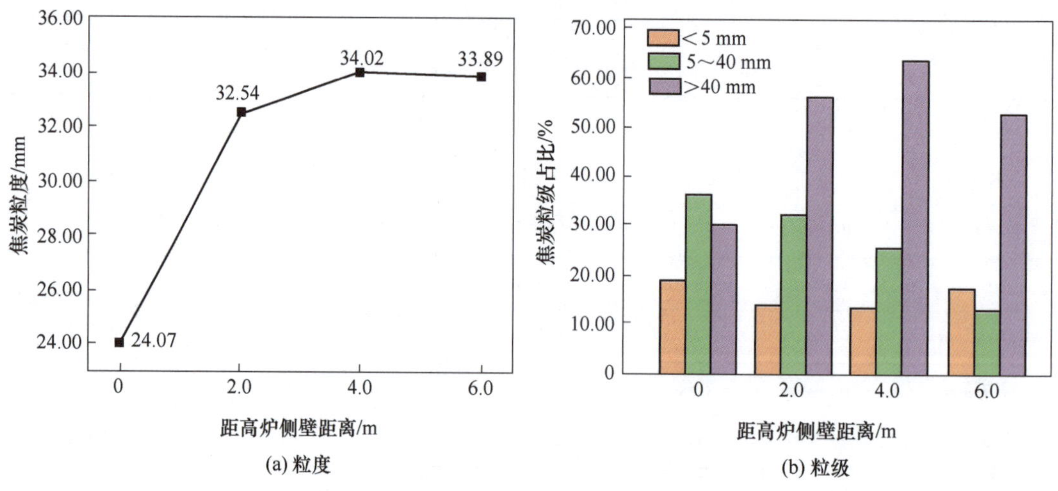

(a) 粒度　　(b) 粒级

图 3-101　炉缸径向方向焦炭粒度及粒级

粒焦炭则是波动较小，整体在 10%~20%范围内变化。

焦炭自入炉开始发生多相反应，包括“块状带受到的摩擦挤压和碰撞等多种物理反应”“软熔滴落带的气化反应、还原反应等”“风口回旋区受到的强烈气流的冲击磨损剪切和燃烧反应”，焦炭的粒度和强度不断减小，粉化程度增加，直至到达炉缸区域的死料柱顶部，平均焦炭粒度 34~38 mm，死料柱内部不同区域的焦炭发生反应的程度不同，因此导致焦炭的粒度和死料柱空隙度不同，影响了死料柱的行为，进而影响炉缸侧壁的侵蚀情况。

在炉缸内部的下降过程中，主要受到渣铁的物理冲刷侵蚀以及铁水的渗碳反应消耗，随着焦炭在炉缸区域的下降过程中，铁水冲刷掉焦炭表面渣相后与焦炭接触发生渗碳，石墨化程度高的焦炭优先渗入铁水中，随着样品位置的下移，焦炭受到渗碳和铁水冲刷的影响，粒度逐渐减小，铁水达到碳饱和之后，焦炭粉末滞留在铁水中，同时铁水环流带不走的粉末会逐渐沉积在炉底区域，致使靠近炉缸底部的小颗粒焦炭和焦粉居多。因此焦炭粒度随着距死料柱顶部距离的增加而呈现逐渐减小的趋势。同时在炉缸内部，焦炭几乎不会受到上升气流的影响，且由于死料柱的沉浮运动，很多在炉缸底部的焦炭随铁水的运动带到渣铁表面，继续与渣铁发生反应。来自上部区域的大颗粒焦炭在炉缸死料柱上方堆积，来逐步替代死料柱下部发生反应消耗掉的焦炭，此更新过程十分缓慢，因此整体而言死料柱顶部区域的焦炭粒径大于死料柱底部。

而在炉缸径向方向上，死料柱中心区域的焦炭粒度较大，这是由于高炉中上部中心煤气流中 CO_2 含量较低，该区域内的焦炭受溶损反应（$CO_2 + C \rightarrow CO$）的影响较小，在高炉下部中心区域焦炭受燃烧及回旋区影响较小，中心焦炭进入炉缸粒度减少很小，中心焦炭在炉内几乎没有受到碳熔损反应影响，这有助于提高炉缸的滤液能力，减少铁水环流效应。同时炉缸中心的焦炭停留时间长，更新缓慢，与渣铁的接触时间长，与渣铁发生反应达到饱和后不再发生大幅度的粒度变化。因此在炉缸中心区域的焦炭平均粒度较大。炉缸边缘焦炭平均粒度为 24.07 mm，这是由于边缘焦炭在下降到炉腰开始，粒度急速减小，在炉腹炉缸结合处达到最低，下降过程中受到风口鼓风气流的冲刷磨损以及高温燃烧致使焦炭到达炉缸之后粒度变小。同时在炉缸边缘区域的渣铁流速最大，渣铁的不断冲刷侵蚀也是炉缸边缘焦炭粒度减小的主要原因之一。

由于高炉的渣铁排放致使炉缸死料柱呈现上下漂浮的往复运动，带动焦炭的不断运动和更新，死料柱的“漂浮-沉坐”运动使小颗粒的焦炭不断被带到炉缸边缘位置，随着铁水的环流不断被消耗，同时由于铁水的浮力及运动，小颗粒焦炭被带到铁水上部，炉缸边缘的上部区域靠近风口回旋区，小颗粒焦炭被重新高温燃烧消耗，而中心焦炭裂解成小颗粒不断发生此现象，死料柱被消耗的焦炭被上部的新焦炭替代，久而久之实现死料柱的更新。前人的实验证明，死料柱边缘是焦炭消耗的区域，死料柱里面的焦炭会向边缘移动。焦炭热强度变差后，粉末增多，透液性变差，因此其在炉芯和炉底部的移动速度会变慢。

3.4.1.5　死料柱空隙度分析

基于首钢迁钢 3 号高炉破损调查，得到炉缸底部区域的渣铁焦黏结物宏观形貌见图 3-102，此死料柱渣铁焦黏结物位于炉缸底部，标高约 9.70 m。

图 3-102　炉缸底部死料柱渣铁焦黏结物宏观形貌

将此死料柱渣铁焦黏结物以不同角度进行垂直拍照，并置于 Photoshop 图像处理软件中，选取死料柱焦炭填充黑色，并反选填充其他区域（渣铁）为白色，即可得到此渣铁焦黏结物的二值化图像，见图 3-103。基于 Photoshop 软件的“直方图”得到二值化图像的黑色和白色像素数值。通过计算可得，炉缸底部区域死料柱的空隙度分别为 25. 37%和 26. 21%，平均空隙度为 25. 79%。

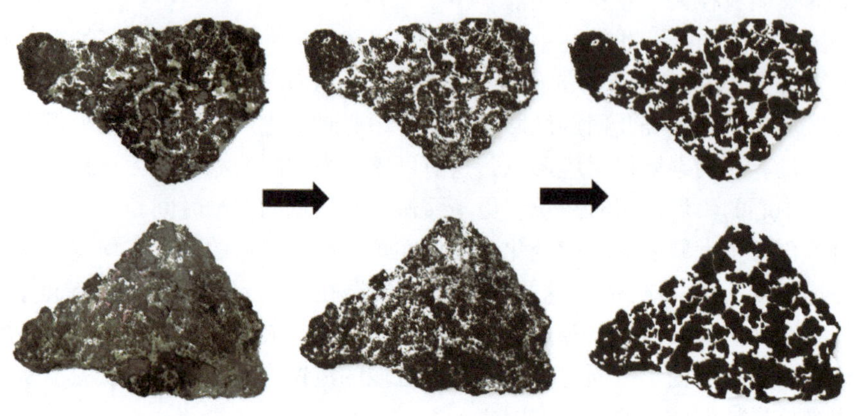

图 3-103　炉缸底部死料柱空隙度二值化处理过程

死料柱顶部区域的平均焦炭粒度较大，焦炭与焦炭之间的空隙就大，以首钢 3 号高炉破损调查取得的死料柱上部的筛分“焦炭平均粒度”和“粒级百分占比”，利用“烧杯模拟高炉死料柱计算空隙度”方法，其中三个粒级计算空隙度取其平均值（>5 mm、5～40 mm、>40 mm），得到炉缸上部区域的死料柱空隙度（图 3-104）。

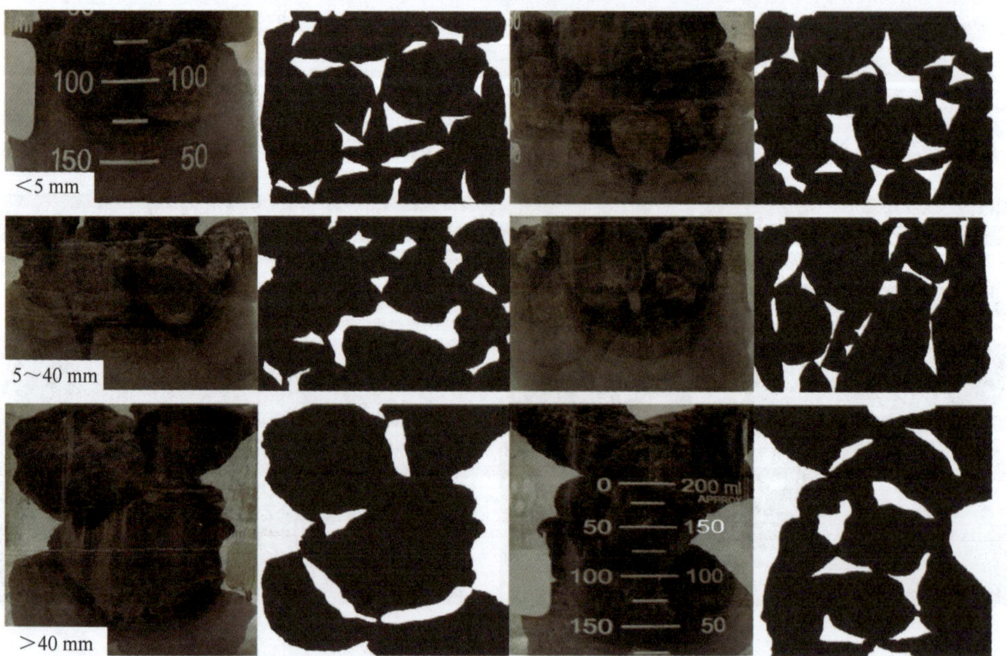

图 3-104　烧杯模拟高炉环境计算死料柱空隙度

基于计算结果，得到炉缸死料柱空隙度在不同方向的变化趋势见图 3-105。由图 3-105 可得，在高度方向上死料柱空隙度呈现逐渐减小的趋势，在死料柱下部区域达到 30.02%，在炉缸死料柱根部区域的渣铁焦黏结物计算死料柱空隙度约 25.79%。在径向方向上，死料柱边缘的空隙度最小约 28.36%，随着距炉缸侧壁距离的增加，死料柱空隙度逐渐增大，在炉缸中心区域达到最大值 35.01%。

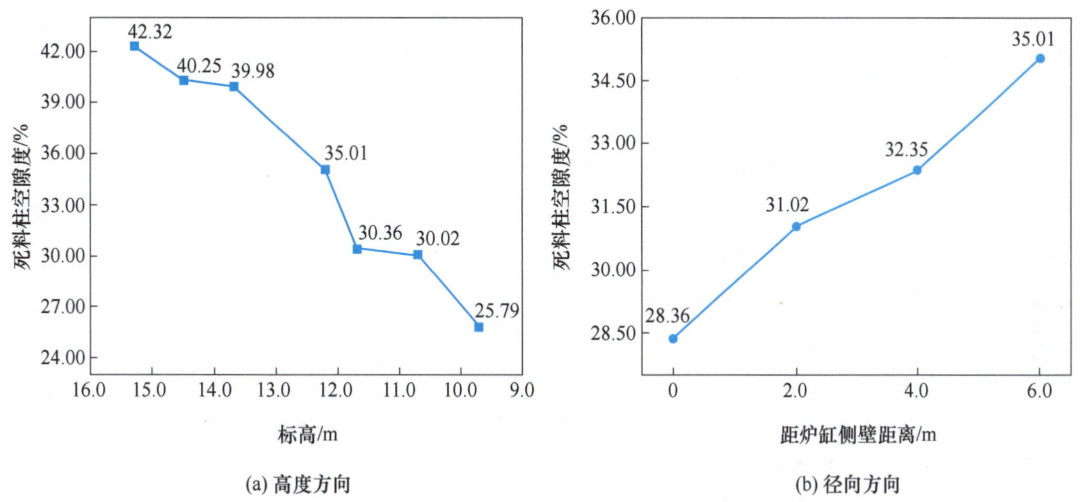

图 3-105　炉缸死料柱空隙度变化

炉缸死料柱空隙度与焦炭粒度密切相关，焦炭平均粒度大，且大颗粒焦炭粒级百分占比大，则死料柱空隙度大。

事实证明，在炉缸死料柱高度方向上，越靠近炉缸底部，焦炭平均粒度越小，同时小颗粒焦炭和焦炭粉末百分占比逐渐增大，这使得焦炭与焦炭的空隙之间富集较多的小颗粒焦炭和焦粉，致使越靠近炉缸底部死料柱空隙度越小。同样在炉缸径向方向上边缘区域死料柱空隙度越小，越靠近炉缸中心死料柱空隙度越大，则是由于中心焦炭粒度较大，空隙度大，使得渣铁能在炉缸死料柱中心顺畅流动，从而减小铁水流动对炉缸侧壁的冲刷侵蚀。

炉缸空隙度大则说明炉缸焦炭粒度大及粉末比例小，堆密度小可使渣铁透液率增高，滞留率下降，死料柱质量减小，从而使死料柱易处于漂浮状态，有利于高炉长寿。相反若炉缸空隙度小，会导致死料柱透气透液性变差，从而会出现见渣晚、出渣率下降、渣铁难出尽等不利现象，同时会导致渣铁沿炉缸周边积聚，从而损坏炉缸侧壁内衬致使温度攀升，降低高炉寿命。通过计算得到首钢 3 号高炉炉缸中心死料柱空隙度较大，活性较好，透气透液性好，渣铁流动顺利，有利于提高炉缸的滤液能力，减小渣铁对侧壁的侵蚀，提高高炉寿命，而炉缸边缘和底部的死料柱空隙度偏小，导致炉缸底部和边缘区域出现铁水流速偏大进而造成侧壁侵蚀，这也是造成炉缸“象脚状”侵蚀的原因之一。

3.4.2 高炉炉缸死料柱更新及侵蚀行为分析

基于实验室研究焦炭在铁水中的溶解速率，以及高炉死料柱焦炭的质量损失，可以得到死料柱焦炭的更新时间。

其中焦炭的溶解速率指单位时间、单位面积内，焦炭中的碳溶解在铁液中的质量。根据失重量可求出溶解速率，计算过程见式（3-14）~式（3-18）：

$$\rho_{铁液} = 8750 - 69.6[\mathrm{C}] - 1.15T \tag{3-14}$$

式中 $\rho_{铁液}$——铁液密度，kg/m^3；

[C]——铁液中的碳含量,%；

T——开氏温度，K。

计算过程中，[C] 为初始碳含量，变化部分忽略不计。

$$\rho_{铁液} g V_{排} = mg \tag{3-15}$$

式中 g——重力加速度，N/kg；

$V_{排}$——排出铁液的体积，cm^3；

m——焦炭总质量，g。

$$\mu = \frac{\Delta m \omega_{\mathrm{C}} r}{3V_{排}\, t \times 10} \tag{3-16}$$

式中 μ——焦炭的溶解速率，g/(h·cm^2)；

Δm——反应前后的焦炭失重量，g；

ω_{C}——焦炭含碳量,%；

r——焦炭平均粒径，mm；

t——反应时间，h。

基于计算的焦炭粒度可以计算出焦炭的质量损耗，计算如下：

$$M = \frac{4}{3}\pi\left[\left(\frac{D}{2}\right)^3 - \left(\frac{d}{2}\right)^3\right]\rho_{焦} \tag{3-17}$$

式中 M——死料柱焦炭质量损耗，g；

D——死料柱中心/顶部焦炭粒度，mm；

d——死料柱边缘/底部焦炭粒度，mm；

$\rho_{焦}$——焦炭密度，g/cm^3。

死料柱焦炭的更新时间如下：

$$T = \frac{M}{\mu} \tag{3-18}$$

式中 T——死料柱焦炭更新时间，h；

M——死料柱焦炭质量损耗，g；

μ——焦炭的溶解速率，g/(h·cm^2)。

基于 2.2 节的计算结果，得到炉缸死料柱顶部的焦炭平均粒度为 36.54 mm（标高 15.30 m，距炉缸侧壁 6.0 m），铁口中心线标高的焦炭平均粒度为 33.89 mm（标高 12.20 m，距炉缸侧壁 6.0 m）。

将相关数据代入计算公式可以得到死料柱焦炭自顶部到达底部所产生的质量损耗：

$$M = \frac{4}{3}\pi\left[\left(\frac{D}{2}\right)^3 - \left(\frac{d}{2}\right)^3\right]\rho_{焦} = \frac{4}{3}\pi\left[\left(\frac{36.54}{2}\right)^3 - \left(\frac{20.36}{2}\right)^3\right] \times 1.71 = 36.13 \quad (3\text{-}19)$$

实验室计算焦炭溶解质量损耗率：

$$\mu = \frac{\Delta m \omega_C r}{3V_{排} t \times 10} = 0.09 \quad (3\text{-}20)$$

死料柱焦炭更新时间：

$$T = \frac{M}{\mu} = \frac{36.13}{0.09} = 385.98 \quad (3\text{-}21)$$

式中 $\rho_{焦}$——焦炭密度取值 1.71 g/cm^3；

[C]——铁液碳含量取值 4.6；

T——铁液温度取值 1500 ℃；

ω_C——焦炭含碳量取值 86.61%；

t——反应时间取值 2 h；

因此焦炭自死料柱顶部到达底部的时间为 385.98 h，即 16.08 天。同时炉缸死料柱底部的小颗粒焦炭会随着铁水流动，到达炉缸边缘，并且由于死料柱的沉浮运动，边缘小颗粒焦炭被带至炉缸上部区域，进而被燃烧和消耗。伴随着高炉不断出铁和死料柱的沉浮，因此此过程相较于死料柱中心焦炭更新过程较快，所需时间较少。综上所述，死料柱焦炭的更新时间在 16~18 天范围内。

3.4.2.1 死料柱沉浮状态判定

假定高炉炉缸死料柱为一个整体的受力单元，向下的力有自身重力 G_{de}、滴落带重力 G_{dr}、软熔带重力 G_c 和块状带重力 G_m；向上的力有煤气浮力 F_g、铁水浮力 F_i、渣层浮力 F_s 和炉料摩擦力 f（如果死料柱坐底还有炉底的支撑力）。

由图 3-106 可知，当 $G_{de}+G_{dr}+G_c+G_m<F_g+F_i+F_s+f$ 时，则死料柱处于浮起状态；当 $G_{de}+G_{dr}+G_c+G_m=F_g+F_i+F_s+f$ 时，则死料柱处于平衡状态；当 $G_{de}+G_{dr}+G_c+G_m>F_g+F_i+F_s+f$ 时，则死料柱处于炉底沉坐状态，此时由炉底起支撑作用，死料柱单元体得以平衡。

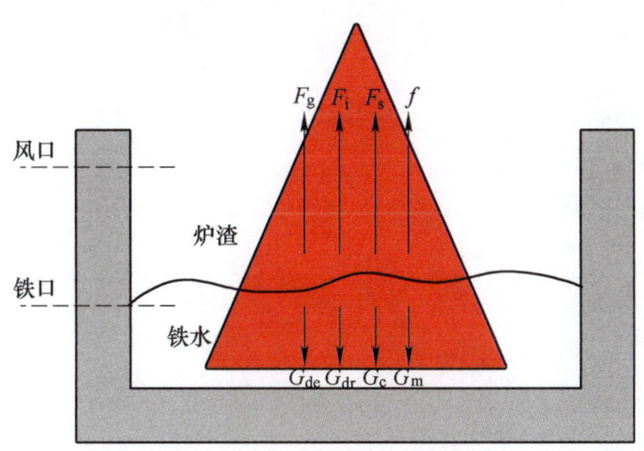

图 3-106 炉缸死料柱受力分析

而计算死料柱沉浮状态时，炉缸内已出净渣铁，仅剩下了残余在死铁层的铁水，并无炉渣，此时可由下式来分析：

$$\begin{cases} G_{de} + G_{dr} + G_c + G_m < F_g + F_i + f, \text{死料柱浮起} \\ G_{de} + G_{dr} + G_c + G_m = F_g + F_i + f, \text{死料柱平衡} \\ G_{de} + G_{dr} + G_c + G_m > F_g + F_i + f, \text{死料柱沉坐} \end{cases} \tag{3-22}$$

因此需要通过实际参数对高炉的死料柱受力进行计算便可判断死料柱的漂浮状态，见式（3-23）~式（3-32）。

块状带重力 G_m+软熔带重力 G_c：

$$G_m + G_c = \rho g \Delta V \tag{3-23}$$

$$\rho = \frac{(1 - \varepsilon)(m_0 + m_c)}{m_0/\rho_0 + m_c/\rho_c} \tag{3-24}$$

$$\Delta V = V - V_H - V_T - NV_{RW} \tag{3-25}$$

自身重力 G_{de}+滴落带重力 G_{dr}：

$$G_{de} + G_{dr} = \rho_c g A (h_H + h)(1 - \varepsilon_d) \tag{3-26}$$

煤气浮力 F_g：

$$F_g = \left(P_{b1} - P_{top} - \xi \frac{\rho_g V_t^2}{2}\right) A \tag{3-27}$$

炉料摩擦力 f：

$$f = 2\rho_m V \frac{\mu^{0.5} d_p^{0.25} g^{0.75}}{A^{0.25}} \tag{3-28}$$

渣层浮力 F_s：

$$F_s = \rho_i g A h_i (1 - \varepsilon_d) \tag{3-29}$$

铁水浮力 F_i：

$$F_i = \rho_i g A h_i (1 - \varepsilon_d) \tag{3-30}$$

结合所有公式，得出保证死料柱浮起的最小死铁层深度公式为：

$$h = \frac{\rho_m g \Delta V + \rho_c g V_H (1 - \varepsilon_d) - P - f}{(\rho_i - \rho_c)(1 - \varepsilon_d) g A} \tag{3-31}$$

式中　ρ_m——块状带的平均密度；
g——重力加速度；
ΔV——块状带所占体积；
ρ_c——焦炭的真密度；
h_H——铁口至风口距离，m；
h——死铁层深度，m；
V_H——铁口至风口段体积；
ε_d——死焦堆孔隙度；
P——煤气浮力；
f——炉壁摩擦力；
ρ_i——铁水密度；
A——炉缸横截面积。

渣比 γ 可以进行计算，则浮力中铁水浮力及炉渣浮力成比例，最小死铁层深度可由下

式进行计算：

$$h_c = \lambda H_s - \lambda a(k+1) \tag{3-32}$$

式中 h_c——死料柱漂浮高度，m；

H_s——炉渣液面距离铁口的高度，m；

a——与高炉设计参数和实际操作数据有关的常数；

λ——与高炉炉况相关的常数；

$k = \gamma\rho_i/\rho_s$。

根据表 3-17 的首钢迁钢 3 号高炉参数，可以计算得出死料柱漂浮高度和铁水液面高度之间的关系为下式：

$$h_c = 0.8885H_s - 0.4604 \tag{3-33}$$

死料柱的漂浮高度与炉内铁水呈现正比关系。当 H_s 为 0 时，此时 $h_c = -0.4604$，则说明死料柱漂浮最小死铁层深度需要 3.0 m 以上，可判断 3 号高炉死料柱处于沉坐炉底状态。

表 3-17　首钢迁钢 3 号高炉设计及操作参数

项　　目	数值	项　　目	数值
有效容积 V/m^3	4000	炉喉直径 d_T/m	9.6
炉缸直径 D/m	13.5	死铁层深度 h/m	3.0
风口数量 N/个	36	铁口至风口距离 h_H/m	4.6
回旋区深度 d_{RW}/m	2.1	炉顶压力 P_{top}/kPa	235
鼓风压力 P_{bl}/kPa	398	鼓风风速 $v_t/\text{m}\cdot\text{s}^{-1}$	261
鼓风密度 $\rho_g/\text{kg}\cdot\text{m}^{-3}$	1.293	死料柱空隙度 ε_d	0.3
料线高度 h_T/m	1.3	炉料下降速度 $\mu/\text{m}\cdot\text{s}^{-1}$	0.002
块状带空隙度 ε	0.55	炉料平均粒径 d_p/m	0.018
矿石密度 $\rho_a/\text{kg}\cdot\text{m}^{-3}$	3520	焦炭密度 $\rho_c/\text{kg}\cdot\text{m}^{-3}$	990
吨铁焦炭消耗量 $m_c/\text{kg}\cdot\text{t}^{-1}$	346	铁水密度 $\rho_i/\text{kg}\cdot\text{m}^{-3}$	7000
炉渣密度 $\rho_s/\text{kg}\cdot\text{m}^{-3}$	3000	渣比 $\gamma/\text{kg}\cdot\text{t}^{-1}$	304

3.4.2.2 高炉炉缸死料柱行为与象脚区异常侵蚀

A 炉缸死料柱形成机理

死料柱的形成机理是中心焦柱上部（滴落带）的焦炭块表面黏附着铁滴和渣滴。在下落过程中，由于焦块相互撞击，摩擦，其粒度逐渐变小。小焦块及粉焦表面黏附的液态渣铁逐渐增多。当掉到炉腹中心的高温区时，这部分小焦炭和焦炭粉末同时受到上面料柱的压力，下面铁水液渣的向上的压力，周边高压鼓风产生的回旋区的压迫力等。在高温高压下，在没有或很少有煤气流存在的密闭环境里，这部分表面带有液态渣铁的小焦块、焦粉被紧紧地挤压在一起，焦块被挤碎，铁液、渣液和焦粉充填在碎焦粒的空隙里，形成致密的渣铁焦团块熔融物。

随着新的带有液态渣铁的小焦块、粉焦不断从上部落下和加入，风口附近的焦块和少数未燃煤粉被鼓风吹向团块状物的周围，被裹挟、黏附在外围（此时，煤粉中析出的焦油等起作黏结剂的作用），使这种团块状熔融物越集越大。其化学成分主要是：碳、铁、氧化铁、氧化硅、氧化钙、氧化镁、氧化铝等。这就是死料柱的结构。死料柱只要形成，就会在炉内长期存在。当死料柱体积增大到足够大时，高炉将出现难行，炉身下部、炉腹、炉缸等部位侵蚀严重或发生烧穿事故。

B “象脚状”侵蚀原因分析

以往的高炉解剖和破损调查研究表明，高炉炉缸内部存在死料柱，耐火材料与炉缸死焦堆之间存在无焦区空间，约占炉缸直径的20%，见图3-107。

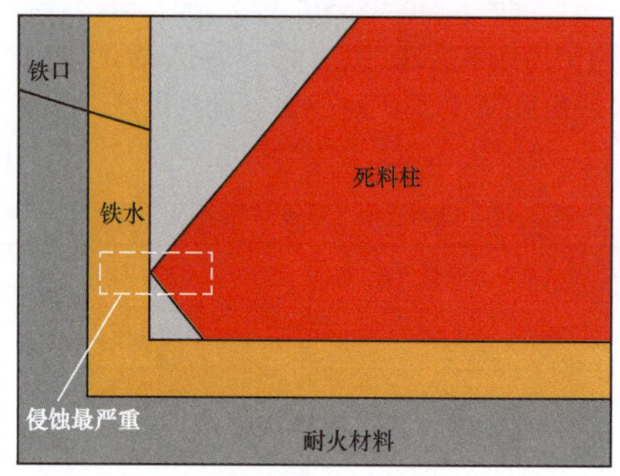

图3-107 高炉炉缸死料柱状态及侵蚀示意图

高炉炉缸死料柱中的焦炭既受到上部料柱和热风的压力，又受到铁水和炉渣的浮力。当死料柱沉坐在高炉炉缸中时，死料柱总体呈现圆锥形；当死料柱漂浮于炉缸中时，其在高炉炉缸中呈现的形貌主要为上部正锥形和下部倒锥形的结合。由流体力学可知，在死料柱根部，即正锥形和倒锥形交界处，空间最为狭小，铁水环流速度最大，铁水对流换热系数最高。因此，该部位对应的耐火材料热面温度最高，保护层最不易形成，炭砖最容易被侵蚀，造成该部位侵蚀最为严重。尤其是在高炉冶炼强度大、高炉炉缸中心料柱透气透液性较差的条件下，侵蚀更加剧烈，这是造成炉缸“象脚状”侵蚀的根本原因。因此，“象脚状”的形成并非是由铁水环流冲刷所致，而是由铁水在狭小空间流速增大，换热能力增强，温度升高导致侵蚀速率增大所致。

死料柱在炉缸中有“浮起”“沉坐”两种状态，若死料柱浮起高度较大，炉底具有较大的无焦区和自由铁水层，铁水可以从此区域流动，从而减小铁水对炉缸侧壁的冲刷。而由于死料柱浮起高度较大的时候，无焦区中的自由铁水层较厚，沿炉底流过的铁水速度变化较小，同样可以减小炉底的侵蚀。若死料柱浮起较小，铁水的环流主要位于炉缸侧壁与炉底区域，这样会加剧炉缸侧壁边缘和炉底区域的侵蚀。

当死料柱沉坐炉底时，炉底铁液流量较小，铁液主要沿着炉缸边缘流动，同时在炉缸侧壁区域流动中流速最快，在该状态下，铁水对炉缸冲刷得最严重，铁水对炉底的切应力主要分布在边缘部分，尤其是靠近铁口的区域，远离铁口的边缘区域切应力相对较小，会造成靠近边缘的炉底侵蚀较快。由于死料柱在整个炉役过程中基本处于沉坐状态，导致在炉缸、炉底交界位置会发生较为严重的“象脚状”侵蚀。因此炉缸死料柱沉坐于炉底，导致炉缸边缘的铁水流速过快，换热能力增强，温度升高导致侵蚀速率增大，是首钢迁钢3号高炉产生“象脚状”侵蚀的主要原因，见图3-108。

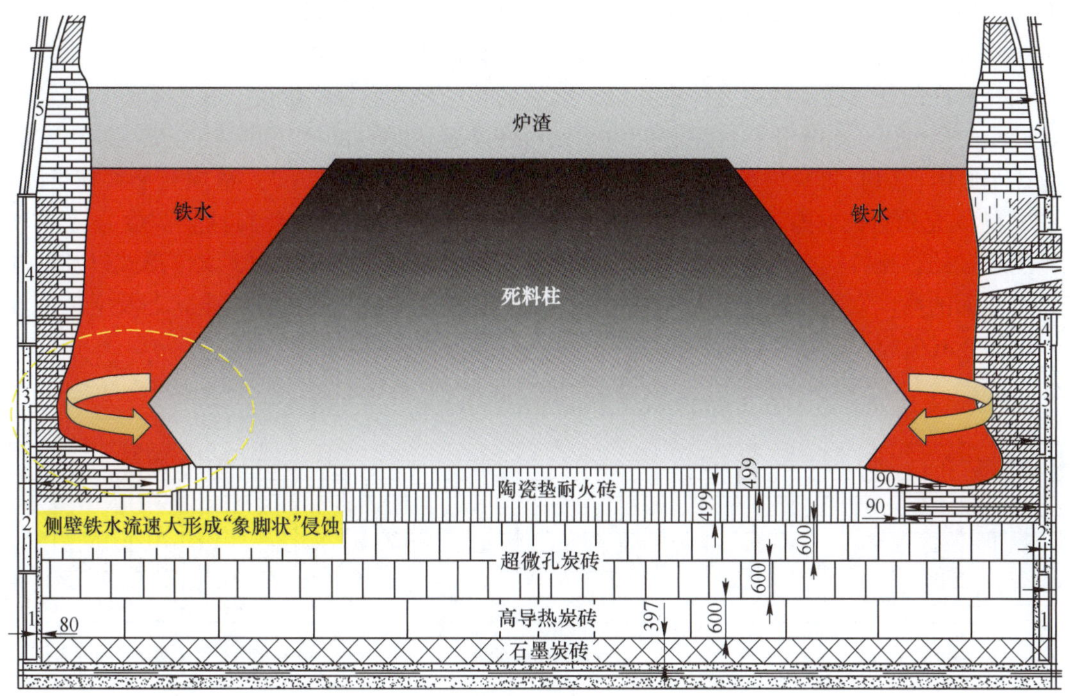

图3-108　死料柱状态与“象脚状”侵蚀关系

因此增大死料柱浮起高度，可以减小铁液环流，均匀炉缸、炉底铁液分布，进一步可以使得铁水能够在无焦区/自由铁水层顺畅流动，从而减小铁水在炉缸侧壁区域的流动速度，减轻炉缸侧壁与炉底区域的“象脚状”侵蚀。

通过调整鼓风动能可以有效地使死料柱形成浮起状态，当鼓风动能增加至一定程度后，风速对死料柱重力的影响程度会超过其对煤气浮力的影响，从而死料柱呈现随鼓风动能的增加而形成浮起的状态。高炉风速和鼓风动能越大，回旋区深度随之越深，风口截面的死料柱半径随之越小，使得死料柱体积整体偏小，其重力也会越小，便会有利于死料柱上浮。之后，随着冶炼的进行，当铁水液面逐渐上升时，达到一定的浮力，死料柱便从沉底状态逐渐漂浮起来。

从高炉炉缸“象脚状”侵蚀机理的角度分析，最大化地降低该部位的铁水环流强度、减小死料柱的肥大是缓解耐火材料侵蚀的主要技术方向，如提高焦炭质量以增大死料柱的透气透液性、增大鼓风动能和铁口深度以减小死料柱的体积、适当增加死铁层深度浮起死料柱、增大铁水黏度、平衡合理的冶炼强度等均为有效的技术手段。

炉缸内部的活跃性主要受“死料柱状态”“渣铁排放过程”和“风口风量分配”三个方面的影响。炉缸活性好时，高炉炉况稳定顺行；当高炉活性下降时，往往出现炉况波动、不顺等。而死料柱的透气透液性是表征炉缸活性的主要因素。

死料柱的透气透液性好，则铁水和炉渣能顺畅地在死料柱内部流动，可以顺畅地穿过死料柱空隙，死料柱更新时间就短，同时减小侧壁铁水流动速度，同时使炉底和炉缸侧壁的铁水流动变缓，铁水环流减弱，炉底温度和炉缸侧壁温度降低。若死料柱的透气透液性差，则会增大侧壁铁水流速进而加剧侧壁侵蚀，铁水环流随之增强，使炉缸侧壁温度攀升，在炉缸、炉底交界位置也容易发生“象脚状”侵蚀，同时死料柱透气性较差，铁水很难穿过，导致焦炭更新较慢，进而延长整个死料柱的更新周期。

死料柱的透气透液性主要体现在炉缸焦炭的粒径和死料柱空隙度。在焦炭平均粒径变化较小的条件下，分析死料柱空隙度对于死料柱浮起高度的影响。死料柱空隙度减小主要有 3 个原因：(1) 自身焦炭粉化、粒度不均造成的空隙度降低；(2) 渣填充死料柱空隙；(3) 铁填充死料柱空隙。铁水是通过死料柱焦炭颗粒间的空隙（死料柱空隙度）进入和排出炉缸的，死料柱空隙度的大小和分布决定了铁水流动速度和流动、滴落形式以及炉缸铁水液面的高度，故死料柱空隙度可用作表征死料柱透液性。死料柱沉坐状态及空隙度分布见图 3-109。

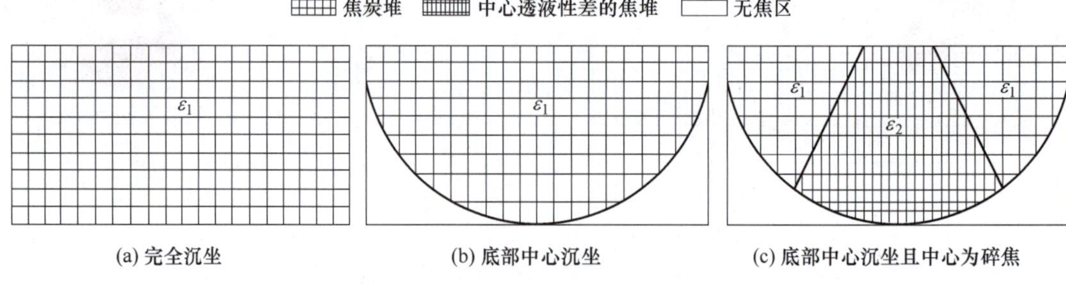

图 3-109 死料柱沉坐状态及空隙度分布

死料柱焦炭的粒度分布和粒径大小决定了炉缸空隙度的大小。死料柱焦炭起着渗碳剂、支撑料柱、提供渣铁流动通道等三方面作用，良好的死料柱透气透液性对高炉吹透炉缸中心、炉缸传热、渣铁还原及顺畅流动起着积极作用，有利于活跃炉缸，提高高炉寿命。但在死料柱透气透液性较差时，液态渣铁黏附并滞留于死料柱中，影响液态渣铁穿过死料柱，抑制死料柱更新，同时增大死料柱质量，出铁过程死料柱浮起高度减小，死料柱拐角铁液流速增大，炉缸侧壁侵蚀加剧，促进形成“象脚状”侵蚀，缩短高炉寿命。

3.5 高炉炉缸保护层形成机理及调控技术研究

3.5.1 取样方案及样品特征

3.5.1.1 炉缸保护层宏观形貌

首钢迁钢 3 号高炉采用降料面放残铁的停炉方式，高炉较为完整地保留了固体物料，其中就包括了大量的炉缸热面保护层。在首钢迁钢 3 号高炉的炉缸整体浇注过程中采用了对炉缸热面炭砖的保护性拆除方式，可以方便地观察高炉炉缸炭砖热面保留的保护层。

见图 3-110，破损调查过程中发现，风口下方、铁口上方区域存在明显的黏结物，黏结物断口明显，易于测量，测量结果见表 3-18。由表 3-18 可知，黏结物厚度约在 200 ~ 550 mm 之间，平均厚度 330 mm。将表 3-18 中标高 12.7 m（铁口上方 0.5 m）黏结物厚度数据绘制成图（图 3-111），可以看出，在铁口附近，黏结物较薄。

图 3-110 风口下方、铁口上方区域炭砖热面黏结物

表 3-18 风口下方、铁口上方区域炭砖热面黏结物厚度测量结果

编 号	标高/m	风口	厚度/mm
1	14.7	32	330
2	14.2	36	250
3	13.7	20	270
4	13.2	15	450
5	12.7	9	350
6	12.7	12	250
7	12.7	15	450
8	12.7	20	270
9	12.7	22	550
10	12.7	27	350
11	12.7	35	250
12	12.7	36	200

首钢迁钢 3 号高炉破损调查过程中发现，在铁口下方炭砖热面存在一定厚度的保护层，有富石墨层和富钛层，其中主要以富石墨层为主，由于现场情况复杂，未对保护层厚

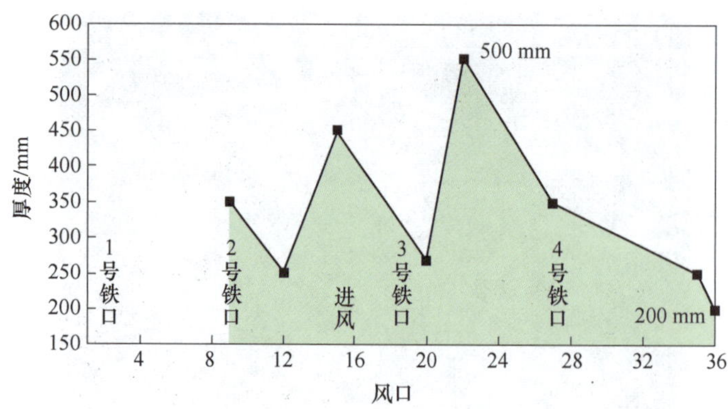

图 3-111 标高 12.7 m(铁口上方 0.5 m)炭砖热面黏结物厚度分布情况

度进行测量。

3.5.1.2 首钢迁钢高炉炉缸保护层取样类型

A 富石墨层

对于“炭砖-陶瓷垫”综合炉缸、炉底结构来说，由于侧壁炭砖良好的导热性能，使得炭砖热面温度较低，尤其是在炉役后期较薄的炭砖厚度情况下，会在铁口下方的炭砖热面形成一定厚度的富石墨保护层，首钢迁钢 3 号高炉炉缸铁口下方的富石墨保护层见图 3-112。富石墨保护层主要为析出的片状石墨，具有一定结晶度，亮晶晶的分布在炉缸炭砖热面。首钢迁钢 3 号高炉炉缸呈现“象脚状”侵蚀，而富石墨保护层也主要分布象脚部

图 3-112 富石墨保护层宏观形貌

位，正因为象脚部位富石墨保护层的形成与存在，从而缓减了该位置的进一步侵蚀。同时，在炉缸铁口下方的周向位置上也分布着富石墨保护层。

B　富钛层

富钛保护层是高炉加入含钛物料冶炼的结果，也是高炉加入含钛物料的目的。首钢迁钢3号高炉炉缸铁口下方的富钛保护层见图3-113。富钛保护层结构致密，呈现金红色，明显可见结晶的含钛化合物颗粒，部分位置的富钛层厚度约为100 mm。富钛保护层主要分布在象脚部位，主要是由于象脚部位侧壁的炭砖较薄，热面温度较低，容易析出高熔点的含钛化合物，形成富钛保护层。

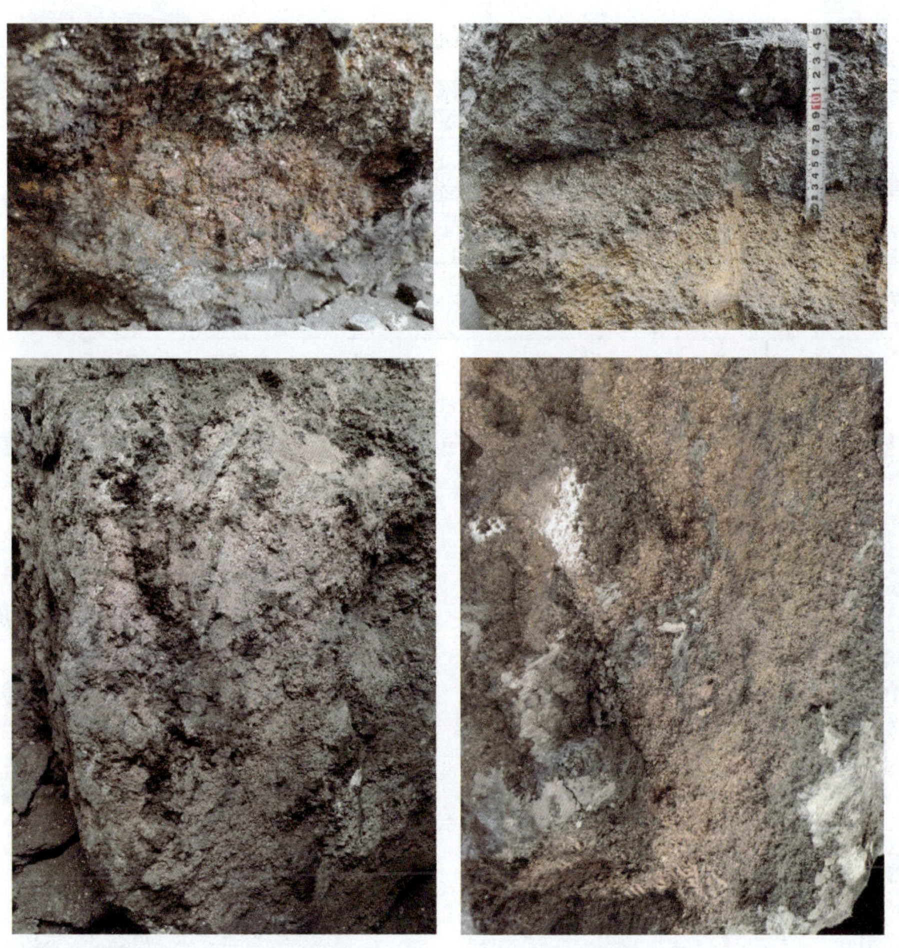

图3-113　富钛保护层宏观形貌

在首钢迁钢3号高炉大修期间取得了许多炉缸炭砖热面保护层样品，主要可分为富石墨保护层和富钛保护层，两类保护层均主要位于炉缸象脚部位，其中富石墨保护层分布范围更广。按高度方向从破损调查所取保护层试样中挑选代表性试样进行研究，试样宏观形貌分别见图3-114和图3-115。

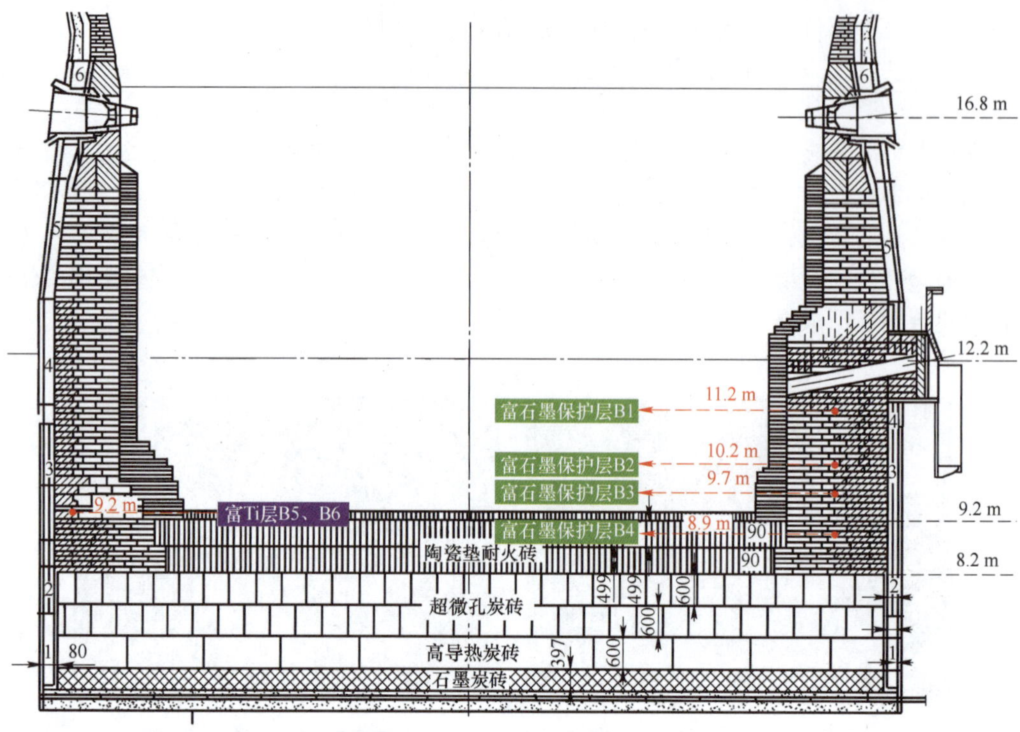

图 3-114　炉缸保护层取样示意图

(a) B1富石墨保护层

(b) B2富石墨保护层

(c) B3富石墨保护层

(d) B4富石墨保护层(石墨渣)

(e) B5富钛保护层

(f) B6富钛保护层

图 3-115　炉缸保护层宏观形貌

3.5.2　钛矿护炉保护层形成机制

3.5.2.1　富钛保护层微观形貌及成分

A　富钛保护层物相组成

表 3-19 和图 3-116 为炉缸不同高度的富钛保护层化学分析和 XRD 结果。由表 3-19 可知，象脚部位的富钛保护层具有较高的 Ti 含量和 Fe 含量，C 含量也相对较高，同时具有微量的渣相。研究表明，富钛保护层中的 Ti 主要以 TiN、TiC 或 Ti(C,N) 形式存在。从图 3-116 的 XRD 结果可知，富钛保护层中的主要物相为 $TiC_{0.3}N_{0.7}$，同时也含有铁相和石墨相。

表 3-19　富钛保护层的化学成分结果　(%)

编号	高度位置	Fe	C	S	P	CaO	MgO	Al_2O_3	SiO_2	K_2O	Na_2O	TiO_2
B5	铁口下 3.0 m	30.27	4.92	0.19	0.07	0.40	0.03	0.13	0.18	0.04	0.06	63.71
B6	铁口下 3.0 m	30.06	5.05	0.36	0.03	1.91	0.20	1.14	4.59	0.24	0.26	56.16

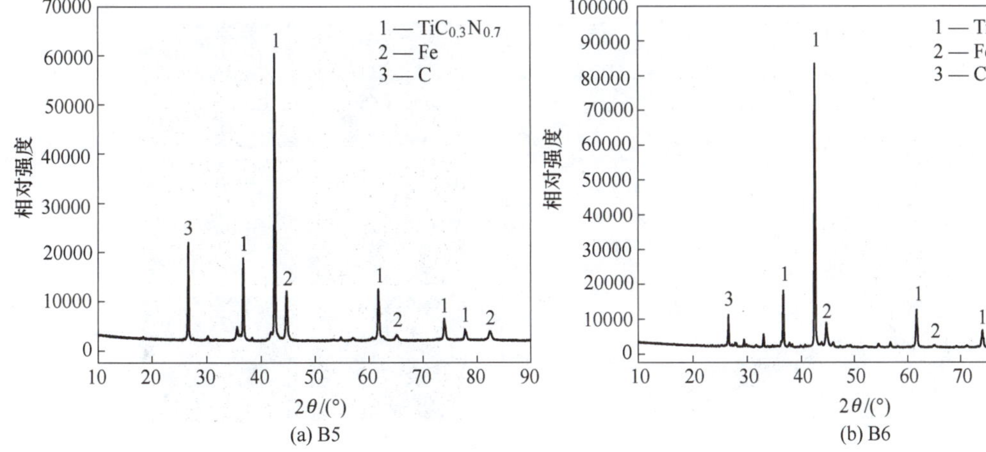

图 3-116　富钛保护层的 XRD 结果

B 富钛保护层微观形貌

图 3-117 为富钛保护层的微观形貌，保护层中的 Ti(C,N) 大面积分布在铁基体中，但每片 Ti(C,N) 保持相对独立没有相互连接，呈现出较为规则多边形。富钛层有一个很显著的特点，有大量的石墨与碳氮化钛共同析出，分布在铁基体中，且越靠近炭砖的富钛层中包含的石墨相越多。

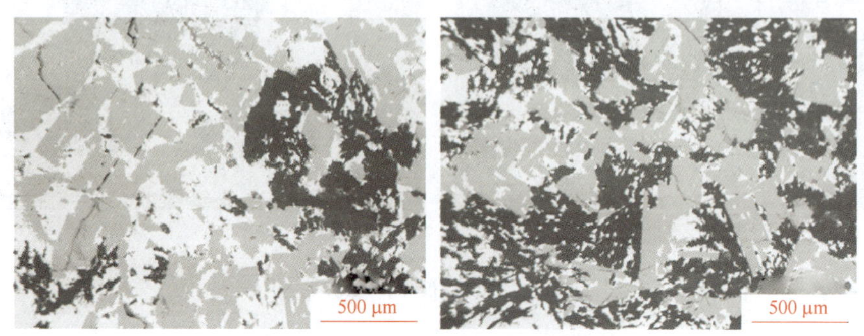

图 3-117 富钛保护层的微观形貌

在碳氮化钛与石墨相共生区域，通过 EDS 对样品的元素分布进行分析，见图 3-118。发现石墨相中除了碳元素外，还含有少量的 Si，可能也是来自于铁水，碳氮化钛中的 N 元素不是均匀分布，含量分布差异很大。

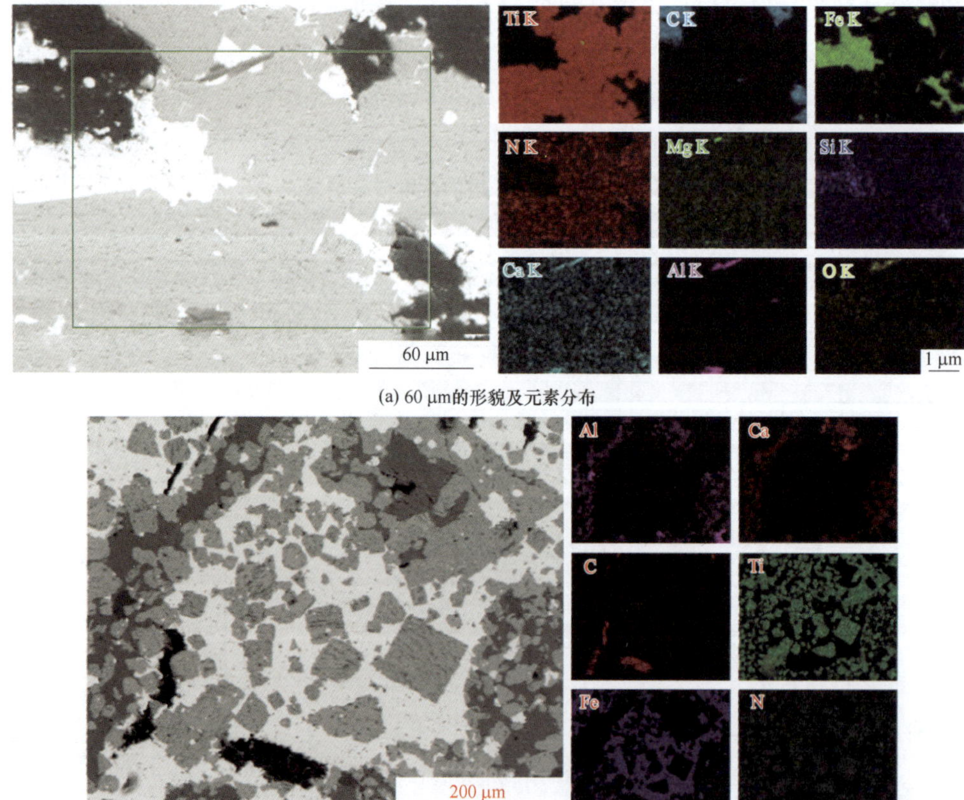

(a) 60 μm的形貌及元素分布

(b) 200 μm的形貌及元素分布

图 3-118 富钛保护层的面扫结果

另外，富钛层保护层中也发现部分渣相，渣相可能来源有：（1）在死料柱顶部的焦炭孔隙中渗入的渣相；（2）焦炭灰分；（3）炭砖。渣相被裹挟到炭砖热面的凝滞层中，与析出的碳氮化钛共同形成了稳定的富钛保护层。

图 3-119 为富钛保护层的光学形貌。从光镜结果中可以明显看出，保护层中碳以石墨的形式存在，含 Ti 化合物边界较为规整，以多边形为主，且析出的钛被基体包裹，析出的钛均与基体存在分明的边界，说明析出的钛与基体不润湿。

图 3-119　富钛保护层的光学形貌

3.5.2.2　富钛保护层形成机理

含钛炉料护炉成为高炉炉役末期延长高炉寿命最有效的措施之一，炉缸中钛积物的形成关键是来自铁水中的［Ti］的析出，铁水中［Ti］含量越高，钛积物越易形成，而且钛积层越厚。因此，炉缸中钛积物的形成根本上取决于铁水中［Ti］含量，而铁水中的［Ti］又取决于渣中 TiO_2 还原生成的 Ti(C,N) 的数量。根据生产实践，铁水中［Ti］在 0.08%～0.20%之间有较好的护炉效果。通过破损调查结果，可以推测耐火材料热面富钛保护层形成过程为以下三个步骤：

（1）由于高炉冷却系统的存在，炭砖热面形成了一层凝滞层。炉缸热面中受侵蚀部位接近冷却系统，温度较低，所以 Ti(C,N) 和石墨小颗粒在侵蚀部位附近的铁水中大量析出。

（2）析出的 Ti(C,N) 晶体和石墨向凝滞层迁移，这些小颗粒逐渐聚集长大，当包裹它们的液态铁水达到凝固温度后，铁也开始发生结晶。

（3）由于炉缸活动，来自焦炭灰分、耐火材料灰分或死料柱渣相将正在凝固的铁水重新熔化变成了液相。石墨和 Ti(C,N) 析出相均具有很高的熔点而没有熔化，这些析出相接触并进入渣相，从而与渣相共同固结，形成新的保护层。

3.5.3 石墨碳护炉保护层形成机制

3.5.3.1 富石墨保护层微观形貌及成分

A 富石墨保护层物相组成

表 3-20 为炉缸不同高度的富石墨保护层化学分析结果。由表 3-20 可知，富石墨保护层主要成分为 Fe 和 C，C 含量高达 48.34%，表明碳不再溶解在铁水中，而是析出了固体石墨与之共存。在径向方向上，热面的富石墨保护层 Fe 含量高于冷面，C 含量低于冷面，同时冷面含有较高的 Ti 含量，这主要是热面更靠近炉内（甚至与铁水接触），温度相对较高，而冷面温度较低，容易析出石墨和含钛化合物。在高度方向上，Fe 含量随距炉底距离减小而逐渐减小，C 含量略有增加。由于象脚部位位于炉底和侧壁交界处，而象脚部位的炭砖残厚已经较薄，故容易析出石墨，C 含量较高，这也意味着象脚处 B3 试样具有较高的 Ti 含量。此外，在 B2 和 B4 中试样中发现较高的渣相成分（CaO、MgO、Al_2O_3、SiO_2、K_2O、Na_2O），计算其渣相二元碱度分别为 0.99 和 1.16，低于和接近高炉终渣，猜测为高炉停炉过程中富石墨保护层与高炉渣的综合作用导致的。因此，主要以 B1 和 B3 试样的化学成分作为富石墨保护层的有效成分，具有较高 Fe 含量和 C 含量的同时具有较高的 Si 含量和 Ti 含量，其他元素含量较低。

表 3-20 富石墨保护层化学分析结果 （%）

编号	高度位置	Fe	C	S	P	CaO	MgO	Al_2O_3	SiO_2	K_2O	Na_2O	TiO_2
B1-热面	铁口下 1.0 m	65.53	30.03	0.06	0.06	0.59	0.07	0.39	2.09	0.07	0.07	1.02
B1-冷面	铁口下 1.0 m	51.43	43.28	0.04	0.05	0.09	0.01	0.10	0.83	0.05	0.03	4.09
B2	铁口下 2.0 m	19.38	7.20	1.05	0.02	26.90	4.58	12.05	27.04	0.33	0.40	1.04
B3	铁口下 2.5 m	43.22	48.34	0.21	0.04	0.09	0.03	0.14	1.90	0.07	0.05	5.91
B4	铁口下 3.3 m	31.34	3.15	0.85	0.03	25.75	4.03	11.21	22.21	0.39	0.40	0.63

富石墨保护层的 XRD 结果见图 3-120，可明显看出，作为有效富石墨保护层的 B1 和 B3 试样主要物相为 C 和 Fe（Fe_3O_4 为停炉后或制样过程中造成的氧化）。在所有试样中，都观察到非常尖锐且狭窄的石墨（002）峰（在 26.5°左右），且仅有 Fe、C 物相的 B1 和 B3 试样的石墨峰强度远大于 B2 和 B4 试样。在 B2 和 B4 试样中含有钙镁黄长石（$Ca_2MgSi_2O_7$）、SiO_2 和 Ca-Mg-Al-Si 四元渣相，这与表 3-20 中的化学分析结果一致。

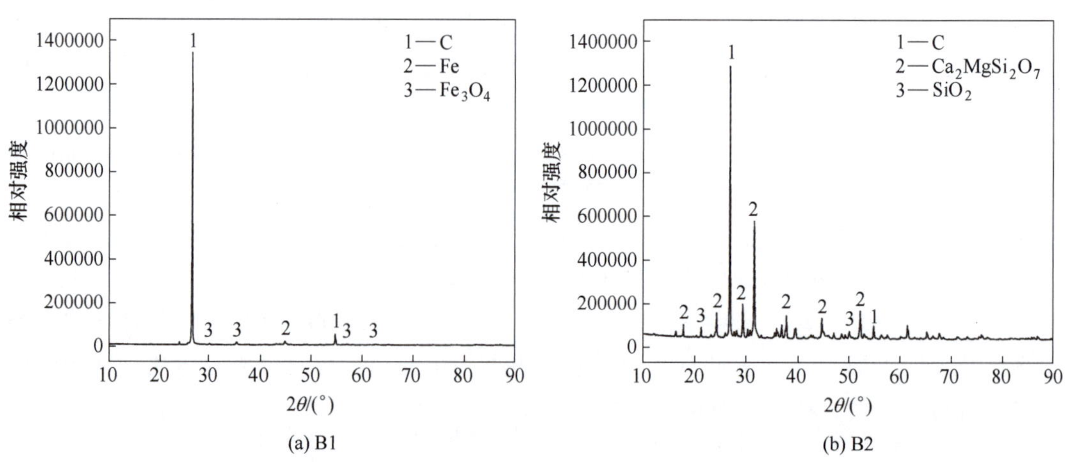

(a) B1　　(b) B2

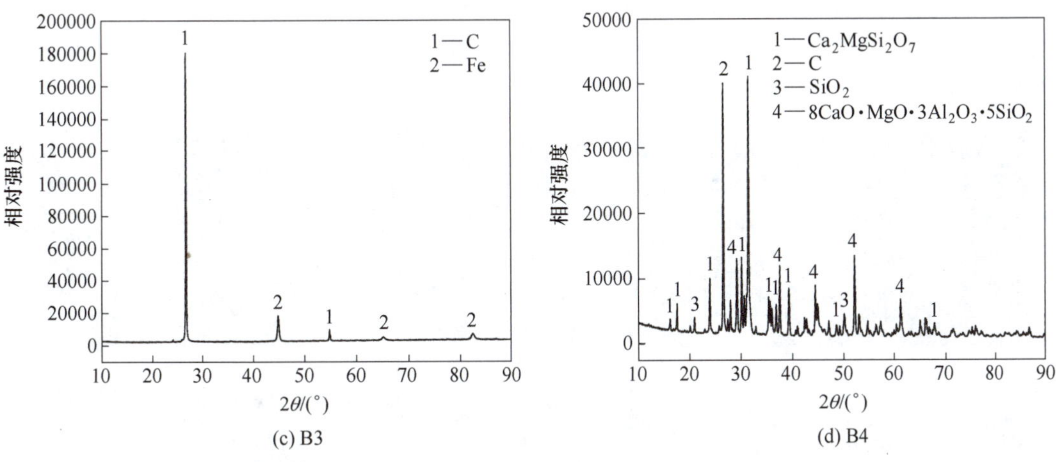

图 3-120 富石墨保护层的 XRD 结果

B 富石墨保护层微观形貌

图 3-121 为富石墨保护层 B1 和 B3 试样的微观形貌。石墨碳广泛分布在铁基体中，石墨碳形状不一，主要以片状形式赋存。石墨碳保护层的三维形貌可显示出更为全面的石墨碳保护层特征。大片状石墨表面较为致密光滑，片状石墨表面也呈现出由小石墨晶体堆积的螺旋塔尖状，形状也不是标准的六边形，石墨层间也存在一定角度。

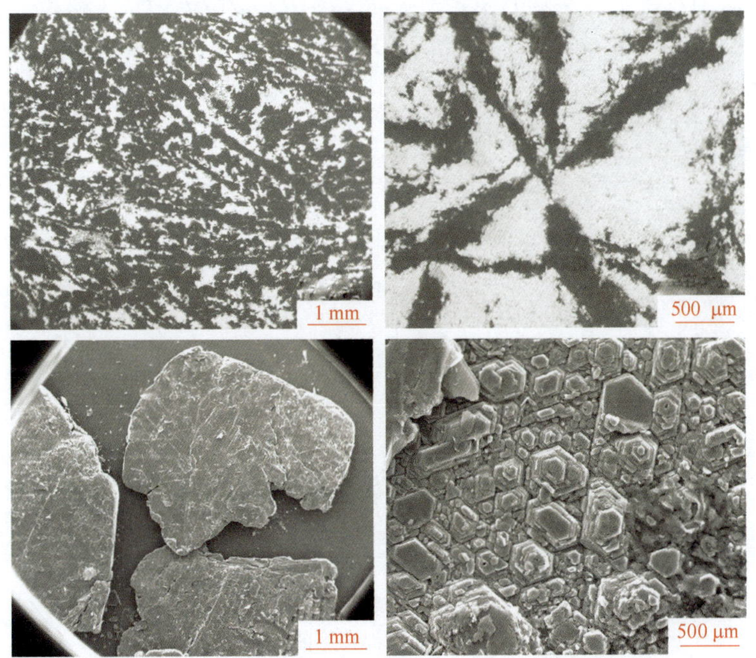

图 3-121 富石墨保护层 B1 和 B3 试样的微观形貌

与 SEM 相比，光学显微镜可以更好地反映富石墨保护层中石墨的结晶特性。富石墨保护层样品的光学显微照片见图 3-122，其中深灰色是石墨。图 3-122（a）显示了层状结构破碎的石墨相，图 3-122（b）中可以看到石墨碳颗粒，被石墨碳包围的三角形相是

Ti(C,N)。另外，边缘碳有向石墨碳过渡的趋势。图 3-122（c）~（e）显示了保护层中石墨的结晶状态，这证实了石墨的结晶性良好。溶解在铁水中的碳扩散到石墨-铁界面并析出，形成图 3-122（d）中的树枝状石墨。

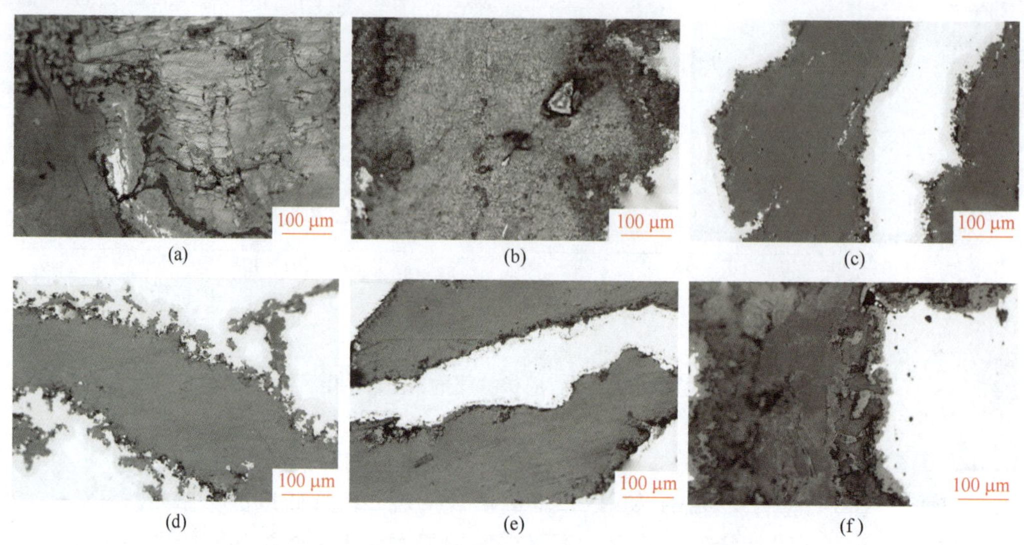

图 3-122 富石墨保护层 B1 和 B3 试样的光学形貌

对富石墨保护层做了拉曼光谱分析，结果见图 3-123。G 峰和 G′峰代表石墨化程度较高的石墨，D 峰则代表不完善的石墨和无序的碳结构。可以看出，G 峰高于 D 峰。D 峰和 G 峰的强度比（I_G/I_D）和面积比（A_G/A_D）都常被用来描述石墨化程度。富石墨保护层的强度比（I_G/I_D）和面积比（A_G/A_D）分别为 1.84 和 1.04，石墨化程度极高，进一步验证富石墨保护层中的 C 的存在形式为石墨。

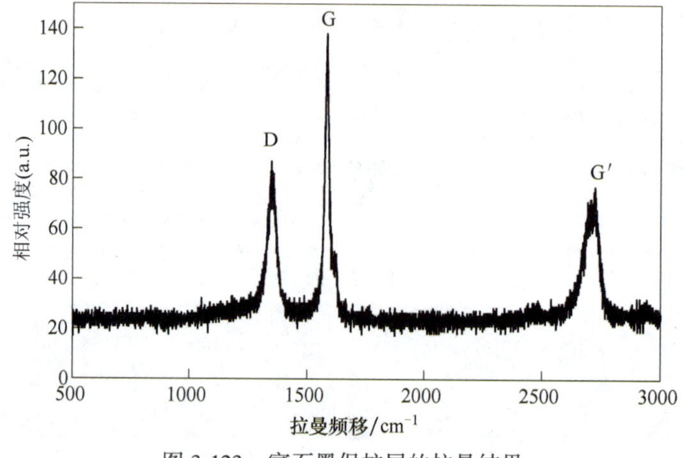

图 3-123 富石墨保护层的拉曼结果

图 3-124 和图 3-125 为富石墨保护层 B2 和 B4 试样的微观形貌，石墨层呈条状，以一定取向分布在渣相中，中间包含一切零星的铁相。在高倍率的条件下，对样品面扫进行元素分布分析。析出的石墨碳被渣相包裹，铁相中也包含有一定量的渣相，石墨表现出与炉渣极差的润湿性，石墨相和渣相之间存在一定的缝隙。

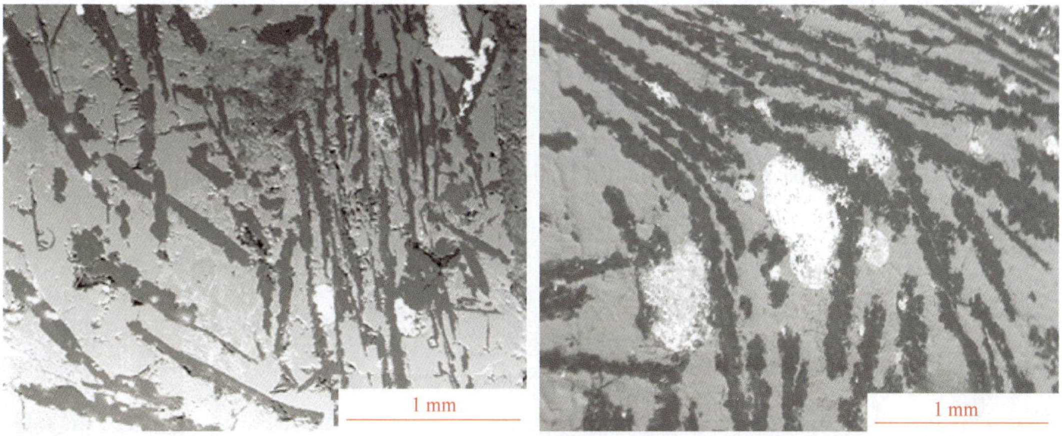

1 mm　　1 mm

(a) 形貌图

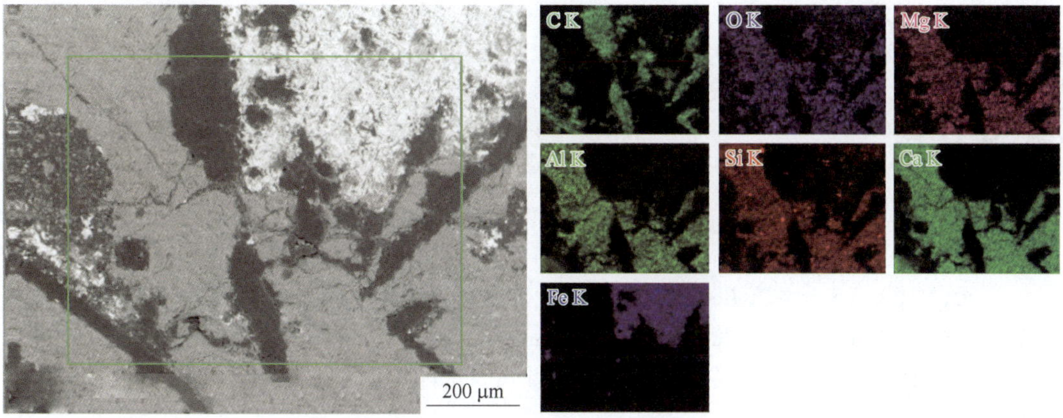

C K　O K　Mg K　Al K　Si K　Ca K　Fe K　200 μm

(b) 元素分布

图 3-124　富石墨保护层 B2 和 B4 试样的微观形貌

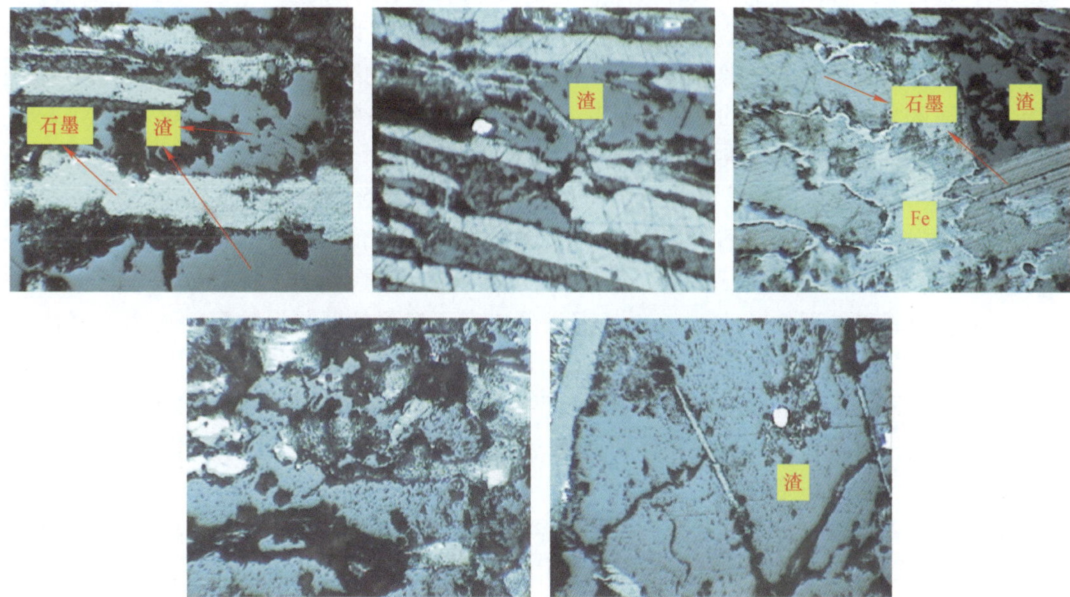

图 3-125　富石墨保护层 B2 和 B4 试样的光学形貌

3.5.3.2 富石墨保护层形成机理

在首钢迁钢3号高炉炉缸破损调查过程中，在炉缸炭砖热面发现了富石墨层，对炭砖起到了保护作用。炉缸中存在温度梯度，尤其在炭砖热面附近，温度一般可低于石墨碳析出温度，且石墨碳析出温度高于铁水凝固温度1150 ℃，因此在石墨碳析出的同时，铁相几乎均仍处于液态，最终由铁相和石墨碳相共同作用形成富石墨层，其形成过程见图3-126。

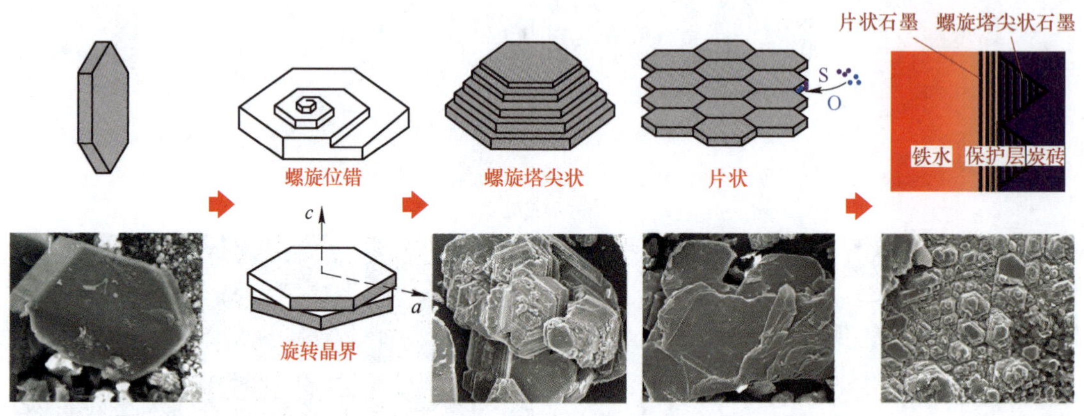

图 3-126 富石墨保护层的形成机理

首先，炉缸铁水中碳浓度梯度的存在驱使［C］向炭砖热面扩散，达到石墨碳的析出浓度或温度低于石墨碳析出温度时，石墨碳通过异质形核的方式大量形核析出，形成六方石墨单晶。炉缸内部是一个复杂的高温高压环境，单晶形成过程中会产生一些缺陷，并影响着后续的生长行为。

其次，六方石墨单晶沿着 c 轴逐层堆积生长和 a 轴横向生长。石墨单晶主要通过由螺旋位错、旋转晶界等缺陷导致的台阶或凹槽进行生长，其中螺旋位错可使石墨碳生长为螺旋塔尖状形貌。铁水中的［C］不断扩散到螺旋位错周围，为石墨碳的生长提供足够的碳源，促进石墨碳连续长大。螺旋位错的台阶扫过晶体表面的线速度是相同的，而位错中心台阶的角速度大于远离中心的台阶，且其尖端总是延伸到铁水中，可以源源不断获得碳原子供应，最终将形成螺旋塔尖状的石墨形貌。当螺旋位错的台阶边缘可以获得更多的碳原子时，石墨将沿着 a 轴方向生长为片状。另外，石墨的片状形貌也可通过旋转晶界方式形成，且铁水中的S、O等表面活性元素，将优先吸附在石墨的棱面上，导致棱面的生长速度快于基面，从而形成片状石墨。

最后，石墨碳的不断形核析出-生长沉积形成富石墨保护层。保护层主要由金属铁和石墨碳组成，金属铁形核长大的同时，［C］继续扩散至已形成的石墨碳附近，使石墨碳进一步生长，最终形成富石墨保护层。对于两种石墨形貌，螺旋塔尖状石墨借助其尖端而稳定附着在浇注料上，片状石墨在保护层稳定附着的基础上，又可进一步提高富石墨保护层隔离铁水和炭砖的作用。

高炉炉缸铁水碳含量达到饱和以及炉缸炭砖热面温度低于石墨碳析出温度是炉缸富石墨碳保护层形成的两个必要条件。实际生产中，可通过调控炉缸的活跃状态来促进铁水渗碳和优化炉缸传热体系降低炭砖热面温度两个方面促进石墨碳保护层的形成。

3.5.4　加钛护炉技术

在高炉末期炉役或炉缸、炉底温度（水温差）出现异常的冶炼过程中，为保证高炉炉缸的安全，加入含钛物料以达到护炉或补炉的作用已被大多高炉操作者所接受。其主要是通过高温下还原生成碳氮化钛等高熔点物相，并促进含钛物相在耐火材料侵蚀严重位置沉积，来对炉缸进行保护。炼铁工作者在使用钛资源进行高炉炉缸维护的过程中，分别尝试过不同种类的钛资源和不同的加入方式，按照时间排序主要有以下几种：炉顶加入钛矿护炉、风口喷吹钛精粉、在炮泥中加入含钛物料、固结含钛球护炉和风口喂入包芯线，在首钢主要应用的是加含钛物料护炉。

3.5.4.1　护炉用含钛炉料冶金特性及演变机制

由于高炉原料的还原性能、熔滴性能等冶金性能对高炉压差和生产的稳定影响较大，因此炼铁工作者对高炉常规炉料的冶金性能格外重视。

A　不同含钛炉料的还原行为

对首钢使用的含钛炉料进行了化学成分检测，并将检测结果与常用原料成分同时列于表 3-21 中。

表 3-21　炉料成分分析　（%）

名　称	TFe	SiO_2	Al_2O_3	CaO	MgO	S	TiO_2
烧结矿	57.39	5.07	1.89	10.22	1.41	0.02	0.15
块矿	61.95	3.24	1.81	0.07	0.00	0.01	0.08
普通球团矿	65.47	3.24	0.61	0.69	1.59	0.01	0.08
钛矿-A	48.00	6.93	5.71	1.37	2.80	0.32	12.00
钛矿-B	44.00	9.87	5.50	1.92	2.52	1.14	11.00
钛矿-C	43.44	9.71	5.01	2.33	4.72	0.33	18.60
钛球-A	51.40	6.32	2.37	1.68	1.75	0.02	13.78
钛球-B	64.99	2.83	0.56	0.72	1.74	0.01	1.08

由表 3-21 可见，常用炉料中，均会有一定的 TiO_2 存在如：块矿和普通球中的二氧化钛的质量分数普遍在 0.08%的水平上，而烧结矿中二氧化钛的质量分数略高，约在 0.15%的水平。

在几种含钛炉料中，钛矿-C 资源 TiO_2 的质量分数最高，可高达 18.60%；钛球-A 资源中 TiO_2 的质量分数在几种含钛炉料中排名第二，为 13.78%；钛矿-A 和钛矿-B 中 TiO_2 的质量分数稍低，其中钛矿-A 的质量分数为 12%，钛矿-B 的质量分数为 11%。同时它们均表现为含铁品量低，大量使用会给综合入炉品位带来不利影响。另外，钛球-B 中 TiO_2 的质量分数为 1.08%，相比常规炉料虽然其 TiO_2 量略高，但与其他含钛炉料相比，其 TiO_2 的质量分数仍较低。

从不同含钛炉料的含铁品位来看：钛球-B 的全铁质量分数为 64.99%，是几种含钛炉料中最高的。仅比常规普通球略低一点；钛球-A 全铁的质量分数为 51.40%，几种含钛炉料中位居第二；钛矿-A 的全铁质量分数为 48%，几种含钛炉料中排名第三，最后是钛矿-B 和钛矿-C，二者全铁质量分数较接近，分别为 44%和 43.44%。

图 3-127 为还原时间对不同含钛炉料还原度的影响。由图 3-127 可见，几种含钛炉料的还原度曲线的变化趋势基本一致。钛球-B 的还原度指数为 80. 58%，是几种含钛炉料中最高的，其余含钛炉料按照还原性指数高低排序来看，分别为钛球-A（还原性指数为 65. 92%）、钛矿-C（还原性指数为 58. 84%）、钛矿-A（还原性指数为 52. 14%）以及钛矿-B（还原性指数为 49. 85%）。图 3-128 为不同含钛炉料的还原速率变化情况。不同含钛炉料还原速率曲线变化趋势基本相同，均为反应开始时还原速率最高，而后逐渐下降。对比不同类型的含钛炉料来看，还原初期（反应前 70 min）球团类含钛炉料还原速率要高于块矿类含钛炉料，还原过程中，几种含钛炉料还原速率差距不断减小，直到还原末期，还原速度基本相同。球团类含钛资源反应初期还原速度较快的原因可归结于以下两点：(1) 球团矿为球形，相同粒度的球团矿和块矿，球团矿的表面积更大，初始反应界面更大，所以反应初期反应速度更快；(2) 球团矿中空隙结构更为发达，更利于还原性气体向球团内部扩散，提高扩散速率，以提高还原反应速率。

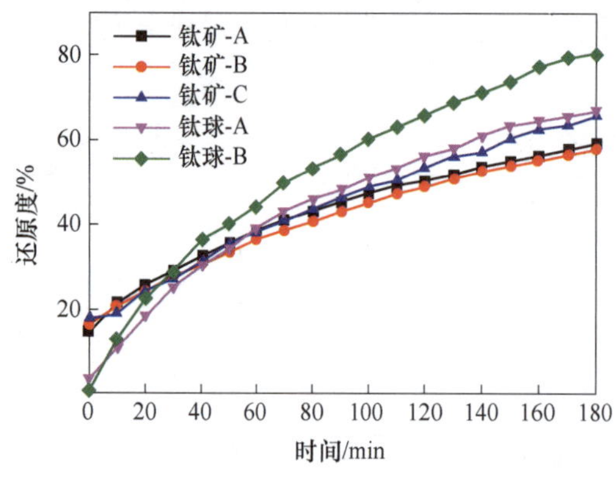

图 3-127 还原时间对不同含钛炉料还原度的影响

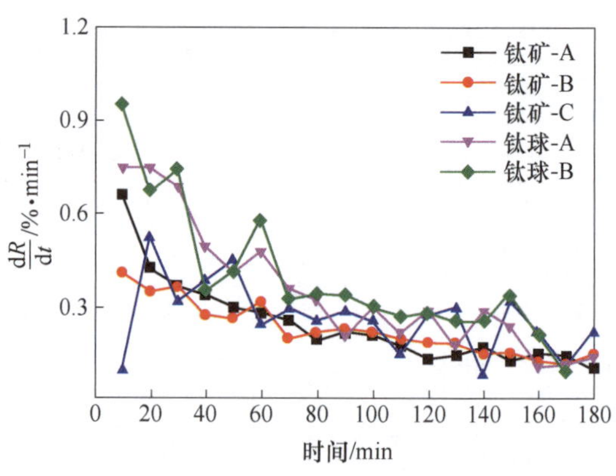

图 3-128 还原时间对不同含钛炉料还原速率的影响

图 3-129 为几种含钛炉料还原前后的典型微观结构。由图 3-129 可见：三种块矿类含钛炉料的物相组成较为接近，还原实验前，含钛物相主要为钛铁矿，铁氧化物主要为磁铁矿，脉石组分主要有：辉石、尖晶石和石榴石。还原实验后，铁氧化物主要为磁铁矿和氧化亚铁（试样周围），含钛物相和脉石的物相组成则无变化。两种钛球的物相组成也较为接近，还原实验前，含钛物相主要为假板钛矿，铁氧化物主要为赤铁矿，脉石组分主要有：辉石、尖晶石和橄榄石。还原实验后，脉石物相组成无明显变化，含钛物相由假板钛矿被还原为钛铁矿，部分磁铁矿被 CO 还原成了氧化亚铁和金属铁。

对比不同含钛炉料还原前后微观结构和物相组成的变化可见，原料的还原性差异主要由于原料的微观结构和铁元素的存在形式的差异所致。由图 3-129 可知，三种块矿类含钛炉料相比球团类含钛炉料结构更为致密，因此其还原反应基本仅发生在样品边缘区域。两种球团类含钛炉料为多孔结构，孔隙发达，动力学条件良好，样品内部也会有还原反应发生。另外，几种含钛炉料中，均有部分铁元素赋存于钛铁矿（钛矿）或假板钛矿（钛球）之中，而这两种含钛物相的还原性较差。因此钛球-B 的还原性指数是几种含钛炉料中最高的。

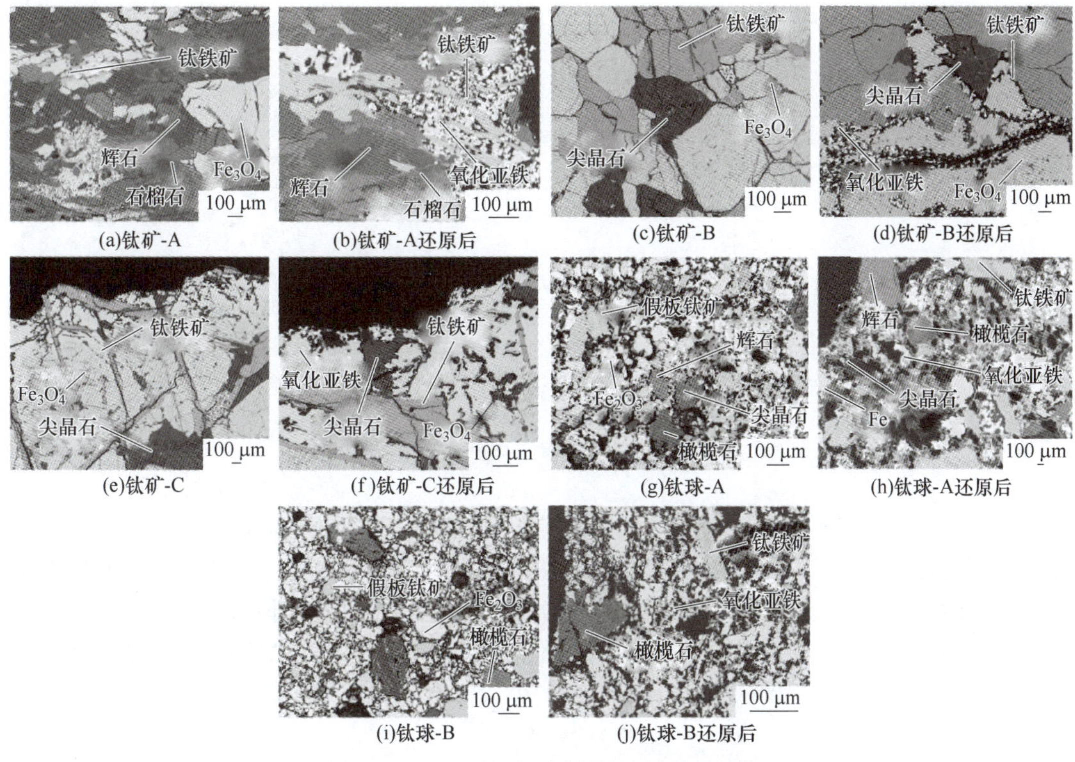

(a)钛矿-A　(b)钛矿-A还原后　(c)钛矿-B　(d)钛矿-B还原后　(e)钛矿-C　(f)钛矿-C还原后　(g)钛球-A　(h)钛球-A还原后　(i)钛球-B　(j)钛球-B还原后

图 3-129　还原前后不同含钛炉料微观结构

B　不同含钛炉料对综合炉料熔滴性能的影响

表 3-22 为使用不同类型含钛炉料综合炉料的高温荷重软化及融滴性能实验方案。不同含钛炉料使用比例按生产实际使用比例配加。

表 3-22　综合炉料的高温荷重软化熔滴性能实验方案　(%)

方案	含钛炉料	烧结矿	普通球	澳矿
1	3%钛矿-A	63	26	8
2	3%钛矿-B	63	26	8
3	3%钛矿-C	63	26	8
4	3%钛球-A	63	26	8
5	29%钛球-B	63	—	8

其中方案 1~4 采用的是高炉护炉常用的钛矿和钛球资源，方案 5 为低钛型护炉料替代所有普通球及钛矿资源的实验方案。

图 3-130 为使用不同含钛炉料结构熔滴实验中的软化开始、终了以及软化温度区间的变化。由图 3-130 可以明显看出，使用钛矿与使用钛球相比，软化开始温度和软化终了温度都会明显偏低。由此可知，高炉配加球团类含钛炉料是有利于改善高炉上部料层透气性的。

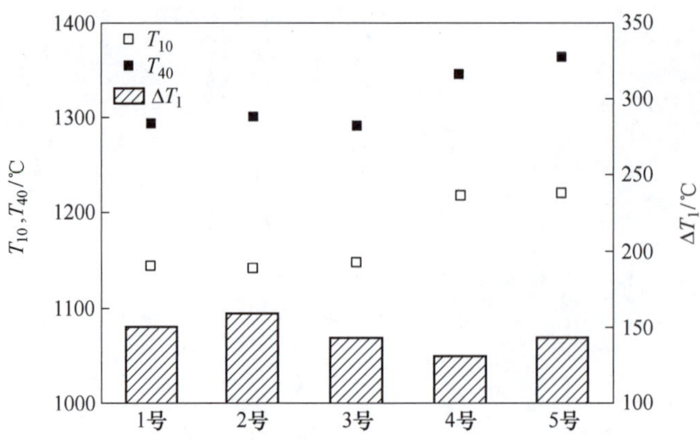

图 3-130　不同含钛炉料对综合炉料软化性能的影响

图 3-131 为使用不同含钛炉料结构熔滴实验中的压差开始陡升温度、滴落温度和熔滴温度区间的变化图。由图 3-131 可知，使用钛矿-A、钛矿-B 和钛矿-C 时，压差开始陡升温度在 1330～1360 ℃，低于使用其他两种含钛炉料的压差开始陡升温度，而滴落温度基本一直维持在 1425～1429 ℃范围内。同时，使用钛矿-A、钛矿-B 和钛矿-C 的方案熔滴温度区间过宽，对透气性影响较大。

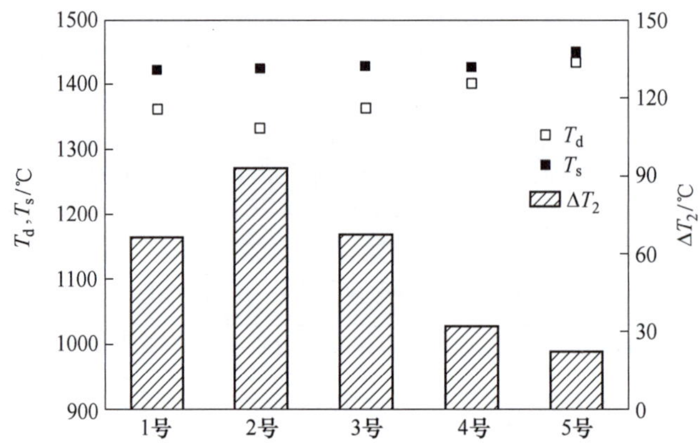

图 3-131　不同含钛炉料对综合炉料熔化性能的影响

而使用钛球-A 时，压差开始陡升温度明显升高至 1400 ℃左右，滴落温度无明显变化，依旧在 1425～1429 ℃间，为此熔滴温度区间明显变窄。

方案 1～4 与方案 5 相比，是使用高钛型护炉料的综合炉料结构与使用低钛型护炉料的综合炉料结构进行对比，其最大区别在于方案 1～4 中的 Ti 是高度集中在高钛型的含钛炉料中，而方案 5 则为 Ti 平均分配在所有球团中。由图 3-131 可以得知，Ti 分布较为集中的炉料结构方案 1～4 压差开始陡升温度偏低，滴落温度低；而 Ti 分布较均匀的炉料结构方案 5 压差开始陡升温度和滴落温度较高。

图 3-132 为综合炉料熔滴性能试验过程中的最大压差值。由图 3-132 可以得出，使用钛矿-A 和钛矿-B 的方案，其最大压差值最高；而使用钛球-A 和钛矿-C 的最大压差值稍

低；使用钛球-B 的最大压差值最小，透气性最好。

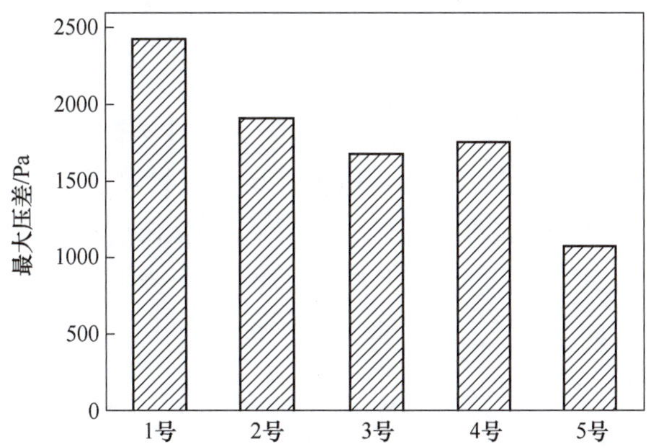

图 3-132　不同含钛炉料对综合炉料最高压差的影响

图 3-133 为综合炉料熔滴性能总体特征值 S，它可以综合考虑熔滴区间宽度与料柱透气性之间的关系。由图 3-133 可以非常明确地得出，使用钛矿-A 和钛矿-B 的综合炉料其 S 值都处于较高水平，均在 120 kPa · ℃以上，明显高于其他三种类型含钛炉料的 S 值。

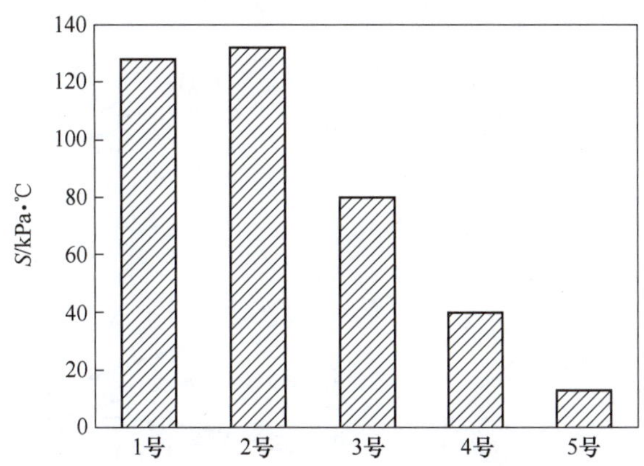

图 3-133　不同含钛炉料对综合炉料透气性的影响

而其余三种含钛炉料中，使用钛球-A 的炉料结构 S 值在 40 kPa · ℃左右，使用钛矿-C 的 S 值在 80 kPa · ℃左右，而使用钛球-B 的炉料结构的 S 值仅为 13 kPa · ℃。

总体特征值 S 不高于 200 kPa · ℃的综合炉料结构均可用于高炉，可见与这几种含钛炉料搭配的炉料结构均满足高炉需求，而 S 值在低于 80 kPa · ℃时，则一般认为是非常好的炉料结构。为此得出钛矿-C、钛球-A 和钛球-B 的综合炉料冶金性能较为突出，尤其是钛球-B 最为突出。

不同含钛炉料对综合炉料软化性能的影响主要体现在：使用块矿类含钛炉料与使用球团类含钛炉料相比，软化开始温度和软化终了温度都要明显偏低，主要是球团矿的孔隙结构发达，更有利于还原介质进入到其内部发展还原反应，更容易形成由金属铁和浮士体组成的铁壳结构，使球团矿不易发生软化。

不同含钛炉料对综合炉料熔滴性能和最大压差的影响主要体现在高钛型含钛炉料相比低钛型含钛炉料，熔化、滴落温度低，熔化区间宽，且最大压差高。这主要是由于相比高钛型含钛炉料含钛相较集中容易形成高钛型渣相，低钛型含钛炉料含钛相较分散易形成低钛型渣相。从 $CaO-SiO_2-TiO_2$ 三元相图（图 3-134）可见，在高炉渣碱度条件下，钛含量较低时，渣相处于 α-$CaSiO_3$ 相区附近，其熔化温度较高。钛含量较高时，渣相处于 $CaTiSiO_5$ 相区附近，其熔化温度较低。因此高钛型含钛炉料相比低钛型含钛炉料的综合炉料熔化温度和滴落温度要低。但由于高钛型渣相钛含量较高为 TiC 和 TiN 的产生提供了有利条件，使得熔滴过程中形成的渣相的表观黏度升高，造成最大压差升高。

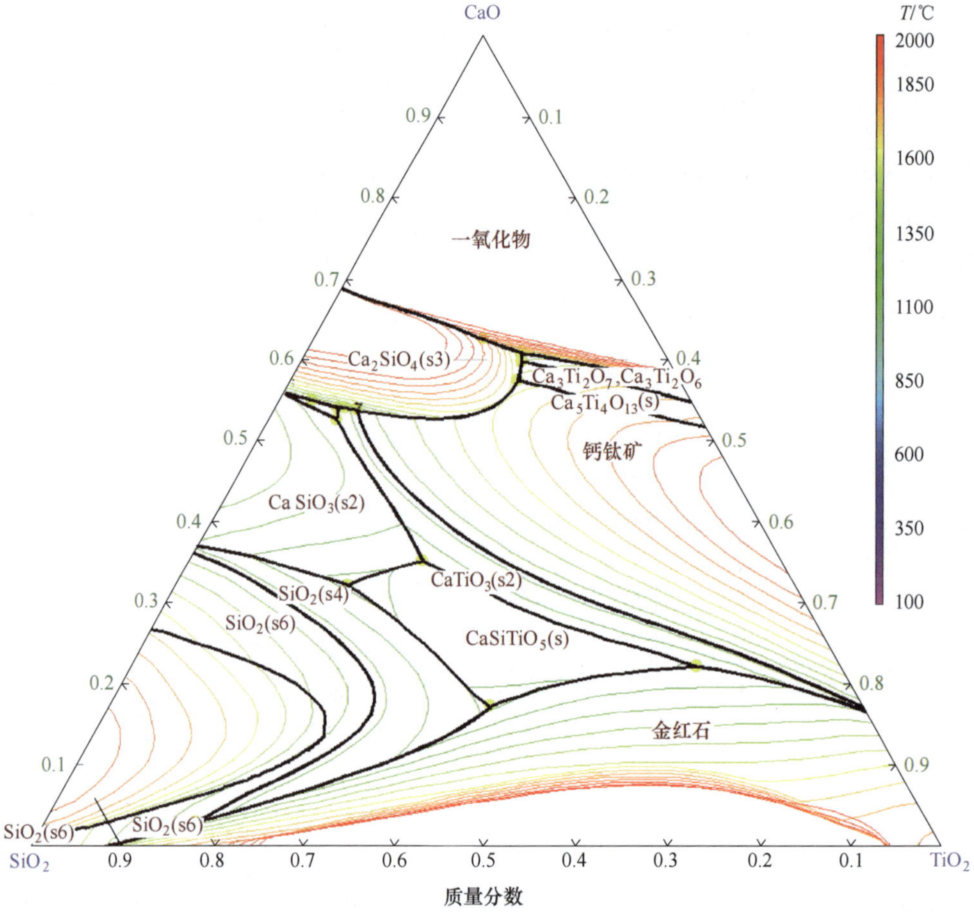

图 3-134　$CaO-SiO_2-TiO_2$ 三元相图

3.5.4.2　钛在渣金界面分配行为的影响因素及作用机理

在使用钛矿护炉的过程中，为有效控制炉缸高温点，保证护炉效果，高炉操作者最关心的就是铁水中钛的质量分数。根据炉衬温度情况，来制定铁水中钛质量分数的控制范围，并依照铁水中钛质量分数的目标值和炉况变化情况，来控制钛矿的加入量。实验条件和炉渣成分见表 3-23。

表 3-23 实验条件和炉渣成分

编号	炉渣成分/%						参 数	
	SiO_2	CaO	MgO	Al_2O_3	TiO_2	CaO/SiO_2	温度/℃	时间/h
MS1	35.12	40.38	8.0	14.0	2.5	1.15	1450	6
MS2	35.12	40.38	8.0	14.0	2.5	1.15	1500	6
MS3	35.12	40.38	8.0	14.0	2.5	1.15	1550	6
MS4	35.58	40.92	8.0	14.0	1.5	1.15	1500	6
MS5	34.65	39.85	8.0	14.0	3.5	1.15	1500	6
MS6	33.95	39.05	8.0	14.0	5.0	1.15	1500	6
MS7	36.83	38.67	8.0	14.0	2.5	1.05	1500	6
MS8	34.32	41.18	8.0	14.0	2.5	1.20	1500	6
MS9	33.56	41.94	8.0	14.0	2.5	1.25	1500	6
MS10	35.58	40.92	7.0	14.0	2.5	1.15	1500	6
MS11	36.05	41.45	6.0	14.0	2.5	1.15	1500	6
MS12	36.51	41.99	5.0	14.0	2.5	1.15	1500	6

本实验所使用的电子探针选取不同位置多次测量的平均成分接近为生铁的体积成分。在 30 个不同的地点进行 EPMA 测定，以获得生铁成分。急冷后样品的典型微观形貌详见图 3-135。微观观察发现，所有渣样在高温下均以全液相形式存在，铁样均为碳饱和状态。值得注意的是该电子探针不能对碳含量进行测试，由于铁水在碳饱和的状态下，所以可以通过铁碳相图来推测碳的含量。表 3-24 为成分的检测结果。忽略了碳含量的成分，并进行了归一化处理。选取了铁样进行 ICP 成分检测，并与电子探针结果进行对比，二者检测结果对应性良好，所以用 30 个不同位置的电子探针结果来确定样品成分的方法可行。

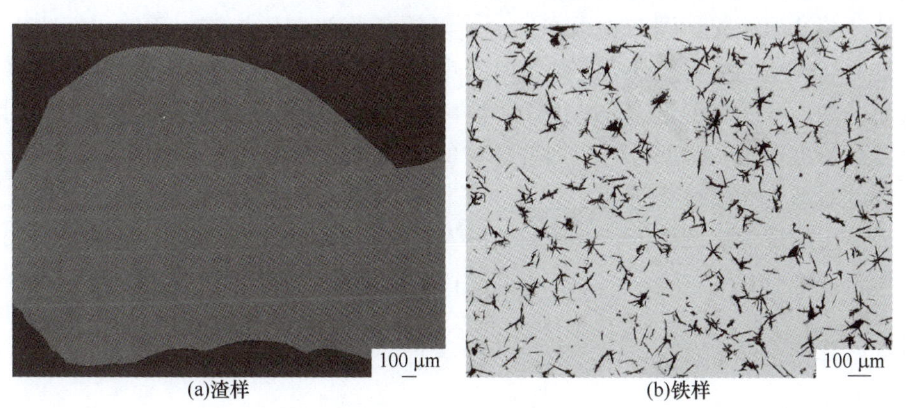

(a)渣样 (b)铁样

图 3-135 急冷后渣铁样品的典型微观形貌

表 3-24 急冷后渣铁样品的成分结果 (%)

编号	渣 样						铁 样		
	SiO_2	CaO	MgO	Al_2O_3	TiO_2	CaO/SiO_2	Fe	Ti	$L_=$
MS1	35.58	40.57	7.79	13.97	2.09	1.140	99.8	0.056	0.036

续表 3-24

编号	渣　样						铁　样		
	SiO_2	CaO	MgO	Al_2O_3	TiO_2	CaO/SiO_2	Fe	Ti	$L_=$
MS2	35.86	39.95	7.92	14.26	2.01	1.114	99.6	0.103	0.069
MS3	35.20	41.08	7.78	14.11	1.83	1.167	99.48	0.180	0.131
MS4	35.58	41.75	7.69	13.89	1.10	1.173	99.53	0.114	0.081
MS5	34.59	40.84	7.93	14.08	2.56	1.181	99.53	0.187	0.097
MS6	33.81	40.74	7.91	14.27	3.27	1.205	99.19	0.355	0.144
MS7	36.71	39.03	7.95	14.38	1.93	1.063	99.37	0.178	0.123
MS8	34.64	41.41	7.78	14.03	2.06	1.196	99.7	0.084	0.054
MS9	33.56	42.08	7.87	14.10	2.29	1.254	99.85	0.061	0.035
MS10	35.97	40.93	6.72	14.18	2.20	1.138	99.71	0.110	0.066
MS11	36.30	41.53	5.81	14.20	2.15	1.144	99.73	0.115	0.071
MS12	36.75	42.03	4.86	14.18	2.17	1.144	99.71	0.122	0.074

使用商业软件 FactSage 中的平衡模型，并选取“FToxid”数据库，对渣液中 TiO_2 的活度进行了计算。并计算渣铁间钛分配比来评估炉渣中 TiO_2 的还原效率。计算公式如下：

$$L_{Ti} = \frac{w_{[Ti]}}{X_{(TiO_2)}} \tag{3-34}$$

式中　$X_{(TiO_2)}$——炉渣中 TiO_2 的摩尔分数；

$w_{[Ti]}$——铁水中钛的质量分数。

选取了首钢某高炉的加钛护炉期间的生产数据，进行了对比分析。图 3-136 为首钢某高炉在 2013—2016 年期间，钛负荷、铁水中钛含量和炉衬温度的统计结果。由图 3-136 可见，钛负荷波动频繁，同时铁水中钛含量随钛负荷的变化趋势一致。在高炉生产过程中，炉缸的腐蚀情况由安置在靠近炉衬内的热电偶所监测。热电偶温度会随着被腐蚀的衬砌变薄而升高。电偶温度迅速升高，说明炉衬被侵蚀，并不断变薄。在加钛护炉期间，同样有高温点的出现，说明部分时期加钛护炉的效果并不显著。为了解加入的 TiO_2 进入到铁水比例，对平均钛收得率进行了计算，平均钛收得率仅为 13%。说明进入到铁液中并起到护炉作用的钛的比例很低，大量的钛进入了渣相被浪费掉。钛收得率的公式如下：

$$\alpha = \frac{\text{铁液中钛的质量}}{\text{加入高炉内钛的质量}} \tag{3-35}$$

另外统计了实际生产过程中，温度、钛负荷、碱度和 MgO 的质量分数数据，用于与实验结果对比。

A　温度对渣铁间钛分配比的影响

在炉渣 TiO_2 的质量分数为 2.5%，碱度为 1.15，MgO 和 Al_2O_3 的质量分数分别为 8% 和 14%，反应时间为 6 h 的实验条件下，调查了温度对渣铁间钛分配行为的影响，温度分别选取了 1450 ℃、1500 ℃和 1550 ℃。结果显示，三个炉渣中的 TiO_2 的质量分数下降到接近 2%。图 3-137 为铁中钛的质量分数和渣铁间的钛分配比随温度的变化曲线。由图 3-137可见，铁中钛质量分数和渣铁间钛的分配比随着温度的升高而升高。结果显示，由

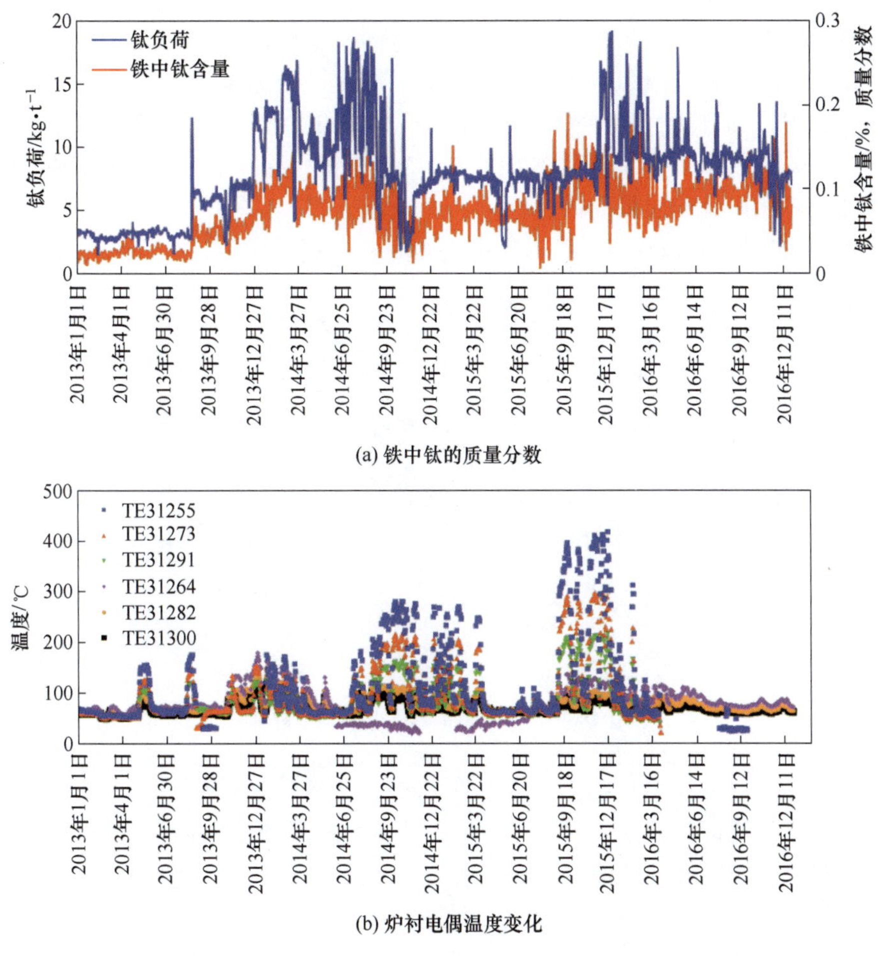

(a) 铁中钛的质量分数

(b) 炉衬电偶温度变化

图 3-136 高炉钛负荷和铁中钛的质量分数和炉衬电偶温度变化

于 TiO_2 的还原反应是吸热反应，所以反应温度的提高是对炉渣中钛氧化物的还原有促进作用的。

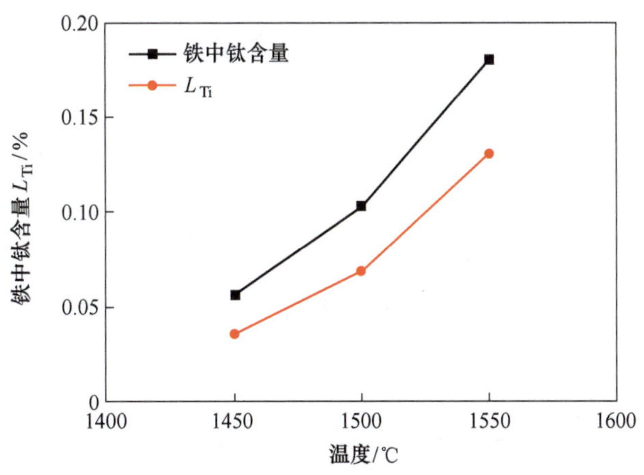

图 3-137 温度对铁中钛的含量和渣铁间钛分配比的影响

图 3-138 为实验结果与生产数据的情况对比。用于对比的炉渣成分范围：碱度为 1.15 ±0.03，MgO 的质量分数为 8.0%±0.2%，Al_2O_3 的质量分数为 14.0%±0.5%，TiO_2 的质量分数为 2.0%±0.1%。见图 3-138，从实验数据和生产数据来看，铁水中钛的质量分数均随着温度的升高而升高，其中实验数据中的铁水钛的质量分数要高于生产中铁水中的钛的质量分数。对比结果显示，说明在出铁前，渣铁中钛元素并未达到平衡。通过提高停留时间可以提高铁水中钛的质量分数。

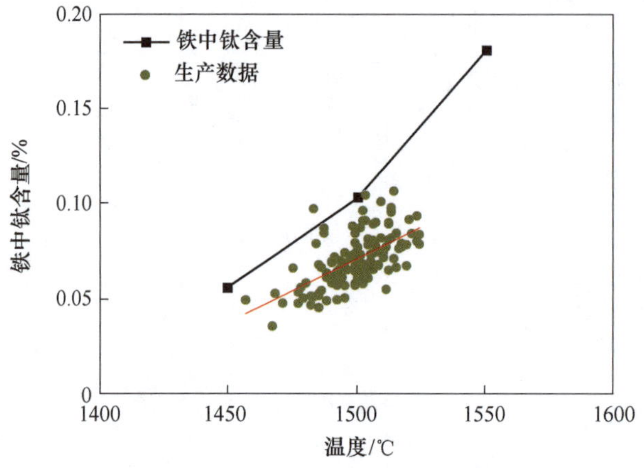

图 3-138　实验结果与生产数据的对比

B　渣中 TiO_2 对渣铁间钛分配比的影响

加钛护炉所使用的含钛炉料对于高炉生产是额外的费用。控制高炉的钛加入量，可以有效地控制铁水成本。在固定碱度、MgO 含量、Al_2O_3 含量和反应温度的条件下，通过调整炉渣中 TiO_2 的质量分数来考察炉渣中 TiO_2 对渣铁间钛分配比的影响。表 3-24 实验结果显示，由于与铁液中的碳发生还原反应，炉渣中的 TiO_2 的质量分数有所下降。图 3-139 为铁中钛的质量分数和渣铁间钛分配比随炉渣中 TiO_2 的质量分数的变化趋势。由图 3-139 可见，炉渣中 TiO_2 的质量分数由 1%升高到 2%的过程中，铁水中钛含量增加并不明显，而当炉渣中 TiO_2 含量进一步升高时，铁水中钛含量则显著升高。

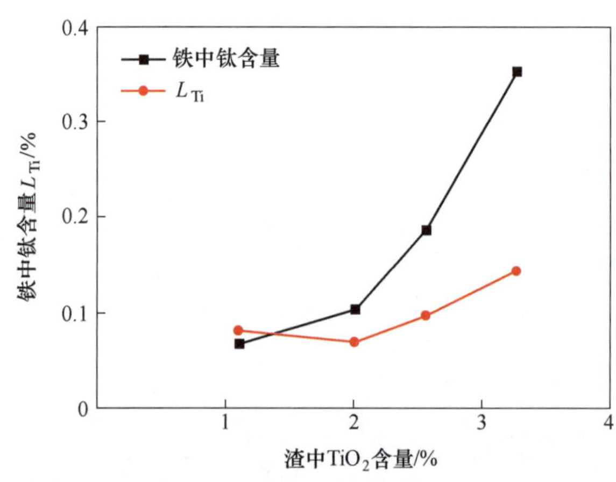

图 3-139　渣中 TiO_2 含量对铁中钛含量和渣铁间钛分配比的影响

图 3-140 为实验数据和生产数据的情况对比。生产数据选取，炉渣 TiO_2 含量不同，其他因素（碱度为 1.15±0.03，MgO 的质量分数为 8.0%±0.2%，Al_2O_3 的质量分数为 14.0%±0.5%和铁温在 1500 ℃±5 ℃）一致的炉渣数据。在炉渣中 TiO_2 的质量分数为 1%时，实验数据和生产数据的铁中钛含量很接近，而且随炉渣中 TiO_2 含量增加，二者的变化趋势也相同。但当炉渣中 TiO_2 的质量分数超过 3%以后，实验铁样中的钛含量增加的幅度明显高于生产过程中铁水中的钛含量。

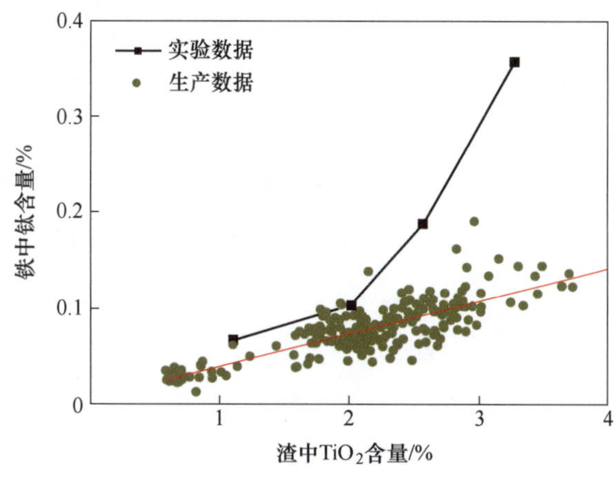

图 3-140 实验结果与生产数据的对比

生产数据显示，提高 TiO_2 的加入量，可以提高铁水中的钛含量。生产数据和实验数据的差别可以看出，生产过程中炉渣中的 TiO_2 并不能完全被还原进入到铁液中，并对炉缸起到保护作用，会有很大一部分 TiO_2 被浪费掉。另外，从现有数据可以发现，在炉渣中的 TiO_2 的质量分数在 1%~2%时，提高其含量对铁中钛含量影响很小，当炉渣中 TiO_2 的质量分数超过 2%时，小幅提高炉渣中 TiO_2 含量也可以使得铁水中钛含量大幅增加。

C 碱度对渣铁间钛分配比的影响

炉渣碱度是炉渣性能的重要影响因素，它对炉渣液相线温度、黏度、硫容和高炉操作均有较大影响。熔化过程中 TiO_2 的还原行为也会受到炉渣碱度的影响。图 3-141 为固定温度（1500℃）下，碱度对铁中钛含量和渣铁间钛分配比的影响。由图 3-141 可见，在碱度由 1.06 升高到 1.12 的过程中，铁中钛含量和钛在渣铁间的分配比会显著下降，而在碱度进一步升高到 1.25 的过程中，二者的下降趋势则趋于平缓。在熔渣中，Ca^{2+}的活度随着碱度的升高而升高，Ti-O 则会与 Ca^{2+}结合，使得炉渣中 TiO_2 的活度下降。利用 FactSage 对熔渣中 TiO_2 的活度和活度系数进行计算。见图 3-142，当碱度在 1.05~1.25 之间时，炉渣中 TiO_2 的活度和活度系数随着碱度的升高而降低。由于活度系数的降低，炉渣中 TiO_2 的还原也受到了抑制。由此可见，低碱度炉渣有利于钛氧化物的还原和保护炉缸。

实验数据进一步与生产数据和 Wang 的实验数据进行了对比，见图 3-143。除了碱度有所差别，所选取的生产渣的成分与实验渣的成分接近，铁液温度固定在 1500 ℃±5 ℃。在选取的碱度区间内，生产与实验结果的变化趋势一致。但生产铁水中钛含量变化的斜率明显低于实验数据。Wang 的实验所获得的碱度为 1.38 时的铁水钛含量略高于实验结果和生产数据（碱度在 1.20~1.25 之间）。对比说明，实验结果可信，可代表生产实际情况。

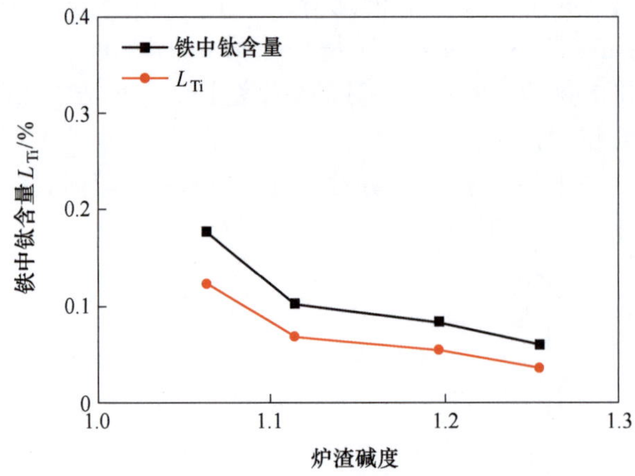

图 3-141　炉渣碱度对铁水中钛含量和渣铁间钛分配比的影响

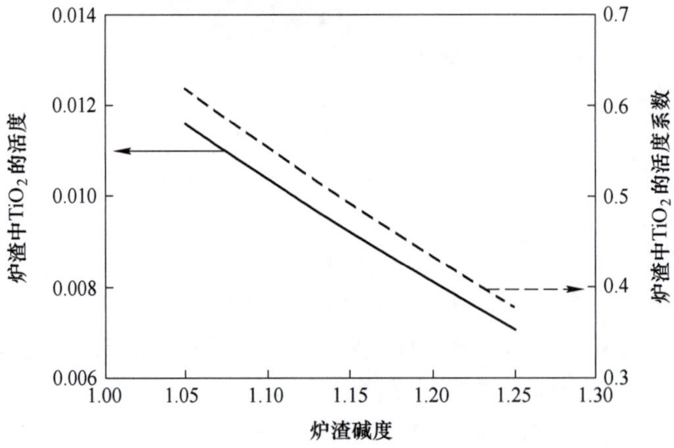

图 3-142　炉渣中 TiO_2 的活度和活度系数的 FactSage 计算值

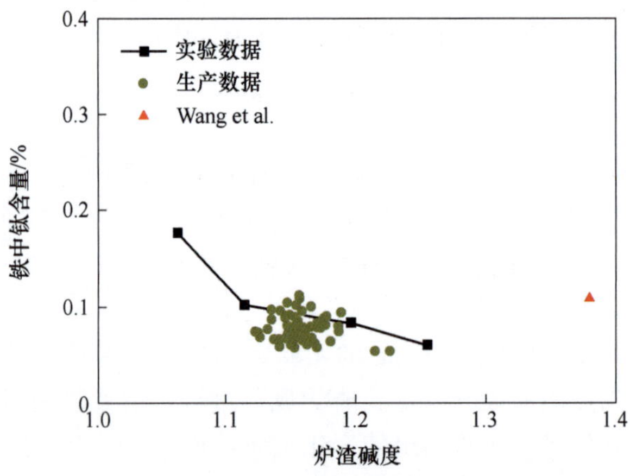

图 3-143　实验数据与生产数据对比

D 渣中 MgO 含量对渣铁间钛分配比的影响

MgO 通常作为溶剂被加入高炉中。通过降低 MgO 含量来降低高炉炼铁成本的讨论很多。图 3-144 为炉渣中 MgO 含量对铁水中钛含量和渣铁间钛分配比的影响情况。由图 3-144 可见，降低氧化镁含量可以小幅降低铁中钛含量和渣铁间钛的分配比。可见，降低氧化镁含量，不但可以降低渣量，降低燃料消耗，还可以小幅提高铁水中的钛含量。

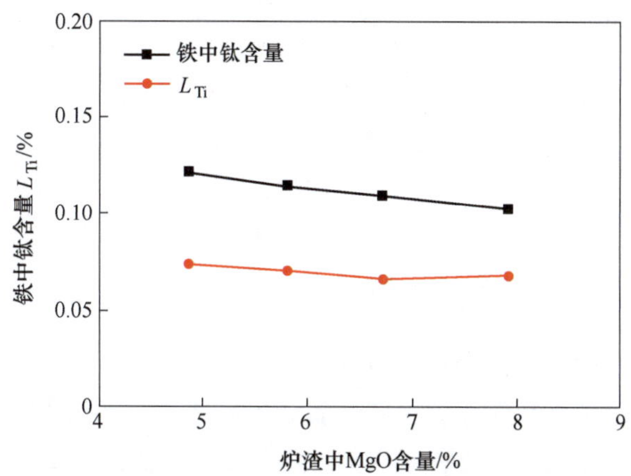

图 3-144 炉渣中 MgO 含量对铁水中钛含量和渣铁间钛分配比的影响

图 3-145 为实验数据与生产数据情况对比。由图 3-145 可见，在实际生产过程中，炉渣中 MgO 的质量分数在接近 8%的范围内波动。实际生产中铁水的钛含量略低于实验室铁样中的钛含量。由于生产炉渣中 MgO 含量波动范围很窄，因此并未观察出明显的趋势。

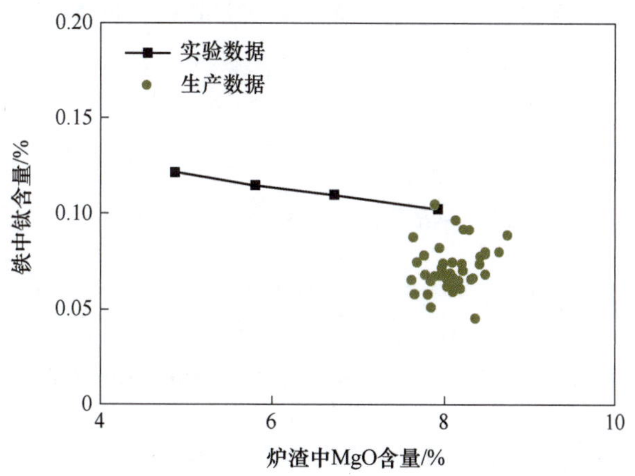

图 3-145 实验数据与生产数据

E 铁中硅含量和钛含量之间的关系分析

由于在高炉冶炼过程中存在 SiO_2 和 TiO_2 还原的耦合反应，由此在图 3-146 中对铁水中的钛含量和硅含量的关系进行了讨论。见图 3-146，铁水中钛含量随着硅含量的升高而升高。铁水中硅含量和钛含量的总量也与铁水中的硅含量呈现正相关性。

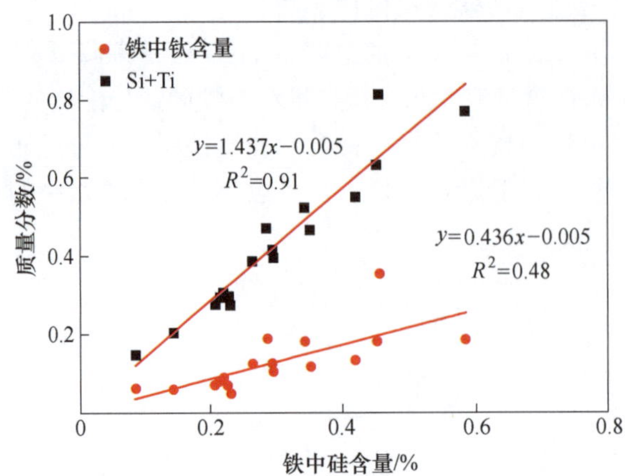

图 3-146 铁水中硅含量和钛含量之间的关系

3.5.4.3 炉缸内碳氮化钛保护层的形成机理

由上一小节炉缸内碳氮化钛保护层的形貌分析可知，碳氮化钛颗粒是保护层中必不可少的物相，碳氮化钛颗粒的生成过程对保护层的稳定性起到至关重要的作用。因此有必要对碳氮化钛的形成过程进行解析，进而获得炉缸内碳氮化钛保护层的形成机理。

(1) 碳化钛析出热力学计算。开展了碳饱和铁水中，碳化钛生成的热力学计算，相关的反应方程式如下：

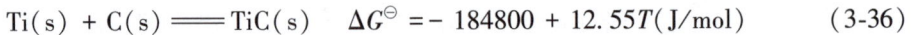

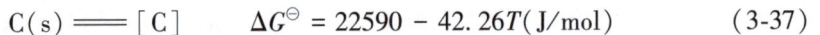

$$Ti(s) + C(s) = TiC(s) \quad \Delta G^{\ominus} = -184800 + 12.55T(J/mol) \tag{3-36}$$

$$C(s) = [C] \quad \Delta G^{\ominus} = 22590 - 42.26T(J/mol) \tag{3-37}$$

$$Ti(s) = [Ti] \quad \Delta G^{\ominus} = -25100 - 44.98T(J/mol) \tag{3-38}$$

由式 (3-36)~式 (3-38) 可得：

$$[Ti] + [C] = TiC(s) \quad \Delta G^{\ominus} = -182290 + 99.79T(J/mol) \tag{3-39}$$

当反应 (3-39) 达到平衡时，可得：

$$\Delta G^{\ominus} + RT\ln\frac{a_{TiC}}{a_{[C]} \cdot f_{[Ti]}w_{[Ti]}} = 0 \tag{3-40}$$

由于 TiC 以固体形式存在，而铁液是碳饱和铁水，所以 TiC 和铁液中碳的活度均为 1。1600 ℃下，钛在铁液中的活度可由式 (3-14) 计算获得。由于在 TiC 冷却过程中，温度变化范围较大，有必要考虑温度对活度系数的影响，铁液中的钛的活度系数与温度的关系式为：

$$\lg f_{[Ti]} = \left(\frac{2557}{T} - 0.365\right)\lg f_{[Ti](1873\ K)} = -1.038 + 0.141 \times 10^{-3}T \tag{3-41}$$

图 3-147 为碳饱和铁水中 TiC 析出临界钛的质量分数随铁水温度变化曲线。在固定的温度条件下，若铁水中的钛的质量分数高于相同温度下 TiC 析出的临界钛的质量分数，则会有 TiC 从铁液中析出，反之，则不会有 TiC 析出。随着铁水温度的升高，TiC 析出临界钛的质量分数不断提高。铁水温度由 1400 ℃升高到 1580 ℃的过程中，TiC 析出临界钛的质量分数从 0.06%提高到 0.19%。可见在高炉正常生产过程中，由于铁水中钛的质量分数较低，是不会有 TiC 稳定存在的，但在高炉进行加钛护炉的过程中，铁水中钛的质量分

数大幅提高，可为 TiC 的析出提供条件。

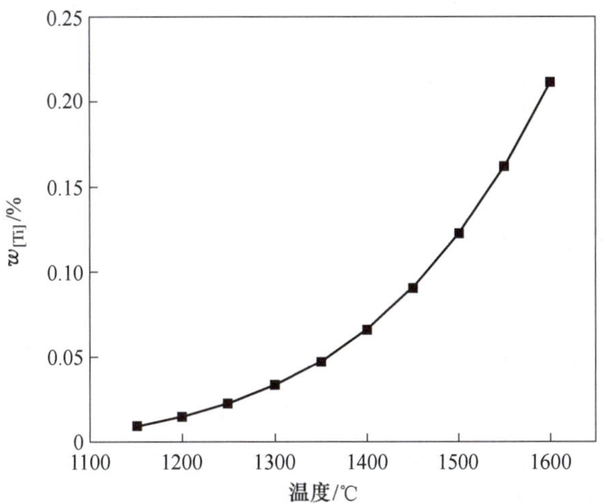

图 3-147 TiC 析出临界钛的质量分数随铁水温度变化曲线

（2）氮化钛析出热力学计算。由于高炉内存在大量的氮气，N_2 会溶解在铁液中与铁液中的［Ti］发生化学反应生成 TiN，具体反应式如下：

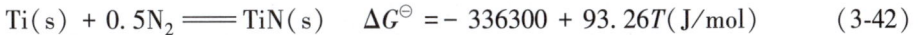

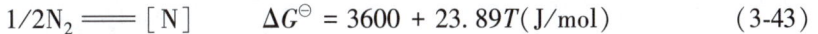

$$Ti(s) + 0.5N_2 = TiN(s) \quad \Delta G^{\ominus} = -336300 + 93.26T(J/mol) \tag{3-42}$$

$$1/2N_2 = [N] \quad \Delta G^{\ominus} = 3600 + 23.89T(J/mol) \tag{3-43}$$

由式（3-42）、式（3-43）可得：

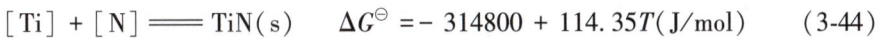

$$[Ti] + [N] = TiN(s) \quad \Delta G^{\ominus} = -314800 + 114.35T(J/mol) \tag{3-44}$$

当反应（3-44）达到平衡时，则：

$$\Delta G = \Delta G^{\ominus} + RT\ln \frac{a_{TiN}}{a_{[N]} \cdot a_{[Ti]}} = 0 \tag{3-45}$$

由式（3-42）可求得 $w_{[Ti]}$，公式如下：

$$\lg w_{[Ti]} = \frac{\Delta G^{\ominus}}{2.303RT} - \lg f_N - \lg w_{[N]} - \lg f_{[Ti]} \tag{3-46}$$

在计算过程中需要确定氮的活度系数 f_N、铁液中氮的质量分数 $w_{[N]}$ 和铁液中钛的活度系数 $f_{[Ti]}$，具体计算过程如下：

$f_{[Ti]}$ 可利用瓦格纳法进行计算，计算中所涉及到的各元素间的相互作用系数具体可见表 3-25。

表 3-25 在温度为 1823 K 条件下各个元素的相互作用系数

元素	C	Mn	P	S	Si	Ti
e_N^i	0.13	-0.021	0.045	0.007	0.047	-0.53

铁液中不同元素间的相互作用系数是固定的，则钛在铁液中的活度系数公式为：

$$\lg f_{[Ti]} = e_N^{Ti} w_{[Ti]} + e_N^{Si} w_{[Si]} + e_N^{C} w_{[C]} + e_N^{Mn} w_{[Mn]} + e_N^{P} w_{[P]} + e_N^{S} w_{[S]} \tag{3-47}$$

由表 3-25 可见，铁水中碳元素的相互作用系数为 0.13，其会给 f_N 带来较大影响，所

以有必要考虑各因素对碳的质量分数的影响，可利用式（3-14）计算铁中碳的质量分数，并代入式（3-47），可得 f_N 的计算式为：

$$\lg f_N = -0.419\times10^{-3}T - 0.034 \tag{3-48}$$

N_2 在铁液中溶解度的计算公式如下：

$$1/2N_2 = [N] \qquad K_N^\ominus = \frac{a_{[N]}}{P_{N_2}^{1/2}} \tag{3-49}$$

N 在铁液中的平衡常数与温度的关系式为：

$$\lg K_N^\ominus = -\frac{518}{T} - 1.063 \tag{3-50}$$

将式（3-50）代入到式（3-49），可获得 $w_{[N]}$，具体计算公式如下：

$$w_{[N]} = \frac{K_N^\ominus P_{N_2}^{1/2}}{f_{[N]}} = \frac{10^{-518/T-1.063}P_{N_2}^{1/2}}{10^{-0.419\times10^{-3}T-0.034}} \tag{3-51}$$

在铁液中钛活度系数的计算中，也有必要考虑铁液中氮的影响。故其计算式为：

$$\lg f_{[Ti]} = e_{Ti}^{Ti}w_{[Ti]} + e_{Ti}^{Si}w_{[Si]} + e_{Ti}^{C}w_{[C]} + e_{Ti}^{Mn}w_{[Mn]} + e_{Ti}^{P}w_{[P]} + e_{Ti}^{S}w_{[S]} + e_{Ti}^{N}w_{[N]} \tag{3-52}$$

将式（3-49）代入到式（3-52）可得：

$$\lg f_{[Ti]} = -1.038 + 0.141\times10^{-3}T - 0.53\times\frac{10^{-518/T-1.063}P_{N_2}^{1/2}}{10^{-0.419\times10^{-3}T-0.034}} \tag{3-53}$$

将式（3-48）、式（3-51）和式（3-53）代入到式（3-46）可得：

$$\lg w_{[Ti]} = -\frac{15923}{T} + 8.072 - \lg P_{N_2}^{1/2} + 0.53\times\frac{10^{-518/T-1.063}P_{N_2}^{1/2}}{10^{-0.419\times10^{-3}T-0.034}} \tag{3-54}$$

如前所述，所研究高炉正常操作时，P_{N_2} 的值为 3，由此可绘制出 TiN 平衡时，铁液中钛的质量分数与温度的关系曲线，具体见图 3-148。

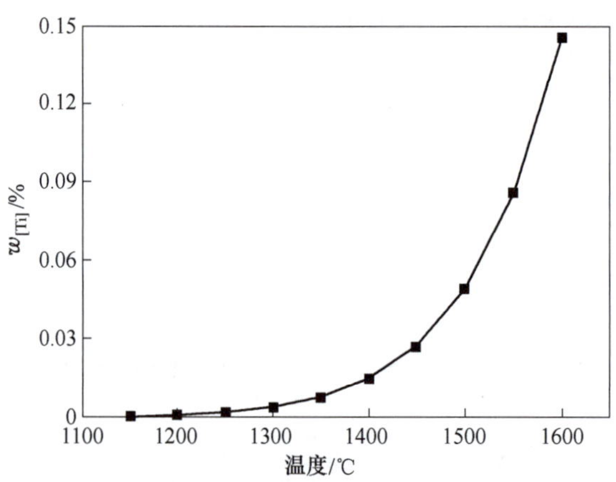

图 3-148　TiN 析出临界钛的质量分数随温度变化曲线

图 3-148 为碳饱和铁水中氮化钛析出临界钛的质量分数随铁水温度变化曲线。在固定

的温度条件下，若铁水中的钛的质量分数高于相同温度下 TiN 析出临界钛的质量分数，则会有 TiN 从铁液中析出，反之，则不会有 TiN 析出。随着铁水温度的升高，铁水中 TiN 析出临界钛的质量分数不断提高。铁水温度由 1100 ℃升高到 1600 ℃的过程中，TiN 析出临界钛的质量分数从 0.0003%提高到 0.15%。对比 TiC 的计算结果可见，在相同铁水温度条件下，TiN 析出临界钛的质量分数要低于 TiC 析出临界钛的质量分数。

（3）碳氮化钛析出的热力学计算。在碳饱和铁水中，同时有 Ti 和 N 存在，不但会有 TiC 和 TiN 的生成，还会反应生成 Ti(C,N) 的固溶体，Ozturk 等的研究发现 Ti(C,N) 可视为理想固溶体，因此其存在以下关系：

$$X_{TiC} + X_{TiN} = 1 \tag{3-55}$$

关系式可转换为：

$$K_{(3-39)} a_{Ti} + K_{(3-44)} (P_{N_2})^{1/2} a_{[Ti]} = 1 \tag{3-56}$$

式中，$K_{(3-39)}$和$K_{(3-44)}$分别为式（3-39）和式（3-44）的反应平衡常数，$a_{[Ti]}$为碳饱和铁水中钛的活度。由此可推导出 Ti(C,N) 析出临界钛的质量分数，具体公式如下：

$$w_{[Ti]} = \frac{1}{[K_{(3-39)} + K_{(3-44)} P_{N_2}^{1/2}] f_{[Ti]}} \tag{3-57}$$

结合前面的计算结果，可获得 Ti(C,N) 析出临界钛的质量分数与温度关系，计算结果见图 3-149。

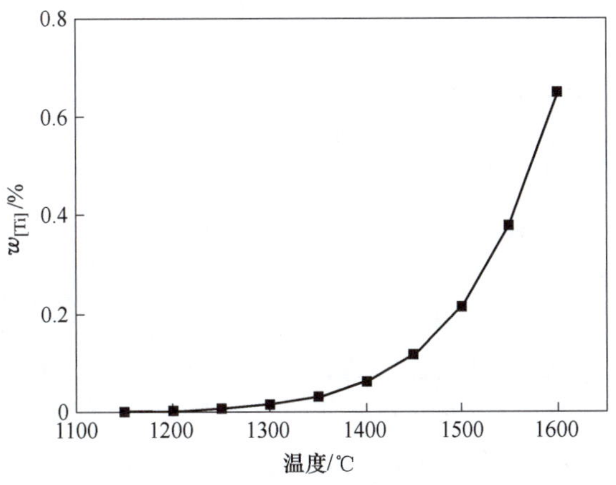

图 3-149 Ti(C,N) 析出临界钛的质量分数随温度变化曲线

图 3-149 为碳饱和铁水中碳氮化钛析出临界钛的质量分数随铁水温度变化曲线。在固定的温度条件下，若铁水中的钛的质量分数高于相同温度下 Ti(C,N) 析出临界钛的质量分数，则会有 Ti(C,N) 从铁液中析出，反之，则 Ti(C,N) 发生分解反应。随着铁水温度的升高，Ti(C,N) 析出临界钛的质量分数不断提高。铁水温度由 1100 ℃升高到 1600 ℃的过程中，Ti(C,N) 析出临界钛的质量分数从 0.001%提高到 0.648%。

（4）铁水中钛的质量分数与不同含钛物相间的平衡关系。铁水中的钛的质量分数达到稳定状态时，需要和铁液中的 TiC、TiN、Ti(C,N)、TiO_2 等含钛物相达到平衡。结合上述分析，可以得到不同温度下铁中钛的质量分数与 TiC、TiN、Ti(C，N)、TiO_2 等物相达到平衡状态时的质量分数，见图 3-150。

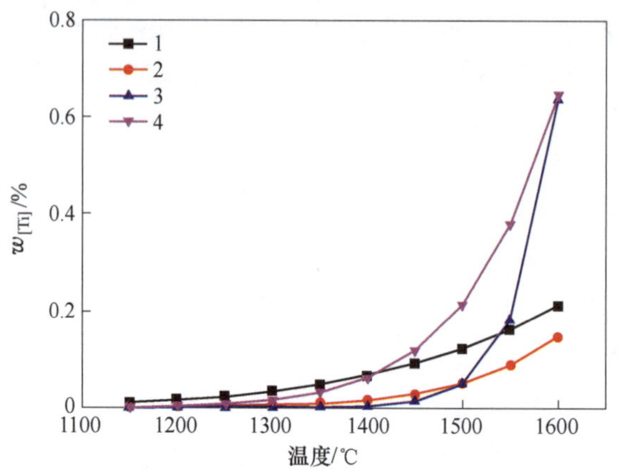

图 3-150　铁中钛的质量分数与（TiO_2）、TiN、TiC 和 Ti(C,N) 相间的平衡关系

见图 3-150，曲线 1、2、3、4 分别为铁液中钛与 TiC、TiN、炉渣中 TiO_2 和 Ti(C,N) 达到平衡状态时，温度与铁中钛的质量分数之间的关系。虚线为高炉护炉期间铁温和铁中钛的质量分数。在铁水中钛的质量分数分别在曲线 1、2、3、4 下方表示铁水中钛的质量分数低于 TiC、TiN、TiO_2 和 Ti(C,N) 平衡时所需要的钛的质量分数，则 TiC、TiN、TiO_2 和 Ti(C,N) 会发生分解反应。反之，则各含钛物相稳定存在。由此可见，铁水中的钛的质量分数不只受到炉渣中二氧化钛的质量分数的影响，还会受到 TiC、TiN 和 Ti(C,N) 分解反应的影响，同时，TiC、TiN 和 Ti(C,N) 能否稳定存在也会受到铁中钛的质量分数的影响。由图 3-150 可见，在高炉加钛护炉过程中，在铁水中钛的质量分数按照 0.1%控制时，炉墙附近铁水温度要低于 1450 ℃时，才能保证 TiC、TiN 和 Ti(C,N) 同时稳定存在。

（5）碳饱和铁水中碳氮化钛析出临界钛的质量分数的测定。钛在铁水中溶解度的测试样品是选取了 95 g 纯铁粉（纯度 99.9%）、5 g 炭粉（纯度 99.9%）和 1 g 金属钛粉（纯度 99.9%）在 Al_2O_3 坩埚中高温合成。实验 Ar 气氛下进行，当温度升高到 1773 K 后恒温 60 min，而后分别在 1250 ℃、1350 ℃和 1450 ℃进行恒温，而后进行急冷，并利用电子探针测试不同温度下钛的溶解度。实验中使用的高温管式炉见图 3-151，实验条件和样品成分见表 3-26。

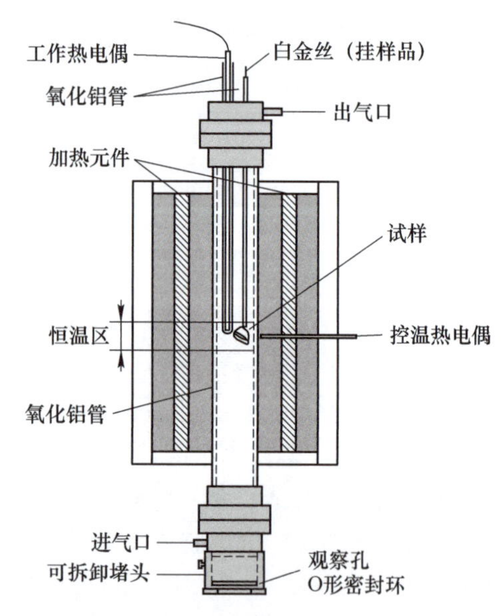

图 3-151　高温管式电炉

表 3-26 实验条件和样品成分

编号	预熔化过程			冷却过程			样品成分/%		
	预熔温度/℃	恒温时间/min	气氛	冷却温度/℃	恒温时间/min	冷却气氛	Fe	C	Ti
TP0	1500	30	Ar	1250	60	Ar	94	5	1
TP1	1500	30	Ar	1350	60	Ar	94	5	1
TP2	1500	30	Ar	1450	60	Ar	94	5	1
TP3	1500	30	Ar	1250	60	N_2	94	5	1
TP4	1500	30	Ar	1300	60	N_2	94	5	1
TP5	1500	30	Ar	1350	60	N_2	94	5	1
TP6	1500	30	Ar	1400	60	N_2	94	5	1
TP7	1500	30	Ar	1450	60	N_2	94	5	1
TP8	1500	30	Ar	1500	60	N_2	94	5	1

图 3-152 为碳氮化钛析出物的典型形貌。碳氮化钛析出实验所使用铁样为化学分析纯试剂合成而得。实验试剂均选用分析纯试剂。混合好的样品置于高温管式炉内利用 Al_2O_3 坩埚进行预熔，在氩气（纯度 99.9%）气氛下，升温至 1773 K 后，恒温 30 min。而后转换成氮气气氛，以 1 ℃/s 的进行冷却，并在目标温度恒温 60 min，而后急冷取出样品，并利用电子探针对样品的钛的质量分数进行测试。其中 TP0~TP2 为不同温度下碳饱和铁水中钛溶解度的测试实验，TP3~TP8 为不同温度下碳氮化钛析出时铁中最低钛的质量分数。

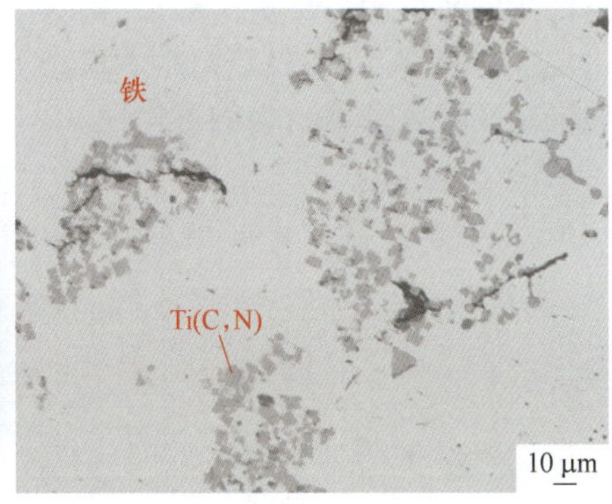

图 3-152 急冷后铁样的典型形貌

首先开展了不同温度条件下铁水中钛溶解度的测定，并与其他研究结果进行了对比。碳饱和铁水中钛溶解度的测试结果见图 3-153。

见图 3-153，随着温度的升高，铁水中钛的溶解度不断提高。实验测试结果与 Sumito 的试验结果基本一致，而与李永全的试验结果差距较大。这主要是实验方法上的不同引起的。本实验与 Sumito 的实验方法均为对高温熔化并淬火后样品进行成分检测，而李永全的实验是通过高温共聚焦显微镜进行析出物的直接观察，析出过程直接观察虽然时效性好，但无法明确判断析出物是否为目标产物，文献也未对析出物做进一步的说明。由此认为 Sumito 和本实验所测得的碳饱和铁水中钛的溶解度更可靠。由实验结果可见，铁水温度在 1450 ℃时，铁中钛的溶解度就可达到 0.8%。

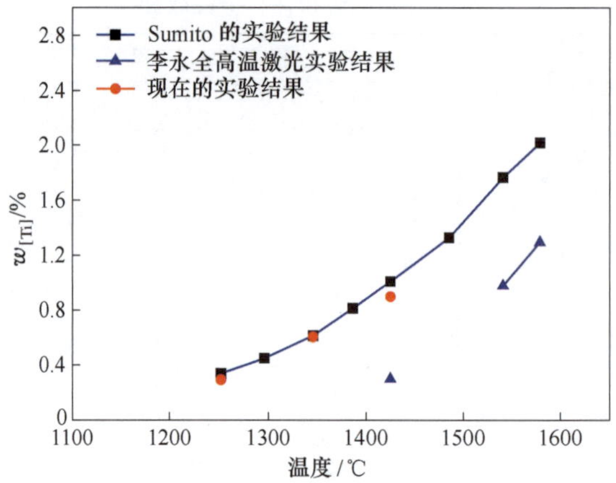

图 3-153　碳饱和铁水中钛的溶解度

图 3-154 为不同温度碳饱和铁水中 Ti(C,N) 析出临界钛的质量分数的实验结果和计算结果的情况对比。由图 3-154 可见，随着温度的升高，碳饱和铁水中 Ti(C,N) 析出时需要的最低钛的质量分数不断升高。实验结果与计算结果差距很小，而与李永全的实验结果差距较大，其原因为实验方法不同所造成。实验结果显示，碳饱和铁水中 Ti(C,N) 析出临界钛的质量分数随温度的升高而升高。温度由 1250 ℃升高到 1500 ℃时，铁液中最低钛的质量分数由 0.015%升高到 0.211%。可见，碳氮化钛的析出主要由温度和铁中钛的质量分数两个因素控制。本章所调查高炉，在护炉期间铁中钛的质量分数控制在 0.08%~0.2%之间（图 3-154），通过炉缸解剖发现炉缸内侵蚀严重区域确实有碳氮化钛保护层的形成，验证了实验和计算结果的可信性。

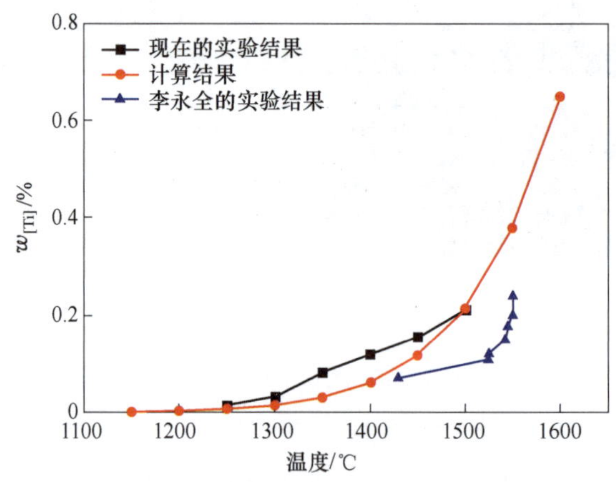

图 3-154　Ti(C,N) 析出临界钛的质量分数的实验和计算结果

(6) 炉缸内碳氮化钛保护层的形成过程解析。本书在破损调查过程中，在象脚区域和陶瓷杯垫上靠近炉底位置发现了结构致密的保护层，两个位置由于温度的差别所以形成的保护层也有所区别，下面分别对两个位置保护层的形成过程进行分析。

图 3-155 为象脚区保护层的形成过程示意图。高温铁水流经象脚区域炭砖热面，炭砖

中的碳不断向铁液中扩散，炭砖表面区域强度下降和脆化，造成炭砖不断减薄，使得冷却系统和铁水之间的冷却强度不断提高，炭砖热面的温度不断降低，当炭砖热面温度降低到铁水凝固温度 1150 ℃以下时，造成炭砖表面过冷，铁水在炭砖表面凝固时就会有石墨碳的析出，形成凝铁层附着在炭砖热面，阻隔铁水进一步对炭砖的侵蚀。由于凝铁层的存在，冷却系统和铁水之间的热阻有所提高，象脚区域冷却强度有所下降，为碳氮化钛的析出提供了条件，碳氮化钛析出过程中铁液中钛、碳和氮元素不断向低温区扩散，由此大量的碳氮化钛均匀析出，并使得象脚区域铁水黏度升高，在温度相对较低的象脚区域铁水流动减缓，热量损失增加，进而形成凝滞层。

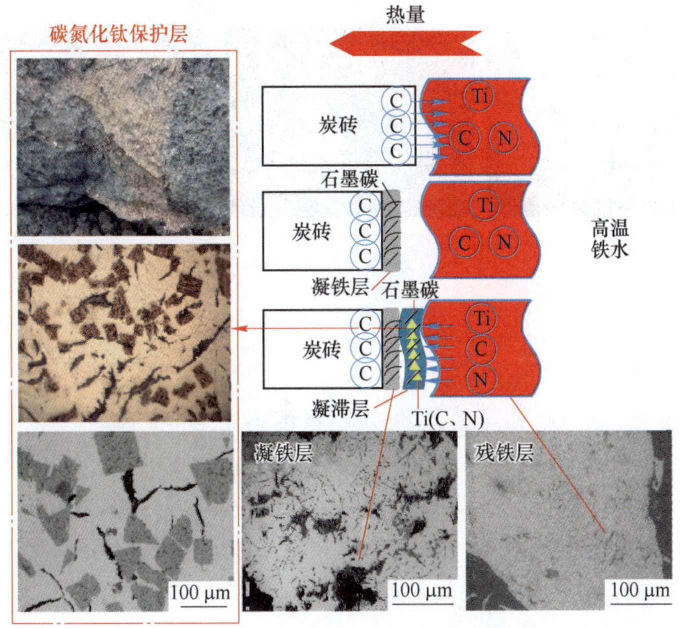

图 3-155 象脚区保护层形成过程

图 3-156 为高炉炉底保护层的形成过程示意图。高温铁水流经炉底陶瓷垫，陶瓷垫受到铁水冲刷和侵蚀，不断减薄，炉底的冷却强度有所提高，陶瓷垫热面温度降低，温度达到了碳氮化钛的析出条件，由于相比象脚区域炉底区域冷却强度较低，此处析出的碳氮化钛颗粒粒径较大。但炭砖热面温度并未达到铁水凝固温度（1150 ℃），由此在凝滞层中，石墨碳并没有与碳氮化钛颗粒同时析出，而是在碳氮化钛析出后，在其外层形成一层石墨碳层，进而形成稳定碳氮化钛保护层阻碍铁水对炭砖的侵蚀。

对比两种碳氮化钛保护层的形成过程可以发现，碳氮化钛保护层的形成会受到冷却强度、铁液中钛的质量分数和铁水流动速度等多方面因素的影响。在冷却强度相对较弱、铁水流动较慢的炉底陶瓷杯垫上更易于形成含有碳氮化钛颗粒较大的保护层，同时由于此处温度较高，碳氮化钛析时铁水中临界钛的质量分数也较高。反之，在象脚区域，虽然此处铁水流动相对较快，但冷却强度高，温降迅速，在含钛铁水在冷却速度较快的条件下，更容易形成颗粒大小统一，分布均匀的碳氮化钛颗粒，形成凝滞层。由此在加钛护炉过程中，只有将铁中钛的质量分数和炉缸冷却制度合理匹配才能达到高效护炉的目标。

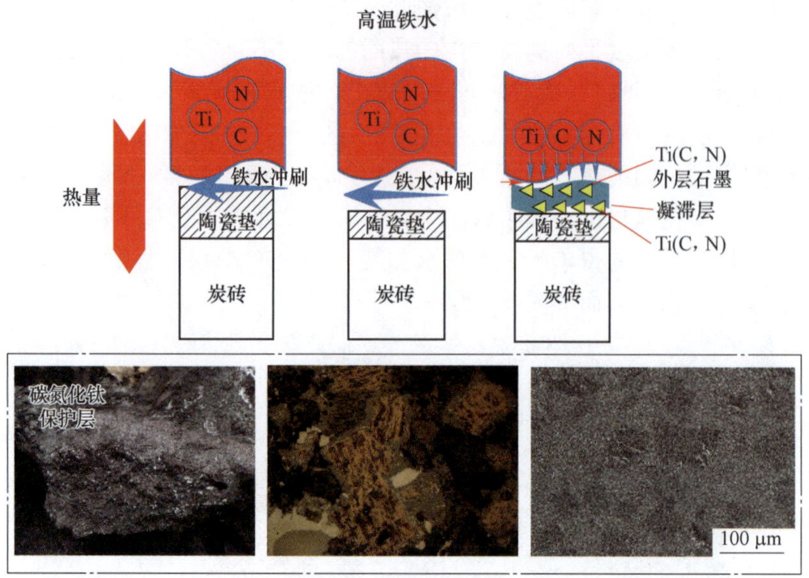

图 3-156　高炉炉底保护层形成过程

3.5.5　石墨碳保护层

高炉炉缸寿命是影响高炉一代寿命的决定性因素。为延长炉缸寿命，从设计、耐火材料材质、施工质量、冶炼强度及出铁过程中铁水环流等多方面进行研究，得到的共识是形成稳定的炉缸保护层，以隔离开铁水与耐火材料，减缓耐火材料的侵蚀。高炉铁口以下炉缸液相以铁水为主，铁口以下的形成过程是一个多元、非均相、多重热化学演变的复杂过程，通过高炉破损调查发现的炉缸保护层存在多种类型，通过成分分析大概可以分为四类，富铁层、富渣层、富石墨层以及富钛层。在首钢迁钢 3 号高炉破损调查中，在炉缸中发现的保护层主要是富石墨层和富钛层两种保护层。

3.5.5.1　*首钢迁钢 3 号高炉炉缸富石墨保护层形成原因分析*

（1）较高的铁水碳含量。3 号高炉炉役期间铁水参数见表 3-27。由表 3-27 可知，炉役期间铁水平均碳含量为 4.52%，接近饱和浓度，有助于石墨碳析出沉积在炉缸侧壁形成富石墨保护层，实现护炉功效，而且也有利于 TiC 的生成析出，强化了 Ti 的护炉效果。3 号高炉较高的铁水碳含量得益于以下几方面：

1）较高的物理热和铁水温度：[Si]=0.42%，铁水温度=1506 ℃；

2）炉缸较为活跃，铁水渗碳条件良好；

3）合理的 [S] 含量应当控制在 0.025% ~0.030%，避免出现高 [S]，3 号高炉 [S] 位于合理范围的上限值 [S]=0.031%。

表 3-27　首钢迁钢 3 号高炉铁水参数　（%）

铁水参数	[C]	[Si]	[S]	[Ti]	铁水温度
平均值	4.52	0.42	0.031	0.09	1510℃

（2）合理的冷却制度。保障合理的炉缸侧壁冷却强度是石墨碳析出的基础。3 号高炉

在炉缸象脚区域使用了传热效率更高的铜冷却壁，可以很大程度地降低炭砖热面温度，促进石墨碳的析出沉积。

（3）减少炉缸热阻。减少炉缸热阻，提高石墨碳析出过冷度。通过打开灌浆孔、热电偶孔等方式进行定期炉缸排水操作，以减少上部漏水浸湿炭砖，使炭砖导热系数下降导致热阻增加。同时保障侵蚀严重区域冷却强度，提高石墨碳析出过冷度。

（4）适当强化中心气流，减少铁水环流实现护炉。适当发展中心气流，抑制边缘气流不仅有利于活跃炉缸改善铁水渗碳条件，而且减少铁水环流对炉缸侧壁的冲刷，有利于石墨碳在炉缸侧壁炭砖表面的稳定生长，同时减缓保护层剥落和炭砖侵蚀，起到护炉功效。

（5）焦炭粒度及分布管控。调整焦炭粒度及分布，保障炉缸透气透液性，促进铁水渗碳。对入炉焦炭粒度组成严格把控，粒度小于 5 mm 的焦炭严禁入炉，同时将小块焦和焦丁布在中心之外的区域，保障炉缸中心死料柱透气透液性，增加死料柱内部铁水流动，为铁水渗碳创造条件。

3.5.5.2　*形成富石墨保护层的技术对策*

首钢迁钢 3 号高炉操作秉持着常态化的含钛物料护炉理念，此次通过首钢迁钢 3 号高炉破损调查研究，明确了 3 号高炉的保护层类型主要为富石墨保护层，并存在部分富钛保护层。富钛层一般只有在含钛物料护炉条件下才可形成，护炉效果由沉积在高炉炉缸中的 Ti(C,N) 决定，然而，钛负荷及铁水中钛质量分数控制往往难以定论，且护炉也常出现达不到效果或者对炉底有效而炉缸侧壁无效的情况。此外，短期添加含钛物料护炉无法稳定炉缸保护层的存在，而长期加入含钛物料护炉则会影响高炉的稳定顺行，增加护炉成本，同时含钛物料护炉增加了转炉炼钢过程中的脱 Ti 工序，不利于钢铁企业降低成本。石墨碳析出温度一般为 1250～1300 ℃，在温度相对较低的炉缸炭砖热面附近，铁水溶解中的碳析出石墨碳，并富集在炭砖热面形成富石墨保护层保护炭砖。从保护层形成特点和高炉炉缸维护角度分析，可采用以“石墨碳析出控制”为核心，仅在必要条件下加入少量含钛物料强化护炉的无钛护炉或低钛护炉技术。

基于富石墨保护层形成机制分析，从物相组成角度来说，保护层中的碳组元主要来自于铁水，只有当铁水碳含量达到饱和时才可析出石墨碳，从而为富石墨保护层的形成提供物质条件。从形成条件方面来说，只有当炉缸耐火材料热面温度低于石墨碳析出温度时，才可从铁水中析出石墨碳。因此，高炉炉缸铁水碳含量达到饱和以及炉缸耐火材料热面温度低于石墨碳析出温度是炉缸富石墨保护层形成的两个必要条件。

实际生产中，可通过调控炉缸的活跃状态来促进铁水渗碳和优化炉缸传热体系降低耐火材料热面温度两个方面实现高炉炉缸富石墨保护层的形成，高炉炉缸富石墨保护层综合调控技术路线见图 3-157。

（1）炉缸活跃状态。炉缸富石墨保护层中的物相主要来源于铁水，而炉缸铁水常常处于碳不饱和状态。高炉正常冶炼中，自上而下发生着铁水的渗碳反应，尤其是在渣铁穿透炉缸死料柱过程中与焦炭的直接接触进行渗碳，因此决定渗碳程度的根本在于炉缸的活跃状态。活跃炉缸需要有充沛的高温热量、良好的死料柱透气透液性，其中透气透液性又由死料柱焦炭的空隙度、渣铁在死料柱中的滞留率和滞留量决定，生产中通过上下部调剂，使到达炉缸死料柱的焦炭保持有良好的粒度和空隙度，以及减少渣量、优化穿焦渣铁

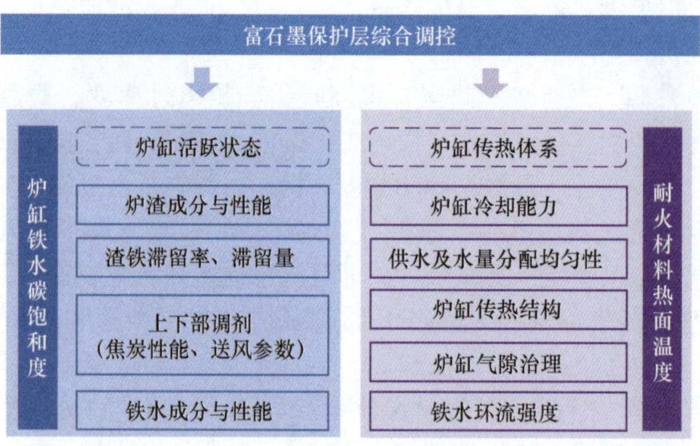

图 3-157 高炉炉缸富石墨保护层综合调控技术路线

成分和性能，减少渣铁滞留时间和滞留率，使炉缸煤气穿透死料柱，给死料柱带来高温热量，加强炉缸内不同区域渣铁的相互流动等措施活跃炉缸，促进炉缸铁水的渗碳，提高铁水碳饱和度，为石墨碳的析出创造物质条件，同时也可使已形成的富石墨保护层处于稳定状态，调控富石墨保护层的厚度。

(2) 炉缸传热体系。高炉炉缸富石墨保护层能否形成与耐火材料热面温度紧密相关，当耐火材料热面温度低于富石墨保护层形成温度时，保护层即可形成。在高炉炉缸侧壁热电偶温度较高的情况下，一般通过增大冷却水量或降低冷却水温以提高冷却强度。而不同冷却条件下高炉冷却系统的冷却强度存在较大的波动幅度，如水量分配不均导致高炉局部位置的冷却强度严重不足，大大降低了高炉炉缸的安全系数，而且传热体系中气隙的存在也极大影响着传热体系的传热能力，需通过合理的压浆操作消除炉缸气隙。此外，减少出铁过程中死料柱周边铁水环流程度，也可为炉缸富石墨保护层的形成创造良好环境，也使稳定保护层的存在。

3.6 本章小结

随着炼铁技术的提升，中国出现一批寿命达到 15 年以上的长寿高炉，但与国外长寿高炉及长寿目标还存在一定差距，其安全长寿仍是限制我国高炉经济高效发展的重要环节，深入研究高炉安全长寿技术，有望进一步提高高炉长寿水平。大量实践表明，影响现代高炉一代炉役寿命的薄弱环节主要集中在两个区域：一是炉腹、炉腰至炉身中下部；二是炉缸、炉底区域（铁口、炉缸、炉底交界部位、铁口中心线以下 1.5~2 m 处是炉缸的薄弱之处）。针对这两个影响高炉长寿的限制性环节，总结了首钢迁钢高炉在这两方面长寿技术及机理研究成果。

(1) 铜冷却壁长寿技术。通过破损统计、渣皮宏观形貌研究、挂渣能力等工作，揭示稳定渣皮是关键，挂渣能力数值模拟和结论。在实践中首钢迁钢通过定期喷涂，实现冷却壁长寿冷却壁渣皮理化性能研究、挂渣能力评价体系建立等工作，揭示了铜冷却壁的破损机理，提出了稳定渣皮是延长铜冷却壁使用寿命的关键，结合挂渣能力数值模拟分析揭示了高炉工况下铜冷却壁渣皮稳定存在的条件，在实践中首钢迁钢通过稳定合理的边缘气流、调控合理的冷却强度、控制水质、定期喷涂等一系列措施实现冷却壁长寿。

（2）高炉炉缸长寿技术。借助破损调查，对炉缸区域的侵蚀进行探究。通过三维激光扫描、检化验分析，揭示有害元素分布、炉缸砖侵蚀机理、保护层形成机理等，同时重点对炉缸内死料柱更新机理和侵蚀行为进行研究，揭示炉缸侵蚀特征的形成原因。

（3）炉缸保护层调控技术。通过破损调查对炉缸区域的保护层进行统计，对保护层的存在形式、位置进行记录；并借助检测分析对保护层的形成机制进行了探究，借助工业实验对保护层调控手段进行了研究。

（4）首钢迁钢三座高炉炉缸均表现为典型的“象脚状”侵蚀特征，该部位成为高炉长寿、高效和安全生产的关键限制性环节，非常有必要进行炉缸侧壁的结构和材料优化研究，使高炉衬趋向均衡侵蚀，实现高炉的高效长寿生产。

参 考 文 献

[1] 张勇，龚卫民，贾国利，等．高炉铜冷却壁长寿技术分析［C］//中国金属学会．第十二届中国钢铁年会论文集—1. 炼铁与原料．冶金工业出版社，2019：4.

4　高炉长寿运行和操控维护技术

高炉的高效长寿是集“高炉设计、建造、运行、维护”于一体的综合技术系统，但最根本的可变影响因素是高炉运行冶炼制度的合理性和炉况稳定性，在合理的冶炼操作制度下提高原燃料稳定性、日常操作调剂准确性、避免炉况波动，杜绝炉况失常是高炉实现长寿的基础。

首钢迁钢公司有 2650 m^3 高炉两座，4000 m^3 高炉一座，三座高炉均达到了较好的炉体长寿目标。

首钢迁钢 1 号高炉有效容积 2650 m^3，设 3 个铁口，30 个风口，2004 年 10 月 8 日送风开炉。2019 年 6 月 27 日进行炭砖利旧条件下的炉缸整体浇注修复，浇注前累计运行 14 年 9 个月，平均利用系数 2.29 t/(m^3·d)，单位炉容产铁量 11613 t/m^3。实现了炉体三段 135 块铜冷却壁 15 年零损坏。

首钢迁钢 2 号高炉有效容积 2650 m^3，设 3 个铁口，30 个风口，2007 年 1 月 4 日送风开炉。2018 年 7 月 30 日进行炭砖利旧条件下的炉缸整体浇注修复，浇注前累计单位炉容产铁量 9803 t/m^3，2021 年 6 月出现铜冷却壁损坏，同年 7 月 18 日停炉进行了二次炉缸浇注修复，一次浇注后至二次浇注前单位炉容产铁量 4416 t/m^3，二次浇注期间更换 6 段、7 段共换 17 块铜冷却壁（含磨损未漏冷却壁）。截至 2024 年 5 月该高炉累计单位炉容产铁量 14998 t/m^3。

首钢迁钢 3 号高炉有效容积 4000 m^3，设 4 个铁口，36 个风口，2010 年 1 月 8 日送风开炉。2022 年 6 月 30 日停炉进行炉缸炭砖整体浇注修至复，运行期间平均利用系数 2.26 t/(m^3·d)，截至目前 4 段 208 块铜冷却壁零损坏。炉缸浇注修复前累计单位炉容产铁量 11247 t/m^3。截至 2024 年 5 月，该高炉累计单位炉容产铁量 11885 m^3/t。

首钢迁钢三座高炉在近 20 年的生产实践中既积累了大量炉体长寿的技术经验，同时也借助中长期检修停送风和炉缸浇注修复期的侵蚀调研等技术手段总结了许多炉体维护方面的不足与缺憾。总的来说，在特定外围条件下稳定、均衡、合理的冶炼操作制度是高炉长寿的关键因素。为使高炉生产兼顾高效、低耗、长寿的目标，需根据原燃料条件，结合高炉设备的情况，制定出特定高炉适宜的基本操作制度（热制度、造渣制度、送风制度、装料制度），并使各项操作制度之间达到均衡匹配，达到煤气流分布合理稳定，炉缸工作均匀活跃，炉况稳定顺行的目的。

在实际生产过程中，在各种制度达到平衡后应该维持这种良好状态，当外部条件变化打破这种平衡后应该尽快处理，尽快恢复至新的稳定平衡点。如何通过操作手段适应外围条件变化，以及当变化已经发生后如何尽快调整生产达到新的平衡对高炉长寿来说至关重要。

本章主要从冶炼操作制度的确定与匹配、日常生产调控与维护机制、特殊炉况时期基本对策，末期高炉长寿维护措施四个方面结合首钢迁钢高炉实际案例介绍高炉长寿技术应用。

4.1 冶炼操作制度的确定与匹配

依据特定的或有限的资源条件，合理界定并贯彻执行主要冶炼制度和关键操作标准是高炉保持长期高水平稳定顺行的基础，也是高炉长寿的前提和保障。装料制度、送风制度、热制度、造渣制度四大操作制度的合理确定和协调匹配，不仅能使高炉达到优良的技术经济指标，也为高炉长寿提供了支撑。本节重点介绍和总结了冶炼操作制度对高炉长寿的影响和保障作用，高炉基本冶炼操作制度是高炉炼铁生产的大纲，起着纲举目张的重要作用。基本冶炼操作制度的确定是基于高炉基础外围条件和自身设备条件的准确判断，合理的基本冶炼操作制度是高炉高水平长周期顺稳生产的基础。

4.1.1 原燃料质量管理

原燃料质量是高炉顺稳的基础，一定的粒级和足够的强度以及合理的有害元素控制能够保障炉内透气性良好和煤气流稳定，避免结瘤、局部气流等危害高炉长寿的状况出现。基于长寿考虑的高炉原燃料质量管理各企业也基本聚焦于提高粒级减少粉末和减少有害元素入炉两个方面。

宝钢 4 号高炉（第一代，4063 m^3）根据生产实践认为熟料率保持在 80%以上是确保高炉稳定、顺行和长寿的基本保证，并且将入炉烧结矿小于 10 mm 比例严格控制在 30%以下[1]。宝钢高炉的碱金属氧化物控制标准为小于 2.0 kg/t，入炉锌负荷小于 150 g/t[2]。宣钢 4 号高炉（1800 m^3）通过将烧结矿下层棒条筛间距由 3~4 mm 扩大至 4~5 mm，把焦炭棒条筛间距由 20 mm 扩大至 25 mm，回收返焦中的小焦块，与烧结矿混装入炉，既能提高料层透气性，又能降低焦比。改造后，炉内风量明显提高，风量提高会增加高炉内煤气量和流速，有利于炉内碱锌铅从炉顶排出，从而减少有害元素循环富集对高炉长寿的不利影响[3]。唐钢在 2017 年将碱金属负荷标准由 4 kg/t 以上降低至 3.5 kg/t 之后，高炉顺行状态明显改善，稳定性稳步提升，各项生产指标也接近或达到历史最高水平[4]。高炉工艺设计规范提出的有害元素的控制标准为：$K_2O+Na_2O<3.0$ kg/t，Zn<0.15 kg/t[5]。

首钢迁钢公司的原燃料管理理念和管控导向是将各质量指标按权重进行分级分类管理，将有限资源用于核心指标，高效改善高炉顺行状况，有利于控制质量成本，提高质量管理效益的同时保障炉况顺行和炉体长寿。例如，原燃料粉末率、转鼓强度、低温还原粉化率等指标制定下限控制值可改善料柱透气性，抑制炉体局部黏结、结瘤；K、Na、Zn、Pb、S 等有害元素负荷控制上限指标以及采取排碱措施可控制炉腰、风口带、炉缸异常变形损坏和侵蚀速度。

与此同时，在入炉各原燃料质量不能兼顾时，优先保障焦炭质量，其次是金属料，再次是喷吹煤和辅料。在同种物料各质量指标不能兼顾时，也存在权重排序，如焦炭质量优先保障冷热强度，其次是成分（灰分和硫），再次是粒级。入炉主要原燃料质量控制标准见表 4-1~表 4-3。

表 4-1 焦炭质量控制标准 (%)

主要指标	A_d	M10	S	CSR	−25 mm 占比
二级焦	≤12.7	≤5.5	≤0.90	≥68.0	≤5.1
一级焦	≤12.5	≤5.5	≤0.85	≥69.0	≤5.1

表 4-2　烧结矿质量控制标准　(%)

主要指标	品位 (R=2.35)	稳定率 (R±0.05)	还原度指数	$RDI_{+3.15}$	FeO	转鼓指数
控制标准	≥55.0	≥70.0	≥77.0	≥75.0	8.5±0.8	≥83.0

表 4-3　球团矿质量控制标准

主要指标	品位/%	还原度指数	10~16 mm/%	抗压强度/N · P^{-1}
控制标准	≥65.4	≥66.0	≥68.0	≥2800

经过多次数值模拟和生产实践摸索，结合资源保障能力，首钢迁钢的高炉有害元素负荷控制标准最终确定为 Na_2O+K_2O 不高于 2.5 kg/t，ZnO 不高于 200 g/t。

各高炉的原燃料控制标准大多基于自身资源条件和工艺技术条件，源于生产实践，成熟原燃料质量控制标准的形成无不付出巨大甚至惨痛的代价，因原燃料质量管控不力或质量指标与冶炼制度不匹配导致的高炉炉况波动甚至失常的案例比比皆是。首钢迁钢 1 号高炉（2650 m^3）曾因锌负荷长期超标导致炉喉钢砖上翘变形（图 4-1），造成炉喉料面布料紊乱，进而严重影响了边缘煤气均匀分布。如任其继续发展势必将加剧边缘局部气流发展，威胁到冷却壁寿命和高炉顺行。

图 4-1　首钢迁钢 1 号高炉 2015 年炉喉钢砖上翘变形情况

[案例 1] 铁矿石低温还原粉化性能对高炉顺行的影响

烧结矿作为高炉金属料的主要组成部分，其在块状带过度的还原粉化将严重恶化高炉上部的透气性，导致上部煤气分布紊乱，影响高炉顺行，威胁炉体耐火材料和冷却设备寿命。

2012 年，首钢迁钢公司逐渐增大固废配加量，月均消耗量由 2011 年的 1.6 万吨增加到 2.7 万吨。高炉配加含碱金属固废在降低成本的同时，也造成了炉况波动。2012 年 5 月，首钢迁钢 1 号、2 号高炉相继在检修送风恢复过程发生炉况失常，典型的炉况表现就是透气性差，气流紊乱，频繁塌料，炉温不足。两座高炉焦炭负荷由停风前的 5.0 以上退至全焦冶炼水平（图 4-2），损失巨大。通过大量的分析排查发现烧结矿低温还原粉化性能的劣化是此次炉况波动的主要原因。SEM-EDS 分析表明，碱金属进入烧结矿的玻璃相，会引起玻璃相韧性断裂，致使低温还原粉化增加。高碱金属含量的固废增配后，首钢迁钢烧结矿 $RDI_{+3.15}$指数由原来67%左右最低降至55.2%，之后对该指标的关注度由此陡然提高，检验频次也随之增加。

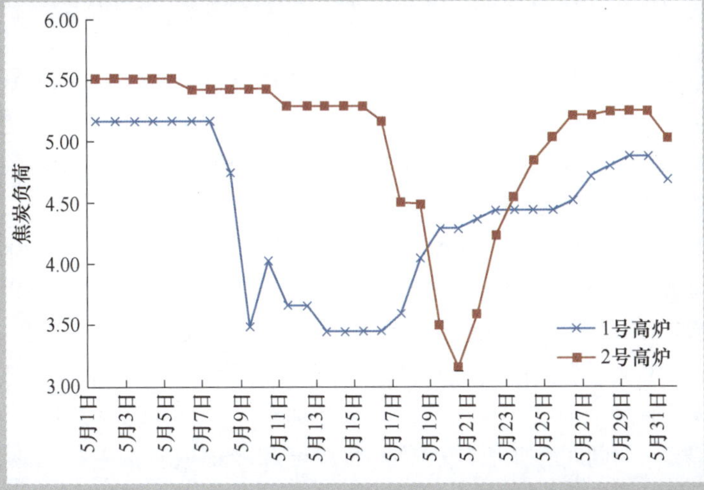

图4-2 2012年5月首钢迁钢1号、2号高炉焦炭负荷

2012年5月首钢迁钢1号、2号高炉检修恢复不顺的主要原因就是高炉停风使得炉料在低温区停留时间过长，烧结矿低温还原粉化指标差的弊端被无限放大。炉况反复波动对高炉长寿带来极大的负面影响。之所以未能及时预见烧结矿质量对炉况的影响，一方面是因为低温还原粉化指标长期保持稳定，检验频次低，另一方面该指标变化与炉况表现也并不是严格对应，高炉技术人员对该指标理解不够透彻。

4.1.2 高炉合理利用系数界定

对高炉的有效容积利用系数（或日产量）的合理界定是影响高炉长寿的作业参数中最重要的一项。高炉合理有效容积利用系数的确定取决于基础原燃料条件，一般依据煤气分布合理性，燃料消耗水平，炉况的稳定性判定。

通常情况下，高炉应追求与特定原燃料条件相匹配的利用系数，在该利用系数下，高炉炉况稳定，煤气分布合理，各项技术经济指标优异且均衡，在合理水平上进一步提高利用系数存在压差升高、料尺呆滞，煤气紊乱，炉况稳定性降低等炉况表现或征兆，往往也伴随着炉体易发生不可逆侵蚀和冷却设备损坏的风险。

不同高炉在日常操作中应合理、适度使用强化冶炼手段，利用生产数据积累分析判断与特定原燃料条件相匹配的冶炼强度，避免偏离原燃料基础条件的过度强化导致的炉况失常和炉体异常侵蚀。因脱离原燃料基础过度强化导致的高炉炉况波动和炉体异常侵蚀在行业内也有诸多案例。

北京首钢4号高炉第三代于1992年5月投产，投产初期由于钢铁市场需求旺盛，该高炉在原燃料质量差且不稳定的条件下采取发展边缘，吹大风的方式维持顺行，追求高冶炼强度，利用系数达到2.4 t/(m^3·d) 以上，导致炉墙热负荷升高，大量冷却壁勾头损坏[6]。

2020 年 11 月，太钢 3 号高炉（1800 m^3）炉缸砖衬温度异常升高，由 330 ℃逐步升高到 520 ℃，超过 2014 年的历史最高值 440 ℃。在采取减风（3750 m^3/min→3650 m^3/min），控产（4900 t/d→4700 t/d）等方式 1 个月后，炉缸砖衬各点温度降低至安全范围内[7]。

首秦公司两座高炉（1200 m^3、1780 m^3）炉缸采用高导热压小块 UCAR 炭砖砌筑，借助于热电偶监控建立高炉长寿预警体系，设定 62802 kJ/(m^2·h）为预警热流强度（对应炭砖热面热电偶温度为 350 ℃），提醒高炉操作人员采取相对安全的操作手法，防止高炉随着冶炼强度的提升，高炉炉墙热负荷上升，加剧炉墙的侵蚀[8]。

首钢迁钢公司 1 号高炉和 2 号高炉有效容积均为 2650 m^3，分别于 2004 年 10 月 8 日和 2007 年 1 月 4 日送风开炉，炉缸、炉底交界处至铁口中心线采用 UCAR 热压小块炭砖。设计系数为 2. 365 t/(m^3·d)，两座高炉在开炉初期一直保持高水平稳定，年平均系数远超设计水平（图 4-3）。两座高炉在重负荷、高强度的状态下，高炉炉缸内产生的热量与导出的热量达不到平衡，侧壁环流加剧，侧壁受到侵蚀，温度迅速升高。这两座高炉在取得良好经济技术指标的同时，炉缸炭砖热电偶温度和冷却壁水温差也出现多次反复升高，其中 1 号高炉最高炭砖热电偶温度达到 900 ℃以上（2008 年 1 月），冷却壁水温差最高达到 1. 4 ℃，对应热流强度达 144444. 6 kJ/(m^2·h）；2 号高炉最高炭砖热电偶温度达到 650 ℃以上（2009 年 8 月），冷却壁水温差最高达到 1. 4 ℃。

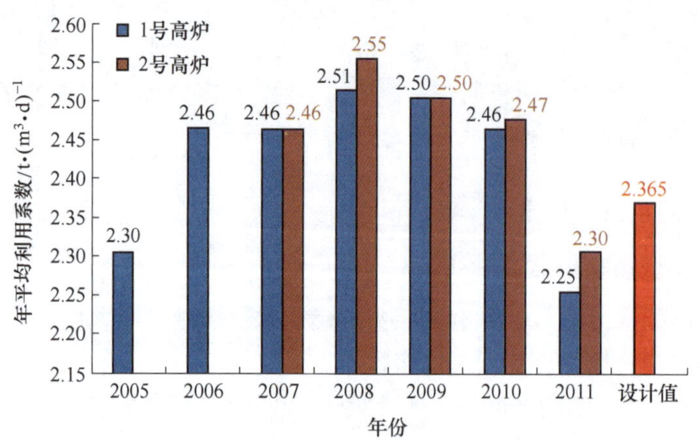

图 4-3　首钢迁钢 1 号、2 号高炉开炉后年平均利用系数情况

表 4-4 和表 4-5 分别为 1 号和 2 号高炉开炉以来的年平均经济技术指标。

表 4-4　1 号高炉开炉以来主要经济技术指标

年份	实际产量 /t	系数 /t·(m^3·d)$^{-1}$	焦比 /kg·t^{-1}	煤比 /kg·t^{-1}	燃料比 /kg·t^{-1}	风温 /℃	富氧率 /%
2005	2224669	2. 3	378	102	516	1135	0
2006	2383216	2. 46	322	141	490	1215	1. 19
2007	2333481	2. 46	305	153	507	1231	2. 25
2008	2315929	2. 51	300	158	488	1235	2. 83

续表 4-4

年份	实际产量 /t	系数 /t·(m³·d)$^{-1}$	焦比 /kg·t^{-1}	煤比 /kg·t^{-1}	燃料比 /kg·t^{-1}	风温 /℃	富氧率 /%
2009	2417976	2.5	313	156	499	1211	3.01
2010	1828352	2.07	330	145	512	1158	2.75
2011	2175480	2.25	338	134	512	1185	1.87

注：为完成国家“十一五”节能要求，2010 年 10 月至 12 月停产 72 天。

表 4-5　2 号高炉开炉以来主要经济技术指标

年份	产量/t	系数 /t·(m³·d)$^{-1}$	风温 /℃	焦比 /kg·t^{-1}	煤比 /kg·t^{-1}	燃料比 /kg·t^{-1}
2007	2346336	2.43	1216	307.4	140.1	482.28
2008	2411102	2.49	1237	290.5	165.4	486.38
2009	2417899	2.5	1255	289.1	171.5	490.01
2010	2304017	2.38	1250	305.3	153.6	493.87
2011	2227668	2.3	1235	312.7	148.6	499.74

以下分别为水温差升高最后典型的三个时期：1 号高炉 2008 年 1—4 月、2010 年 8—9 月、2 号高炉 2009 年 10 月—2010 年 1 月，分析炉缸水温差和高炉产量之间的关系，可以发现，产量和水温差有着直接关系，高炉在一段时间高产后，炉缸炭砖热电偶温度和冷却壁水温差呈明显上升趋势。

（1）1 号高炉 2008 年 1—4 月。2008 年初 1 号高炉水温差在 1 月 3 日、3 月 13 日、4 月 25 日三次升高到 1.1 ℃以上，同时 TE3145 点升高而且升高速度和幅度不断加大难以控制。见图 4-4。

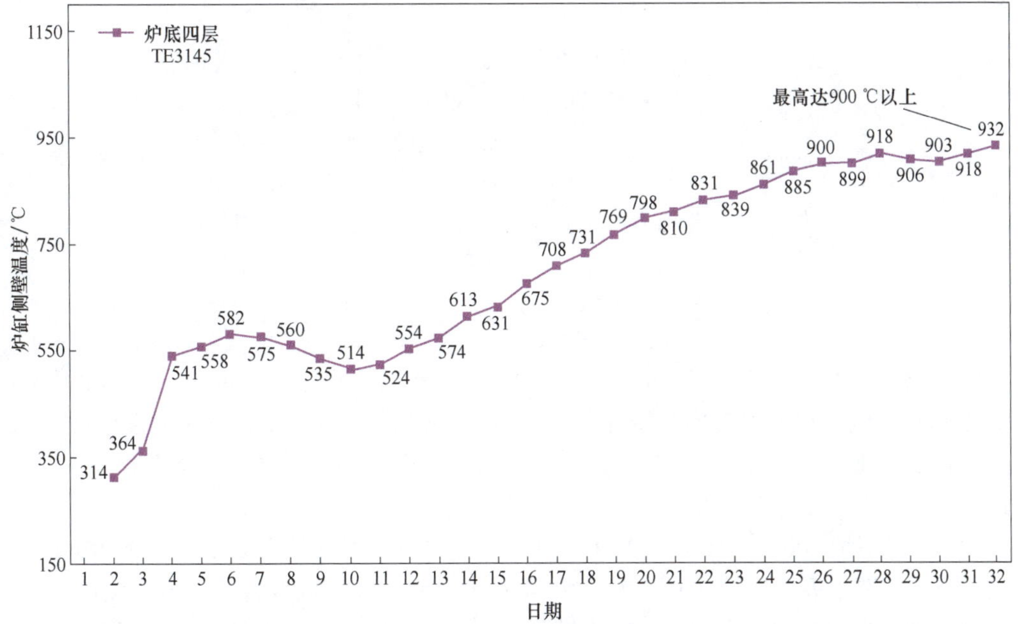

图 4-4　1 号高炉 2008 年 1 月侧壁温度变化情况

2008 年 1 月—4 月 25 日（堵风口前），1 号高炉的焦炭负荷在 5.5~5.6 的水平，尤其是 TE3145 点开始大幅升高的 1 月平均产量为 6942 t/d，系数为 2.62 t/(m^3 · d)，负荷在 5.6 以上。1—4 月平均产量在 6700~7000 t/d 的产能比较大。高负荷、高产量造成炉缸铁水环流加强，侧壁炭砖受到渣铁强烈冲刷，侧壁温度迅速升高。高炉逐步减产后炉缸侧壁温度随之缓慢下降，见图 4-5。

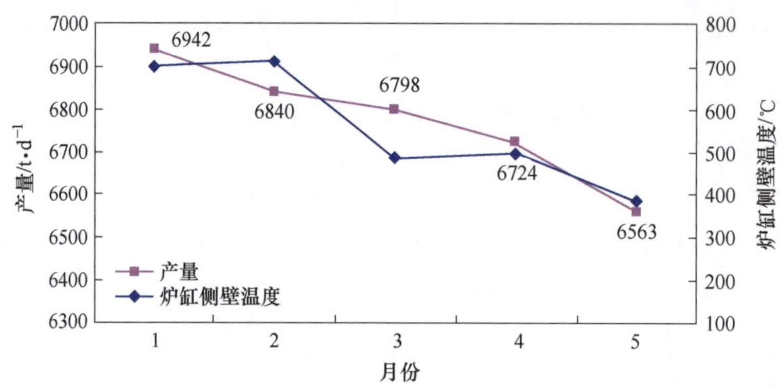

图 4-5　1 号高炉 2008 年 1—5 月侧壁温度和产量

（2）1 号高炉 2010 年 8—9 月。1 号高炉 2010 年 7 月检修之前产量稳定在 6600 t/d 左右，7 月检修以后炉况顺行状态良好，随着负荷和富氧的增加，8 月产量达到 6800 t/d 以上，见图 4-6，在高强度冶炼的情况下，炉缸侧壁的铁水环流加剧，产生和热量和导出的热量达不到平衡，侧壁温度开始升高。

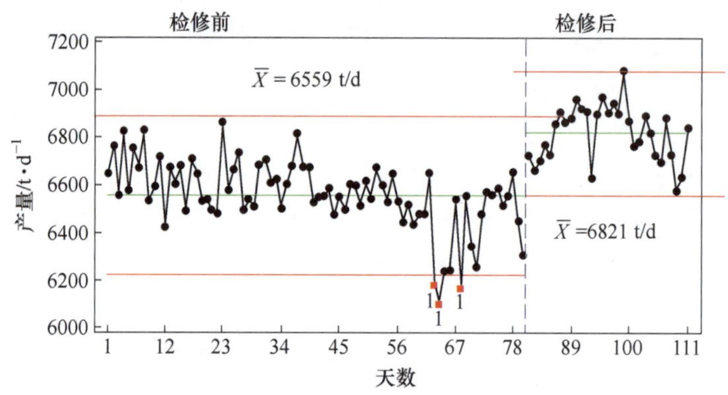

图 4-6　2010 年 7 月检修前后产量对比

1 号高炉 2010 年 8 月 29 日和 2010 年 9 月 16 日水温差升分别升高到 1.1 ℃和 1.4 ℃。8 月 21 日炉缸侧壁热电偶温度开始升高，至 29 日侧壁热电偶温度到 500 ℃以上同时水温差升高到 1.1 ℃，通高压水、加钛护炉，［Si］控制在 0.5%以上，负荷由 5.43 减到 5.12。9 月 16 日水温差升高到 1.4 ℃，被迫停风堵风口（图 4-7）。

（3）2 号高炉 2009 年 10 月—2010 年 1 月。由图 4-8 可以看出 2009 年 10 月初，二段 26~29 号冷却壁水温差稳定在 0.7 ℃。10 月 3 日，TE3138 点温度开始上升，随后二段 26 号、27 号水温差开始升高，10 月 20 日水温差升高到 1.0 ℃，12 月 11 日水温差升高到

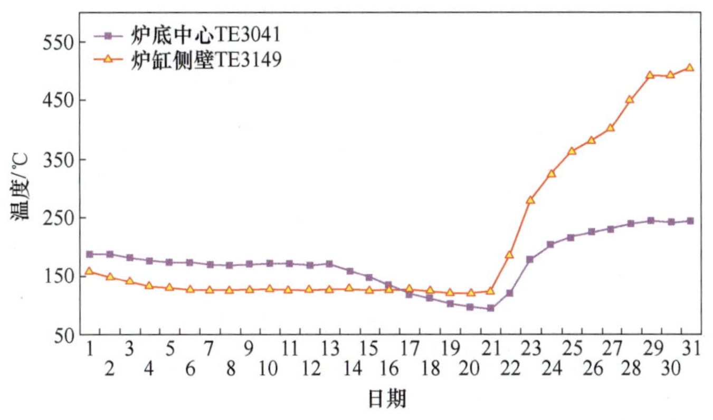

图 4-7 1号高炉 2010 年 8 月炉芯和炉缸侧壁温度变化情况

1.3 ℃并堵 9 号风口，1 月 27 日水温差升高到 1.4 ℃并堵 13 号和 14 号风口。2 号高炉 2009 年 10 月—2010 年 1 月产量情况见图 4-9。

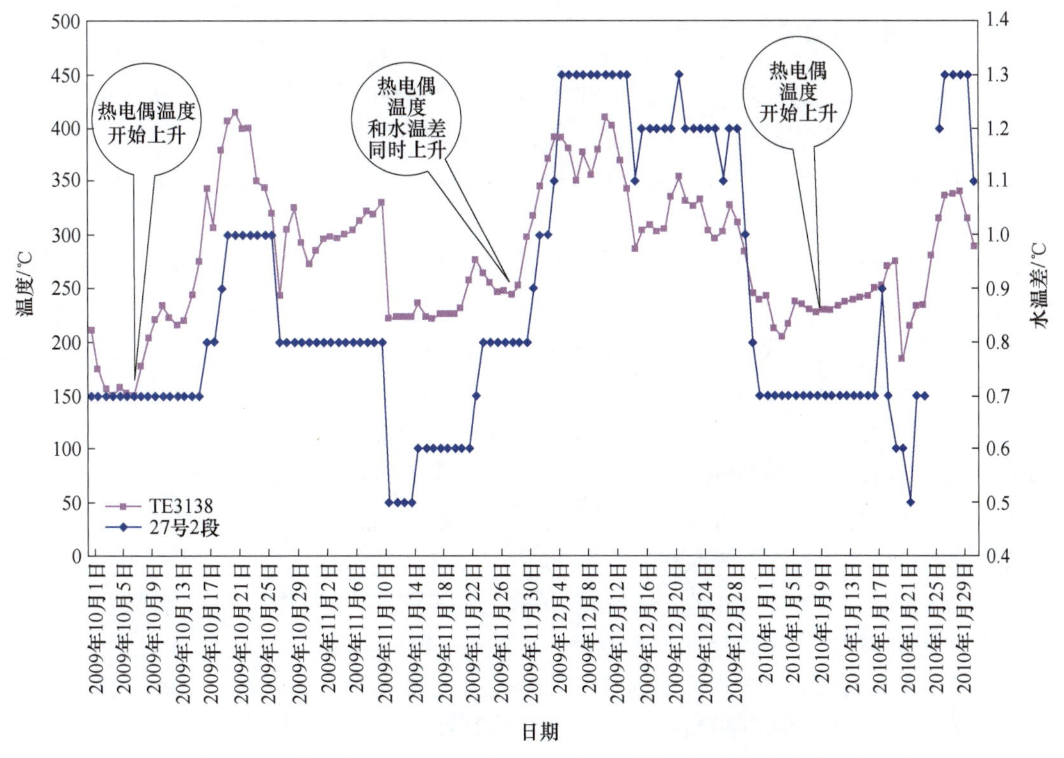

图 4-8 2 号高炉 2009 年 10 月—2010 年 1 月炉缸侧壁温度和水温差

对这段时间水温差反复升高主要有以下两个方面原因：

（1）重负荷、高产量是导致水温差偏高和热电偶温度不能恢复到正常水平的主要原因，炉缸侧壁水温差升高期间产量长期保持在 6700 t/d 以上；

（2）入炉干熄焦比例降至 60%后，仍然保持高负荷和达产状态，导致炉缸侧壁局部侵蚀，水温差迅速升高。

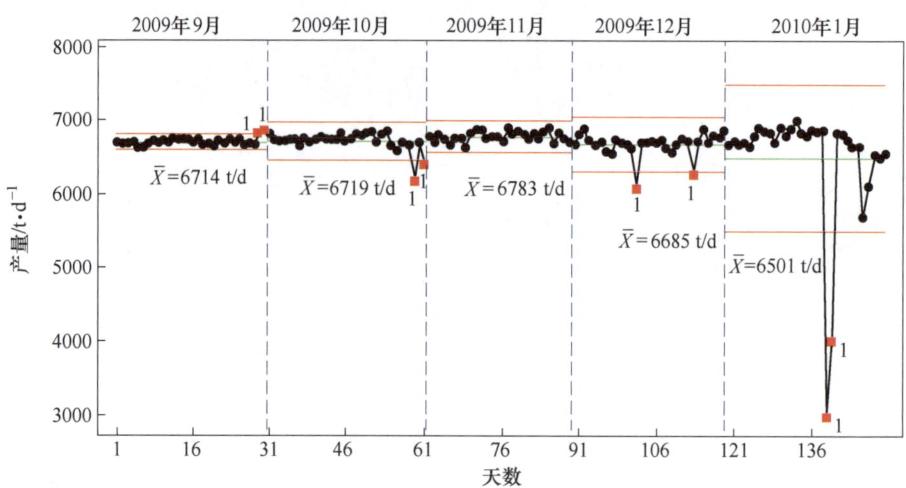

图 4-9　2 号高炉 2009 年 10 月—2010 年 1 月产量情况

4.1.3　送风制度与装料制度匹配

高炉炉内煤气流的合理分布很大程度上取决于送风制度和装料制度。送风制度与装料制度也是高炉冶炼工艺操作调整的主要手段，分别决定着高炉煤气一次分布和二次分布，二者相互匹配才能形成“上稳下活”的炉况格局，炉况才能保持长期稳定顺行，才能为高炉长寿提供保障。

各企业在调整炉内煤气分布方面各有所长，均是在保证高炉顺行基础上追求最好的煤气利用率。

宝钢 3 号高炉（一代炉役）采用高送风比（>1.5）操作使高炉一次煤气流趋向中心，减少高炉边缘煤气量，减缓高炉炉体煤气冲刷侵蚀。同时上部调剂制度与下部煤气流分布匹配，在高炉边缘形成平台结构，使边缘矿焦按一定比例层状稳定分布，中心按自然堆角形成一定深度漏斗，并保持相对稳定，平台加漏斗料面形状可以确保边缘和中心稳定两道气流。边缘适宜煤气流控制原则是使高炉内部温度场和外部强化冷却相对平衡，达到炉墙热负荷稳定，就可以减缓炉墙侵蚀[9]。

炉喉部位炉料的均匀、稳定分布对炉顶煤气的分布起着重要作用，首钢迁钢高炉均采用并罐式无料钟炉顶，布料存在一定偏析，主要通过定期“倒罐”，即对特定炉顶料罐采取倒换装矿石与焦炭的方式对布料偏析进行抑制。特殊情况下还采取“倒转”即改变溜槽旋转方向的方式抑制布料偏析，取得了较好的效果。

对送风制度进行调整，在风口使用上，首钢迁钢公司在炉缸水温差高的区域使用长、直风口，并按照“温差高区域适当缩小风口面积、温差低区域适当增加风口面积和风口总面积基本不变”的原则制定出风口调整方案。在炉缸热电偶和水温差居高不下时，很多企业采取停风堵相应的风口的方法控制该区域热电偶温度和冷却壁水温差的上涨，1 号、2 号高炉在 2011 年之前若炉缸冷却壁水温差达到 1.4 ℃时也是采取此种方法。堵风口目的是降低该区域的活跃性，从而达到降低炉缸水温差的目的。但是堵风口会造成产量损失严重，并且长期堵风口后易导致炉缸圆周工作状态不均匀，不利于炉况的长期顺行稳定。采取保持入炉上限风量，配合风口面积调整，保证充足的鼓风动能，可促进初始煤气流分布更加合理。

炉腹煤气量、回旋区长度、鼓风动能的日常控制与上部装料制度、料柱透气性、炉缸活跃性相匹配。基本原则是保持中心与边缘两股煤气流，以利于料柱透气性的改善。采用中心加焦技术，控制中心焦量15%~22%，十字测温边缘温度80~110 ℃，中心温度500~700 ℃。高炉不仅获得了良好的透气性，同时煤气利用得到改善，促进了矿石的预热与还原，有利于高热制度的稳定。

为了抑制水温差的上升，减少堵风口情况发生，首钢迁钢1号和2号高炉通过对下部送风制度进行了一系列动态调整，其原则是：利用休风机会，在风口总面积基本保持不变的情况下，缩小水温差高区域的风口面积，增大水温差最低区域的风口面积。缩小风口面积一般采取风口内放入衬套，风口直径缩小20 mm，或将直径为ϕ130 mm更换为ϕ120 mm风口，同时适当配合增加风口长度和调整风口倾斜角度；增加低水温差区域面积一般采用将ϕ130 mm更换为ϕ140 mm风口。采用此方法一方面保证风口总面积和鼓风量的稳定，减少产量损失，对抑制重点区域水温差的上升起到了很好的效果；另一方面由于风口直径偏差较小，基本保证了高炉圆周工作的均匀性，有利于煤气流的稳定。

2011年之前，1号和2号高炉均采用直径ϕ130 mm的风口，以1号高炉为例说明风口调整情况，图4-10为首钢迁钢1号高炉2012年上半年风口布置情况，其中红色填充为直径ϕ140 mm风口；黑色填充为直径ϕ120 mm、加长直风口，蓝色加粗为置入厚度10 mm风口衬套的直径ϕ110 mm风口；其他为直径ϕ130 mm的风口。

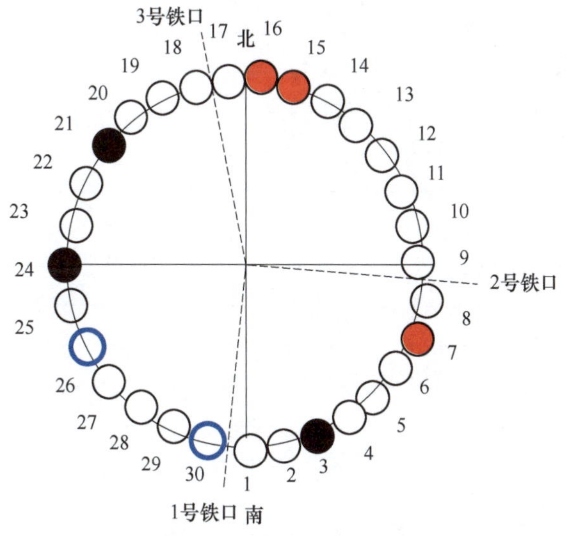

图4-10　高炉风口调整情况

4.1.4　热制度与炉前作业标准

高炉热制度和炉前出渣铁操作一般基于高炉原燃料条件、炉容、冶炼强度、渣比等基础条件制定，目的是保持炉缸活跃、渣铁高效分离、铁水质量合格以及下料顺畅稳定。主要控制参数有炉温［Si］、铁水温度、炉渣碱度和铁口深度、铁口孔径、出铁时间及各铁口出铁次序统筹安排等。

中天钢铁 7 号高炉（850 m^3）的热制度操作控制要点为：焦炭负荷是稳定炉温的基础；料速是检验炉温的标准；燃料比是控制炉温的手段。正常生产状态下中天钢铁 7 号高炉铁水[Si]：0.25%~0.35%，上下两炉间的波动小于 0.10%，铁水温度不小于 1480 ℃。原燃料质量较好时控制在中下限，原燃料质量较差时维持在中上限，确保炉缸的活性[10]。

首钢迁钢各高炉的铁水温度、炉渣碱度、镁铝比等参数的制定也是基于兼顾冶炼经济性、渣铁流动性、铁水质量等考虑。既要炉缸热量充沛，流动性良好，又要保持燃料消耗尽可能低的水平。

与此同时，出铁制度方面（出铁时间、倒场制度、见渣率）主要考虑确定与冶炼强度相适应的平均铁流速，与渣铁沟维护和炉缸活跃性相适应的倒场制度，与渣比相适应的见渣率。基本原则是保证炉缸内渣铁液面不因出铁发生大幅波动。

渣铁排放制度合理，及时排净渣铁是活跃炉缸的重要举措，首钢迁钢随着高炉冶炼强化产量的提升，高炉缩短铁次间隔，双铁口交换出铁，出铁间隔由 20~25 min 提高到 12~15 min，开铁口钻头由 ϕ50 mm 提高到 ϕ55 mm，有效减少了因渣铁排放导致炉况憋风恶化下部透气性问题。

2019 年首钢迁钢 1 号高炉进行炉缸浇注修复后，炉缸安全隐患彻底消除，高炉日产量由 6400 t 左右提升至 7000 t 以上，基于冶炼强度的变化，对炉外出铁制度也进行了相应调整，以 2022 年 12 月为例，见图 4-11。

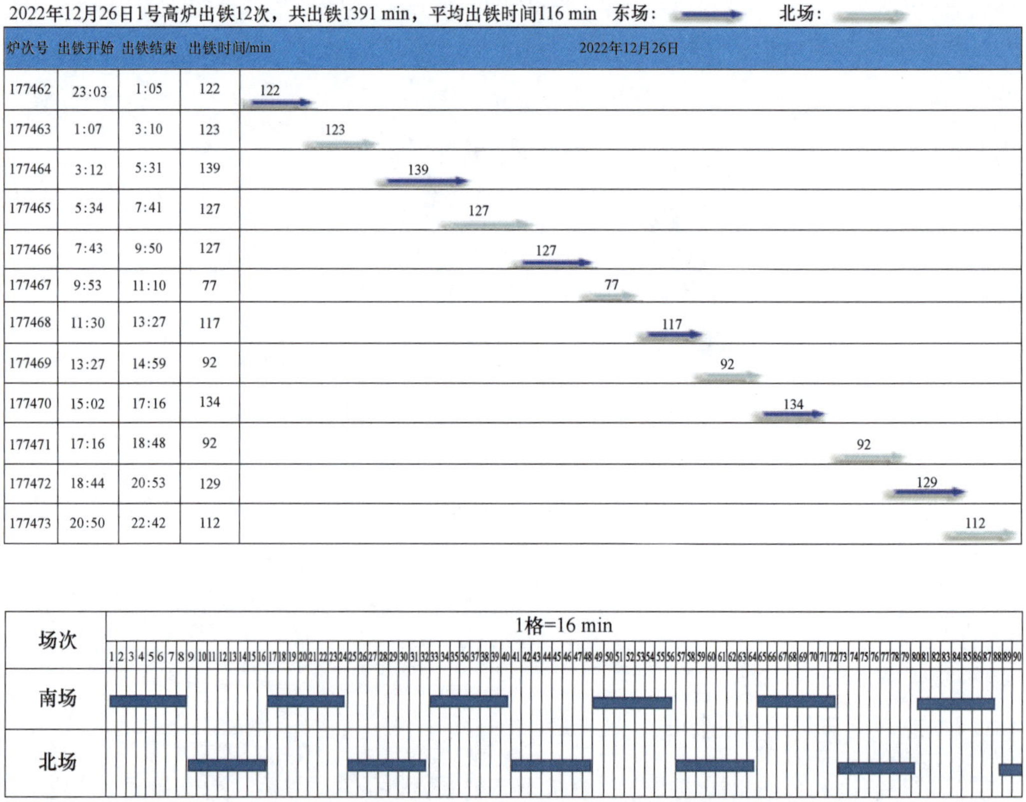

2022年12月26日1号高炉出铁12次，共出铁1391 min，平均出铁时间116 min　东场：　北场：

炉次号	出铁开始	出铁结束	出铁时间/min	2022年12月26日
177462	23:03	1:05	122	122
177463	1:07	3:10	123	123
177464	3:12	5:31	139	139
177465	5:34	7:41	127	127
177466	7:43	9:50	127	127
177467	9:53	11:10	77	77
177468	11:30	13:27	117	117
177469	13:27	14:59	92	92
177470	15:02	17:16	134	134
177471	17:16	18:48	92	92
177472	18:44	20:53	129	129
177473	20:50	22:42	112	112

场次	1格=16 min
南场	
北场	

图 4-11　2022 年 12 月 1 号高炉典型出铁时间甘特图

2022 年 12 月首钢迁钢 1 号高炉日均产量 7050 t，两场轮流出铁，出铁间隔时间从 10 min 左右逐步压缩至 5 min 之内，平均出铁时间 120 min，出渣时间 114 min，保证 10 min 以内见渣，日均铁次 11.5 次，全天出铁时间为 1380~1400 min。

4.2 日常生产调控及维护机制

高炉日常生产的主要任务是适应原燃料和炉况变化的热制度调剂，适应压量关系和煤气利用率变化的煤气分布调整，适应冶炼强度和炉体耐火材料侵蚀的冷却制度调剂等。最终目标是在特定冶炼条件下，获得顺行稳定的炉况，最高限度的煤气利用率，同时兼顾高炉炉体长寿。本节重点介绍了炉缸活跃性对高炉长寿的影响，高炉炉缸活跃性的表征指标中铁水温度水平及其稳定性是最直接、最直观，也是与炉缸活跃性相关性最大的参数。高炉追求一定铁水温度的目的是保障炉内还原反应和传热传质顺利进行，以及炉缸的工作状态满足生产需求。铁水温度也取决于高炉入炉风温、风量、喷煤量、高炉透气性，料速等参数，不同立方级高炉对铁水温度要求略有差异，高炉容积越大铁水温度要求越高。

4.2.1 炉体温度监测及冷却维护制度

在高炉生产运行过程中，通过监测布设于炭砖和冷却壁中的热电偶温度，测量计算冷却壁进出水温差和热流强度，进而根据实际热负荷情况调整冷却水水量和水压等方式是普遍的高炉炉体监测维护手段。通过调整炉内煤气分布和炉外冷却强度实现炉体热负荷与冷却强度平衡稳定是实现高炉炉体长寿的根本所在。

高炉炉身的冷却设备大致分为冷却壁和冷却板两类：冷却壁在冷却形式上表现为面冷却，均匀的面冷却能很好地将炉内热流带出炉外，但冷却壁损坏断水后不可更换特性是其致命弱点；冷却板在冷却形式上表现为点冷却，冷却强度大，炉墙黏结物较稳定，损坏后可及时得到更换，以维持良好炉型。

韩国浦项现役 10 座高炉中有 8 座使用冷却板。中天钢铁 7 号高炉（850 m^3）在投产 8 年后单位炉容产铁量突破 1.06 万吨/立方米，且保持了冷却壁零破损。该高炉采用开路循环系统进行冷却，高炉本体采用全冷却壁结构。冷却水初始温度不高于 35 ℃。冷却水质方面 pH 值控制在 7~9，浊度小于 20 NTU，电导率小于 2500 μS/cm。并制定了相应的炉缸热流强度控制标准：正常值不大于 29307.6 kJ/(m^2·h)，警戒值 41868~50241.6 kJ/(m^2·h)，极度危险值 62802 kJ/(m^2·h)[10]。

首钢迁钢的炉体温度监测和冷却制度调整主要是基于对操作炉型监控实现对合理操作炉型的维护与管理，重点监测参数有炉体各段热电偶温度，各部位热流强度，以及风口、冷却壁、勾头等冷却设备查漏，主要任务是保持重点部位（铜冷却壁、炉缸二、三段）冷却壁适宜温度，避免长期超警戒温度运行。首钢迁钢软水冷却系统管理规定如下。

[案例 2] 首钢迁钢软水冷却系统管理规定

（1）正常生产状态下，1 号和 2 号高炉炉体软水总水量不低于 4500 m^3/h，3 号高炉上部软水总水量不低于 5300 m^3/h，下部软水总水量不低于 4800 m^3/h。

（2）正常生产状态下，1 号和 2 号高炉炉体软水、3 号高炉上部软水进水温度不高于 35 ℃，夏季不高于 40 ℃；3 号高炉下部软水进水温度不高于 30 ℃，夏季不高于 35 ℃。

(3) 正常生产状态下，1 号和 2 号高炉炉体软水、3 号高炉上部软水系统总温差控制在 2.0~3.5 ℃，3 号高炉下部软水系统总温差控制在 0.1~0.5 ℃。

(4) 软水系统水量调控原则：

在 1 号和 2 号高炉炉体软水系统、3 号高炉上部软水系统不低于最小水量情况下：

1) 软水总温差连续 4 h>3.5 ℃，增加软水流量 100~200 m^3/h。

2) 软水总温差连续 4 h<2.0 ℃，减少软水流量 100~200 m^3/h。

3) 若软水总温差突然大幅度升高 2 ℃以上时，应及时增加软水流量，其时间、水量可不受以上规定限制，原则是控制软水总温差在 2.0~3.5 ℃的合理范围内。

(5) 炉体热负荷控制：炉体热负荷日常控制在 40~80 GJ/h。若小于 20 GJ/h 或大于 100 GJ/h 时间超过 4 h，及时采取调节冷却水量或边缘煤气流等措施。

(6) 若炉体热负荷长期偏低且软水流量已处于设计下限，若要再进一步降低系统水量时，须请示主管部长批准。

(7) 正常生产状态下，3 号高炉炉缸侧壁热电偶温度不大于 150 ℃，炉缸二、三段铜冷却壁温度不大于 55 ℃，四段铁口铜冷却壁温度不大于 65 ℃。炉缸侧壁热电偶温度大于 150 ℃，采取降供水温度、提高水量、强化冷却等措施。

(8) 高炉炉体铜冷却壁经常工作温度控制在 35~80 ℃，极限工作温度不大于 230 ℃。铜冷却壁温度大于 230 ℃，则其热面温度将超过 250 ℃，铜冷却壁的机械强度会明显下降，热面将被严重磨损和烧损，影响使用寿命。

(9) 高炉炉体铸铁冷却壁经常工作温度控制 45~130 ℃，极限工作温度不大于 200 ℃。铸铁冷却壁温度大于 200 ℃，则其热面温度将超过 400 ℃，冷却壁球墨铸铁材质的抗拉强度和伸长率就会降低，热面有被烧坏的可能，将影响冷却壁使用寿命。

首钢迁钢软水冷却系统管理规定如下。

[案例 3]　工业水冷却系统管理规定

(1) 正常生产状态下，1 号和 2 号高炉常压水系统冷却水量不低于 2500 m^3/h，压力不低于 0.55 MPa；炉缸二、三段高压水冷却水量不低于 4500 m^3/h，压力不低于 0.75 MPa；风口高压水冷却水量不低于 1700 m^3/h，压力不低于 1.65 MPa。

(2) 正常生产状态下，3 号高炉常压水系统冷却水量不低于 1800 m^3/h，压力不低于 0.9 MPa；风口高压水冷却水量不低于 2500 m^3/h，压力不低于 1.75 MPa。

(3) 正常生产状态下，三座高炉工业水系统供水温度不大于 35 ℃；各部位冷却设备出水温度不高于 43 ℃，超过此规定值，要采取疏通冷却管路或强化冷却措施。

(4) 风口损坏后，根据损坏大小及时采取出水改直排、风口停煤等措施，以保持风眼明亮为准。

(5) 坏风口压力和水量控制原则：1 号和 2 号高炉坏风口水量不低于 16 m^3/h，给水压力不低于 0.5 MPa，3 号高炉坏风口水量不低于 20 m^3/h，给水压力不低于 0.8 MPa，否则坏风口有加速破损、烧出风险。坏风口有发展，给水压力和流量低于上述规定值，高炉择机停风换风口。

(6) 中套、大套损坏漏水，参照坏风口的处理原则和措施执行。

(7) 高炉停风前，岗位积极进行冷却设备查漏排查工作，特别是风口、中套、倒扣水箱和炉喉水冷钢砖。

(8) 高炉送风恢复期，岗位加强风口三套、炉壳各部位检查，有洇水、串水、串气、风眼挂渣等现象，及时对上述部位进行查漏。

(9) 高炉停风时要及时关闭坏水管给水，复风后适时打开坏水管给水。炉况好恢复时，风压 0.10 MPa 左右时开，炉况不好恢复时，酌情开，但给水量要小，并逐步随风压开大给水，直至恢复原出水状况。

(10) 未尽操作事项，岗位按技术操作标准、技术操作方法、防事故措施和注意事项等有关规程规定执行。

(11) 三座高炉各部位冷却设备水温差（本位水冷却）控制标准见表 4-6。水温差超出控制范围，及时采取通高压水强化冷却。

表 4-6 高炉各部位冷却设备水温差控制标准 (℃)

高炉部位	1 号高炉	2 号高炉	3 号高炉
一段	≤0.3	≤0.3	≤0.2
二段	≤0.5	≤0.5	≤0.2
三段	≤0.5	≤0.5	≤0.2
四段	≤1.0	≤1.0	≤0.2
五段	≤1.5	≤1.5	≤0.5
六段	≤3.0	≤3.0	≤0.5
七段	≤3.0	≤3.0	
八段	≤3.0	≤3.0	
九段	≤3.0	≤3.0	
十段	≤3.0	≤3.0	
十一段	≤3.0	≤3.0	
十二段	≤3.0	≤3.0	系统总温差：2.0~3.5
十三段	≤3.0	≤3.0	
十四段	≤3.0	≤3.0	
十五段	≤3.0	≤3.0	
十六段	≤10	≤10	
十七段	—	—	
十八段	—	—	≤10
水冷钢砖	—	—	≤12
风口小套	≤10	≤10	≤10
风口中套	≤2.0	≤2.0	≤2.0
风口大套	≤2.0	≤2.0	≤2.0
水冷吹管	—	—	≤5.0

首钢迁钢冷却系统监测和检查管理规定如下。

［案例4］冷却系统监测和检查管理规定

（1）高炉各部位冷却设备的供水水压、水温差，岗位每2 h应检查一次，发现异常，及时处理，并做好记录。

（2）高炉各部位冷却设备的出水情况，岗位每2 h应检查一次，发现出水减小应及时查明原因，视具体原因采取疏通管路（杂物堵塞）或其他临时控制措施。

（3）炉缸水温差升高，岗位要加强水温差测量频次，采取加装炉皮测温、安装冷却风管、炉皮加喷淋等措施，保证炉皮温度不高于60 ℃，防止炉缸烧出。

（4）岗位加强对高炉炉底、炉缸热电偶温度的检查，确保热电偶对整个炉底、炉缸进行自动、连续测温。发现热电偶温度异常，及时通知计控人员校对。当炉基温度超过150 ℃时，及时汇报高炉技术员和技师。

（5）岗位加强对软水系统膨胀罐液位及补水量的检查，并建立软水补水量记录表，每班记录4次。补水量突然增加时，岗位要及时查明原因，汇报工长并做好记录。

（6）每季度，岗位联系计控人员对冷却系统的运行参数（压力、流量、温度）和炉底、炉缸热电偶温度等检测仪表进行检查校对一次。计控人员要出具书面检查校对报告，对损坏的仪表提出处理意见，并将结果报看水技师和设备室专业。

（7）岗位每班、点检每周对高炉冷却系统主要管道及附件（ϕ200 mm及以上）、水过滤器至少检查一次，并做好记录。

（8）岗位每周、点检每月对冷却系统全部管道、截门至少检查一次，并做好记录。

（9）高炉水过滤器滤芯检查：遇24 h以上检修，检查并清理风口水过滤器；遇4天以上检修，检查并清理常压水过滤器；遇10天以上检修，检查并清理二、三段水过滤器。

（10）高炉水过滤器滤芯更换周期：风口和常压水过滤器滤芯每2年更换一次，二、三段水过滤器滤芯每1年更换一次。

（11）1号高炉风口水和二、三段水旁通管过滤器，每周一由岗位工、点检人员联合反冲洗操作一次。遇高炉有坏风口情况，暂停风口水旁通管过滤器反冲洗操作。

（12）高炉炉基必须保持清洁无积水、无杂物，并经常注意炉基和围板周围的变化。发现炉基有积水，岗位及时联系处理。

（13）经常检查高炉炉壳工作状况，有发红、漏煤气现象，及时采取临时控制措施，并利用高炉检修机会处理。

（14）高炉炉缸浇注后，要在炉缸最低位置设置排水管路，并在烘炉期间和开炉初期进行排水操作。正常生产期间，应每周进行一次炉缸排水。炉缸排水完毕要关严截门，确保不泄漏煤气。

1号高炉2007年、2014年和2015年降料面后炉内冷却壁状况见图4-12～图4-14，2号高炉2015年降料面后炉内冷却壁状况见图4-15。

图 4-12 2007 年 1 号高炉炉内冷却壁

图 4-13 2014 年 1 号高炉炉内冷却壁

图 4-14 2015 年 1 号高炉炉内冷却壁

图 4-15 2015 年 2 号高炉炉内冷却壁

从图 4-12~图 4-15 可以看出，经过 6 次喷涂造衬后，2015 年 1 号高炉炉体铸铁冷却壁热面龟裂状况与 2007 年相当，只是随着时间的推移龟裂面积和程度有所增加而已。从图 4-14、图 4-15 可以看出，与喷涂两次的 2 号高炉相比，喷涂两次的 1 号高炉铸铁冷却壁母体热面龟裂情况与 2 号高炉情况相当，高炉降料面喷涂造衬对铸铁冷却壁有一定的保护作用。

4.2.2 合理的煤气流分布

合理煤气流分布，是指在兼顾稳定顺行的前提下，高炉煤气利用率能够处于较高水平，能达到理想的技术经济指标，尤其是燃料消耗指标，同时能够控制适度的边缘气流避免炉体侵蚀。宝钢认为热负荷适度应以不发生周期性炉墙附着物生成脱落为限度。当常有附着物脱落引起热负荷有大波动，或引起炉热状态变化，则认为边缘不适当（过重或过轻）。

高炉护炉条件下的煤气分布要求首先是稳定畅通的煤气出路，这与正常高炉的要求无异；其次，要求减少边缘煤气通过量，即通过减少边缘煤气量以缓解对炉缸侧壁的压力；再次要适当提高中心煤气通过量，减小死焦堆，提高中心料柱透气性，削弱炉缸“蒜头状”侵蚀，引导高炉炉缸朝着“锅底状”侵蚀发展。以首钢迁钢 1 号高炉 2011 年以来装料制度调整过程为例（表 4-7），说明为适应护炉状态下煤气的变化情况。

表 4-7　首钢迁钢 1 号高炉护炉阶段装料制度变化情况

日　期	矿角 α_k	焦角 α_j
2011 年 1 月	37°35°32°29°26° (2 2 3 2 2)	38°35°32°29°26°18° (4 2 2 2 2 3)
2011 年 2 月	36°34°32°30°27° (1 2 3 3 2)	39°36°33°30°26°16° (4 2 2 2 1 4)
2011 年 3 月	36°34°32°30°27° (2 3 3 2 2)	38°36°33°30°26°15° (3 3 2 2 1 4)
2011 年 4 月	37. 5°35. 5°33°30°27° (2 2 3 3 2)	38°36°33°30°26°15° (3 3 2 2 1 4)
2011 年 5 月	36°33°30°26° (2 3 3 2)	38°36°33°30°26°16° (4 2 2 2 1 4)
2011 年 6 月	36°33°30°27° (2 3 3 2)	39°36°33°30°26°15° (4 2 2 2 1 4)
2011 年 7 月	36°34°32°30°28° (2 3 3 2 2)	39°36°33°30°27°15° (3 2 2 2 1 4)
2011 年 8 月	35°32°29°26° (2 3 3 2)	38°35°32°29°25°15° (3 3 2 2 1 4)
2011 年 9 月	35°32°29°26° (2 3 3 2)	38°35°32°29°25°15° (3 3 2 2 1 4)
2011 年 10 月	35°32°29°26° (2 3 3 2)	38°35°32°29°25°15° (3 3 2 2 1 4)
2011 年 11 月	35°33°31°29°26° (2 2 3 2 2)	38°35°32°29°25°20°15° (4 2 2 2 1 1 3)
2011 年 12 月至 2012 年 5 月	35°33°31°29°26° (2 2 3 3 2)	38°35°32°29°25°20°15° (4 2 2 2 1 1 3)

与装料制度的调整相对应，2011 年首钢迁钢 1 号高炉煤气 *Z* 值、*W* 值及水温差变化情况变化见表 4-8。可以看出，通过 2011 年 1—7 月的调整，*Z* 值逐步提高，2011 年 8 月以后基本稳定在 2. 5~3. 0 之间，且炉顶温度稳定性也越来越好，随着中心煤气通路的改善和稳定，炉缸最高水温差也呈逐渐下降趋势。

表 4-8　首钢迁钢 1 号高炉煤气分布指数及水温差变化情况

日　期	*Z* 值	*W* 值	最高水温差/℃	炉顶温度/℃
2011 年 1 月	1. 39	0. 95	0. 5	223
2011 年 2 月	1. 68	0. 88	1. 3	210
2011 年 3 月	2. 32	0. 73	1	226
2011 年 4 月	2. 44	0. 7	0. 9	239
2011 年 5 月	1. 94	0. 88	1. 1	244

续表 4-8

日　期	*Z* 值	*W* 值	最高水温差/℃	炉顶温度/℃
2011 年 6 月	1.86	0.97	1.0	243
2011 年 7 月	2.01	0.96	1.1	234
2011 年 8 月	2.44	0.95	1.1	217
2011 年 9 月	2.88	0.84	0.8	204
2011 年 10 月	2.57	0.75	0.8	219
2011 年 11 月	2.59	0.88	0.7	205
2011 年 12 月	2.63	0.89	0.7	204
2012 年 1 月	2.52	0.91	0.5	207
2012 年 2 月	2.38	0.98	0.5	215

首钢迁钢 1 号和 2 号高炉通过长期护炉生产实践表明，坚持打开中心稳定边缘的煤气分布，有利于炉缸的维护。为了保证合理开放的中心煤气流，以减轻对炉缸侧壁的压力，炉缸水温差攻关小组对十字测温边缘和中心点温度进行了合理的界定，其中 1 号高炉中心温度按 400~500 ℃控制；第 5 点温度按 300~400 ℃控制；边缘温度按 200~250 ℃控制；2 号高炉中心温度按 500~600 ℃控制；第 5 点温度按 350~450 ℃控制；边缘温度按 150~200 ℃控制。

4.2.3　活跃的炉缸工作状态

高炉炉缸活跃度一般通过不同铁口或出铁过程中炉温、铁水温度、炉渣碱度的偏差，不同方位料尺的偏差，炉底和炉缸侧壁温度的波动范围，风口圆周工作均匀、明亮程度等方面衡量。理想的炉缸活跃度不仅有利于炉况的稳定顺行，技术和经济指标的提高，铁水质量和炉前作业的改善，而且对高炉的安全生产和长寿至关重要。

新钢坚持用渣铁物理热代替铁水中硅的质量分数来指导炉温调节，克服了没有在线测量装置的困难，坚持对铁水温度进行手工测量，摸索出了适合高炉的铁水温度为 1470~1490 ℃，底线是 1450 ℃[11]。

宝钢 1 号高炉目标日均铁水温度为 (1510±10)℃，单炉堵口前铁水温度大于 1500 ℃，[Si]0.30%~0.40%参考。高炉操作基础是稳定炉温，炉温也为炉前作业创造良好的基础；采取适当控制铁水温度等措施，也对控制炉内高温区有利，可以减轻因炉料结构和性能变化对高炉顺行的影响[12]。

张寿荣等人认为高炉稳定顺行最重要的条件是炉缸热量充足，其标志是铁水温度。不大于 2000 m^3高炉的铁水温度应在 1500 ℃左右；1200 m^3级高炉的铁水温度 1470~1500 ℃；对于低硅冶炼的高炉，应该在保证铁水温度的情况下，尽量降低高炉的生铁含硅量[13]。

实施大矿批操作后，[Si] 降低，要求工长必须做到：始终把铁水温度放在首要位置，要求铁水温度必须大于 1500 ℃，要求工长每炉铁在 20 min 见渣后，堵口时测 3 次铁水温度[14]。

京唐 1 号高炉冶炼实践表明，为保证高炉炉缸的热量充沛，尤其是大型高炉，严格控制铁水温度是至关重要。2018 年 11 月受炉况波动影响，京唐 1 号高炉铁水温度有所波动，但自 10 月以来，铁水［Si］维持在 0.27% 以上，且逐步升高，铁水温度 1490 ℃以上，并逐步提高到 1500℃以上，保证炉缸热制度充足，维持炉缸活跃性[15]。

杨天钧等人认为炉缸活性是高炉冶炼过程进行到最后的集中表现，保证合理的炉缸活性对长寿同样重要。炉缸热状态正常的表现包括：铁水温度控制在 1490～1510 ℃（大型高炉），(1485±10)℃（中小型高炉），［Si］0.3%～0.6%，［S］0.02%～0.04%，相邻铁次的温度和成分基本相同或接近[16]。

4.3　特殊炉况时期基本对策

炉况波动期间，失常炉况治理以及事故紧急停风和中长期停送风过程是炉体耐火材料和冷却设备受损的高危期，事先必须有充足的准备和详细的预案，须避免炉体冷却设备和关键部位耐火材料长期处于高温煤气冲刷，慎用、少用洗炉料并注意布料位置，坚决杜绝关键部位冷却设备水压降低甚至断水，及时更换损坏漏水的冷却设备。本节重点介绍了高炉中长期停、送风过程中影响高炉长寿的环节，高炉停、送风过程是重建炉体传热平衡的关键环节，需竭力确保高炉炉体热负荷平稳过渡，要避免一味追求停、送风速度而导致高炉热制度失衡或添加洗炉料过量，在高炉停、送风过程中注重造渣制度、热制度和送风制度均衡匹配，最大限度杜绝炉温波动，气流状态，崩、悬料等异常炉况出现，为全风后高炉正常生产和炉体长寿奠定基础。

4.3.1　炉况波动期间的炉体维护

相对于正常炉况，高炉炉况波动期间炉体长寿面临着更严峻的考验。在高炉炉况发生波动时，炉内煤气流分布和软熔带形状将受炉况影响不再均衡稳定，炉体冷却系统不可避免地受到巨大的热流冲击。与此同时，炉缸工作状态也不再稳定，渣铁成分及其排放也将出现不可预测的巨幅波动，由此带来的局部热失衡，铁口喷溅、炉缸环流等将加剧炉缸炭砖侵蚀。

在炉况治理过程中，装料制度调整，炉内操控调剂较正常生产状态幅度更大、频率更高，风口、冷却壁等冷却设备更易发生损坏漏水，加之洗炉料的配加、甚至于炉内崩料、悬料等往往导致炉衬不可逆的剧烈侵蚀、崩塌或是局部结厚、结瘤。最终都将成为影响高炉服役期重要节点，甚至直接导致大修停炉。

因此，在高炉炉况波动及其治理期间，要同步密切关注炉体冷却及各部位热电偶温度变化。及时消除定向气流，避免出现超低或超高炉温，及时出净渣铁，严格控制洗炉料加入量，强化冷却设备查漏，在清理炉墙、活跃炉缸的同时要兼顾炉体耐火材料及冷却系统承受能力，根据自身设备状况和初始设计指标制定各部位预警温度及热流强度，力争保持高炉煤气流均衡，稳定，避免崩、悬料发生。

［案例 5］首钢迁钢 1 号高炉 2008—2009 年炉缸水温差波动分析

首钢迁钢 1 号高炉于 2004 年 10 月 8 日开炉，炉底为大块炭砖+陶瓷垫，侧壁为 UCAR 小块炭砖，内衬结构见图 4-16。

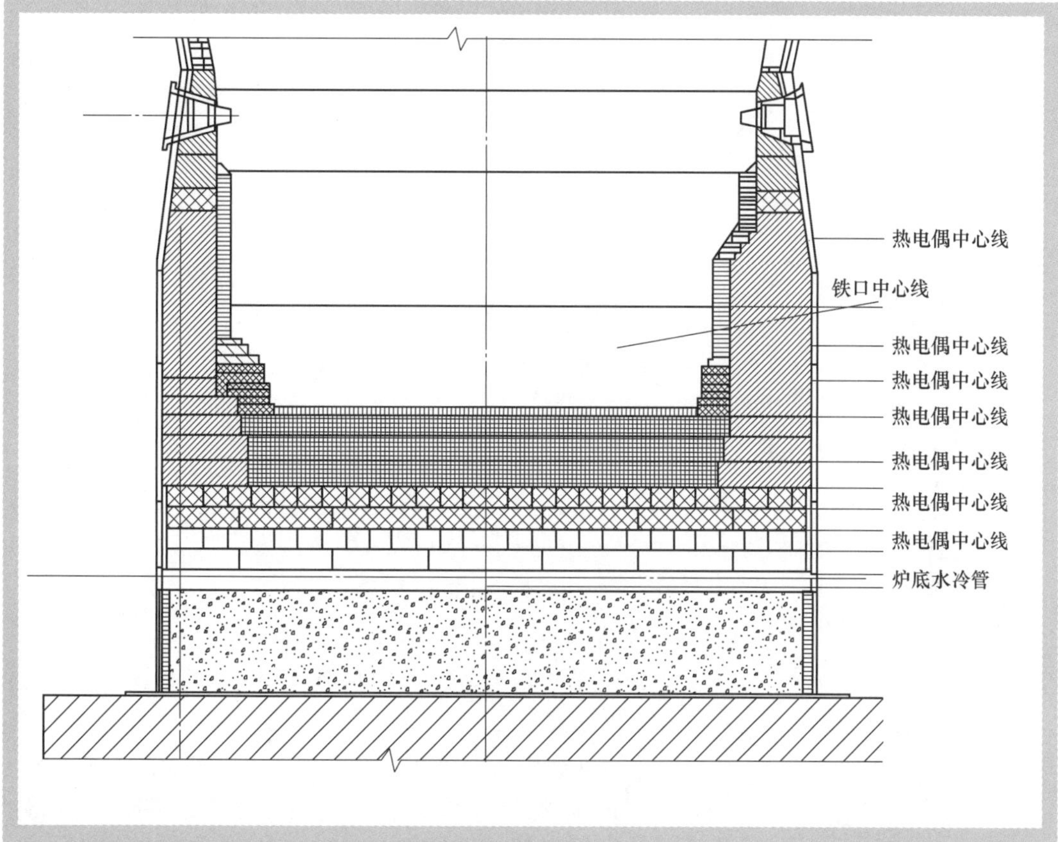

图 4-16　首钢迁钢 1 号高炉炉缸结构

自 2005 年 4 月起，首钢迁钢 1 号高炉炉缸二段冷却壁西侧局部冷却壁水温差逐步上升，炉缸三层 TE3145 点温度上升明显。在 2005—2008 年 2 月，累计打浆 14 次，并且分阶段加钛矿护炉，炉缸二段温差和壁后温度得到一定程度的控制；但在 2008 年 3 月中旬以后，炉缸二段温差又逐步上升，并在 2008 年 4 月初检修后急剧升高。2008 年 4 月 25 日，炉缸二段冷却壁 49 号-2 水温差达到 1.5 ℃，热流强度达到 146538 kJ/(m^2·h)，高炉被迫停风凉炉。自 4 月 28 日以后，炉缸二段温差逐步降低。

至 2008 年 8 月，炉缸二段水温基本恢复至正常水平，平均温差在 0.5～0.7 ℃，8 月 18 日停钛矿后，9 月全月没有加钛矿。为了利用长期休风检修机会，维护炉底及炉缸，在 10 月 2—16 日高炉集中加钛矿，高炉在 10 月 20 日停风，直至 11 月 6 日才送风恢复。送风恢复后，炉缸二段温差呈小幅上升趋势，至 11 月 22 日温差升高至 0.6 ℃，24 日开始附加钛矿，月底炉缸二段温差基本稳定在 0.6 ℃，并于 12 月呈下降趋势。

表 4-9 列出炉缸压浆的情况。

表 4-9　首钢迁钢 1 号高炉炉缸压浆情况

序号	检修时间	高炉压浆情况
1	2006 年 1 月 18 日	4 个孔 3.0 t

续表 4-9

序号	检修时间	高炉压浆情况
2	2006 年 4 月 18 日	6 个孔 1.3 t
3	2006 年 7 月 13 日	未压进
4	2006 年 10 月 25 日	未压进
5	2006 年 12 月 18 日	铁口 8 个孔 1.4 t（主要东铁口）
6	2007 年 1 月 13 日	无计划
7	2007 年 3 月 27 日	铁口 8 个孔 1.0 t
8	2007 年 5 月 15 日	7 个新开孔，2 个旧孔均未压进。从 4 个热电偶孔压入少许浆料
9	2008 年 1 月 29 日	0.2 t
10	2008 年 1 月 31 日	0.7 t
11	2008 年 2 月 1 日	0.3 t
12	2008 年 2 月 2 日	0.7 t
13	2008 年 2 月 3 日	0.4 t
14	2008 年 2 月 21 日	0.6 t（置换）

为寻求炉缸温差变化的主要影响因素，结合开炉以来高炉炉况以及各项指标，通过以下几个方面对炉缸水温差变化进行分析：

（1）生产分析。图 4-17 列出了自开炉以来，至 2010 年 3 月 31 日的炉缸二段温度变化。由图 4-17 中可以看出，自 2005 年 9 月以来，炉缸二段平均温差上升至 0.4 ℃，2007 年 5 月左右上升至 0.6 ℃左右，到 12 月大幅下降至 0.2~0.3 ℃；而后不久，2008 年 1 月末水温差又回到 0.6 ℃以上；经过 2 月的加钛、打浆治理，3 月初略有好转，中下旬水温差急剧上升，TE3145 点温度大幅升高至 900 ℃以上；4 月 25 日上午，因局部温差达到 1.5 ℃，热流强度超过 146538 kJ/(m^2 · h)，高炉被迫停风凉炉。随后，炉缸二段冷却壁温差小幅下行，至 10 月下旬停风 15 天检修，炉缸二段平均温度稳定在 0.6 ℃左右。12 月以后，二段温差大幅度下降，平均温度降至 0.2 ℃左右。进入 2009 年，炉缸二段温差发展平稳，至 5 月末又有大幅上升趋势，平均温差又恢复至 0.6 ℃，8 月末，随着炉况的逐步好转，水温差也有所下降；12 月初水温差又有回头之势，直至 1 月 24 日又恢复正常水平。

（2）高炉顺行情况。自 2009 年以来，炉内没有加钛护炉，从图 4-17 可以看出，炉缸水温差升高往往伴随着炉况波动。2009 年 4 月，受外围原燃料条件变化和雨季生产的影响，高炉顺行状况较差，整体负荷在 5.0 左右，炉内煤气分布不稳定。就在此时，炉缸二段水温差上升，直至 8 月末才逐步下降。而高炉通过几个月的调整和摸索，改善了煤气的分布，原燃料条件逐步转好，炉况向好的方向发展正好也在 8 月末期。

2009 年 10 月、11 月，高炉借着前一阶段合理的装料调整和良好的原燃料质量，打出了全年的最好指标，但 11 月末期，受干焦比例下降以及长期高煤比大喷吹影响，炉缸、软熔带透气性下降，对 12 月的生产状况带来负面影响。12 月初，炉况经历难行、低炉温等一系列波动，同时二段温差也逐步上升，直至 1 月 24 日才扭转温差升高的局面。

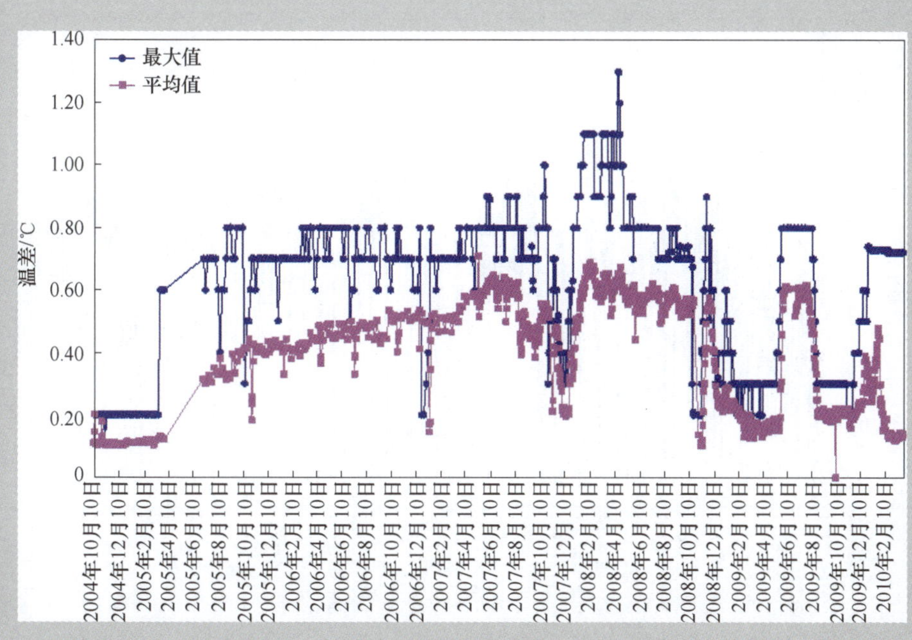

图 4-17 炉缸二段水温差最大值及平均值趋势

通过这两个阶段，可以初步判断，高炉炉况波动，煤气通路不畅，会引发炉缸冷却壁温差上升，下面做进一步分析验证。

（3）高炉产量情况。图 4-18 列出自 2005 年 5 月至 2010 年 3 月日产情况，可以分为几个阶段：2007 年 2 月至 4 月、2007 年 11 月至 2008 年 3 月、2008 年 8 月至 12 月、2009 年 2 月至 3 月中旬以及 2009 年 10 月至 11 月。

之所以这样划分，是按照日产超过 6800 t 天数统计，通过划分区域可以看出，这些产量较高的阶段与季节有关，即雨季产量较低，其他月产量高，但 2009 年年末受炉况波动影响，12 月产量并不高。

通过分析，可以看出产量与二段温差变化虽没有必然的联系，但从实际生产经验上归纳，一般高产一段时间后，炉缸水温差相应会上升，如 2008 年水温差达到最高点之前，正是 2007 年喷涂后高炉的打产阶段，当时平均日产达 6900 t，最高日产超 7200 t。这种高强度冶炼，给炉缸造成较大压力，加快了薄弱部位的侵蚀，使得在 2008 年 2—5 月，炉缸水温差居高不下。

（4）高炉负荷变化情况。表 4-10 列出了 2008 年、2009 年高炉负荷变化情况。对比图 4-17 中水温差升高的阶段不难看出，2008 年 2—4 月，负荷由 5.51 退至 5.33，幅度并不大，5 月主要受到 5 月 1 日上料电缆着火被迫停风以及 5 月 29 日检修恢复等影响，平均负荷下降较多。但从这一阶段的操作难度来看，水温差升高对炉内负荷影响并不明显。

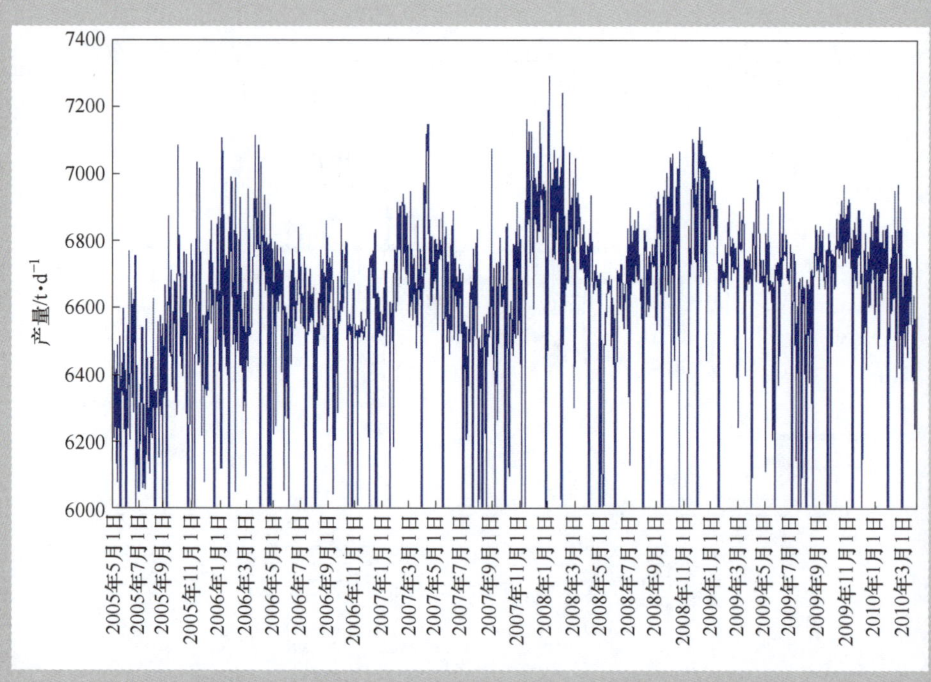

图 4-18 1 号高炉 2005 年 5 月—2010 年 3 月产量情况趋势

表 4-10 2008 年、2009 年负荷变化情况

时间	2008 年											
	1 月	2 月	3 月	4 月	5 月	6 月	7 月	8 月	9 月	10 月	11 月	12 月
负荷	5.60	5.51	5.51	5.33	5.04	5.30	5.16	5.31	5.46	5.46	5.18	5.54
时间	2009 年											
	1 月	2 月	3 月	4 月	5 月	6 月	7 月	8 月	9 月	10 月	11 月	12 月
负荷	5.21	5.34	5.38	5.22	4.96	4.99	4.90	5.05	5.19	5.50	5.30	5.18

2009 年 4 月，受干熄焦检修退比例影响，负荷逐步下降，炉内波动较频繁，连续出现难行、悬料等异常。加上 5—7 月的雨季，与金融危机带来的原料质量变差，整个二、三季度炉况都不尽如人意。这个阶段水温差也异常升高较多，至 8 月中下旬，煤气调整逐渐稳定，炉内压量关系逐步缓解后，水温差又恢复至正常水平。

通过对比两年的负荷变化情况和水温差变化情况，可以认为高炉负荷对炉缸冷却壁温差的影响并不明显，与产量同理。随着产量、负荷的加重，对炉缸的工作压力增加，可能会有一定的累积作用；但是真正与炉缸冷却壁温度联系紧密的，是高炉的顺行状况和煤气分布情况。

（5）高炉煤气分布情况。图 4-19、图 4-20 分别列出了 2008 年、2009 年十字测温变化情况。

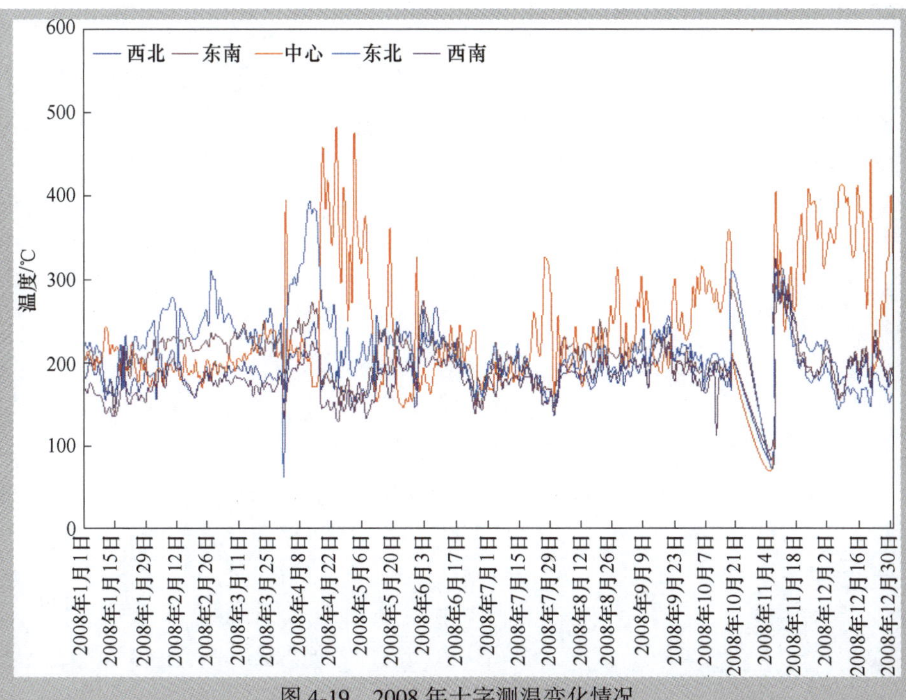

图 4-19 2008 年十字测温变化情况

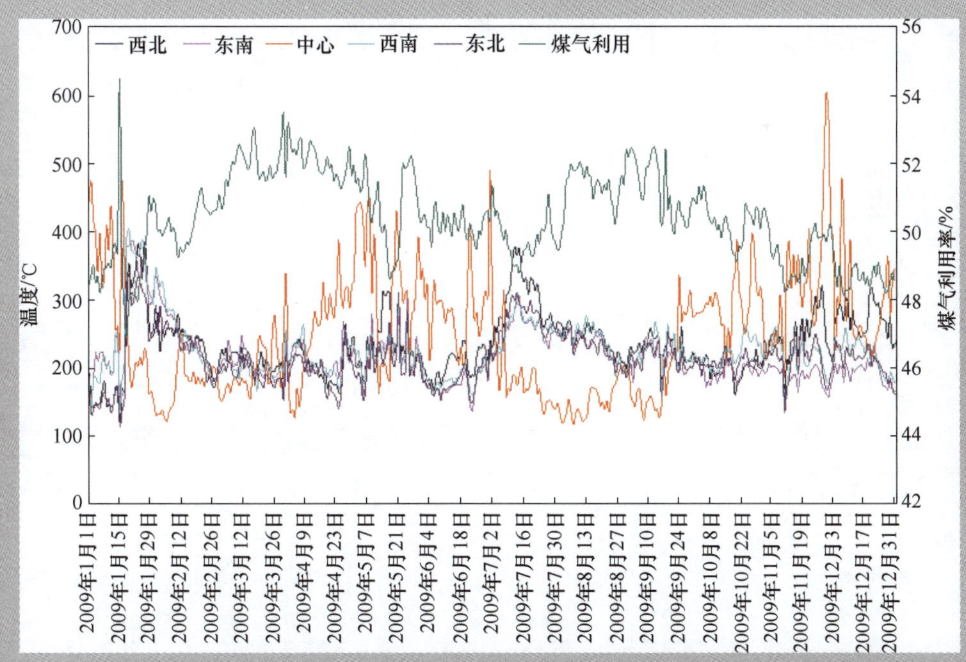

图 4-20 2009 年十字测温及煤气利用变化情况

自 2005 年 5 月起，炉缸二段温差就居高不下，从 2006 年起，高炉通过多次炉皮打浆来消除气隙对炭砖导热性能的影响，并通过加钛护炉手段，修护炉缸内衬的侵蚀。2008 年起，炉缸水温差逐步上升，2 月的几次打浆效果并不明显，说明此时炉缸水温差升高，主要原因是炉缸内衬侵蚀严重造成。结合加钛和重点冷却壁通高压水强化冷却等方法，炉内 Ti 元素一直处于正收入状态，但水温差仍逐步升高。4 月 24 日达到最高值 1.5 ℃，高炉被迫停风凉炉。在复风之后，炉缸水温差有小幅下降趋势，温差最大值 8 月稳定在 0.7 ℃左右。8 月下旬，水温差又略有回头之势。根据公司安排，10 月计划 15 天停风检修，为了维护炉缸，2 日起配加钛矿，至 15 日停用。送风恢复后，炉缸水温差随着炉况恢复小幅上升，11 月 24 日，高炉继续配加钛矿，12 月 3 日，水温差开始下行，并且幅度较大。12 月 11 日停用钛矿，此后的很长一段时间，高炉水温差都没有上升。这次生产实践表明，通过对重点部位的强化冷却，提高 Ti 元素的富集，利用长期停风使炉内钛沉积，对炉底、炉缸的衬砖有较好的修补、保护作用。

结合图 4-17、图 4-19、图 4-20，分析炉缸水温差较高的时间段，其中包括 2008 年 2 月至 4 月、2008 年 12 月、2009 年 5 月至 8 月和 2009 年年底这几个阶段。从十字测温趋势上看，这些时间段中心温度都较边缘温度高。

表 4-11 列出了 2008 年装料制度调整情况，可以看出，4 月 17 日中心加焦 3 圈后，中心温度由 200 ℃上升至 400 ℃；至 5 月 8 日，中心温度降至 300 ℃左右。11 月的中心温度上升也是因为 11 月 10 日之后的装料制度调整，随着中心加 3 圈焦炭，中心温度就升高至 400 ℃以上，而 12 月 22 日将中心焦炭减至 2 圈后，中心温度就下降至 200 ℃左右。从这几次情况来看，中心温度与炉缸水温差变化并没有必然联系，仅与装料制度有关。

表 4-11　2008 年装料制度情况

调整日期	α_k	α_j
	38°36°33°30°（2 3 3 1）	39°36°32°28°18°（4 3 2 2 2）
1 月 3 日		39°36°32°28°18°（5 3 2 2 2）
1 月 6 日	38°36°34°32°（2 3 3 1）	
1 月 8 日	40°38°36°34°32°（1 2 3 2 1）	39°36°32°28°18°（5 3 2 2 2）
1 月 21 日	40°38°36°34°32°（1 2 3 2 1）	40°37°34°30°26°18°（5 3 1 2 1 2）
1 月 29 日	38°36°34°32°（2 3 3 1）	
3 月 2 日	38°36°34°32°（2 3 3 2）	
3 月 18 日		40°37°34°30°26°16°（5 3 1 2 1 2）
4 月 10 日	37°35°33°31°（2 3 3 2）	39°36°33°29°25°16°（5 3 1 2 1 2）
4 月 17 日		39°36°33°29°25°16°（5 2 1 2 1 3）
5 月 13 日		40°37°34°30°26°16°（5 2 1 2 1 3）
5 月 21 日		40°37°34°30°26°16°（5 3 1 2 1 2）
5 月 22 日		40°37°34°30°26°15°（5 3 1 2 1 2）
5 月 27 日	37°35°33°31°（2 3 3 1）	
5 月 29 日	37°34°32°30°（2 3 3 1）	40°37°34°31°27°15°（4 2 2 2 2 2）
5 月 30 日		40°37°34°31°27°15°（5 2 2 2 1 2）
6 月 8 日		40°37°34°31°27°15°（4 3 2 2 1 2）
6 月 18 日	38°36°34°32°30°（2 2 2 2 2）	

续表 4-11

调整日期	α_k	α_j
	38°36°33°30°（2 3 3 1）	39°36°32°28°18°（4 3 2 2 2）
6月23日		40°37°34°31°27°15°（3 3 2 2 2 2）
6月25日	38°36°34°32°30°（2 2 3 2 1）	
6月26日	38°36°34°32°30°（2 3 3 2 1）	
6月27日	38°36°34°32°（2 3 3 2）	
6月30日	37°35°33°31°（2 3 3 2）	
7月5日	38°35°33°31°（2 3 3 2）	41°38°35°32°28°16°（3 3 2 2 2 2）
7月21日		41°38°35°32°28°16°（3 3 2 2 1 3）
7月25日		41°38°35°32°28°16°（3 2 2 2 2 3）
7月26日	38°36°34°32°30°（2 2 2 2 2）	
8月1日		41°38°35°32°28°16°（3 2 2 2 2 2）
9月21日		41°38°35°32°28°16°（3 2 2 2 2 3）
9月26日	38°35°33°31°29°（2 2 2 2 2）	
10月9日	38°35°32°30°28°（2 2 2 2 2）	
11月6日	31°34°31°（3 3 3）	38°35°31°27°18°（4 3 2 2 2）
11月7日	37°34°31°（3 3 3）	
11月8日	38°35°31°27°（2 3 3 2）	
11月10日	39°36°32°28°（2 3 3 2）	39°36°32°28°18°（3 3 2 2 3）
11月10日	38°35°31°27°（2 3 3 2）	
11月10日		39°36°32°28°18°（3 3 2 2 2）
11月14日	38°35°32°28°（2 3 3 2）	
11月15日	39°36°32°28°（2 3 2 2）	
11月18日	40°38°35°32°28°（2 2 2 2 2）	40°38°35°32°28°18°（3 2 2 2 2 3）
11月19日	40°38°35°31°27°（2 2 2 2 2）	40°38°35°31°27°18°（3 2 2 2 2 3）
11月23日	41°39°36°32°28°（2 2 2 2 2）	41°39°36°32°28°19°（3 2 2 2 2 3）
12月2日	41°39°36°32°27°（2 2 2 2 2）	41°39°36°32°27°19°（3 2 2 2 2 3）
12月7日	41°38°35°31°27°（2 2 2 2 2）	41°38°35°31°27°19°（3 2 2 2 2 3）
12月22日	41°38°35°31°27°（2 2 2 2 2）	41°38°35°31°27°19°（3 3 2 2 2 2）
12月24日	41°38°35°31°27°（2 2 2 2 1）	41°38°35°31°27°19°（3 3 2 2 2 2）
12月25日	40°38°35°31°27°（2 2 2 2 1）	40°38°35°31°27°19°（3 3 2 2 2 2）
12月28日	40°38°35°31°26°（2 2 2 2 1）	40°38°35°31°26°20°（3 3 1 2 2 3）

（6）炉温情况。图 4-21 列出了 2008 年 Si、S 的变化趋势。结合图 4-17 分析，可以看出炉缸水温差较高的阶段，伴随着炉温也较高。2009 年 Si、S 变化趋势见图 4-22。

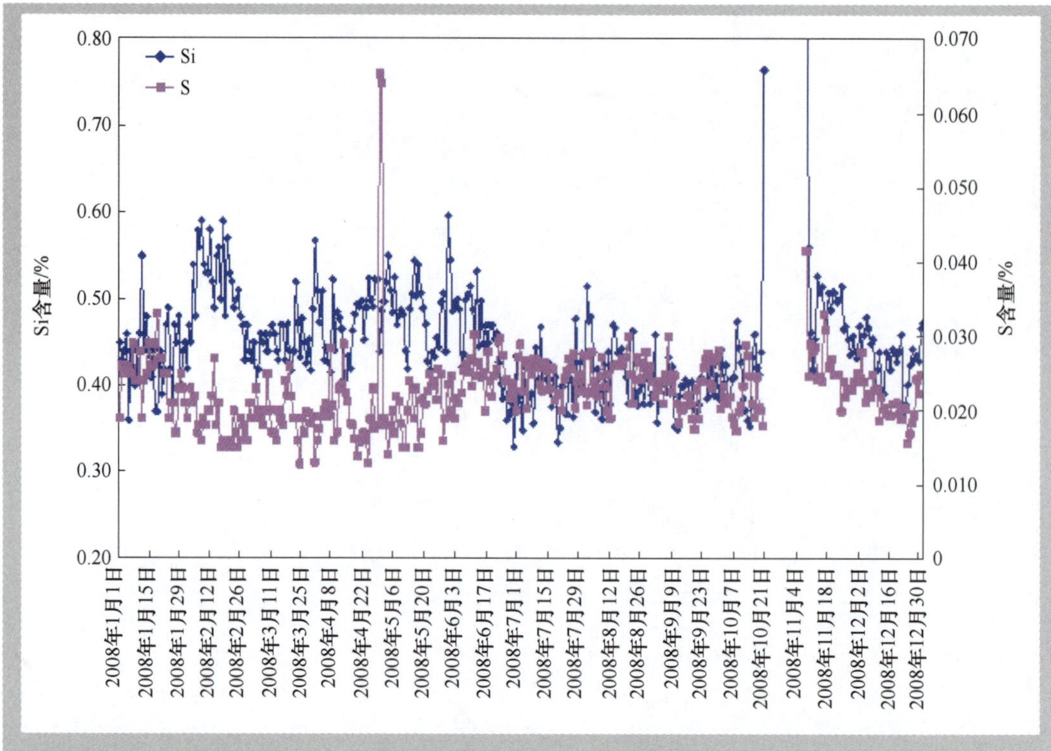

图 4-21　2008 年 Si、S 变化趋势

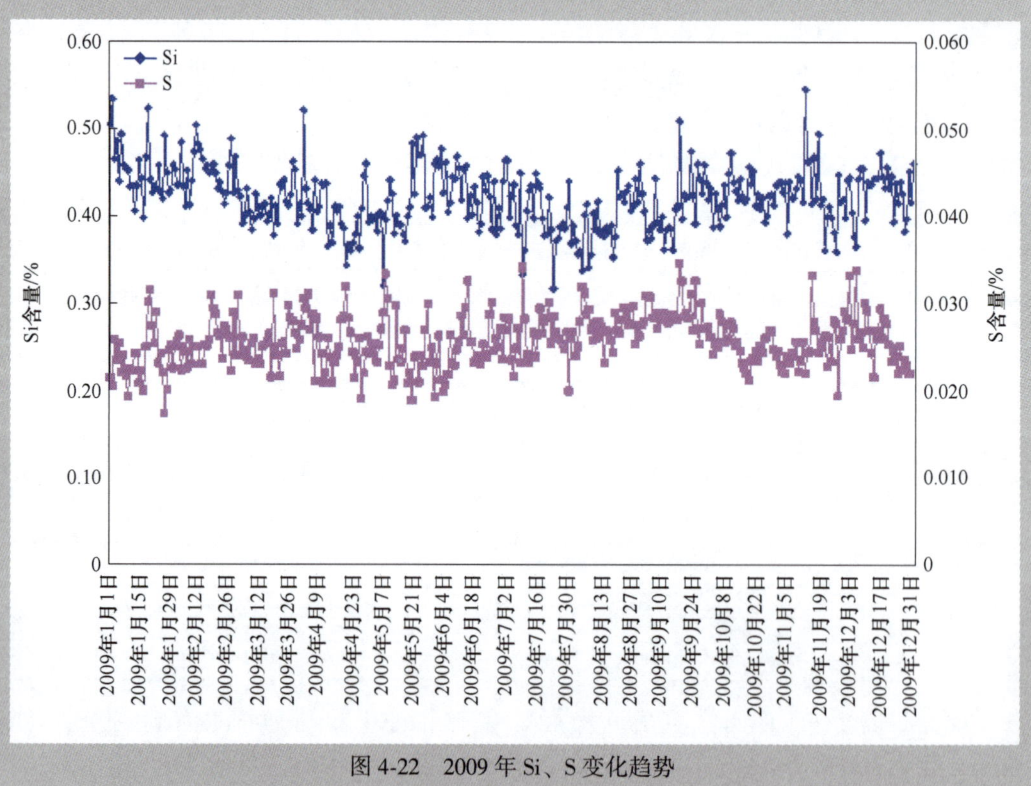

图 4-22　2009 年 Si、S 变化趋势

但从图 4-22 来看，水温差升高的阶段（4 月至 8 月、12 月初），炉温并没有升高，反而是炉况平稳的时候炉温较高。

（7）坏风口情况。由表 4-12 可以看出 2008 年开始至 2009 年坏风口带病作业时间的统计，其中带病作业最长的达 21 天。2009 年 7 月 25 日坏的 1 号和 10 号风口，以及在 8 月 10 日损坏的 21 号风口，一直带病作业坚持至 8 月 14 日停风更换。

表 4-12　坏风口持续作业统计

损坏日期	风口号	更换日期	坏风口持续时间/天	损坏个数
2007 年 12 月 30 日	28 号	2008 年 1 月 10 日	11	1
2008 年 1 月 4 日	2 号	2008 年 1 月 10 日	6	1
2008 年 2 月 1 日	16 号	2008 年 2 月 2 日	1	1
2008 年 4 月 27 日	22 号	2008 年 5 月 1 日	4	1
2008 年 5 月 21 日	24 号	2008 年 5 月 29 日	8	1
2008 年 7 月 9 日	10 号	2008 年 7 月 30 日	21	2
2008 年 7 月 29 日	18 号	2008 年 7 月 30 日	1	
2008 年 9 月 23 日	25 号	2008 年 9 月 25 日	2	2
2008 年 9 月 25 日	23 号	2008 年 9 月 25 日	0	
2008 年 10 月 9 日	1 号	2008 年 10 月 21 日	12	1
2009 年 6 月 23 日	18 号	2009 年 6 月 30 日	7	1
2009 年 7 月 11 日	8 号	2009 年 7 月 20 日	9	5
2009 年 7 月 18 日	23 号	2009 年 7 月 20 日	2	
2009 年 7 月 19 日	20 号	2009 年 7 月 20 日	1	
2009 年 7 月 25 日	1 号	2009 年 8 月 14 日	20	
2009 年 7 月 25 日	10 号	2009 年 8 月 14 日	20	
2009 年 8 月 10 日	21 号	2009 年 8 月 14 日	4	4
2009 年 8 月 18 日	30 号	2009 年 8 月 26 日	8	
2009 年 8 月 27 日	22 号	2009 年 9 月 9 日	13	
2009 年 8 月 31 日	12 号	2009 年 9 月 9 日	9	
2009 年 9 月 11 日	19 号	2009 年 9 月 16 日	5	3
2009 年 9 月 14 日	27 号	2009 年 9 月 16 日	2	
2009 年 9 月 15 日	3 号	2009 年 9 月 16 日	1	
2009 年 12 月 12 日	28 号	2009 年 12 月 18 日	6	2
2009 年 12 月 17 日	30 号	2009 年 12 月 18 日	1	
汇总				25

由表 4-13 可以看出，2008—2009 年，4 号、5 号、6 号、7 号、9 号、11 号、13 号、14 号、15 号、17 号、26 号、29 号风口都没有损坏过。根据方向分，可以发现在高炉东南侧、东北侧坏风口概率较小。坏风口主要集中在西南、西北和出铁口附近，而此区域也是水温差反复升高的区域。

表 4-13 坏风口位置统计

风口号	损坏日期	更换日期	坏风口持续时间/天	损坏个数
1号	2008年10月9日	2008年10月21日	12	2
	2009年7月25日	2009年8月14日	20	
2号	2008年1月4日	2008年1月10日	6	1
3号	2009年9月15日	2009年9月16日	1	1
8号	2009年7月11日	2009年7月20日	9	1
10号	2008年7月9日	2008年7月30日	21	2
	2009年7月25日	2009年8月14日	20	
12号	2009年8月31日	2009年9月9日	9	1
16号	2008年2月1日	2008年2月2日	1	1
18号	2008年7月29日	2008年7月30日	1	2
	2009年6月23日	2009年6月30日	7	
19号	2009年9月11日	2009年9月16日	5	1
20号	2009年7月19日	2009年7月20日	1	1
21号	2009年8月10日	2009年8月14日	4	1
22号	2008年4月27日	2008年5月1日	4	2
	2009年8月27日	2009年9月9日	13	
23号	2008年9月25日	2008年9月25日	0	2
	2009年7月18日	2009年7月20日	2	
24号	2008年5月21日	2008年5月29日	8	1
25号	2008年9月23日	2008年9月25日	2	1
27号	2009年9月14日	2009年9月16日	2	1
28号	2007年12月30日	2008年1月10日	11	2
	2009年12月12日	2009年12月18日	6	
30号	2009年8月18日	2009年8月26日	8	2
	2009年12月17日	2009年12月18日	1	
汇总				25

（8）原燃料情况。图4-23列出了2008年、2009年焦炭灰分变化趋势。可以看出，2008年4月以后，焦炭灰分大幅度上升，于10月以后逐步恢复平均水平。2008年4月以前，干熄焦比例90%，4月底退比例至60%，最低退至40%，5月中旬恢复至90%，随后6月再次退干焦比例至85%，8月恢复至95%并最终达到100%干焦。2009年4月、11月分别退干焦比例。这几次干焦比例波动，以及焦炭灰分变化，给炉料的透气性和软熔带透气、透液性都有较大影响，进而对煤气分布和高炉顺行状况有所影响，引发炉缸水温差上升。因此，原燃料质量与炉缸水温差波动有一定联系。

综上所述，通过对开炉以来的生产情况分析，特别是对2008年、2009年进行细致的分析，可以看出：虽然炉皮串气、风口漏水产生气隙、产量过高对炉缸工作压力增大

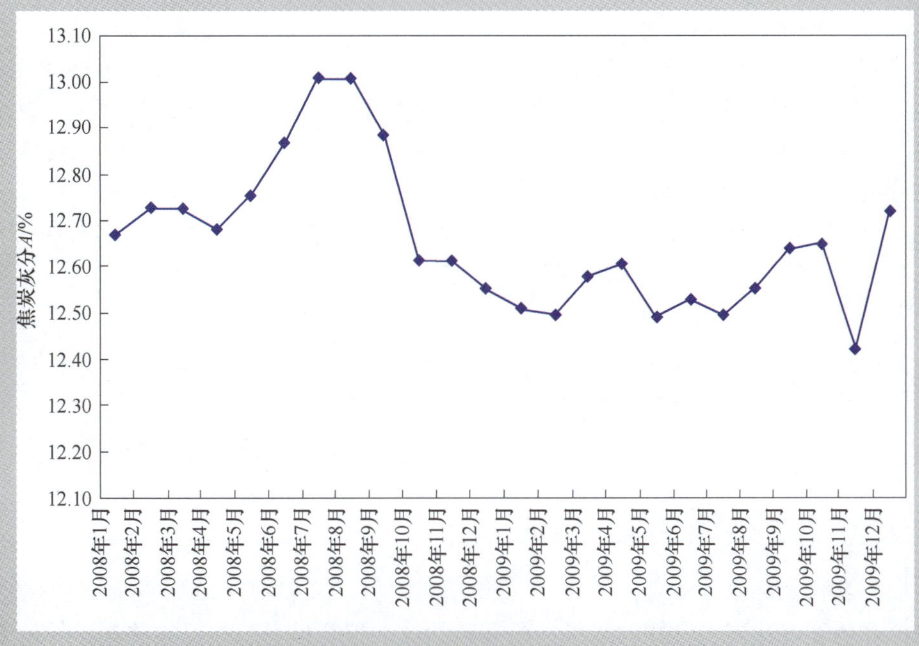

图 4-23　2008 年、2009 年焦炭灰分变化趋势

等因素，会对炉缸水温差变化带来一定影响，但是，与之联系更紧密的，是高炉的整体顺行状况。一旦煤气分布不合理、原料条件变差等因素，影响到高炉的顺行，炉缸水温差就会随之波动。

[案例 6] 首钢迁钢 1 号高炉铁口喷溅的治理

从 2012 年开始，1 号炉各出铁场铁口都有不同程度的喷溅。出铁开始即有喷溅物，高炉的除尘效果不好，影响高炉环保；增加了炉前工人的劳动强度，由于大量的渣铁在沟帮堆积以及铁口一直喷溅使工人们无法有效对泥套进行维护，在喷花堵口时由于堆积的渣铁出现抗炮现象；由于喷溅，直接影响高炉顺行，严重影响高炉产量，造成较大的经济损失。

针对以上现象，开展了铁口喷溅专项治理，针对各种不同因素对铁口的影响，采取了以下办法：

第一，为防止铁口泥包长时间遭受铁水的侵蚀，致使铁口孔道产生断裂、变形，失去结构强度和完整性。在倒场之前，对铁口进行补泥。保证倒场时铁口泥包完整、铁口深度合格。

第二，要求炉前四班，拔炮后及时对铁口进行预钻，提高铁口的透气性，以便炮泥烧结，减少铁口内有潮泥的情况发生。

第三，出铁时如遇潮泥，立即停钻，用压缩空气喷吹铁口，将铁口烤干后再出铁。

第四，要求炉前四班，稳定打泥量，提高铁口深度合格率；严禁焖炮和潮铁口出铁。杜绝因铁口内有潮泥造成的喷溅。

第五，当炮泥的质量发生变化时，硬度下降时会导致打泥压力低，铁口强度低，有漏点。或是烧结强度大，开铁口困难，有时只能使用氧枪冲开，破坏了铁口的结构。造成出铁时间短，导致另一场铁口烧结时间不够，造成恶性循环，使出铁时间缩短，铁次增加，使铁口烧结和透气性不好造成潮泥。为了防止因炮泥的变化造成的影响，及时与炮泥厂家联系，稳定炮泥的质量。并针对铁口实际情况和出铁时间及时改变泥种，保证铁口深度合格、无漏点、无潮泥。

第六，高炉出铁口是高炉炉缸结构中密封最薄弱的部位，气体一般经由炉皮与冷却壁之间缝隙、冷却壁与炉缸之间缝隙和铁口孔道裂纹三个通道富集到高炉出铁口逸出。为防止因串气引起的喷溅，对铁口进行在线分段压浆，即分别将铁口钻至 1.5 m、2.0 m、2.5 m 压入泥浆。将冷却壁之间缝隙、冷却壁与炉缸之间缝隙和铁口孔道裂纹封闭。

2012 年 2 月共打浆 38 次，每次半桶，每桶净重 28 kg，共用 19 桶，19×28 = 532 kg。通过以上治理，炉前月干渣量 1491 t 下降至 1013 t，铁口喷溅得到明显遏制。

4.3.2 炉况和炉温波动和水温差的关系

原燃料恶化是炼铁行业普遍面对的问题，高炉经过一段时间的高水平顺稳生产状态下，指标和强度都达到比较好的水平，原燃料的波动很容易引起炉况的波动，导致炉内的煤气紊乱，死焦堆透气、透液性变差、下部压差升高，同时容易出现低炉温，导致炉缸活跃度下降、渣铁流动性变差，加剧炉缸侵蚀，造成水温差升高。因此，炉况和炉温波动也是引起水温差升高的重要因素，特别在高强度冶炼条件下原燃料变化所引起的炉况波动。

1 号高炉 2010 年 8—9 月、2011 年 2 月；2 号高炉 2009 年 11 月—2010 年 1 月、2010 年 5—9 月、2011 年 1—2 月的水温差波动都和退干焦比例或原燃料恶化导致压差升高、炉温难做有重要的关系，下面以 2011 年 1—3 月为例说明原燃料变化对水温差的影响。2 号高炉 2011 年 1—3 月热电偶温度和水温差变化情况见图 4-24。

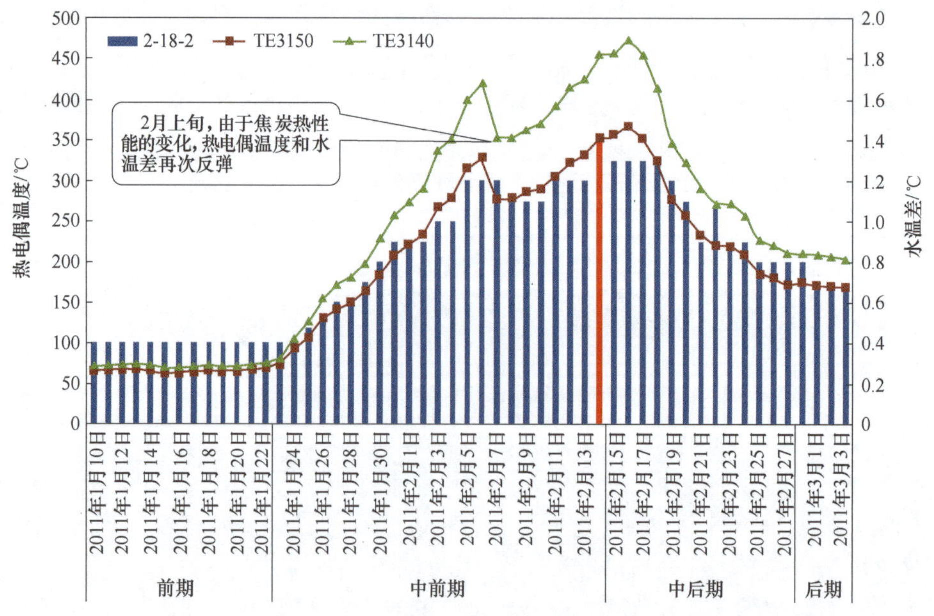

图 4-24 2 号高炉 2011 年 1—3 月热电偶温度和水温差变化情况

水温差升高前，水温差在 0.4 ℃，热电偶温度仅仅为 70 ℃，焦炭负荷 5.60。1 月 23 日 TE3140 点开始升高，18 号水箱温差与 TE3140 同步开始升高，由于月初焦炭质量的恶化，炉内压差升高，导致已经出现下降趋势的水温差和热电偶温度再次反弹，2 月 14 日最高水温差接近 1.4 ℃，TE3140 达到 456 ℃，停风堵 9 号和 10 号风口，并将负荷降到 5.28。焦炭 CRI 和 CSR 变化情况（2011 年 1 月 1 日—2 月 22 日）见图 4-25。

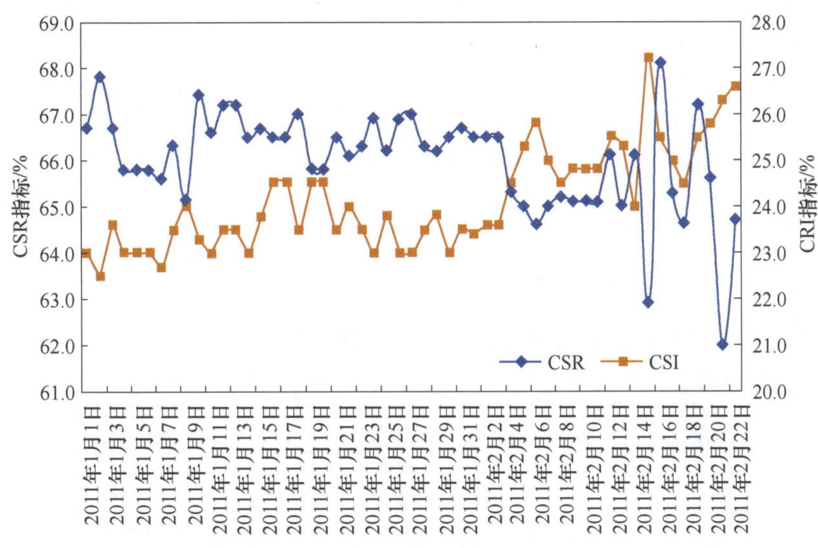

图 4-25　焦炭 CRI 和 CSR 变化情况（2011 年 1 月 1 日—2 月 22 日）

［案例 7］首钢迁钢冷却设备坏水管管理措施

（1）高炉较长时间（大于 4 h）停风，停风后将炉皮喷水、坏水箱冷却水或蒸汽关闭，送风前打开。

（2）已损坏的软水管，经分段确认后，根据损坏大小，酌情采取倒通工业水或堵死措施。

（3）每班要加强对损坏软水管（改为倒通工业水）的检查，注意其温度，出水大小等情况的变化，及时处理出水变小、堵塞等故障。

（4）根据炉况和坏管倒通工业水出水大小和温度变化，及时调节水量。

（5）高炉炉体冷却壁水管（前排管和凸台管）损坏后，遇停风机会要进行穿管修复。所穿新管选用不锈钢波纹管，前排管用 ϕ32 mm 波纹管，凸台管选用 ϕ25 mm 波纹管。

（6）冷却壁坏管与所穿新管间选用碳质泥浆封堵。若坏管已无法穿管修复，则选用高铝泥浆封堵。

4.3.3　中长期停送风及事故停风过程管控

高炉中长期停送风过程中，是一个重建炉内“三传”平衡的过程，相对于正常生产，

煤气流分布和炉料下降均处于不断变化的非稳态。因而相对于正常生产，该阶段高炉炉体耐火材料和设备也面临更大的考验和更多的不确定性。需要制定各种特殊炉况的应对策略，以及冷却制度、热负荷的控制标准，严防冷却设备向炉内漏水，热负荷长期超标等情况出现。

在中长期停送风过程中，炉体冷却与炉内热传递会阶段性失衡，从而导致炉体结厚或冷却壁过热烧损，炉衬异常侵蚀，因此需精准、及时地根据炉内变化动态调整冷却强度，控制边缘气流，确保炉体冷却与炉内热流相对平衡，保持冷却系统温度在合理范围内。

为了在降料面停炉时清理炉墙或在停开炉过程保持渣铁流动性，在停送风过程中大多高炉还配加萤石、锰矿等洗炉料，然而配加不当极易导致人为加速炉体侵蚀。控制合理洗炉料加入量及方式也极其重要。

在高炉事故停送风过程中，往往难以兼顾顺行与炉体长寿，在事故得到控制、危险解除后需根据紧急停风操作情况尽快检查冷却系统，尤其是风口三套的完好情况，避免因送风系统事故灌渣导致冷却设备和风口区域设备漏水未及时发现而导致事故扩大或炉体发生异常不可逆侵蚀。

[案例 8] 首钢迁钢高炉长时间停风炉缸水量调控措施

为了做好高炉长时间停风期间炉缸冷却水量的调控工作，既满足高炉各部位的冷却要求和工作安全，又尽量减少炉内热损失，降低水系统电耗，制订停炉期间炉缸冷却水量调控方案如下：

(1) 风口高压水系统。炉缸未使用风口水强化冷却：高炉停风半小时后，停 1 台风口泵。

炉缸局部使用风口水强化冷却：当水温差降至 0.3 ℃时，停 1 台风口泵。

(2) 炉缸二、三段中压水系统。视炉缸二段水温差和侧壁温度情况，当水温差降至 0.3 ℃以下或侧壁温度低于 150 ℃时，停 1 台二、三段泵；当水温差降至 0.2 ℃以下或侧壁温度低于 100 ℃时，再停 1 台二、三段泵，二、三段由 1 台水泵供水冷却。

原则上，二、三段水量调整后重点水温差不应高于停风前水平。

(3) 一、四、五段常压水系统。高炉停风 48 h 后，一、四、五段常压水停 1 台常压泵，由 1 台水泵供水冷却。

高炉较长时间停风 (>4 h)，三座高炉炉体软水系统要降低水量。具体控制要求如下：

(1) 停风 2 h 后，1 号和 2 号高炉降炉体软水流量至 2600 m^3/h，3 号高炉降上部软水流量至 3000 m^3/h，以保证铜冷却壁水速不低于 1.0 m/s。

(2) 若停风时间延长要进一步降水量时，须请示主管部长批准。

(3) 高炉送风后，1 号和 2 号高炉提炉体软水流量至 2600 m^3/h，3 号高炉提上部软水流量至 3000 m^3/h。送风改高压后 1 h 内，恢复到最低运行水量，根据炉况恢复进程和系统水温差情况进行水量调整。

[案例 9] 首钢迁钢 3 号高炉重负荷非计划停风后的炉况恢复

首钢迁钢 3 号高炉有效容积 4000 m^3，2014 年 5 月 6 日 6:25 首钢迁钢 3 号高炉因

热风系统突发故障非计划休风，事故发生后36个风口全部灌渣，当时高炉焦炭负荷5.56，高炉非计划停风37 h 39 min，通过合理计划，精细操作，故障处理完毕后高炉恢复过程整体顺利。

三高炉停风前炉况顺行，6日夜班（1~6时）风量6266 m^3/min，透气性指数3943，炉温0.44%，物理热1513 ℃。焦炭负荷5.56，矿批119 t，停风前装料制度见表4-14。

表4-14 高炉事故停风前装料制度

α_k	角度/(°)	35.5	33.5	31	28	25.5	
	圈数	3	3	3	2	2	
α_j	角度/(°)	36	33.5	31	28	24.5	18
	圈数	4	3	3	2	2	3

6日夜班3号出铁场3:28出铁，6:02堵口。1号出铁场6:02出铁，6:24见渣，6:25因热风系统故障停风。夜班计算铁量2603 t，实出2700 t，铁基本排净。最后一次铁出铁后22分钟未见渣，计算亏炉渣48.68 t。

高炉送风时，焦炭负荷由5.56退至4.0，矿批由119 t缩小至90 t。

退负荷同批附加3批焦炭，隔5批再附加2批焦炭，隔5批再附加1批，共附加6批焦炭。停护炉料，加萤石500 kg/t。炉渣碱度按1.2校核，炉温0.45%。布料制度调整上适当疏导边缘，具体见表4-15。

表4-15 送风装料制度

α_k	角度/(°)	35.5	33.5	31	28	25.5	
	圈数	2	3	3	2	2	
α_j	角度/(°)	36	33.5	31	28	24.5	18
	圈数	5	3	3	2	2	3

按计划，送风后将安排1号、3号两个出铁口出铁，在此基础上堵4号、5号、6号、12号、13号、14号、22号、23号、24号、30号、31号、32号十二个风口送风（图4-26），送风面积0.3127 m^2。

5月7日20:10送风，送风后高炉透气性良好，22:06料尺活动，5 h后赶上正常料线，料尺工作趋于正常，此时风量达到2978 m^3/h，风压1.75 kg/cm^2。送风前期风温800 ℃左右，风速控制在230 m/s以内。

5月8日0:42，送风累计8批料后出第一次铁，铁温1380 ℃，[Si] 0.4%。出铁118 min，出铁量400 t。5月8日5:10小塌料一次，料线2.4 m。5:25出第二次铁，铁间料批17批，铁温1402 ℃，[Si] 0.23%。出铁301 min，出铁量900 t。前两次铁因流动性差，部分铁水由残铁眼排入干渣坑。至第三次铁铁水温度达到1420 ℃，渣铁分离

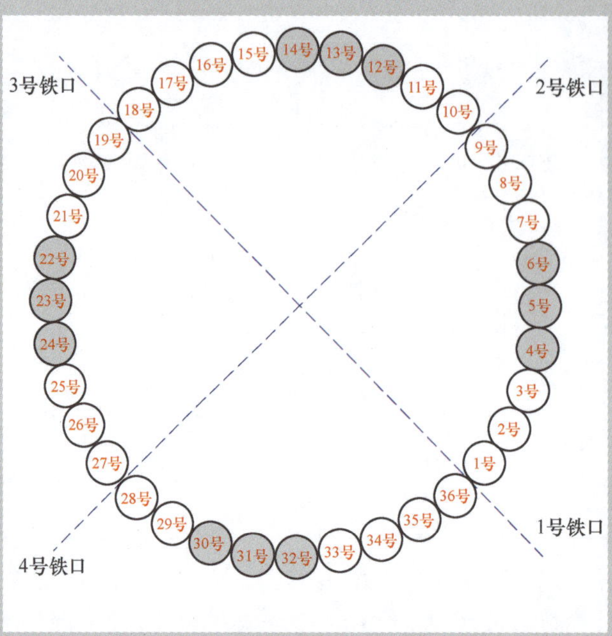

图 4-26 送风恢复风口调整情况

改善，所有铁水入罐。5 月 9 日零点开始双场开始正常交替出铁，此时风量水平在 4500 m^3/h 左右（出铁详情见表 4-16）。

表 4-16 出渣铁情况及铁水状况

日期	炉号	铁口位置	出铁时间 /min	出渣时间 /min	出铁流速 /t·min^{-1}	铁间料批	铁水温度 /℃	[Si] /%
5 月 8 日	318752	1	118	58	3.39	8	1380	0.40
5 月 8 日	318753	1	301	241	2.99	17	1402	0.23
5 月 8 日	318754	2	189	173	2.75	10	1420	0.75
5 月 8 日	318755	2	242	230	3.60	15	1445	1.21
5 月 8 日	318756	1	80	66	4.38	5	1446	1.00
5 月 8 日	318757	1	147	129	3.74	10	1465	1.01
5 月 9 日	318758	2	171	153	3.27	12	1463	0.81
5 月 9 日	318759	1	80	73	3.50	5	1464	0.66
5 月 9 日	318760	2	72	57	3.61	5	1473	0.80
5 月 9 日	318761	1	98	87	4.49	7	1467	0.66
5 月 9 日	318762	2	66	62	2.42	5	1481	0.93
5 月 9 日	318763	3	70	54	3.29	5	1438	0.51
5 月 9 日	318764	3	110	97	4.55	8	1455	0.45
5 月 9 日	318765	1	103	81	4.66	9	1442	0.44

续表 4-16

日期	炉号	铁口位置	出铁时间/min	出渣时间/min	出铁流速/t·min^{-1}	铁间料批	铁水温度/℃	[Si]/%
5月9日	318766	2	114	103	3.86	7	1484	0.61
5月9日	318767	3	129	118	3.10	9	1468	0.77
5月9日	318768	1	63	55	4.13	4	1458	0.88
5月9日	318769	2	88	74	4.09	8	1486	0.60

送风所堵的12个风口（图1），5月8日0:00前吹开4个，其余风口随着风量的上升按风口对开的原则在8日逐个捅开（表4-17）。

表 4-17　开风口情况

风口号	时　间	方　式	风口面积/m^2
4号	7日 20:30	吹开	0.3259
30号	7日 20:30		0.3392
5号	7日 23:00		0.3525
12号	7日 23:25		0.3658
22号	8日 11:58	捅开	0.3790
13号	8日 13:30		0.3923
23号	8日 15:15		0.4056
6号	8日 16:55		0.4189
32号	8日 18:56		0.4321
14号	8日 19:28		0.4454
31号	8日 22:50		0.4587
24号	8日 23:25		0.4719

5月8日55批加负荷4.00→4.34，扩矿批90 t→96 t，并调整装料制度疏导边缘。当时轻负荷料已经下达，风量水平4500 m^3/min以上，指数4000以上，只是铁水温度偏低，在1450 ℃左右。事后看这一步强化手段显得过于仓促，对炉况发展趋势过于乐观，未充分考虑到长时间非计划重负荷停风对高炉的深层次影响，如炉缸亏热、炉墙黏结等。以至于在此次调整不久，高炉即表现出压量关系紧，不接受风量，炉况恢复出现反复（图4-27）。

此外，参照全风水平时风量6300 m^3/min对应119 t矿批，4500 m^3/min的风量对应的矿批应为85 t，第一步强化时的96 t矿批相对于当时风量显然是大了。5月9日12批，矿批、负荷重新退回90 t、4.0，第17批进一步缩矿批至80 t，并取消35.5°两圈矿，中心焦角18°→16°，强有力的退却和疏导措施及时扭转了炉况，一个冶炼周期后风量水平重新回到了4500 m^3/min的水平。此后炉内操作着重控制了强化节奏，直至5月11日白天高炉达到日常全风状态，铁温达到1500 ℃以上的水平时，才开始小幅扩矿

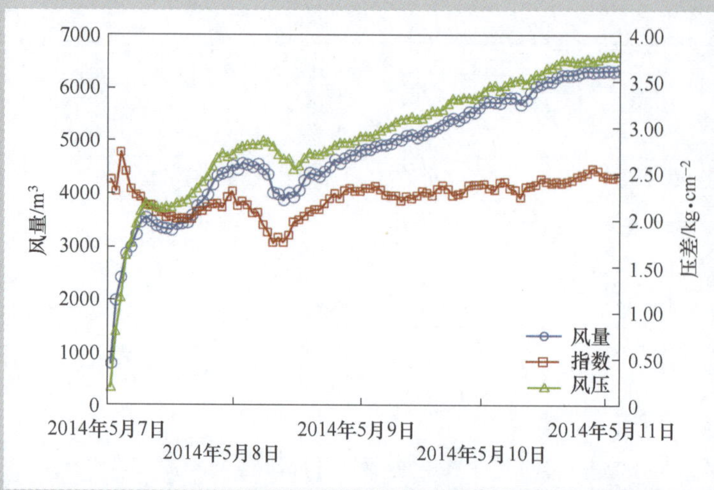

图 4-27 炉内主要送风参数

加负荷强化，此后在铁温稳定到1500 ℃左右，七段壁体温度达到正常生产水平状态下加负荷扩矿批高炉都能够平稳地接受，5 月 13 日高炉负荷达到 5.0。

恢复期因风量水平低和有意疏导边缘改善透气性，中心十字测温边缘温度相对略高，中心不够稳定，随着风量的上升，矿批的扩大，中心煤气趋于稳定，煤气利用率稳步提高（图 4-28）。需要注意的是，对于送风恢复期的高炉，应积极地以打开中心煤气为首要任务，坚决杜绝边缘气流，避免热制度紊乱，消极怠慢等炉况不顺再调整，不但延误时机，而且陷入被动。

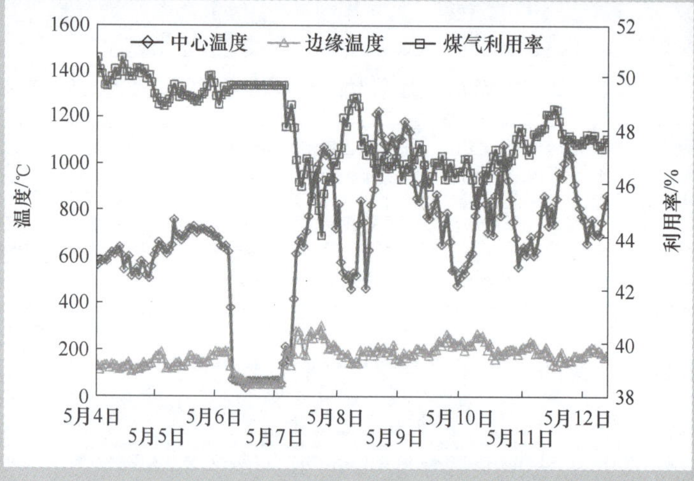

图 4-28 十字测温及煤气利用情况

慢风条件下的炉温因冶炼强度低，直接还原充分而虚高，不能准确判断高炉的热状态，与全风下的炉温没有可比性，稳定性低且与铁水温度线性对应关系差，趋势性不明显（图 4-29）。此时铁水温度更能反映炉缸热状态，5 月 11 日铁水温度稳定达到 1500 ℃以上后，高炉接受强化措施的能力明显增强。

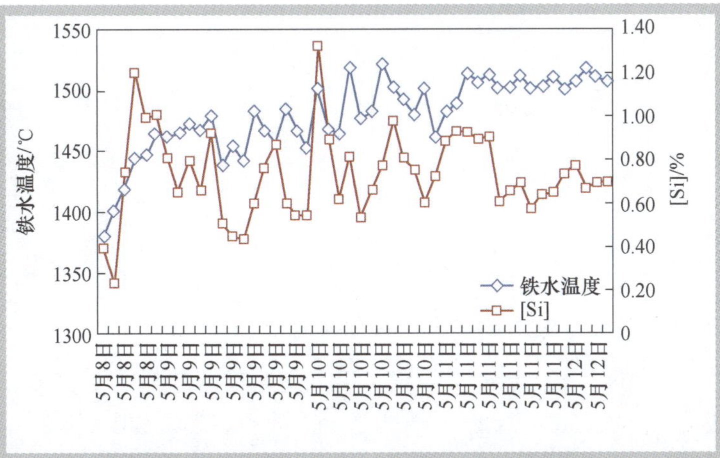

图 4-29　送风恢复过程中铁水温度与 [Si] 情况

由图 4-30 可以看出，3 号高炉正常生产状态下七至九段冷却壁温度整体稳定，其中位于软熔带根部的七段冷却壁温度最高。5 月 6 日 3 号高炉非计划重停后及时降低了炉体冷却软水流量防止炉内热量散失，3 号高炉复风时采取了诸多边缘疏导措施，24 h 后七段冷却壁温度虽有上升但仍低于正常生产值，且上升速度远小于八到十段冷却壁，反映出七段冷却壁在停风后渣铁黏结严重，未能及时恢复正常操作炉型，一定程度上影响了炉内煤气流分布，导致 5 月 8 日 21 时左右的首次炉内强化措施受挫。建议日后把七段冷却壁温度是否恢复至正常值作为高炉强化的前提条件之一。

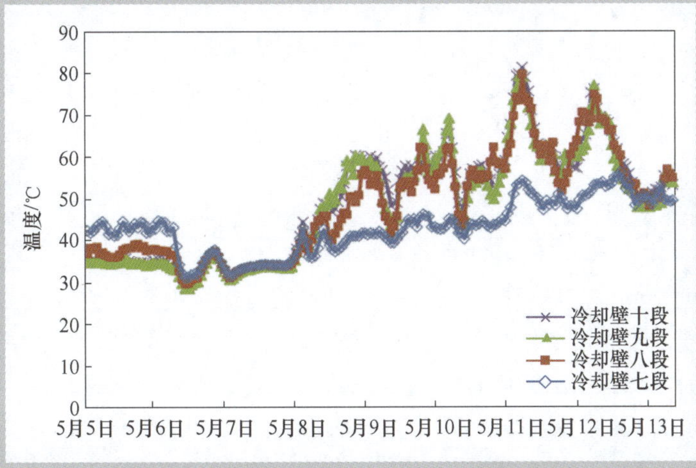

图 4-30　停送风前后冷却壁壁体温度

首钢迁钢 3 号高炉此次在重负荷非计划长时间休风后的炉况恢复实践为类似炉况操作提供了诸多有借鉴意义的启示和经验，主要有以下几个方面：

（1）非计划长期休风，炉缸的活跃和炉腰黏结的清理需要一定过程，不能单凭高炉透气性过早强化冶炼，导致炉况反复。长冶炼周期大高炉尤其如此。高炉强化要遵循“三看”原则，即“上看顶温、中心温度，中看炉腰温度，下看铁水温度”。

（2）停送风过程冷却水流量酌情调整，确保炉体设备安全前提下避免炉腰过度黏结。

（3）平衡好开放边缘疏导煤气和加萤石改善炉渣流动性二者与炉缸维护之间的利害关系。避免力度不当造成炉缸侵蚀加剧，随渣比变化及时调整萤石配加量。

（4）炉内操作要注重把握风速、压差等细节，避免出现大热、大凉、气流、塌料、坏风口等重大失误。

（5）炉外生产组织得力，及时排尽凉渣铁，有利于快速上风。

［案例10］检修前炉况不顺对高炉送风恢复的影响

高炉在炉况顺行不理想的情况下休风对后期送风恢复极为不利，以2012年5月首钢迁钢1号、2号高炉和2007年11月首钢迁钢1号高炉以及2013年6月安钢3号高炉停送风操作为例进行说明：

2012年5月初，1号高炉月初压量关系偏紧，4日，上料皮带滚筒故障造成深料线，非计划休风150 min，慢风6 h；6日，洗气一文人孔漏气，高炉改常压操作，慢风3 h，7日压量关系紧，8日计划检修，停风前高配断电，导致高炉近1 h不能上料，料线深达7.5 m，送风后加风困难，压差高，频繁塌料，炉况进入失常状态。高炉被迫退至全焦负荷以恢复炉况。

2012年5月初，2号高炉顺行状况一般，压差高，炉温难做，6日焦炭负荷5.52→5.42，7日进一步缩矿批适应，连续的退却措施并未取得预期效果，8日减氧气，11日因风不全，炉温不足进一步退负荷5.43→5.29，并调整装料疏导边缘，12日压量关系仍未见好转，14日风不全，16日、17日两天均出现两次管道退负荷至5.04，17日发现溜槽磨漏后18日临时决定检修12 h，18日18:50送风，19日夜班开始连续塌料，炉内煤气紊乱，炉况难行，8:00负荷退至3.50，风量仅1800 m^3/min左右的，期间共附加焦炭8.5批，炉况进入失常状态。

2007年11月首钢股份1号高炉降料面检修小修前炉况顺行一般，突出表现在强度低，炉内关系紧，炉温低，煤气不稳定，致使小修停风过程中风压减至0.035 kg/m^2时，6号、8号、18号、19号风口涌渣，29号吹管烧出，烧坏中套，被迫4次加减风，延误了停风时间。小修完毕开始降料面时料尺不动，加风困难，前期风量不全；降料面过程中爆震频繁，风量控制水平较低，造成此次降料面耗时较长。

2013年6月19日河南安钢4747 m^3高炉计划休风28 h后送风恢复，煤气流分布失常，边缘管道频发，高炉接受风量能力差。事后分析，检修前高炉难行造成炉腰炉腹黏结严重是送风恢复失常的重要原因。该高炉检修前的6月18日17:20，热风炉换炉后突然难行，料线呆滞不动，风量7100 m^3/h减至4000 m^3/h，负荷由5.39退至4.71。

总结上述生产实例可以看出，随着高炉容积的增大，煤气的定型和炉缸的活跃都需要较长的时间，在高炉顺行不理想时休风必然导致炉墙黏结，加剧炉缸呆滞不活跃，导致送风时煤气紊乱，恢复困难。

高炉的停炉降料面过程是对炉体冷却设备的一次重大考验，降料面过程中剧烈的边缘气流和时常发生的炉内爆震对炉体的威胁远大于正常生产，严重威胁着炉体冷却设备的安全和长寿，首钢迁钢结合理论测算和生产实践，实现了降料面过程的合理风量水平的量化控制，并与精准的雾化打水冷却和炉内通氮气等措施结合，达到了“零爆震”降料面停炉的目标。降料面过程煤气成分见图 4-31。

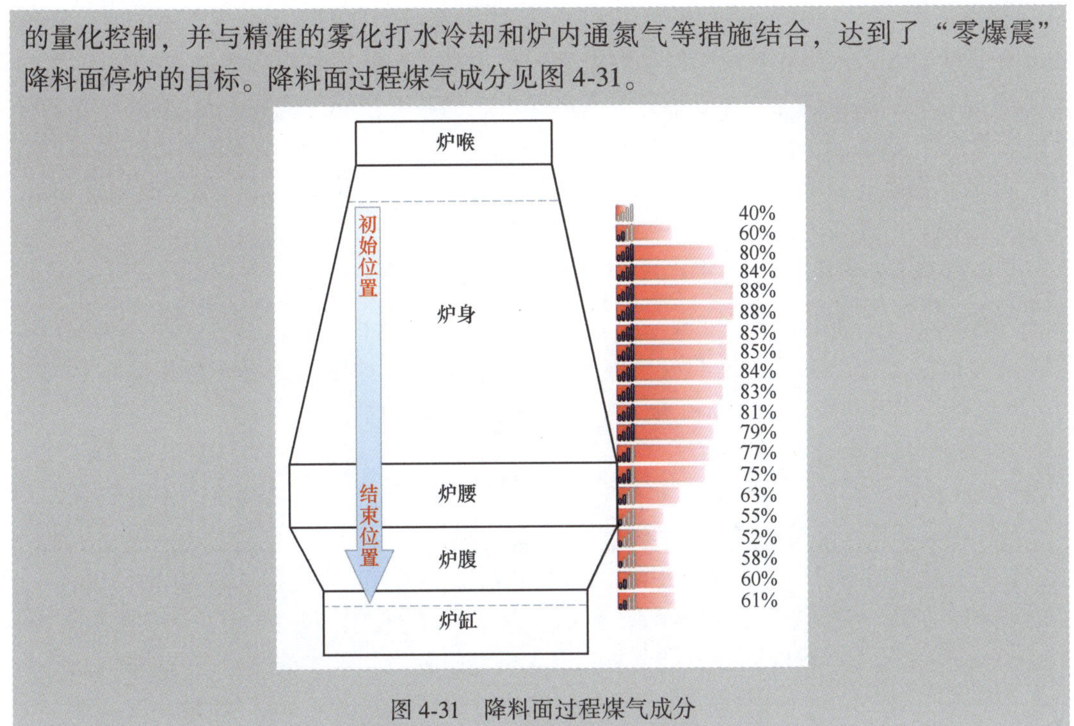

图 4-31　降料面过程煤气成分

4.4　末期高炉长寿维护措施

为充分利用既有工艺设施，挖掘设备潜力，处于炉役末期的高炉往往采取完善设备、强化冷却、加钛护炉等全方位的护炉手段延长高炉寿命，为全流程生产提供铁水保障。根据高炉自身状况选用合理恰当的护炉措施，不仅能保障高炉末期安全生产，还可兼顾生产的高效性和经济性。本节重点结合首钢迁钢生产实践介绍几种常见护炉手段的适宜应用场景，以及常用护炉料的选择及其高效配加技术。末期高炉虽然存在设备老化、炉体侵蚀、炉型不规整等不利于高炉生产的短板，但也具有操控系统稳定，冶炼操作制度成熟，折旧率低等优势，制定和执行好适宜自身设备状况的护炉措施，可以充分发挥末期高炉的成本竞争优势。

4.4.1　常用护炉手段

根据炉缸侵蚀程度和预警级别不同，末期高炉考虑到对铁成本和产能影响，一般按优先级次序先后采取强制冷却、提高炉温、炉顶加钛、减氧控产、局部堵风口、风口喂丝、侧壁压浆，以至于临时性停风凉炉等手段控制炉缸侵蚀速度，延长末期高炉生产时间。

方大特钢 1 号高炉（1050 m^3）于 2006 年 10 月投产，一代炉役寿命达到 11 年，期间无中修，冷却壁零破损，单位炉容产铁量达到 11996.43 t/m^3，平均利用系数 3.2 t/(m^3·t)。在炉役末期采取了降低利用系数到 2.55 t/(m^3·t)；减少出铁次数，降低出铁流速；铁口深度增加至 2.6 m；整体加长风口到 550 mm；堵侧壁热流强度最高处对应位置 1~2 个风口；长期［Ti］含量为 0.12%~0.2%稳定加钛护炉；严格控制［S］≤0.04%；炉体灌浆等措施有效延长了高炉炉缸寿命，并在三维侵蚀在线监测系统辅助下准确提供了残厚报警，为现场安全停炉大修提供了有益参考[17]。

首钢迁钢 1 号高炉自 2004 年开炉以来，产能一直维持在较高的水平，在全国同类型高炉中，生产技术水平和各项操作参数处于一流水平。随着高炉使用寿命的延长，炉缸、炉底水温差问题逐渐显现，并威胁高炉正常的生产和各项指标的完成。自 2008 年年初开始，1 号高炉炉缸二段水温差出现大幅波动，最高达到 1.5 ℃，高炉采取停风堵风口的方法，降低水温差。以下通过对自开炉以来由于水温差影响采取堵风口操作情况进行分析，为高炉水温差治理和炉缸、炉底维护提供技术支持。

[案例 11] 1 号高炉 2008 年 4 月 25 日堵风口情况分析

2008 年 1 月初开始，二段 46~52 块冷却壁水温差开始升高，其中，3 月 31 日进行的 16 h 检修之前，49 号冷却壁水温差升高至 1.1 ℃，检修之后水温差降低至 0.6 ℃。但随着高炉产能的恢复，水温差迅速升高。至 4 月 6 日，水温差重新升高至 1.0 ℃，且 50 号等相邻冷却壁水温差升高明显，温度达到 1.0 ℃。4 月 25 日水温差最高达到 1.5 ℃，炉缸二层热电偶最高温度升至 663 ℃。高炉 8:40~11:35 停风堵 24 号风口。之后水温差逐渐降低，至 5 月 29 日检修之前，水温差降低至 0.6 ℃。

（1）焦炭质量分析。图 4-32 是 2008 年 1 月 5 日至 6 月初焦炭质量变化情况。在 2008 年 4 月 17 日之前，焦炭质量较为稳定。自 4 月 17 日高炉调整干熄焦比例由 90% 至 60%，高炉中心煤气温度明显升高，水温差上升明显，高炉采取退负荷进行降低这种影响（图 4-32~图 4-34）。因此，焦炭质量的变化对于高炉炉况具有较大的影响，对于水温差也会产生影响，在干熄焦比例调整时，要稳定煤气温度及高炉其他相关参数，稳定水温差。

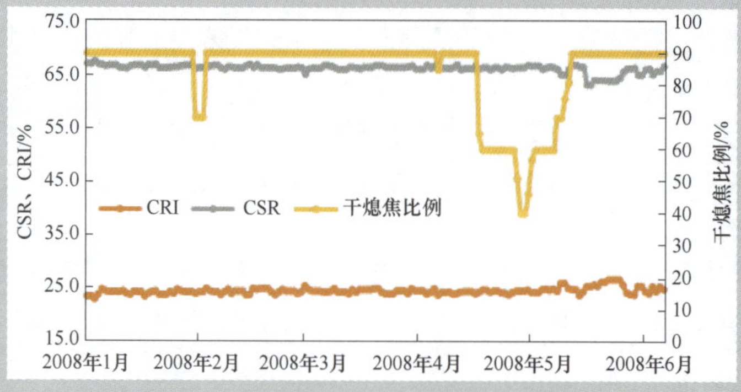

图 4-32 焦炭质量及干熄焦比例变化情况

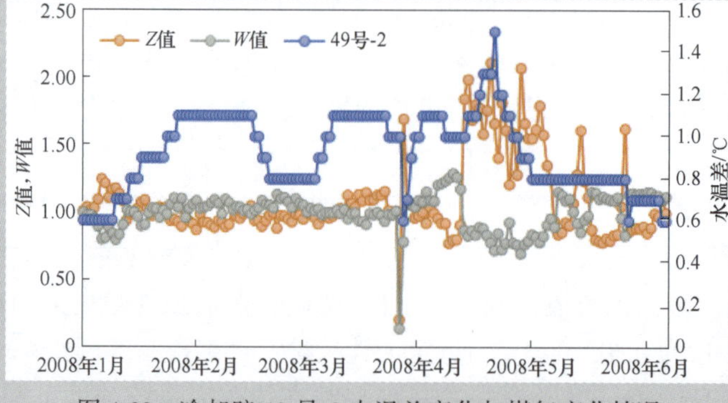

图 4-33 冷却壁 49 号-2 水温差变化与煤气变化情况

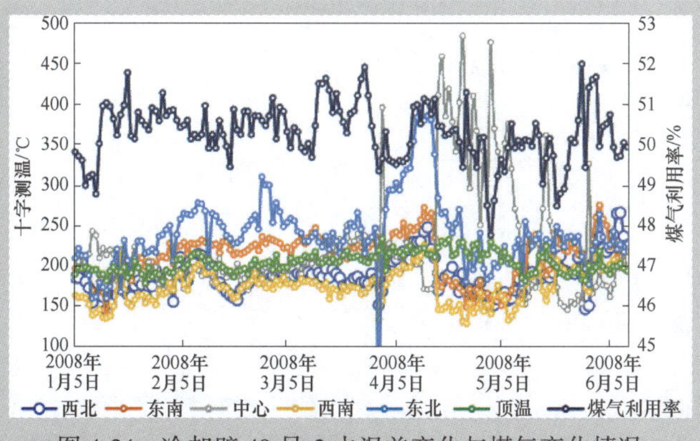

图 4-34 冷却壁 49 号-2 水温差变化与煤气变化情况

（2）高炉冶炼强度分析。高炉冶炼强度直接影响到炉缸内铁水的流动，从而影响炉缸的侵蚀程度。在高炉冶炼强度较高的情况下，炉缸侵蚀速度较快，炉缸水温差升高。2008 年初，1 号高炉日产接近 7000 t，自中旬开始，水温差开始升高，至 2 月初，水温差达到 1.0 ℃。2 月 2 日，高炉停风 4 h 打浆，2 月 4 日，首次开始使用钛球进行护炉，至 28 日水温差降低至 0.8 ℃。具体护炉情况见表 4-18。前期使用加钛护炉控制的［Ti］<0.08%，因此，在控制水温差效果方面不太理想。

表 4-18 2008 年上半年 1 号高炉加钛护炉情况

加钛日期	停钛日期	加钛护炉时间/天
2008 年 2 月 4 日	2008 年 2 月 28 日	24
2008 年 3 月 16 日	2008 年 3 月 31 日	15
2008 年 4 月 2 日	2008 年 5 月 23 日	51
2008 年 6 月 1 日	2008 年 6 月 16 日	15

高炉停风堵风口之后，产量控制在 6500 t/d，水温差逐渐降低，至 6 月初，降低至 0.6 ℃。在高炉停风堵风口之后，需要控制高炉产能，便于高炉炉缸渣铁壳的形成和加钛护炉效果的逐渐显现。同时应控制铁水温度在 1500 ℃以上，［Si］控制在 0.45%以上。冷却壁 49 号-2 水温差变化与产量的关系见图 4-35，冷却壁 49 号-2 水温差变化与铁水质量的关系见图 4-36。

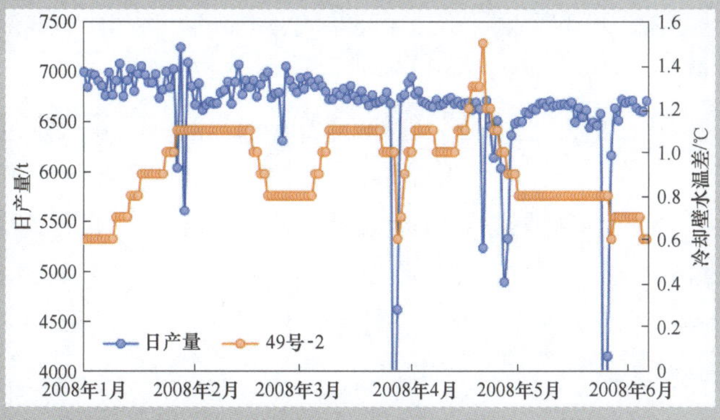

图 4-35 冷却壁 49 号-2 水温差变化与产量的关系

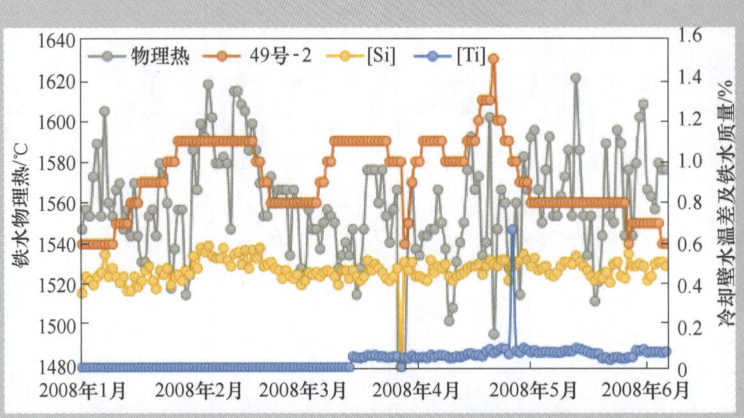

图 4-36　冷却壁 49 号-2 水温差变化与铁水质量的关系

(3) 高炉操作制度分析。在焦炭负荷一定的情况下，控制适宜的理论燃烧温度有利于稳定风口前回旋区状态，从而对控制铁水流动具有积极的促进作用。理论燃烧温度的控制范围需要根据氧气使用量、煤粉、焦炭热性能，综合掌握。图 4-37 表示的是理论燃烧温度的变化情况。

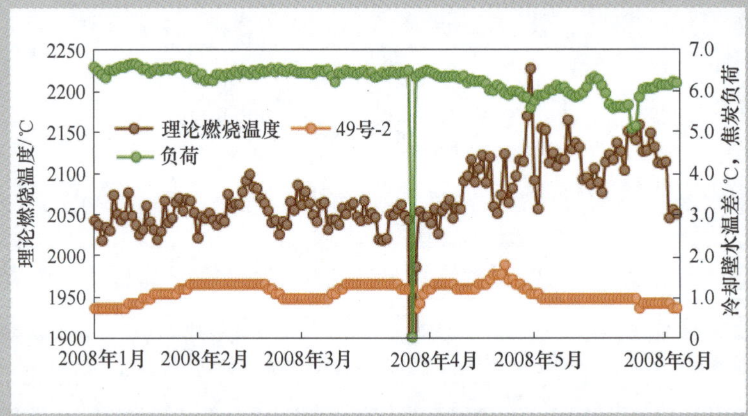

图 4-37　冷却壁 49 号-2 水温差变化与负荷、理论燃烧温度的关系

[案例 12] 1 号高炉 2010 年 9 月 16 日堵风口情况分析

2010 年 8 月 26 日之后，二段 45~60 号冷却壁水温差开始升高，最高温度为 47 号和 60 号冷却壁，达到 0.8 ℃。之后水温差普遍升高，在 9 月 9 日，49 号冷却壁水温差达到 1.0 ℃，且水温差迅速升高。至 9 月 16 日，49 号和 50 号冷却壁水温差达到 1.4 ℃，炉缸三层侧壁温度 TE3135 点温度达 604 ℃。高炉 9:33~11:31 非计划休风凉炉，堵 24 号、25 号风口，将 24 号风口改为 ϕ130 mm，27 号风口改为 ϕ120 mm。之后水温差逐渐降低，至 10 月 1 日，水温差降低至 0.6 ℃。

(1) 焦炭质量分析。自 2010 年 8 月中旬开始，焦炭热性能波动较大，CSR 最低值只有64.2%左右，最高在68%以上。干熄焦比例调整较为频繁（图4-38），由此带来炉缸内死焦堆性质出现波动，从而影响炉缸铁水分布状态。

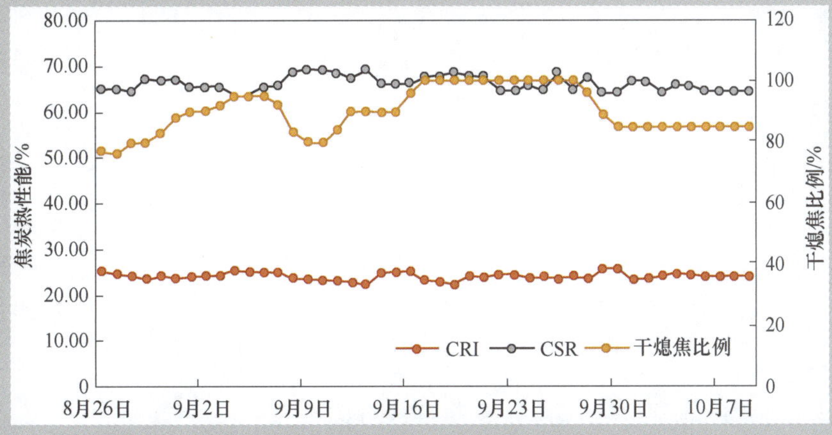

图4-38 焦炭性能和干熄焦比例变化情况

（2）高炉冶炼强度分析。自2008年8月底，高炉炉缸水温差开始升高，高炉在冶炼强度方面逐步控制，产量控制在6600 t/d左右，在一定程度上缓解了水温差的升高速度。但从堵风口之后的水温差反应上来看，水温差升高至0.8 ℃以上时，高炉应控制产能在6400 t/d左右，一般护炉效果逐渐体现（图4-39）。

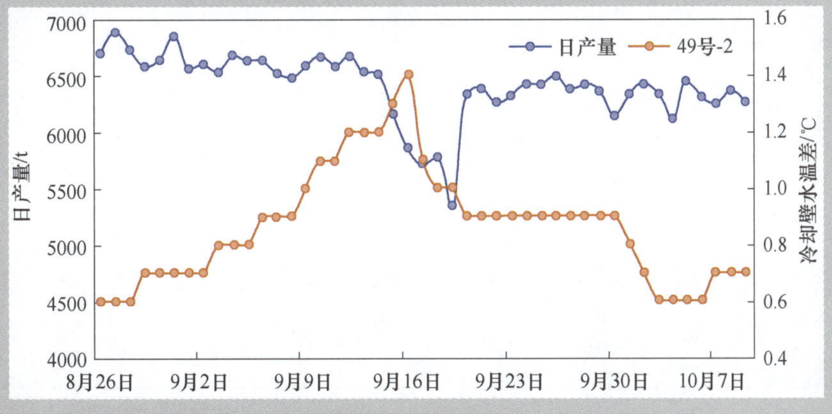

图4-39 冷却壁49号-2水温差变化与产量的关系

铁水物理热控制较低，造成护炉效果不明显，且由于产能没有明显降低，实际炉缸侵蚀在加剧（图4-40）。

（3）高炉操作分析。8月底，水温差开始升高，高炉开始降低焦炭负荷，但没有有效降低水温差。在高炉操作方面主要存在着降负荷果断（图4-41）。

炉顶煤气控制方面，自7月底，中心煤气温度大幅波动，Z值的变化显示中心煤气不稳定，从而推断炉况在7月底开始出现波动，从而影响炉缸铁水的环流状态，从而导致水温差升高（图4-42、图4-43）。2010年1号高炉加钛护炉情况见表4-19。

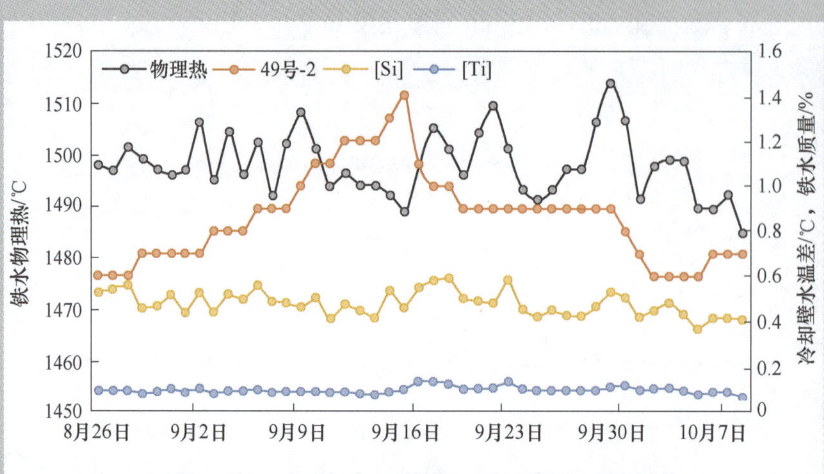

图 4-40　冷却壁 49 号-2 水温差变化与铁水质量的关系

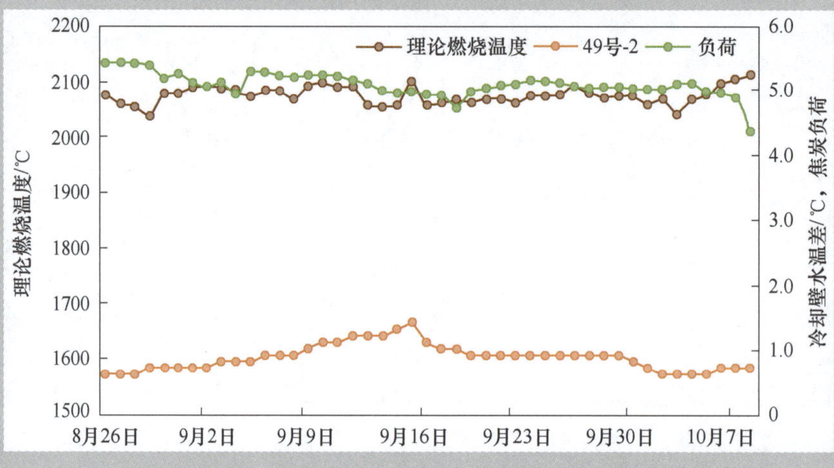

图 4-41　冷却壁 49 号-2 水温差变化与负荷、理论燃烧温度的关系

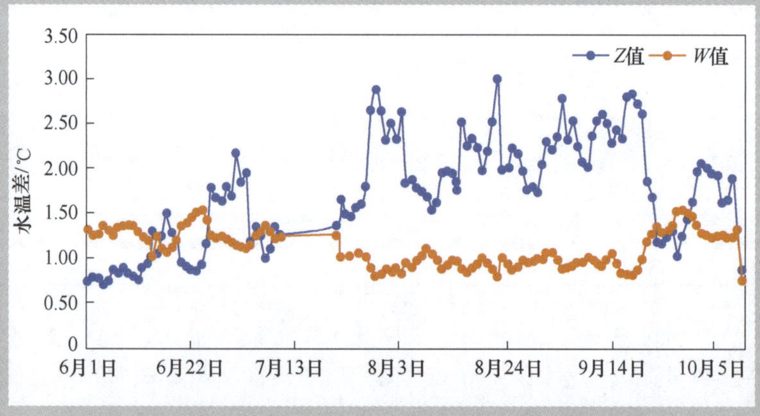

图 4-42　冷却壁 49 号-2 水温差变化与煤气变化关系

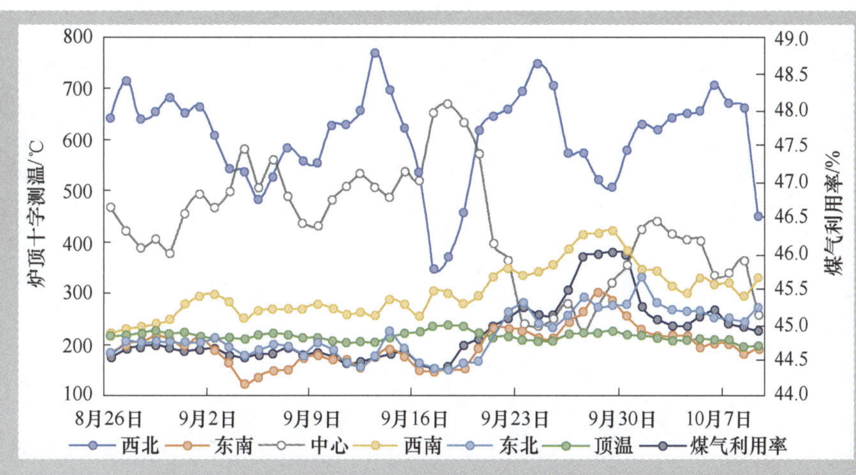

图 4-43 冷却壁 49 号-2 水温差变化与煤气变化关系

表 4-19 2010 年 1 号高炉加钛护炉情况

加钛日期	停钛日期	加钛护炉时间/天
2010 年 5 月 2 日	2010 年 8 月 9 日	99
2010 年 8 月 25 日	2010 年 10 月 9 日	45

[案例 13] 1 号高炉 2011 年 2 月 23 日堵风口情况分析

2011 年 2 月 13 日，二段 48~50 号冷却壁水温差开始升高，最高达到 0.7 ℃，45-60 号冷却壁水温差开始普遍升高。至 2 月 20 日，49 号水温差达到 1.0 ℃。至 2 月 23 日，49 号水温差最高达到 1.3 ℃，高炉 9:52~10:06 非计划休风，堵 24 号、25 号风口。之后水温差开始缓慢降低，至 3 月 7 日，55 号水温差为 1.0 ℃，其他各冷却壁水温差在 1.0 ℃以下，缓慢降低趋势。

(1) 焦炭质量变化。2011 年 1 月底至 2 月底，焦炭性能较为稳定。干熄焦配比在 2 月 23 日之前调整频繁。1 月底干熄焦比例 80%，之后提高至 100%（图 4-44）。

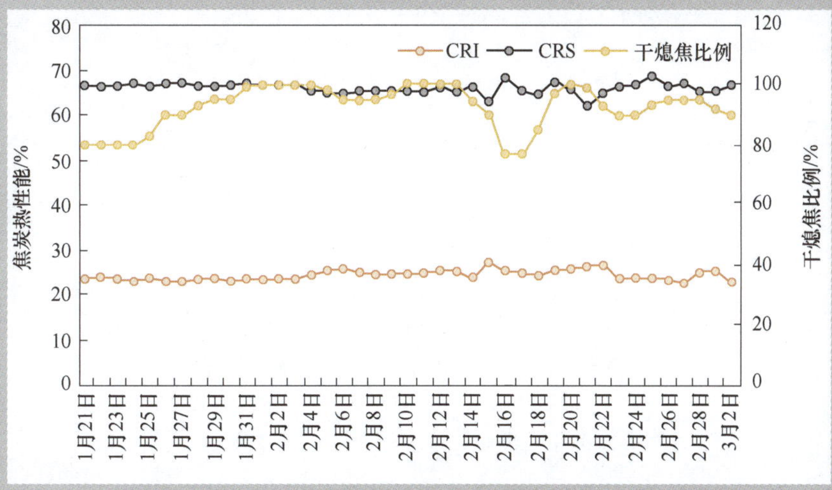

图 4-44 焦炭性能变化和干熄焦比例变化情况

（2）高炉冶炼强度分析。自 1 月底开始，高炉日产铁量较为稳定，同时由于高炉长期低风温操作，炉缸侵蚀程度较弱，水温差较为稳定。自 2 月 10 日开始，水温差开始明显上升，高炉控制产能在 6500 t/d 左右，但对水温差影响较小，且随着风温逐渐提升，高炉产能逐渐提高，2 月 20 日，高炉产量达到 6900 t/d 以上，水温差在 23 日达到 1.3 ℃。之后采取堵风口操作，水温差降低 0.9 ℃（图 4-45）。

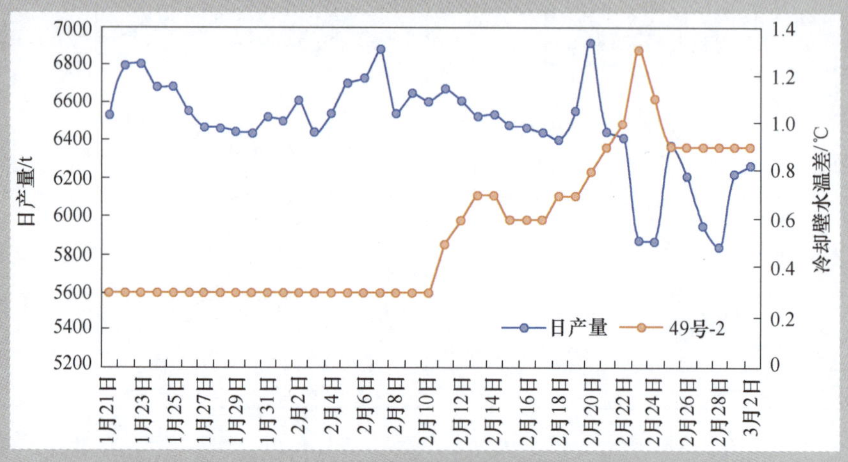

图 4-45　冷却壁 49 号-2 水温差变化与产量的关系

（3）高炉操作分析。自 2 月 11 日至堵风口停风前，高炉铁水物理热水平较低，在 1500 ℃以下。为达到护炉效果，铁水中［Ti］逐渐提升至 0.08%以上。在实际操作中应保证铁水有充足的物理热，同时保证铁水［Ti］高于 0.08%，以便达到护炉效果（图 4-46～图 4-49）。2011 年年初 1 号高炉加钛护炉情况见表 4-20。

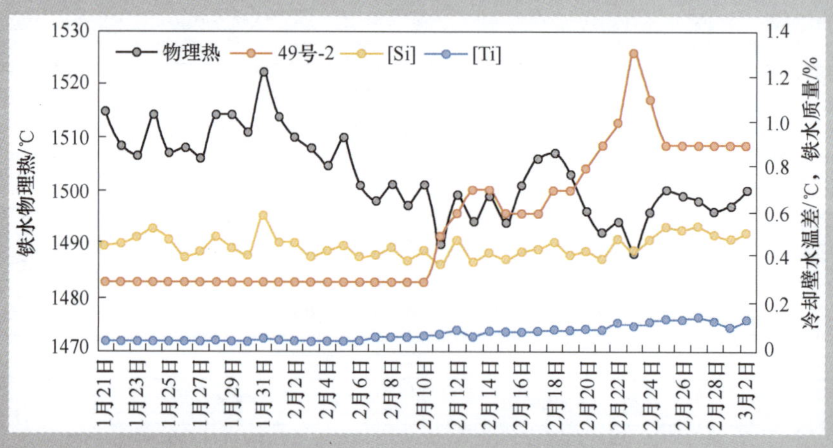

图 4-46　冷却壁 49 号-2 水温差变化与铁水质量的关系

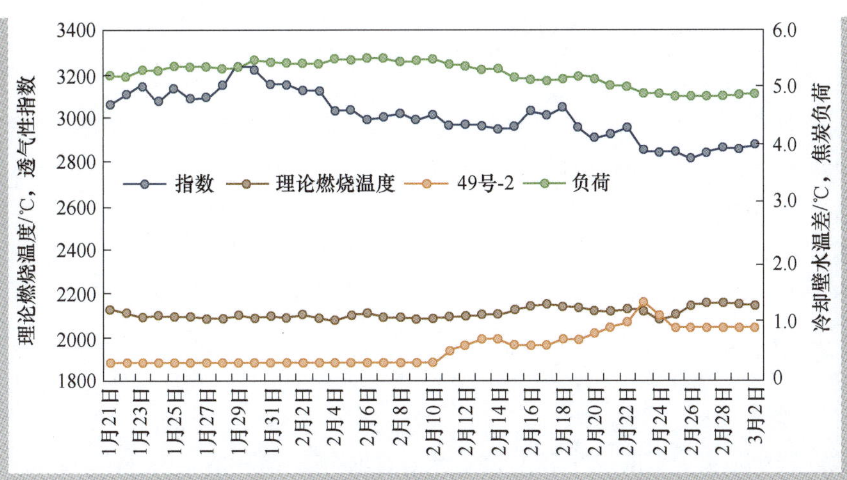

图 4-47　冷却壁 49 号-2 水温差变化与负荷、理论燃烧温度的关系

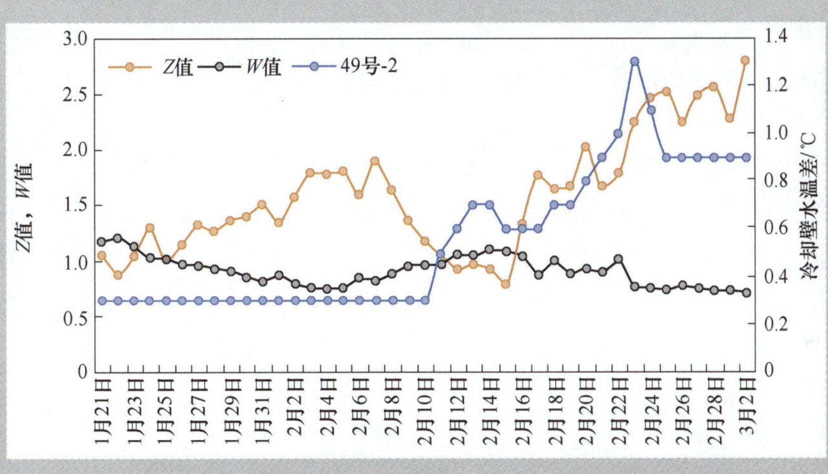

图 4-48　冷却壁 49 号-2 水温差变化与煤气变化关系

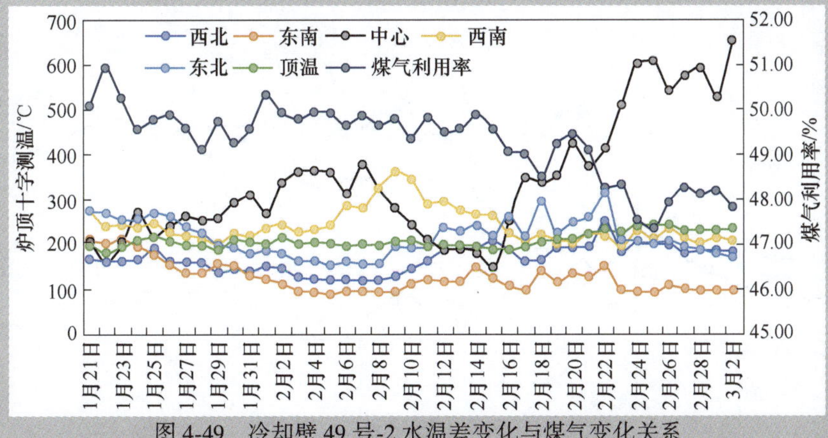

图 4-49　冷却壁 49 号-2 水温差变化与煤气变化关系

表 4-20　2011 年年初 1 号高炉加钛护炉情况

加钛日期	停钛日期	加钛护炉时间/天
2011 年 2 月 6 日	至今	30

水温差升高主导因素及对策建议：

（1）在干熄焦比例调整时，注意水温差变化，及时调整焦炭负荷；

（2）为保证护炉效果，铁水物理热应控制在 1500 ℃以上，同时保证［Ti］合乎护炉标准（具体标准需要重新制定）；

（3）1 号高炉水温差升高部位集中在 24 号和 25 号风口对应的炉缸区域，根据相关文献说明，可以考虑加长风口长度或缩小风口直径，减弱边缘铁水环流，从而降低铁水对炉缸炉墙的侵蚀；

（4）前期产量控制力度不够，造成炉缸侵蚀严重，建议控制较为合理的冶炼强度；

（5）铁水温度波动较大，建议严格控制铁水质量，保证铁水物理热温度高于 1500 ℃；

（6）自 1 月底开始水温差明显升高，水温差治理不彻底，因此，建议水温差降低至 0.8 ℃或者更低并且稳定之后逐步降低水钛矿使用量和其他相关措施。

［案例 14］2016 年 6 月首钢迁钢高炉炉缸水温差波动及治理

2016 年 6 月首钢迁钢公司 1 号、2 号高炉炉缸水温差出现大面积、大幅度上升，高炉被迫采取高强度护炉措施，导致燃料消耗升高和大幅度亏产，6 月至 7 月上旬累计亏产达 18578 t。

首钢迁钢 1 号高炉 2016 年 1 月 6 日停风进入阶段性检修，3 月 14 日开炉送风，4 月下旬炉缸侧壁温度开始明显上升，5 月上旬停风 103.7 h 处理北铁口后小幅回落，但送风后再次迅速回升，至 5 月 21 日 TE3095 点上升至 200 ℃，因配合硅钢冶炼 5 月 26 日高炉才开始加钛护炉，炉缸各关键点温度趋势见图 4-50。

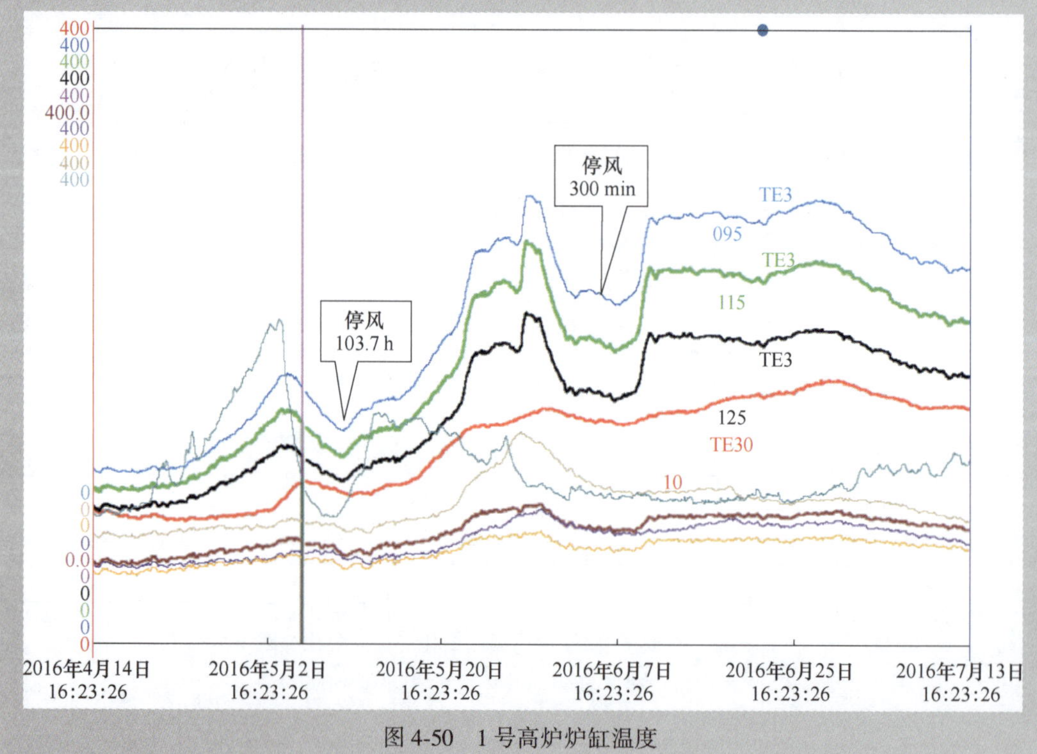

图 4-50　1 号高炉炉缸温度

2 号高炉此次水温差升高的区域主要位于东铁口与南铁口之间，4 月底检修前炉缸个别点位已呈上升趋势，TE3160 点 4 月 25 日达 355 ℃，检修期间明显回落，但送风后炉缸温度又迅速回升，5 月 11 日开始加钛护炉，至 5 月 25 日 TE3160 点超过 200 ℃，水温差由 0.3 ℃升至 0.5 ℃，进入 6 月后，TE3160 点温度上升趋势得到缓解，但 TE3140 和 TE3132 点仍快速上升，1 号-1，2 号-2 冷却壁水温差一直保持在 0.6 ℃的高水平警戒状态，其中 6 月 18—21 日，6 月 26—30 日有多个点位水温差集中上升突破 0.6 ℃、0.7 ℃（具体见表 4-21 和图 4-51）。

表 4-21 2 号高炉 6 月水温差变化

日 期	水温差变化	
	0.5→0.6 ℃	0.6→0.7 ℃
6 月 18 日	11 号-2	
6 月 20 日	10 号-2	
6 月 21 日	5 号-2	
6 月 26 日	11 号-1	11 号-2
6 月 29 日	2 号-2， 3 号-2， 16 号-2	5 号-2， 10 号-2， 11 号-1
6 月 30 日		16 号-2

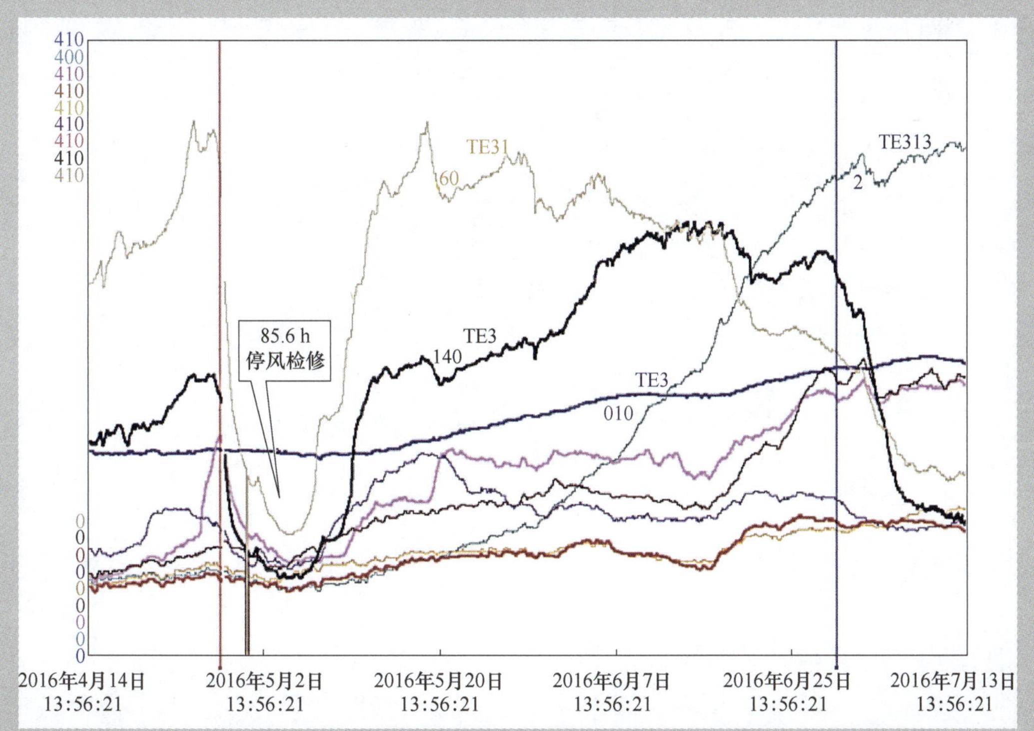

图 4-51 2 号高炉炉缸温度

（1）2 号高炉水温差上升后，两座高炉先后根据实际情况采取了多种护炉措施：

1）加钛护炉。水温差上升后1号、2号高炉根据迁钢公司高炉护炉标准采取了加钛护炉措施，其中1号高炉以钛矿为主，2号高炉以含钛球团为主。铁中钛基本达到护炉要求。见图4-52。

2）强制冷却。为改善炉缸冷却效果，5月23日二高炉在已开两台专泵的基础上，再开一台风口泵，水量由1600 m^3/h 提高到1700 m^3/h，水压由16.5 kg/cm^2 增加到18.0 kg/cm^2；1号高炉也于5月24日将45号-2、46号-1、46号-2冷却壁改通高压水，之后上述冷却壁水温差由0.5 ℃降至0.3 ℃。

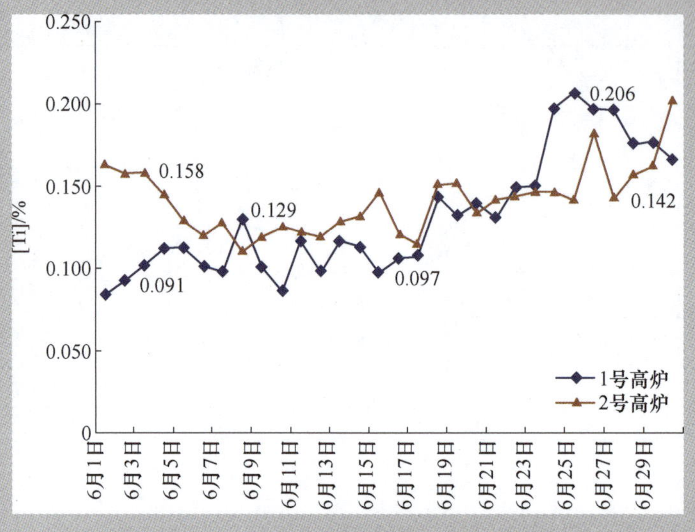

图4-52 1号、2号高炉铁水［Ti］趋势

3）控制产量。6月下旬两座高炉通过减氧，提高炉温等方式不同程度地控制铁水日产量（图4-53），但2号高炉前期控产幅度不够，且1号、2号高炉控产时机均较晚，导致后期水温差迅速上升，导致更大幅度的亏产。

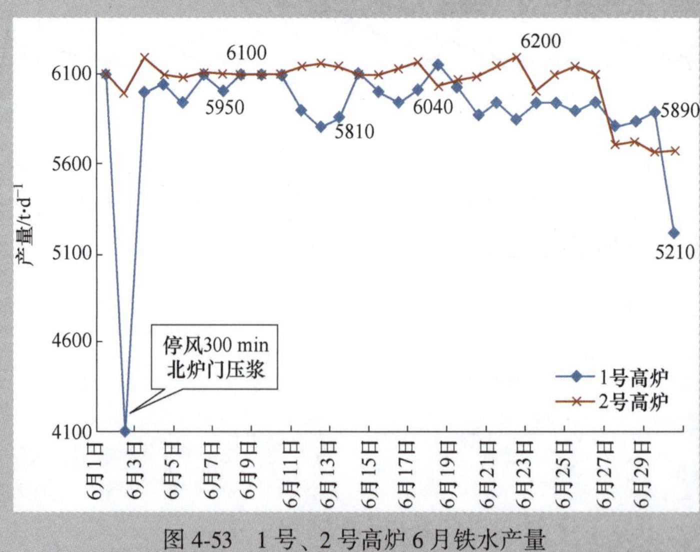

图4-53 1号、2号高炉6月铁水产量

4）负荷适应。为了缓解炉内压量关系，同时提高炉温水平，改善炉缸工作状况，6月底1号、2号高炉主动连续退负荷适应，负荷最低分别退至4.52、4.75，且均附加焦炭1吨/批，此次退负荷为改善高钛条件下的渣铁流动性和降低压差起到至关重要的作用，但也付出了较大代价。这反映出治理水温差前期负荷水平偏高，退负荷时机偏晚。6月1号、2号高炉焦炭负荷见图4-54。

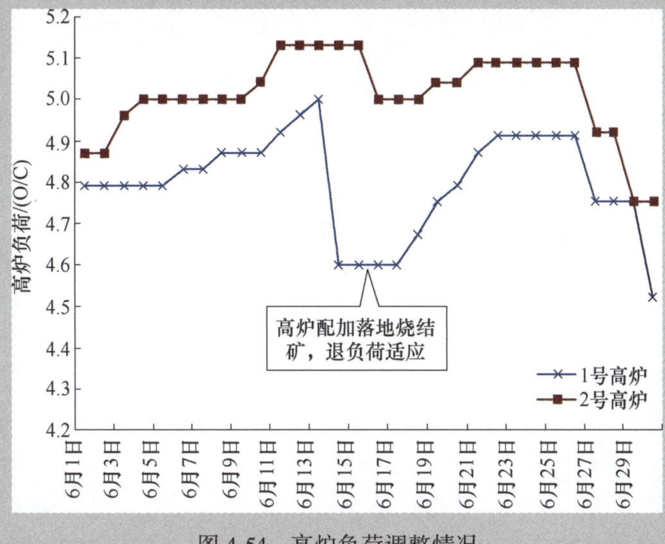

图4-54 高炉负荷调整情况

5）调整风口。6月30日，一高炉停风更换了26号坏风口，同时借机堵1号风口，拆除了3号、12号、28号风口衬套，风口面积保持0.3540 m^2 不变。此次风口调整有效控制了局部冶炼强度，促进了水温差下降。2号高炉由于水温差偏高的区域较大，水温差最高的点位多次变换，因而未采取堵风口措施。

6）调整出铁。除炉内护炉措施外，炉外出铁也进行了多方面调整促进炉缸维护。6月30日，1号、2号高炉同时将铁口深度由3.2 m提高至33~3.4 m的上限水平。2号高炉还提前倒南场并于7月2日至8日在东、南两场使用同创含钛炮泥。

（2）水温差上升的原因。通过对水温差上升及治理过程的回顾分析，同时结合同期炉况运行情况，铁前技术人员经过充分交流和探讨，认为此次1号、2号高炉同时出现水温差大面积、大幅度上升主要有以下几个方面的原因：

1）高炉炉龄的增长。1号、2号高炉目前炉龄已分别达到12年和9年，均已经历多次水温差波动，炉缸炭砖存在多处严重的不可逆侵蚀，此次水温差出现大面积同时升高且治理难度大正是体现出了日益危急的炉缸侵蚀状况。

2）停钛时间长。由于2015年底1号、2号高炉实施低强度冶炼及1号高炉阶段性检修，1号、2号高炉炉缸水温差长期处于低位。此次水温差上升前两座高炉长时间未实施加钛护炉，1号高炉开炉后只有在4月13日至19日加钛矿0.5吨/批进行短暂的预防性护炉，2号高炉则在2016年1月16日至4月14日累计停钛达100天。长期停钛导致炉缸大量钛流失和渣皮脱落，导致炉缸维护被动。

3）配加萤石对炉缸的影响。1号高炉3月开炉、5月更换水箱检修及2号高炉1月治理炉况、4月检修均配加萤石400~500千克/批。短期内频繁使用强烈改善渣铁流动性的洗炉料在促进高炉恢复的同时也存在助长炉缸侵蚀的副作用。

4）入炉原燃料质量波动。6月治理水温差期间，外围部分原燃料质量下降导致炉内压量关系长期偏紧，铁温不足（图4-55），不利于水温差的下降。6月13日起因环保限产1号、2号高炉同时配加落地烧结矿，最高比例达45%，另外二级焦冷强度下降（M40由89.5%以上下降至不到89%）及配加部分落地捣固焦也不可避免对炉况造成影响。

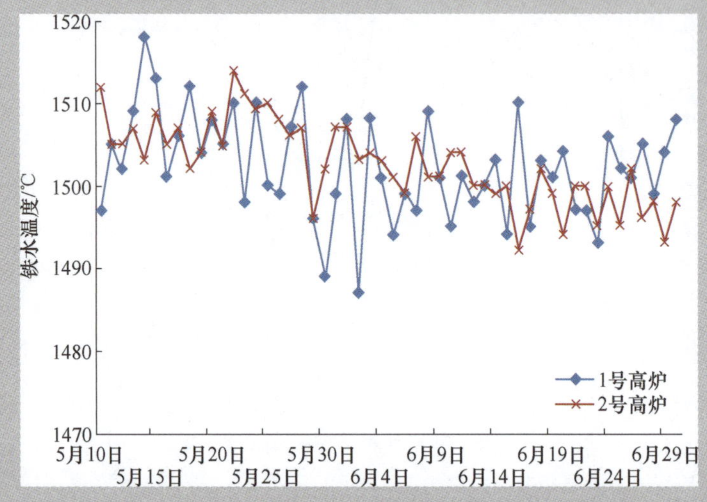

图4-55 2016年6月1号、2号高炉铁水温度趋势

5）护炉措施存在不足。多年的水温差治理经验表明，炉缸水温差多在高炉压量关系紧，炉缸工作恶化的情况下升高，因而改善高炉顺行状态是活跃炉缸，稳定炉缸水温差的基础。

此次水温差上升初期，由于重视程度不够存在侥幸等待的心理，导致护炉措施执行不及时、不到位，高炉产量、负荷控制水平偏高，致使炉内压量关系长期偏紧，月底两次水温差上升时期，均属于炉内压量关系紧，炉温不足时期。具体情况见图4-56。

（3）一些反思及后续护炉措施。随着迁钢公司高炉尤其是1号、2号高炉炉龄的增长，炉缸维护难度越来越大，高炉护炉、排碱操作与品种钢冶炼的矛盾也越来越尖锐。因而，提高炉缸维护水平，减少水温差波动，降低护炉成本成为目前迫在眉睫的重大课题。结合上述水温差上升原因及治理工作存在的不足的分析，在后续炉缸维护应注意做好以下几个方面工作：

1）坚持常态化护炉原则。日产量达到6000 t/d以上时，铁中钛按0.080%~0.100%控制。避免炉内钛过度流失，保持炉缸渣皮长期稳定，控制水温差上升幅度，降低护炉成本。

2）严格控制萤石、锰矿等洗炉料使用。高炉送风恢复达到3500 m^3/min以上风量时停止配加萤石。

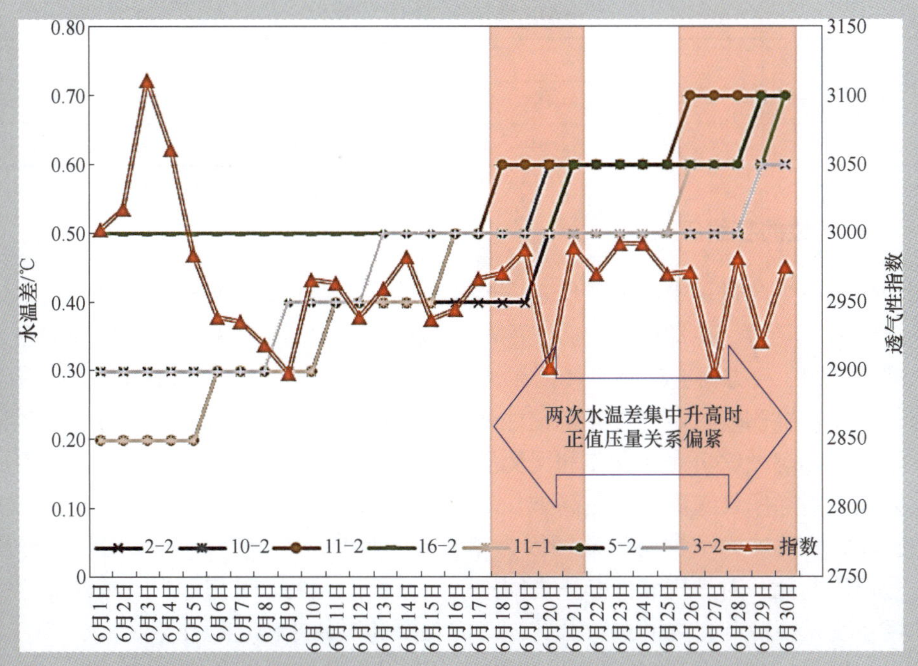

图 4-56　2 号高炉冷却壁各支管水温差与透气性指数对应关系

3）掌握合理冶炼强度。在炉缸水温差大于 0.7 ℃时，高炉主动降 0.1 t/(m^3 · d) 以上利用系数。

4）提高炉况顺行水平，缓解压量关系，改善炉缸工作状态。在炉缸水温差大于 0.7 ℃，指数小于 3000 时高炉主动退负荷适应。在炉缸水温差出现回落趋势之前不能采取扩矿批，加负荷，提富氧等强化冶炼措施。

5）护炉操作要不折不扣严格按照《首钢股份公司高炉护炉标准》（2016 年 6 月修订版）落实执行，确保各参数达到护炉标准要求，出现偏差及时纠正，杜绝麻痹大意和侥幸心理。

4.4.2　使用含钛炮泥，维护好铁口

通过统计发现，2 号高炉炉缸水温差升高频发部位在东铁口附近的 17~19 号冷却壁之间，对应热电偶为 TE3140；1 号高炉也在南铁口和北铁口附近发生过水温差上涨的情况，因此，治理好铁口附近的水温差和热电偶上涨有着重要的意义。

首钢迁钢 1 号和 2 号高炉出铁时间一般稳定在 100~120 min，治理炉缸水温差期间，在出铁操作制度上一方面要求稳定打泥量、维护好铁口深度、控制合理的铁水流速来减轻铁水环流对炉缸影响；另一方面由于两座高炉铁口附近频发水温差升高情况，根据铁口附近水温差的实际升高情况使用一定量的含钛炮泥，炮泥含钛量严格控制在一定水平，当 1 号和 2 号高炉铁口附近冷却壁水温差有上涨势头时，采取用含钛炮泥代替普通炮泥，以提高铁口前端泥包抗侵蚀能力，同时对泥包附近区域钛元素富集有很好的效果。含钛炮泥的化学成分见表 4-22。

表 4-22　含钛炮泥的化学成分

试样名称	样号	化学成分/%				
		Al_2O_3	C	SiO_2	TFe	TiO_2
炮泥	PN0802	22.84	27.80	29.45	2.00	16.42

4.4.3　炉缸部位的在线压浆

高炉炉缸在生产过程中可以看作是一个高温压力容器，起密封作用的是炉皮、炉皮与冷却壁之间的压浆料、冷却壁、炭砖、冷却壁与炭砖之间的压浆料，如其中任何密封材料之间出现了气隙，一方面会影响串气区域炉缸冷却壁的冷却效果和炉缸侧壁衬砖凝铁保护层的质量，使炉缸侧壁衬砖产生异常侵蚀和炉缸冷却壁水温差升高；另一方面串气通道与出铁口连通，影响做铁口泥套操作和泥套质量，同时导致出铁喷溅大，严重时会威胁出铁安全。因此，消除串气缝隙不仅是高炉长寿的需要而且也是保证高炉正常生产的需要。

1 号和 2 号高炉为了预防和减轻因为串气导致的冷却效果下降，采用过 3 种压浆方式，一是炉皮开孔，对炉皮和冷却壁之间进行压浆；二是防止铁口串气，采用泥炮对铁口进行压浆；三是在冷却壁之间进行开孔，对冷却壁和炭砖之间进行压浆。

4.4.3.1　*炉皮和冷却壁之间进行压浆*

为了能更好地与炉缸碳素材料、冷却壁相匹配，1 号和 2 号高炉炉缸区域采用了碳质无水压入泥浆，随着炉皮和冷却壁之间的碳质无水压入泥浆蚀损，导致蚀损的主要原因是炭砖泥浆中固定碳含量较高，泥浆的蚀损必然造成高炉炉皮与冷却壁之间的气隙越来越大。为了保证高炉正常生产和对高炉长寿工作起到积极作用，采取利用休风机会对炉皮开孔，进行在线压浆，所用泥浆为铝质无水压入泥浆。铝质无水压入泥浆性能指标见表 4-23。

表 4-23　铝质无水压入泥浆性能指标表

项　目		单位	指　标
体积密度		g/cm^3	≥2.0
耐压强度烘干（110 ℃）		MPa	≥10.0
烧后线变化率（1200 ℃×3 h）		%	±0.5
Al_2O_3		%	≥55
耐火度		℃	≥1750
抗折强度	110 ℃	MPa	≥4.0
	1400 ℃×3 h 烧后热态	MPa	≥0.5

开孔位置选择原则：(1) 采用红外测温枪进行炉皮测温，判断炉皮与水箱之间可能有空隙的位置和区域；(2) 高炉测温热电偶温度有异常的区域；(3) 高炉炉缸水温差（热流强度）异常区域；（4）结合高炉出铁喷溅情况。压力选择：压浆孔前压力控制 20～25 kg/cm^2。在线压浆施工现场见图 4-57。

4.4.3.2　*冷却壁和炭砖之间进行压浆*

热面压浆通过填充冷却壁热面可能存在的缝隙，消除由此产生的传热气阻，提高热流传导效能，使炉缸蓄积的过量热能及时传导出来，使 1150 ℃凝固线逐渐推向炉缸中心，从而

图 4-57　在线压浆施工现场

降低热电偶温度和水温差。2011 年 4 月，利用休风机会在 2 号高炉进行了冷却壁的热面压浆。泥浆选择：碳化硅质无水压入泥浆。碳化硅质无水压入泥浆典型指标见表 4-24。

表 4-24　碳化硅质无水压入泥浆典型指标表

化学成分/%	Al_2O_3	4
	SiO_2	18
	SiC	50
	固定碳	25
物理性能（800 ℃烧成后）	体积密度/$g \cdot cm^{-3}$	2.05
	耐压/MPa	18
主要骨料		碳化硅
结合剂类型		树脂

开孔位置选择原则：开孔位置选择除了符合炉皮和冷却壁之间压浆之外，在开孔前还必须对冷却壁之间的缝隙位置进行精确定位，否则很容易造成钻头在开孔过程中碰到冷却壁，专业技术人员通过查看工程图纸并结合现场情况，经过采用多种方法合理判断和周密计算，准确定位了冷却壁之间的缝隙位置。冷却壁热面压浆的准确定位见图 4-58。

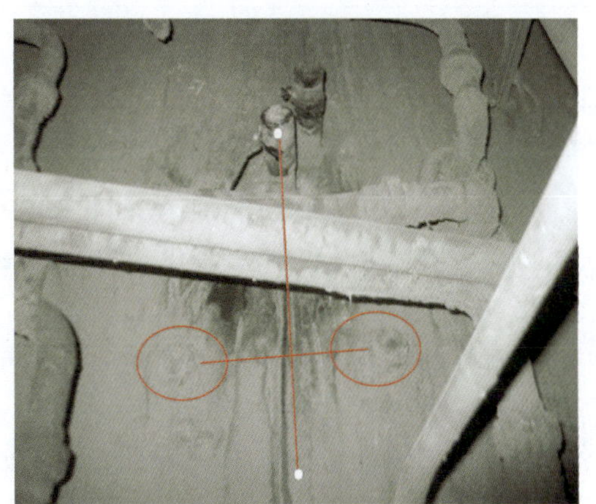

图 4-58　冷却壁热面压浆的准确定位

压力选择：压浆孔前压力控制 10～15 kg/cm^2。鉴于冷却壁热面压浆风险性较大，因此对冷却壁热面压浆要采取慎重的态度，压力选择不宜过高，国内某大型钢铁企业出现由于炭砖残厚较薄，进行冷却壁热面压浆导致炉缸烧穿的现象。

4.4.3.3　对铁口进行压浆

为了消除铁口与冷却壁及炭砖之间可能存在的串气，铁口孔道与炉内之间存在的串气，减轻铁口喷溅，采取对用炮泥对铁口进行压浆的方法，具体做法为：堵铁口后半小时，将 50 千克/桶的碳质无水压入泥浆装入炮泥，用开口机在转铁口深度 1.5 m 左右，然后将炮泥中的碳质无水压入泥浆压入铁口孔道，通过生产实践表明，此种方法有效地抑制了铁口喷溅（图 4-59）。

图 4-59　铁口压浆前后喷溅情况对比

4.4.4　护炉料选择及配加技术

（1）成本方面考虑：目前含钛护炉料主要有钛矿、低钛球团和高钛球团三种，在相同回收率条件（主要决定于炉温水平）下，将铁水含钛量控制在 0.07%时，吨铁所耗含钛炉料量见表 4-25。为了便于成本比较，根据加含钛炉料后的综合品位和各矿种单价计算出了配加不同含钛炉料时吨铁护炉成本一并列于表 4-25。

表 4-25　配加不同含钛炉料时吨铁护炉成本

矿　种	品位 /%	TiO_2 /%	单价 /元·吨$^{-1}$	用量 /吨·批$^{-1}$	吨铁护炉成本 /元
钛矿	47.38	12.14	690	0.7	12.19
低钛球团	60.67	4.09	825	2	41.6
高钛球团	54.03	9.15	972	0.8	19.63

在进行含钛炉料护炉的技术经济分析时选择的技术经济参数取值为：

1）生铁［Ti］取 0.07%，铁回收率 99.5%，［Fe］= 94.5%；

2）烧结矿 781 元/吨，氧化球 901 元/吨，澳块 639.72 元/吨，钛矿 690 元/吨，高钛承德球 972 元/吨，低钛承德球 825 元/吨。

由表 4-25 可以看出：在含钛量、吨铁单耗、单价等因素共同影响下低钛球团成本最高，高钛球团次之，钛矿成本最低。

（2）工艺方面考虑：护炉料对炉内的影响主要体现在钛的固溶体对炉渣流动性的破坏。也就是决定于铁水含钛水平的高低，而首钢迁钢高炉配加含钛炉料后铁水中 Ti 含量在 0.1%以内，渣中 TiO_2 含量为 1.2%以内，对渣铁流动性影响并不大。所以渣铁流动性与用哪个含钛炉料关系不大。

另外，钛矿粒度情况不如球团，整体粒度大且不均匀，在炉内的透气性比较差，对高炉块状带透气性会稍有影响，但因其用量少影响也不大。至于对成渣带的影响钛矿与钛球

有多大区别目前还没有定论。

决定含钛炉料选择的主要依据是成本因素而不是技术因素。钛球是“熟料”，粒度均匀，还原性、软融性能均优于“生料”钛矿。使用钛球可保证炼铁生产遵循“高熟料率”“精料”的操作方针。但其成本要稍高于钛矿，需综合考虑其使用情况。

根据以上分析，建议在雨季的6月、7月、8月三个月可以考虑使用高钛的钛球护炉，非雨季使用钛矿护炉。

[案例15] 2015年首钢迁钢1号高炉钛煤混喷工业试验

2015年4月8日至4月14日，在首钢迁钢一号高炉一系列开展了钛煤混喷工业试验。试验过程顺利，试验结果良好，具体如下：

(1) 试验期间，喷吹系统的磨机、收集器、喷吹罐等设备工作正常，磨机吐渣口未发现钛粉；喷吹主管道和分配器喷煤支管巡检测厚数据显示，管壁未见变薄；风口工作状态正常，风口无损坏，无结焦现象。

(2) 与基准期相比，钛煤混喷期间，高炉各项技术指标得到改善，其中，计算产量增加217.5 t/d，计算焦比降低14.4 kg/t，煤比升高2.8 kg/t，燃料比降低11.5 kg/t。

(3) 铁水含钛量随混喷钛量的增加而增加，当实际喷吹钛负荷为1~2 kg/t时，铁水含钛可达0.08%~0.10%，钛负荷为2~3.4 kg/t时，铁水含钛为0.10%~0.15%。与炉顶加钛矿相比，钛煤混喷的钛还原量明显增加，炉渣含钛量大幅度下降。

(4) 试验期间，炉缸四至七层典型热电偶的温度下降趋势明显，炉缸三层电偶点的（TE3137）升温趋势也逐渐减缓；炉缸二段冷却壁的水温差整体呈下降趋势。

(5) 经初步计算，用钛煤混喷代替炉顶钛矿后，吨铁成本降低13.5元，试验期间的经济效益为87.2万元。钛煤制备与喷吹工艺流程图见图4-60。

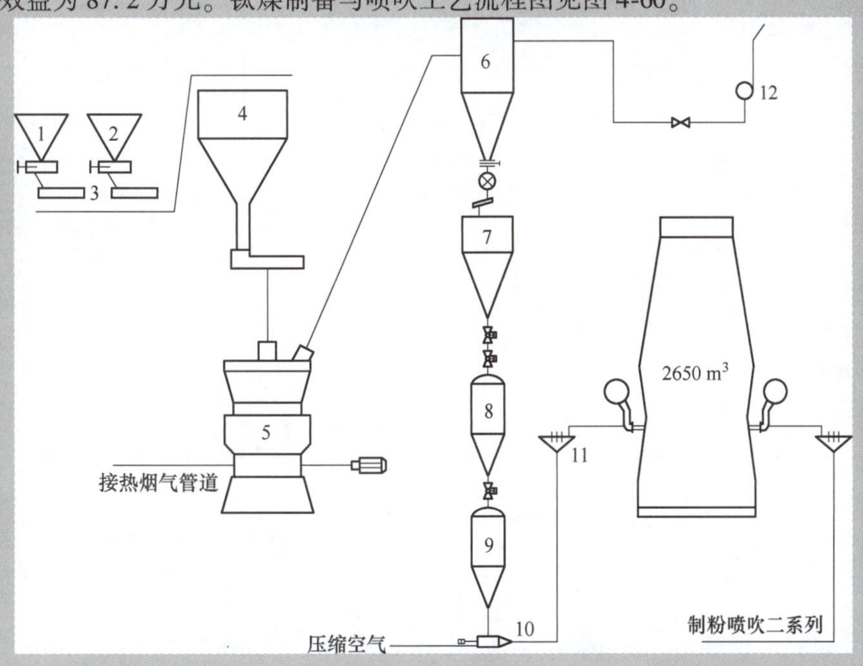

图4-60 钛煤制备与喷吹工艺流程图

1—配钛粉槽；2—配煤槽；3—称量皮带；4—原煤仓；5—中速磨机；6—布袋收粉器；7—收粉罐；8—储煤罐；9—喷吹罐；10—混合器；11—分配器；12—排烟风机

根据钛煤混喷技术要求，为本次试验研制了钛粉样品，共计 240 t，以铁路运输的方式分两次运抵首钢迁钢喷煤原煤场。钛粉的性能见表 4-26。

表 4-26 钛粉的性能

TiO_2/%	Fe/%	SiO_2/%	S/%	P/%	水分/%	LOI/%	堆比重/kg · m^{-3}	-0.074 mm/%
48.15	32.57	2.76	0.15	0.002	0.17	-3.58	2483	80

4.4.5 高炉喷涂维护技术

4.4.5.1 高炉喷涂发展

各种不同喷涂方式比较见表 4-27。

表 4-27 各种不同喷涂方式比较

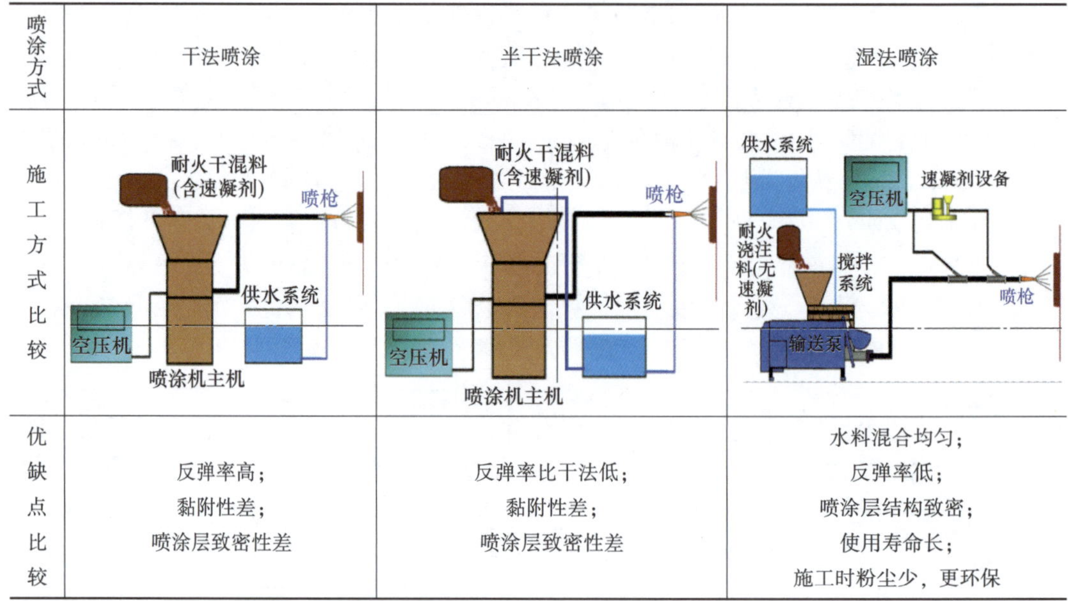

喷涂方式	干法喷涂	半干法喷涂	湿法喷涂
施工方式比较	耐火干混料（含速凝剂）；喷枪；供水系统；空压机；喷涂机主机	耐火干混料（含速凝剂）；喷枪；供水系统；空压机；喷涂机主机	供水系统；空压机；速凝剂设备；耐火浇注料(无速凝剂)；搅拌系统；喷枪；输送泵
优缺点比较	反弹率高； 黏附性差； 喷涂层致密性差	反弹率比干法低； 黏附性差； 喷涂层致密性差	水料混合均匀； 反弹率低； 喷涂层结构致密； 使用寿命长； 施工时粉尘少，更环保

4.4.5.2 股份高炉喷涂维护实践

A 炉体损毁机理及对耐火材料的要求[1]

炉体损毁机理及耐火材料性能要求见表 4-28。

表 4-28 炉体损毁机理及耐火材料性能要求

部位	使用温度	损毁机理	对耐火材料的性能要求
炉喉	400 ℃以下	炉料下降时的直接冲击和摩擦，装入炉料时温度急剧变化的影响	耐冲击性、耐磨性好
炉身中上部	400~1000 ℃	炉料下降磨损，上升煤气流的冲刷磨损，碱金属、锌的侵蚀，CO 的破坏	耐剥落性、耐磨性，骨料硬度大，常温、中温强度大，气孔率低，常温、中温强度大，抗碱金属侵蚀性好，Fe_2O_3 含量低

续表 4-28

部位	使用温度	损毁机理	对耐火材料的性能要求
炉身下部	1000~1100 ℃	初成渣的化学侵蚀（含量高），炉料下降磨损，上升炉气和粉尘的冲刷，碱金属蒸气的侵蚀，炭素的沉积，热震剥落	抗渣性，抗碱金属侵蚀性好，结构强度及高温强度较高，气孔率低，导热性好，热震稳定性好
炉腰	1100~1200 ℃	热态渣铁的侵蚀，碱金属侵蚀，含尘的炽热炉气的冲刷，温度波动，高温破坏	高温抗磨损性，抗渣铁侵蚀性，导热性，热震稳定性好
炉腹	1200~1450 ℃	渣侵严重（热态渣铁的冲刷），碱金属、锌、炉渣、碳的侵入，化学侵蚀，炽热气流的冲刷，物料摩擦，高温破坏	高温抗磨损性，抗渣铁侵蚀性，导热性，热震稳定性好
风口	1450~1800 ℃	热应力，碱金属、锌、碳的侵入及化学侵蚀，气流和熔体的冲击，液态渣铁的冲刷	抗碱金属侵蚀性好，高温强度高，导热性好，热震稳定性好

B　迁钢高炉喷涂维护实践

北京首钢高炉 1995 年首次在 3 号高炉上应用了遥控喷涂技术，并将炉体喷涂作为常用护炉技术手段。首钢迁钢传承了首钢采用喷涂方式进行炉体维护的技术，并在实际使用过程中根据自身特点进行优化，形成股份自有的一套喷涂维护技术体系。

2012 年之前迁钢一直采用半干法喷涂方式进行喷涂，2012 年首次在风口带尝试湿法喷注技术，2017 年以后随着高炉喷涂技术发展及环保要求，迁钢高炉喷涂均采用湿法喷注形式。使用湿法喷注时，结合各位侵蚀特征及材料特性，炉腹部位采用硅溶胶结合剂，中上部采用水结合形式。迁钢使用半干法及湿法喷涂材料指标要求见表 4-29、表 4-30。

表 4-29　半干法喷涂材料指标

产品名称		喷涂料 MS3A	高强喷涂料 SN10	高强喷涂料 HIGUN160	喷涂料 BFS	喷涂料 BC
喷涂部位		风口区域	炉身下部	炉身中部	炉身上部	压火料
干燥 110 ℃体积密度/$kg \cdot m^{-3}$		2350	2478	2196	2192	1921
化学成分/%	Al_2O_3	71.6	59.4	50.4	52.6	28.8
	SiO_2	20.7	35.9	44.9	40.9	42.4
	CaO	4.2	1.8	2.0	5.5	20.2
	Fe_2O_3	1.2	0.8	0.9	0.9	2.1
	Si_3N_4	—	9.7	—	—	—
冷态耐压强度/MPa	110 ℃ ×24 h	59	97.3	64.6	49.2	34.2
	1000 ℃ ×3 h	28	86.4	50.3	28.9	6.9
	1500 ℃ ×3 h	50	70.5	71.5	47.4	8.7

续表 4-29

产品名称		喷涂料 MS3A	高强喷涂料 SN10	高强喷涂料 HIGUN160	喷涂料 BFS	喷涂料 BC
线性变化/%	110 ℃ ×24 h	微量	微量	微量	-0.1	-0.1
	1000 ℃ ×3 h	0.3	-0.4	-0.2	-0.2	-0.1
	1500 ℃ ×3 h	1.0	-0.5	-1.0	-1.0	-1.3
加水量/%		7~10	6.5	7.5	11	18

表 4-30　湿法喷涂材料指标

理化性能		炉身上部	炉身中部	炉身下部	压火料
化学成分/%	Al_2O_3	≥50	≥50	≥60	≥25
	CaO	≤ 3	≤3	≤3	—
	SiC			≥10	—
	Fe_2O_3	≤1.5	≤1.3	≤1.2	≤3.5
体积密度 $/g \cdot cm^{-3}$	110 ℃×24 h	≥2.4	≥2.5	≥2.5	≥ 1.7
耐压强度 /MPa	110 ℃×24 h	≥40	≥40	≥40	≥20
	1350 ℃×3 h	≥50	≥50	≥50	≥6
线变化率 /%	1350 ℃×3 h	±0.5	±0.5	±0.5	±0.5

前期喷涂维护主要以机械喷涂为主，后期考虑到勾头部位采用机械喷涂方式覆盖不均匀，同时结合炉缸浇注期间炉缸进行了炉缸清理，内部施工环境较好，采用人工喷涂方式进行喷涂，有效地覆盖勾头部位。两种施工方式的施工技术方案如下。

a　机械喷涂

（1）工序时间安排（表 4-31）。

表 4-31　工序时间安排表

序号	项　目	工期/h
1	喷压火料	4
2	设备安装调试	8
3	洗炉	6
4	炉身喷补（含装拆设备）	36
5	烘炉	48
合　计		102

（2）喷补过程安排。

1）降料面，炉前拆除风口设备后喷压火料。采用小型喷涂机喷涂，按照屡次喷涂压火料经验，应该先喷一部分压火料，具备进入扒堆尖条件，堆尖扒平后再喷一次压火料。

2）喷补（洗炉）设备吊装。

3）在炉顶标高 43 m 平台横梁对应 4 个人孔的指定位置安装喷补设备，喷补完后再恢复原状。

4）安装设备，洗炉。洗炉采用高压水清洗，将小的松动残渣、松动残衬小块及浮尘彻底清洗干净，使之露出原基体表面，确保喷补料能与之更牢固的黏结。操作中要严格控制高压水使用量，防止多余水进入炉内。

5）炉内进人清理渣皮。

6）风口带喷注。风口带喷注时，需先进行支模，模板距离中套上沿 50 mm，模板上沿覆盖一层塑料薄膜，喷注结束后将模板拆除，间隙用缓冲泥浆填充。风口带支模板见图 4-61。

图 4-61　风口带支模板

为保证内衬炉腹角，施工时，施工单位需制作简易模板以便在施工时对角度进行控制，模板按如下方法制作：从第五段水箱上沿向下 385 mm 为斜段起始处，将模板中的该尺寸及角度固定，以满足施工需求。另制作 170°刮料板，用于喷注后对喷注面进行进一步修补。施工模板示意图见图 4-62，风口带喷注见图 4-63。

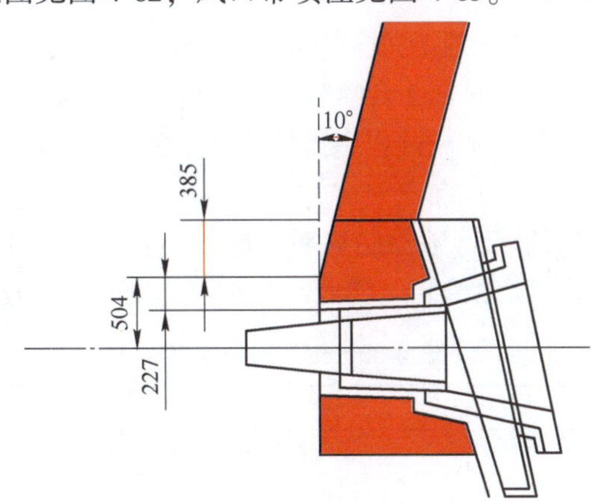

图 4-62　施工模板示意图

7）炉身喷补。喷补过程中，喷枪出口与喷补界面保持垂直。喷枪旋转速度和方向通过调频及时调整，转速在 0.5~3 转/分范围内可调，喷补过程中根据现场实际情况随时调整出料系统的风压、出料量和喷枪转速，以保证喷补质量。

8）施工后清理喷补过程中落下的反弹料。

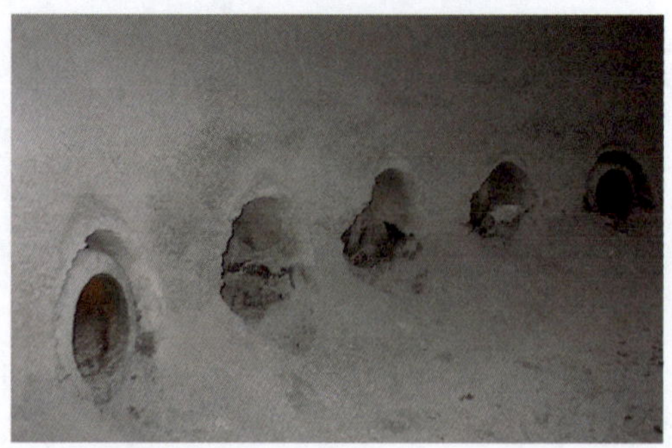

图 4-63 风口带喷注

9）喷补作业完毕后拆除喷补设备，施工场地按要求恢复。

10）填充缓冲泥浆。

11）高炉喷补完成后按照烘炉曲线进行烘炉养护。

（3）喷补作业过程中能源要求。

1）压缩空气（压力>0.76 MPa，流量≥35 m^3/min）。为保证在整个喷补过程中压缩空气压力和流量，在标高 8.9 m 的炉台西侧指定位置准备风包，风包入口与压缩空气管网连接好。

2）水（压力 6 kg/cm^3，流量 3~4 m^3/h）。使用常压工业水，从标高 38 m 接到标高 43 m 平台东侧大方人孔附近，并连接水斗，喷补水泵由施工单位自备。

3）电。在标高 8.9 m 的炉台西侧指定位置和标高 43 m 平台东侧大方人孔附近各安装一路电源及 2 个开关，电压 380 V，容量 15 kW。

标高 8.9 m 平台、标高 43 m 平台和沿途照明、炉内喷补十字防爆灯照明两套。

（4）施工场地及设备要求。

1）输料管准备。整体输料管采用软管连接，由施工单位负责。

2）喷补设备准备。喷补共安排 2 台喷补机和 2 台喷补机器人，一备一用。

3）喷补场地及施工配合。喷补过程中需要安排 1 台 3 t 叉车和 1 台 5 t 吊车配合上料。

b 人工喷涂

人工喷涂需要搭建施工吊盘，喷涂结束后将施工吊盘拆除。工序时间安排见表 4-32，人工喷涂（图 4-64）可多台喷涂机同时作业。高炉喷涂前、后对比见图 4-65。

表 4-32 工序时间安排

序 号	项 目	工期/h
1	设备安装调试	4
2	喷压火料	4
3	洗炉	8
4	搭施工吊盘	14
5	炉身喷涂	36
6	吊盘拆除	12
合 计		78
烘 炉		48

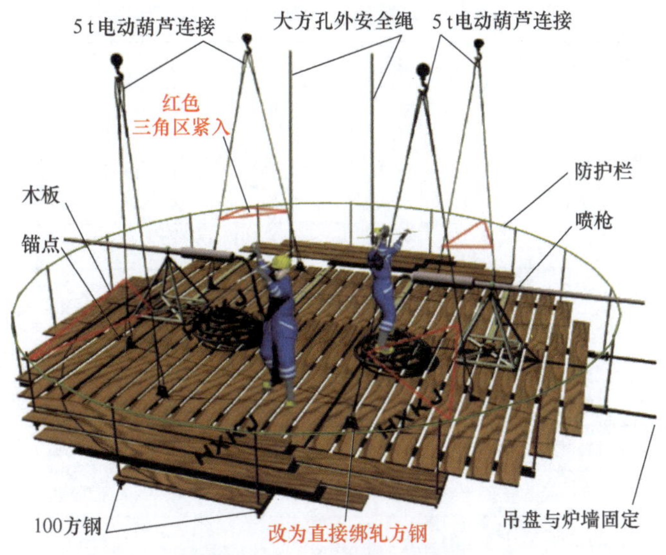

图 4-64　人工喷涂示意图

(a) 喷涂前

(b) 喷涂后

图 4-65　高炉喷涂前、后对比

4.4.5.3　首钢迁钢三座高炉喷涂维护统计

1~3 号首钢迁钢高炉喷涂维护明细见表 4-33~表 4-35。

表 4-33　1 号首钢迁钢高炉喷涂维护明细

序号	降料面喷涂年份	施工量/t	喷涂方式
1	2007 年 11 月	272	机械喷涂
2	2008 年 10 月	320	机械喷涂
3	2010 年 7 月	328	机械喷涂
4	2010 年 10—12 月	78	机械喷涂
5	2012 年 11 月	290，风口喷注 35	机械喷涂
6	2014 年 11 月	310，风口喷注 50	机械喷涂
7	2015 年 11 月	190	机械喷涂
8	2017 年 5 月	310	机械喷涂
9	2018 年 3 月	280	机械喷涂
10	2019 年 7 月	330（不含压火料）	人工喷涂

表 4-34　2 号首钢迁钢高炉喷涂维护明细

序号	降料面喷涂年份	施工量/t	喷涂方式
1	2010 年 9 月	328	机械喷涂
2	2011 年 9 月	300	机械喷涂
3	2015 年 8 月	330	机械喷涂
4	2018 年 8 月	310（不含压火料）	机械喷涂
5	2021 年 7 月	330	人工喷涂
6	2023 年 8 月	310	人工喷涂

表 4-35　3 号首钢迁钢高炉喷涂维护明细

序号	降料面喷涂年份	施工量/t	喷涂方式	喷涂用时
1	2020 年 7 月	507	人工喷涂	人工喷涂
2	2022 年 7 月	496	人工喷涂	人工喷涂

首钢迁钢高炉炉体长寿实践表明，高炉炉体适当喷涂维护对于高炉顺行和保护铜冷却壁是必要的（如 2~3 年）。炉缸浇注后，高炉炉缸的安全状态得到改善，高炉进行了强化冶炼，炉体喷涂维护有所欠缺，这是造成首钢迁钢 1 号和 2 号高炉在炉浇注后 3 年左右出现铜冷却壁的损坏情况的一个重要因素。

4.5　高炉风口三套长寿技术管理

首钢迁钢公司 1 号高炉（2650 m^3）于 2004 年 10 月投产，2 号高炉（2650 m^3）于 2007 年 1 月投产，3 号高炉（4000 m^3）于 2010 年 1 月投产。三座高炉自投产以来，一直注重高炉风口三套长寿技术管理。1 号和 2 号高炉创出风口小套使用 14 个月无损坏、中套使用 8 年以上无损坏、大套使用 15 年以上无损坏纪录。

4.5.1　风口三套设计

4.5.1.1　风口小套设计

迁钢 1 号、2 号和 3 号高炉风口小套使用的是纯铜板焊接旋流式风口小套。1 号和 2 号高炉风口小套规格 $\phi406\times500\times\phi130/120$ 斜 5°，其结构见图 4-66；3 号高炉风口小套规格 $\phi443\times650\times\phi130/120$ 斜 5°，其结构见图 4-67。

三座高炉风口小套由法兰、内套、外套和导流器 4 个部件组成。其中外套和内套是风口的主要传热部件，采用 T2 铜板，经旋压成形为整体无缝的圆台筒体。这些部件中，外套的加工最为复杂，加工过程必须满足前端厚、后部薄的工艺要求。导流器作为冷却水的导进导出装置，采用钢质无缝圆台筒体和若干个钢板环圈焊接组成。钢板环圈作为各高速水室的隔板，上下隔板之间圆滑过渡，形成旋流通道。导流器经车配、研磨与内外套预配合合格后，将两端与内套焊接为一整体。这种纯铜板焊接旋流式风口制造具有如下特点：

（1）以 T2 铜板作为原料。其含铜量高，具有良好的理化性能指标。

（2）采用 T2 铜板成形后焊接的制造工艺，使铜板理化性能进一步优化，克服了铸造风口的诸多弊端。风口内外套在成形过程中经多次滚压使得风口材料具有更加优异的性

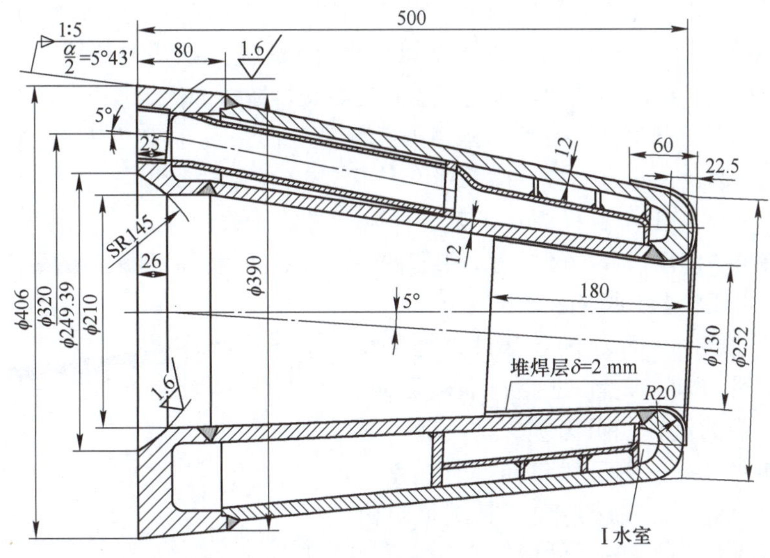

图 4-66　1 号和 2 号高炉风口小套结构图

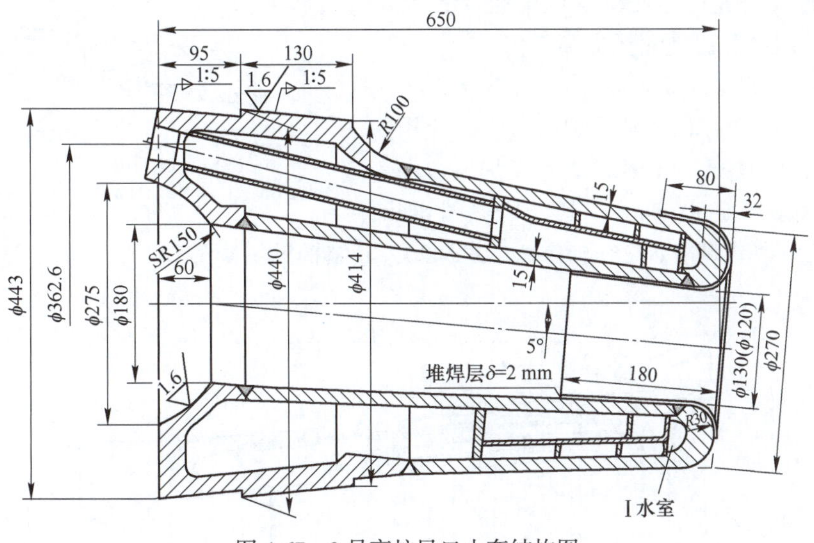

图 4-67　3 号高炉风口小套结构图

能。它不仅具有 T2 轧制铜板一般的性能，而且使得金相组织更加均匀致密，晶粒更小，热导率进一步提高，完全避免了铸造风口所存在的集中缩孔、夹渣、气孔或裂纹等缺陷。

具有独特的旋流型冷却水道结构。它的独特之处表现于：

（1）冷却水道的设计保证了冷却所要求的水流速度。根据供水条件（1 号和 2 号高炉供水压力 1.6~1.8 MPa、流量 30~35 m^3/h；3 号高炉供水压力 1.7~1.9 MPa、流量 35~40 m^3/h）合理布置了各冷却水道的横截面积及保证前端第Ⅰ高速水室的水速不小于 16.0 m/s。这一水速是保证小套在高炉一般条件下不被烧坏的要求。

（2）冷却水的流向合理。低温水由进水管直接导入风口前腔，回旋出来的高温水由后腔排出，这对于保证高热负荷区的可靠冷却是极为有利的。传统的贯流式风口小套则不同，它的低温冷却水首先流入风口的大内空腔低速区，进而流向导流器内腔压入前端第Ⅰ高速水室，环流一周后，通过出水管流出风口小套。旋流式结构与传统的贯流式风口比较，具有强化前端部冷却和减少热风与低温水的热交换数量的优点。

（3）根据国外的研究成果认为，水道隔板厚度大于 5 mm 将产生热的死点，在此部位容易发生烧坏。因此，水道隔板一律采用不大于 5 mm 的结构尺寸。

（4）风口各部件采用氩弧焊接工艺，采取严格的退火规程，从而消除了焊缝应力。这样，不仅解决了使用过程中因应力而引起的焊缝开裂问题，而且风口的耐压强度高，保证了风口在高水压状态下长期稳定的运行。

（5）采用机械加工而成的各部件结构尺寸准确，特别是风口前端的水速控制准确可靠，保证了同种产品的流速、阻力损失的一致，避免了风口在使用过程中由于风口局部水量差异过大而导致风口烧损。完全避免了铸造风口由于制造因素而带来的过大的尺寸偏差。

（6）在风口外套及内套可能受灼热焦炭和煤粉磨损的表面进行表面堆焊耐磨合金的特种强化处理，耐磨度比纯铜板提高 7 倍。

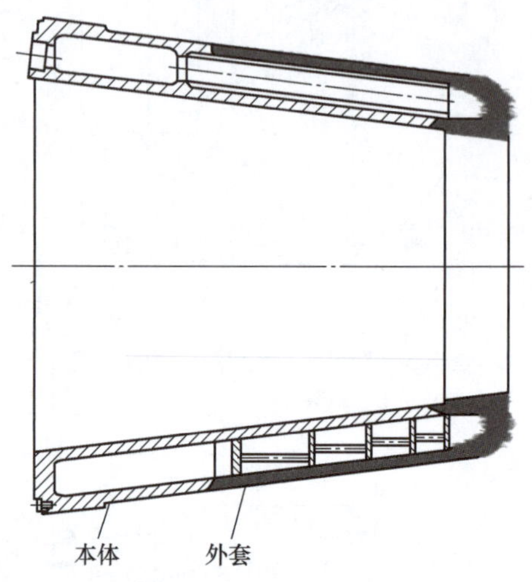

图 4-68　1 号和 2 号高炉风口中套结构图

4.5.1.2　风口中套设计

迁钢 1 号、2 号和 3 号高炉风口中套使用的是铸锻结合风口中套。1 号和 2 号高炉风口中套规格 $\phi630\times500\times\phi390/\phi406$，其结构见图 4-68；3 号高炉风口中套规格 $\phi725\times570\times\phi440/\phi420$，其结构见图 4-69。

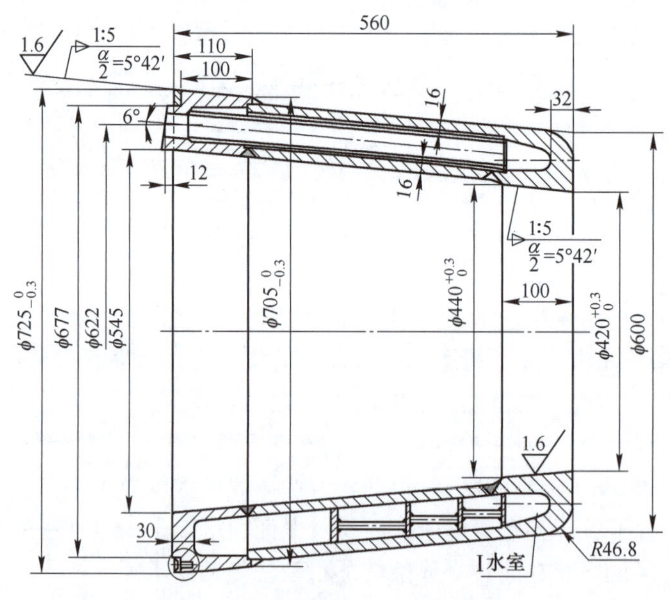

图 4-69　3 号高炉风口中套结构图

三座高炉铸锻结合风口中套由法兰、内套、外套和导流器 4 个部件组成。该风口中套是由铸件与锻件相结合而成的产品。依据风口中套的结构特点及使用性能，即风口的外套（尤其是外套前端）需要有良好的导热性能，而导热性能主要由铜的纯净度所决定，锻造铜板含铜率高达 99.9%，电导率可达 95% IACS，而铸造含铜率只能 99.6%，电导率只有 65% IACS，于是外套采用锻造成形，法兰与内套连体采用铸造（本体），再结合钢件导流器组焊而成。

铸锻结合风口中套内部冷却结构为 Z 式结构，该结构具有强度高、致密性高、冷却结构合理，以及导热性能好、寿命长的特点。冷却水直接送达最前端水室，再沿其他各水室旋流至慢速区，最后回到出水口，在供水压力 $P \geqslant 1.0$ MPa、供水量为 25 m^3/h 时，最前端水室的水速可达 3.2 m/s。

4.5.1.3 风口大套设计

迁钢 1 号、2 号和 3 号高炉风口大套使用的是球墨铸铁大套，1 号和 2 号高炉风口中套规格 $\phi1210 \times 567 \times \phi614/\phi630$，其结构见图 4-70；3 号高炉风口中套规格 $\phi1240 \times 801 \times \phi705/\phi725$，其结构见图 4-71。

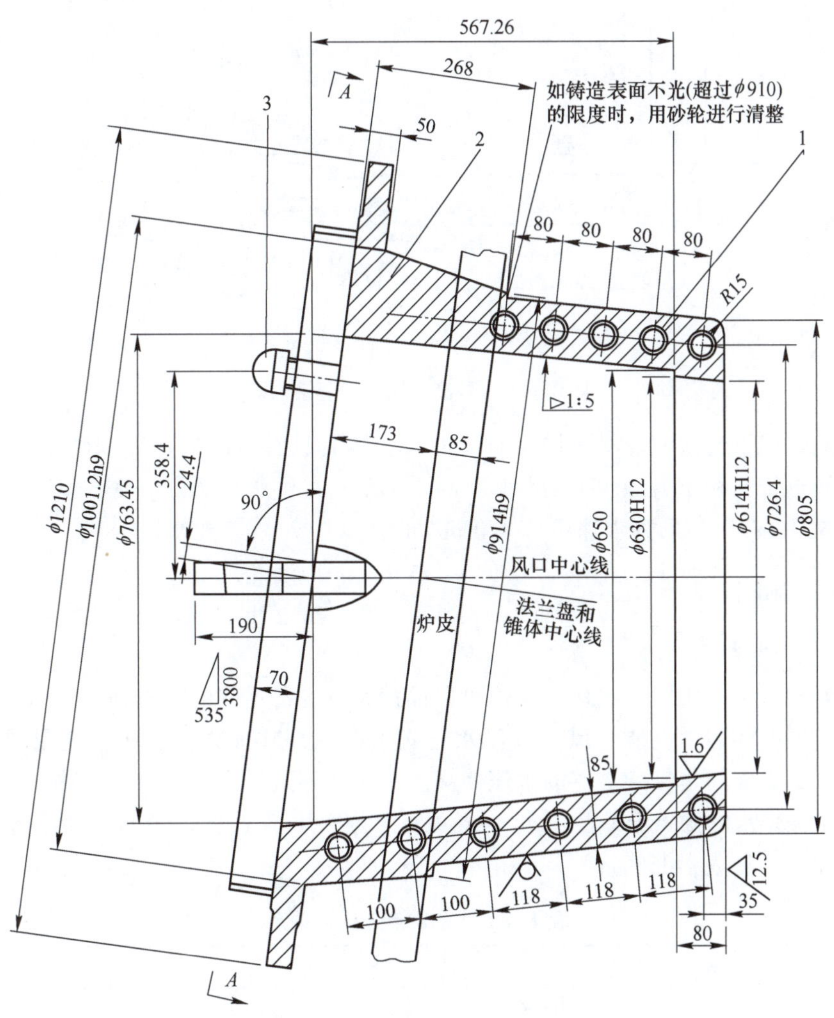

图 4-70 1 号和 2 号高炉风口大套结构图

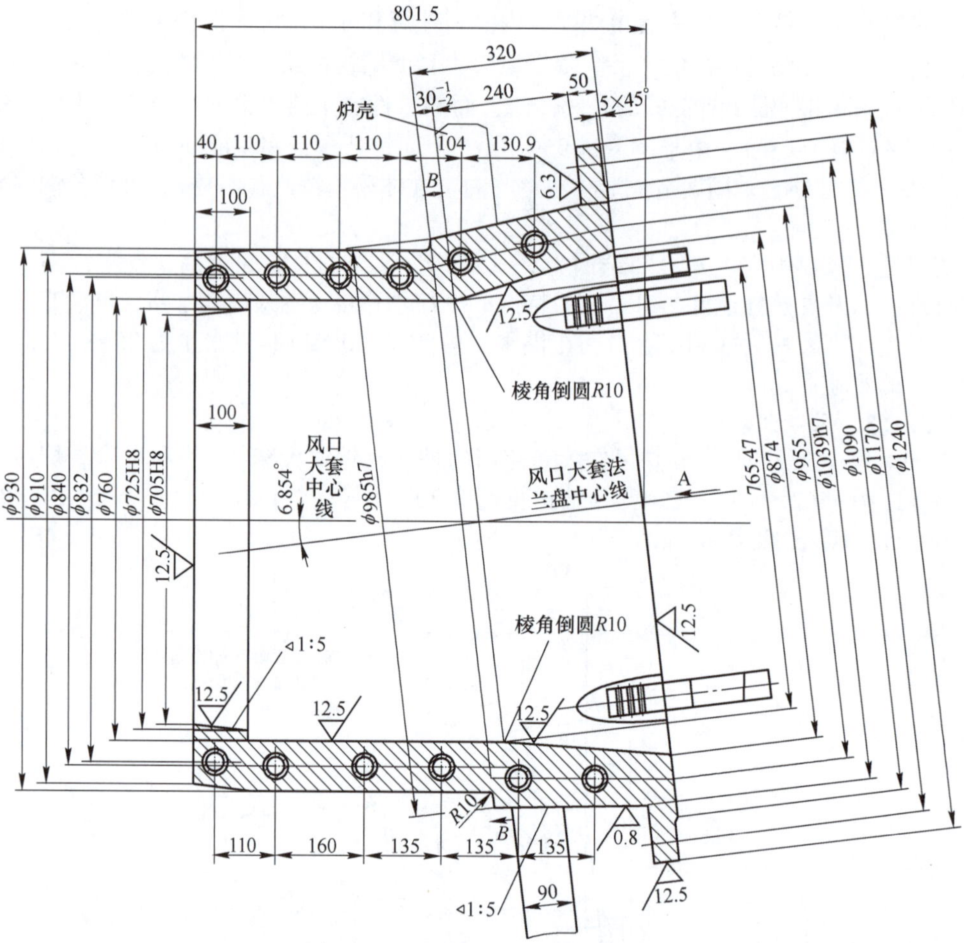

图 4-71 3 号高炉风口大套结构图

三座高炉球墨铸铁大套材质均为 QT450-10，因其具有较高的强度和硬度，耐磨性好。大套内铸蛇形管，材质为 20 钢，尺寸为 $\phi45\times6.5$。在供水压力 $P\geqslant0.6$ MPa、供水量为 12 m^3/h 时，大套内蛇形管水速可达 4.0 m/s 以上。

4.5.2 冷却制度管理

4.5.2.1 冷却水压力

维持合理的风口水压、水量、水速可以保持风口设备足够的冷却强度，从而保持风口设备的物理性能和力学性能。风口高压水压必须在 1.5 MPa 以上，不仅满足风口设备的技术条件，更重要的是保持足够的水压使高压水循环到风口水道，与水室内壁进行热交换时，提高了循环水的沸点温差。由表 4-36 可见，当水压不小于 1.60 MPa 时，水的沸点可达 200 ℃以上，见表 4-36。

表 4-36 水的沸点与压力关系

温度/℃	0~90	100	110	120	130	140	150	160
压力/MPa	0.1	0.103	0.146	0.202	0.275	0.368	0.485	0.630

续表 4-36

温度/℃	170	180	190	200	210	220	230	240
压力/MPa	0.808	1.023	1.280	1.586	1.946	2.366	2.853	3.414

迁钢高炉风口小套、中套和大套均采用工业循环水冷却。1 号和 2 号高炉风口小套和中套供水压力实际值在 1.70 MPa（表压），3 号高炉风口小套和中套供水压力实际值在 1.80 MPa（表压），工况温度低于 35 ℃，风口小套和中套的供水欠热温度可以达到 165 ℃以上。迁钢高炉风口大套供水压力实际值在 0.60 MPa（表压），工况温度低于 35 ℃，高炉风口大套的供水欠热温度可以达到 115 ℃以上。

迁钢高炉风口三套供水的较高欠热温度，大幅度降低了三套发生泡状沸腾和膜状沸腾的概率，避免了三套因过热而烧损。

4.5.2.2 冷却水流速

为了避免膜态沸腾传热的产生，风口必须限制工作在冷却水整体温度过冷时的强迫对流欠热饱和沸腾传热阶段。

旋流式风口最不利的工作区域，即风口前端的冷却水通道断面一般设计成近于半圆形，其断面积一般为 4~6 cm^2，而其当量直径在 2~2.5 cm 之间。取风口最前端冷却水通道的断面积为 5.4 cm^2，当量直径为 2.2 cm，把强迫对流传热承担的热流量选择在 $2.93\times10^7 \sim 3.14\times10^7$ kJ/(m^2 · h) 时，可以求出水流速度 15~17 m/s，每个风口的耗水量为30~33 m^3/h。若强迫对流传热部分仅承担 2.81×10^7 kJ/(m^2 · h) 的热流量，则水流速度为 14 m/s，每个风口耗水量最少应为 28 m^3/h。迁钢三座高炉风口三套冷却水流量与水速控制要求，见表 4-37。

表 4-37 迁钢三座高炉风口三套冷却水流量与水速控制要求

风口三套	1 号、2 号高炉		3 号高炉	
	水量/$m^3 \cdot h^{-1}$	水速/$m \cdot s^{-1}$	水量/$m^3 \cdot h^{-1}$	水速/$m \cdot s^{-1}$
风口小套	27~32	14.4~17.1	33~37	15.3~17.1
风口中套	18~23	6.2~7.9	20~25	6.9~8.6
风口大套	10~12	3.4~4.1	12~15	4.1~5.1

4.5.2.3 冷却水供水温度与进出水温差

冷却水温度对于高炉冷却系统的正常工作具有重要影响，特别是高炉高效化生产、强化冶炼以及炉役后期，炉体热负荷会比正常设计水平有所增加。控制合理的冷却水进水温度和进水温差，是保证高炉冷却系统安全工作的重要环节。

较低的冷却水温度有利于强化传热过程，降低冷却设备的工作温度，有利于抑制冷却设备的膜态沸腾，控制冷却水中气泡的生成，有助于提高水质稳定性。

迁钢高炉风口三套供水温度控制在 30~35 ℃之间，冬春季按下限控制，夏秋季按上限控制。迁钢高炉风口三套供水温度日常控制水平见图 4-72，风口三套进出水温差控制要求见表 4-38。

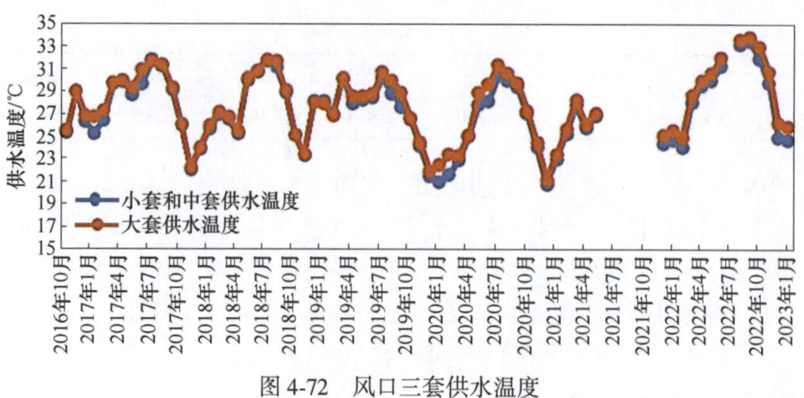

图 4-72　风口三套供水温度

表 4-38　迁钢高炉风口三套进出水温差控制要求　（℃）

风口三套	1 号、2 号高炉	3 号高炉
风口小套	4.5~6.5	6.0~8.0
风口中套	0.5~1.0	1.0~2.0
风口大套	0.3~0.7	0.5~1.0

4.5.3　喷煤枪管理

4.5.3.1　喷煤枪设计

迁钢 1 号和 3 号高炉所用喷煤枪为整体式，长度 2843 mm，煤枪枪头角度 7°；为增强煤枪前段抗高温性能，设计防护套管加以保护，为其结构见图 4-73。2 号高炉所用喷煤枪为分体式，总长度 2555 mm，煤枪枪头角度 7°，其结构见图 4-74。

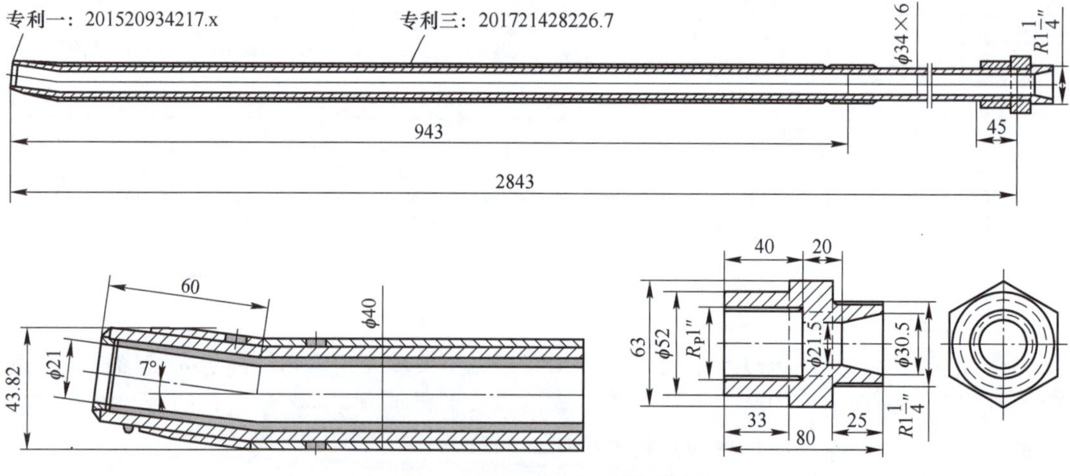

图 4-73　1 号和 3 号高炉喷煤枪结构

4.5.3.2　煤枪操作标准

（1）煤枪上线前必须进行打压检查，确认无异常后再插枪。

（2）煤枪伸入风口长度 200~300 mm，既保证煤粉在风口内有充足的预热时间，也保

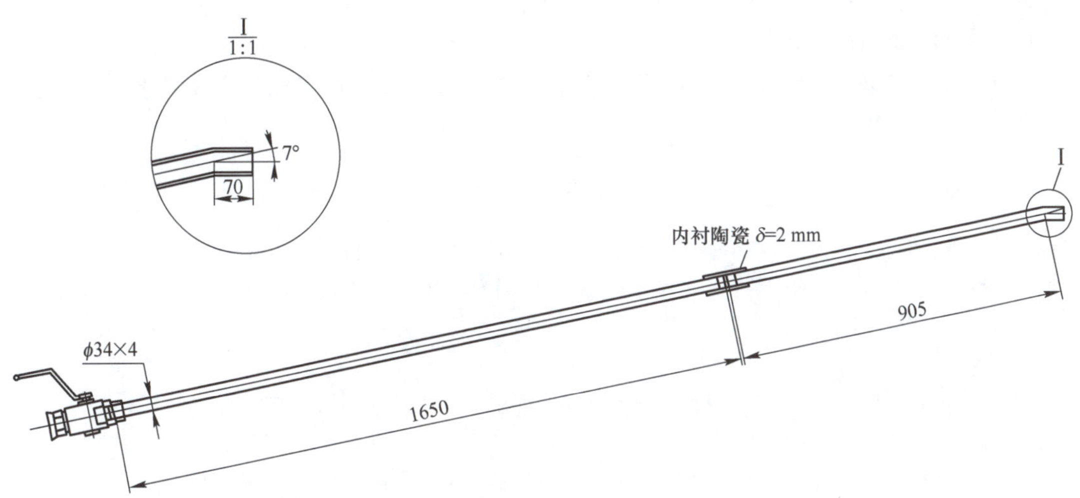

图 4-74　1 号和 3 号高炉喷煤枪结构

证煤粉不与风口内壁长时间接触，防止磨坏风口。

（3）喷煤枪枪弯中心线与风口中心线所在水平面夹角不大于 5°，严禁煤枪反向喷煤。

（4）每隔 1 h 到现场检查一次煤枪喷煤情况，发现煤股有偏移或拖尾情况要及时调枪，必须保证煤股始终居于风口中心区域，见图 4-75。

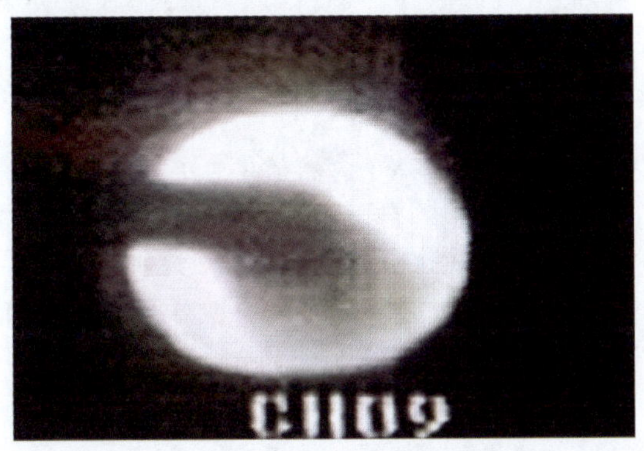

图 4-75　风口煤粉居中喷吹

（5）对结焦风口要转枪检查，有煤枪磨穿现象时及时停煤，防止磨坏风口。

4.6　本章小结

（1）首钢迁钢高炉运行以来高炉的操作和维护历程，使得我们对高炉长寿是炼铁生产取得较好经济技术指标的前提和基础有了深刻体会；也对高炉长寿是一个系统综合技术体系有了更深刻的理解和认知。

（2）高炉炉缸是高炉长寿的限制性区域在首钢迁钢高炉的表现最为突出，高炉炉缸水温差治理和控制贯穿了整个高炉炉役的中后期。在总结这些维护和操作技术得失的同时，更重要的是思考、优化后续高炉的炉缸内衬长寿结构技术。

（3）总结首钢迁钢高炉炉体长寿经验，首先得益于铜冷却壁+凸台冷却壁的配置结构基础保障；其次是操作炉型的控制技术和管理，包括渣皮控制技术、高炉操作管控、炉体合理维护和炉腹角的控制等。

（4）首钢迁钢高炉在延长风口设备装置寿命方面进行了技术探索和生产实践，达到了较好的使用效果。

参 考 文 献

［1］李军，汪国俊．宝钢 2 号高炉炉体长寿维护实践［J］．炼铁，2005（3）：1-4.

［2］郭可中，李肇毅．宝钢高炉长寿的基本思路［J］．炼铁，2000，35（8）：6-9.

［3］张洪海，王聪渊，褚润林，等．宣钢 4 号高炉长寿技术实践［J］．河南冶金，2016，24（5）：26-28.

［4］胡金波，甄常亮，李旺，等．唐钢高炉碱金属的控制措施［J］．炼铁，2018，37（5）：24-27.

［5］项钟庸，王筱留．高炉设计：炼铁工艺设计理论与实践［M］．北京：冶金工业出版社，2007.

［6］韩庆，丁汝才，赵民革，等．首钢 4 号高炉长寿技术与实践［J］．炼铁，2001（1）：3-7.

［7］赵雪斌，路振毅，唐顺兵．太钢 3 号高炉长寿经验浅析［J］．炼铁，2022，41（2）：11-14.

［8］温太阳，丁汝才．首秦高炉长寿技术实践［J］．中国冶金，2013，23（6）：21-25.

［9］林成城，项钟庸．宝钢 3 号高炉长寿设计与操作技术［J］．宝钢技术，2012（6）：1-6.

［10］孔亚东，毛东辉，陶善胜，等．中天钢铁 7 号高炉冷却壁 8 年零破损生产实践［J］．炼铁，2020，39（6）：26-30.

［11］莫云星．新钢 1050 m^3 高炉降低工艺休风率生产实践［J］．江西冶金，2015，35（2）：13-16.

［12］王波，宋文刚．宝钢 1 号高炉炉缸温度控制实践［R］．中国炼铁网，2020-11-02.

［13］张寿荣，姜曦．中国大型高炉生产现状分析及展望［J］．钢铁，2017，52（2）：1-4.

［14］郭东，王尚东，周生华．莱钢 2 号 1880 m^3 高炉炉役后期低成本冶炼［J］．炼铁，2015，34（3）：23-25.

［15］滕召杰，陈建，郭宏烈，等．首钢京唐 1 号高炉降低压差的措施［J］．炼铁，2019，38（5）：38-41.

［16］杨天钧，张建良，刘征建，等．低碳炼铁势在必行［J］．炼铁，2021，40（4）：1-11.

［17］刘彦祥，张建良，焦克新，等．方大特钢 1 号高炉长寿技术分析［J］．炼铁，2018，37（3）：53-55.

5 高炉炉缸长寿新技术拓展研究与应用

首钢迁钢三座高炉在开炉后都快速进入了强化冶炼阶段，高炉运行很短时间后，均出现了炉缸侧壁局部象脚区域热电偶温度和水温差逐步升高的问题，继而进入了较长时间的系统治理炉缸水温差异艰难历程，其中包括强化冷却、加钛护炉、堵风口、控制冶炼强度甚至凉炉，最后都是通过降低冶炼强度加常态化护炉，维持炉缸侧壁象脚区域热电偶温度和水温差的相对稳定和可控，严重地制约了高炉的生产效率和运行技术指标；同时加钛护炉铁水质量的变化，增加了保证后道工序品种冶炼的组织难度。

首钢迁钢为实现热解决法的碳质高炉长寿，进行了比较完善的系统匹配，同时也不断地优化完善，这些炉缸侧壁的配套和匹配技术即使放在当下，也是比较实用和完备的，但仍不能满足强化冶炼条件下的高炉运行安全，使人们不得不对炉缸侧壁内衬结构和材质多了些思考。

本章结合耐火材料技术发展及炉缸浇注具有的施工快、造价低、炉型设计灵活等优势，研究了与炉缸浇注相关的各基础技术和工艺技术，系统解决了浇注不确定性因素多、技术复杂、炉缸传热结构变化及浇注修复后炉缸运行状况的技术难题，浇注后高炉运行达到预期效果。

5.1 迁钢高炉炉缸运行情况及思考

5.1.1 迁钢高炉炉缸运行情况

首钢迁钢 1 号高炉 2004 年 10 月 8 日投产，有效容积为 2650 m^3，高炉炉缸侧壁内衬采用热压小块炭砖结构并辅助于强化冷却，属于热解决法的碳质高炉长寿技术体系。1 号高炉开炉投产半年后，出现了炉缸侧壁局部象脚区域热电偶温度和水温差逐步升高的问题，高炉先采取了局部通风口高压水及炉缸炉皮压浆等技术措施进行控制，以保证和强化炉缸热解决法长寿技术体系的功能，投产前几年高炉维持了高效的生产局面。

鉴于 1 号高炉运行中的实际情况和维护经验，2007 年 1 月 4 日投产的首钢迁钢 2 号高炉，有效容积为 2650 m^3，炉缸基本维持了与 1 号高炉相同炉缸结构和配置。为减少或消除炉皮串气隐患，2 号高炉优化了炉皮灌浆料的材质和材料性能，并强化了施工质量管控。2 号高炉投入运行 1 年后，高炉炉缸也出现了与 1 号高炉相类似的情况。

首钢迁钢 3 号高炉 2010 年 10 月 8 日投产，有效容积为 4000 m^3，3 号高炉在确定炉缸结构的过程中，经过了多轮技术研讨和论证，仍沿用热解决法的碳质高炉长寿技术体系和结构。考虑到首钢迁钢高炉炭砖采用的是 UCAR 公司的 NMA+NMD 砖组合内衬结构，特别是靠近冷却壁使用了 NMD 砖，在全面借鉴采用 2 号高炉炉缸改进技术的基础上，为了进一步强化冷却效果，匹配 UCAR 内衬材质技术，3 号高炉在炉缸侧壁象脚区域采用了铜冷却壁。但是 3 号高炉投入运行 1 年以后，3 号高炉炉缸仍出现了与 1 号高炉、2 号高炉相类似的情况。

5.1.2 迁钢高炉炉缸运行质量技术思考

我国著名炼铁技术专家吴启常大师指出，考察国内外高炉炉缸的损坏状况，主要是由于铁水环流的冲刷造成的，为了实现炉缸的长寿，我们的经验是：炉缸结构的设计必须采用优质的耐火材料和良好的冷却相结合，二者缺一不可。高炉微孔和超微孔炭砖生产始于国外，但他们对于产品的考核都只注重热导率和微孔指标，而抗铁水冲刷和熔蚀性能没有进入他们的视野。我国学者在开发研究高炉微孔和超微孔炭砖的进程中，不仅把热导率和微孔指标，而且把铁水熔蚀指数纳入到生产标准中，为全面评价炉缸用炭砖的质量提供了良好的依据。显然，我国学者的认识是全面的。但是，也必须指出，在行业标准中对于铁水溶蚀指数要求太低（≤30%或28%），这一指标难以适应当代高炉操作的需要[1]。这给首钢迁钢剖析炉缸侧壁异常侵蚀及解决办法提供了技术借鉴。

5.2 迁钢高炉炉缸长寿新技术方案的确定

吴启常大师同时指出，我国大批中小高炉炉缸侧壁都用国产微孔炭砖砌筑，热导率指标都不低，但铁水熔蚀指数控制在行业标准规定的范围内，其结果是炉缸工作出现温度过高甚至炉缸烧穿的情况并不少见。这些高炉的生产实践告诉我们，在“象脚状”侵蚀区域采用高热导率的炭砖和良好的冷却是必要的，但是仅仅依靠它来实现炉缸长寿是远远不够的，还必须使用具有抗铁水溶蚀指数良好的耐火材料才有可能达到目的。当前，我国的不少高炉炉缸结构具备了前一功能，但缺乏后一功能。这就是我国高炉炉缸侧壁出现问题的关键。近年来发表的研究成果表明，将炉缸砌筑材料性能从传统的水平提高到上述理想水平是可能的。其途径有两种：一种是在碳基材料的基础上加入金属铝粉，使之在高温焙烧条件下形成碳化铝（Al_3C_4），可以获得更高的炭砖抗铁水熔蚀和冲刷能力。德国 SGL 公司走的就是这条路。他们生产的 9RD-N 超微孔炭砖，铁水熔蚀指数达到了很低的水平。全球出铁强度最高（>4000 t/d）的沙钢 5800 m^3炉缸侧壁所使用的就是这种炭砖；另一种是在 Al_2O_3 基材的基础上，加入 C、Si 和其他金属粉末，使之在高温焙烧条件下形成金属碳化物，其产品不仅具有较高热导率和较好的微孔指标，而且也具有良好的抗铁水熔蚀指数，河南五耐正在走这条路，其产品已经在不少高炉上应用，使用已见成效。这也给我们解决炉缸侧壁问题指明和明确了技术解决思路。

5.2.1 高炉炉缸浇注新技术的发展情况

20 世纪 60 年代中期不定形耐火材料开始用于钢铁工业，20 世纪 80 年代以来，随着钢铁生产工艺的日臻完善，生产设备的大型化，以及不定形耐火材料本身的技术进步，其使用比例不断上升，1991 年日本已经超过 52%，德国达到 40%[2]。就世界范围而言，不定形耐火材料在炼铁中的使用领域正在拓宽，同时其品种、质量也不断增加和提高。

近年来陶瓷材料（铝碳化硅质浇注料）技术发展迅速，特别是针对炉缸特殊侵蚀机理开发研究的浇注料，在材料冶金性能方面取得了较好的效果，它在兼具热导率、材料微孔技术和抗铁水溶蚀指数的综合性能方面，具有炭砖不易实现的优势，在当今炭砖的抗铁水熔蚀性能明显劣于陶瓷杯材料时，陶瓷杯或陶瓷质材料是有用的。

高炉炉缸整体浇注是不定形耐火材料代替定形耐火材料的典型代表，早期多用在高炉

易侵蚀的风口带，用于风口组合砖的浇注修复。后来随着浇注料技术的提升，逐渐应用于小型高炉的炉缸侧壁局部浇注修复。随着浇注技术与高炉操控技术的匹配融合，炉缸浇注技术得到进一步拓展，浇注修复范围越来越广，浇注修复高炉容积也越来越大，炉缸浇注修复为传统炭砖砌筑高炉的炉缸长寿开辟了一条蹊径。炉缸浇注具有施工快、造价低、炉型设计灵活等优势，在钢铁行业逐渐得到越来越广泛的应用，由最初的小型高炉炉缸局部浇注，新建高炉炉缸炭砖的表面防护性浇注，逐步发展到大中型高炉炉缸的炉底、侧壁及风口区整体浇注，并利用浇注修复的施工优势对铁口、象脚区和炉底陶瓷垫进行定制化、针对性强化，进一步拓展了炉缸浇注的范围和功能。

2007 年以来炭砖利旧条件下的浇注修复技术，开始逐步应用于国内外大中型高炉，出于炉缸整体结构稳定性和安全性的考虑，2018 年以前各企业均主要用于炉缸侧壁和风口带，浇注高炉部分业绩情况详见表 5-1。这为首钢迁钢高炉长寿技术拓展提供了技术参考。

表 5-1　国内外高炉浇注修复业绩

钢　　企	国家	炉号	容积/m^3	浇注时间	浇注方式	浇注部位
Arcelormittal-Sicartsa	墨西哥	BF-1	2500	2007 年 5 月	炭砖利旧	风口带
AHMSA	墨西哥	BF-5	2640	2012 年 6 月	炭砖利旧	侧壁+风口
US steel-Gary	美国	BF-14	3663	2012 年 9 月	炭砖利旧	侧壁+风口
US steel-Kosice	斯洛文尼亚	BF-2	2895	2013 年 8 月	炭砖利旧	侧壁+风口
US steel Canada-Lake Erie	加拿大	BF-1	2916	2013 年 9 月	炭砖利旧	侧壁+风口
Salzgitter	德国	BF-A	2880	2013 年 9 月	炭砖利旧	侧壁+风口
US steel-Firefield	美国	BF-B	2640	2013 年 12 月	炭砖利旧	侧壁+风口
Arcelormittal-Indiana Harbor	美国	BF-7	4170	2014 年 7 月	炭砖利旧	侧壁+风口
ISD-Alchesk	乌克兰	BF-1	3000	2014 年 8 月	炭砖利旧	侧壁
Isdemir	土耳其	BF-3	2520	2015 年 2 月	炭砖利旧	侧壁+风口
NLMK	俄罗斯	BF-5	3840	2015 年 3 月	无炭砖	侧壁+风口
Arcelormittal-Las Truchas	墨西哥	BF-1	2500	2016 年 5 月	炭砖利旧	侧壁
本钢板材	中国	BF-5	2600	2018 年 2 月	侧壁利旧 炉底砌砖	炉底+侧壁+风口

5.2.2　高炉炉缸浇注可行性考察

为充分了解高炉炉缸整体浇注的可行性及应用效果，首钢迁钢专业技术人员对已经实施过炉缸浇注技术的 A 钢 4 号高炉（580 m^3）、B 钢 3 号高炉（2200 m^3）、C 钢 5 号高炉（2600 m^3）、D 钢 2 号高炉（2300 m^3）进行了考察学习。其中 B 钢 3 号高炉和 D 钢 2 号高炉 2017 年进行了炉缸整体浇注，C 钢 5 号高炉于 2018 年 2 月进行了炉缸整体浇注。A 钢 4 号高炉浇注后运行时间较长，其余三座高炉有效容积与首钢迁钢 2 号高炉相近。对比了其炉缸浇注前后生产指标、炉缸水温差情况等生产情况，具体内容见表 5-2；同时对炉缸浇注方式及浇注过程中的难点进行了交流探讨。

表 5-2　国内相关高炉浇注情况

项　目	A 钢 580 m^3	B 钢 2200 m^3高炉	C 钢 2600 m^3高炉	D 钢 2300 m^3高炉
投产时间	2008 年 12 月	1994 年	2001 年 10 月	2012 年 11 月
浇注时间	2012 年 12 月 2017 年 3 月	2017 年 6 月	2018 年 2 月	2017 年 12 月
是否放残铁	否	是	是	是
浇注前后利用系数 $/t\cdot(m^3\cdot d)^{-1}$	3.89→3.94	2.09→2.32	2.15→2.12	2.37→2.51
炉缸、炉底侵蚀情况		象脚区最薄 200 mm，环裂	象脚区 182.5 mm	铁口下方炭砖仅 170 mm，铁口区环裂
施工整体用时	停炉，搁置时间较长	放残铁后搁置 2 年	77 天	38 天
残铁排放量/t	—	—	235	620
炉缸清理用时/天	12	45	44	19
浇注施工用时/天	7	10	10	8.5
炉缸清理方式	自主清理	外包清理	外包清理	外包清理

(1) 炉缸浇注修复技术总体成熟可行。A 钢 4 号高炉实施了两次非完全浇注，生产两年后浇注料保存比较完整，炉缸浇注部位壁后温度稳定。其余三座高炉实施炉缸整体浇注后，炉缸侧壁温度可控，高炉炉况顺稳，技术经济指标良好。

(2) 炉缸浇注有助于提高高炉冶炼强度。对比四座高炉炉缸浇注案例，A 钢 4 号高炉、C 钢 5 号高炉（浇注后运行时间较短）浇注后利用系数没有明显提升，B 钢 3 号高炉利用系数由 2.09 $t/(m^3\cdot d)$ 提高到 2.32 $t/(m^3\cdot d)$，D 钢 2 号高炉利用系数由 2.37 $t/(m^3\cdot d)$提高到 2.51 $t/(m^3\cdot d)$。由此可见炉缸整体浇注后可一定幅度的增加产量，提高高炉利用系数。但基于高炉长寿考虑，不建议过大幅度提高冶炼强度。

5.2.3　高炉炉缸浇注综合分析

根据考察结果，并从炉缸浇注是否需要开“扒渣门”、工期、投资等方面进行了综合对比分析，见图 5-1。

5.2.3.1　*炉缸整体浇注修复必要性分析*

(1) 保障生产安全。炉缸侧壁水温差长期居高不下或频繁波动，使高炉生产存在巨大的安全隐患，主动提前进行炉缸整体浇注修复，可消除恶性烧出事故隐患，保持全流程长期稳定高效的生产秩序。近年来，炉缸安全成为高炉炼铁生产领域的薄弱环节，炉缸烧穿事故呈频发多发且大型化态势。2017 年某钢铁厂 4747 m^3高炉发生炉缸烧出，虽未造成人员伤亡，但因媒体的不专业报道和炒作导致钢铁期货和股票大幅波动，企业形象也受到极大影响。

(2) 改善铁水质量。长期加钛护炉不但影响高炉炉缸活跃性，增加铁水冶炼成本，而且制约后道工序品种钢冶炼。近年来首钢迁钢高炉炉龄增长、护炉操作日趋频繁与品种钢冶炼之间的矛盾日益突出，高炉处于频繁的排碱、护炉、配合冶炼的操作制度调整中，不仅影响到高炉的稳定顺行，而且经常导致品种钢冶炼断浇，影响到高端产品的及时交

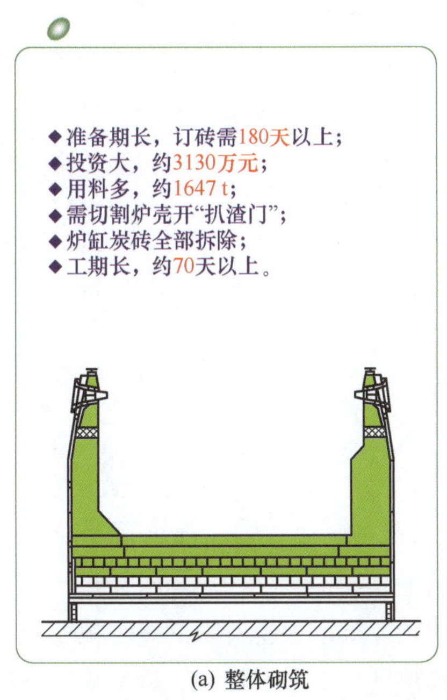

(a) 整体砌筑

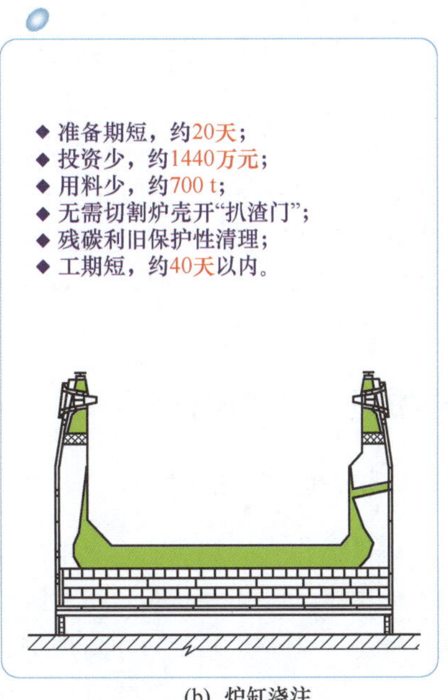

(b) 炉缸浇注

图 5-1 整体砌筑与炉缸浇注的对比分析

货。进行炉缸整体修复后，高炉炉缸象脚区侵蚀问题将得到根本解决，短期内无需再进行加钛护炉，可极大地减轻高炉配合品种钢冶炼难度，促进迁钢公司高附加产品产能提升。

（3）提高高炉产量和效能。近年来首钢迁钢公司因炉缸水温差频繁异常升高，冷却壁水温差居高不下，被迫下调高炉有效容积利用系数（2.55 t/(m^3 · d）→2.25 t/(m^3 · d)），产量损失大。甚至于要实施局部堵风口，停风凉炉。产量水平的下降不仅增加了铁前辅助成本，而且影响了全流程生产计划兑现率。进行炉缸整体浇注修复后，炉缸安全隐患得以消除，高炉铁产量水平可得到提升。同时可改善高炉技术指标，降低生产成本。

5.2.3.2 炉缸整体浇注修复可行性分析

（1）浇注修复技术成熟可靠，高炉延寿效果明显。炉缸整体浇注整体技术目前已趋于成熟，修复效果直观，在国内外均有大量的成功案例。其中墨西哥 AHMSA 5 号 2200 m^3高炉（UCAR 小块炭砖炉缸）在运行 18 年后，于 2012 年 6 月放残铁清理炉缸制模浇注后开炉已经运行 6 年多，预计寿命能够延长 10 年，实现了高产低耗。

（2）浇注时机难得。首钢迁钢每年后道工序都安排由年修和定修，这样公司都会进行全流程统筹，需要高炉减产或适度控产进行平衡；同时近年来环保管控加严，使得生产组织应对存在更大的不确定性和突发性。如充分利用阶段性的高炉停限产时间进行炉缸修复，应该是一个不错的机会窗口。

5.2.4 第一次炉缸浇注的高炉选择

到 2018 年，首钢迁钢 1 号高炉运行接近 14 年，首钢迁钢 2 号高炉运行超过 11 年，都进入炉役的中后期，两座高炉同时也都存在炉缸侧壁局部象脚区域热电偶温度和水温差异常隐患，通过综合比对两座高炉炉缸清理残衬基础完整性、浇注后运行风险管控保证及平衡一代高炉寿命的炉役周转等方面，优先选择在首钢迁钢 2 号高炉进行了炉缸浇注，通过浇注过程中的破损调研及浇注后的运行情况，为后续 1 号高炉和 3 号高炉的科学决策提供技术支撑。

截止到 2018 年浇注前，2 号高炉先后发生 36 次炉缸冷却水温差异常升高现象，最高水温差 1.4 ℃（正常小于 0.5 ℃），对应热电偶温度 626 ℃，过程中有 5 次停风凉炉，16 次堵风口降低冶炼强度。仅 2017 年前 11 个月就累计堵风口冶炼长达 278 天。长期频繁的加钛护炉以至于停风凉炉对高炉技术经济指标造成严重影响，非常有必要快速及时对 2 号高炉炉缸进行修复，消除炉缸生产的安全隐患。

5.3　炉缸浇注的技术准备及研究

5.3.1　炉缸浇注新技术的风险点

（1）放残铁操作：高炉炉缸区域的外部空间极为紧凑，因而残铁口、残铁沟及残铁坑位置的选择及铺设均极为困难，在有限空间内准确、可控、彻底地排放出炉缸内残余渣铁技术挑战与安全风险极大。另外高炉炉缸侵蚀状况难以根据有限的炉缸侧壁热电偶温度准确判断，因而精准确定残铁眼的方位、标高和角度，安全、快速、放净炉缸残余渣铁具有极大的不确定性，放残铁效果不好会给后续炉缸清理和浇注修复带来极大困难和风险。

（2）高炉凉炉及炉缸清理：高炉停炉后炉缸状况的复杂性和残留渣铁量的不确定性，在不切割炉壳开“扒渣门”的条件下，在有限的时间内快速、安全、保护性地清理炉缸残余渣铁和失效炭砖，高标准达到浇注施工条件极具挑战性。既要最大限度地保护炉缸残存炭砖，又要尽可能快地凉炉和炉缸清理速度，需要在停炉、凉炉和炉缸清理方式方法等措施、方案选择上，有专业细致的重大技术方案。

（3）炉缸清理及炉缸破损调研：在时间紧迫的凉炉、炉缸清理过程中有必要进行炉缸破损调研，以明晰高炉炉缸的侵蚀特征和侵蚀机理，不仅取样、测量时间、空间有限，而且高温、粉尘的恶劣环境也对取样点的勘测和选择造成严重影响。在复杂恶劣且有限的时间、空间内利用先进技术手段获得可靠的、有代表性的炉缸侵蚀状况和侵蚀机理信息具有一定技术挑战。

（4）浇注修复过程中的安全防护与浇注技术方案完善：为了提高施工效率，炉缸清理、侵蚀调研、炉缸浇注、炉体清理和炉顶检修等项目不可避免存在立体交叉作业，在高落差、有限密闭空间的高炉炉内需要实现完备便捷的炉内施工安全防护，加快炉内施工，保障炉内施工工期。炉缸清理后的浇注施工需要根据侵蚀调研结果做炉型个性化修正，优化完善浇注炉型和技术方案。以达到强化结构，延长炉龄，改善顺行的目的。另外对于象脚区、铁口、残铁口、风口带等炉缸关键且构造复杂部位浇注施工也需要克服一系列难题以提高浇注效率，保障整体施工质量。

（5）炉缸浇注修复后的快速达产达效：高炉炉缸浇注修复施工工期相对较长，浇注料厚度大，由于浇注料的养生和烘烤时间受限，且烘烤温度也只能控制在一定温度，因此浇注后如何在不影响高炉出铁及炉内恢复进程的条件下，快速排出炉缸内残存水，以快速达产达效为目的及保证浇注后的高炉运行质量，同样需要进行研究。

针对炉缸修复过程中一系列错综复杂的技术难题和风险，首钢迁钢为达到安全可靠、高质高效实施炉缸修复的既定目标，以安全为底线全面覆盖，以质量为保障贯穿始终，以高效快速为目标分秒必争，通过理论测算与实际监测相印证，专家咨询与现场经验相结合，数学模拟与实验测试相补充等方式全方位保障从炉缸放残铁到凉炉、炉缸清理、炉缸浇注及烘炉、开炉送风的炉缸修复施工全流程，技术研究思路见图 5-2。

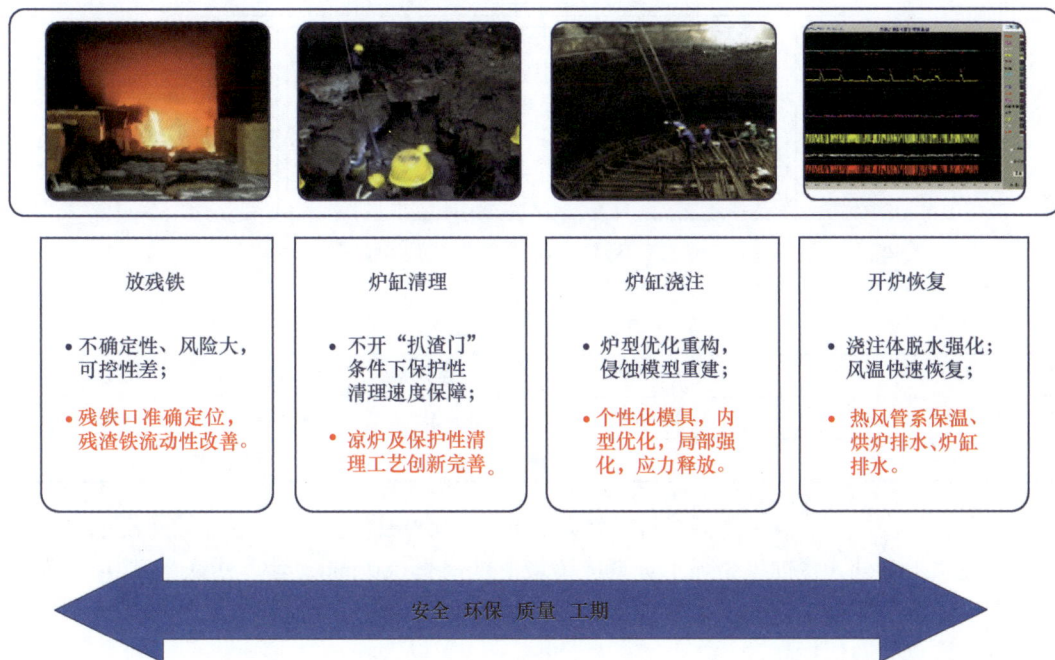

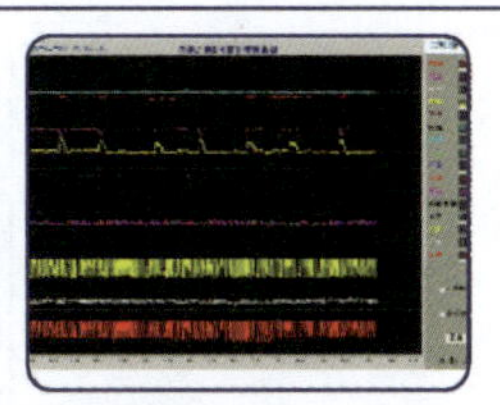

放残铁

- 不确定性、风险大，可控性差；
- 残铁口准确定位，残渣铁流动性改善。

炉缸清理

- 不开“扒渣门”条件下保护性清理速度保障；
- 凉炉及保护性清理工艺创新完善。

炉缸浇注

- 炉型优化重构，侵蚀模型重建；
- 个性化模具，内型优化，局部强化，应力释放。

开炉恢复

- 浇注体脱水强化；风温快速恢复；
- 热风管系保温、烘炉排水、炉缸排水。

图 5-2　应对技术研究思路图

5.3.2　高炉安全高效放残铁技术

为了给停炉后的炉缸清理创造条件，保障检修工期总体可控，采取了改善渣铁流动性、减少降料面打水量、延长降料面高压段及降料面期间连续出铁等技术手段。达到了降低炉缸渣铁残留量，提高残余渣铁流动性的效果。放残铁过程中综合采用侵蚀计算与炉皮测温相结合的方式，实现了精确判定残铁口标高。此外，自动开残铁口机的应用提高了开残铁眼的安全性和效率，无泥套残铁口处理技术的应用加快了开残铁口的进度。

通过一系列技术创新首钢迁钢公司高炉顺利实现了放残铁操作达到了预期效果。

5.3.2.1　残铁口方位及标高的确定

以 2 号高炉为例进行说明，残铁口方位及标高的确定技术。首先根据炉缸侵蚀概况及炉缸区域外部设备设施分布情况，以利于放尽残铁和便于残铁沟设置为原则最终将残铁口位置选择在炉缸二段 9 号冷却壁。此方位位于东出铁口附近，可最大限度利用出铁场除尘设施以及改造出铁场下方铁道线作为残铁坑，而无需另建防雨设施。其次利用侵蚀测算结合炉皮测温的方式综合判断确定了残铁口标高。残铁口所处位置及标高见图 5-3。

A　侵蚀计算结果

利用傅里叶导热公式和拉姆热工公式计算的炉底侵蚀情况见表 5-3。

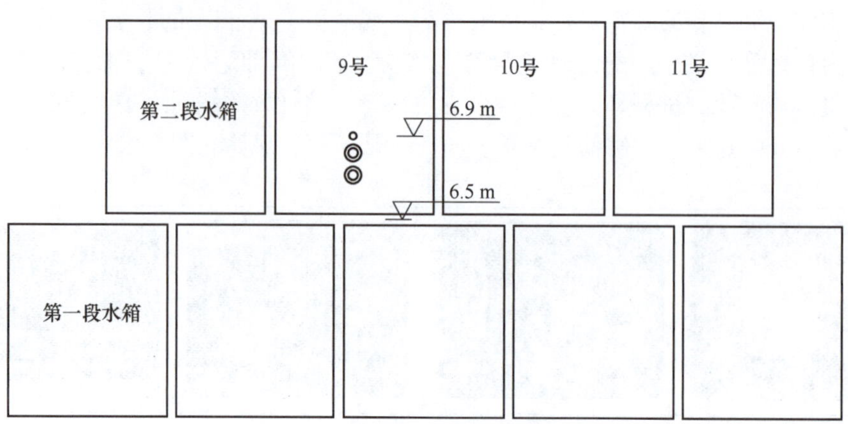

图 5-3 残铁口所处位置及标高图

表 5-3 侵蚀计算结果 (m)

项 目	陶瓷垫剩余厚度	侵蚀深度	残衬标高	残铁口标高
傅里叶导热公式	0.345	1.055	7.045	6.92
拉姆热工公式	0.486	0.914	7.186	7.06

根据炉缸侵蚀模型及炉底温度计算结果，推测炉底陶瓷垫仅剩 1 层，炉底侵蚀最低处位于标高 7.1 m 处，侵蚀模型显示炉缸侧壁最薄处仅剩 680 mm，计算残铁量 870 t。为了提高放残铁成功概率，进一步结合炉皮实际温度测量结果及冷却壁设置、外部场地条件综合确定残铁点的确切标高。

B 炉皮测温结果

对炉缸二段象脚区位置的炉壳区域，分别采取人工手持式红外测温仪和炉皮贴片自动测温方式进行大量的温度数据采集，根据所测温度做曲线来确定炉皮拐点温度，判定炉内侵蚀程度与停炉前残铁口标高。自动测量每 5 min 一组数据，对数据进行汇总分析寻找温度拐点。

（1）人工测量阶段。使用手持式红外测温仪进行测量，测量标高为 6.7~7.6 m，初期对 59 个水箱进行全面测温，之后重点对东西两侧 18 个水箱进行测量，出现拐点位置的统计见表 5-4。

表 5-4 人工测量统计结果

项 目	标高/m									
	6.7	6.8	6.9	7.0	7.1	7.2	7.3	7.4	7.5	7.6
出现拐点次数	0	7	13	14	11	6	4	4	0	0
	0	0	3	7	2	1	3	1	1	0
	0	3	3	6	0	3	2	0	0	1
	0	0	7	5	4	1	0	0	1	0

通过以上统计可以发现，温度拐点位于标高 6.9~7.1 m 范围内。

（2）自动测量阶段。第二阶段自动测温将测温位置放在两块水箱中间，以避免冷却壁水管对测温的影响。考虑到前面检测的数据拐点主要集中在 6.9~7.1 m 之间，故重点测温范围为 6.8~7.2 m，测量结果见表 5-5。

表 5-5　自动测量统计结果

项目	测温次数	6.8 m		6.9 m		7 m		7.1 m		7.2 m	
		拐点数	比例/%	拐点数	比例/%	拐点数	比例/%	拐点数	比例/%	拐点数	比例/%
8 号、9 号	5190	755	14.55	10	0.19	3549	68.38	829	15.97	47	0.91
10 号、11 号	5191	3	0.06	91	1.75	173	3.33	4507	86.82	417	8.03
43 号、44 号	5186	2	0.04	3	0.06	4	0.08	167	3.22	5010	96.61
45 号、46 号	5188	3	0.06	637	12.28	994	19.16	3030	58.40	524	10.10
48 号、49 号	5189	2	0.04	1082	20.85	1	0.02	1003	19.33	3101	59.76

此次测量统计后发现，拐点主要集中在 7~7.2 m。开残铁口方位确定在二段 9 号冷却壁后，重点将测温点置于 9 号水箱，具体温度数据见图 5-4。

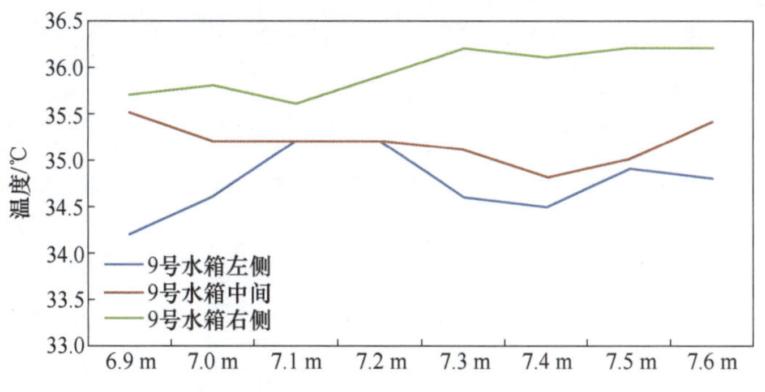

图 5-4　9 号水箱炉皮温度趋势图

大量测温数据表明二段 9 号冷却壁温度拐点最低在 7.1 m，见图 5-4，根据炉底侵蚀计算和炉皮温度测温验证，结合首钢经验，应将残铁口位置较温度拐点位置下移 200~300 mm，再考虑周围环境影响，将残铁口标高确定在炉缸 2 段 9 号冷却壁标高 6.9 m 处。残铁口所处位置及标高图见图 5-5。

根据现场施工环境和条件，为了增大残铁沟角度，以利于渣铁流动，最终确定设置残铁坑的方式处理残铁。其中主残铁沟长度 26 m，坡度为 7°，残铁坑上方的残铁沟长度为 30 m，标高有 3.7 m 至 0.1 m，坡度也为 7°，并设置支沟嘴 9 个，间距 3 m。因时值雨季，残铁坑采取了设置挡水墙，铺垫捣打料等防水措施，残铁坑和残铁沟设置见图 5-6。

5.3.2.2　放残铁技术准备

为了确保炉缸残余渣铁排放安全、环保、彻底，采取了改善渣铁流动性，提高渣铁温度，并创新了残铁口全泥套处理，研制了全自动开残铁口机以提高开残铁口安全性和效率。

在总结首钢迁钢历次降料面经验基础上，根据放残铁的需要，此次停炉进一步强化了如下活跃炉缸与改善渣铁流动性技术控制措施：

（1）停炉前 72 h 配加萤石 0.4 吨/批，锰矿 1 吨/批，目标是达到渣中 CaF_2 达到 3%

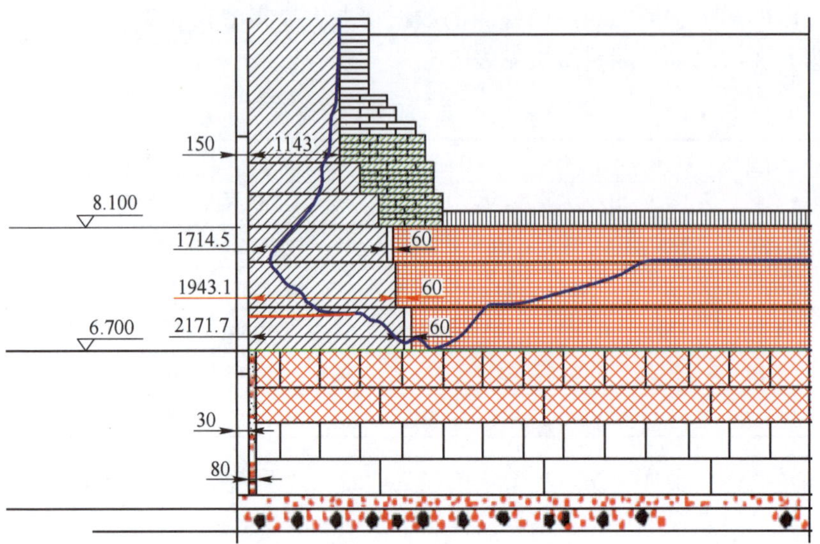

图 5-5 残铁口所处位置及标高图

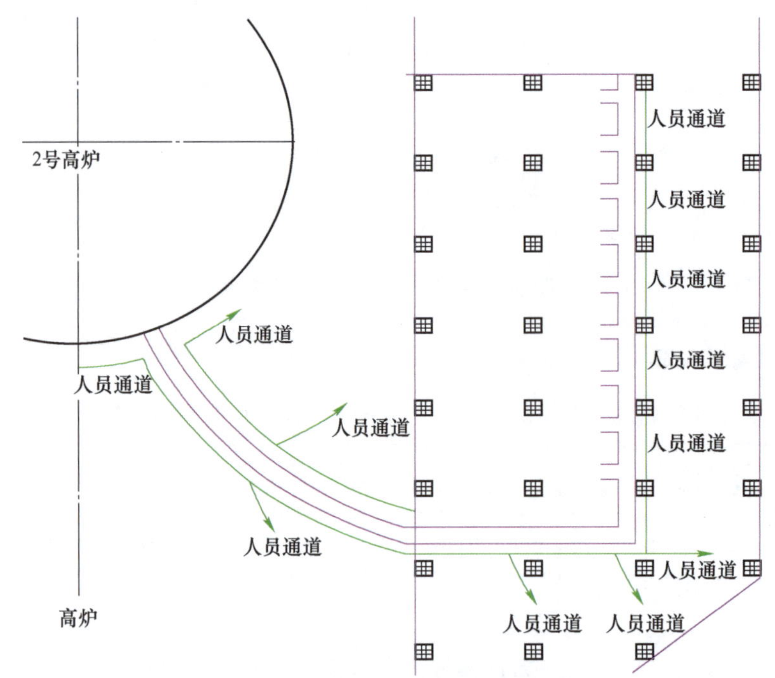

图 5-6 首钢迁钢 2 号高炉残铁坑布置

以上，铁中［Mn］达到 0.8%以上。

（2）通过精确的风温、风量控制和改善打水雾化效果最大限度地减少打水量，降料面高压段风量比例由原来的 58%左右提升至 67.15%。

（3）在降料面期间采取连续出铁方式，最大限度的利用炉内高压期排出渣铁，减少炉缸渣铁滞留量。降料面出铁次数由原来的两次增加至 7 次，其中高压段 6 次，常压段 1 次。

5.3.2.3　放残铁过程及效果

放残铁流程主要包括改水管、割炉皮、烧水冷却壁和开残铁口四个环节，需要在安全前提下尽可能快速地放出残铁，避免残铁降温快流动性变差。此环节需重点掌控的技术要点有：

（1）改水管时要用压缩风吹尽管内残留冷却水，避免水外流进残铁沟，造成出铁过程中放炮；

（2）割炉皮时要充分考虑后期炉壳恢复施工可行性和便利性；

（3）烧冷却壁时要在下方铺垫黄沙，便于熔化物及时清理；

（4）开残铁口前要对高温和烟尘做好充分防护。

在充分的技术和生产组织准备下，放残铁实际进度与计划基本吻合。放残铁各环节计划与实际耗时进展情况见表 5-6 。

表 5-6　放残铁各环节实际用时表

<table>
<tr><th rowspan="2">工序名称</th><th colspan="4">计　划</th><th colspan="4">实　际</th></tr>
<tr><th>日期</th><th>开始</th><th>结束</th><th>历时/h</th><th>日期</th><th>开始</th><th>结束</th><th>历时/h</th></tr>
<tr><td>二段水箱改水管</td><td rowspan="6">31 日</td><td rowspan="2">05:00</td><td rowspan="2">09:00</td><td rowspan="2">4</td><td rowspan="5">31 日</td><td rowspan="2">05:30</td><td rowspan="2">08:30</td><td rowspan="2">3</td></tr>
<tr><td>二段水箱吹扫</td></tr>
<tr><td>割炉皮</td><td>09:00</td><td>13:00</td><td>4</td><td>08:45</td><td>13:30</td><td>4.75</td></tr>
<tr><td>烧冷却壁</td><td>13:00</td><td>15:00</td><td>2</td><td>16:00</td><td>17:50</td><td>1.83</td></tr>
<tr><td>残铁沟前端接头焊接</td><td>15:00</td><td>20:00</td><td>5</td><td>20:30</td><td>03:30</td><td>7</td></tr>
<tr><td>开残铁口</td><td>20:00</td><td>24:00</td><td>4</td><td rowspan="2">1 日</td><td>04:20</td><td>07:40</td><td>3.3</td></tr>
<tr><td>放残铁</td><td>1 日</td><td>00:00</td><td>08:00</td><td>8</td><td>07:40</td><td>09:20</td><td>1.6</td></tr>
<tr><td>总耗时/h</td><td colspan="4">27</td><td colspan="4">28.5</td></tr>
</table>

炉皮实际切割面积为 700 mm×800 mm，完成炉皮切割、摘冷却壁后，测得露出的炭砖表面温度为 245 ℃。在放残铁前对残铁眼标高位置进行了再次确认，见图 5-7。

图 5-7　残铁眼位置情况

图 5-7 中，残铁眼前端标高为 7.1 m，第三层陶瓷垫上沿为 7.2 m，即残铁口所在砖层为第三层陶瓷垫边缘即第五层炭砖处（第四层有部分痕迹）。从现场照片中看，结合残铁口前端位置，对比残铁口下部的炭砖分布图，可以算出残铁口前端深度为 342.9×2+457.2＝1143 mm。考虑到前端清理过的炭砖和渣皮，与实际操作的钻孔深度 1.4 m 基本相符。

此后首钢迁钢公司不断总结经验，并进一步采取了全自动开残铁口机（见图 5-8），残铁口全泥套处理（见图 5-9），等技术改进，开残铁口的时间有了明显提升，见表 5-7。

图 5-8　开残铁口机

图 5-9　残铁口全泥套

表 5-7　三座高炉放残铁时间比较表

高　炉	2018 年 2 号高炉	2019 年 1 号高炉	2022 年 3 号高炉	2022 年 3 号高炉
水箱改水管及割炉皮/h	7.75	6	11	8.06
烧冷却壁/h	1.83	1	3.33	2.05
残铁沟前端接头焊接、捣料及烘烤/h	7	3.43	0.82	2.76
开残铁口/h	3.3	1.21	1.15	0.85
放残铁/h	1.6	1.3	3.28	4.66
总耗时/h	28.5	12.94	19.58	18.38

5.3.3　快速高效凉炉技术

由于停炉后炉缸状况的复杂性和残留渣铁量的不确定性，在有限的时间内安全、可控地使炉缸达到进入施工条件，并尽快地清理炉缸残余渣铁达到浇注施工条件极具挑战性。通过上部风口雾化打水冷却，下部铁口通氮气疏松的方式达到了既加快了凉炉进度，又保障了炉缸炭砖安全的目标，对打水量、氮气量控制，出水温度标准等参数选择和界定实现了一系列技术创新。

5.3.3.1　氮气匹配雾化水凉炉技术开发

A　氮气匹配雾化水凉炉技术原理

停炉后向炉内通入低温惰性气体氮气（约 15 ℃），与高炉炉缸内死料堆的红热焦炭

（约 1000 ℃）换热可达到冷却焦炭（约至 200 ℃）的作用。当炉缸死料堆焦炭温度降至 200 ℃左右，继续向炉内打入适量的雾化水，以加速焦炭降温，具体见图 5-10。

B 氮气作用

通入炉内的低温氮气有以下作用：

（1）冷却炽热高温焦炭；

（2）隔绝空气，降低高温焦炭的燃烧反应，加速焦炭熄灭；

（3）疏松死料堆，加速雾化水凉炉进度，扩大雾化水凉炉范围；

（4）促进凉炉产生的大量蒸汽排出，加快凉炉进度；

（5）稀释煤气浓度，减少凉炉安全隐患，避免凉炉过程爆震。

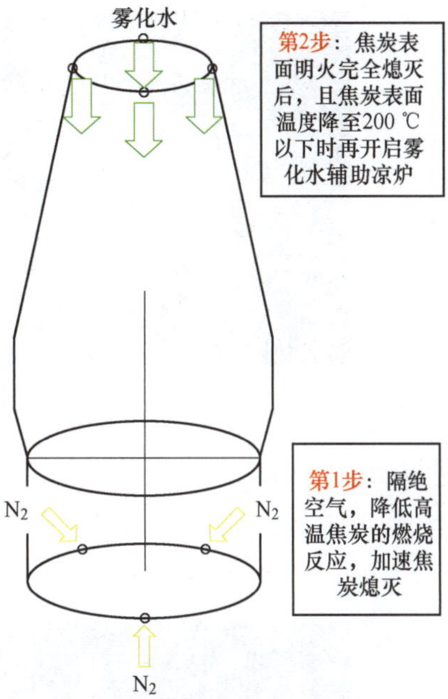

图 5-10 氮气匹配雾化水凉炉技术图

C 氮气凉炉流程

（1）风口区域：高炉放完残铁后拆除吹管，将喷煤枪插入风口中并固定。所有风口用水泥密封，通过喷煤枪向炉内通入氮气冷却、窒息风口前端的焦炭。

（2）铁口区域：铁口均用开口机钻通至最大深度，分别埋入厚壁无缝钢管通入氮气，钢管与氮气包用硬管+软管连接，设置控制阀和流量计。

（3）凉炉温度监控：在风口处安装至少 1 根铠装热电偶，插入死料堆焦炭内，用于测量氮气冷却焦炭温度；分别在铁口孔道、残铁眼孔道内安装至少 1 根铠装热电偶，用于监测铁口或残铁眼冒出的水蒸气或水流的温度。

（4）雾化打水：待炉内通入氮气使红热焦炭表面明火完全熄灭后，且焦炭表面温度降至 200 ℃以下时再开启雾化水辅助凉炉，以最大程度减少焦炭-水之间的水煤气反应，加快凉炉进度。

（5）疏通残铁口：在风口、铁口通氮气凉炉期间，最大程度烧通或钻通残铁口孔道，使进入死铁层的氮气、水在完成对红焦和残留渣铁的降温后从残铁眼孔道逸散出来，以提高氮气、水在死铁层内的冷却深度，加速死铁层内红焦和残留渣铁的降温进度。

5.3.3.2 高炉凉炉技术

以 1 号高炉为例进行说明。2019 年 6 月 27 日 2:45，1 号高炉停风，14:30～17:00 风口连接固定通氮气喷煤枪，铁口安装通氮气管路。17:25 南、东、北三个铁口开始通氮气，17:40 风口区 30 支喷枪通氮气，18:00 三个铁口通氮气量提至最大 900 m^3/h，压力 8.0 kg/cm^2，22:00 风口区喷枪氮气量提至最大 4400 m^3/h，压力 6.5 kg/cm^2。

A 炉内打水降温

6 月 28 日 6:30（凉炉 13 h），风口区死料堆焦炭表面温度降至 148 ℃，捅开 30 个风口，从风口处看炉内死料堆焦炭表面明火已完全熄灭，见图 5-11，开始通过炉顶雾化喷头向炉缸少量打水降温。

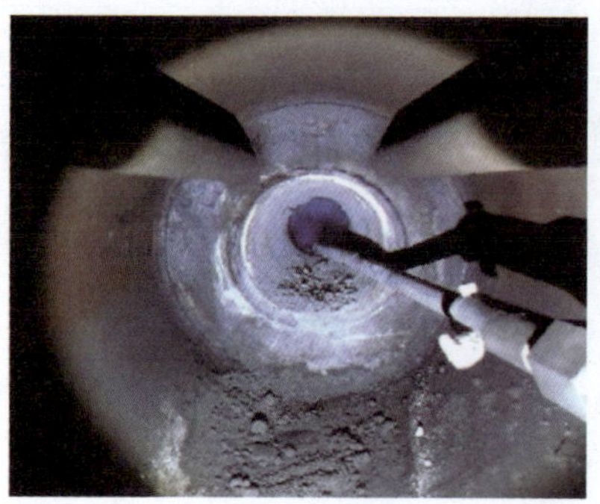
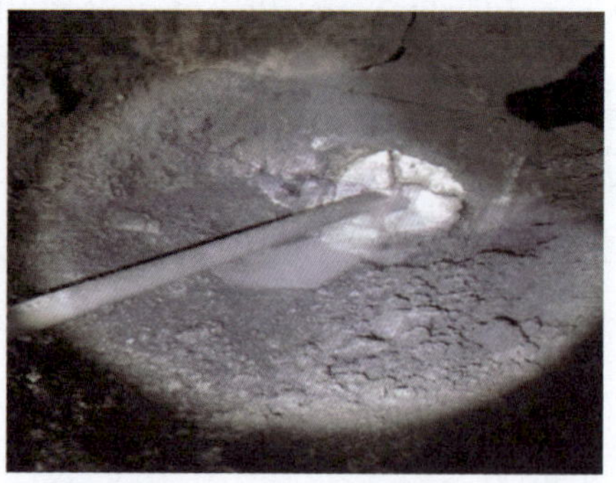

图 5-11　炉内死料堆焦炭表面明火完全熄灭、南铁口冒蒸汽

6 月 28 日 11:00 烧通残铁口，以加速凉炉进度。18:00（凉炉 24 h）南铁口冒蒸汽。6 月 29 日 8:00（凉炉 39 h）关闭三个铁口氮气，东、北 2 个铁口均冒蒸汽，见图 5-12（a），29 日 19:30（凉炉 50 h）残铁口喷蒸汽，见图 5-12（b）。

(a) 凉炉39 h

(b) 凉炉50 h

图 5-12　冒蒸汽示意图

B　凉炉进度和效果

6 月 27 日 18:00 铁口、风口先后通氮气正式凉炉，28 日 6:30 开始向炉缸间断性打水，至 7 月 1 日 7:10 残铁口温度 103 ℃，炉缸内煤气含量 0.02%，遂停氮气，凉炉工作正式完成。整个凉炉期间，累计时间约 85 h，氮气量 340419 m^3，水量 769.2 t。

迁钢公司在几次凉炉过程中不断摸索改善，到 2023 年 2 号高炉第二次凉炉，仅用不到 3 天时间，几次凉炉总结见表 5-8。

表 5-8　股份高炉四次凉炉实践表

时间	高炉	炉容/m^3	凉炉时间	氮气量/m^3	打水量/t	主要改进措施
2018 年 8 月	2 号高炉	2650	90 h	—	1500	（1）在风口区域安装 10 根凉炉打水管，在南、北出铁口各安装 1 根凉炉氮气管（DN25；因未安装流量计，故无氮气消耗量）。 （2）铁口通氮气 11 h 后开始间歇性打水凉炉

续表 5-8

时间	高炉	炉容/m^3	凉炉时间	氮气量/m^3	打水量/t	主要改进措施
2019 年 6 月	1 号高炉	2650	85 h 45 min	340419 （风口：266280 铁口：74139）	769.2 （炉顶打水：674.2 风口打水：95）	（1）通过风口煤枪（DN20）、铁口插入氮气管（DN50）向炉内通入氮气，中心死料柱间歇性雾化打水。 （2）通氮气 9.5 h 后开始间歇性打水凉炉。 （3）放残铁后，烧通残铁眼排放凉炉蒸汽和水
2022 年 7 月	3 号高炉	4000	101 h 22 min	389000 （风口：68500 铁口：320500）	1881.77 （炉顶打水：199.77 风口打水：1682）	（1）风口、铁口通入氮气，风口氮气管 DN32，铁口氮气管 DN65，单铁口氮气量达到 2000 m^3/h。 （2）通氮气 11 h 后开始间歇性打水凉炉
2023 年 7 月	2 号高炉	2650	47 h 20 min	250242 （风口：0 铁口：250242）	790 （炉顶打水：0 风口打水：790）	（1）取消风口通氮气，仅铁口通氮气凉炉。铁口氮气管仍为 DN65，单铁口氮气量达到 2000 m^3/h。 （2）取消炉顶打水。 （3）通氮气 2 h 后通过风口打水凉炉

5.3.4 保护性炉缸清理及炉内安全防护技术

在不切割炉壳（即“开大门”）的情况下进行炉缸清理，大型设备和大块残余渣铁进出炉体不便，增大了施工难度，影响了清理速度。为了保障炉壳整体强度和保护炭砖砌体完整性，首钢迁钢高炉在追求彻底放出残铁的基础上，综合采用气割开口、千斤顶分离、重锤破碎等方式在较短时间内实现了炉缸的高质量安全清理工作。

5.3.4.1 保护性炉缸清理的技术思路

炉缸、炉底进行保护性清理，然后紧邻残砖重新浇注硅凝胶结合陶瓷材料，实际上是重新构建了一种“碳质+陶瓷质复合炉缸、炉底”结构，如果施工过程中切割炉壳“开大门”（宽×高＝1.5 m×2.2 m），就要在切割炉皮后摘除两块二段冷却壁，并拆除该区域范围的残留炭砖，会对该区域产生以下几个方面不利影响：

（1）炉壳切割区域的炭砖经过多年在线冶炼生产，已充分烧结，因而在拆除炉壳开口区域炭砖过程中，产生的振动极易在砌体薄弱部位（如砖缝）产生新的裂隙，这种裂隙会形成为新的热阻，不利于后期炉缸维护。

（2）炉壳切割区域的内部处置，不论是选用两种浇注料分步浇注技术，还是采取砌砖加浇注技术方式，都会增加该区域的总体工序时间，同时对结构的完整性存在不利影响。

（3）炉缸衬砖拆除的面积相对比较大，拆除过程存在不确定性。

基于以上考虑，应争取最大限度放尽炉缸残铁，避免采用炉壳切割“开大门”的方式进行炉缸清理。

5.3.4.2　炉缸清理质量及工期保障技术手段

为了保护高炉炉缸整体强度，首钢迁钢高炉采取了不切割炉壳条件下的保护性炉缸清理技术方案，为了保证质量和工期，开展了如下的技术研究及实践：

（1）优化降料面停炉及放残铁技术方案，最大限度放尽残铁，为炉内清理创造条件。

（2）炉缸清理技术方案，具体为：上层易清理的死焦堆散料，通过由炉顶吊入的钩机和炉内安装的斗提皮带机从风口运出，及时装车运走；大块物料从炉顶大方人孔吊出，炉料保护性清理方式示意图见图 5-13。

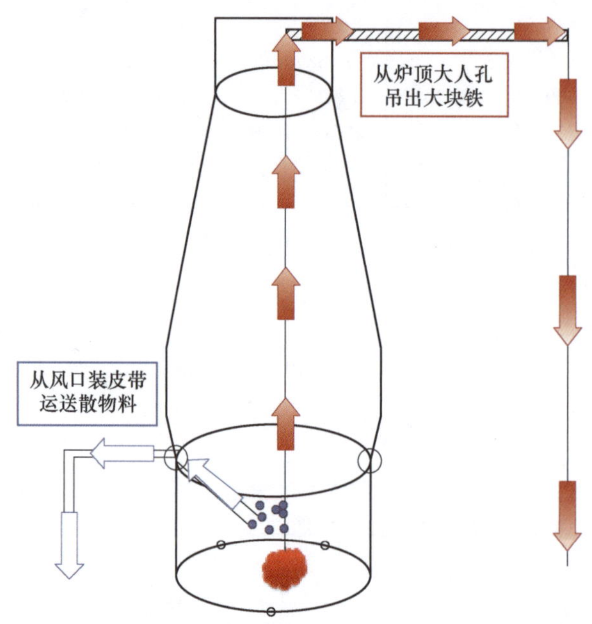

图 5-13　炉料保护性清理方式示意图

（3）破拆大块的过程中，综合采用气割开口、千斤顶分离、落锤破碎等方式提高工作效率。

5.3.4.3　炉缸清理标准及清理实践

为保障浇注效果，根据炭砖与浇注料结合性能的要求，制定炉缸清理标准如下：

（1）风口带清理至有效残存，表面渣皮以及渗透变质层全部清理干净，局部砖缝渗铁严重位置组合砖应拆除，仅保留强度高、结构完整的组合砖。

（2）炉缸侧壁小块炭砖清理至有效残存，失去功能的炭砖全部拆除，炭砖表面渣皮及脆化变质层清理干净，渗铁严重位置炭砖需拆除，如炭砖背部存在环裂侵蚀，应将环裂部分清理干净。最终保留利旧强度尚可、轮廓分明、体系完整的炭砖作为浇注基准面。

（3）为防止开炉后铁口出现喷溅及跑煤气现象，铁口框至铁口内侧需清理出直径为 300 mm 有效的浇注通道，铁口外框保护砖全部拆除，保证与铁口通道一体浇注成形。

（4）残铁口位置冷却壁拆除后裸露的表面炭捣层需剥离干净。

(5) 炉底炭砖清理至有效残存，失去功能的陶瓷垫砖应全部拆除，见图 5-14。炭砖表面的死铁层以及脆化变质层应全部清理干净，拆除局部横缝渗铁严重或者因体积变化造成的上翘炭砖及竖缝渗铁严重的炭砖，最终保留利旧强度尚可、轮廓分明、体系完整的炭砖作为浇注基准面。

图 5-14 陶瓷垫部位拆除情况

(6) 风口带清理过程中必须采用人工清理方式，严禁钩机作业，清理过程中必须做好防护避免中套受损。中套表面有机械损伤的，炉缸浇注前更换。

5.3.4.4 *炉缸安全防护技术创新*

高炉中长期检修一般需降料面停炉，以将炉内物料清理至风口带以下，达到检修人员进入炉内作业条件。为了避免炉墙黏结物脱落或者炉顶施工过程中杂物掉落危及检修人员安全，施工前需要在高炉炉喉部位搭设安全防护网或安全作业平台。

因高炉炉喉直径通常近 10 m，炉内深达二三十米，施工难度大且可利用吊挂点少，通常搭建钢制防护平台耗时 15 h 以上，且施工完毕拆除平台又需近 10 h，严重影响高炉检修进程，增加检修成本。搭设普通安全网的方式耗时虽略有减少，但因炉喉可利用吊挂点过少，防护网张开后类似矩形，无法有效与炉喉内壁紧密贴合，存在较大的安全漏洞。

为消除防护死角，提高防护设施安装效率，首钢迁钢公司发明了一种高炉内部检修用安全防护网，包括：圆形双层密目网；环形气囊，设置于双层密目网之间的边缘部位；吊挂绳，共设置 4 个，呈 90°夹角紧固于环形气囊四周；充气管，与环形气囊相通，充气管用于向所述环形气囊通入压缩风；高炉停炉进行内部检修施工时，整个安全防护网由炉喉人孔进入炉内，并由 4 个吊挂绳分别穿过 4 个炉喉人孔进行紧固，通过充气管向所述环形气囊充压缩风后安全防护网张开并与炉喉紧密贴合，起到防止高空坠物伤人的作用。本防护网安装和拆卸作业方便、快捷，可重复利用，能够大幅节省检修作业时间，并达到了理想的安全防护效果。图 5-15 为一种高炉内部检修用安全防护网。

通过该高炉内部检修用安全防护网，解决了现有技术中在高炉停炉进行内部检修时，存在安全平台搭设难度大、耗时长、安全防护不全面的技术问题。

首钢迁钢公司高炉炉喉直径为 8.1 m。为了在高炉休风停炉后快速有效完成炉内安全防护，高炉休风期间在炉喉部位安装了安全防护网。

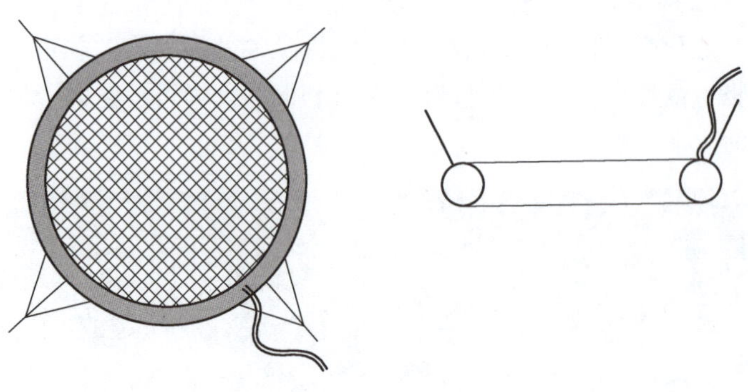

图 5-15 防护网图

5.3.4.5 炉缸清理进程及效果

本小节以 1 号高炉为例介绍股份高炉炉缸清理实践。

（1）搭建吊盘进行炉墙清理。7 月 1—2 日搭建防护网，防护网搭建好后搭建吊盘进行炉墙清理。吊盘示意图见图 5-16。

图 5-16 吊盘示意图

（2）散料清理及渣铁混合物清理。7 月 2—5 日清理散料、渣铁混合物及残砖。通过炉顶大方孔将 2 台 60 型挖掘机吊至炉内，焦炭等散料由斗提机运送至炉外，炉内渣铁块、黏结物，用挖机破碎锤破碎后装入吊料斗由炉顶方孔吊出，用炉顶天车接力的方法吊运至零米地面，根据风口组合砖损坏情况，最终保留 1 号砖，将 2 号、3 号、4 号砖全部清理（图 5-17）。

中套下沿至风口中心线下沿 5.1 m 均有 800~1000 mm 厚的渣皮（图 5-18）。渣皮主要靠钩机进行清理，然后人工清理炭砖表面，以不伤害原有完好砖衬，清理满足浇注要求为标准。清理难度小，时间短。

图 5-17 风口组合砖清理界面

图 5-18 风口以下渣皮

(3) 残铁清理。7 月 6—12 日，进行残铁及黏结物清理，残铁及黏结物的清理方法：首先用挖掘机液压镐打到硬面，直到打不动为止；然后用尖吊锤清理局部黏结物，直到清理到残铁面；再利用烧氧和重锤、液压顶等相结合的方法把炉底残铁、黏结物破碎成小于大方孔的规格，吊装至炉外(图 5-19)。

图 5-19 高炉炉缸清理后的照片

清理过程中由炉缸清理厂家、浇注厂家及炼铁作业部人员共同组成联合验收小组，每隔 1.5 m 验收一次，防止破坏有效炭砖，同时保证清理界面满足浇注要求。高炉炉缸清理情况见表 5-9。

表 5-9 高炉炉缸清理情况

项　目	2018 年 2 号高炉	2019 年 1 号高炉	2022 年 3 号高炉	2023 年 2 号高炉二次浇注
清理用时/天	20.7	11.3	10	9
清理出残铁量/t	329.15	270		炉内未见明显残铁

5.4 高炉炉缸整体浇注修复技术研究

高炉炉缸整体浇注是一项重造陶瓷杯，相比于传统砌砖修复是一项新技术。高炉炉缸整体浇注的特点是在残存炭砖热面直接进行支模浇注，浇注料与炭砖的无缝隙结合，使得炉缸结构更加紧密，避免了陶瓷杯与炭砖间潜在的缝隙热阻层，使浇注炉缸整体传热效率得到保证。相较于传统砌砖形式的陶瓷杯，浇注料起到良好的隔离和隔热的作用，有助于高炉长寿。然而浇注型炉缸使用的浇注料热导率与炭砖热导率有较大差异，在高温服役过程中，炭砖和浇注料之间存在一定的热应力，使得炉缸安全存在风险隐患，如何对炉缸浇注进行优化设计及配置是项目的难点之一。

首钢迁钢通过研究浇注型炉缸的铁水流场、温度场、应力场等，并与高炉不同炉役工

况条件下的原始设计炉型、侵蚀后炉型以及浇注后的可能侵蚀炉型进行对比分析，为浇注型炉缸的优化设计及工程应用提供指导，同时对炉缸用不同耐火材料进行抗侵蚀对比分析，最终选择了合适的炉缸和炉底浇注材料。

5.4.1　高炉浇注修复炉型设计

以迁钢 2650 m^3高炉为研究对象，使用 Fluent 软件，研究高炉在不同产量水平、炉缸死铁层深度、炉型等因素对炉缸内铁水流动的影响。对高炉产量和炉型的研究，模拟方案及部分参数见表 5-10。

表 5-10　模拟方案及部分参数

方案	系列 1	系列 2	系列 3	系列 4	系列 5	系列 6
炉型	设计型			浇注后		
死铁层深度/m	2100			2500		
铁口倾角/(°)	10					
铁口深度/m	3000					
死料柱直径/m	炉缸面积的 64%					
	4448			4238		
铁水密度/kg·m^{-3}	6700					
铁水黏度/Pa·s	0.0067					
焦炭密度/kg·m^{-3}	900					
速度入口/m·s^{-1}	死料柱处为 0，边缘位置铁水生成速率					
	0.000296	0.000311	0.000326	0.000327	0.000343	0.000359
对应产量/t	6000	6300	6600	6000	6300	6600

上述方案研究了设计型和浇注型两种炉型分别在产量为 6000 t/d、6300 t/d、6600 t/d 的条件下，对高炉炉缸中铁水流动的影响，选取距离炉底（Z）100 mm、200 mm、500 mm 位置铁口对侧至铁口下方直线作为速度观测点，见图 5-20。

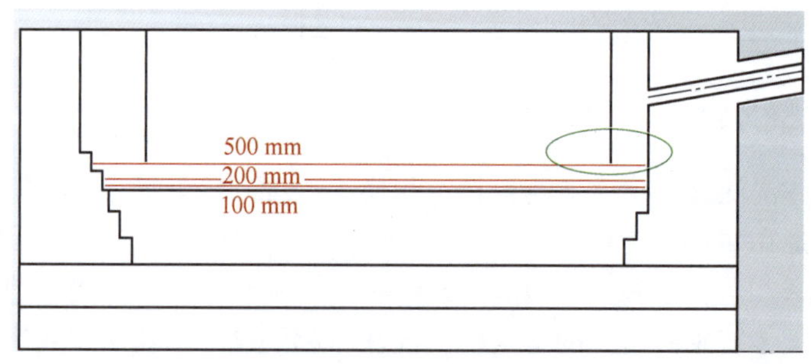

图 5-20　速度观测点示意图

不同方案在上述测速点上速度分布情况见图 5-21。

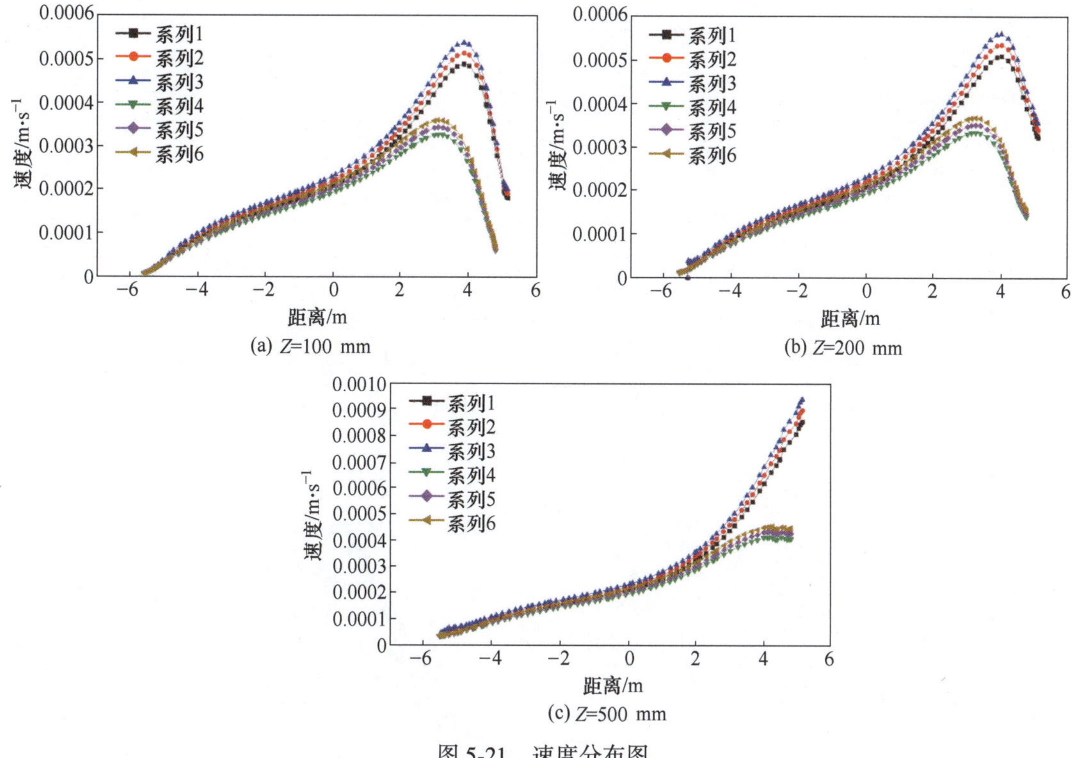

图 5-21　速度分布图

从图 5-21 可以看出：

（1）设计型（H2100）各点速度高于浇注型（H2500），在 $Z=100$ mm 直线速度最高点位置设计型三个方案平均速度为 0.00051 m/s，浇注型三种方案平均速度 0.00034 m/s，设计型是浇注型的 1.50 倍；在 $Z=200$ mm 直线速度最高点位置设计型三个方案平均速度为 0.00053 m/s，浇注型三种方案平均速度 0.00035 m/s，设计型是浇注型的 1.51 倍；在 $Z=500$ mm 直线速度最高点位置设计型三个方案平均速度为 0.00090 m/s，浇注型三种方案平均速度 0.00043 m/s，设计型是浇注型的 2.09 倍；因此随着死铁层深度加深，炉缸铁水流速减弱。

（2）不论哪种炉型，随着产量增高，各点速度均有一定程度增高。

（3）$Z=500$ mm 死料柱角部拐角处，速度趋势改变迅速增高，假设在死料柱浮起时，侵蚀位置对应于死料柱角部。

对炉缸死铁层深度和炉型两方面研究，模拟方案及部分参数见表 5-11。

表 5-11　模拟方案及部分参数

方案	No. 1	No. 2	No. 3	No. 4	No. 5
炉型	浇注后	设计型	设计改圆	浇注后	浇注后
死铁层深度/m	2500	2100	2100	2300	2100
铁口倾角/(°)	10				
铁口深度/m	3000				

续表 5-11

方案	No. 1	No. 2	No. 3	No. 4	No. 5
死料柱直径/m	炉缸面积的 64%				
铁水密度/kg · m^{-3}	6700				
铁水黏度/Pa · s	0. 0067				
焦炭密度/kg · m^{-3}	900				
速度入口/m · s^{-1}	死料柱处为 0，边缘位置 0. 000315719 m/s				

上述方案对比了三种不同炉型（设计型、设计改圆、浇注型），三种死铁层深度（2500、2300、2100）条件对炉缸铁水流场的影响见图 5-22。

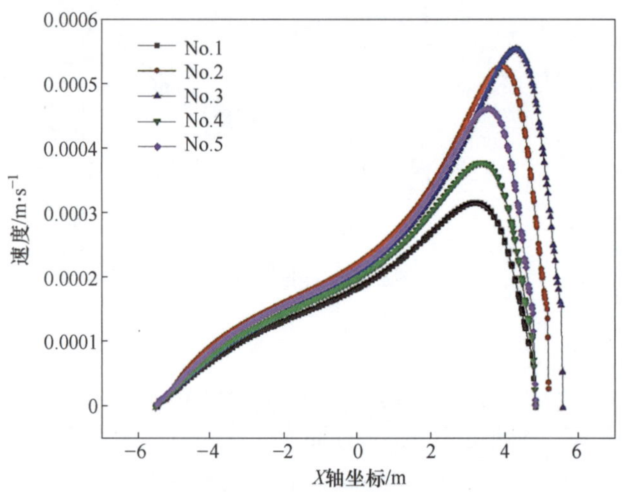

图 5-22　速度分布图

从图 5-22 中可以看出：

（1）5 种方案的速度分布从小到大排布顺序为：浇注型 H2500（No. 1）<浇注型 H2300（No. 4）<浇注型 H2100（No. 5）<设计型 H2100（No. 2）<设计改圆 H2100（No. 3），最高点速度大小分别为：0. 00032 m/s<0. 00038 m/s<0. 00046 m/s<0. 00053 m/s<0. 00055 m/s。

（2）考察死铁层深度影响因素，浇注型 H2500<浇注型 H2300 <浇注型 H2100，速度大小值为 0. 00032 m/s<0. 00038 m/s<0. 00046 m/s，可以看出，随着死铁层深度加深，铁水流速明显减小。

（3）考察炉型影响因素，浇注型 H2100 <设计型 H2100 <设计改圆 H2100，速度大小值为 0. 00046 m/s<0. 00053 m/s<0. 00055 m/s，可以看出浇注炉型条件下，铁水流速最小。

非铁口区域流速分布特征分析见图 5-23。

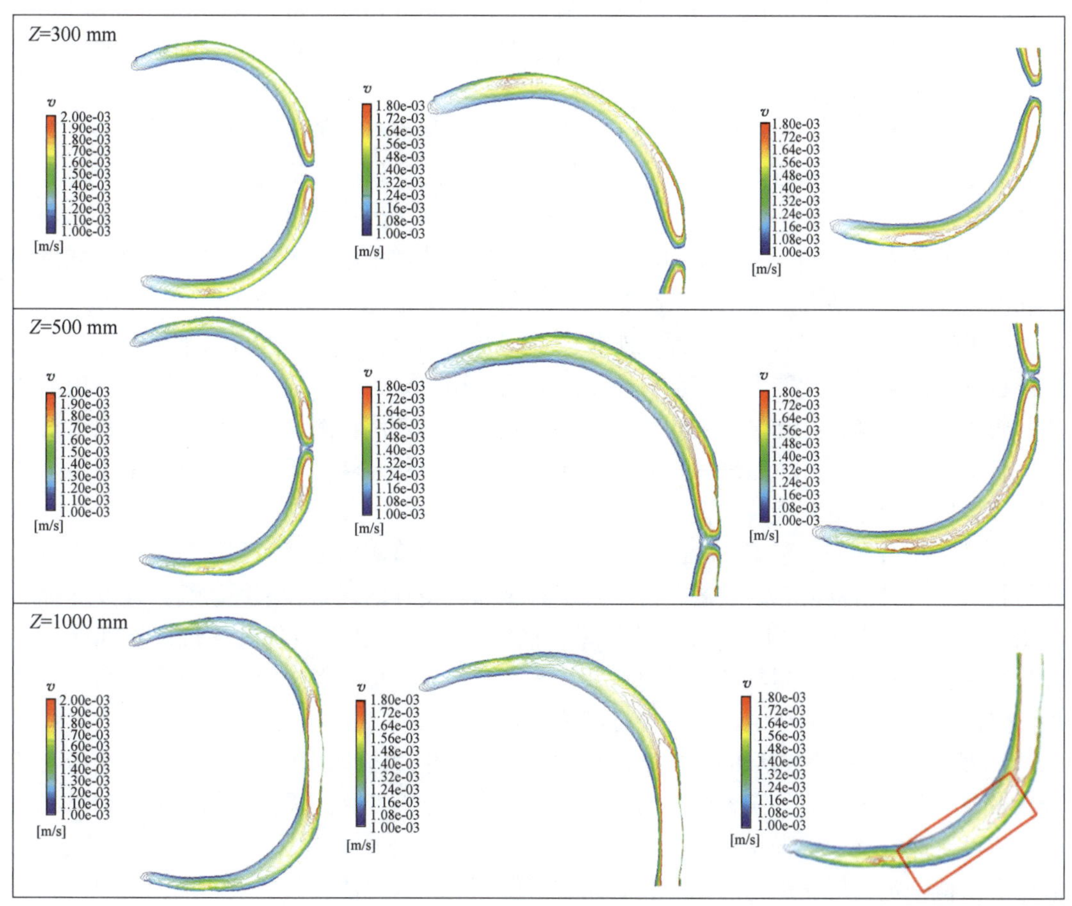

图 5-23　非铁口区域流速分布特征分析图

图 5-23 中 3 行分别为距离炉底 300 mm、500 mm、1000 mm 平面位置的速度场分布等高线图；3 列中第 1 列只显示了速度在 0. 001 ~ 0. 002 m/s 范围的图示，2 号铁口方位出铁；为显示等高线在非铁口区域的分布，第 2、3 列速度范围为 0. 001 ~ 0. 0018 m/s；第 2 列框线位置大致对应 13 ~ 14 号风口，第 3 列框线位置对应 4 ~ 5 号风口。

从铁水流速等高线分布可以看出：

（1）2、3 列红框位置，越靠近炉底（1000→300 mm），速度带狭长，靠近炭砖位置速度快，速度梯度大，容易造成冲刷；

（2）300 mm 和 500 mm 位置第 3 列和第 2 列对比可以看出，4 ~ 5 号风口方向比 13 ~ 14 号风口方向等高线分布图中，铁水流速快的位置分布更不规律、范围更广；而在 1000 mm 位置，等高线分布均匀，铁水流动相对稳定。

5.4.2　炉缸、炉底耐火材料优化研究

鉴于高炉炉缸选用合适的耐火材料很重要，在新建高炉、炉缸大修及浇注炉缸，选择经济适用、性能优良的炉衬砖型，对于后续高炉的操作维护、延长高炉寿命具有重要意义。

目前高炉炉缸侧壁部位采用的耐火材料主要包括4种：以炭素为基质的炭砖；以氧化铝为基质的刚玉质砖；以炭素和氧化铝适当比例复合的碳复合材料；以合理级配的骨料颗粒、细粉与结合剂及外加剂共同组成的浇注料。

炭砖的种类很多，按石墨化程度、焙烧制度、添加剂种类等可分为高密度炭砖、微孔炭砖、超微孔炭砖、半石墨质块、石墨质块、高温模压炭块、自焙炭砖等。炭砖的优势在于其高导热性，热导率一般在10 W/(m·K）以上。炭砖炉缸结构体现了“传热学”在高炉冷却系统中的应用，利用炭砖的高热导率将热量传递给冷却系统，从而实现降低炭砖热面温度，并在炭砖和铁水间形成保护层，达到保护炉缸内壁的目的。

刚玉质砖以氧化铝为基质，添加少量添加剂，利用氧化铝优良的抗铁水溶蚀性，提高了砖衬抵御高温铁水的能力。目前，刚玉质砖的应用主要是以陶瓷杯的形式与炭砖搭配使用。陶瓷杯结构是指在高炉炉缸炭砖内侧砌筑陶瓷材料，利用陶瓷材料优良的抗铁水溶蚀能力将炭砖和铁水隔开，减缓铁水对炉缸侧壁的侵蚀，将800 ℃等温线侵蚀线留在了陶瓷杯内，降低了碱金属对炭砖的侵蚀程度。

碳复合材料是一种新型的炉缸耐火材料，是合理地将碳组分引入到氧化铝中，进行陶瓷材料与炭素材料的复合。碳复合砖结合了炭砖和陶瓷杯的优点，利用碳组分在其内部形成了类似“导线”的结构，提高了热导率，同时具备了陶瓷材料优良的抗侵蚀性能。实际生产中，碳复合砖利用其高热导率在铁水与砖面接触面形成保护层，又利用其高抗侵蚀性，保证了保护层不能稳定存在时炉缸部位的安全。

耐火浇注料是一种典型的不定型耐火材料，它是指由合理级配的骨料颗粒、细粉与结合剂及外加剂共同组成的混合料。耐火浇注料通常以干态交货，无固定的外形，加水或其他液体可制成浆状、泥膏状和松散状，进行浇注施工。浇注成形后经过一段时间的水化、凝固后获得一定强度，烘烤后无需烧制而直接使用。耐火浇注料具有生产工艺简单、施工方便，使用寿命长等优点，常被作为热工窑炉和设备的内衬材料而广泛使用。

为了直观比较选择的典型耐火材料的抗渣铁侵蚀性能，采用旋转柱体法并与现场渣铁沟中直接进行耐火材料的抗渣铁侵蚀性能进行对比分析，明晰耐火材料在实验条件下与现场条件下抗渣铁侵蚀性能的差异，从而为炉缸、炉底耐火材料的合理选用提供指导。

5.4.2.1　实验方案和设计

A　实验室实验

a　实验设备、条件及参数

实验采用高温管式炉和搅拌装置进行。高温管式炉的内部结构见图5-24。采用“U”形硅钼棒作为加热元件，达到实验预期的温度。高温管式炉的炉顶为电机，刚玉搅拌棒与电机连接，圆柱体为实验样本。将圆柱形试样浸入渣铁液中进行实验。搅拌设备为电动组合搅拌器，搅拌棒通过接头与电机连接，电机通过电动搅拌器控制转速，在动态搅拌条件下完成模拟渣铁在炉膛内流动的实验。

采用上述实验设备，分别研究1500 ℃下选择提供的五种耐火材料被铁渣侵蚀的情况。依据侵蚀前后耐火材料的变化明晰五种耐火材料在实验条件下与现场条件下抗渣铁侵蚀性能的差异。

此设备可以模拟炉内铁水流动对炭砖侵蚀的影响程度，通过调节转子转速，比较不同铁水流速下的侵蚀速率。在实验过程中，圆柱形试样与铁水接触面积一直缓慢变化。

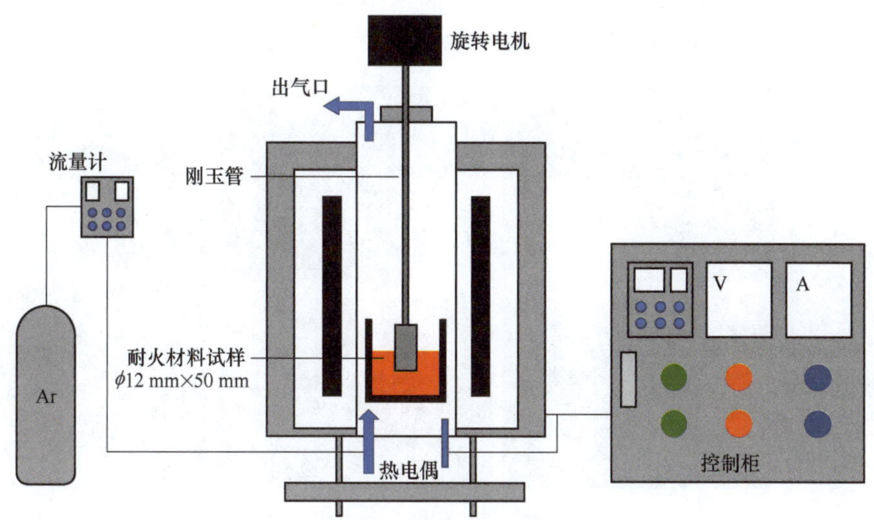

图 5-24 耐火砖砖抗铁渣侵蚀实验原理图

实验相关参数，包括铁水成分、炉渣成分、耐火材料及参数设定见表 5-12～表 5-14。

表 5-12 实验铁水成分

铁水成分	Fe	C	Si	Mn	p	S	Ti
含量/%	94.77	4.5	0.4	0.1	0.1	0.08	0.05

表 5-13 实验炉渣成分

炉渣成分	CaO	SiO_2	MgO	Al_2O_3	TiO_2
含量/%	40.5	35.5	8.1	14.5	1.4

表 5-14 实验耐火材料及参数设定

类　别	样品尺寸/mm×mm	熔体温度/℃	侵蚀时间/min	转速/$r \cdot min^{-1}$
浇注料	ϕ12×50	1500	120	60
新型浇注料	ϕ12×50	1500	120	60
超微孔炭砖	ϕ12×50	1500	120	60
碳复合砖	ϕ12×50	1500	120	60
微孔陶瓷砖	ϕ12×50	1500	120	60

b 实验原料及试样

准备试样：用专用钻头将耐火材料切割成 ϕ12 mm×50 mm 的圆柱形试样，将切好的试样用细砂纸打磨光滑，用蒸馏水冲洗干净之后放入烘干箱，在 105 ℃的环境下烘干 4 h，排除水分对实验结果的影响，然后将试样与刚玉管黏在一起，详细操作过程如下：

（1）用 302 胶水将试样的底面与刚玉管的底面粘住，过程中保持刚玉管的转轴与试样的转轴在一条直线上，等待胶水风干；

（2）将高温黏结剂与纤维粉按比例混合，充分搅拌使其呈现糊状；

（3）将糊状黏结剂涂抹在试样与刚玉管的连接处，保持黏结剂不要覆盖设计浸没铁水的表面，晾干保证黏结剂黏结的强度。耐火材料及实验设备见图 5-25。

图 5-25 耐火砖试样及实验过程示意图

耐火材料的成分和基础性能指标分别见表 5-15、表 5-16。从表 5-15 中可以看到浇注料的主要成分为 Al_2O_3，并添加了不同含量的 SiO_2，旧型浇注料 SiO_2 含量为 2.8%，新型浇注料为 15.5%，且新型浇注料还额外添加了 2.2% 的 TiO_2。超微孔炭砖的主要成分为 C，并主要添加了 Al_2O_3、SiO_2 和 SiC 等。碳复合砖主要成分也为 Al_2O_3，并复合了 10.20% 的碳，添加了部分 SiO_2 和 SiC。

表 5-15 实验耐火材料化学成分 （%）

砖 型	C	Al_2O_3	SiO_2	SiC	FeO	TiO_2	CaO	碱金属	其他
浇注料	1.0	74.0	6.0	17.0	0.3Fe_2O_3	2.0	0.1	—	—
新型浇注料	—	80.8	15.5	—	0.8Fe_2O_3	2.2	0.1	0.4	0.2
超微孔炭砖	76.15	7.26	7.41	7.80	0.45	0.07	—	—	0.86
碳复合砖	10.20	73.05	8.18	6.00	0.90	—	—	0.40	1.27

从表 5-16 中可以看到，浇注料的显气孔率位于超微孔炭砖和碳复合砖之间；浇注料的体积密度与碳复合砖接近，高于超微孔炭砖；旧型浇注料的耐压强度和抗折强度均低于新型浇注料；浇注料平均孔径较大，小于 1 μm 孔容积占比较低；浇注料导热系数低于超微孔炭砖和碳复合砖，且新型浇注料系数更低，在 2.0~5.0 W/(m·K) 之间。

表 5-16 实验耐火材料基础性能指标

性能指标	浇注料	新型浇注料	超微孔炭砖	碳复合砖
显气孔率/%	14.0~16.5（110 ℃）	13.0~18.0（110 ℃）	17.6	10.9
体积密度/$g \cdot cm^{-3}$	2.93~3.00（110 ℃）	2.80~2.88（110 ℃）	1.81	2.98
常温耐压强度/MPa	24.1~34.5（110 ℃）	27.6~44.8（110 ℃）	46.49	78.4
常温抗折强度/MPa	3.4~5.9（110 ℃）	6.9~11.7（110 ℃）	14.23	—
平均孔径/μm	—	—	0.173	0.238

续表 5-16

性能指标		浇注料	新型浇注料	超微孔炭砖	碳复合砖
小于 1 μm 孔容积/%		—	—	82.76	80.44
透气度/mDa		—	—	0.5	0.63
铁水溶蚀指数/%		—	—	18.7	0.12~0.62
氧化率/%		—	—	2.23	0.9
抗碱性		—	—	U	—
静态弹性模量/GPa		—	—	4.413	—
动态弹性模量/GPa		—	—	14.84	—
重烧线变化率/%		0.0~0.8（1400 ℃）	0.1~0.6（1400 ℃）	+0.0	—
断裂能/N · m^{-1}		—	—	364.15	—
热导率 /W · (m · K)$^{-1}$	常温	—	—	16.71	—
	600 ℃	—	—	15.65	14.27
	1200 ℃	—	—	13.26	—
线膨胀系数 /℃$^{-1}$	室温~600 ℃	—	—	4.0×10^{-6}	—
	室温~1200 ℃	—	—	4.3×10^{-6}	—

制备铁水试样原料：还原铁粉（纯度大于99%）、石墨粉（纯度大于99.95%）、硅粉（纯度大于 99%）、锰粉（纯度大于 99.90%）、FeS_2 粉（纯度等于 99.9%，S 含量 53.28%，Fe 含量 46.62%）、P 粉（纯度大于 98.9%）、Ti 粉（纯度大于 99.90%），配置铁水试样。

制备炉渣试样原料：CaO 粉、SiO_2 粉、MgO 粉、Al_2O_3 粉、TiO_2 粉，配置炉渣试样。

c 实验过程

将装有渣/铁粉的坩埚组件放入高温炉中。在整个实验过程中，用高纯氩气（99.999%）以 3 L/min 的流速吹扫炉管。坩埚组件以约 5 ℃/min 的速率从室温加热到 1500 ℃。在铁水达到 1500 ℃后，温度保持 60 min，使渣/铁完全熔化，并且用玻璃棒搅拌炉渣/铁水以确保成分均匀。黏接耐火材料的刚玉棒在入炉前预热，然后缓慢放入炉内，置于液面下约 20 mm，固定在图 5-25 的装置上。启动电机，转速保持在 60 r/min，实验进行 2 h 后，关闭电机，并将刚玉棒抬起，脱离渣/铁液。当高温炉冷却至室温后，取出侵蚀后的耐火材料，进行宏观形貌拍摄、尺寸测量、X 射线衍射仪（XRD）和扫描电子显微镜结合能谱仪（SEM-EDS）分析等。

B 现场实验

a 实验设备

现场试验设备见图 5-26，样块为所要研究的耐火材料，试验时将该装置吊在渣铁沟上面，以使得耐火材料浸入到渣铁液中，从而研究耐火材料被现场渣铁侵蚀的情况。

b 实验原料及试样

准备试样：将微孔陶瓷砖切割成长度为 80 mm×80 mm×400 mm 的试样，浇注料和超微孔炭砖切割成长度 80 mm×80 mm×450 mm 的试样，碳复合砖切割成取断面 80 mm×80 mm，炉底砖长度 400 mm，侧壁砖长度 345 mm 的试样。

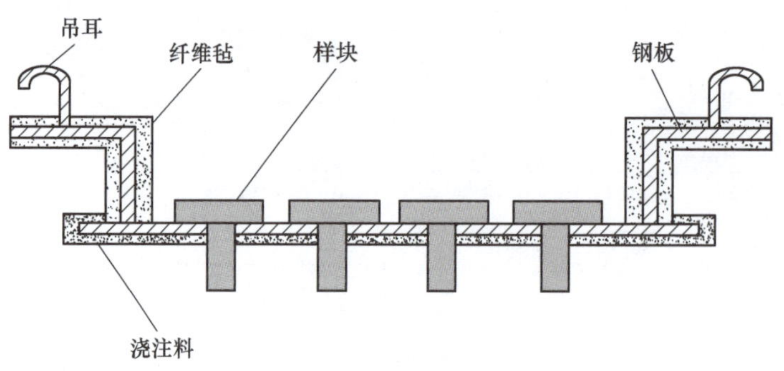

图 5-26　耐火砖抗铁渣侵蚀现场实验示意图

c　实验过程

将微孔陶瓷砖、浇注料、超微孔炭砖、碳复合砖、新型浇注料制样后，固定在见图 5-26 设备的样块处，放置于迁钢高炉现场渣铁沟中，经过 3 次出铁间隔（2 次动态出铁）后，取出耐火材料样块，进行抗渣铁侵蚀情况分析。

5.4.2.2　耐火材料抗铁水熔蚀性能实验室研究

A　宏观形貌分析

浇注料、新型浇注料、炭砖、碳复合砖和陶瓷砖抗铁水侵蚀前、后宏观形貌见图 5-27。通过对五种耐火材料原始形貌的对比分析可以发现，浇注料表面较为粗糙，存在较多

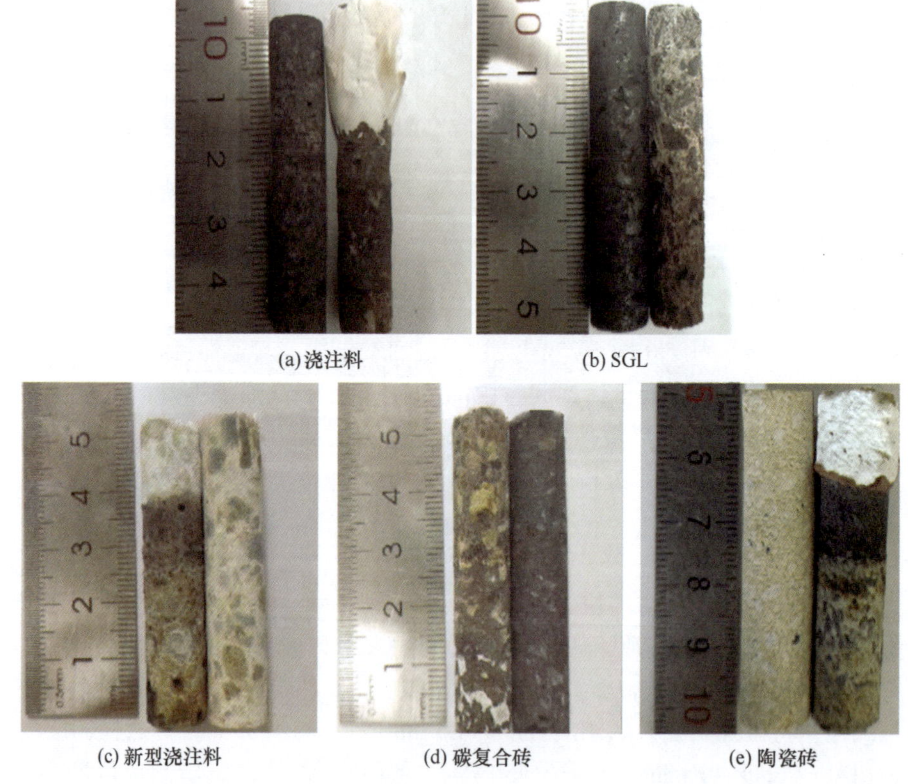

(a) 浇注料　(b) SGL　(c) 新型浇注料　(d) 碳复合砖　(e) 陶瓷砖

图 5-27　耐火材料抗铁水侵蚀前、后宏观形貌

孔洞；新型浇注料表面较为光滑，表面存在较少孔洞；炭砖表面最为光滑、致密，且表面碳骨料颗粒尺寸较大、分布密集；碳复合砖较为光滑、致密，且表面碳骨料颗粒尺寸较小、分布较少；陶瓷砖表面较为光滑，孔洞较小，存在蓝色块状物。

五种耐火材料抗铁水侵蚀后形貌差异明显，可以看到碳含量高的耐火材料表面的碳明显被侵蚀，裸露出耐火材料中的陶瓷质。五种耐火材料抗铁水侵蚀前后直径测量结果见表5-17。

表 5-17　耐火材料抗铁水侵蚀前后直径测量结果

砖　型	侵蚀	直径 1 /mm	直径 2 /mm	直径 3 /mm	直径 4 /mm	直径 5 /mm	直径 6 /mm	平均直径 /mm	直径变化率 /%
浇注料	前	12.12	12.14	12.24	12.30	12.30	12.32	12.24	1.12
	后	12.00	11.60	12.20	12.10	12.20	12.50	12.10	
新型浇注料	前	12.16	12.22	12.26	12.28	12.28	12.30	12.24	0.14
	后	12.06	12.22	12.26	12.30	12.26	12.30	12.23	
超微孔炭砖	前	11.82	11.84	11.90	11.92	11.86	11.88	11.87	8.31
	后	11.00	11.50	11.10	11.30	10.00	10.40	10.88	
碳复合砖	前	12.30	12.20	12.26	12.30	12.30	12.40	12.29	−0.33
	后	12.32	12.28	12.36	12.32	12.36	12.36	12.33	
微孔陶瓷砖	前	11.7	11.6	11.6	11.7	11.6	11.6	11.63	−0.85
	后	11.80	11.80	11.70	11.80	11.7	11.60	11.73	

浇注料侵蚀后直径变化并不明显，不同高度侵蚀程度均匀，表面较为光滑，浇注料侵蚀后平均直径变化率为1.12%。新型浇注料侵蚀后直径变化不明显，不同高度侵蚀程度均匀，侵蚀后新型浇注料平均直径变化率为0.14%。炭砖侵蚀后受侵蚀程度较高，不同高度受侵蚀程度不同，表面存在大量因碳骨料颗粒脱落所形成的孔洞，气-固-液界面处侵蚀严重，SGL炭砖侵蚀后平均直径变化率为8.31%。碳复合砖侵蚀后直径变化并不明显，不同高度侵蚀程度均匀，表面较为光滑，侵蚀后碳复合砖平均直径变化率为−0.33%。陶瓷砖侵蚀后直径变化不明显，不同高度侵蚀均匀，直径变化率为−0.85%。从抗铁水宏观侵蚀性能来看，陶瓷砖>碳复合砖>新型浇注料>浇注料≥SGL炭砖。

B　微观形貌分析

对抗铁水侵蚀后的耐火材料进行切割制样，制样方案见图5-28。

图 5-28　试样切割示意图

将实验后试样切割成两个圆柱体试样，获得一个受到侵蚀的圆柱体试样和一个未被侵蚀的圆柱体试样。

将受到侵蚀的试样切割成两个半圆柱，并将其切割为长 1～2 cm 长度的半圆柱试样。

采用树脂冷镶法镶嵌所获得试样，磨样后进行扫描电镜分析，以解析铁水侵蚀炭砖的微观过程机理。

（1）浇注料铁液侵蚀后微观形貌。浇注料铁液侵蚀后的微观形貌见图 5-29，SEM 图分别在 2 mm、100 μm 标尺下拍摄。见图 5-29（a），可以看到浇注料表面存在较多的孔洞，孔洞未出现在氧化铝小颗粒中，主要出现在浇注料不同成分的交界处。见图 5-29（b），P_1处亮白色物质为碳氮化钛，P_2 白色物质为 Fe，P_3 主要物相是 C，P_4 中物质为 Al_2O_3 和 SiO_2 混合相，莫来石相，此物质在图中可以看出包围住铁，并且界面分明，这是由于 Al_2O_3 和 Fe 两者间润湿性差。P_5为莫来石相，铁中含有较多莫来石相，呈粒状分布，说明 Al_2O_3 其抗铁水性能好。从总体来看，浇注料存在铁侵蚀现象较少，侵蚀并不严重。

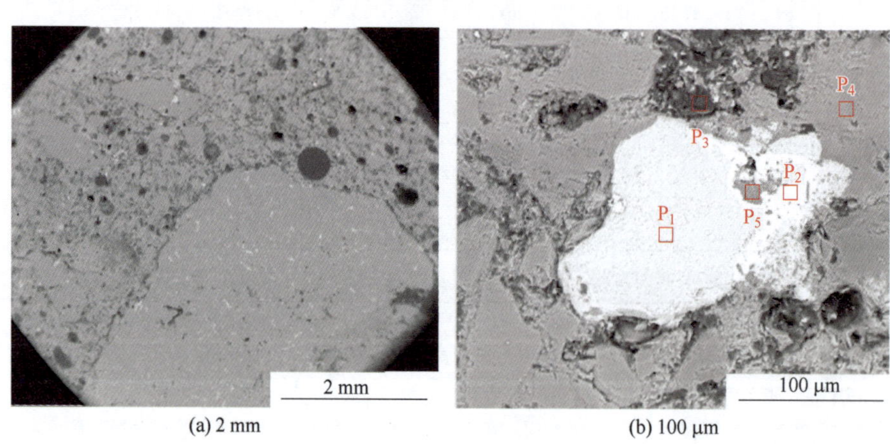

(a) 2 mm　　(b) 100 μm

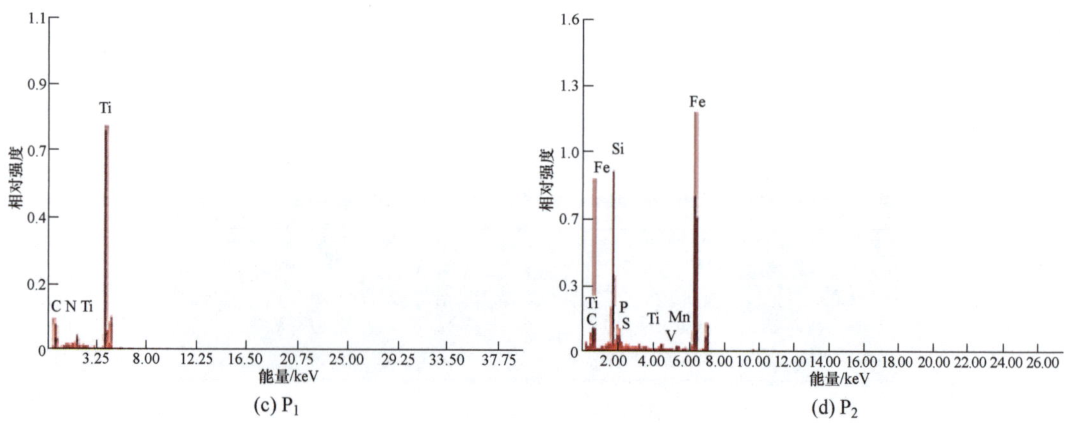

(c) P_1　　(d) P_2

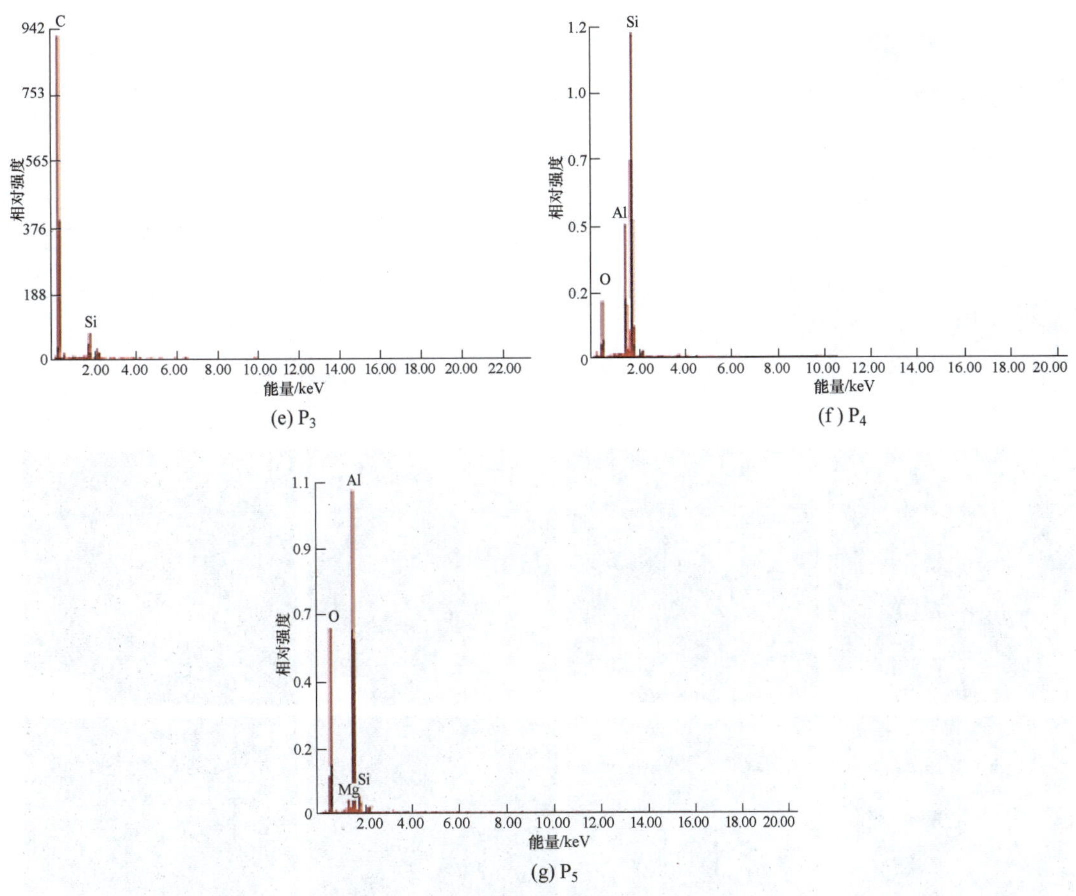

(e) P_3

(f) P_4

(g) P_5

图 5-29 浇注料铁液侵蚀后的微观形貌图

浇注料铁侵蚀后微观形貌见图 5-30，由图可知，图 5-30（a）中灰色物相是浇注料中的 Al_2O_3 和 SiO_2 形成的莫来石相。在中间圈外白色区域处，物相是碳氮化钛，圈内白色区域物相是铁。铁存在的区域在 Ti(C,N) 的包围中，且 Ti(C,N) 也在莫来石、石墨的包围之中，Fe 被限制在一定范围内防止对浇注料造成更大的损害。而在铁的中心区域，还含有许多小部分 Al_2O_3，说明其对铁的润湿性很差。结合浇注料铁侵蚀的 SEM-EDS 图，可以得到铁水侵蚀浇注料通过浇注料本身存在的孔洞和溶解碳形成的孔洞渗透进入其中，但因浇注料含有较多 Al_2O_3，对铁润湿性差，且会形成富钛层，进而对整体侵蚀情况并不严重。

（2）新型浇注料铁液侵蚀后微观形貌。新型浇注料侵蚀后微观形貌图见图 5-31，SEM 图分别在 2 mm 和 200 μm 标尺下拍摄。从图 5-31（a）可以看到，特制浇注料表面存在较多孔洞，且存在明显裂纹，孔洞和裂纹都出现在不同物相的交界处，表面仍保持宏观物相凹凸不平的形貌特征。见图 5-31（b），进行扫点分析，P_1 处白色物相为铁，明显发生了铁的侵蚀，P_2 处物相为 Al_2O_3，占据特制浇注料的主要成分，遍布其中，P_3 处主要成分为 C，特制浇注料中没有添加 C，认为此处的碳是镶样时树脂。P_5 物相与 P_1 一致，物

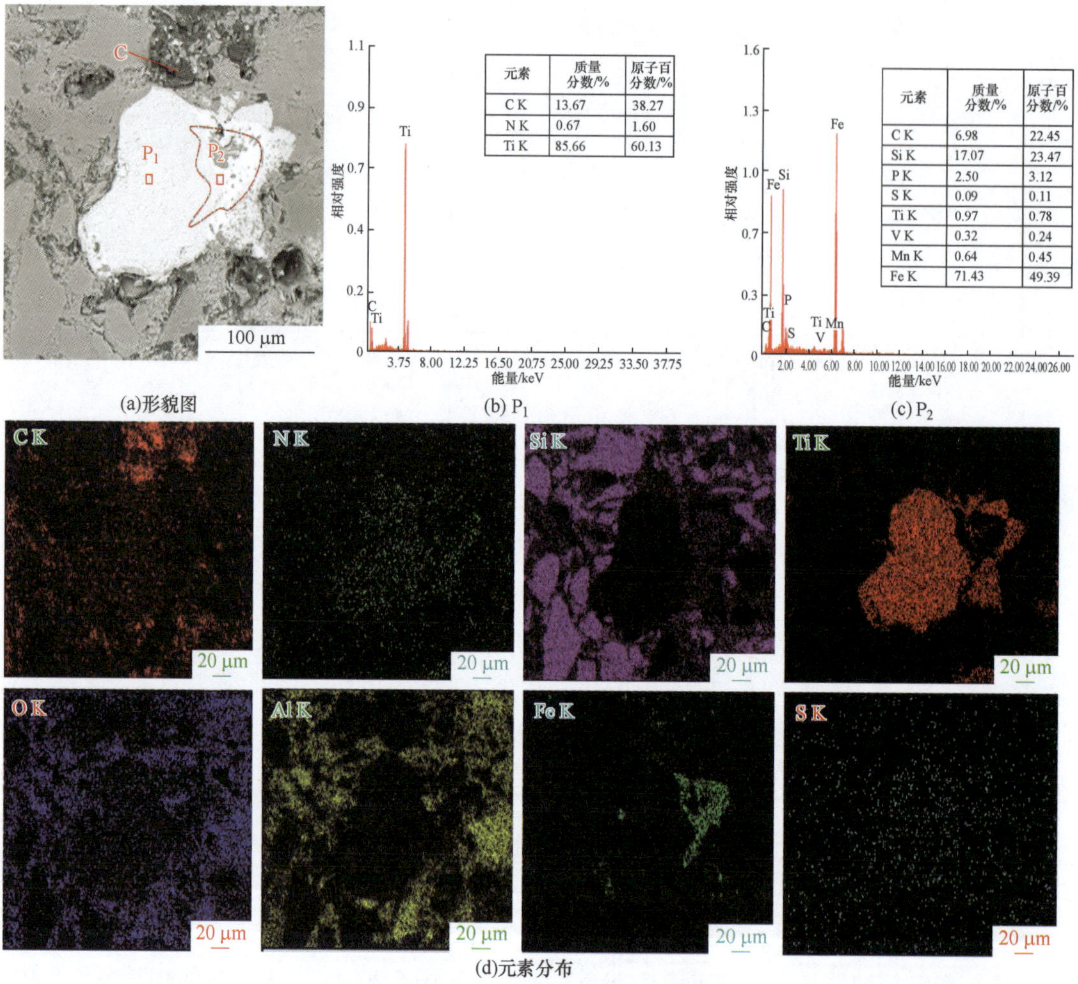
C
P1
P2
100 μm
(a)形貌图
元素 质量分数/% 原子百分数/%
C K 13.67 38.27
N K 0.67 1.60
Ti K 85.66 60.13
相对强度
能量/keV
(b) P1
元素 质量分数/% 原子百分数/%
C K 6.98 22.45
Si K 17.07 23.47
P K 2.50 3.12
S K 0.09 0.11
Ti K 0.97 0.78
V K 0.32 0.24
Mn K 0.64 0.45
Fe K 71.43 49.39
相对强度
能量/keV
(c) P2
C K
N K
Si K
Ti K
O K
Al K
Fe K
S K
20 μm
(d)元素分布

图 5-30 浇注料铁侵蚀后微观形貌图

相是铁，在 P_5左边的浇注料整体形貌不完整，呈现支离破碎的状态，可能是铁侵蚀特制浇注料中其他物质，使 Al_2O_3 裸露在铁水中，并经过冲刷，使 Al_2O_3 小颗粒落在铁水中，P_4 物相也是 Fe，其中含铁量相较于 P_5处变少，这是因为铁水含量随着渗透深度而降低。

新型浇注料铁侵蚀后微观形貌图见图 5-32，由图 5-32（b）可知，左侧是浇注料，因为其中大量的 Al_2O_3，图中黑色物相为碳，但此炭并不是浇注料中的，而是树脂通过浇注料的孔洞和裂纹进入其中，侵入浇注料的铁量由界面向浇注料内部不断降低。在铁水-浇注料界面处出现较多铁水侵入其中的原因可能是特制浇注料的表面较为粗糙，存在大量的孔洞和裂纹，为铁水侵入提供了较大的便利。见图 5-32（a)，从整体上看特制浇注料的铁侵蚀情况并不是太严重，侵蚀情况较为严重的地方只存在一处，此处位于一处裂纹情况较为严重的地方。

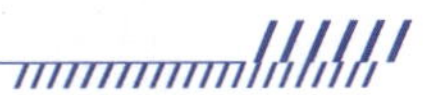

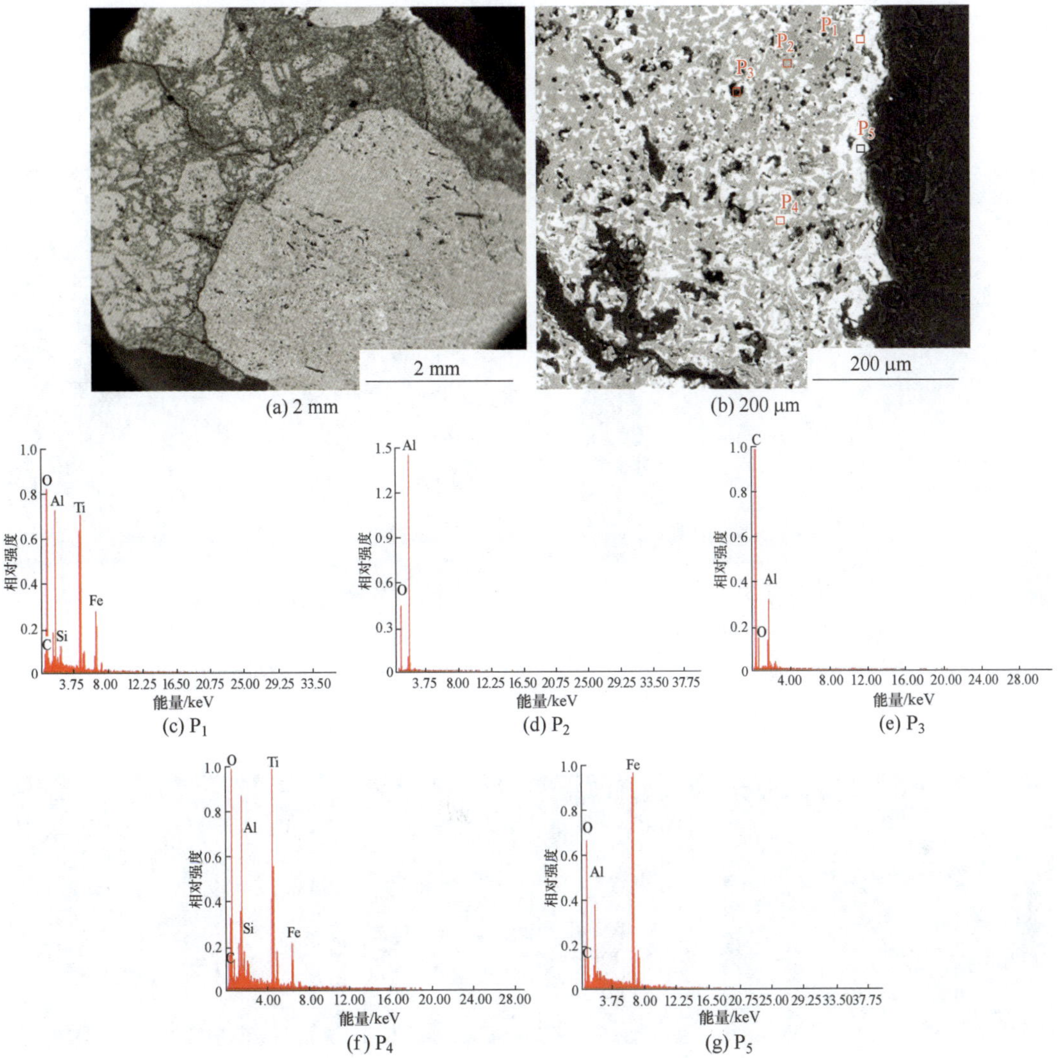

P1
P2
P3
P4
P5
2 mm
200 μm
(a) 2 mm
(b) 200 μm
相对强度
能量/keV
(c) P_1
(d) P_2
(e) P_3
(f) P_4
(g) P_5

图 5-31 新型浇注料侵蚀后微观形貌图

（3）碳复合砖铁侵蚀后微观形貌。碳复合砖铁水侵蚀后微观形貌图见图 5-33，见图 5-33（a），碳复合砖表面孔洞较少，表面较为光滑，且被铁侵蚀部分较少，仍保持着良好的微观形貌。见图 5-33（b），进行扫点分析，P_1 处白色物相为 Fe，发生了铁的侵蚀，并且其中含有 Ti(C,N)；P_2 物相为 Al_2O_3，呈现灰白色，为碳复合砖的主要组成部分，在如 P_1 那样的白色条状带中，含有一些灰白色块状物未被铁水侵蚀，说明 Al_2O_3 的抗铁侵蚀性能较好；P_3 处灰色物质主要成分为 C，为碳复合砖的重要组成部分，均匀分布在氧化铝基质中，起到提高碳复合砖整体热导率的作用，在白色条状带中，可以看到，随着深入铁水，碳逐渐由大颗粒向小颗粒转变，并不断消失，这是因为碳先从基体中脱落，脱落到铁水中，不断溶解，直至消失于铁水中，P_4 物相也为 Fe，其中 Fe 的含量少，在白色条状带到 P_4 之间存在如 P_4 一样的白色区域，这是铁逐渐从表面往碳复合砖内部侵蚀的痕迹，但侵蚀痕迹并不重，侵蚀情况并不严重。碳复合砖抗铁水性能较好。

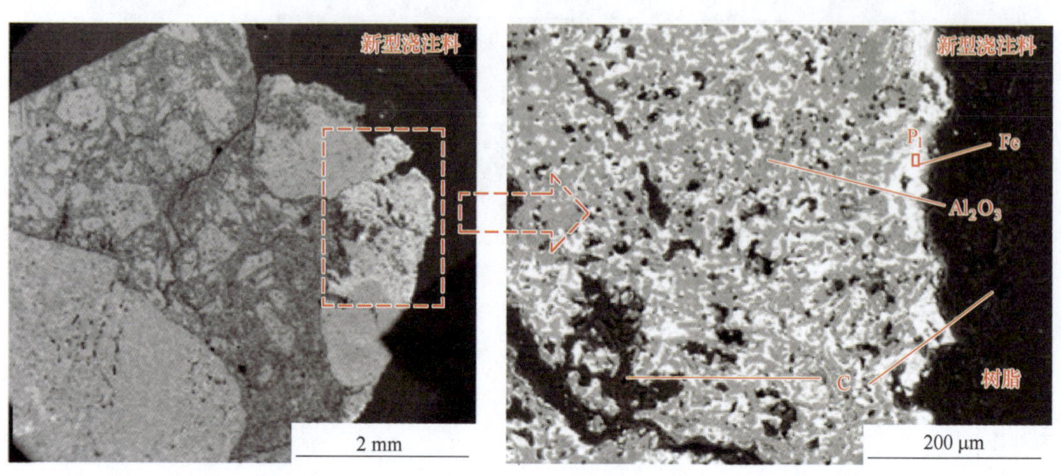

(a) 2 mm (b) 200 μm

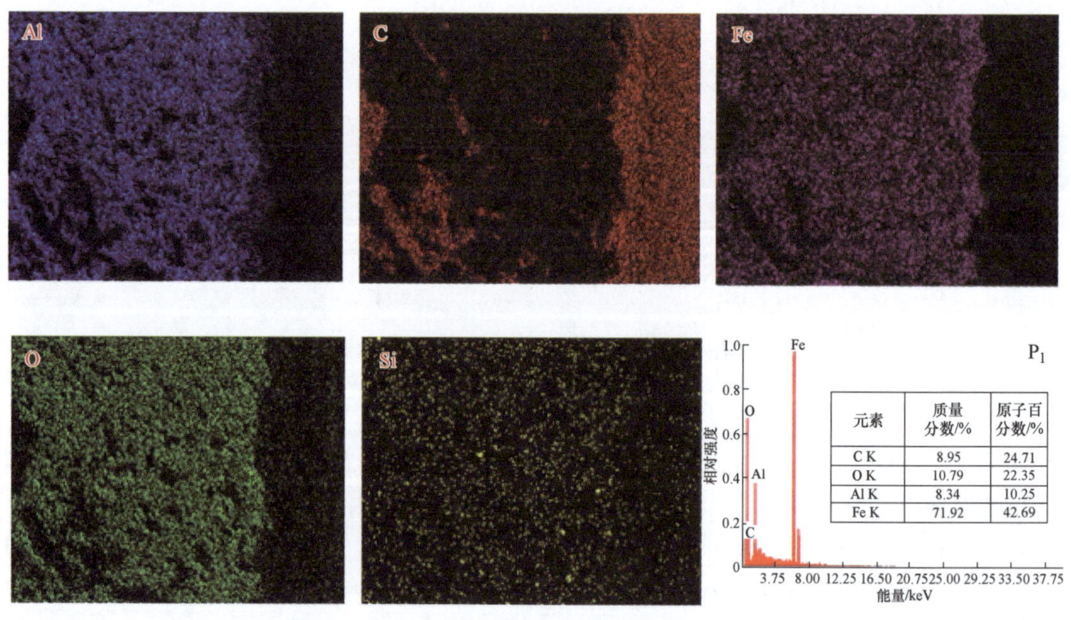

元素	质量分数/%	原子百分数/%
C K	8.95	24.71
O K	10.79	22.35
Al K	8.34	10.25
Fe K	71.92	42.69

(c) 元素分布

图 5-32 新型浇注料铁侵蚀后微观形貌图

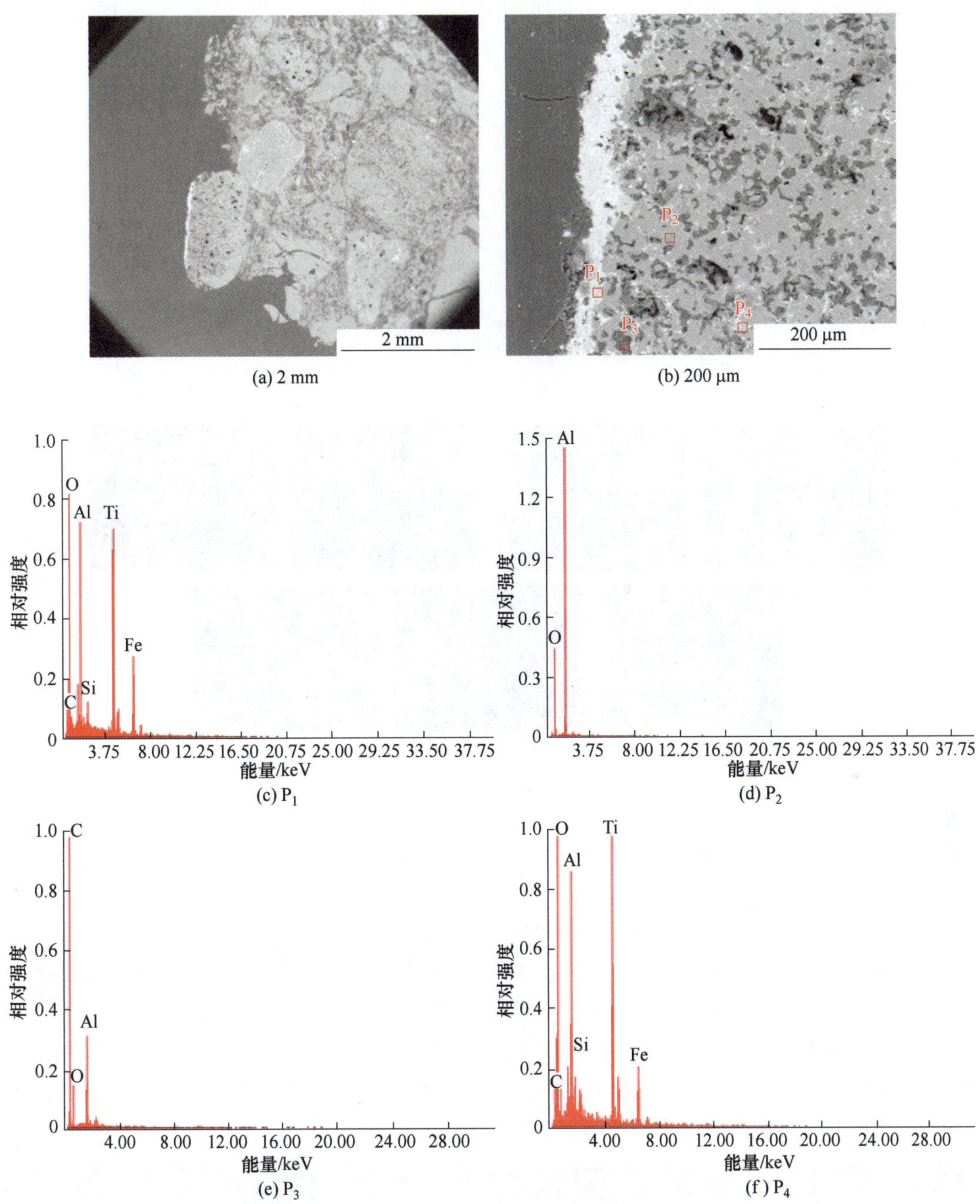

图 5-33 碳复合砖铁水侵蚀后微观形貌图

碳复合砖铁侵蚀微观形貌图见图 5-34，图 5-34（a）中，右侧为碳复合砖，其中含有大量的 Al_2O_3，左侧碳是树脂中的，铁主要富集在白色条状带上，碳复合砖中含有少量的铁，铁从白色条状带往碳复合砖内存在断崖式的降低，说明碳复合砖中抗铁侵蚀较大的作用，氧化铝对铁润湿性差。在白色条状带中还发现了 Ti(C,N)，并且可以发现 Ti(C,N) 在界面处富集，可能是铁水中本身含有的 TiO_2，在铁往砖内部渗透的过程中，被碳复合砖中溶解到铁水中的碳反应，生成 TiC，而 TiC 往低温区转移，温度降低，在界面处析出，最终形成富钛层。

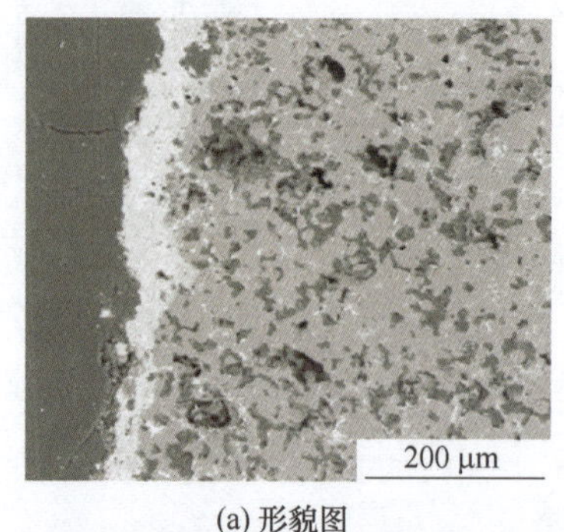

(a) 形貌图

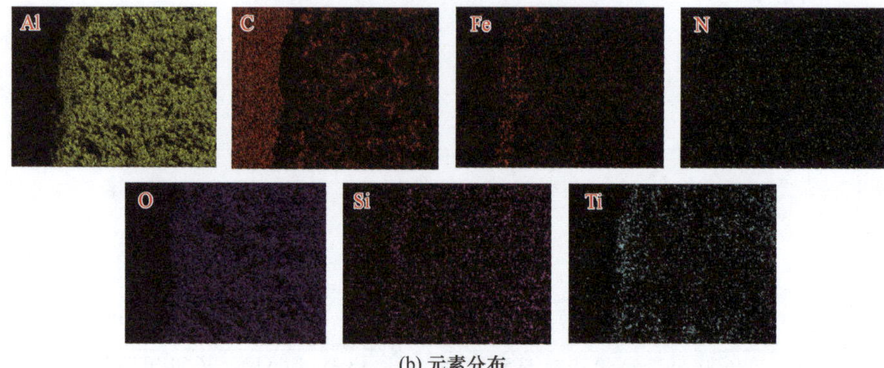

(b) 元素分布

图 5-34　碳复合砖铁侵蚀微观形貌图

（4）炭砖铁侵蚀后微观形貌。炭砖铁侵蚀后微观形貌图见图 5-35，图 5-35（b）中 P_1处物相为 Fe，这是侵入炭砖的铁水，P_2 处物相为 SiO_2，这时 SiO_2 中存在 Fe 侵，P_3 为炭砖中的主要成分为碳，P_4 为炭砖中的氧化铝，P_5为放大后的铁。图 5-35（a）中可以看出炭砖微观形貌上侵蚀不严重，白色亮点为 Fe，图 5-35（c）可以看出铁相是呈块状物。

炭砖铁侵蚀后炭砖的微观形貌图见图 5-36，其中亮白色为侵蚀炭砖的铁水，黑色物质为碳，右上角灰色块状物为氧化铝。铁和碳之间灰白色物质为硅铁，是炭砖中的碳化硅和二氧化硅被铁还原形成硅铁，会破坏炭砖的结构，侵蚀炭砖。而右下角的铁被炭包裹，铁水中的碳不饱和，会使炭砖中的碳溶解于铁水中，进而破坏炭砖，加剧侵蚀。

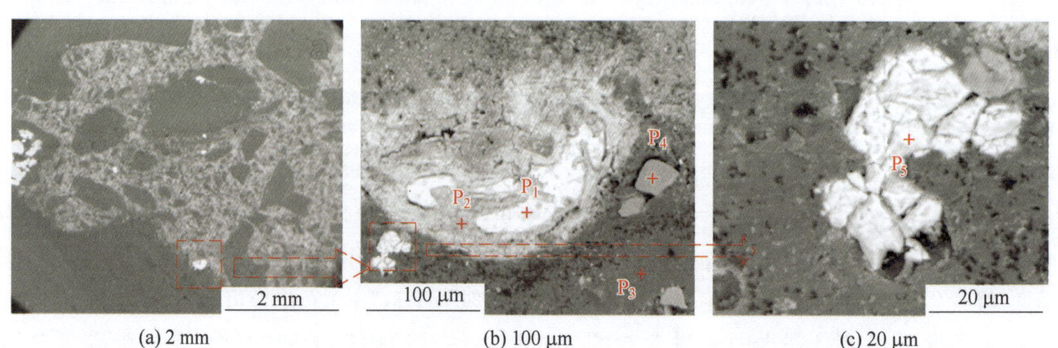

(a) 2 mm　(b) 100 μm　(c) 20 μm

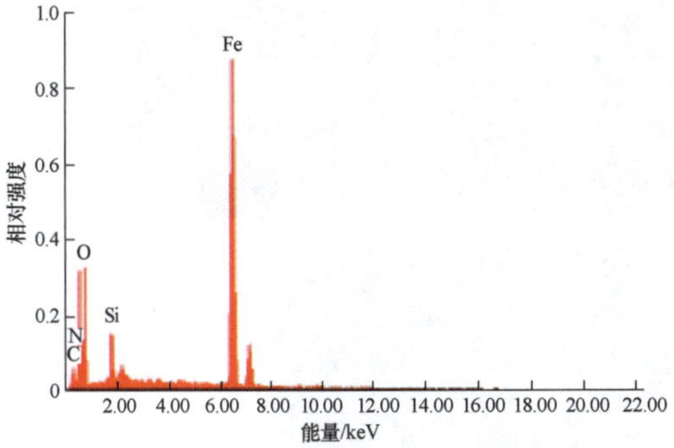

(d) P_1

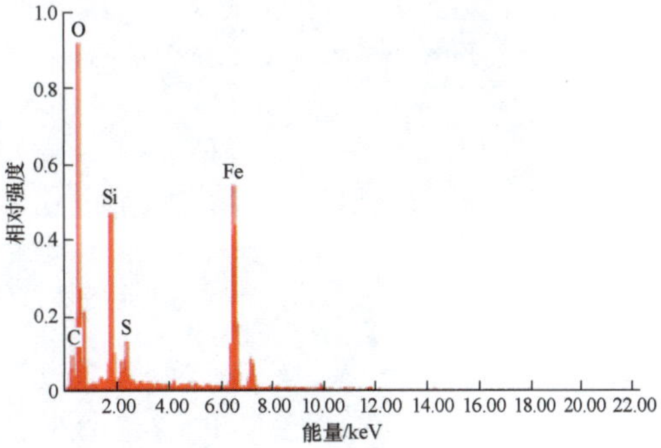

(e) P_2

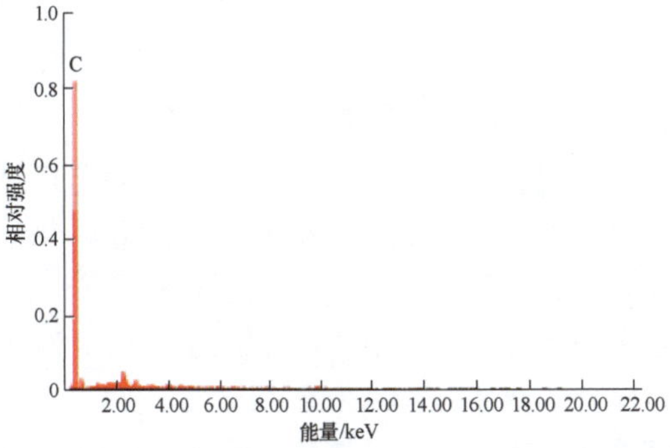

(f) P_3

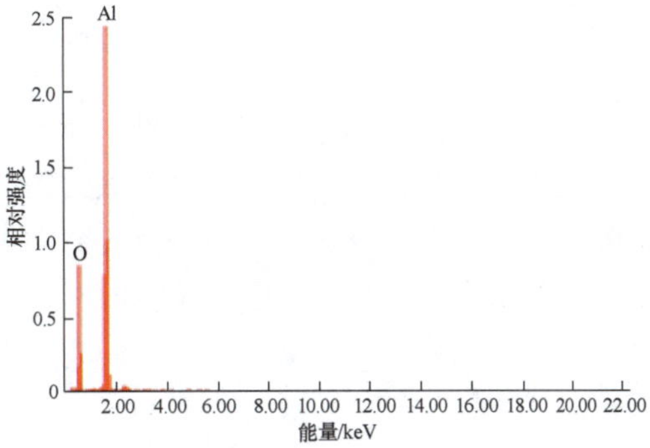

(g) P_4

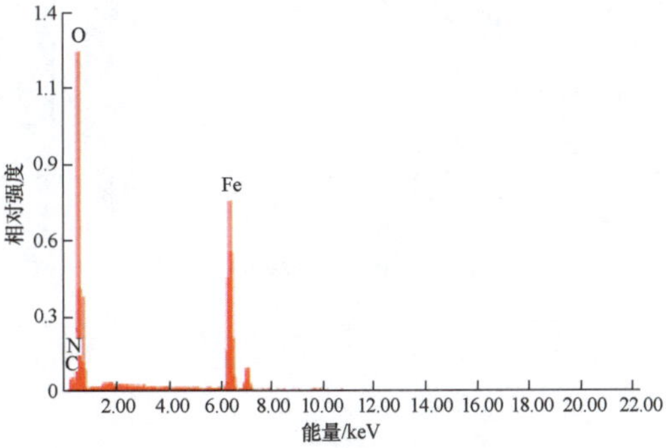

(h) P_5

图 5-35 炭砖铁侵蚀后微观形貌图

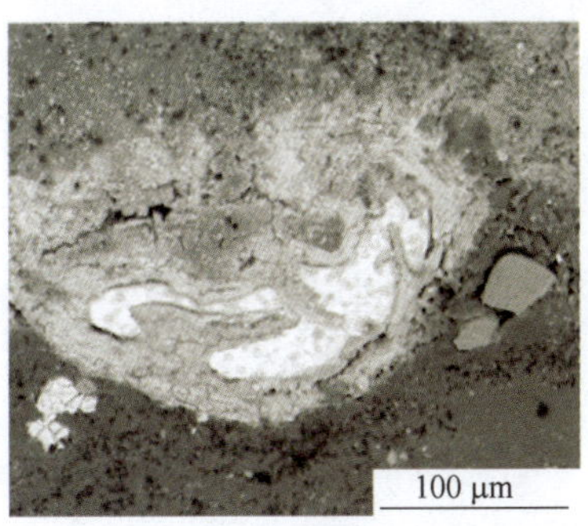

(a) 形貌图

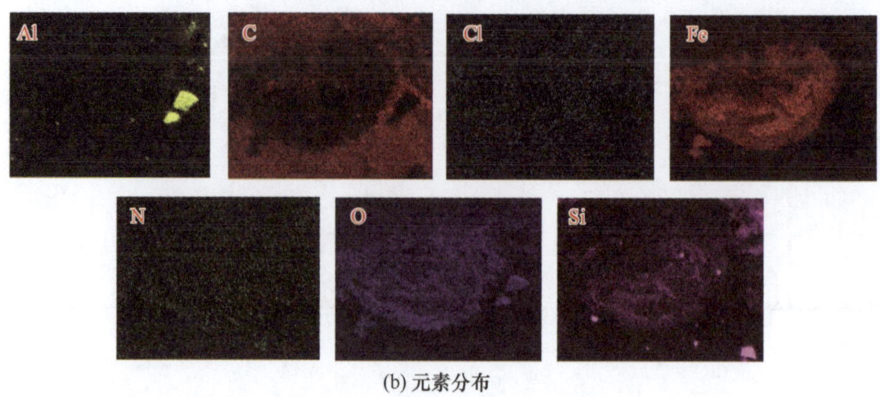

(b) 元素分布

图 5-36　炭砖铁侵蚀后炭砖的微观形貌图

（5）刚玉砖侵蚀后微观形貌。刚玉砖铁侵蚀后微观形貌图见图 5-37，图 5-37（a）中黑色条纹物为碳，灰色大块物为氧化铝，如框内白色物质为铁，可以看到刚玉砖铁侵蚀十分少。且刚玉砖侵蚀后整体基质完整，表面没有大的孔洞和孔隙，少量碳分布在氧化铝之中，为刚玉砖提高热导率。图 5-37（a）框内放大见图 5-37（b），P_1白色物相为铁，P_2灰色基质为氧化铝，并且对图 5-37（b）进行面扫，得到白色物质为侵蚀进入刚玉砖中的铁。

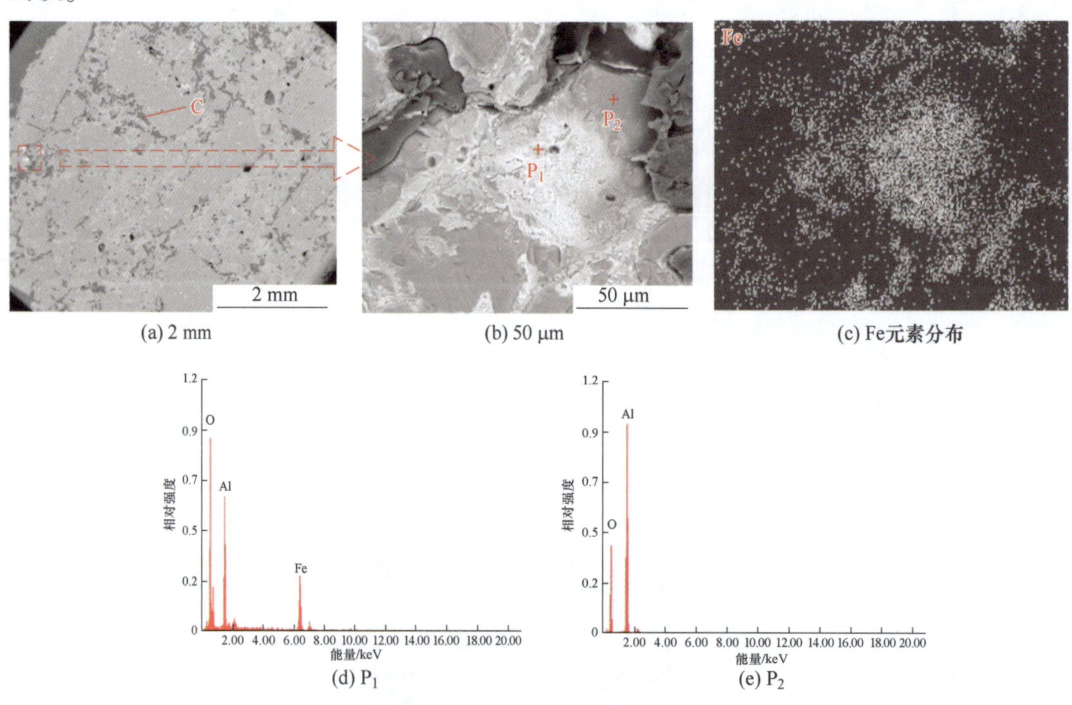

(a) 2 mm　(b) 50 μm　(c) Fe元素分布

(d) P_1　(e) P_2

图 5-37　刚玉砖铁侵蚀后微观形貌

5.4.2.3　耐火材料抗渣侵蚀性能实验分析

A　宏观形貌分析

耐火材料抗渣侵蚀前后宏观形貌见图 5-38。

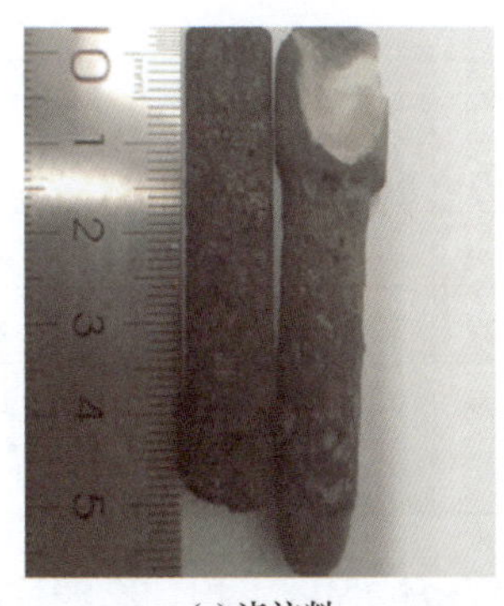

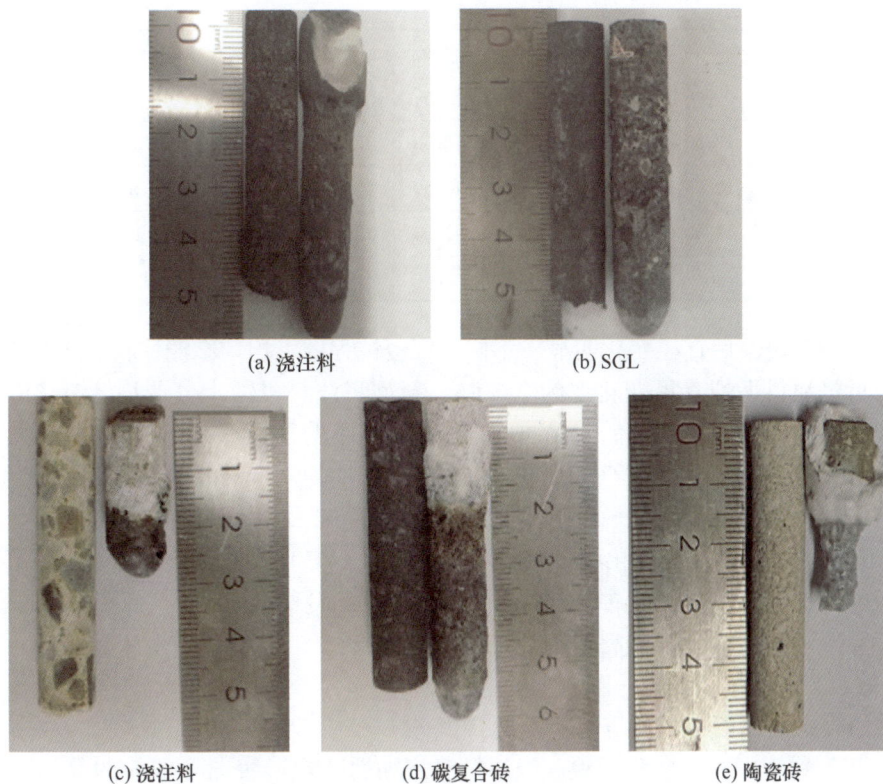

(a) 浇注料　　(b) SGL

(c) 浇注料

(d) 碳复合砖

(e) 陶瓷砖

图 5-38　耐火材料抗渣侵蚀前后宏观形貌

浇注料、新型浇注料、炭砖、碳复合砖抗和陶瓷砖渣侵蚀前、后宏观形貌见图 5-38。通过对耐火材料原始形貌的对比分析可以发现，浇注料表面较为粗糙，存在较多孔洞；新型浇注料表面较为光滑，表面存在较少孔洞；炭砖表面最为光滑、致密，且表面碳骨料颗粒较多、分布密集；碳复合砖较为光滑、致密，且表面碳骨料颗粒尺寸较小、分布较少。陶瓷砖表面较为光滑，孔洞较小，存在蓝色颗粒。

五种耐火材料抗渣侵蚀存在明显差异。五种耐火材料抗渣侵蚀前后直径测量结果见表 5-18。

表 5-18　五种耐火材料抗渣侵蚀前后直径测量结果

砖　型	侵蚀	直径 1 /mm	直径 2 /mm	直径 3 /mm	直径 4 /mm	直径 5 /mm	直径 6 /mm	平均直径 /mm	直径变化率/%
浇注料	前	12.30	12.70	12.30	12.26	11.70	11.80	12.18	2.30
	后	11.90	11.92	12.10	12.10	11.60	11.80	11.90	
新型浇注料	前	12.20	12.24	12.24	12.26	12.26	12.26	12.24	100.00
	后	0	0	0	0	0	0	0	
超微孔炭砖	前	11.80	11.82	11.92	11.94	11.88	11.88	11.87	-0.79
	后	11.90	12.00	11.80	12.00	12.00	12.10	11.97	

续表 5-18

砖　型	侵蚀	直径 1 /mm	直径 2 /mm	直径 3 /mm	直径 4 /mm	直径 5 /mm	直径 6 /mm	平均直径 /mm	直径变化率/%
碳复合砖	前	12.30	12.30	12.40	12.30	12.30	12.40	12.33	0.24
	后	12.18	12.32	12.36	12.50	12.00	12.46	12.30	
微孔陶瓷砖	前	12.10	12.20	12.40	12.00	12.10	12.40	12.17	100.00
	后	0	0	0	0	0	0	0	

浇注料抗渣侵蚀后直径变化明显，不同高度侵蚀程度不均匀，浇注料表面产生一些孔洞，侵蚀后浇注料平均直径变化率为 2.30%。新型浇注料侵蚀十分严重，浸没渣的部分熔化消失。炭砖受侵蚀程度较低，侵蚀后直径变化并不明显，不同高度侵蚀程度均匀，表面较为光滑，侵蚀后炭砖平均直径变化率为-0.79%。碳复合砖侵蚀后直径变化不明显，不同高度侵蚀程度不均匀，表面产生一些孔洞，侵蚀后碳复合砖平均直径变化率为 0.24%。陶瓷砖侵蚀后直径变化明显，不同高度侵蚀不均匀，浸没渣中的部分溶解掉，且在渣液上陶瓷也侵蚀严重，侵蚀后平均直径变化率为 100.00%。从抗渣宏观侵蚀性能来看，SGL 炭砖>碳复合砖>浇注料≥陶瓷砖>新型浇注料。

B　微观形貌分析

对抗渣侵蚀后的耐火材料进行切割制样。

(1) 浇注料渣侵蚀后微观形貌。浇注料渣侵蚀后微观形貌图见图 5-39 (a)，中间位置为浇注料，其中存在较多孔洞，有的孔洞较大，整体表面较为粗糙。见图 5-39 (b)，此图为浇注料与渣交界处，图的右半边为树脂。P_1 处白色条状物相为 Ti(C,N)，发现在交界处存在一些如 P_1 的物质富集，形成一条直线，P_2 处物相为渣相，P_3 处物相为 C，P_4 物相为 Si 单质。P_2 在界面处分布很广，说明此处被渣侵蚀严重。Ti(C,N) 在界面近处富集，如 P_1 处，其中耐火材料中和铁水中都含有 Ti，生成 Ti(C,N)，会富集在此处，是因为 Ti(C,N) 向低温部位转移，浓度积达到饱和，就会结晶析出。

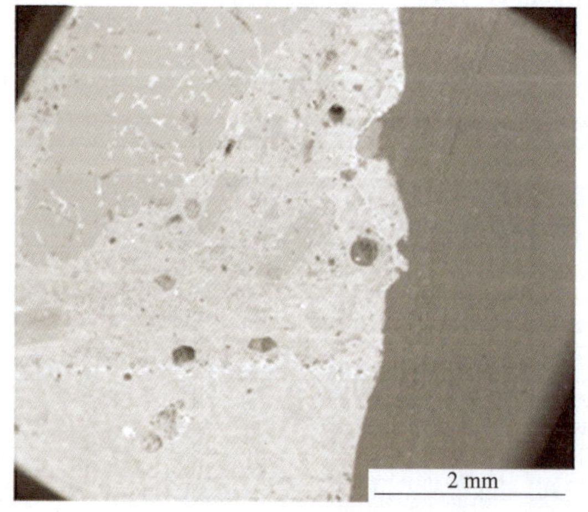

(a) 2 mm

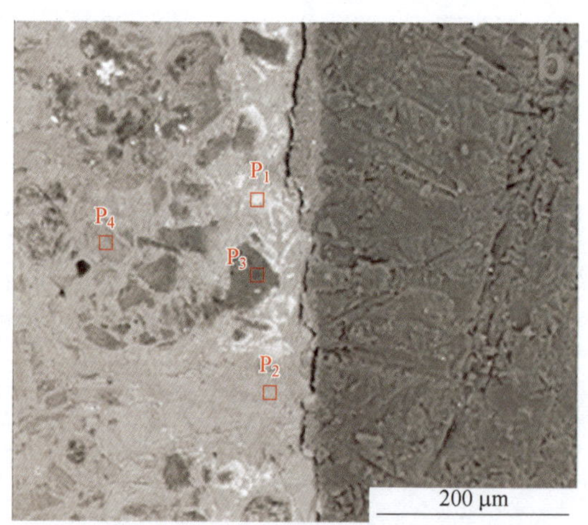

(b) 200 μm

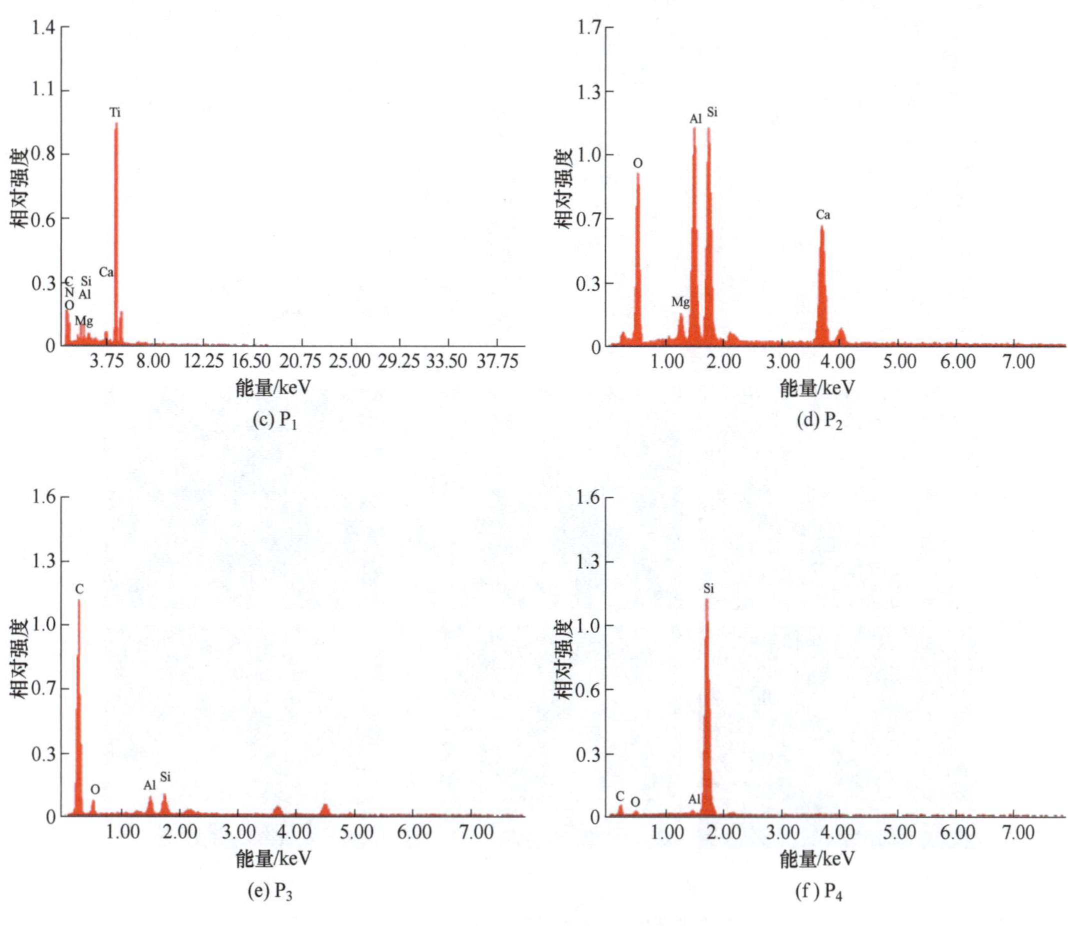

(c) P_1 (d) P_2 (e) P_3 (f) P_4

图 5-39 浇注料渣侵蚀后微观形貌图

浇注料渣侵蚀的微观形貌见图 5-40，图 5-40（b）为图 5-40（a）局部放大图，图 5-40（a）中右下侧深色块状物为 Al_2O_3，浅色物质为渣相，由图 5-40 可以看出渣侵蚀浇注料的过程，氧化铝在右下侧呈现大块状，在往渣中深入的过程中，因为氧化铝是可以在渣中溶解的，氧化铝块开始不断地变小，并且氧化铝三面都将被渣包裹，最后一处连接处也会被渣侵蚀殆尽，从大块氧化铝中逐渐脱落，成小块落入渣中，最终在渣中消失。对见图 5-40（b）进行面扫，可以看出这是浇注料与渣液侵蚀界面处，既有大块氧化铝也有大范围的渣相，其中深色的块状物为氧化铝，浅色的块状物为 Si 单质，氧化铝在深入渣的过程中逐渐消失，而 Si 单质保持完整，Si 单质不溶于渣，在图 5-40 中发现 Mg 比 Ca 更加深入，这是因为 Mg 进入了氧化铝中，可能是 Mg 通过孔洞进入氧化铝内部，与其发生反应，生成镁铝尖晶石。

（2）新型浇注料渣侵蚀后微观形貌。特制浇注料在做渣侵蚀实验时，特制浇注料直接溶于渣中。

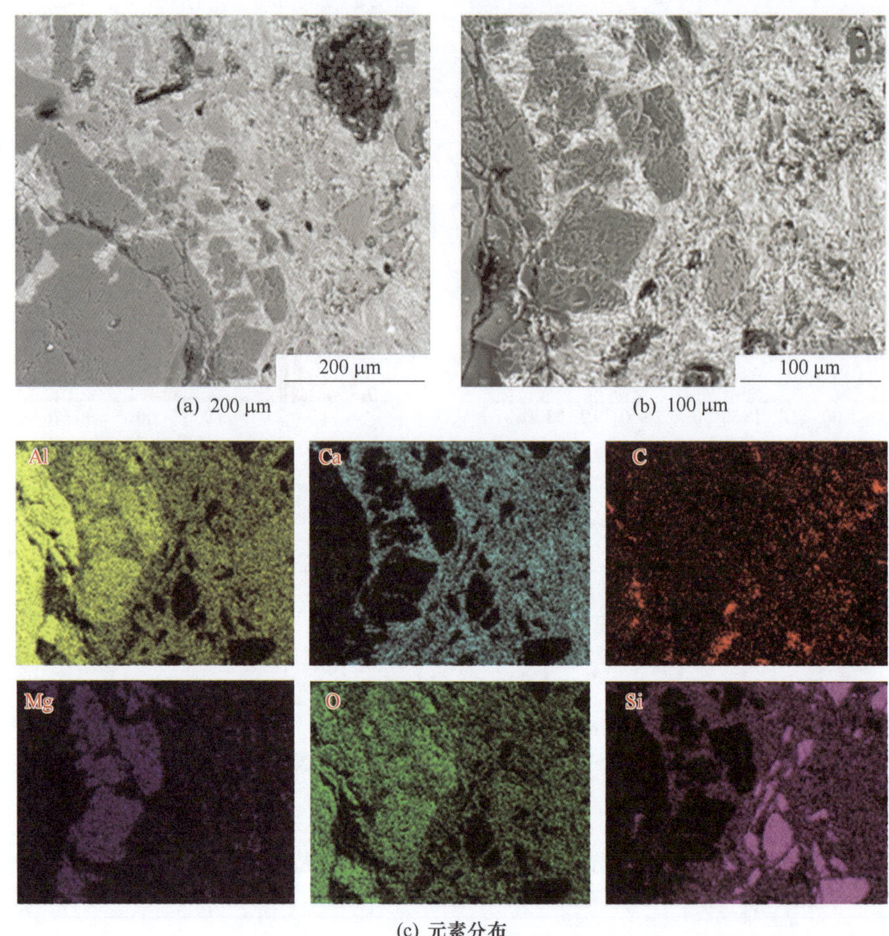

(a) 200 μm (b) 100 μm

(c) 元素分布

图 5-40 浇注料渣侵蚀微观形貌图

（3）碳复合砖渣侵蚀后微观形貌。碳复合砖的渣侵蚀微观形貌见图 5-41（a），碳复合砖表面孔洞较少，且存在一些微小的裂纹，整体表面形貌较为光滑。见图 5-41（b），P_1处灰白色物相为渣相，此处为碳复合砖被渣侵蚀的界面，在这个界面可以看到碳复合砖中的氧化铝组分正在往渣中溶解，氧化铝在往渣中深处时，不断变小直至消失，P_2 物相也是渣相，但其中渣的含量变少了相较于 P_1，这是由于碳复合砖对渣渗透的阻碍，可以看出渣相与碳复合砖界面交界处大部分都是与碳接触，可能是原本接触处的氧化铝都被渣溶解了，而碳复合砖中的碳与渣相的湿润性很差，故界面存在着大量碳。P_3 处也为渣相，P_4 处成分主要含有 C，这是碳复合砖组成成分碳，碳均匀地遍布在碳复合砖中，在氧化铝提高其抗铁侵蚀性时，提高其热导率和抗渣侵蚀性。从整体来看，碳复合砖的渣侵蚀情况并不严重。

碳复合砖渣侵蚀微观形貌见图 5-42，可以看出 Ca 主要在图右侧富集，说明右侧为渣相，可以看到整个交界处碳复合砖处几乎都是碳，也能看到一些氧化铝颗粒在交界处，但都被渣包围住，有小块氧化铝颗粒存在于渣相中，说明渣液先接触氧化铝相，对其进行溶解侵蚀，使其与碳复合砖的接触面积不断减少，最终使其脱落，落在渣相中，最终溶解消

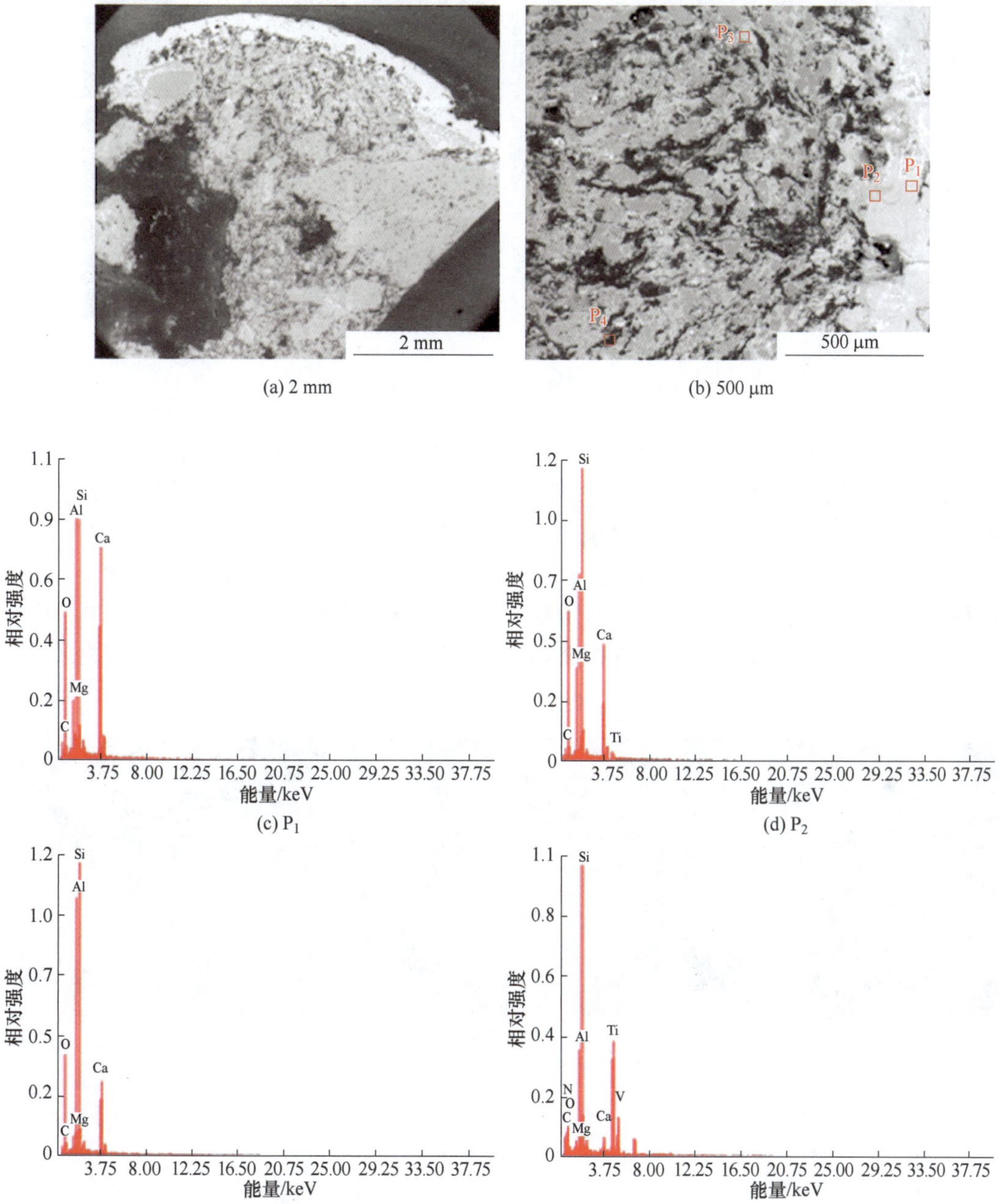

(a) 2 mm

(b) 500 μm

(c) P_1

(d) P_2

(e) P_3

(f) P_4

图 5-41　碳复合砖渣侵蚀后微观形貌图

失。在图 5-42 中看出一个现象，在碳复合砖内部发现了许多镁，认为镁随着熔渣渗透到碳复合砖内部，而其实可以与砖中氧化铝发生反应，生成镁铝尖晶石，其熔点为 2100 ℃，高于实验温度，可以保护碳复合砖。还发现了 Ti(C,N) 在界面处存在富集现象，可能是渣液中的 Ti(C,N) 溶解度较低，而在碳复合砖处的温度较低，Ti(C,N) 将会在其界面处析出，进而出现富集现象，进而可以保护碳复合砖。

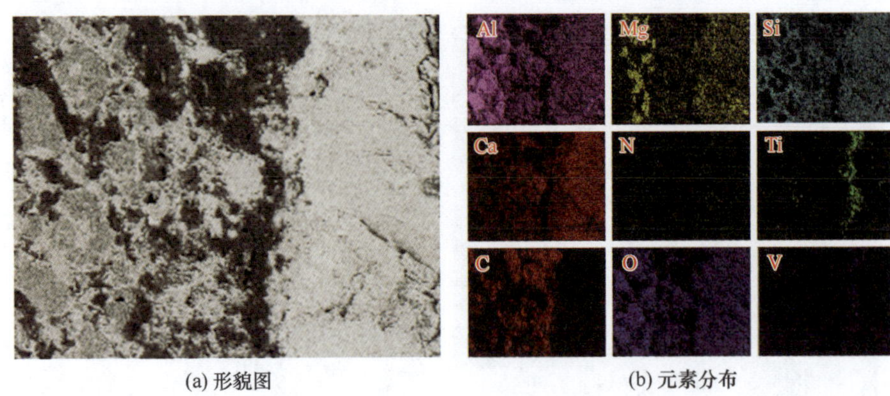

(a) 形貌图　　(b) 元素分布

图 5-42　碳复合砖渣侵蚀微观形貌图

（4）炭砖渣侵蚀后微观形貌。炭砖渣侵蚀后微观形貌图见图 5-43，从图 5-43（a）可以看出碳砖表面的孔洞较小，表面较为光滑，图中最右边亮白色的一条边是渣相，侵蚀情况并不严重，在圈内处也存在着渣相，这是因为圈内与右侧条状渣相之间存在一个裂纹，渣相通过这进入。见图 5-43（b），P_1的灰色物相为渣相，P_2 的白色区域为富钛层，处于渣相和炭砖之间，图 5-43（c）的 P_3 是碳，可以看出碳的结构参差不齐，P_4、P_5和 P_2、P_1一样为富钛层和渣相，其中与渣相交界处的碳结表面不平整，由于此处其他物质溶于渣中，导致出现很多孔洞。

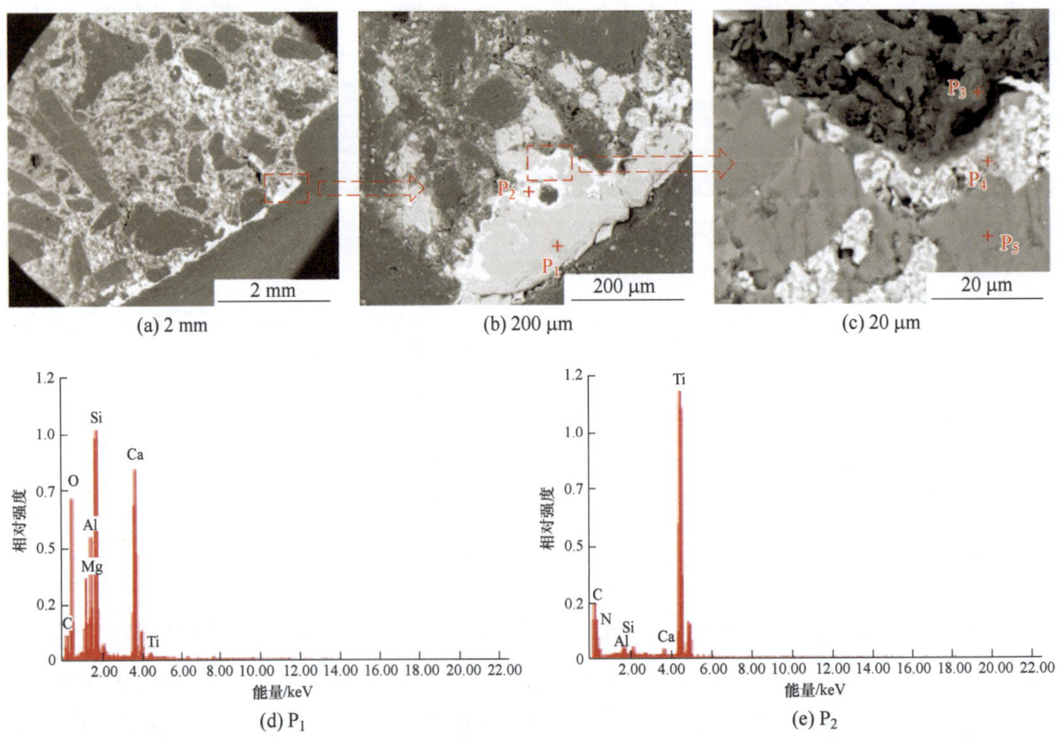

(a) 2 mm　　(b) 200 μm　　(c) 20 μm

(d) P_1　　(e) P_2

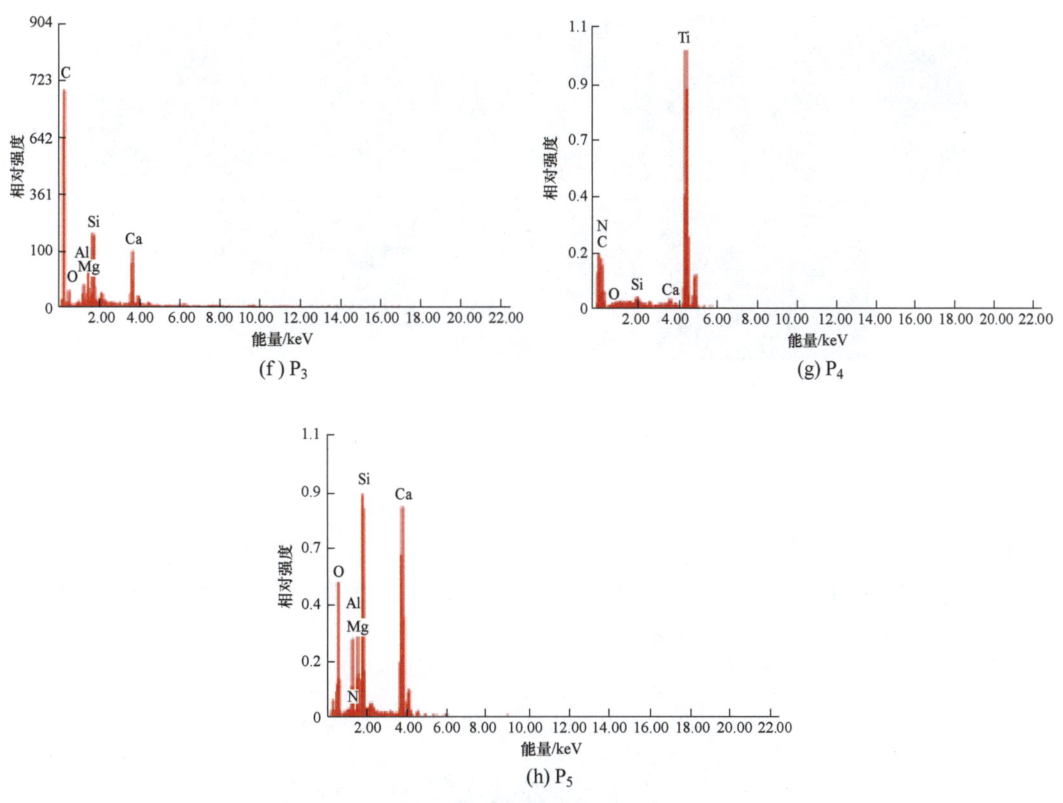

(f) P_3　(g) P_4

(h) P_5

图 5-43　炭砖渣侵蚀后微观形貌图

炭砖渣侵蚀后微观形貌图见图 5-44，图中亮白色区域几乎富钛层，灰色区域为渣相。在呈条状带的亮白色带中发现了 TiC 存在，可能是渣液中的 TiC 溶解度较低，而在碳复合砖处的温度较低，TiC 将会在其界面处析出，进而出现富集现象，其熔点为 3000 ℃左右，可以依附在炭砖表面，防止渣的继续侵蚀。

5.4.2.4　抗渣铁侵蚀现场性能分析

A　宏观形貌分析

浇注料吊在渣铁沟上面，以使得耐火材料浸入到渣铁液中，下部位于铁液中，中部位

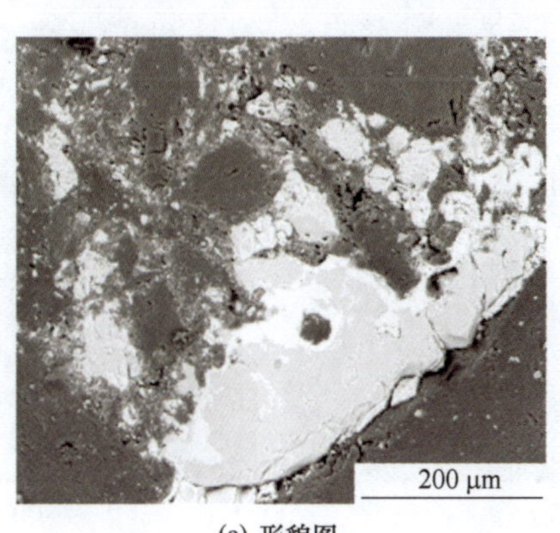

(a) 形貌图

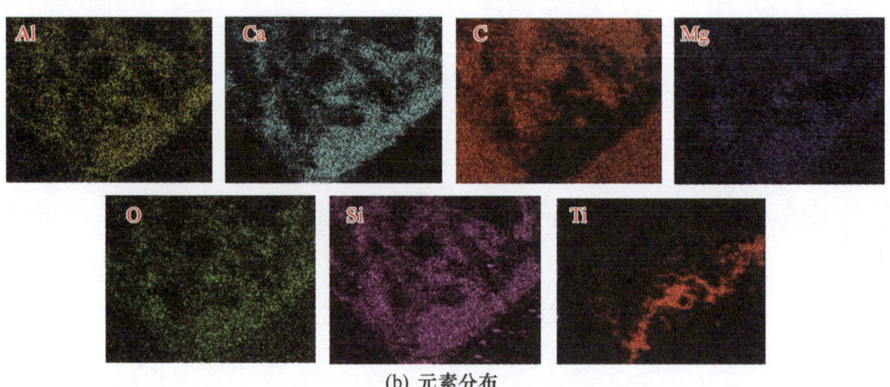

(b) 元素分布

图 5-44 炭砖渣侵蚀后微观形貌图

于渣液中，上部在渣铁液上面，未接触，共侵蚀 789 min。侵蚀完成后，宏观形貌见图 5-45。右边浇注料应受到铁侵蚀，表面较为光滑，浇注料原本的棱角消失，中间为渣的侵蚀，可以看到浇注料表面不光滑，比原来的变大了，存在挂渣现象，左边放在渣液以上，未受到侵蚀，形貌没有发生大的变化。

图 5-45 浇注料现场侵蚀形貌图

对浇注料下部分处理，见图 5-46，在最下面一角切开，并没有发现明显的铁侵蚀，对距离底部 8 cm 处切开，横截面上也没有看到明显的铁侵蚀，也在此处取样，进行微观分析。

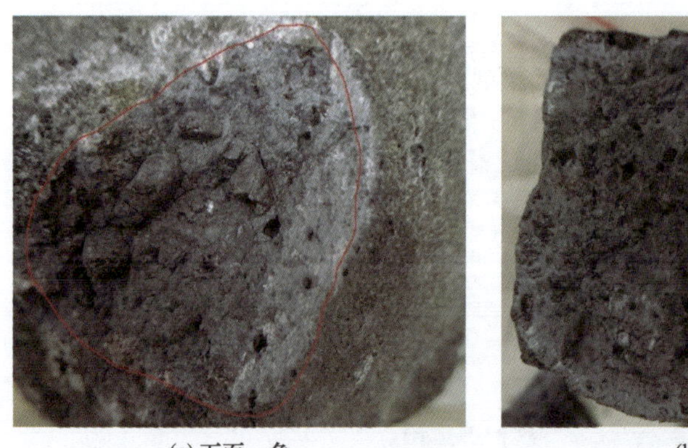

(a) 下面一角 (b) 横截面

图 5-46 浇注料现场侵蚀形貌图

B 微观形貌分析

对抗铁水侵蚀后的耐火材料进行切割制样，制样方案见图 5-47。

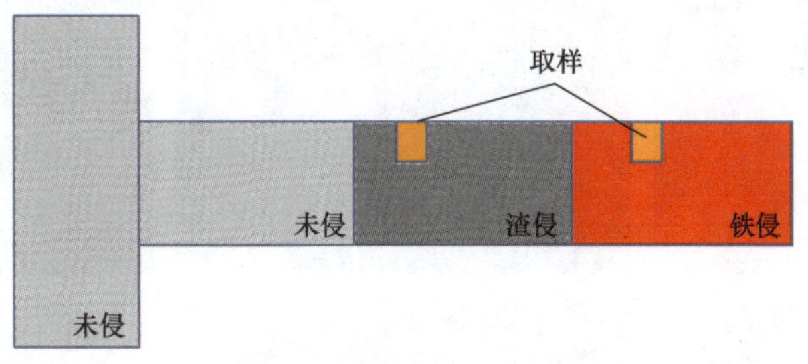

图 5-47 试样切割示意图

将实验后试样切割成三个块状试样，获得一个受到渣侵蚀的块状试样，一个受到铁侵蚀的块状试样和一个未被侵蚀的块状试样。

将受到渣侵蚀的试样从表面到内部切割一个试样，将受到铁侵蚀的试样从表面到内部切割一个试样，并都要求观察到界面。

采用树脂冷镶法镶嵌所获得试样，磨样后进行扫描电镜分析，以解析渣铁侵蚀炭砖的微观过程机理。

（1）浇注料铁侵蚀后微观形貌分析：在下部取得样品中，微观形貌见图 5-48。在试样表面并未发现铁，发现的还是渣的侵蚀。在图 5-48（a）处 P_1 为渣相，而 P_2 为基质，图中块状物为氧化铝。将 P_1 和 P_2 间放大得到图 5-48（b），观察图中 Al、Ca、Si 元素，发现此处存在一个界面，上部是渣相，下部是基质，因为耐火材料中没有 Ca，可用 Ca 来表示渣侵蚀的情形，在将其界面处放大见图 5-48（c），可以看出横线上下有明显的区别，上部亮的褶皱少，下部多，这是氧化铝被渣侵蚀掉了，变得平滑了，其中圆圈内黑色块状物可以结合 Si 元素分布图，得到为单质 Si，在界面处 Si 较多，因为界面处其他的物质在渣侵蚀时，溶于渣中。最终，得到在现场侵蚀浇注料中下部区域没有发现铁的侵蚀，发现了渣的侵蚀。

（2）浇注料渣侵蚀后微观形貌分析：现场实验下浇注料渣侵蚀的微观形貌见图 5-49，图 5-49（a）中浇注料表面存在较多裂纹，侵蚀严重。P_1 处为灰白色为渣相，图 5-49（b）中，P_2 处亮灰色为渣相，P_3 处浅色块状物为单质硅，P_4 处亮白色为 Ti(C,N)，主要为 TiN。在图 5-49（a）中框内，存在一些小块的氧化铝，越往左边氧化铝越小，这是因为

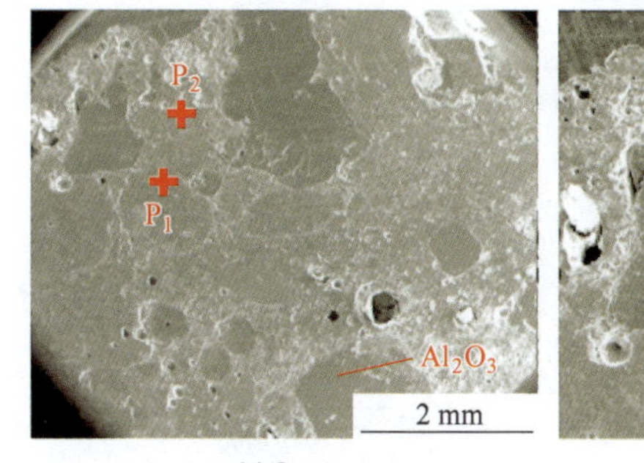

(a) 2 mm

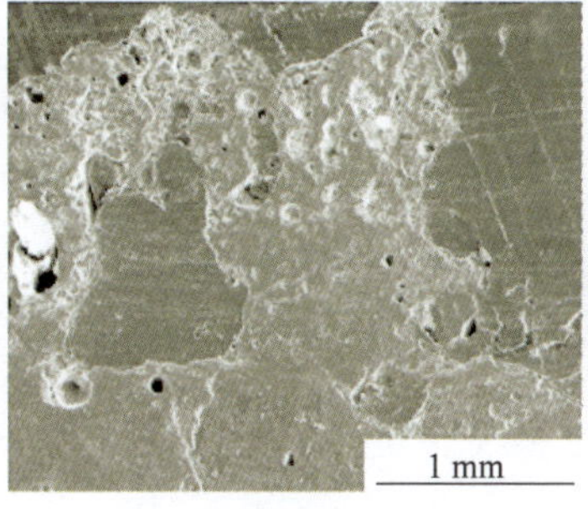

(b) 1 mm

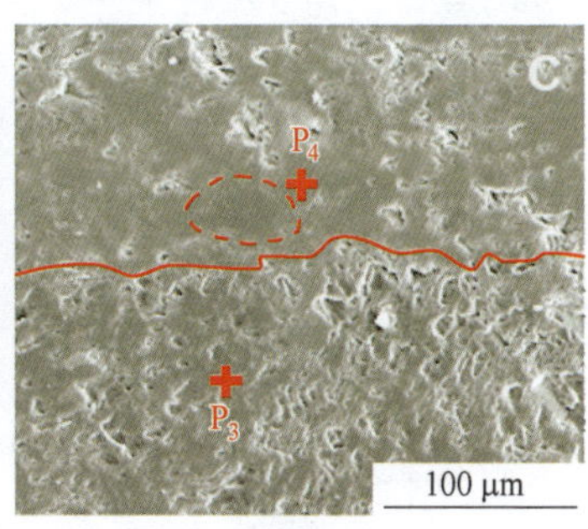

(c) 100 μm

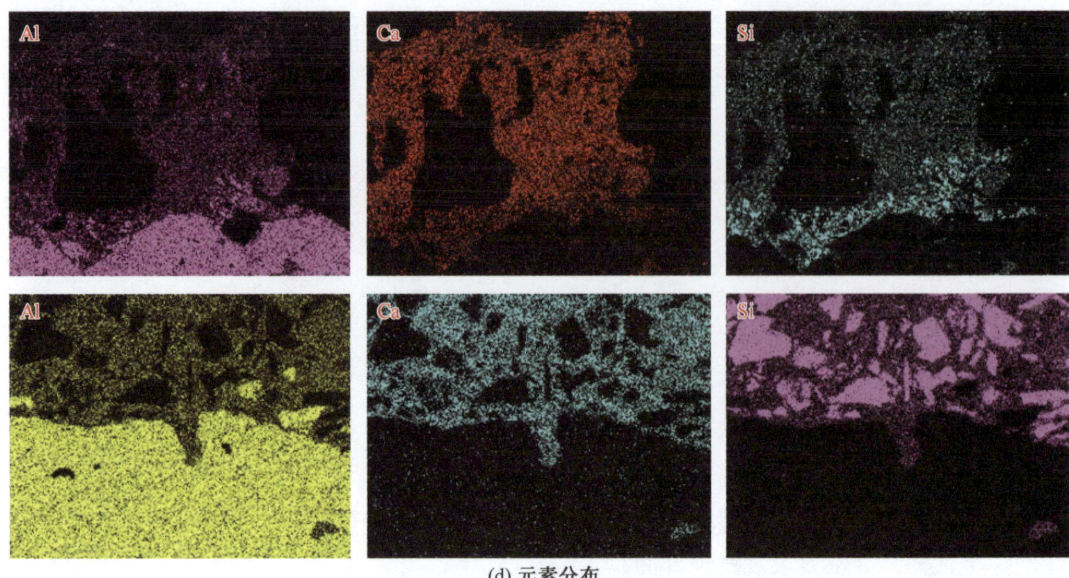

(d) 元素分布

图 5-48 浇注料的微观形貌图

氧化铝能溶解于渣相中，氧化铝经历从基质上脱落，在渣中溶解逐渐变小直至消失。因为渣中有 Ca，基质中没有 Ca，因此可以通过观察 Ca 来判断渣侵蚀的情况，图 5-49（b）中可以看出亮灰色的渣相已经渗透到机制中，并且遍布其中，侵蚀很严重，且可以观察到渣相往基质内会有明显的降低。但可以看到硅单质在渣中和基质中都保存较好，分布较多，且在界面附近存在少量的 Ti(C,N)，具有高熔点，可以起到阻碍渣侵蚀的作用。

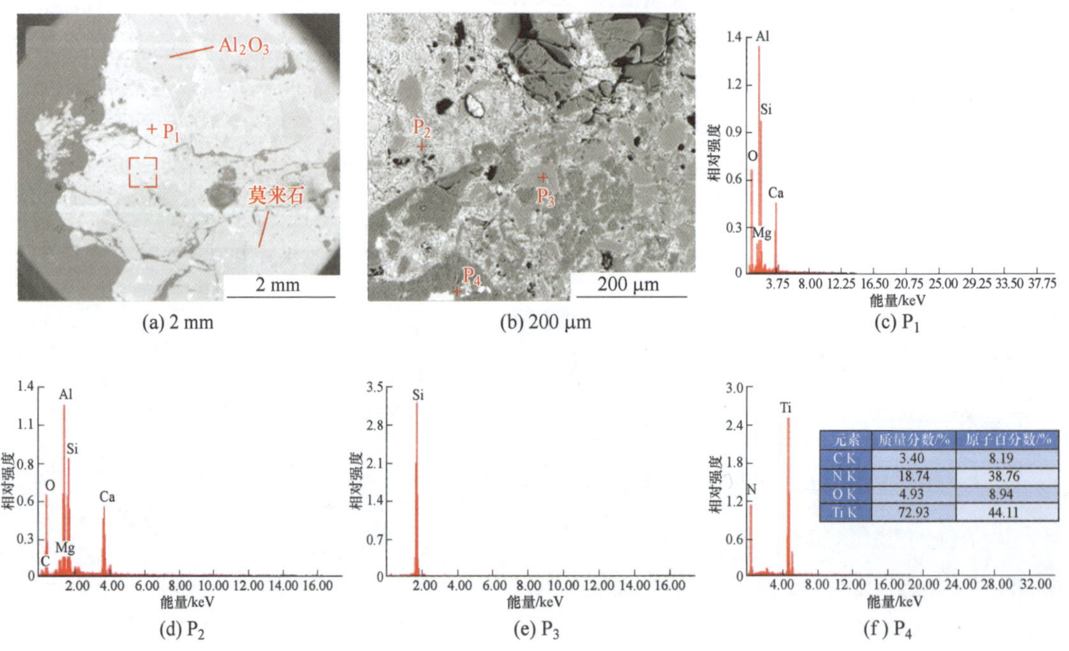

元素	质量分数/%	原子百分数/%
C K	3.40	8.19
N K	18.74	38.76
O K	4.93	8.94
Ti K	72.93	44.11

(a) 2 mm (b) 200 μm (c) P_1

(d) P_2 (e) P_3 (f) P_4

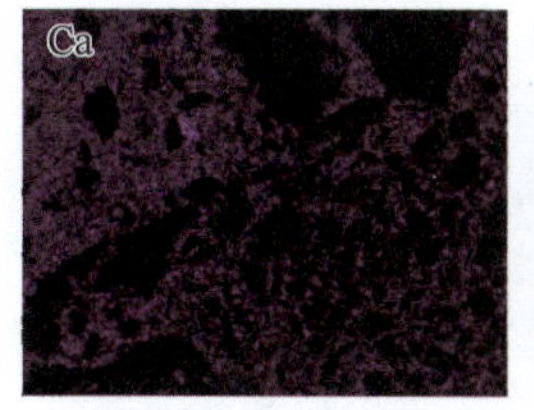

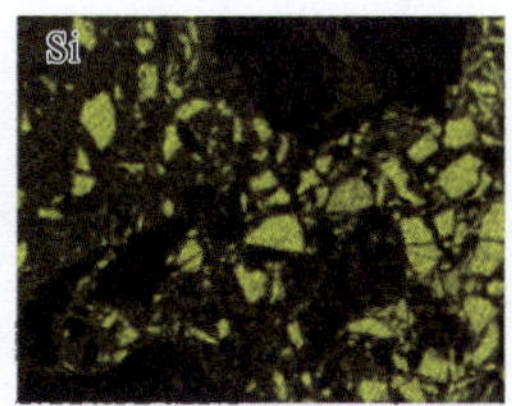

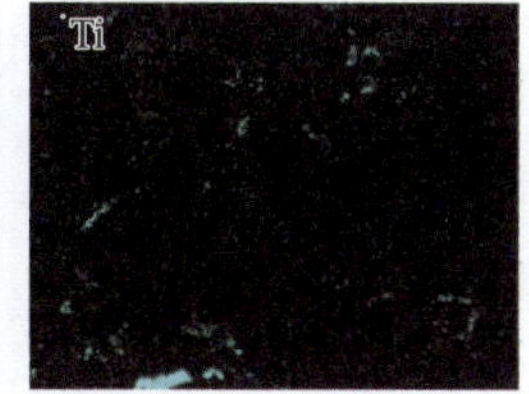

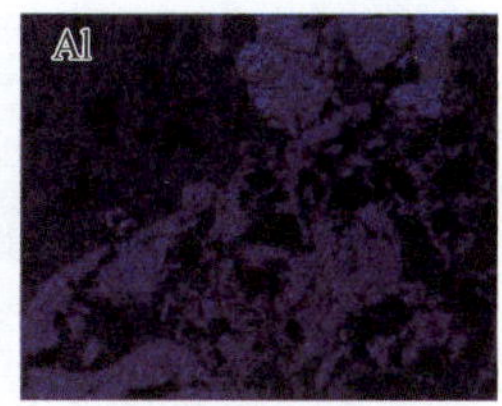

(g) 元素分布

图 5-49 浇注料渣侵蚀的微观形貌

5.4.2.5 实验室和现场侵蚀对比分析

A 浇注料铁侵蚀对比

根据实验室与现场实验的微观形貌图对比，见图 5-50，发现最大的区别是在实验室铁侵蚀样品中发现了少量的铁侵蚀现象，见图 5-50（a）中白色点处，而在现场铁侵蚀时铁的存在十分罕见，见图 5-50（b）框中，图中只发现这一处，图 5-50（b）上半部分发现了大量渣的侵蚀。这是因为浇注料与铁润湿性能很差，且铁口中排出的渣铁高度会逐渐降低，使渣侵蚀到浇注料底部。

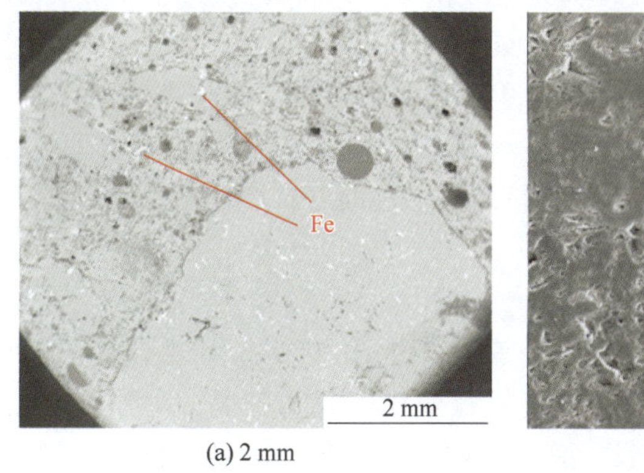

(a) 2 mm

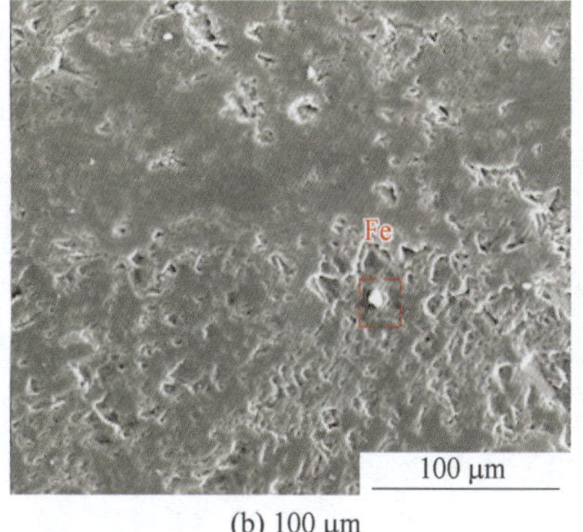

(b) 100 μm

图 5-50 浇注料铁侵蚀对比图

B 浇注料渣侵蚀对比

实验室和现场下浇注料抗渣侵蚀微观形貌对比见图 5-51，由图可以看出实验室情况下，浇注料整体形貌破坏情况不严重，存在一些孔洞，但现场情况下浇注料整体形貌侵蚀严重，表面存在较多裂纹和较大孔洞，现场情况下侵蚀更为严重。现场实验一共侵蚀了 789 min，而实验室侵蚀了 120 min，侵蚀时长会影响浇注料侵蚀情况。

通过观察对比实验室浇注料微观形貌图，与现场实验浇注料图，可以看出都存在氧化铝从基质脱落，在渣中溶解变小直至消失现象，存在界面处出现 Ti(C,N) 的情况，但实验室情况下是形成了一条，而现场实验是以点状存在的，可能是因为现场实验时流速快，被冲刷走了，铁水存在渣和基质中都存在较多硅单质，且保存较好情况，但关于镁铝尖晶石的形成出现了差异，实验室实验中交界面氧化铝中存在较多镁，而现场实验中交界面氧化铝中没有出现镁，可能是由于实验室情况下的流速低于现场实验中，现场中生成的物质被冲走，存在实验室情况下浇注料中存在炭而现场实验中不存在，可能是因为现场情况下

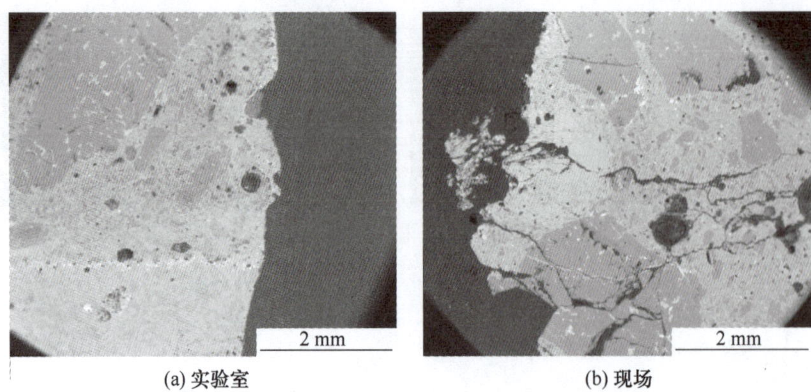

(a) 实验室　　(b) 现场

图 5-51　实验室和现场下浇注料渣侵蚀微观形貌图

炭更易发生反应，如与 SiO_2 反应生成 Si 等。

铁侵蚀情况下，新型浇注料直径变化率为 0.14%，碳复合砖直径变化率为-0.33%，浇注料直径变化率为 1.12%，炭砖直径变化率为 8.31%，陶瓷砖直径变化率为-0.85%。根据以上指标，新型浇注料、碳复合砖、浇注料和陶瓷砖抗铁侵蚀性能好，炭砖抗铁侵蚀性能差。

渣侵蚀情况下，碳复合砖直径变化率为 0.24%，炭砖直径变化率为-0.79%，浇注料直径变化率为 2.30%，陶瓷砖直径变化率为 100.00%，新型浇注料直径变化率为 100.00%。根据以上指标，碳复合砖、炭砖抗渣侵蚀性能好，浇注料、陶瓷砖和新型浇注料抗渣侵蚀性能差。

5.4.2.6　小结

（1）铁侵蚀情况下，新型浇注料直径变化率为 0.14%，碳复合砖直径变化率为-0.33%,浇注料直径变化率为 1.12%，炭砖直径变化率为 8.31%，陶瓷砖直径变化率为-0.85%。根据以上指标，新型浇注料、碳复合砖、浇注料和陶瓷砖抗铁侵蚀性能好，炭砖抗铁侵蚀性能差。

（2）渣侵蚀情况下，碳复合砖直径变化率为 0.24%，炭砖直径变化率为-0.79%，浇注料直径变化率为 2.30%，陶瓷砖直径变化率为 100.00%，新型浇注料直径变化率为 100.00%。根据以上指标，碳复合砖、炭砖抗渣侵蚀性能好，浇注料、陶瓷砖和新型浇注料抗渣侵蚀性能差。

（3）通过对新型浇注料、浇注料、超微孔炭砖、碳复合砖、刚玉砖在实验条件下和现场条件下的抗渣铁侵蚀性能研究，为炉衬耐火材料类型的合理选用提供了参考。鉴于首钢迁钢高炉炉缸侧壁为长寿的限制性环节，炉缸侧壁可采用浇注料。为适度平衡炉底和侧壁的侵蚀情况，便于炉底和侧壁的衔接，本次浇注炉底也采用和侧壁相同材质的浇注料。

5.4.3　炉缸浇注技术方案

5.4.3.1　*炉缸整体浇注技术方案*

首钢迁钢 2018 年 2 号高炉浇注时根据被调研情况，同时借鉴其他厂家浇注经验制定炉缸浇注方案。2019—2023 年 1 号、3 号高炉及 2 号高炉二次浇注过程中，根据侵蚀情况

分析、浇注型炉缸模型仿真模拟结果及炉缸、炉底耐火材料侵蚀分析结果，不断优化浇注技术方案最终形成了股份自己的一套浇注规划。浇注技术方案见表 5-19。

表 5-19　浇注技术方案

区域	2018 年 2 号高炉浇注	2019 年 1 号高炉浇注	2022 年 3 号高炉浇注	2023 年 2 号高炉二次浇注
炉底	浇注时陶瓷垫厚度 500 mm×2，即陶瓷垫浇注 1000 mm 厚，死铁层深度增加 400 mm	浇注时陶瓷垫厚度 500 mm×2，即陶瓷垫浇注 1000 mm 厚，死铁层深度增加 400 mm	浇注时陶瓷垫厚度 400 mm×2+300 mm，死铁层深度减少 100 mm	本次浇注时陶瓷垫厚度 500 mm×2，即陶瓷垫浇注 1000 mm 厚
象脚区	45° 斜模，高度 700 mm	45° 斜模，高度 700 mm	支设高度 1000 mm，60°斜模	支设高度 1000 mm，60°斜模
炉缸侧壁	铁口区域：铁口区域炉墙加厚 500 mm 作为泥包。 非铁口区域： 铁口以下：考虑到接口以下侵蚀较为严重，厚度增加 150 mm； 铁口以上：为保护新增热电偶厚度增加 80 mm	铁口区域：铁口区域炉墙加厚 500 mm 作为泥包。 非铁口区域： 铁口以下：考虑到接口以下侵蚀较为严重，厚度增加 150 mm； 铁口以上：为保护新增热电偶厚度增加 80 mm	铁口区域：铁口区域炉墙加厚 500 mm 作为泥包。 非铁口区域： 铁口以下：考虑到接口以下侵蚀较为严重，厚度增加 200 mm； 铁口以上：为保护新增热电偶厚度增加 100 mm	铁口区域：铁口区域炉墙加厚 500 mm 作为泥包。 非铁口区域： 铁口以下：考虑到接口以下侵蚀较为严重，厚度增加 150 mm； 铁口以上：为保护新增热电偶厚度增加 80 mm
铁口与非铁口区域过渡方式	直玄过渡	直玄过渡	直玄过渡	直玄过渡
铁口通道	采用 ϕ220 mm 的圆盘清洗，与炉缸侧壁一体浇注成型	采用 ϕ220 mm 的圆盘清洗，与炉缸侧壁一体浇注成型	采用 ϕ220 mm 的圆盘清洗，与炉缸侧壁一体浇注成型	采用 ϕ250 mm 的圆盘清洗，与炉缸侧壁一体浇注成型
风口带	炉腹角按照设计炉型 79°控制	炉腹角按照设计炉型 79°控制	浇注时在中缸下半圈包裹 20 mm 厚的陶瓷纤维毡，作为预留膨胀缝。炉腹角按照有效炉腹角 76°控制	浇注时在中缸下半圈包裹 20 mm 厚的陶瓷纤维毡，作为预留膨胀缝。通过对停炉后对不同部位炉腹角进行检测，确定浇注炉腹角设置操作炉型的 74°
残铁口	残铁口清理干净后与炉缸侧壁整体浇注	残铁口清理干净后与炉缸侧壁整体浇注	残铁口清理干净后与炉缸侧壁整体浇注	残铁口清理干净后与炉缸侧壁整体浇注

5.4.3.2　施工工序和步骤设计

以 2 号高炉为例，施工工序和步骤示意见图 5-52。

（1）浇注前的准备工作。拆除炉缸侧壁失去功能的催化无效以及可能的环裂表层炭砖，并将炭砖表面清理干净，以坚固的炭砖作为浇注基准面。铁口区域用 ϕ220 mm 的圆盘铣出铁口通道。风口带拆除表层破损的风口花瓣砖，并将表面清理干净。吹扫炉缸及风口区域残衬界面，炭砖界面喷涂防氧化黏结剂，防止炭砖界面在烘烤过程中接触水蒸气氧化，同时增加炭砖与浇注料的结合性。

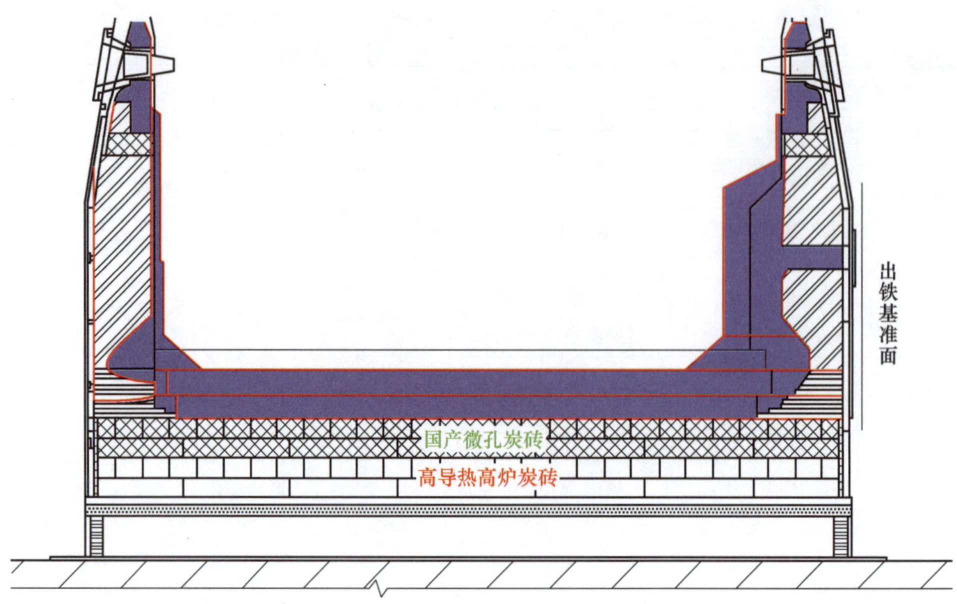

图 5-52　炉缸整体浇注示意图

（2）浇注尺寸。根据炉内实际侵蚀情况，最终陶瓷垫上沿恢复至 7.7 m 标高处，总厚度为 1000 mm，保证死铁层高度为 2500 mm；用炉缸浇注料浇注炉底及炉缸，恢复至原炉缸炭砖厚度，并在铁口区域增加 500 mm 厚作为泥包；铁口通道清理出 ϕ220 mm 的通道，然后整体用炉缸浇注料浇注。

（3）具体浇注工序设计。

1）查找炉底中心点并支模，先将象脚区侵蚀坑浇注至同一圆周面。

2）浇注炉底，厚度恢复至 1000 mm 厚度。

3）支模并浇注炉缸侧壁。铁口以下非铁口区域厚度增加 150 mm，至 1193 mm。铁口区域增加 500 mm 厚的泥包至 2214 mm。

4）安装固定铁口钢管。钢管预埋角度 11°，ϕ108 mm×3000 mm 长，用炉缸浇注料浇注至铁口框。

5）铁口以上非铁口区域浇注恢复至原厚度 1143 mm；铁口区域浇注料厚度增加 500 mm作为泥包。

6）为防止脱模采用分步浇注方式，每次的浇注高度控制在 1.5 m 以内，浇注后养护 8~12 h。确定有足够强度后再浇注下一层。

7）风口区域与炉缸侧壁一体浇注成形。

8）整体浇注并养护完成后，拆除模板。

9）安装烘炉导管及热电偶，按照烘烤曲线进行烘炉。

5.4.3.3　具体施工过程描述

以 2 号高炉为例，具体说明高炉浇注实施过程。

（1）风口区倒角喷涂过渡修复。为了保证炉缸浇注区与炉体喷涂区的平滑过渡，风口区创新性地采取了倒角喷涂过渡工艺。该工艺充分考虑了炉腹角的合理修正和风口带设备维护和密封问题。风口带浇注高度为 1500 mm；以风口中套前端为基准支模浇注，上表面高于风口大套上沿 180 mm，半径为 11504/2+80=5832 mm。开炉恢复实践表明该区域的工艺处理方案合理可行。具体情况见图 5-53。

图 5-53 风口带上沿喷涂倒角情况

（2）象脚区斜模浇注工艺。因象脚区结构及热应力作用复杂，为炉缸长寿的最薄弱区域，为增加象脚区防护，炉缸、炉底交界处采用支设斜模方式将象脚区加厚（图5-54）。

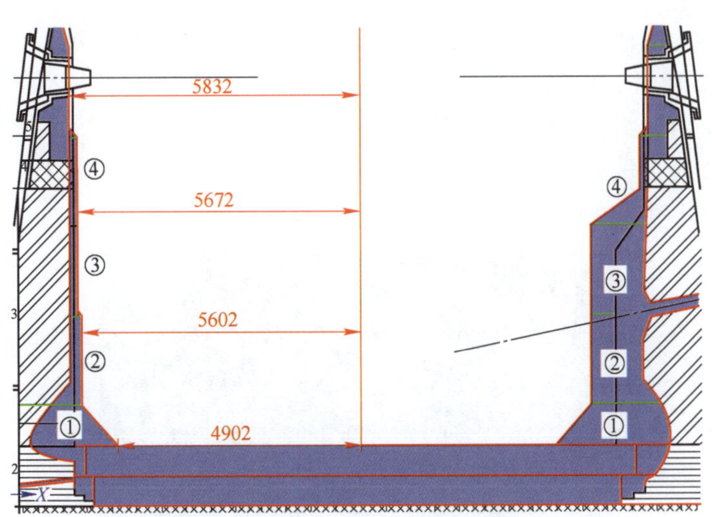

图 5-54 象脚区斜模浇注示意图

具体操作方式为：

1）第二层炉底浇注完，查找炉底中心点；

2）从中线测量半径 4902 mm 处，为斜模支设起点；

3）在起点处按照 45°角支设模板，模板高度 700 mm，模板上沿半径 5602 mm；

4）模板支设并固定后一次性浇注成形。

（3）炉底消除应力应变技术。由于选用的浇注料为高温下的微膨胀材料，为了化解和释放在使用过程中的热应力，炉底径向尺寸大，为此在该区域设计了独特的结构形式，第一浇注层 500 mm，先浇外环，再浇内芯，中间加一个膨胀缝；第二浇注层 500 mm，先浇外环，再浇内芯，中间加一个膨胀缝，并且与第一层错缝，具体见图 5-55。

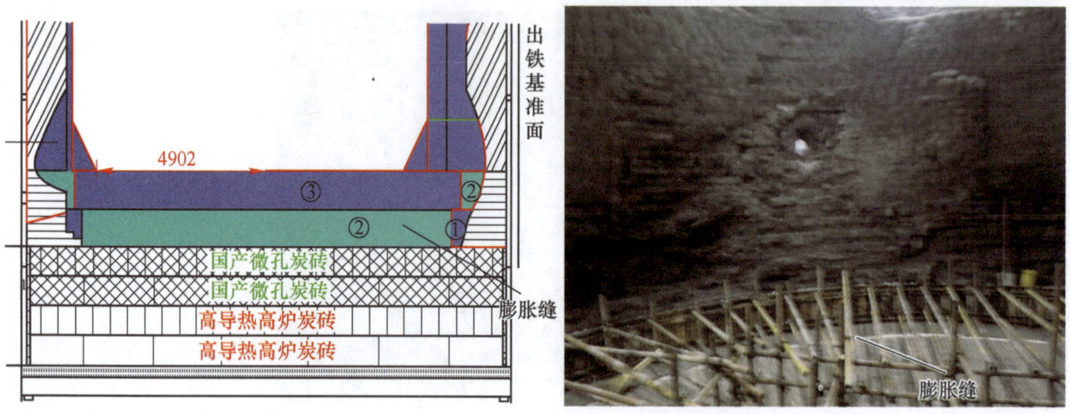

图 5-55　炉底消除应力应变技术应用

（4）铁口区域直弦浇注技术应用。根据停炉后侵蚀调研结果，为了强化炉缸薄弱部位耐火材料防护，同时并减少铁口维护工作量，此次浇注对炉缸侧壁重点部位及铁口部位在原炉型基础上进行了合理加厚。

本次炉缸浇注修复后炉缸内型总体变化为炉缸直径累计支模 7 次，浇注 8 次，累计耗用浇注料 759 t，耗时 225 h（9.4 天）。完成浇注后，风口带上沿因浇注产生的错台采用喷涂方式形成倒角，使整个浇注面形成平滑过渡。浇注完成后炉缸形貌见图 5-56。炉缸内型总体变化趋势为直径缩小，死铁层加深，以及铁口区域加厚。浇注后生产实践表明，加厚铁口区域达到了利于铁口深度维护，减少打泥量的目的。

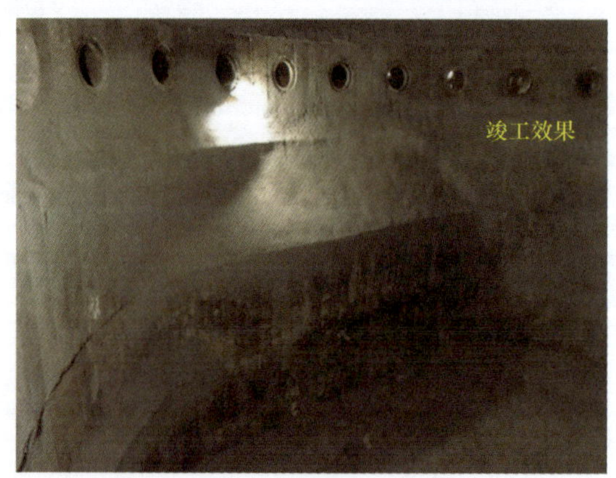

图 5-56　炉缸浇注修复形貌概况

为合理安排浇注施工工序，每层支模高度为 1.5 m，炉缸侧壁共支设 5 次模板浇注至风口大套上沿 180 mm，如此可在最短的施工时间内，完成整体浇注工作。但是按照每层 1.5 m 之模浇注，第二层与第三层之间的连接缝隙标高为 9.9 m，铁口中心线标高为

9.73 m，浇注料的连接缝隙距离铁口中心距离小于200 mm，并且浇注缝隙会随着铁口侵蚀逐渐向铁口中心靠近，容易导致铁口通道串气。

为解决该问题，在不增加浇注工序的前提下，在铁口区域模板支好后在模板内侧支设梯形挡板，铁口两侧挡板距离铁口通道500 mm，下部距离铁口通道300 mm，具体见图5-57。

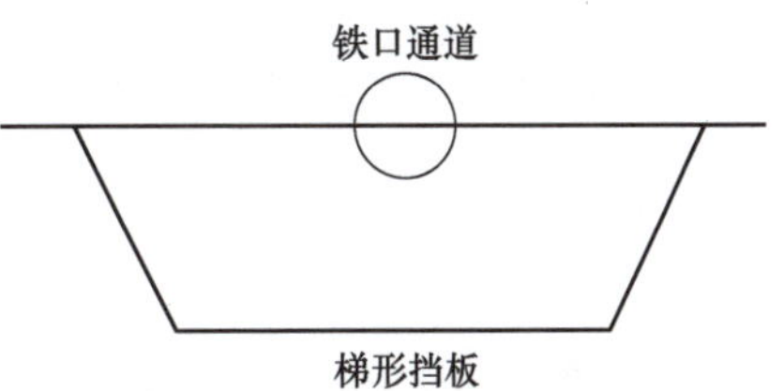

图5-57 铁口区域异形模板

采用此方法浇注后可将浇注缝隙控制在铁口通道500 mm以外，有效地避免铁口区域串气。

(5) 出铁口区域内型及死铁层厚度的优化修正。本次浇注维持基本按照原设计炉型进行恢复，铁口区域在恢复原始炉墙厚度1714 mm的基础上加厚500 mm作为泥包，最终铁口区域浇注厚度为2214 mm，铁口与非铁口区域采用直弦过渡，见图5-58。

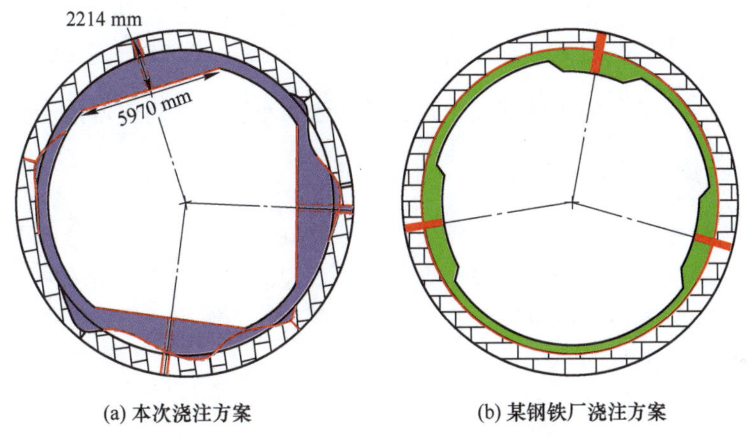

图5-58 炉缸浇注内型对比图

炉缸浇注后体积为585.85 m^3，死铁层高度2.5 m，炉缸内型变化和对比见表5-20和表5-21。

表5-20 炉缸内型变化

项　目	浇注前	浇注后
炉缸容积/m^3	582	561
死铁层厚度/m	2.1	2.5
铁口区域厚度/m	1714	2214

表5-21 国内2500 m^3级高炉内型设计比较

项　目	单位	迁钢高炉	首钢1号、3号高炉	某钢7号高炉	某钢5号高炉	某钢3号高炉	迁钢浇注后高炉
有效容积 V_u	m^3	2650	2536	2580	2600	2560	2650
炉缸直径 d	mm	11500	11560	11500	11000	11000	11344
炉腰直径 D	mm	12700	13000	13000	12000	12200	12700

续表 5-21

项　目	单位	迁钢 高炉	首钢 1 号、3 号高炉	某钢 7 号高炉	某钢 5 号高炉	某钢 3 号高炉	迁钢 浇注后高炉
炉喉直径 d_1	mm	8100	8200	8200	8300	8300	8100
死铁层高度 h_0	mm	2100	2200	2004	1603	2200	2500
炉缸高度 h_1	mm	4200	4200	4100	4300	4600	4200
炉腹高度 h_2	mm	3400	3400	3600	3600	3400	3400
炉腰高度 h_3	mm	2400	2900	2000	2000	1800	2400
炉身高度 h_4	mm	16600	13500	17500	17000	17500	16600
炉喉高度 h_5	mm	2200	1800	2300	2000	2000	2200
炉腹角 α		79°59′31″	78°02′36″	78°13′54″	75°5749″	79°59′31″	79°59′31″
炉身角 β		82°06′42″	79°55′09″	82°11′27″	82°17′42″	83°38′30″	82°06′42″
风口数	个	30	30	30	28	30	30
铁口数	个	3	3	3	3	3	3
风口间距	mm	1204	1211	1204	1234	1152	1204

浇注后炉缸内型变化主要体现在炉缸直径适当减小，炉缸高度增加和铁口区域加厚。

5.5　浇注后高炉烘炉及排水

高炉炉缸浇注修复检修停风时间较长，开炉准备时间短，且风口带以下炉型有一定幅度修正，高炉在浇注修复后的开炉操作更需要比新建高炉更苛刻严格的技术准备和保障，方能规避开炉过程炉况波动风险，尽快过渡到与新冶炼条件相适应的操作制度，达到快速送风恢复和达产达效的目的。

5.5.1　烘炉导管布局设计模拟优化

A　烘烤仿真模型的建立

为进一步提升烘炉效果，在首钢传统烘炉导管设计的基础上组织上，增加了环流导管设计，并建立了 4 个烘炉导管仿真模型，用以对比不同方案热风流场的优劣。其中模型 A 的设计参数见图 5-59。

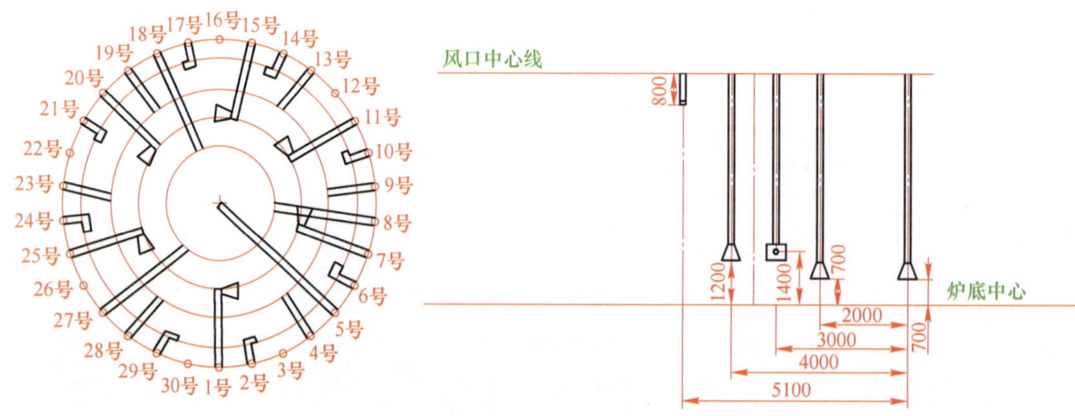

图 5-59　烘炉导管模型 A 示意图

（1）炉底中心点导管 1 根：设置在炉底中心点，由 5 号风口引入，出风口垂直向下，距离炉底浇注面 700 mm。

（2）炉底中心区域导管 3 根：设置在距炉底中心点 2m 处，由 8 号、18 号、27 号风口引入，出风口垂直向下，距离炉底浇注面 700 mm。

（3）环流导管 6 根：设置在炉底中心点 3 m 处，由 1 号、7 号、11 号、15 号、20 号、25 号风口引入，出风口沿圆周切线方向，以形成环流热风。出风口距炉底浇注料面 1400 mm。

（4）炉缸侧壁导管 6 根：设置在距炉底中心点 4m 处，由 4 号、9 号、13 号、19 号、23 号、28 号风口引入，出风口垂直向下，距炉底浇注料面 1200 mm。

（5）风口区域导管 8 根：设置在炉底中心点半径 5. 1m 处，由 2 号、6 号、10 号、14 号、17 号、21 号、24 号、29 号风口引入，出风口沿圆周切线方向，出风口距离风口中心线 800 mm。

（6）保温盖板：为减缓炉缸内部热量损失，要求在烘炉导管上方盖一层保温盖板，并与烘炉导管形成固定连接。盖板边缘与炉墙距离 2 m。

其他说明：导管末端出风口设置成“喇叭”形；烘炉导管与风口连接处采取密封措施；安装过程中保证烘炉导管与炉缸侧壁间距大于 600 mm。

模型 B 是在模型 A 的基础上在 16 号风口增加一个直吹炉底中心的导管，导管出风口距炉底浇注面 700 mm。

模型 C 在模型 B 的基础上将 1 号、7 号、11 号、15 号、20 号、25 号风口的导管改为斜向下 45°。

模型 D 在模型 B 的基础上将 1 号、7 号、11 号、15 号、20 号、25 号风口的导管改为垂直向下喷吹。

4 个模型仿真示意图见图 5-60。

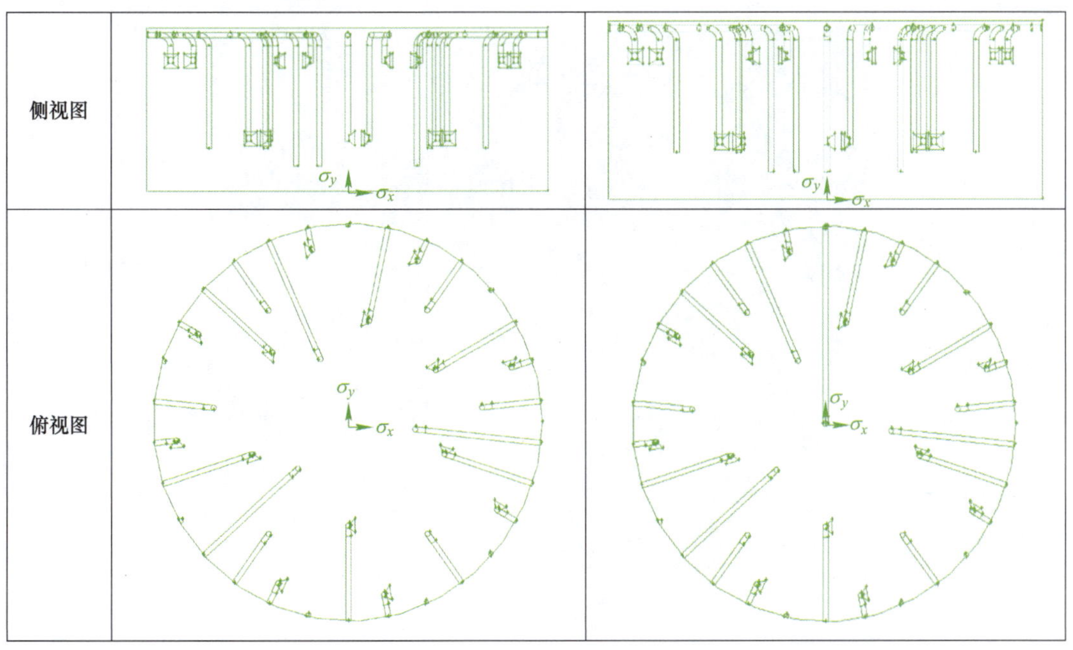

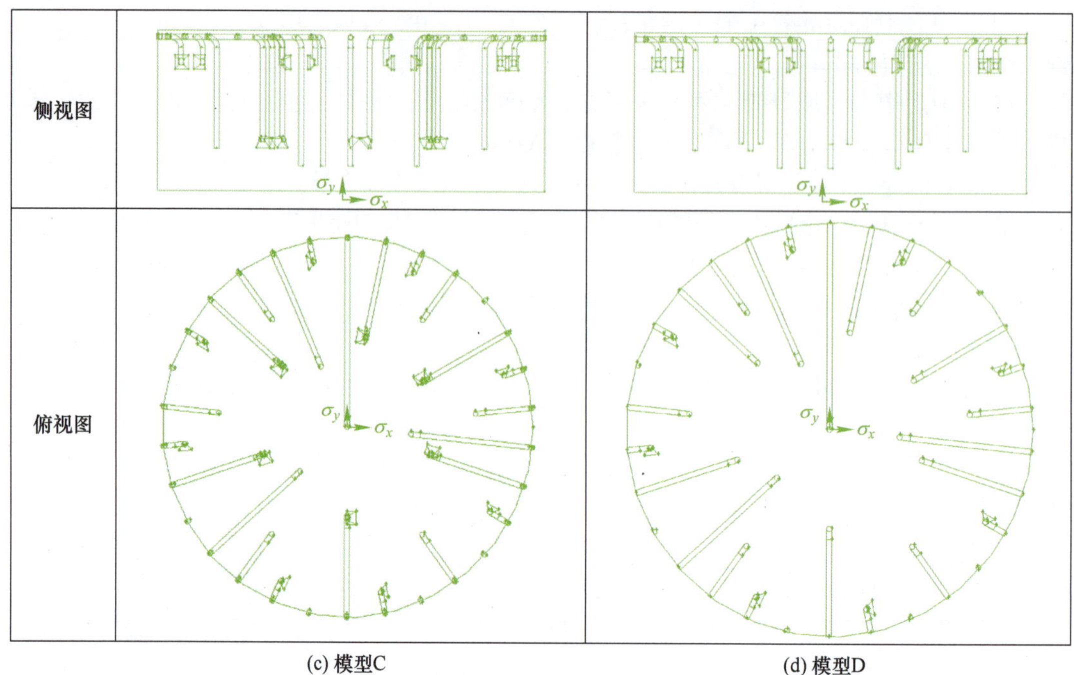

图 5-60　各仿真模型示意图

模型边界条件设定：质量入口（65 $m^3/(min \cdot 根)$）和压力出口（常压），气体为 400 ℃热空气，密度为 0.524 kg/m^3，黏度为 3.29×10^{-5} $kg/(m \cdot s)$。

为了便于分析对比，在烘炉导管区域设定了 11 个横剖面，见图 5-61。

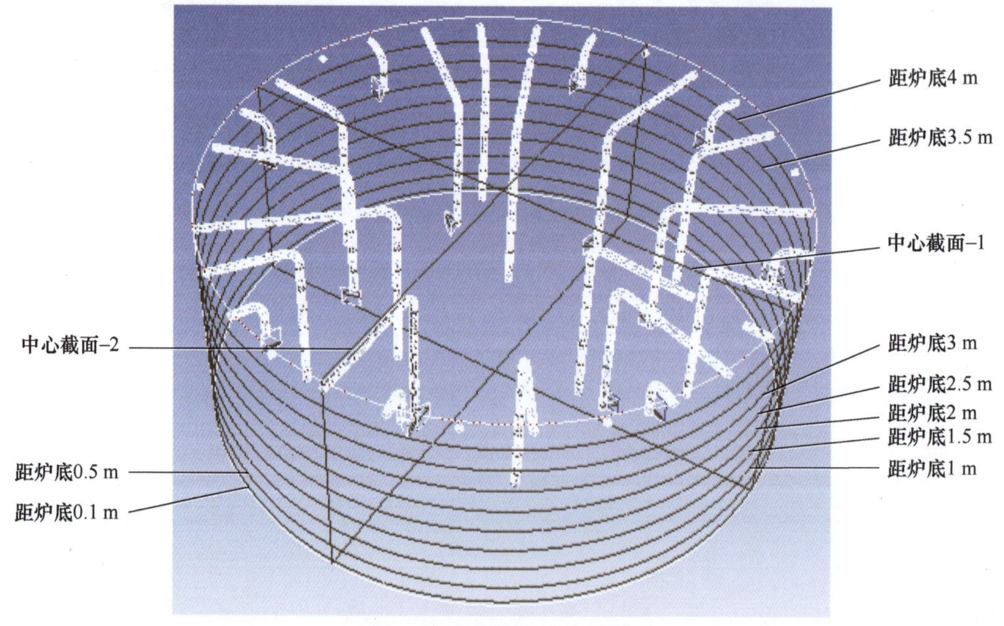

图 5-61　观察截面位置示意图

B 仿真结果

图 5-62 是仿真得到的 4 个模型内部速度场的分布。

4 个模型的风速均呈现出径向中心位置风速低、中间高度风速低的趋势。图 5-63 是 4 个模型不同中心截面上的速度云图分布。

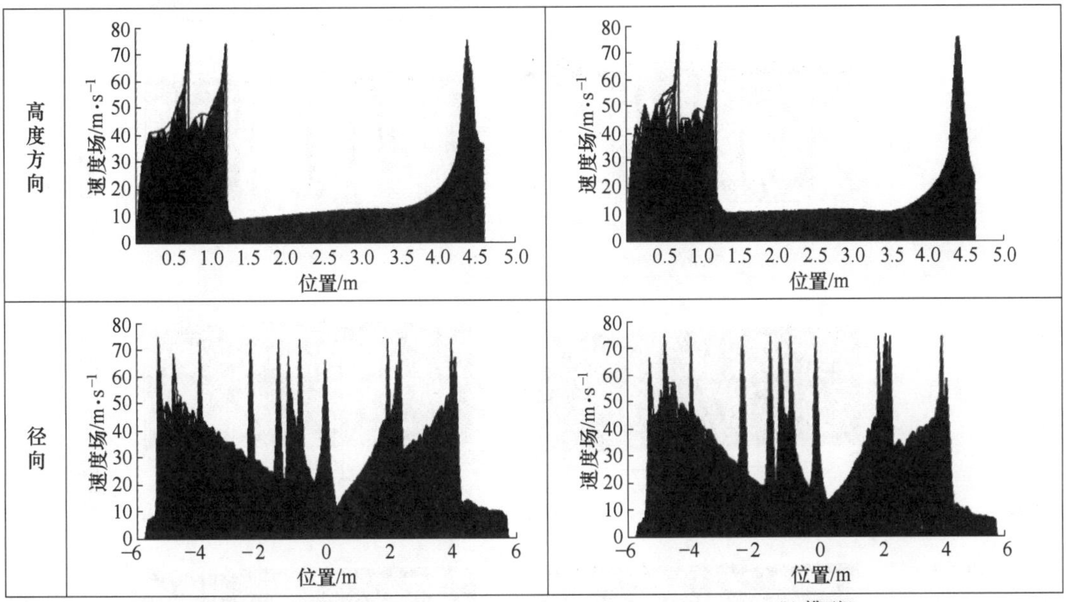

(a) 模型A　(b) 模型B

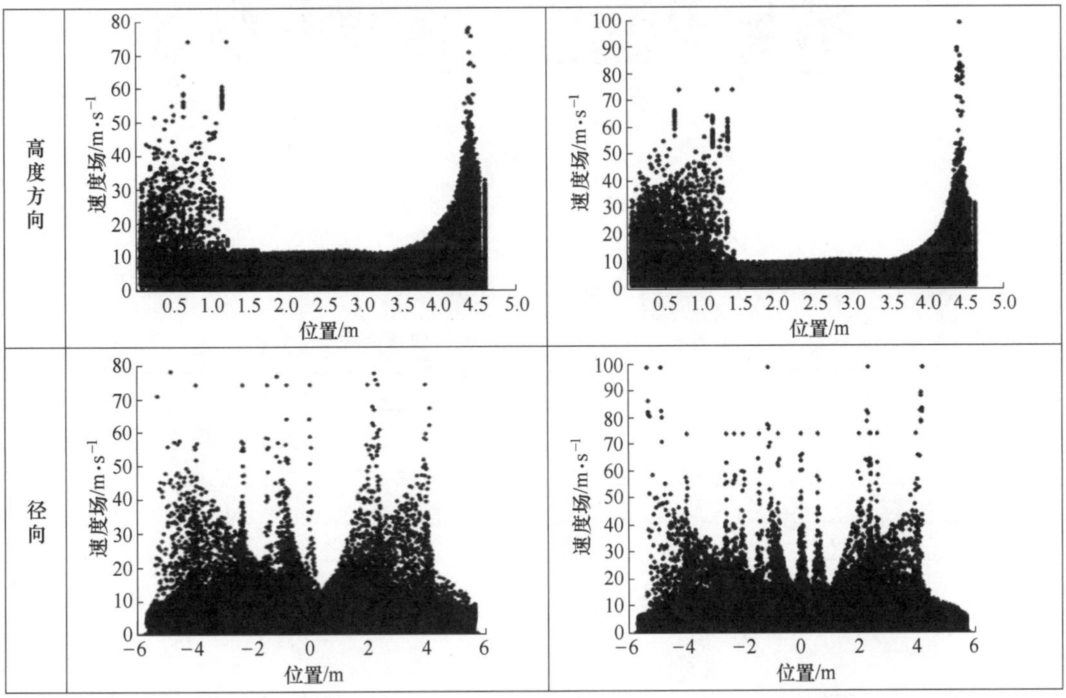

(c) 模型C　(d) 模型D

图 5-62 模型内部速度场分布散点图

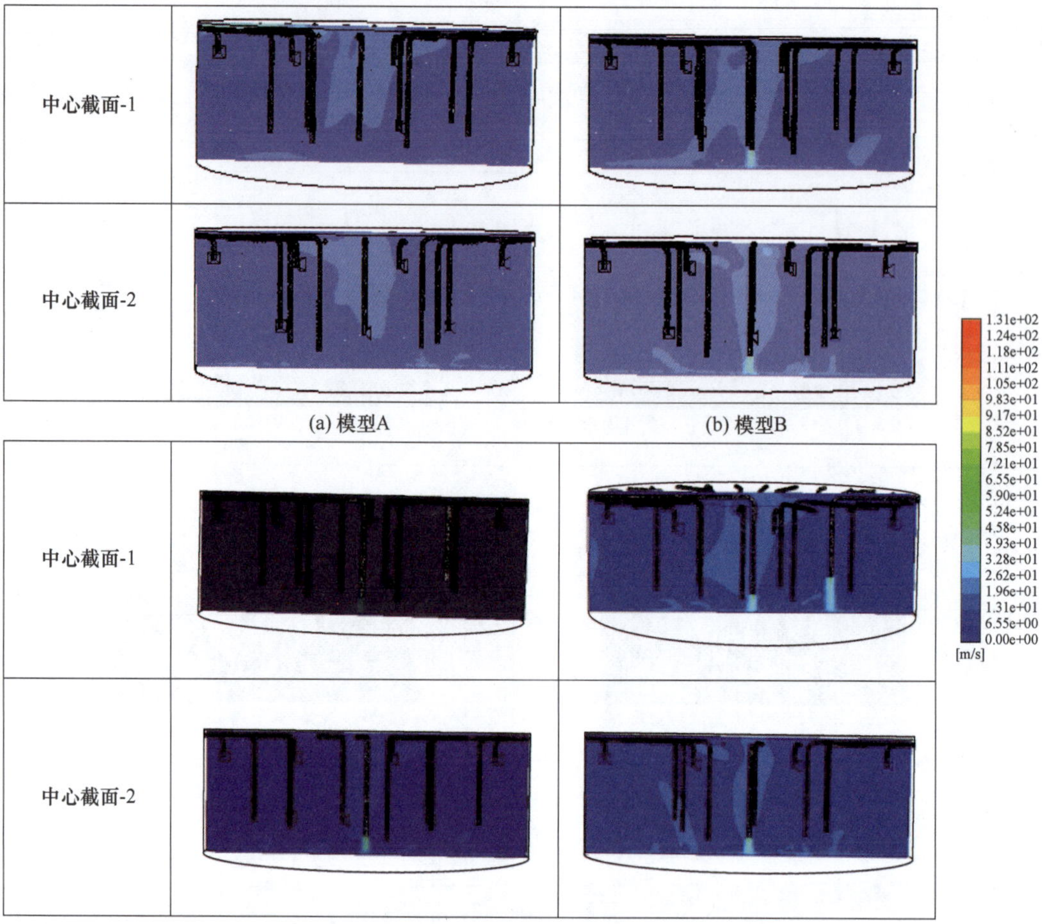

中心截面-1

中心截面-2

(a) 模型A　　(b) 模型B

中心截面-1

中心截面-2

(c) 模型C　　(d) 模型D

图 5-63　中心截面速度云图

4 个模型距炉底 0. 1 m 位置上风速的部分统计值见表 5-22。

表 5-22　4 个模型距炉底 0. 1 m 位置上风速的部分统计值

模型	平均风速/m · s^{-1}	最小风速/m · s^{-1}	最大风速/m · s^{-1}	风速方差
A	6. 27	0	30. 4	9. 54
B	6. 80	0	35. 6	10. 22
C	6. 58	0	35. 7	9. 52
D	7. 14	0	34. 9	11. 58

表 5-23 是半径为 5 m 圆环（图 5-64）上的速度统计值。

表 5-23　半径 5 m 圆环的速度统计值

模型	平均速度/m · s^{-1}	最小速度/m · s^{-1}	最大速度/m · s^{-1}
A	2. 50	0. 058	48. 80
B	2. 69	0. 026	48. 03

续表 5-23

模型	平均速度/$m \cdot s^{-1}$	最小速度/$m \cdot s^{-1}$	最大速度/$m \cdot s^{-1}$
C	2.73	0.032	47.74
D	2.35	0.022	47.55

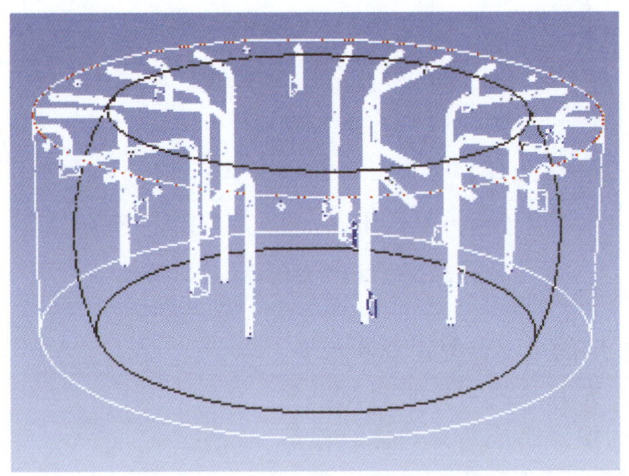

图 5-64 半径为 5 m 圆环的位置

从以上结果，可以看出：(1) 完成模拟的 4 个模型风速趋势基本一致。(2) 从距炉底 0.1m 高度截面的风速统计值（表 5-22）来看，模型 B、D 的风速较为分散（方差大），模型 C 具有最大的风速，但是边缘区域风速较小。(3) 结合烘炉导管制作进度，最终选用方案 B 进行烘炉。

5.5.2 热风炉及热风管系保温技术

炉缸浇注施工通常需要一个月以上时间的停炉施工，因而热风炉及热风管系会因长时间停炉检修温度大幅下降，开炉后风温恢复速度慢直接限制了高炉恢复进程。为了在高炉送风恢复阶段迅速获得较高的热风温度，促进炉内炉况恢复进程，首钢迁钢公司在热风炉及热风管系保温方面开展了大量技术研发和工业实践摸索，形成了“一种热风炉保温装置及方法”和“一种高炉热风管系保温装置”两项授权专利。

实用新型专利“一种高炉热风管系保温装置”，内容包括：多个鹅颈管密封闷板，按水平方向安装在高炉鹅颈管下方，用于密封鹅颈管下方热风通道。4 个带球阀可开关密封头，密封闷板和密封头外观见图 5-65。高炉休风检修期间，利用密封闷板和带球阀可开关密封头将高炉热风围管上所有鹅颈管密封见图 5-66，其中 4 个带球阀可开关密封头均匀间隔于密封板设置，避免高炉鹅颈管、热风围管及热风直管因吸入冷风导致温降，与此同时可以通过定时短时间打开带球阀密封头和热风总管上回压阀排放热风管系内残留的煤气，排除安全隐患。该装置及保温方法解决了在高炉炼铁生产中，无法实现热风管系在高炉长时间检修时安全高效保温的技术问题，实现了高炉热风管系高效保温，同时兼顾安全，避免热风管系内煤气残留的技术效果。

对高炉生产而言，休风检修期间热风管系的保温至关重要，因为热风管系的保温效果

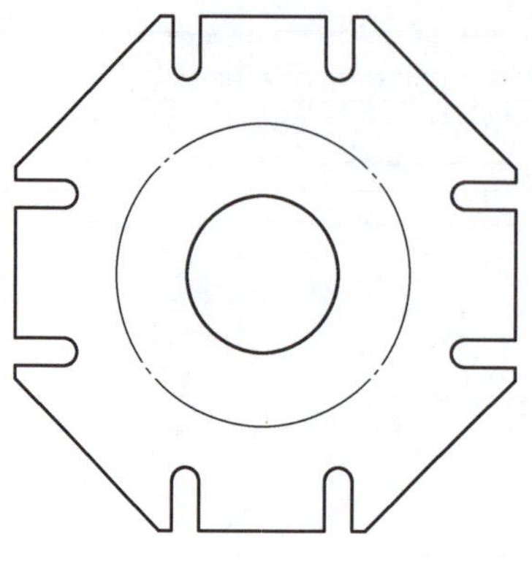
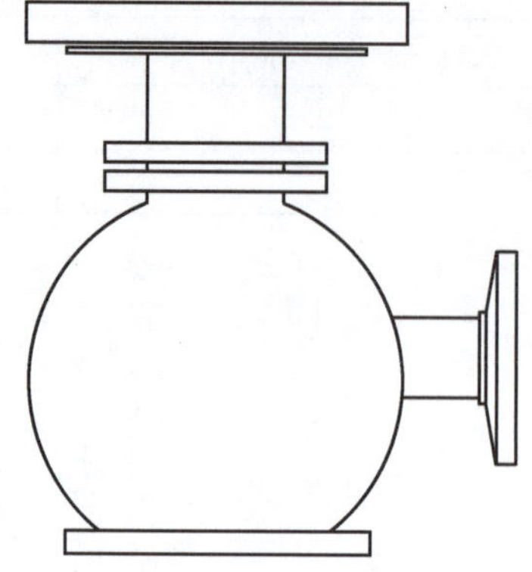

图 5-65　保温密封闷板及密封头

直接决定着送风恢复后的风温恢复速度和水平。如何在高炉休风后，尤其是高炉长时间休风检修时减小热风管系的温降已成为高炉休风检修过程的核心技术。出于安全考虑，目前多数企业的方法是关闭热风总管上的倒流阀，减少进入热风管系的空气量，而为了避免热风管系内煤气残留带来安全隐患，鹅颈管下部仍保持敞开。

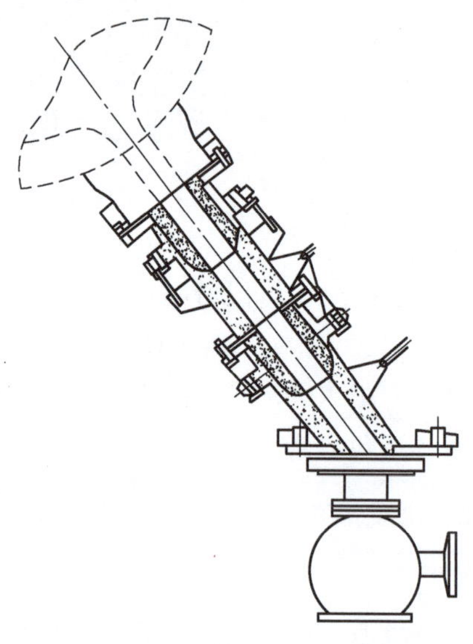

图 5-66　保温密封头安装

首钢迁钢高炉热风管系保温装置及方法在高炉炉缸浇注检修停炉时的具体应用情况。首钢迁钢 1 号和 2 号高炉热风围管上设置有 30 个鹅颈管。为了安全高效实现该高炉休风后热风管系的保温，以便高炉送风后热风温度快速回升，加快高炉炉况恢复速度，于高炉休风后在鹅颈管下方安装了此专利热风管系保温装置。采用 26 个密封闷板及其附属圆形石棉垫，密封闷板通过其边缘 8 个“U”形螺栓孔与鹅颈管紧固。另外设置 4 个带球阀可开关密封头，在高炉炉体周向按间隔 90°夹角安装于相应鹅颈管下方。在高炉休风检修期间，带球阀可开关密封头，每间隔 24 h 打开30 min。经检测，休风期间管道内煤气含量负荷安全标准。此外，高炉休风期间热风管系保温状态良好，高炉入炉风温快速回升，高炉送风恢复所需时间较以往缩短 3 h 以上。生产实践证明本保温装置安全可靠，可以高效实现高炉休风期间的热风管系保温。

5.5.3　炉缸、炉底安全高效排水工艺技术

在炉缸浇注施工中，打水凉炉有少部分进入炉缸残余砌体缝隙，浇注料结合剂中也含有 40%的水分，在高炉烘炉和开炉初期需要安全可控地将多余水分排出炉外，以确保浇注体和炉缸利旧炭砖的安全长寿，避免出现耐火材料受损、铁口出铁喷溅等问题。

2018 年迁钢 2 号高炉浇注后，由于现场开排水孔条件有限，只开了 3 个排水孔，并

且从安全角度考虑，烘炉结束后即将排水孔封堵，由于排水不充分，造成 2 号高炉开炉后铁口喷溅现象严重。

2019 年 1 号高炉、2022 年 3 号高炉和 2023 年 2 号高炉实施的炉缸浇注，充分吸取了 2 号高炉经验教训，从排水孔数量、排水周期等方面进行优化，总结了一套高效排水工艺。

炉缸排水工艺技术要点：

（1）烘炉前在一段、二段冷却壁开 10～15 个排水孔（可利旧），作为烘炉及开炉前期排水通道。

（2）更换冷却壁处的压浆孔作为排水通道，烘炉期间将阀门打开。

（3）烘炉期间保持排水孔处于打开状态，并安排专人检查排水孔状态，烘炉结束后将排水孔阀门关闭。

（4）开炉后，安排专人巡查排水设备，及时调整各排水阀门开度，防止煤气泄漏等事故发生。

（5）开炉 45 天后可视排水量变化改常态化排水为阶段性定期排水。

3 号高炉炉缸浇注后炉缸排水应用实例如下。

在凉炉期间，3 号高炉炉缸通入氮气累计量为 389000 m^3，炉缸打水量累计 1881.77 t，测算约有 2%残留炉内。炉缸浇注料中硅溶胶结合剂加入量为 8%～9%，硅溶胶含水量为 40%，实际炉缸浇注料的用量为 1160 t，则残留炉内的水量为 1881.77×2%＋1160×9%×40%＝50.71 t。据此，在烘炉和开炉初期需要将这些浇注施工带入炉内的水分大部分排出炉外，具体操作如下。

（1）炉缸排水管路设置。在炉缸标高 6.6 m（开孔最低标高）、两块冷却壁竖缝之间开设排水孔 11 个，在炉缸标高 8.2 m（浇注炉底标高）、两块冷却壁竖缝之间开设排水孔 4 个，共计 15 个排水孔，见图 5-67。排水孔均钻孔至冷却壁热面、炭砖冷面处，以最大程度排出炉缸存水。

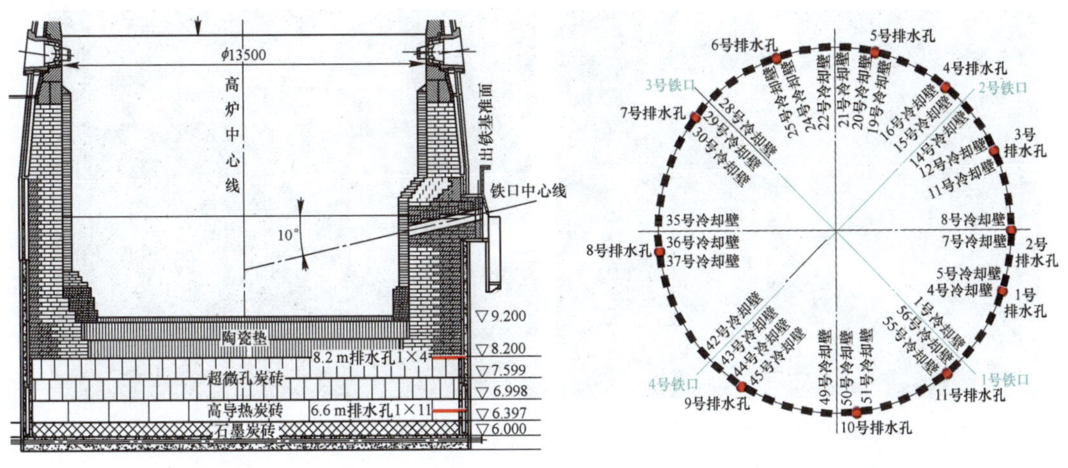

图 5-67　炉缸标高 6.6 m 和 8.2 m 排水孔布置

炉缸 15 个排水孔均安装控制球阀、外连排水支管（图 5-68），排水支管分别汇总至炉基开阀处的排水总管（加装气水分离器）。排水总管一端为煤气放散口，设置长期燃烧煤气火；另一端为排水口，排水口安装流量计，见图 5-69。

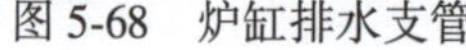
图 5-68　炉缸排水支管

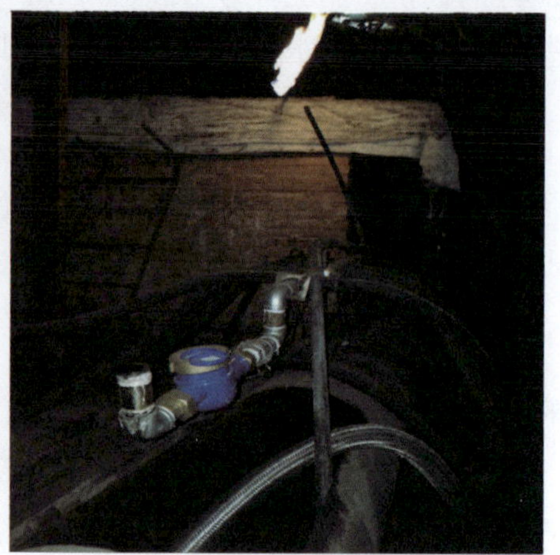

图 5-69　炉缸排水总管

（2）炉缸排水情况。

1）高炉烘炉及打压期间排水：

2022 年 8 月 2 日 0:00，3 号高炉开始烘炉，至 2022 年 8 月 6 日 10:00 三高炉烘炉结束，累计烘炉 106 h。8 月 8 日 19:30~9 日 10:00，三高炉炉体打压查漏。8 月 1 日0:00~9 日 21:00，炉缸排水总管累计排水约 2.5 t。排水情况见图 5-70。

2）生产期间排水：

2022 年 8 月 9 日 21:06，三高炉送风开炉，炉缸 15 个排水孔保持“常开”状态持续排水，见图 5-71。

图 5-70　烘炉及打压期间炉缸排水情况

图 5-71　生产期间炉缸排水情况

因炉缸日均排水量低于 1 t，排水总管处流量计无法计量出排水量，故用一个容积为 0.022 m^3 水桶测量小时排水量，进而计算出日排水量。8 月 10 日—9 月 22 日 6:00，三高炉炉缸排水 42.2 t，加上烘炉、打压期间排水 2.5 t，炉缸累计排水 44.7 t。具体见图 5-72。

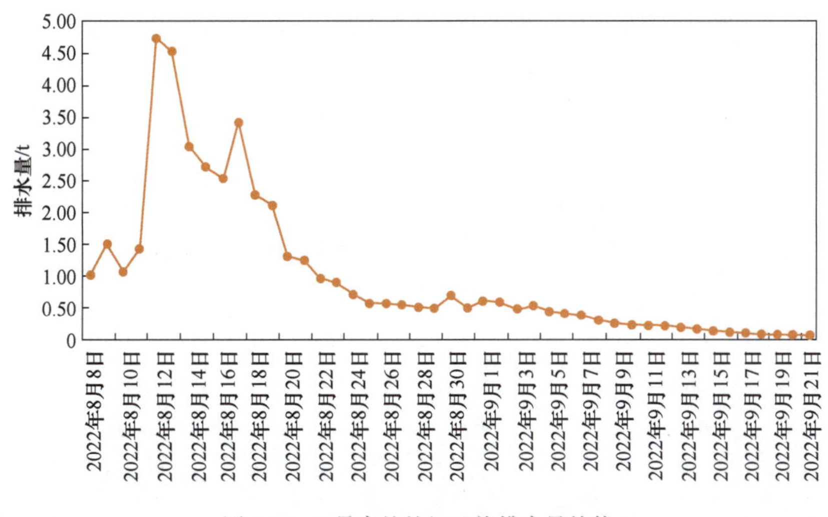

图 5-72 3 号高炉炉缸日均排水量趋势

3）炉缸排水策略调整：

2022 年 9 月 8 日 9:30，因连续 3 天炉缸日均排水量小于 0.5 t 且排出煤气变大，遂将 10~15 号排水截门关闭。9 月 22 日 10:00，因连续 5 天炉缸日均排水量稳定在 60~70 kg，认为炉缸存水基本排净，遂将炉缸 1~9 号排水截门关闭，改为每周定期排放一次炉缸存水。

5.6 浇注炉缸结构下侵蚀模型的建立

浇注后的高炉炉缸，内衬为炉缸浇注料+炭砖结构，且内衬结构不均匀，侵蚀模型建立难度较原始砌筑炉缸难度较大，需要结合原始砌筑结构、炭砖残存厚度及浇注料厚度等详细资料进行重建。针对浇注后炉缸的侵蚀特点，借助三维扫描技术并结合侵蚀调研情况（第 2 章中详细介绍）对原始模型进行回归分析，最终建立了新炉缸结构下的侵蚀模型。

5.6.1 侵蚀模型建立材料梳理

（1）高炉炉缸、炉底砌筑图，为客户端配置和侵蚀正问题建模提供数据；

（2）高炉热电偶布置图，为数据库配置和数据收集提供基础参数；

（3）冷却壁参数、炉缸、炉底冷却水参数，为侵蚀正问题建模和温度场建立提供基础数据；

（4）NMA 砖、NMD 砖和浇注料的热导率，为正问题建模建立温度场提供参考依据；

（5）根据热电偶位置对高炉侵蚀三维扫描数据整理，表 5-24 以 1 号高炉为例，介绍数据整理情况。

表 5-24 股份号高炉侵蚀模型所需数据整理 (mm)

序号	标高/m	剖面 0		剖面 1			剖面 6			剖面 2			剖面 7		
		炭砖残厚	浇注厚度	炭砖残厚	浇注厚度	总厚度	炭砖残厚	浇注厚度	总厚度	炭砖残厚	浇注厚度	总厚度	炭砖残厚	浇注厚度	总厚度
2	7.900	843	1923	725	1507	2232	791	1916	2707	423	1623	2046	581	1306	1887
3	8.100	845	1713	734	1269	2003	809	1690	2499	483	1316	1799	644	1022	1666
4	8.300	860	1491	792	988	1780	673	1607	2280	699	881	1580	668	773	1441
5	8.500	848	1385	879	791	1670	686	1478	2164	801	663	1464	579	762	1341
6	8.796	865	1368	962	703	1665	752	1415	2167	939	512	1451	805	535	1340
7	8.900	861	1373	962	704	1666	813	1353	2166	978	468	1446	826	517	1343
8	9.100	863	1372	976	685	1661	822	1352	2174	1001	434	1435	871	472	1343
9	9.300	870	1367	1013	647	1660	812	1364	2176	1147	284	1431	937	410	1347
10	9.492	866	1373	1011	641	1652	769	1411	2180	1150	270	1420	989	362	1351
11	10.188	368	1877	1128	523	1651	724	1473	2197	1149	273	1422	1097	260	1357

5.6.2 热导率确认

由于给出 NMA、NMD 砖和浇注料热导率，这是一个参考值，在侵蚀模型建立过程中需要根据实际热电偶温度（开炉一个月后平稳时期）进行热导率校核，使用现场给出的热导率进行校核发现模型中热电偶温度和实际热电偶温度存在一定误差，因此需要对热导率不断进行调整，直到所有电偶校核温度与实际温度相差 15 ℃以内，最终确认开炉初期热导率 NMA 为 14 W/(m·K)、NMD 为 45 W/(m·K)、浇注料为 7~8 W/(m·K)。

5.6.3 侵蚀模型建立

炉缸、炉底侵蚀图：此功能包含两个界面，一为纵剖面展示，二为横剖面展示，在此功能界面炉缸、炉底浇注料、小块炭砖、微孔炭砖、高导热炭砖等耐火材料分别以不同画刷类型展示，能够清晰明了地看出每一种材质；此界面增加自动巡检和鼠标拾点功能，例如鼠标拾点功能可以任意拾取界面中位置，会显示此位置的位置信息和温度、材质，见图 5-73。

热电偶数据：此功能包含电偶数据总览和电偶分层展示两个界面，电偶数据总览界面可以看出每一层每一支热电偶信息，包括角度、插深和温度等；电偶分层展示中可以简单明了的显示每一层电偶在炉缸、炉底中的分布和实时温度，见图 5-74。

5.6.3.1 正反问题计算

A 正问题计算

根据炉缸、炉底由多种不同性质的耐火材料组成，选择在建立模型时包含铁水、多种耐火材料、填料、冷却壁以及炉壳；根据高炉炉缸、炉底的实际形状，选择更接近实际的壳体；考虑炉缸、炉底在侵蚀加剧时属于非稳态升温过程，且铁水在相变过程中要释放凝固潜热，选用三维非稳态柱坐标包含凝固潜热的温度场正问题计算模型，见图 5-75。

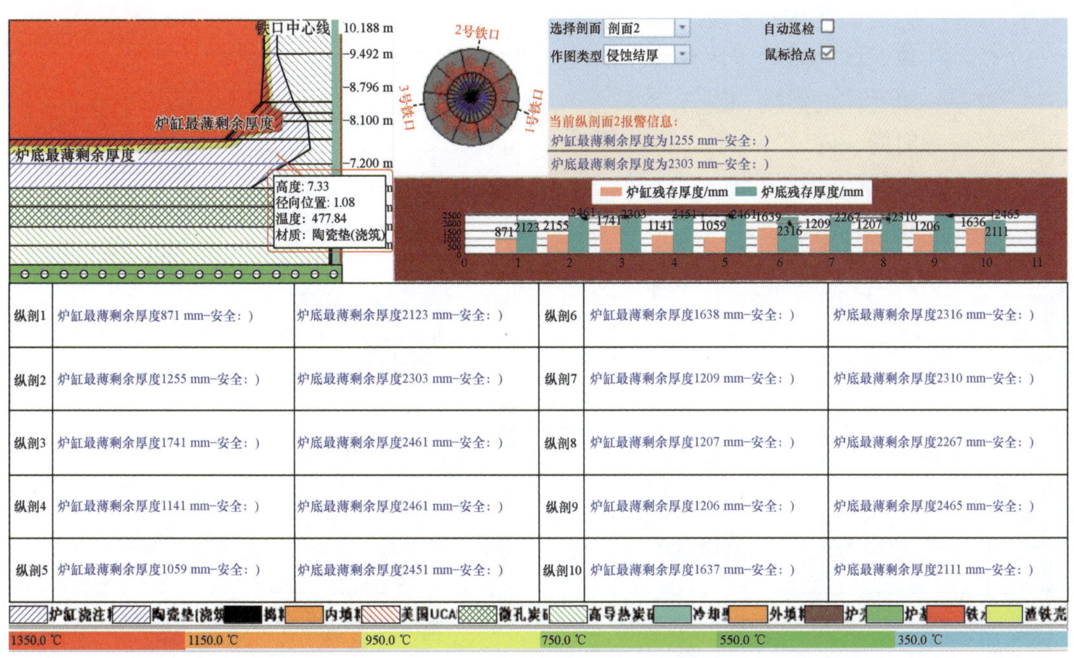

图 5-73 炉缸、炉底侵蚀图界面图

角度/(°)	中心	9	9
深度/m	6.895	4.645	2.395
描述	1层 1	1层 2	1层 3
温度/℃	92	29	93
项目	TE3023	TE3033	TE3014
角度/(°)	297	297	261
深度/m	2.395	0.1	4.645
描述	1层 9	1层 10	1层 11
温度/℃	283	236	248

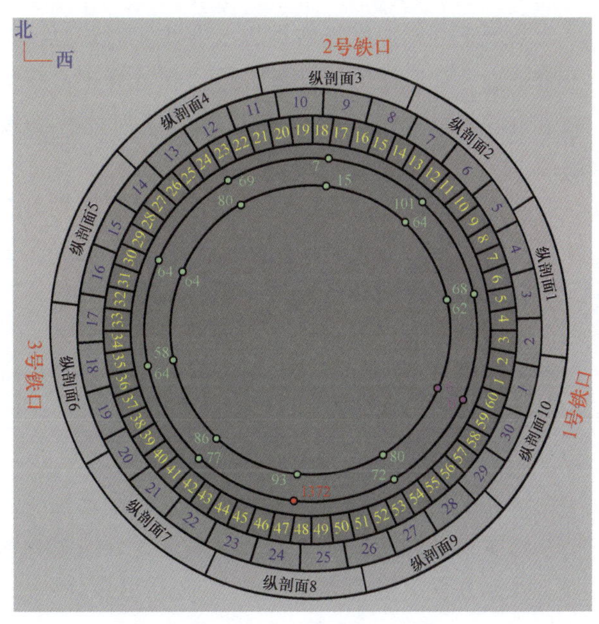

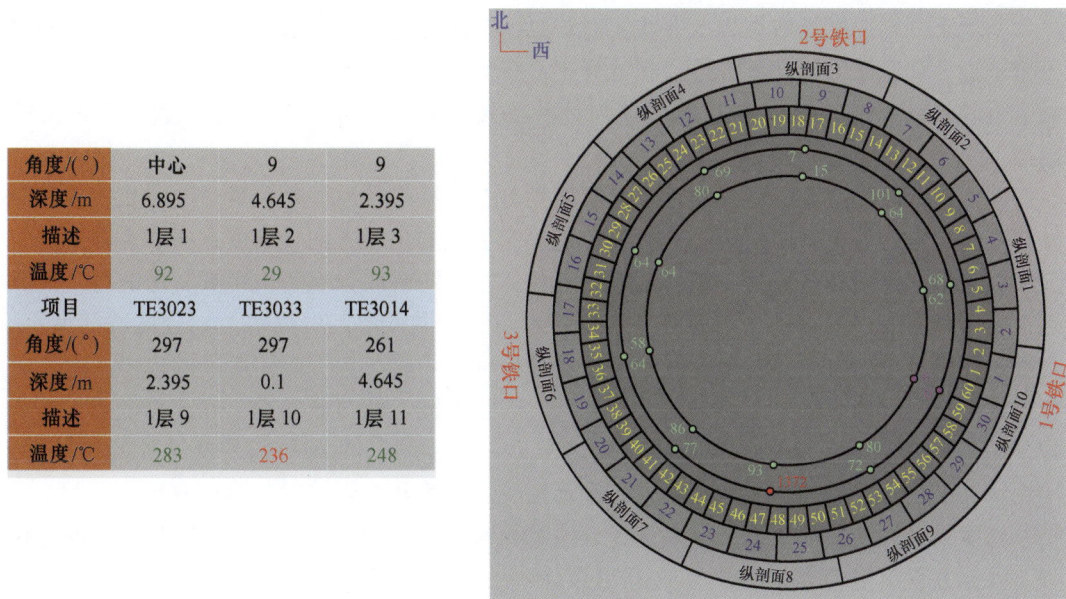

图 5-74 热电偶数据界面图

根据壳体能量平衡原理建立控制微分方程，如下式所示：

$$\rho C_p \frac{\partial T}{\partial t} = \frac{\partial}{\partial z}\left(k \frac{\partial T}{\partial z}\right) + \frac{1}{r} \frac{\partial}{\partial r}\left(kr \frac{\partial T}{\partial r}\right) + \frac{1}{r} \frac{\partial}{\partial \theta}\left(\frac{k}{r} \frac{\partial T}{\partial \theta}\right) + s$$

式中　ρ——控制单元体的密度，kg/m^3；

C_p——单元体的质量定压热容，J/(kg · ℃)；

T——单元体的温度,℃；

t——时间，s；

k——单元体的热导率，W/(m · K)；

s——单元体内的热源项，W/m^2。

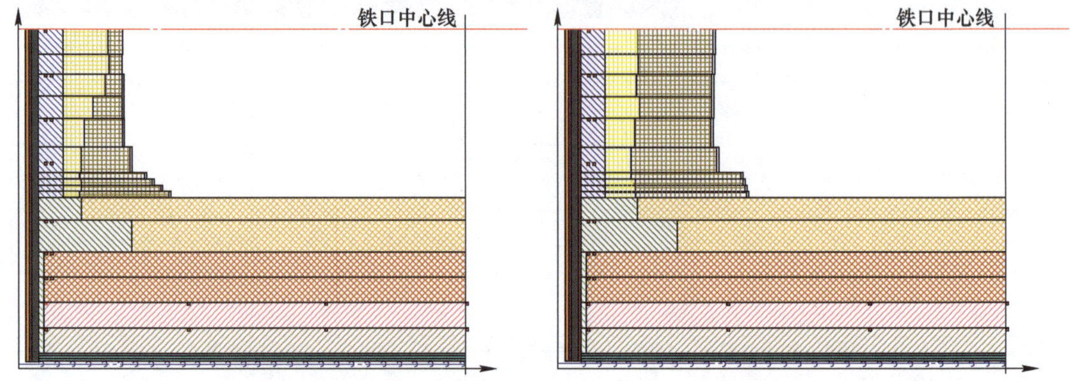

图 5-75　非铁口剖面和铁口剖面正问题模型图

B　反问题计算

基于正问题温度场数据以及在线实时炉缸、炉底热电偶温度数据，选择有限元法构建三维炉缸、炉底反问题计算程序。在计算中，将炉缸、炉底实体划分为近 100 万个细小网格进行差分计算，同时设立基础数据与计算温度之差作为最小的目标函数，求解侵蚀内型。

网格划分模块对整个模型自动进行网格划分，其结果是返回每个节点的参数，提供给计算模块，为计算整个温度场做准备。首先确定炉缸的半径方向、高度方向和不同角度的交接面，参照交接面进行网格整体区域的划分，按不同材质分成若干区域，保证每一个节点控制体都只有一种材质，为以后节点参数的计算提供方便。根据每个划分区域的大小，自动选择节点个数，划分的节点分布可以充分保证对炉缸、炉底的温度场的描述。网格划分过程中，同时确定每个节点的尺寸信息；然后根据输入的材质参数，确定每个节点的热导率 k_b、k_f、k_e、k_w、k_s、k_n，质量定压热容 C_p 和密度 ρ，两种材料的交接处的热导率，要用调和平均；根据冷却参数的输入，计算出冷却水管和炉壳的对流换热系数。

温度场计算模块的关键问题是选择合适的算法、准确的计算温度场，并且能够快速收敛。根据方程组是对角占优的。这样可以选择 Seidel 迭代法。Seidel 迭代法的迭代格式为：$x_i^{(k+1)} = \dfrac{1}{a_{ii}}\left(b_i - \sum\limits_{j=1}^{i-1} a_{ij}x_j^{(k+1)} - \sum a_{ij}x_j^k\right) i = 1, 2, 3, \cdots$，在迭代中用新算出的 $x_i^{(k+1)}$ 来代替 x_i^k 去参加后面分量的计算，可期望达到较快的收敛速度。在 Seidel 迭代中，为了使它具有更高的收敛速度，应用了欠松弛法，基本思想是利用原迭代的第 k 次迭代值 $x^{(k)}$ 及由 $x^{(k)}$ 产生的下一步 Seidel 迭代值 $\bar{x}^{(k+1)}$ 的加权平均构成新的迭代格式：$x^{(m+1)} = (1-\omega)x^{(m)} + w\bar{x}^{(m+1)}$，$m = k, k+1, \cdots$，其中实参数 ω 成为松弛因子，一般取 0~1，

$\overline{x}^{(m+1)}$ 是由 $x^{(m)}$ 产生的 Seidel 迭代值。

在实际生产过程中，炉缸、炉底的侵蚀轮廓是未知的，因此，实时读取炉缸冷却壁热流和炉缸、炉底砖衬内的热电偶温度数据并进行自动滤波后，采用“正问题”对初始温度场进行求解，将求解温度场的数据和不同位置电偶温度数据进行比较，根据其差别，采用传热学“反问题”方法来修改侵蚀边界，再进行新的“正问题”温度场计算，直到计算温度场和全部电偶温度的差值达到规定精度。

5.6.3.2 两点法离线计算功能

在模型重建中，为方便现场工长及时快速了解炉缸侵蚀情况，在项目开发过程中，新增了两点法离线计算侵蚀残厚的功能，通过输入深浅点电偶温度、插深，每一种耐火材料热导率等参数，输出对应位置热流强度、NMD 内侧温度、铁水凝固线至 NMD 内侧距离等参数，该结算结果仅供趋势参考，具体以侵蚀模型数据为准，见图 5-76。

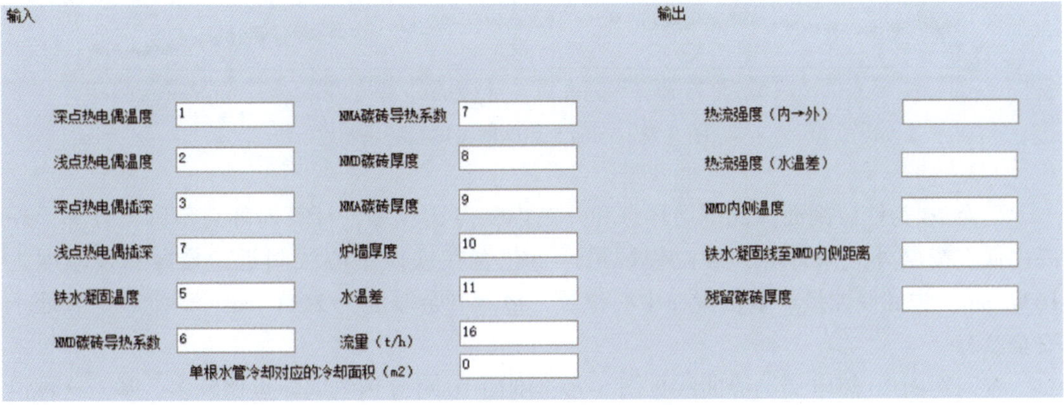

输入

参数	值	参数	值
深点热电偶温度	1	NMA碳砖导热系数	7
浅点热电偶温度	2	NMD碳砖厚度	8
深点热电偶插深	3	NMA碳砖厚度	9
浅点热电偶插深	7	炉墙厚度	10
铁水凝固温度	5	水温差	11
NMD碳砖导热系数	6	流量（t/h）	16
		单根水管冷却对应的冷却面积（m2）	0

输出

热流强度（内→外）	
热流强度（水温差）	
NMD内侧温度	
铁水凝固线至NMD内侧距离	
残留碳砖厚度	

图 5-76 两点法离线计算图

5.6.3.3 典型界面介绍

以迁钢 1 号高炉为例，炉侵蚀模型于 2020 年 9 月上线，正常运行 3 个月后，选取一个非铁口剖面，剖面 5，一个铁口剖面，剖面 10，见图 5-77。

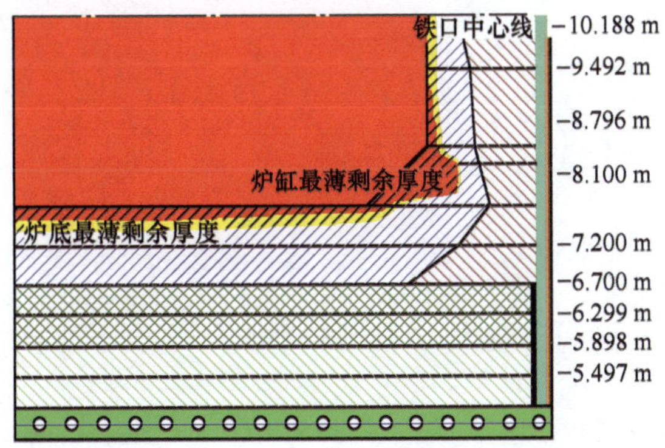

图 5-77 剖面 5 炉缸、炉底侵蚀界面图

剖面 5 对应电偶温度趋势见图 5-78，查询此剖面历史最高温度与当前温度对比，当前

温度大部分低于历史最高温度，因此在趋势图中显示有黄色渣铁壳生成。

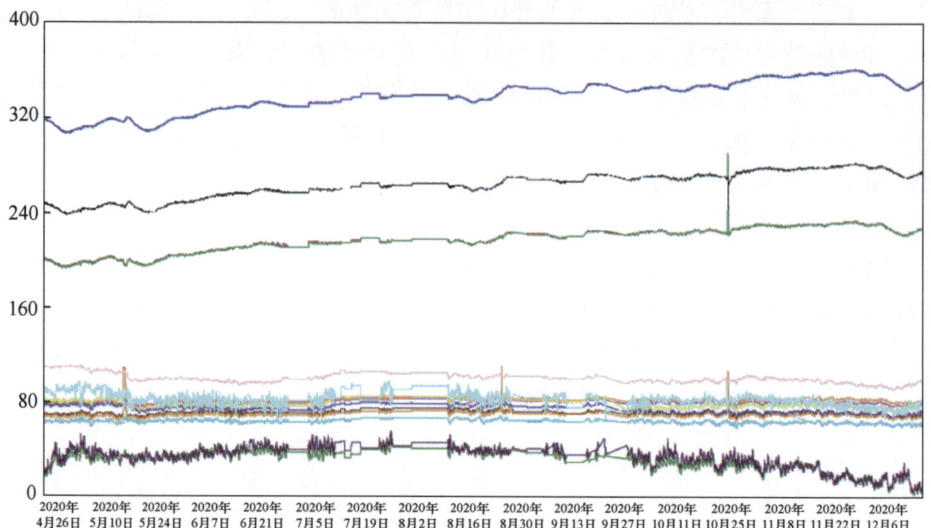

图 5-78　剖面 5 热电偶温度趋势图

剖面 10 为铁口剖面，此剖面坏点和外高内低点比较多，计算时坏点不参与计算，外高内低点按照外点来计算，炉缸侵蚀最严重位置在铁口中心线附近，最薄剩余厚度为 1637 mm；炉底侵蚀最严重位置在中心位置，最薄剩余厚度为 2111 mm，炉缸、炉底处于安全状态。

查询剖面 10 热电偶趋势曲线见图 5-79，剖面 10 对应热电偶坏点比较多，基于这种情况，新开发侵蚀模型优势在于计算侵蚀边界是基于整个炉缸温度场计算，而不是凭借单只或特定几只电偶来计算，因此在三维非稳态温度场模型计算基础上进行剖面 10 计算，结果表明炉缸、炉底处于安全状态。

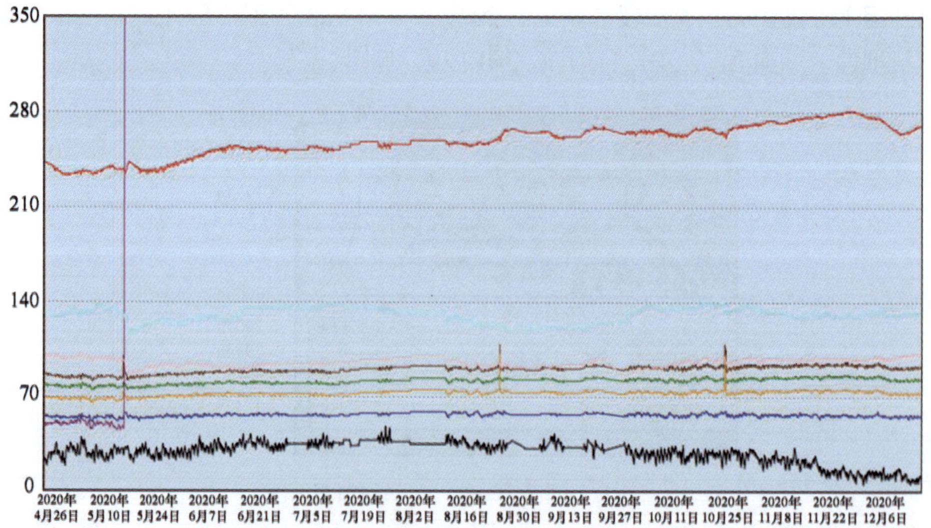

图 5-79　剖面 10 铁口剖面剖面图

5.7 迁钢 2 号高炉浇注后运行及侵蚀分析

首钢迁钢公司 2 号高炉有效容积为 2650 m^3，2018 年 7 月 30 日停炉降料面进行炉缸浇注修复，9 月 15 日送风开炉。第一次浇注后，炉缸运行了 4 年 10 个月，进行了炉缸第二次浇注，过程中炉缸总过铁量为 1170.13 万吨，单位炉容产铁量 4415.58 t/m^3。

在近 5 年时间中，首钢迁钢 2 号高炉长期保持顺稳，炉缸侧壁温度稳定在 200 ℃以下，高炉利用系数完成 2.57 t/(m^3 · d)，焦比 310.1 kg/t，燃料比 506.1 kg/t 等指标取得了历史性突破，实现了高效、低碳及炉缸浇注长寿。2023 年被评为行业“冠军炉”，对整个行业推广应用炉缸浇注技术起到了良好的示范作用。

作为国内首座 2500 立方米级以上浇注后停炉的高炉，通过对 2 号高炉停炉后对炉缸侵蚀情况进行分析，通过调研情况分析新型修复技术的可行性对以后的修复提供技术支撑。

5.7.1 2 号高炉侵蚀形貌描述

2 号高炉侵蚀轮廓见图 5-80。

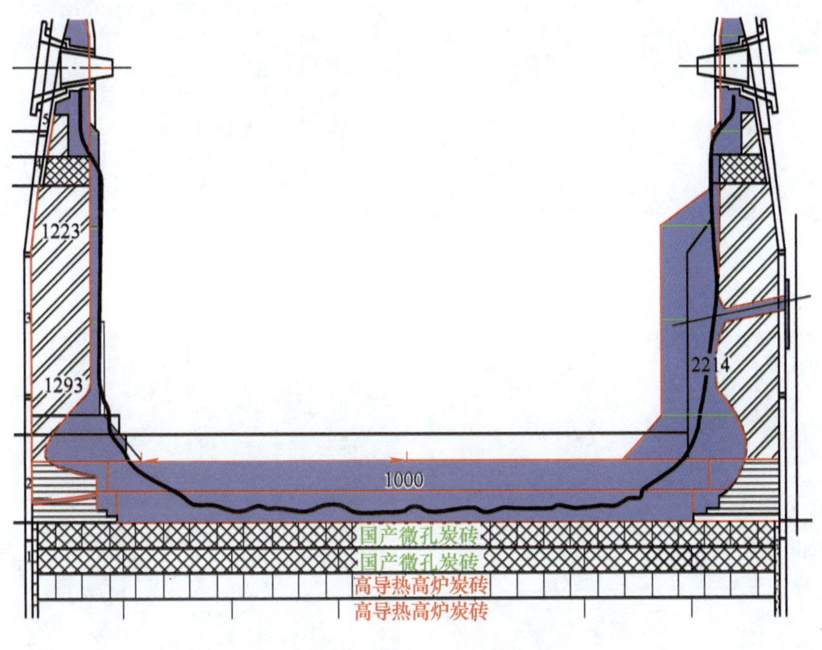

图 5-80 2 号高炉侵蚀轮廓图

(1) 风口带。风口中心线以上残余的 100 mm 左右的浇注料粉化酥松严重，和渣皮直接清理掉，见图 5-81。

风口中心线以下中大套周围残余的 200~500 mm 不等的浇注料，见图 5-82。

(2) 铁口上部浇注料及渣皮情况。风口以下到铁口中心线以上这一段的炉墙侧壁原 80~150 mm 厚的浇注料仍有残存，见图 5-83。

(3) 铁口附近及泥包。铁口附近情况及泥包见图 5-84。

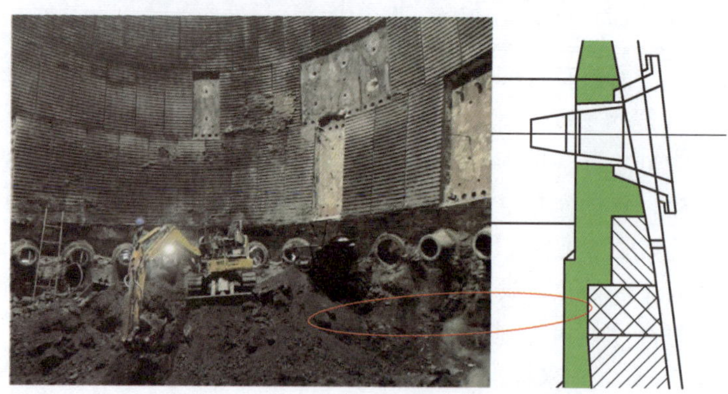

图 5-81 风口中心线以上示意图

图 5-82 风口中心线以下示意图

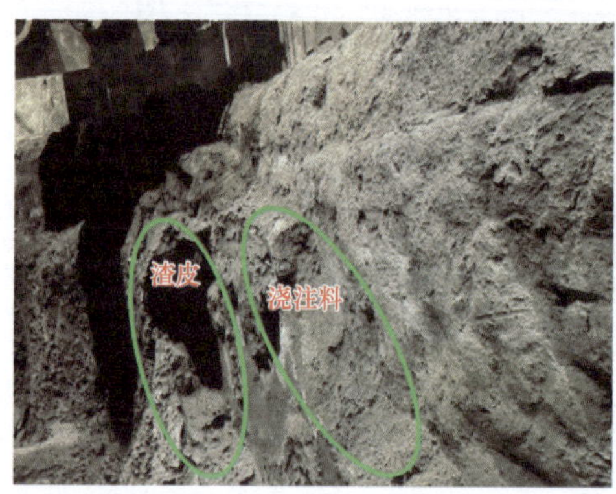

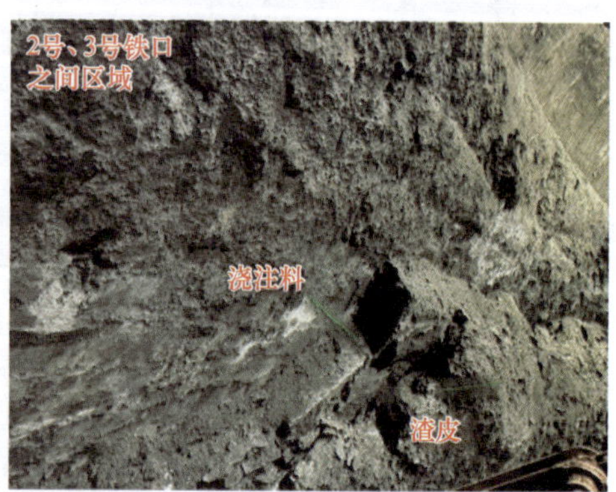

图 5-83 铁口上部浇注料及渣皮情况图

（4）象脚区域。炉底打开缺口之后，清理出象脚区与炉缸侧壁的界面，对象脚区侵蚀形貌进行拍照记录，对炉底浇注料厚度进行测量记录，炉底情况见图 5-85、图 5-86。

象脚区断面图分析如下：从象脚区域断面照片可见三层浇注料，其中一层浇注料 500 mm高，从炉墙向中心延伸，炉墙部位 500 mm 到距离炉墙 2m 左右下降为 300 mm，并保持基本水平面延伸到炉中心。二层浇注料高 500 mm，剩余厚度约 1400 mm，三层为

图 5-84　铁口附近及泥包图

图 5-85　炉底区域情况图

图 5-86　象脚区断面图

1000 mm高斜模倒角，目前残余约 800 mm。

（5）炉底情况。炉底浇注存在两个环带，中间存在膨胀缝 50～70 mm，使用纤维毡填充，破调中发现碰撞缝存在渗铁现象，见图 5-87。

炉底总剩余 600～700 mm，其中下部 300 为剩余浇注料，上部为渣铁焦三相混合物，见图 5-88。

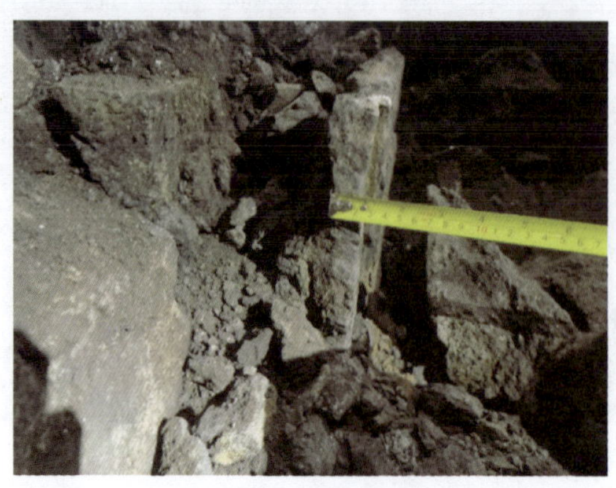

图 5-87　炉底示意图

图 5-88　炉底示意图

5.7.2　2 号高炉侵蚀情况描述

（1）部分区域残存完好，2 号高炉高效运行近 5 年来，高炉炉底和侧壁基本都存有浇注料，侵蚀轮廓特征呈平锅底形状，与 2018 年 2 号高炉侵蚀情况有明显差别，表明 2 号高炉的浇注炉型设计和材料选配是合理的，可为第二次浇注提供基本参考，同时为后续高炉工程方案优化提供借鉴。

（2）炉缸清理后，基本可保存有与第一次浇注时相近的炉缸、炉底残存炭砖界面，仍可为后续生产继续保留有“安全石墨墙”结构。

（3）2 号运行过程中，炉底温度升高趋势高于原工程设计的炉底结构，这与破损调研高炉炉底侵蚀轮廓相吻合；同时高炉生产过程中实施过短期低钛护炉操作，在炉底部位发现有碳氮化钛护炉料。

5.7.3　浇注侵蚀分析

5.7.3.1　取样清单

对上述试样进行筛选，重点研究服役后浇注料的侵蚀行为以及侵蚀机理，试样选择情况见表 5-25 和图 5-89。

表 5-25　浇注料渗铁试样选样清单

试样编号	位　　置	试样种类	取样形式
10	1 号铁口	浇注料+炭砖	粉+块
12	21 号风口，铁口下 1.5 m	渣铁浇注料界面	含界面块样
20	2 号风口下	浇注料+渗铁	含渗铁块
30	2 号铁口下	炭砖热面浇注料	块
34	1 号铁口下炉底区域	渗铁浇注料	块
38	1 号铁口下象脚区	浇注料/炭砖界面	含界面块+粉
35	1 号铁口下象脚区	浇注料脆化层	电镜块+粉
36	1 号铁口下象脚区	脆化层	电镜块+粉
37	1 号铁口下象脚区	脆化层	电镜块+粉

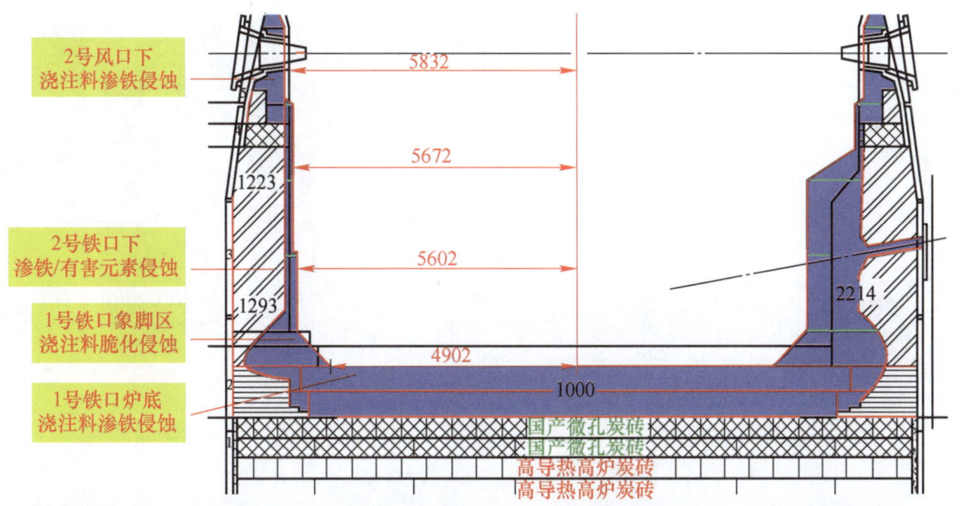

试样编号	位置	试样种类	取样特点	镶样编号
20	2号风口下	浇注料+渗铁	渗铁侵蚀界面	1
30	2号铁口下	炭砖热面浇注料	渗铁侵蚀区域	2
			有害元素分布	3
34	1号铁口下炉底区域	渗铁浇注料	渗铁层含界面	4
35	1号铁口下象脚区	浇注料脆化层	脆化严重区域有害元素侵蚀	5
			脆化严重区域轻微渗铁	6
37	1号铁口下象脚区	脆化层	脆化区域分层试样	7
			渗铁有害元素分层试样	8
			无明显渗铁有害元素侵蚀脆化试样	9
补充	1号铁口下象脚区	脆化层	脆化严重试样	10
			有害元素侵蚀脆化层试样	11

图 5-89　服役后浇注料试样制样清单

上述试样根据实际取样效果以及试样的情况，选择以下试样进行切割试样，并进行镶样。

利用化学分析、X 射线衍射仪（XRD）、光学显微镜（OM）、扫描电子显微镜-能谱仪（SEM-EDS）明确 2 号高炉炉缸服役后浇注料的物相组成与微观结构。按表 5-25、表 5-26 进行选样，将黏结物试样研磨至粒度小于 74 μm，通过化学分析、XRD 分析服役后物相组成。委托专业机构对试样的主要成分进行检测分析，检测实验环境条件为 20 ℃，60%RH（relative humidity），检测标准为国标 GB/T 16535—2010，GB/T 4735—1996。在 XRD 分析过程中，样品在 10°到 90°的范围内以 5°/min 的扫描速率进行 2θ 扫描，X 射线源采用铜 Kα 辐射（40 kV，40 mA，0. 15406 nm）。另外，从样品上取下小块放在圆形模具中，通过环氧树脂进行镶样。在不同等级砂纸（60 μm、38 μm、15 μm、13 μm、10. 4 μm、9. 0 μm 和 6. 5 μm）上研磨样品表面，之后使用 0. 5 μm、1. 0 μm 和 2. 5 μm 的抛光膏抛光。对抛光后的样品进行喷金，通过 OM、SEM-EDS、EPMA 观察样品的微观形貌和微区成分。试样优先制取电镜样，主要进行微观形貌观察。

5. 7. 3. 2　检测分析

2 号高炉在破损调查过程中发现，象脚区域的侵蚀比较典型，该区域的试样由热面到冷面分别为脆化侵蚀区域（A）、渗铁侵蚀区域（B）以及最冷面（C）的试样，具体见图 5-90。

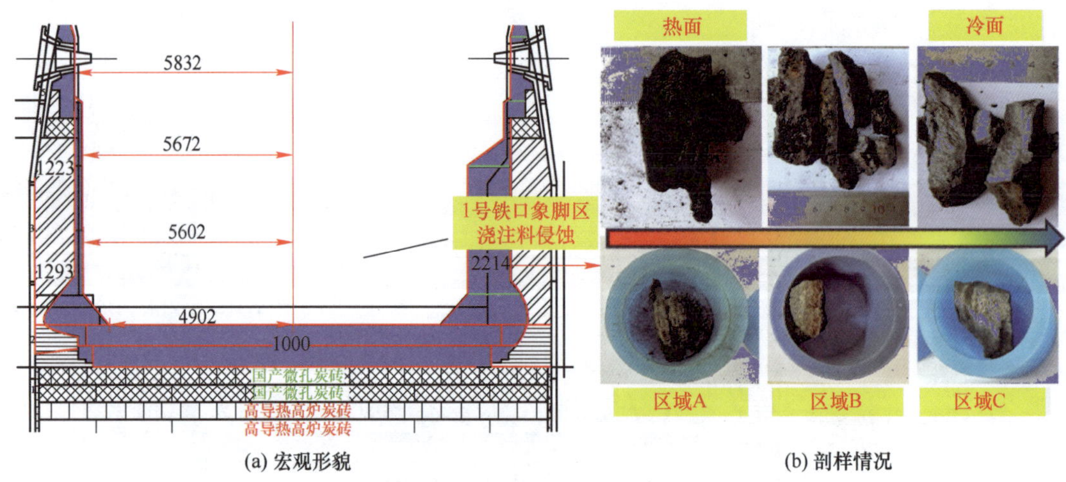

(a) 宏观形貌　　(b) 剖样情况

图 5-90　象脚区试样宏观形貌及制样情况（1 号铁口下）

（1）化学分析结果。2 号高炉使用的浇注料原始浇注料以及浇注料脆化层、浇注料渗铁试样以及最冷面浇注料的化学分析结果见表 5-26。

表 5-26　浇注料脆化层试样选样清单　（%）

成分	Al_2O_3	SiC	SiO_2	Fe	CaO	TiO_2	C	K_2O	Na_2O	ZnO
原始浇注料	76. 20	12. 79	6. 06	0. 65	0. 37	2. 02	5. 00	0. 05	0. 05	0. 01
区域 A	38. 47	7. 44	5. 93	1. 14	0. 25	1. 03	6. 93	0. 27	0. 06	39. 14
区域 B	23. 99	0. 42	30. 90	27. 01	1. 84	0. 89	16. 66	0. 90	0. 83	1. 06
区域 C	59. 04	10. 87	5. 34	8. 09	0. 46	1. 33	5. 40	0. 56	0. 12	8. 06

检测结果表明，由热面到冷面，浇注料中的 Al_2O_3、SiC 含量整体上呈现逐渐升高的趋势，但都比原始浇注料低；区域A由于脆化层的存在，浇注料侵蚀较为严重，Al_2O_3、SiC 的含量低于区域C的含量。Fe 的含量先升高再降低，CaO、SiO_2 在区域B的含量明显高于其他区域，这是因为该区域浇注料与炉渣接触，发生反应，形成高铝的渣相。C 的含量在3个区域都比原始浇注料高，ZnO 的含量随着距热面距离的增加而降低，脆化层区域A ZnO 的含量最高，达到39.14%。

（2）XRD检测结果。象脚区试样宏观形貌及制样情况（1号铁口下）见图5-91。

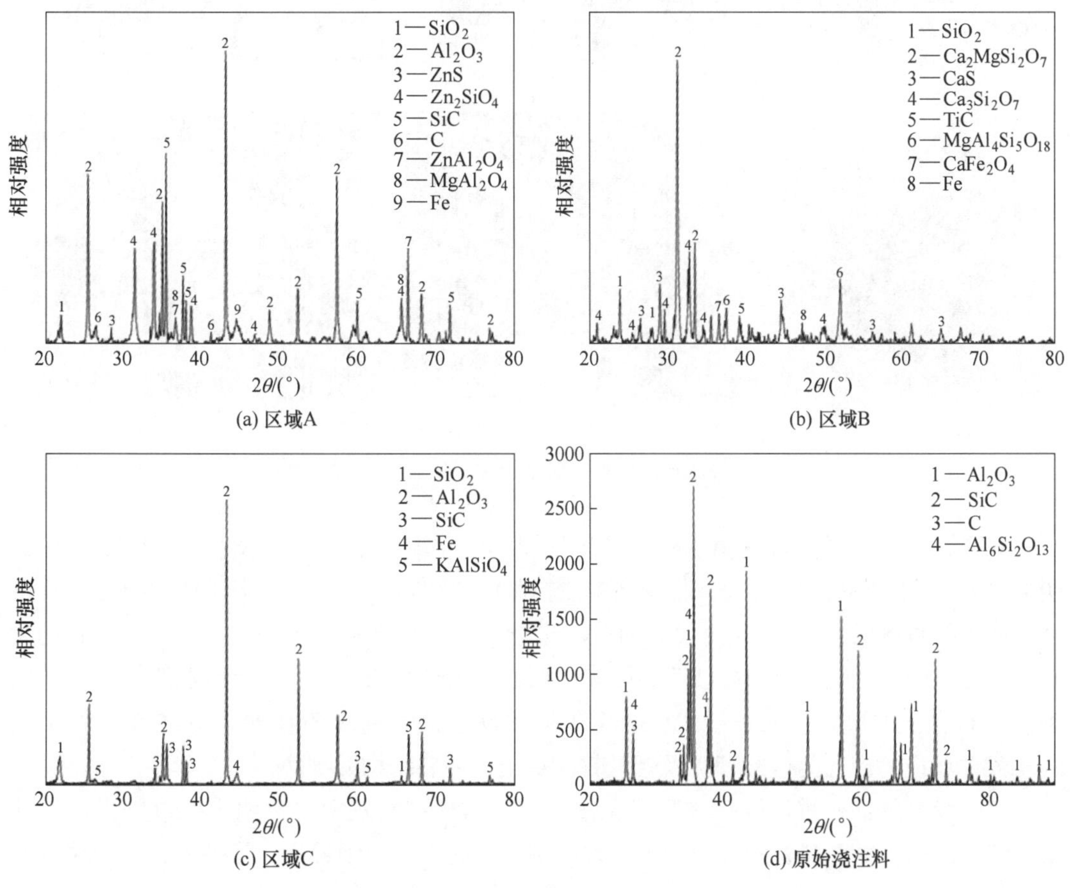

(a) 区域A (b) 区域B (c) 区域C (d) 原始浇注料

图5-91 象脚区试样宏观形貌及制样情况（1号铁口下）

象脚区试样宏观形貌及制样情况见图5-92。检测结果表明，区域A中，出现了明显含Zn物相的富集现象，区域B的主要物相为Fe相，也存在渣相侵蚀；区域C主要物相为浇注料的原始物相，也检测出少量的K侵蚀后形成的霞石物相。

（3）电镜检测结果。象脚区域的浇注料在高炉内服役后，已经发生了脆化以及侵蚀现象。脆化层区域试样A从宏观形貌上可以看到，浇注料最热面出现了少量渗铁以及明显脆化现象，浇注料强度明显下降；区域B的浇注料试样，宏观上可以看到明显的渗铁侵蚀界面，浇注料的强度也比热面明显更大，无明显脆化。区域C的浇注试样，存在轻微渗铁，且与原始浇注料形貌相似。对从热面到冷面的服役后浇注料试样分别进行电镜检测，研究其微观形貌以及物相组成。

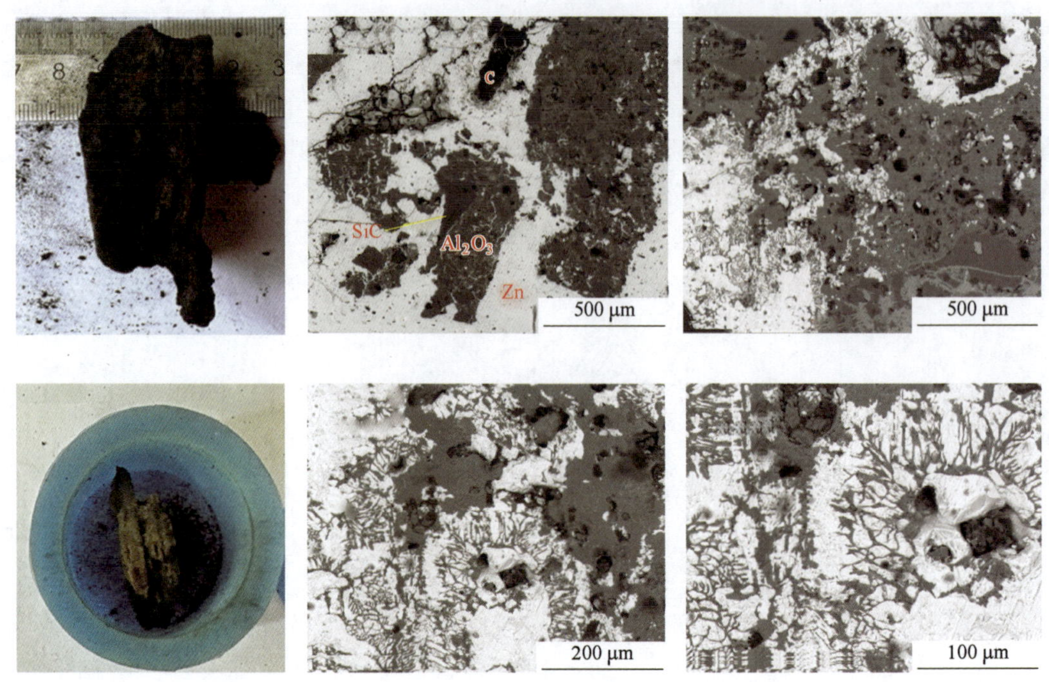

图 5-92　浇注料热面脆化层试样微观形貌（1 号铁口下）

对区域 A 的试样进行电镜观察，结果见图 5-93。电镜检测结果表明，试样中出现了明显的 Zn 富集现象，Zn 的侵蚀集中在浇注料基体的孔隙中，破坏了浇注料的结构以及强度，造成了脆化现象。对 Zn 侵蚀界面区域进行面扫，结果见图 5-93（b）：在 Zn 的侵蚀下，浇注料中 Al_2O_3 大颗粒被破坏侵蚀成小颗粒，同时在 Zn 侵蚀的区域也存在 Na 富集现象。Zn 以蒸气的形式进入炉缸中，会发生氧化反应，生成的 ZnO 会与浇注料中 Al_2O_3、SiO_2 发生反应，产物为硅酸锌以及铝酸锌，造成浇注料结构的破坏。

对区域 B 的试样进行电镜观察，见图 5-94，试样在宏观上可见明显的渗铁界面，且结构较为致密，电镜观察的过程中，发现了微观上的渗铁侵蚀界面，渗铁界面将渗铁侵蚀区域与渣相侵蚀区域分割。

对渗铁侵蚀界面区域试样进行面扫，研究该区域的元素分布状况，结果见图 5-95，在渗铁侵蚀界面的浇注料中，出现了元素 Ca、Mg 的富集现象，这与高炉中渣相的侵蚀有关，渗铁区域中也出现了条状 C 相的存在。在更靠近冷面的位置，渗铁侵蚀后浇注料试样仍保留较为完整的结构，且在该区域中未见明显的有害元素侵蚀现象。

对区域 C，即最冷面的浇注料试样进行取样以及电镜观察，结果见图 5-96。该区域的试样，宏观上为灰白致密的结构，部分区域有轻微渗铁现象。对该区域进行 EDS 元素分析，可以看到该区域存在少量有害元素 K、Na 的存在。

对该区域的试样进行电镜面扫，结果见图 5-97，浇注料中存在少量渗铁、少量 Ca 元素的富集现象，浇注料的侵蚀一般。

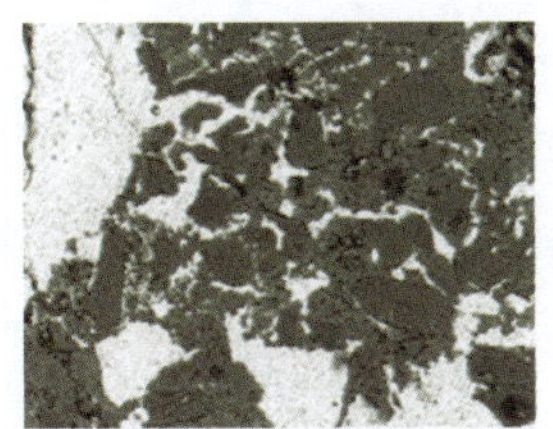

(a) 形貌图

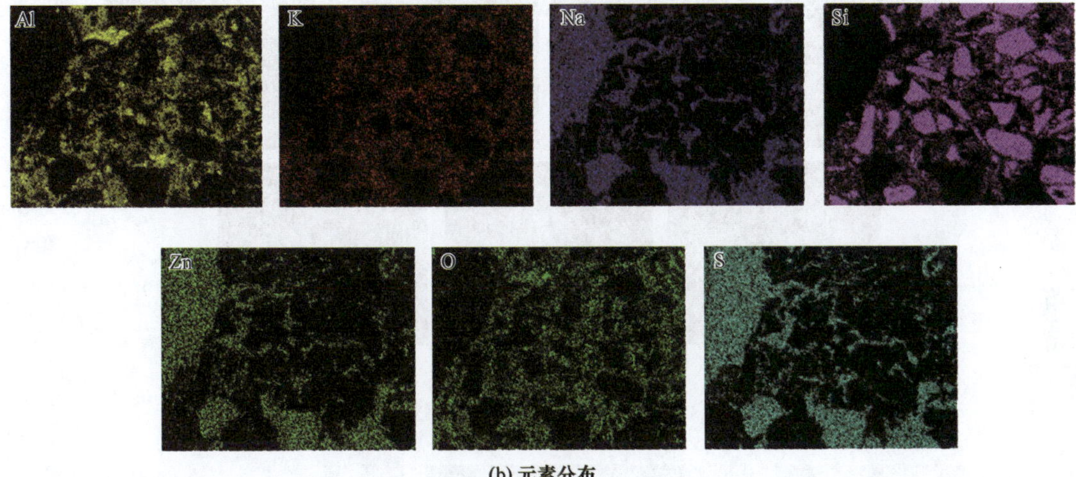

(b) 元素分布

图 5-93　浇注料脆化层试样电镜面扫（1 号铁口下）

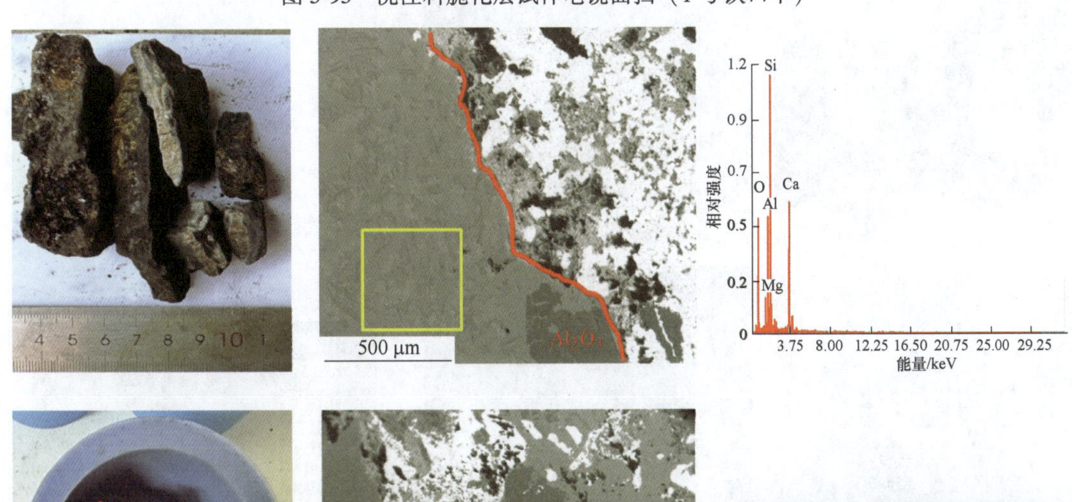

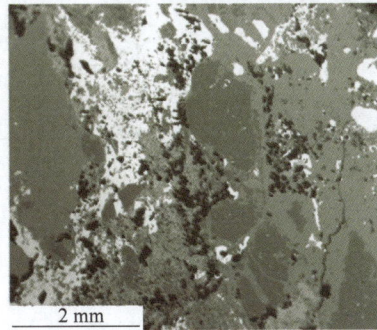

元素	质量分数/%	原子百分数/%
O K	35.67	52.56
Mg K	2.58	2.50
Al K	9.32	8.15
Si K	23.73	19.91
Ca K	28.70	16.88

(a) 宏观试样　(b) 微观形貌　(c) EDS

图 5-94　浇注料渗铁试样及电镜观察结果（1 号铁口下）

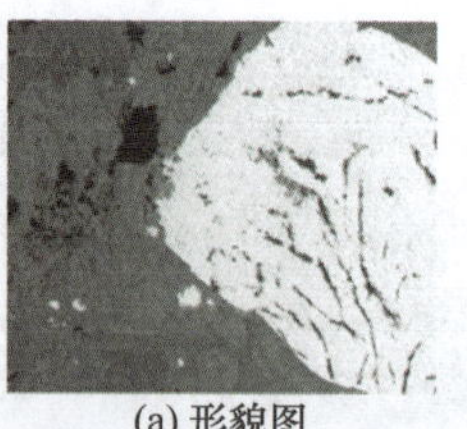

(a) 形貌图

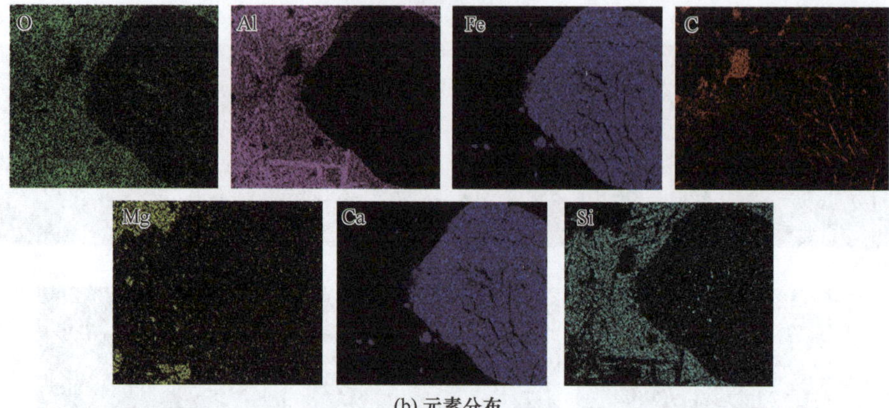

(b) 元素分布

图 5-95 浇注料渗铁试样面扫（1 号铁口下）结果

元素	质量分数/%	原子百分数/%
C K	27.47	41.04
O K	25.69	28.81
Na K	1.43	1.11
Al K	12.99	8.64
Si K	30.68	19.60
K K	1.74	0.80

(a) 宏观试样 (b) 微观形貌 (c) EDS

图 5-96 浇注料最冷面试样及微观形貌（1 号铁口下）

5.7.3.3 讨论与分析

A 浇注料脆化形成过程分析

浇注料脆化层的形成是高温物相转变、有害元素侵蚀、CO 渗透扩散等多种因素共同

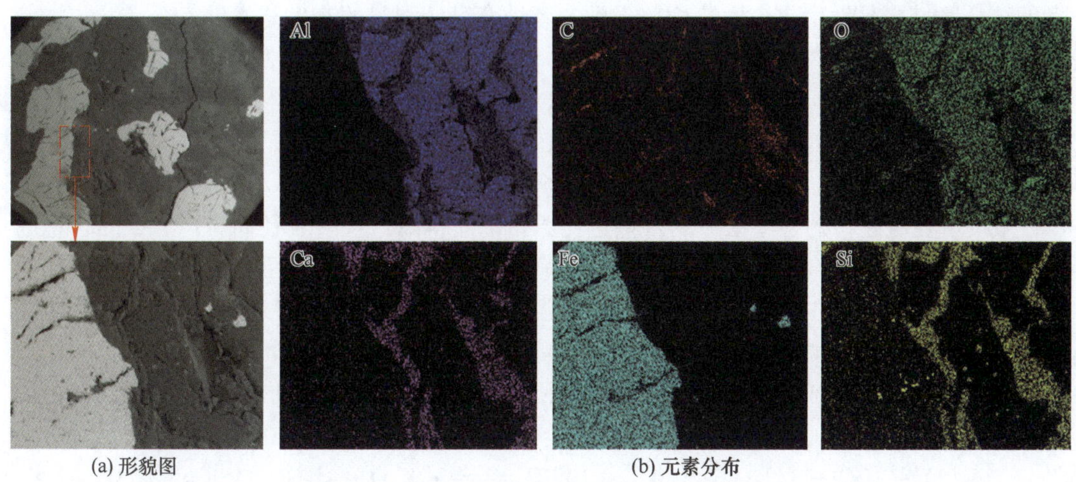

图 5-97　浇注料最冷面试样电镜面扫（1号铁口下）

作用的结果。

a　裂纹的产生

浇注料在初期烘干以及养护固化阶段，因为水分的排出，使得浇注料表面以及内部均会产生各种形状的孔洞；在高炉正常生产过程中，在高温作用下，浇注料自身内部也会发生物相转变，在1500 ℃下，浇注料中的 Al_2O_3 与 SiO_2 发生反应生成莫来石相，这个过程约造成30%的体积膨胀。此外，炉缸温度会因为周期性的出铁会出现周期性的波动，在弹性范围内，热应力与浇注料的杨氏模量以及弹性应变成正比，弹性应变等于线性膨胀系数 α 和温度变化 ΔT 的乘积。热应力的计算表达式如下：

$$\sigma = E\alpha\Delta T/(1-\mu)$$

式中　σ——浇注料内热应力；

α——浇注料的线膨胀系数；

E——浇注料的弹性模量；

ΔT——温度差；

μ——浇注料的横向收缩系数（泊松比）。

当浇注料内的热应力超过浇注料的抗折强度时，浇注料内部将会产生新裂纹。当热应力达到一定程度时，浇注料内部的裂纹就会进一步扩展长大。作为脆性材料，浇注料遭受热应力时，无法产生塑性形变来吸收热应力，且产生的热应力会在浇注料原有孔隙处进行集中，使得浇注料内部裂纹产生的条件更低。

根据裂纹形成的热弹性理论，对上述公式进行推导，可以得到浇注料可承受的短时最大温度差 ΔT_{max} 计算公式：

$$\Delta T_{max} = [\sigma_f(1-\mu)C]/(E\alpha)$$

式中　σ_f——浇注料的抗折强度；

C——形状系数。

在形状系数一致的情况下，当浇注料承受的热应力超过其断裂强度时，就会产生新裂纹。在炭砖与浇注料界面处由于二者的膨胀系数、热导率等性质存在较大差异，因此在二者的结合区域更易发生热应力集中，导致二者结合区域裂纹的产生与发展。

b 裂纹的扩展

浇注料中裂纹一旦产生，热面的铁水、CO 以及碱金属蒸气均会沿着裂纹由热面向冷面进行扩散。CO 会与浇注料中的 Al_2O_3、SiC 发生反应，生成产物是莫来石与 C，反应方程式如下，该反应在 700 ℃下就可以发生，产物中的莫来石以及 C 相均会造成体积膨胀，C 在服役后在浇注料的各个区域的含量也比原始浇注料高，且沿着径向方向，C 的含量逐渐下降，这与 CO 的扩散深度有关。K、Na 等碱金属蒸气也会沿着径向方向，在浇注料中进行扩散，扩散过程中在到达 800 ℃左右的温度区间时，碱金属蒸气会发生液化，并与浇注料中的 Al_2O_3、SiO_2 发生反应，生成钾钠霞石、榴石等物相，这个过程会进一步破坏浇注料的基体，产物造成的体积膨胀也会使得浇注料中裂纹进一步发展。

$$3Al_2O_3 + 2SiC + 4CO \longrightarrow Al_6SiO_{13} + 6C \qquad \Delta G = -1219300 + 661.81T$$

$$6K(l) + 3CO + 3Al_2O_3 \cdot 2SiO_2 + 10SiO_2 = 3[K_2O \cdot Al_2O_3 \cdot 4SiO_2] + 3C$$

$$6K(l) + 3CO + 3Al_2O_3 \cdot 2SiO_2 + 4SiO_2 = 3[K_2O \cdot Al_2O_3 \cdot 4SiO_2] + 3C$$

c Zn 的层状富集与浇注料脆化层的形成

高炉中的 Zn 由炉料带入，随着炉料的下降在炉缸中被还原，一部分以蒸气的形式侵蚀进入浇注料中，Zn 的沸点为 907 ℃，熔点温度为 420 ℃，在浇注料与炭砖界面处，Zn 呈液态在浇注料中进行扩散。Zn 具有易于在裂纹孔隙中沉积的特性。在炭砖与浇注料结合区域的 Zn，与浇注料中的 Al_2O_3、SiO_2 等物质发生相应的反应，从而导致浇注料脆化进一步的发展，形成宏观上的脆化带。

B 浇注料渣铁侵蚀行为分析

高炉用浇注料中热面侵蚀是渗铁侵蚀与熔渣侵蚀共同作用的结果，其侵蚀过程可以分为以下三个方面：

(1) 浇注料最热面的工作温度在 1500 ℃以上，浇注料中的 Al_2O_3 与 SiO_2 会反应生成莫来石相，新相的形成造成的体积膨胀，导致了浇注料表面微裂纹的产生；在高炉炉缸中存在着高温渣铁以及 CO 气相，在高压的环境下，铁水、渣相，以及 CO 均会沿着浇注料的裂纹进入内部；进入浇注料中的 CO 与浇注中的 Al_2O_3、SiC 发生反应，产物是莫来石相与 C 相。

(2) 熔渣渗透进入浇注料更靠近的冷端的位置，并与浇注料中的 Al_2O_3、SiO_2 发生反应，生成 MgO-Al_2O_3、CaO-SiO_2 等渣相，对浇注料进行侵蚀，渗铁侵蚀区域与熔渣侵蚀区域由于物相组成差异，进而导致热力学性能差异，使得在二者界面区域出现断裂现象，这是应力集中的表现。

(3) 渗铁侵蚀的产生，会导致浇注料结构的破坏，在炉缸温度出现波动时位于浇注料热面的 Fe 相会随着温度的波动，出现周期性的融化与凝固，这个过程导致的体积膨胀，使得铁水侵蚀区域的浇注料基体遭到进一步的破坏。

5.7.4 小结

(1) 检测结果表明，2 号高炉区域浇注料是由热面到冷面，侵蚀由脆化到渗铁再到少量渣相侵蚀这样一个过程。

(2) 最热面的浇注料，脆化现象非常明显。电镜检测的结果也表明，在 Zn 的侵蚀作用下，浇注料原始成分中的大颗粒 Al_2O_3 被破坏成小颗粒，浇注料的致密结构也由于产物的体积膨胀以及热面应力变化，导致裂纹的产生以及扩展。

（3）在脆化层的冷面，出现了明显的渗铁界面，渗铁界面的热面是 Fe 相，冷面则是出现了 Ca、Mg 元素的富集，这表明了该区域存在渣相的渗透，并发生了侵蚀行为，同时在该区域并未发现明显的有害元素富集现象。

（4）在浇注料最冷面，即与炭砖接触的区域，同样存在少量的 Fe 相侵蚀以及渣相侵蚀现象，相较存在明显渗铁界面的试样而言，最冷面的渗铁侵蚀以及渣相侵蚀更轻微，另一个不同点是，在该区域的试样中，EDS 元素分析结果中出现了少量的 K、Na 富集现象。

综上，象脚区域的电镜观察结果表明。在高炉中服役的浇注料，一方面会遭受到高温渣铁的侵蚀，一方面是有害元素的侵蚀。Zn 的侵蚀与浇注料的脆化现象关系更为密切，K、Na 的侵蚀更靠近冷面，富集的区域浇注料结构保留更为完整。与热面的浇注料脆化不同，渣铁侵蚀发生后，浇注料的基体以及强度仍维持在较高的程度。

5.8 本章小结

（1）首钢迁钢公司自 2018 年成功在 2 号高炉实施了炉缸整体浇注后，逐步应用到首钢迁钢 1 号高炉、3 号高炉，并于 2023 年在 2 号高炉实施了第 2 次炉缸浇注。炉缸整体浇注后，高炉均实现了高效、安全及低耗生产；同时 1 号和 2 号高炉运行时间超过 4 年，3 号高炉运行状态良好，利用缸侧壁温度稳定，炉缸浇注效果达到并超预期。

（2）首钢迁钢在实施炉缸浇注过程中，系统地解决了浇注不确定性因素多、技术复杂、炉缸传热结构变化及浇注修复后炉缸运行状况的技术难题，并且在迁钢成功实施了 4 次，表明该技术具有可复制和推广性。

（3）首钢迁钢在 UCAR 小块残砖炭砖的基础上实施的炉缸浇注，高导热的小块高导热性与陶瓷质浇注料匹配度较高，可为后续优化高炉内衬结构提高技术指导和支持。

（4）实施炉缸整体浇注，较传统高炉停炉换衬大修有灵活、工期短、节省投资等优势，对应平衡公司生产运行和经营有较好调整适应性；同时可节省大量的高耗能的炭砖报废（如首钢迁钢 2650 m^3 高炉可利旧侧壁炭砖达 85%）。

（5）首钢迁钢高炉浇注技术的成功应用，拓展了高炉炉缸长寿技术，丰富了首钢集团及钢铁业的高炉长寿技术体系。

参 考 文 献

［1］2019 年第四届全国炼铁设备及设计年会资料 .

［2］钱成欣 . 国外不定形耐火材料在炼铁中的使用现状［J］. 耐火材料，1995，29（5）：294-297.

6 首钢迁钢高炉长寿技术探索与认知

首钢高炉长寿，是基于长远的资源结构和原燃料质量状况，从设计、设备、耐火材料选型、施工、日常操作和炉体维护强化等方面全方位、多维度、常态化、交互式的动态综合考量为特征，追求各长寿因素的有机结合和高效匹配，达到经济、高效、均衡和系统的高炉长寿目的。即以初始设计为高炉长寿“基因”，以合理设备、材料选型匹配及施工为基础，以稳定顺行合理的高炉日常操控和工艺管理为核心，以炉体监控维护强化为保障，同时追求高炉服役年限、单位炉容产铁量和设计技术经济指标达标率的高炉有效长寿目标。

6.1 首钢高炉长寿高效运行情况及长寿运行技术

首钢迁钢1号高炉2004年10月8日投产，有效容积为2650 m^3；2号高炉2007年1月4日投产，有效容积为2650 m^3；3号高炉2010年10月8日投产，有效容积为4000 m^3。首钢迁钢高炉投产以来实现了长周期的高效、低耗、清洁和安全运行，高炉运行结果情况见表6-1~表6-3。大型化的现代高炉生产要求稳定顺行，延长高炉寿命就是延长高炉稳定运行的生命周期，使我们对高炉长寿是炼铁生产取得较好经济技术指标的前提有了更深刻领悟和感触，炼铁生产的一个重要技术工作就是要提高高炉长寿技术水平和保证高炉安全高效运行，促进炼铁生产指标的改进提升。

本节从开炉强化期、炉役中后期两个不同阶段的技术操作和生产管理特点进行总结分析。

表6-1 首钢迁钢1号高炉历年生产数据情况

年份	日均产量 /t	燃料比 /kg·t^{-1}	平均风温 /℃	富氧率 /%	利用系数 /t·(m^3·d)$^{-1}$	累计负荷	渣铁比 /kg·t^{-1}
2007	—	489.06	1228	2.36	2.47	5.39	293.75
2008	—	487.23	1227	2.80	2.52	5.43	307.54
2009	—	487.72	1210	2.99	2.50	5.41	312.49
2010①	5455.59	493.73	1159	2.68	2.35	5.31	311.56
2011	5971.00	508.24	1185	1.87	2.25	4.95	317.49
2012	5638.66	511.28	1156	1.55	2.12	4.88	329.70
2013	6068.49	509.21	1179	1.21	2.29	4.54	336.65
2014	5771.51	515.47	1176	1.12	2.18	4.39	330.72
2015	5537.21	525.64	1107	1.02	2.09	4.16	306.47
2016	4816.65	525.03	1149	0.96	1.84	4.40	310.02
2017	5544.75	535.15	1170	1.12	2.17	4.38	327.46

续表 6-1

年份	日均产量/t	燃料比/kg·t^{-1}	平均风温/℃	富氧率/%	利用系数/t·(m^3·d)$^{-1}$	累计负荷	渣铁比/kg·t^{-1}
2018	5032.34	513.70	1178	1.65	2.25	4.54	326.09
2019	5562.54	510.25	1197	1.56	2.35	4.73	303.87
2020	6670.97	497.14	1218	2.63	2.51	5.08	290.25
2021	6683.19	513.87	1211	2.84	2.53	4.75	273.22
2022	7152.08	506.40	1220	3.98	2.70	5.01	286.40

①其中1号高炉为完成国家“十一五”节能要求，2010年10月至12月停产72天。

表 6-2 首钢迁钢 2 号高炉历年生产数据情况

年份	日均产量/t	燃料比/kg·t^{-1}	平均风温/℃	富氧率/%	利用系数/t·(m^3·d)$^{-1}$	累计负荷	渣铁比/kg·t^{-1}
2007	—	487.71	1214	2.37	2.46	5.31	299.65
2008	—	486.81	1241	3.66	2.48	5.53	302.51
2009	—	486.78	1259	3.80	2.50	5.69	306.94
2010	6316.85	488.70	1251	3.24	2.38	5.53	304.77
2011	6117.04	502.65	1235	2.39	2.31	5.29	312.47
2012	6090.41	497.79	1233	2.50	2.29	5.29	318.26
2013	6123.37	508.92	1227	2.19	2.31	5.12	319.23
2014	5973.06	509.00	1196	2.02	2.25	5.01	309.25
2015	5901.99	504.42	1164	1.78	2.23	4.91	290.04
2016	5672.24	515.74	1161	1.54	2.15	4.74	292.47
2017	5738.58	515.53	1186	1.80	2.23	4.80	321.68
2018	5906.71	511.08	1196	2.66	2.34	4.95	324.41
2019	6511.35	505.69	1208	3.21	2.50	5.21	297.04
2020	6710.71	500.36	1210	3.47	2.53	5.43	280.18
2021	6335.95	509.89	1204	3.56	2.56	5.08	278.52
2022	7139.37	508.31	1212	5.11	2.69	5.16	293.96

表 6-3 首钢迁钢 3 号高炉历年生产数据情况

年份	日均产量/t	燃料比/kg·t^{-1}	平均风温/℃	富氧率/%	利用系数/t·(m^3·d)$^{-1}$	累计负荷	渣铁比/kg·t^{-1}
2010	8394.31	515.57	1196	3.24	2.14	5.51	303.52
2011	9383.17	509.15	1246	4.36	2.35	5.44	307.36
2012	9229.17	505.47	1245	4.84	2.30	5.35	320.59
2013	9266.98	513.31	1243	5.52	2.32	5.32	332.90
2014	8735.95	507.28	1167	4.71	2.18	5.26	315.80
2015	8954.30	499.80	1178	4.51	2.24	5.37	296.34
2016	8951.79	516.29	1188	4.64	2.24	5.26	299.43
2017	9064.07	517.74	1203	4.72	2.27	5.23	322.81

续表 6-3

年份	日均产量 /t	燃料比 /kg·t^{-1}	平均风温 /℃	富氧率 /%	利用系数 /t·(m^3·d)$^{-1}$	累计负荷	渣铁比 /kg·t^{-1}
2018	8827.34	515.54	1182	4.61	2.22	5.03	320.13
2019	9062.43	515.40	1199	4.42	2.29	5.22	307.97
2020	8623.82	510.39	1187	4.30	2.21	5.27	292.97
2021	8915.39	515.92	1214	4.58	2.24	5.19	287.00
2022	9469.62	503.61	1214	5.05	2.37	5.52	285.50

6.1.1　开炉强化期的生产操控技术

首钢迁钢3座高炉投产后均在较短时间内达到设计的要求，高炉各项经济技术指标均达到国内领先水平，主要以高利用系数、低焦比冶炼为主要特征，随着设计炉型向操作炉型过渡后，炉况整体维持在一个较高的生产水平，其主要特点有：

（1）高炉年平均利用系数远超过设计，高负荷、高强度的状态下，侧壁环流加剧，高炉炉缸内产生的热量和导出的热量达不到平衡，侧壁受到侵蚀，温度开始升高。

（2）开炉以来高炉一直处在高风温、大喷吹、高富氧和高强度的生产条件下，长期高压差操作，在取得良好经济技术指标的同时，也加剧了炉缸侵蚀。

（3）不可否认，首钢迁钢高炉长寿技术是在借鉴北京首钢高炉长寿技术的基础上进行的优化，从技术底层逻辑方面，存在着对炉缸异常侵蚀存在思想上、技术上和应对措施上的认识不统一，存在技术惯性思维。从更深层次思考，高炉炼铁技术包括长寿技术本身就存在复杂多变和可复制性差的特点，这或许也是高炉炼铁技术的魅力所在。

在开炉强化期缺乏对炉缸维护的认识，工作中心一直围绕高炉“重负荷、低消耗”来开展。

根据国内外大型高炉先进经验得到：重负荷、低消耗的大型高炉在布料制度、送风制度、热制度、出铁制度等基本制度的研究和形成、外围原燃料的管理规范、先进设备的应用等方面都形成和高炉相匹配的模式。下面以首钢迁钢3号高炉为例，对开炉强化期的生产特点进行总结。

6.1.1.1　上部装料制度调整透气性，平衡好中心、边缘两道气流

迁钢3号高炉在调整煤气的过程中根据高炉主要操作参数、炉体热负荷、十字测温等综合判断煤气流分布状况，通过布料档位、料线、批重等制定布料制度对煤气流进行动态调剂。边缘和中心两道煤气流“压”和“疏”都要把握好一个度，中心、边缘气流过强或过弱都会导致煤气流分布不合理。迁钢技术人员采用稳定中心，在不破坏煤气分布的情况下逐步疏导边缘，得到和负荷相匹配的压量关系，再在加负荷的过程中进行相应调整直至中心、边缘两道气流完全平衡，见图6-1。

将随着矿、焦放料角度的炉顶煤气发生量的变化趋势改变结合起来可以判断矿、焦不同角度和质量对煤气的影响程度和对炉况顺行的影响程度，首钢迁钢3号高炉依靠自己设计的趋势曲线来判断调整后煤气的稳定性和变化程度，对高炉的装料调整提供了判断依据，布料监测趋势曲线见图6-2。

O/C
边缘温度/℃
日期
O/C
边缘O/C
边缘温度
3月25日
3月27日
3月28日
3月30日
3月31日
4月4日
4月12日
4月13日
4月14日
4月15日
4月16日
4月17日
4月19日
4月20日
4月21日
4月29日
4月30日
5月3日
4.37 4.37 4.43 4.48 4.56 4.61 4.61 4.69 4.69 4.78 5.00 5.00 5.10 5.20 5.30 5.35 5.40 5.45
5.25 4.04 4.09 4.13 4.21 4.26 3.19 3.24 3.61 3.69 3.86 3.60 3.67 3.74 3.82 3.85 3.89 4.91
142 105 117 129 144 124 117 144 142 142 182 186 195 259 246 210 223 216

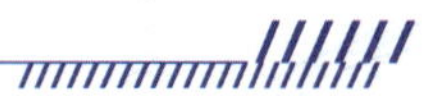

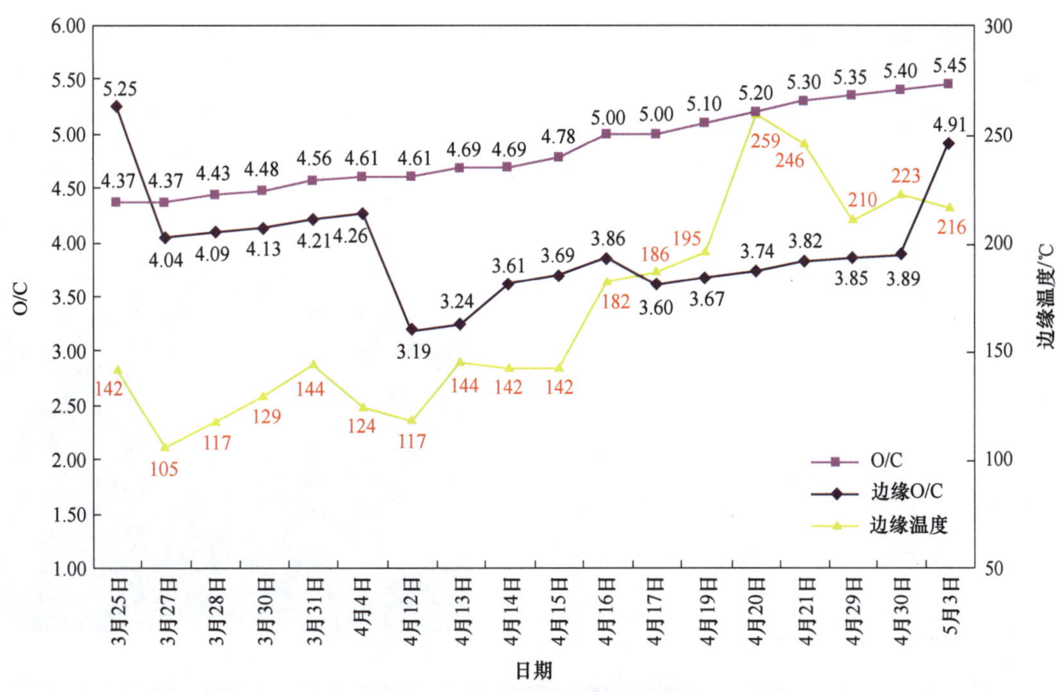

图 6-1 边缘负荷和边缘温度图

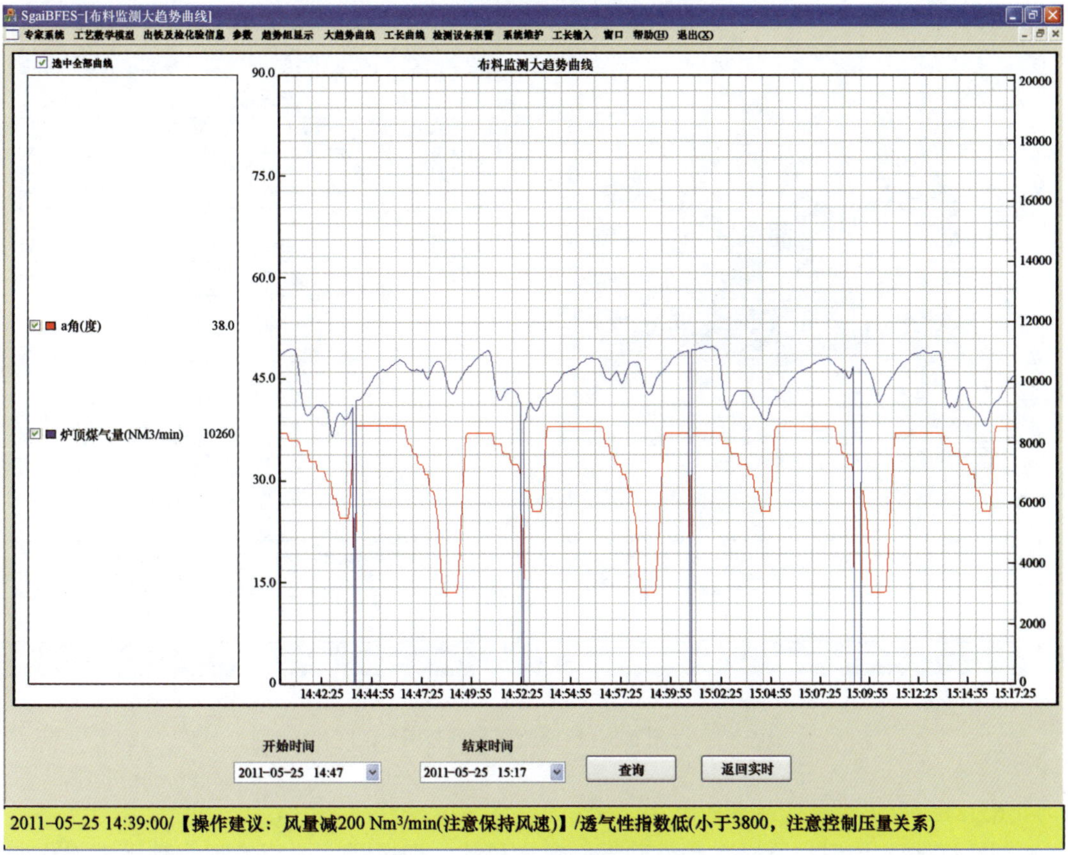

SgaiBFES-[布料监测大趋势曲线]
专家系统 工艺数学模型 出铁及检化验信息 参数 趋势组显示 大趋势曲线 工长曲线 检测设备报警 系统维护 工长输入 窗口 帮助(H) 退出(X)
选中全部曲线
布料监测大趋势曲线
a角(度) 38.0
炉顶煤气量(NM3/min) 10260
14:42:25 14:44:55 14:47:25 14:49:55 14:52:25 14:54:55 14:57:25 14:59:55 15:02:25 15:04:55 15:07:25 15:09:55 15:12:25 15:14:55 15:17:25
开始时间
2011-05-25 14:47
结束时间
2011-05-25 15:17
查询
返回实时
2011-05-25 14:39:00/【操作建议：风量减200 Nm3/min(注意保持风速)】/透气性指数低(小于3800，注意控制压量关系)

图 6-2 布料监测趋势曲线图

利用检修机会采用激光扫描仪对料面形状进行扫描得到高炉生产过程中比较真实的料面形状。与高炉专家系统的在线布料模型相结合，利用每次测料面得到的真实数据对专家系统中的坍塌系数、自然堆角等参数进行校正。每次调整之前技术人员利用离线布料模型进行布料模拟，根据径向负荷的变化情况进行调整，有效指导了高炉布料制度的调整，料面监测与调整见图 6-3。

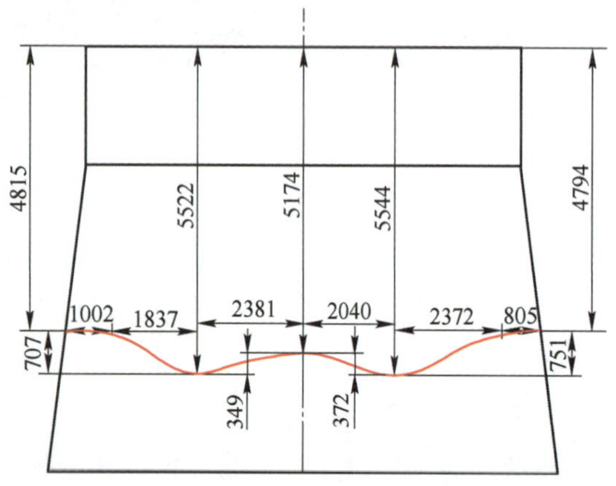

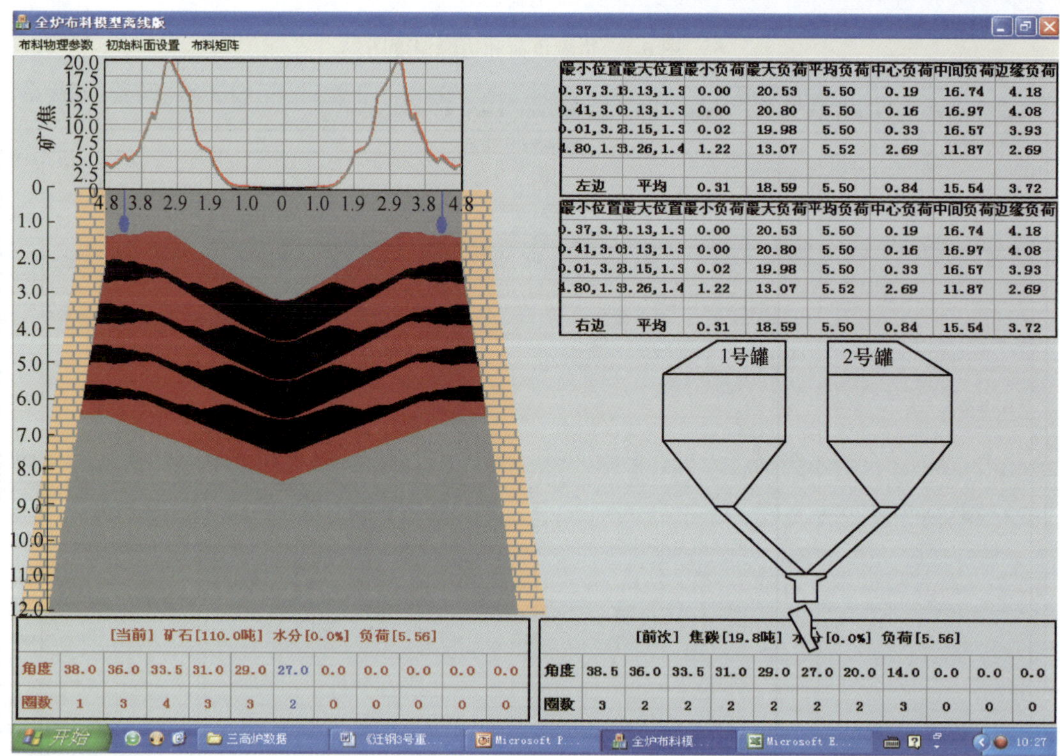

图 6-3　料面监测与调整图

6.1.1.2　下部送风制度匹配

大型高炉应该根据原燃料条件确保一定送风比，即风量，才能实现合理下部操作制度。从疏松料柱角度，只有一定的风量才能保证高炉达到最佳透气性。从煤气流分布角度，大型高炉初始煤气流趋向中心，才能使径向分布趋于均匀，保证一定中心气流，使死料柱大小正常，维持一定的径向透气和透液性面积。风量不足，会出现高炉透气性劣化、炉缸不活的现象。铁次多，出渣率低，风压更高反过来引起风量进一步萎缩，炉缸进一步恶化。所以高炉的送风比、动能、风口面积存在一定的合理关系，只有选择合适的风口面积和送风比才能保证高炉透气性和动能。风口面积过小风量保证不了，料柱疏松程度不够，达不到最佳透气性。风口面积过大，风口回旋区长度不够，穿透性不够，保证不了风口平面的透气透液面积。

风口回旋区是煤气流分布的起点，对气流二、三次分布起主导作用。当回旋区所占的面积是炉缸总面积的50%以上时，高炉可获得最佳透气性，即：$(D-2L)^2/D^2=0.5$，不同高炉炉缸直径与高炉风口回旋区的长度与高炉的鼓风动能存在相对合理对应关系（图6-4）。

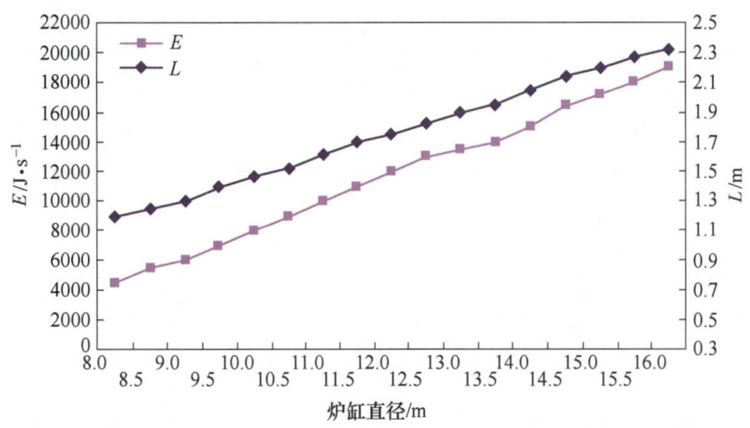

图6-4 不同炉缸直径对应的动能图

根据图6-4，迁钢3号高炉炉缸直径13.5 m，根据对应关系最佳透气性指数对应的动能要达到14000 J/s左右。

迁钢3号高炉风口面积为0.47783 m^3。在调剂煤气的过程中，采用上、下部调剂相结合的方式，上部调整顶压，提高鼓风动能稳定住中心煤气，并调剂档位、圈数以及料线，适当疏导边缘煤气，改善透气性，下部逐步增加风量，动能达到13800～14000 J/s时，煤气逐步成形，逐步消除了炉内存在小气流后，透气性指数也达到合理范围并趋于稳定（图6-5），动能达到14000 J/s以上，透气性指数也稳定在4000以上。

装料和顶压的应用相匹配，顶压由230 kPa提高到240 kPa左右，降低炉内煤气流速，减小煤气流动阻力，发展间接还原，改善炉料软熔性能，从而提高炉内透气性和透液性。见表6-4，在顶压的应用上通过多次尝试，最终找到一个合理的调整范围，根据原燃料的变化情况作出微调。

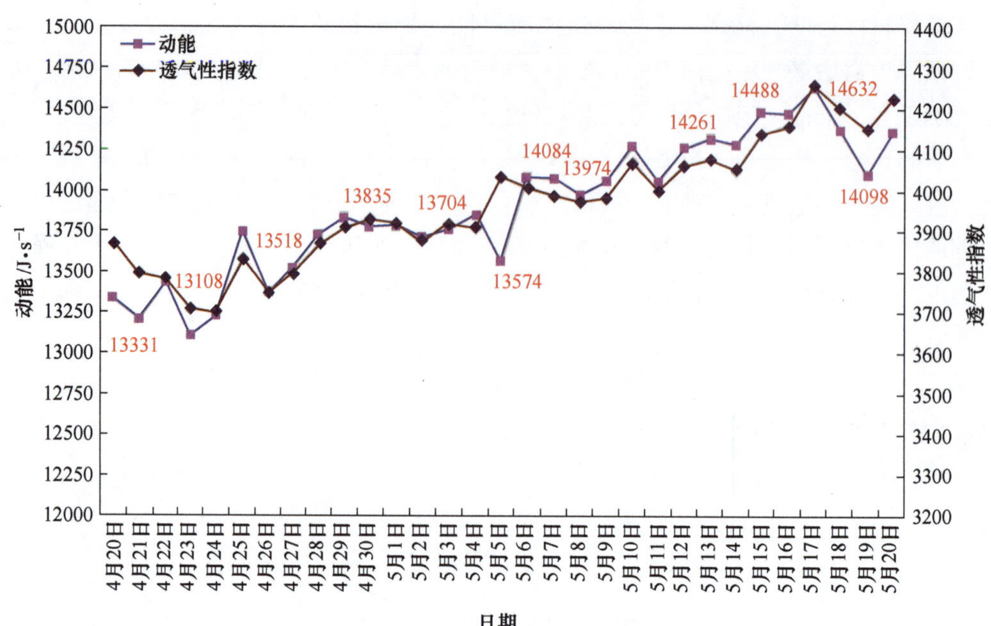

图 6-5　动能对应的透气性指数图

表 6-4　顶压调整过程表

风量/$Nm^3 \cdot min^{-1}$	风压/kPa	压差/kPa	顶压/kPa	指数
6421	395	153	242	4207
6427	394	150	245	4298
6417	399	152	247	4224
6394	394	152	242	4210
6410	392	152	240	4207
6400	391	156	235	4105

从这几次顶压调整的尝试来看，顶压由 242 kPa 升高至 245 kPa，风压的变化不大；顶压由 245 kPa 升高至 247 kPa 后，风压由 394 kPa 升高至 399 kPa，关系紧密。然后分 2 次降顶压到 240 kPa，风压又恢复到 395 kPa 左右的水平。顶压由 240 kPa 降低至 235 kPa，但是风压仅仅从 392 kPa 降到 391 kPa，通过降顶压来缓解压量关系的空间已经不大。通过多次调整得到：顶压在 235~240 kPa 比较合适。

采用稳定中心煤气的情况下，适当疏导边缘的布料制度，使边缘、中心、中间带的煤气流比率相对稳定。除了利用布料档位控制煤气流分布外，还充分利用料线和批重来调节上部煤气流的分布，以获得最佳的煤气流分布。控制适当的高风速，有利于维持一定的风口循环区长度，有利于改善煤粉的燃烧和炉内未燃煤粉的分布，有利于炉缸保持良好的工作状态，送风制度匹配见表 6-5。

表 6-5　送风制度匹配表

项　目	上部装料制度：十字测温/℃		料柱	下部送风制度	煤气利用率/%
	中心点温度	边缘温度	压差/kPa	实际风速/$m \cdot s^{-1}$	
迁钢 3 号高炉	551	156	151	265	50.23

6.1.1.3　稳定高炉热制度

随着负荷的增加，尤其负荷增加到 5.8 以上后，引发的一系列问题需要解决：煤粉的增加导致理论燃烧温度降低，渣铁物理热不足；随着负荷的增加和冶炼强度的提高，上下物质流增加，而煤气通道空间变小，从而引起煤气通道不畅的问题；随着负荷的增加，高炉能够承受的炉温波动也越小，这就要求工长操作上的容错性也越小。

（1）高炉生产中风温的提高可以有效地促进煤粉燃烧，提高理论燃烧温度，进而替代部分焦炭起到热源的作用。随着负荷的增加和喷煤量的加大，势必会降低风口前理论燃烧温度和煤粉燃烧率，为了保证充足的炉缸物理热和煤粉燃烧率，通过上下部调剂，风温逐步用到 1280 ℃。

（2）根据理论计算和先进企业的经验，高负荷情况下理论燃烧温度控制在 2000～2100 ℃比较适合，迁钢技术人员平衡好富氧率、冶炼强度和炉温之间的关系，富氧率由 2.66%提高到 4.5%，获得适宜的理论燃烧温度，炉缸热稳定性增强，同时降低吨铁炉腹煤气量，改善高炉“透气、透液通道”。由图 6-6 可以看出随着富氧率的提高，炉腹煤气量逐步减少。

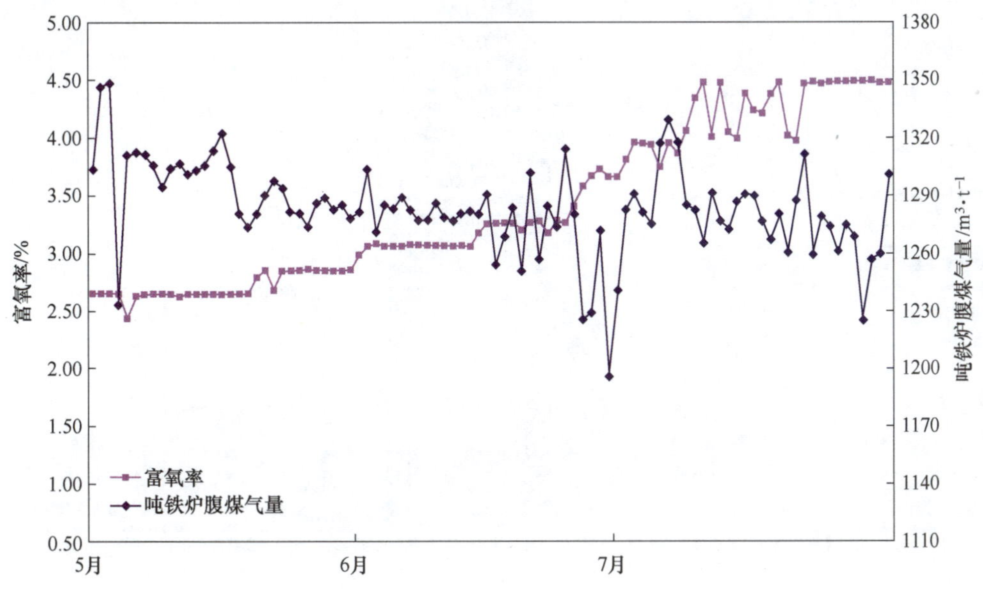

图 6-6　富氧率/炉腹煤气量对应关系图

（3）冶炼过程中保持充足而稳定的炉温，是保证高炉稳定顺行的基本前提，也是保证产品质量的必要条件。

1）对炉温管理调剂标准进行量化（表 6-6），并通过铁水成分反馈对所采取的动作量方向和调剂量是否正确做适当的修正。

2）原料专业及时反馈原燃料成分情况，工长根据每批料到达炉体的不同部位和时间对炉温的影响程度从而相应调整热量水平，使炉温稳定在合适的水平，见图 6-7。

表 6-6 炉温调剂量化标准表

各种调炉温的手段的作用时间			
项　目	作用时间	动作量	置换比
风温	1 h 后	10 ℃	0.8
煤粉	4 h 后	1 t/h	0.8
负荷料	到达炉腹位置		

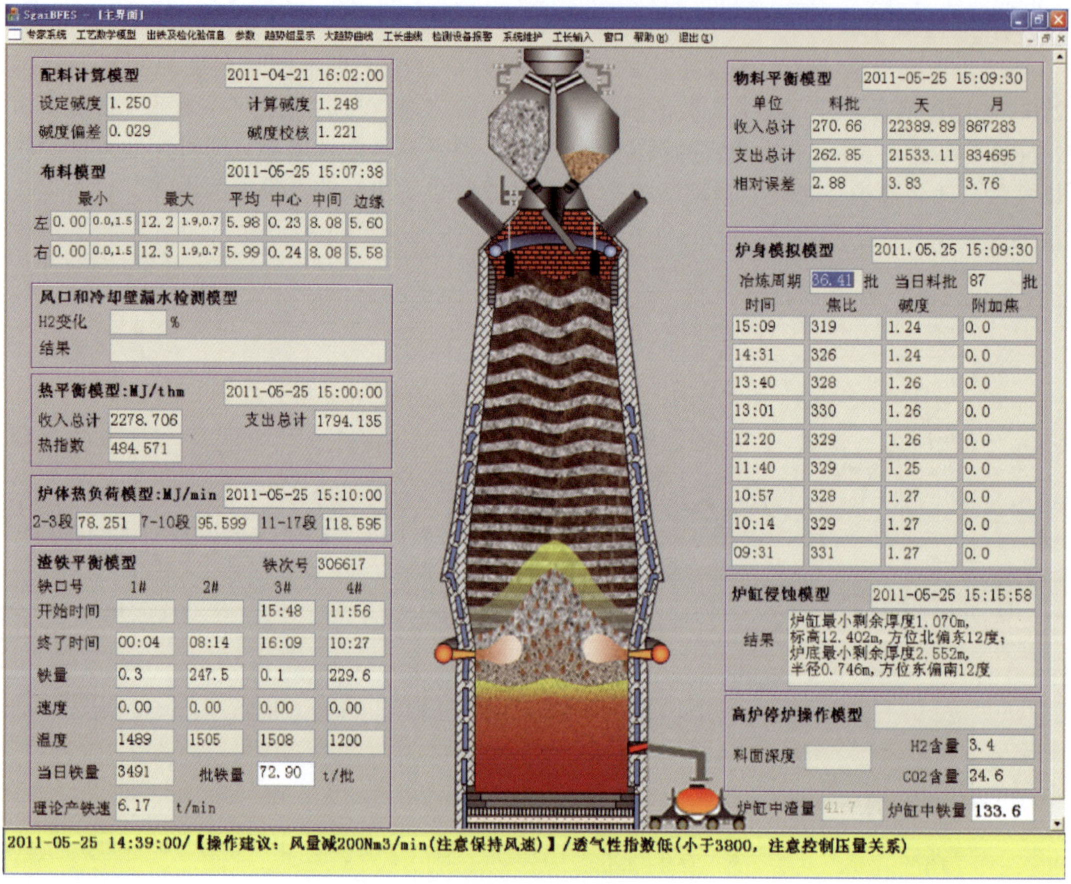

图 6-7　专家系统界面

3）根据料速和 η_{CO} 的变化，风温、喷煤量的变化情况进行计算的热平衡得到炉温变化趋势，从而进行定量调整。

6.1.1.4　合理出铁制度

随着负荷的增加和富氧率提高，3 号高炉冶炼强度也随之提高，迁钢 3 号高炉采用双场对角重叠出铁模式，即一侧铁口出铁过程中，不待此铁口出净，便将对角线一侧铁口打开，两铁口同时出铁；当先开的铁口出净后堵口，间隔 90 min 左右再将其打开。通过不断摸索总结，目前 3 号高炉单场出铁时间稳定在 120 min 左右，两场重叠出铁时间在 30 min左右，保证了渣铁的及时排净。

高炉强化冶炼后，渣铁能否及时出净成为高炉稳定顺行的关键，对3号高炉量化分析每天的出铁间隔、出铁时间、见渣时间、出铁量、铁口深度、打泥量，并将其纳入考核范围，确保高炉不憋风，杜绝铁口跑泥，稳定铁口深度，提高炉前作业稳定性，出铁信息见表6-7。

表6-7　3号高炉出铁信息表

铁口	流速/t·min^{-1}	铁口深度/m	打泥量/L
1	5.86	3.71	142
2	5.83	3.84	148
3	5.59	3.71	142
4	5.90	3.82	155

并在不同泥质和炉门深度条件下，为保证出铁流速和下料速度相匹配，必须选用不同直径的钻头，保证及时将渣铁排放干净，炉门深度/钻头直径对应关系见表6-8。

表6-8　炉门深度/钻头直径对应关系表

炉门深度/mm	>4500	3500~4500	<3500
钻头直径/mm	60	55	50

6.1.1.5　优化炉料结构，改善原料质量

随着高炉喷煤比的提高，炉内负荷的加重，焦炭在炉内的滞留时间、溶损率以及荷重增加，必须确保高炉内炉料的透气性和炉缸的透液性。迁钢3号高炉使用的焦炭随着喷煤比提高，在保证各项指标的前提下，更加注重CRI和CSR两个指标的稳定性，迁钢技术人员总结出了日常生产中焦炭质量指标发生波动时对迁钢3号高炉的影响程度，在日常生产时，当焦炭的质量指标发生波动时，根据原料管理专业反馈回来的信息，根据制订的3号高炉操作规范，应提前调整焦炭负荷，主动适应外围条件的变化，保障高炉的稳定顺行在高炉喷煤比190 kg/t以上时，CRI和CSR两个指标分别控制在24%和66%左右。并总结得到高炉能够通过调整适应的焦炭质量波动范围，具体见表6-9、表6-10。

表6-9　焦炭质量波动范围表

项　目	灰分/%	CSR/%	CRI/%	硫分/%
波动范围	≤0.4	1.5	1.5	0.2

表6-10　焦炭主要成分表

月平均	灰分/%	硫分/%	M40/%	M10/%	CRI/%	CSR/%
2010年10月	12.25	0.72	88.09	6.59	23.75	65.73
2010年11月	11.65	0.63	88.55	6.58	23.93	65.63
2010年12月	11.66	0.63	88.51	6.56	24.48	65.57

无烟煤喷吹不利于提高煤粉燃烧率，高炉内未燃煤粉的数量增加，未燃煤粉的活性降低，当未燃煤粉的数量超过了高炉可以接受的范围，就会给高炉透气性带来十分不利的影

响，从而限制了高炉喷煤量的提高。烟煤的燃烧性能比无烟煤的燃烧性能好，并且煤的挥发分越高，其燃烧性能越好。迁钢3号高炉随着煤比的提高，要保证高炉在高煤比情况下的顺行，就必须降低煤气密度以及煤气流速。降低煤气密度最有效的方法是增加煤气中的H_2含量，即提高烟煤配比，提高煤粉的挥发分。根据风口取焦风口焦透液性情况，对迁钢3号高炉的煤粉配比进行调整，逐步加大了烟煤的比例，采用“潞城+神华+阳泉”的配煤方案，具体见表6-11。

表6-11　不同喷吹煤主要性能表　(%)

煤　种	灰分	挥发分	硫	可磨性指数	燃烧性	配比
焦作煤	10.6	6.9	0.35	38	36	17
阳泉煤	11.51	8.56	0.74	71	43	18
潞安煤	10.2	10.97	0.36	74	68	20
神华煤	9.91	30.97	0.48	55	65	45

6.1.2　炉役中后期的生产操控技术

随着对高炉炉缸运行现状和长寿技术认知的逐步统一，为了有效应对高炉炉缸冷却壁水温差的反复上涨，2011年3月，迁钢公司成立了炉缸水温差攻关小组，攻关小组对1号高炉、2号高炉自开炉以来，炉缸炭砖热电偶温度和水温差升高情况进行了系统地调研和分析，以便找到影响水温差变化的主要因素，表6-12和表6-13分别为迁钢1号和2号高炉开炉以来历次水温差和热电偶变化情况表。

表6-12　1号高炉历次炉缸水温差和热电偶升高情况表

时　间	部位	水温差/℃	热流强度/kcal·(m²·h)⁻¹	热电偶点号	最高电偶温度/℃	采取措施	备注
2005年4月1日	19-1号	0.7	15000	TE3145	450	通高压水	
2006年1月20日	19-1号	0.6	13000	TE3145	473		
2006年3月19日	19-1号	0.7	15000	TE3145	500		
2006年10月5日	19-1号	0.5	11500	TE3145	601		
2006年12月10日	19-1号	0.8	17000	TE3145	629		
2007年5月7日	49-1号	0.9	18700	TE3145	649	通高压水、加钛	
2007年10月23日	49-1号	1.0	23000	TE3145	809	通高压水、加钛	
2008年1月3日	49-1号	1.1	29500	TE3145	931	通高压水、加钛	
2008年3月13日	49-1号	1.1	30150	TE3145	534	通高压水、加钛	
2008年4月25日	49-2号	1.4	32280	TE3145	678	通高压水、加钛	停风堵风口
2009年5月30日	34-1号	0.8	20500	TE3134	372	通高压水、加钛	
2009年7月9日	49-2号	0.8	18500	TE3134	379	通高压水、加钛	
2010年5月2日	17-2号	0.8	18500	大沟漏，热电偶烧坏		通高压水、加钛	
2010年8月29日	25-1号	1.1	30000	TE3149	494	通高压水、加钛	
2010年9月16日	49-2号	1.4	34500	TE3135	604	通高压水、加钛	停风堵风口
2011年2月23日	49-2号	1.3	32150	TE3134	607	通高压水、加钛	停风堵风口

表 6-13 2 号高炉历次炉缸水温差和热电偶升高情况表

时 间	部位	水温差 /℃	热流强度 /kcal·$(m^2 \cdot h)^{-1}$	热电偶点号	电偶温度 /℃	采取措施	备 注
2008 年 8 月 21 日	17-2 号 18-2 号	1.3	30000	TE3140	571	通高压水、加钛、压浆	9 月 8 日 16 h 检修
2009 年 4 月 11 日	15-2 号 16-2 号	0.9	22000	TE3160	270	通高压水、加钛	6 月 3 日 24 h 检修
2009 年 8 月 18 日	18-2 号 19-2 号	1.4	35000	TE3140	650	通高压水、加钛	8 月 26 日 24 h 检修；19 日停风凉炉堵 9 号风口
2009 年 10 月 20 日	18-2 号 26-2 号	1.0	25000	TE3138	420	通高压水、加钛	加钛矿护炉
2009 年 12 月 11 日	26~29 号	1.3	31000	TE3138	420	通高压水、加钛	12 月 11 日停风凉炉 90 min；堵 9 号风口
2010 年 1 月 25 日	26~29 号	1.4	32000	TE3138	350	通高压水、加钛	1 月 27 日停风堵 13 号、14 号风口
2010 年 3 月 31 日	17~19 号	1.3	29000	TE3140	500	通高压水、加钛	4 月 25 日 24 h 检修
2010 年 6 月 7 日	17~19 号	1.3	29000	TE3140	450	通高压水、加钛	7 月 13 日 16 h 检修堵风口，8 月 26 日 24 h 检修
2010 年 11 月 14 日	17~19 号	0.8	21000	TE3134	310	通高压水、加钛	加钛护炉
2011 年 1 月 24 日	17~18 号	1.3	29000	TE3140	470	通高压水、加钛	停风堵 9 号、10 号风口

1 号和 2 号高炉设计系数为 2.365 t/(m^3·d)，两座高炉开炉以来一直保持高水平稳定，年平均系数远超过设计系数。进入 2011 年后，两座高炉水温差愈演愈烈，攻关小组在调研和分析基础上，还了解了其他企业关于水温差的治理措施和控制标准，为炉缸水温差治理提供参考依据。攻关小组在阶段数据分析的基础上，有针对性地制订相应的措施，对制订措施的执行情况进行了跟踪，通过水温差治理效果反馈，进一步修订相关制定措施和生产参数，为炉缸水温差进一步下降找到合理的数据支撑。

炉役中后期的生产主要以“阶段性护炉+常态化护炉”为主，兼顾经济技术指标，主要有以下技术特点。

6.1.2.1 调节富氧量控制合理产能

在激烈的市场竞争中，炼铁行业普遍面临着产量任务和成本的双重压力，这与高炉长寿存在一定的矛盾，但是高炉长期稳产、顺行才能保证炼铁效益最大化。宝钢等重点企业面对水温差上涨时采取大幅度降低产能的方法，这一方法尽管对炉缸水温差控制效果显著，但付出代价较为巨大。

迁钢1号和2号高炉鉴于几年连续高产已经对炉缸造成了不可逆的异常侵蚀，决定将高炉利用系数由一直以来的2.5 t/(m^3·d) 调整至设计系数2.365 t/(m^3·d) 左右，采取的是稳定风量，氧气调节产量的方法，其优点是可以保持风速和鼓风动能基本不变，有利于炉缸活跃和保证中心煤气流的稳定，减少铁水环流对炉缸的侵蚀，一方面既达到延缓铁水对炭砖的侵蚀，另一方面又可以最大幅度地降低产能损失。

图6-8为2009年至2012年5月2号高炉富氧率和利用系数的情况，从图中可以看出2011年之前高炉富氧率月均在3.5%~4.0%之间，利用系数稳定在2.5 t/(m^3·d) 左右，2011年后，由于炉缸热电偶温度和水温差的居高不下，将富氧率调至2.5%左右，高炉利用系数也降至2.30 t/(m^3·d) 左右。

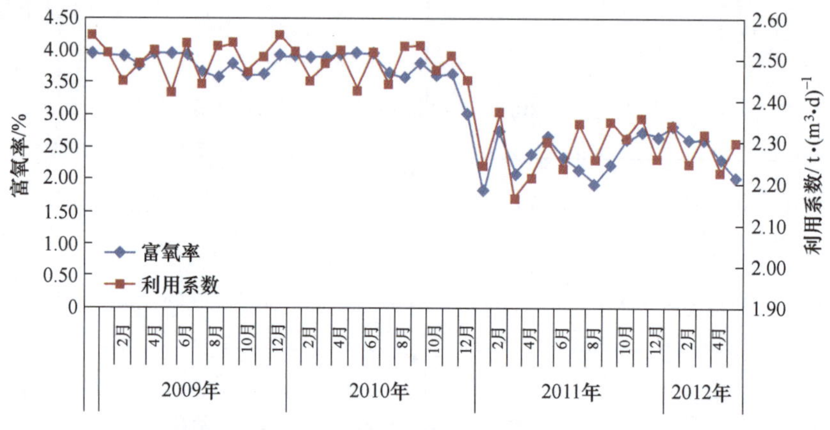

图6-8　2号高炉富氧率和利用系数的变化图

6.1.2.2 坚持长期加钛护炉理念

加入含钛物料是目前钢铁企业普遍使用的护炉手段，2011年之前，迁钢1号和2号高炉一直采取阶段性护炉理念，即炭砖热电偶温度和冷却壁温差升高的同时加入钛矿，炭砖温度下降后取消钛矿的加入，随着取消钛矿后炉缸内沉积钛的流失，炉缸炭砖温度又开始逐渐上升，造成炉缸炭砖温度和冷却壁水温差反复上升。2011年随着炉缸冷却壁水温差愈演愈烈，迁钢炼铁技术人员改变观念，采取了长期加钛护炉的理念，同时将铁水中钛含量提高了0.05%~0.08%。在含钛物料加入量方面，通过实时计算炉缸钛沉积量来调整入炉含钛物料的比例，并在此基础上开发出一种在线计算模型，主要通过在线数据采集进行炉内钛沉积量的计算，使炉缸钛的碳氮化合物处于稳定状态，有效节能钛矿资源，降低生产成本，图6-9为钛平衡实时计算模型参数设定和计算界面图，图6-10为钛平衡实时计算模型结果查询和曲线界面图。

此外，在高炉休风检修时，取消停风料中的萤石，不停钛矿，目的是高炉停风过程中，更有利于钛的碳氮化合物在炉缸、炉底富集和沉积，图6-11为1号高炉2010年1月—2012年5月铁水中［Ti］的变化图。

(a) 参数设定

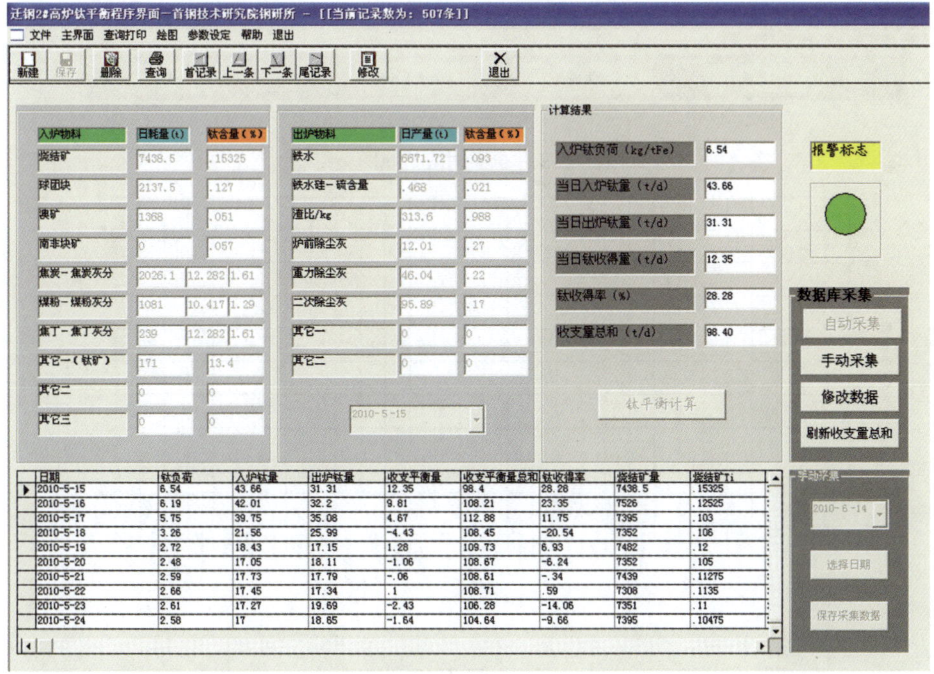

日期	钛负荷	入炉钛量	出炉钛量	收支平衡量	收支平衡量总和	钛收得率	烧结矿量	烧结矿Ti
2010-5-15	6.54	43.66	31.31	12.35	98.4	28.28	7438.5	.15325
2010-5-16	6.19	42.01	32.2	9.81	108.21	23.35	7526	.12525
2010-5-17	5.75	39.75	35.08	4.67	112.88	11.75	7395	.103
2010-5-18	3.26	21.56	25.99	-4.43	108.45	-20.54	7352	.106
2010-5-19	2.72	18.43	17.15	1.28	109.73	6.93	7482	.12
2010-5-20	2.48	17.05	18.11	-1.06	108.67	-6.24	7352	.105
2010-5-21	2.59	17.73	17.79	-.06	108.61	-.34	7439	.11275
2010-5-22	2.66	17.45	17.34	.1	108.71	.59	7308	.1135
2010-5-23	2.61	17.27	19.69	-2.43	106.28	-14.06	7351	.11
2010-5-24	2.58	17	18.65	-1.64	104.64	-9.66	7395	.10475

(b) 计算界面

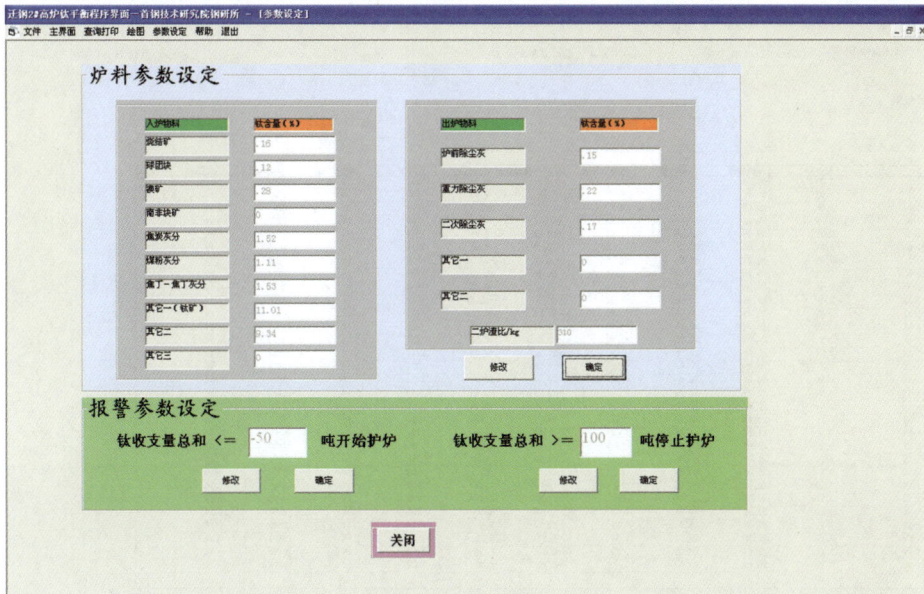

图 6-9　钛平衡实时计算模型参数设定和计算界面图

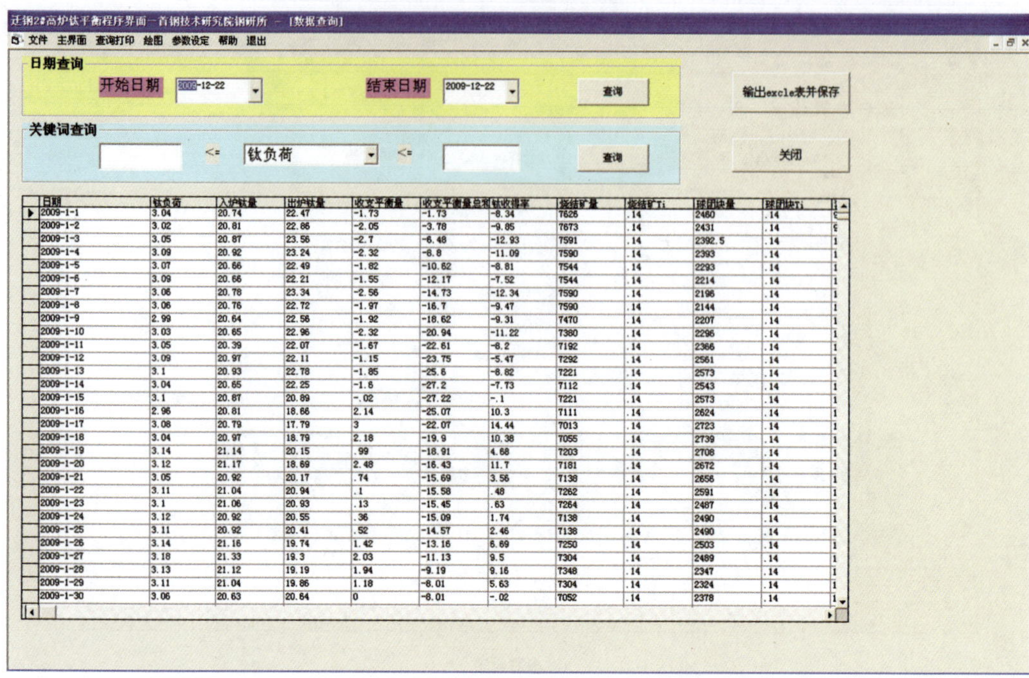

日期	钛负荷	入炉钛量	出炉钛量	收支平衡量	收支平衡量总和	钛收得率	烧结矿量	烧结矿Ti	球团块量	球团块Ti
2009-1-1	3.04	20.74	22.47	-1.73	-1.73	-8.34	7626	.14	2460	.14
2009-1-2	3.02	20.81	22.86	-2.05	-3.78	-9.85	7673	.14	2431	.14
2009-1-3	3.05	20.87	23.56	-2.7	-6.48	-12.93	7591	.14	2392.5	.14
2009-1-4	3.09	20.92	23.24	-2.32	-6.8	-11.09	7590	.14	2393	.14
2009-1-5	3.07	20.66	22.49	-1.82	-10.62	-8.81	7544	.14	2293	.14
2009-1-6	3.09	20.66	22.21	-1.55	-12.17	-7.52	7544	.14	2214	.14
2009-1-7	3.06	20.78	23.34	-2.56	-14.73	-12.34	7590	.14	2196	.14
2009-1-8	3.06	20.76	22.72	-1.97	-16.7	-9.47	7590	.14	2144	.14
2009-1-9	2.99	20.64	22.56	-1.92	-18.62	-9.31	7470	.14	2207	.14
2009-1-10	3.03	20.65	22.96	-2.32	-20.94	-11.22	7380	.14	2296	.14
2009-1-11	3.05	20.39	22.07	-1.67	-22.61	-8.2	7192	.14	2366	.14
2009-1-12	3.09	20.97	22.11	-1.15	-23.75	-5.47	7292	.14	2561	.14
2009-1-13	3.1	20.93	22.78	-1.85	-25.6	-8.82	7221	.14	2573	.14
2009-1-14	3.04	20.65	22.25	-1.6	-27.2	-7.73	7112	.14	2543	.14
2009-1-15	3.1	20.87	20.89	-.02	-27.22	-.1	7221	.14	2573	.14
2009-1-16	2.96	20.81	18.66	2.14	-25.07	10.3	7111	.14	2624	.14
2009-1-17	3.08	20.79	17.79	3	-22.07	14.44	7013	.14	2723	.14
2009-1-18	3.04	20.97	18.79	2.18	-19.9	10.38	7055	.14	2739	.14
2009-1-19	3.14	21.14	20.15	.99	-18.91	4.68	7203	.14	2708	.14
2009-1-20	3.12	21.17	18.69	2.48	-16.43	11.7	7181	.14	2672	.14
2009-1-21	3.05	20.92	20.17	.74	-15.69	3.56	7138	.14	2656	.14
2009-1-22	3.11	21.04	20.94	.1	-15.58	.48	7262	.14	2591	.14
2009-1-23	3.1	21.06	20.93	.13	-15.45	.63	7264	.14	2487	.14
2009-1-24	3.12	20.92	20.55	.36	-15.09	1.74	7138	.14	2490	.14
2009-1-25	3.11	20.92	20.41	.52	-14.57	2.46	7138	.14	2490	.14
2009-1-26	3.14	21.16	19.74	1.42	-13.16	6.69	7250	.14	2503	.14
2009-1-27	3.18	21.33	19.3	2.03	-11.13	9.5	7304	.14	2489	.14
2009-1-28	3.13	21.12	19.19	1.94	-9.19	9.16	7348	.14	2347	.14
2009-1-29	3.11	21.04	19.86	1.18	-8.01	5.63	7304	.14	2324	.14
2009-1-30	3.06	20.63	20.64	0	-8.01	-.02	7052	.14	2378	.14

(a) 结果查询

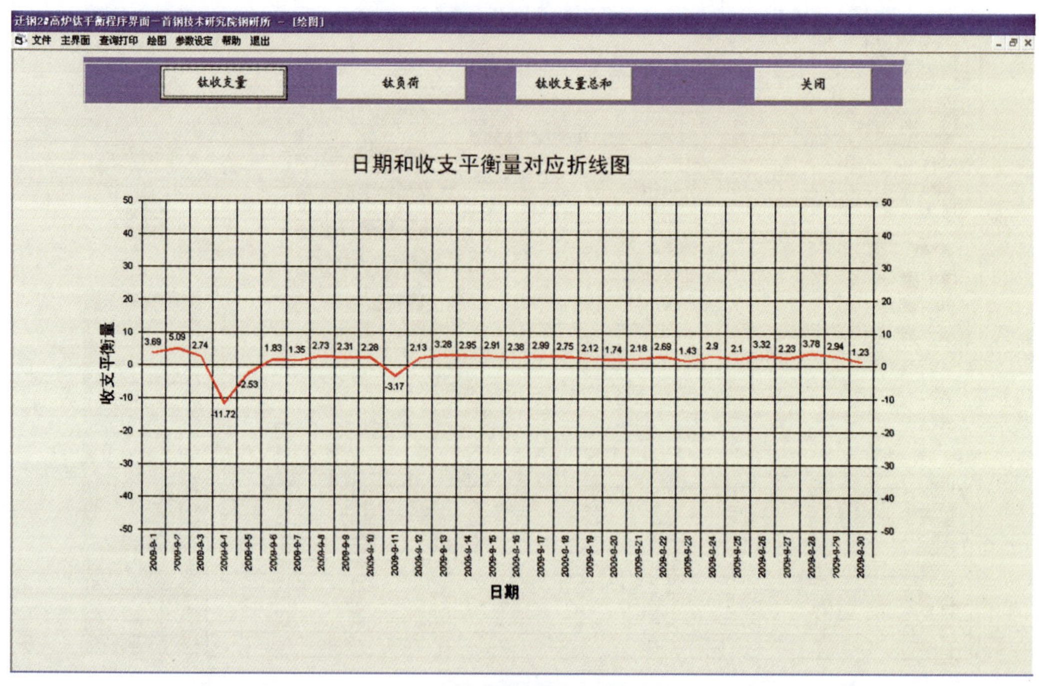

(b) 曲线界面

图 6-10　钛平衡实时计算模型结果查询和曲线界面图

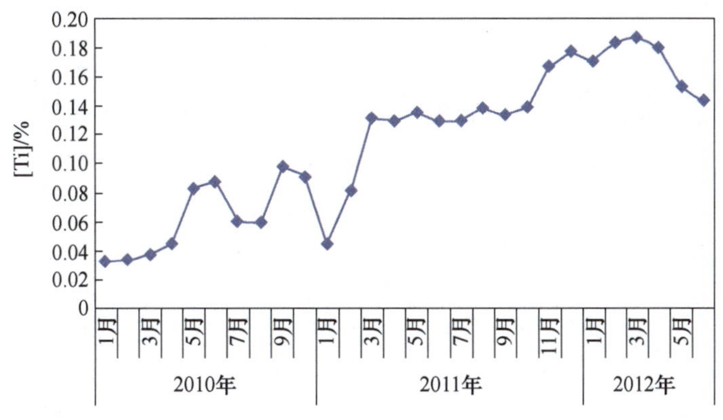

图 6-11 1 号高炉 2010 年 1 月—2012 年 5 月铁水中［Ti］的变化图

6.1.2.3 探索合理的高炉基本操作制度

A 稳定好热制度，提高钛收得率

含钛料护炉的基本原理是钛料进入炉缸后，TiO_2 被直接还原成 Ti，然后再生成 TiC（熔点 3150 ℃）和 TiN（熔点 2950 ℃）及固溶体 Ti，它们再与铁水和从铁水中析出的石墨结合在一起，进入所侵蚀砖的缝隙，或在有冷却的表面凝结成保护层，但是 Ti 在铁水中的溶解度有限，并随温度降低而降低，见图 6-12。在高炉炉缸中，从风口、渣铁界面到炉底的温度梯度很大，死铁层底部的温度在 1250 ℃以下，因冷却作用炉缸壁温度也比较低。因此沿炉缸壁和炉底的铁水，只要有一定的含钛量，就会有 Ti 析出。在炉缸内碳、氮充足的条件下，就会有 Ti 的碳、氮化物生成、发育和集结，并与其他附近的渣、焦、铁一起凝结在砖衬上，形成钛积层，这对炉缸、炉底砖衬起保护作用。并且炉缸砖衬受侵蚀越严重，冷却壁与铁水越接近，冷却强度越大，形成的难溶保护层越厚，从而达到护炉作用。

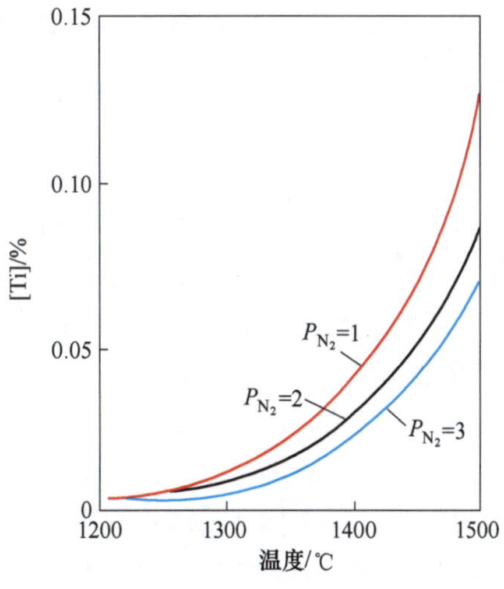

图 6-12 铁水中 Ti 的溶解度(含碳 4%)图

由于钛矿中的 TiO_2 在还原过程为吸热反应，因此炉缸热制度对钛的碳氮化合物生成影响最大，保持炉缸充沛的渣铁温度，可以提高钛的收得率。在高炉日常操作中，稳定好合理炉温水平至关重要，有利于炉缸的活跃和增强炉况对原燃料波动的适应能力。迁钢 1 号和 2 号高炉在护炉期间要求严格控制好炉温水平，［Si］控制在 0.40%～0.55%，铁水温度控制在 1500～1520 ℃，从图 6-13 可以看出，2011 年之后，铁水温度和［Si］波动较小，且都达到了护炉的要求，避免炉况波动的同时，提高了对含钛物料的收得率，减少钛矿的使用，降低了生产成本。

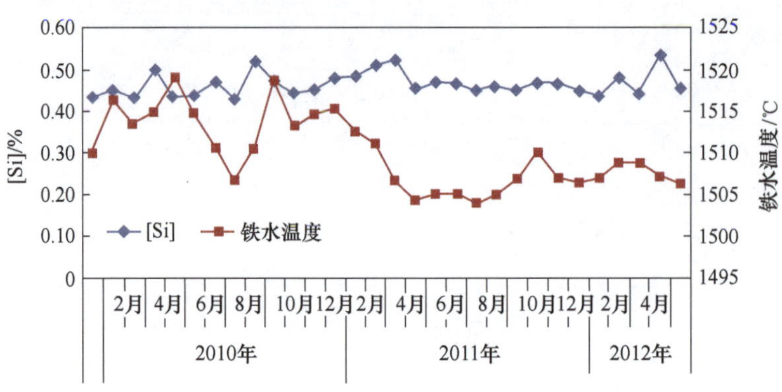

图 6-13 高炉[Si]和铁水温度的变化情况

B 调整送风制度

在炉缸热电偶和水温差居高不下时，很多企业采取停风堵相应的风口的方法控制该区域热电偶温度和冷却壁水温差的上涨，1 号和 2 号高炉在 2011 年之前，若炉缸冷却壁水温差达到 1.4 ℃时也是采取此种方法。堵风口目的是降低该区域的活跃性，从而达到降低炉缸水温差的目的。但是堵风口会造成产量损失严重，并且长期堵风口易导致炉缸圆周工作状态不均匀，不利于炉况的长期顺行稳定。

为了抑制水温差的上升，减少堵风口情况发生，迁钢 1 号和 2 号高炉通过对下部送风制度进行了一系列动态调整，其原则是：利用休风机会，在风口总面积基本保持不变的情况下，缩小水温差高区域的风口面积，增大水温差最低区域的风口面积。缩小风口面积一般采取风口内放入衬套，风口直径缩小 20 mm，或将 ϕ130 mm 更换为 ϕ120 mm 风口，同时适当配合增加风口长度和调整风口倾斜角度；增加低水温差区域面积一般采用的方法是将 ϕ130 mm 更换为 ϕ140 mm 风口。采用此方法一方面保证风口总面积和鼓风量的稳定，减少产量损失，对抑制重点区域水温差的上升起到了很好的效果；另一方面，由于风口直径偏差较小，基本保证了高炉圆周工作的均匀性，有利于煤气流的稳定。

2011 年之前，1 号和 2 号高炉均采用 ϕ130 mm 的风口，以 1 号高炉为例说明风口调整情况，图 6-14 为迁钢 1 号高炉 2012 年上半年风口布置情况，其中红色填充为 ϕ140 mm 风口；黑色填充为 ϕ120 mm、加长直风口，蓝色加粗为置入厚度 10 mm 风口衬套的 ϕ110 mm 风口；其他为 ϕ130 mm 的风口。

6.1.2.4 控制合理煤气流减轻炉缸侧壁压力

高炉护炉条件下的煤气分布要求首先是稳定畅通的煤气出路，这与正常高炉的要求无异；其次，要求减少边缘煤气通过量，即通过减少边缘煤气量以缓解对炉缸侧壁的压力；再次要适当提高中心煤气通过量，减小死焦堆，提高中心料柱透气性，削弱炉缸“蒜头状”侵蚀，引导高炉炉缸朝着“锅底状”侵蚀发展。以 1 号高炉 2011 年以来装料制度调整过程为例，说明为适应护炉状态下煤气的变化情况，表 6-14 为迁钢 1 号高炉护炉阶段装料制度变化情况表。

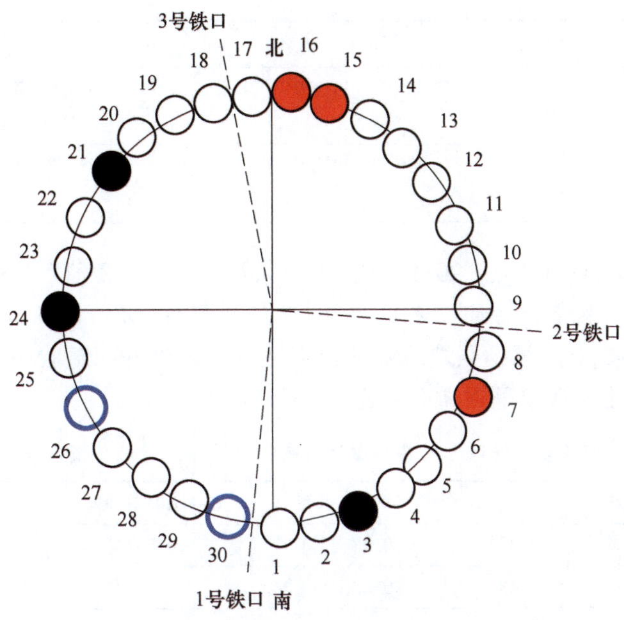

图 6-14　高炉风口调整情况图

表 6-14　迁钢 1 号高炉护炉阶段装料制度变化情况表

日　　期	矿角 α_k	焦角 α_j
2011 年 1 月	37° 35° 32° 29° 26° (2 2 3 2 2)	38° 35° 32° 29° 26° 18° (4 2 2 2 2 3)
2011 年 2 月	36° 34° 32° 30° 27° (1 2 3 3 2)	39° 36° 33° 30° 26° 16° (4 2 2 2 1 4)
2011 年 3 月	36° 34° 32° 30° 27° (2 3 3 2 2)	38° 36° 33° 30° 26° 15° (3 3 2 2 1 4)
2011 年 4 月	37. 5° 35. 5° 33° 30° 27° (2 2 3 3 2)	38° 36° 33° 30° 26° 15° (3 3 2 2 1 4)
2011 年 5 月	36° 33° 30° 26° (2 3 3 2)	38° 36° 33° 30° 26° 16° (4 2 2 2 1 4)
2011 年 6 月	36° 33° 30° 27° (2 3 3 2)	39° 36° 33° 30° 26° 15° (4 2 2 2 1 4)
2011 年 7 月	36° 34° 32° 30° 28° (2 3 3 2 2)	39° 36° 33° 30° 27° 15° (3 2 2 2 1 4)
2011 年 8 月	35° 32° 29° 26° (2 3 3 2)	38° 35° 32° 29° 25° 15° (3 3 2 2 1 4)
2011 年 9 月	35° 32° 29° 26° (2 3 3 2)	38° 35° 32° 29° 25° 15° (3 3 2 2 1 4)
2011 年 10 月	35° 32° 29° 26° (2 3 3 2)	38° 35° 32° 29° 25° 15° (3 3 2 2 1 4)

续表 6-14

日　　期	矿角 α_k	焦角 α_j
2011 年 11 月	35° 33° 31° 29° 26° (2 2 3 2 2)	38° 35° 32° 29° 25° 20° 15° (4 2 2 2 1 1 3)
2011 年 12 月至 2012 年 5 月	35° 33° 31° 29° 26° (2 2 3 3 2)	38° 35° 32° 29° 25° 20° 15° (4 2 2 2 1 1 3)

与装料制度的调整相对应，2011 年迁钢 1 号高炉护煤气 *Z* 值、*W* 值及水温差变化情况变化见表 6-15。可以看出，通过 2011 年 1—7 月的调整，*Z* 值逐步提高，2011 年 8 月以后基本稳定在 2.5~3.0 之间，且炉顶温度稳定性也越来越好，随着中心煤气通路的改善和稳定，炉缸最高水温差也呈逐渐下降趋势。

表 6-15　迁钢 1 号高炉煤气分布指数及水温差变化情况表

日　　期	*Z* 值	*W* 值	最高水温差/℃	顶温/℃
2011 年 1 月	1.39	0.95	0.5	223
2011 年 2 月	1.68	0.88	1.3	210
2011 年 3 月	2.32	0.73	1	226
2011 年 4 月	2.44	0.7	0.9	239
2011 年 5 月	1.94	0.88	1.1	244
2011 年 6 月	1.86	0.97	1.0	243
2011 年 7 月	2.01	0.96	1.1	234
2011 年 8 月	2.44	0.95	1.1	217
2011 年 9 月	2.88	0.84	0.8	204
2011 年 10 月	2.57	0.75	0.8	219
2011 年 11 月	2.59	0.88	0.7	205
2011 年 12 月	2.63	0.89	0.7	204
2012 年 1 月	2.52	0.91	0.5	207
2012 年 2 月	2.38	0.98	0.5	215

迁钢 1 号和 2 号高炉通过长期护炉生产实践表明，坚持打开中心稳定边缘的煤气分布，有利于炉缸的维护。通过 1 年的摸索，为了保证合理开放的中心煤气流，以减轻对炉缸侧壁的压力，炉缸水温差攻关小组对十字测温边缘和中心点温度进行了合理的界定，其中 1 号高炉中心温度按 400~500 ℃控制，第 5 点温度按 300~400 ℃控制，边缘温度按 200~250 ℃控制；2 号高炉中心温度按 500~600 ℃控制，第 5 点温度按 350~450 ℃控制，边缘温度按 150~200 ℃控制。

6.1.2.5　提高水压和水量，强化冷却

生产实践表明，温度梯度对 Ti(C,N) 的形成和团聚有强烈的影响。在护炉的同时，应对相应部位的冷却壁采取通高压水进行强化冷却，以降低炉缸炭砖的热面温度，促进 Ti(C,N) 的形成和团聚，以此提高冷却强度，这有利于炉缸碳氮化合物沉积，也是延缓

炭砖侵蚀的重要措施。

迁钢1号和2号高炉炉缸二、三段工业水设计流量3250 m^3/h。2011年5月之前，两座高炉实际水量均超过了设计值，达到3500~4000 m^3/h，但是两座高炉随着炉龄的增加，冷却壁与炭砖和炉皮之间由于不同程度的热膨胀而产生一定程度的气隙，气阻的产生大大降低了冷却壁的导热效果。迁钢炼铁技术人员通过对动力泵站和管道设计等多方面考察，决定根据两座高炉实际情况采取相应的措施，来进一步提高水量和水压，提高冷却强度，以达到炉缸产生热量和导出热量处于平衡状态，为Ti(C,N)的团聚和沉积提供热力学基础。以下分别为1号和2号高炉提高水量和水压所采取的措施。

1号高炉炉缸二、三段共有4台泵供水，在3用1备的前提下，最大水量只能达到3800 m^3/h左右，针对1号高炉泵站设计能力小的特点，动力作业部和能源部一起研究分析，对泵的叶轮进行改造，然后正常生产即可将叶轮逐个替换为改进后的叶轮，方便快捷。通过对叶轮改造，炉缸二、三段的水量和水压提高了600 m^3/h左右，1号高炉炉缸二、三段3台泵供水能力达到了4400~4600 m^3/h。更改叶轮后，泵站工作状态仍是3用1备，通过测量，1号高炉炉缸二段温差有15个点下降0.1 ℃，说明提高水量和水压对抑制水温差的上涨起到了明显的效果，表6-16为1号高炉该泵前后水压和水量变化情况表。

表6-16　1号高炉该泵前后水压和水量变化情况表

项　目	泵站显示水量 $/m^3 \cdot h^{-1}$	泵站显示压力 /MPa	高炉显示压力 /MPa
设计值	3250	<1.2	<1.2
改叶轮前	3848	0.916	0.731
改叶轮后	4470	0.937	0.753
改大泵后	5240	1.130	0.901

对1号高炉炉缸二、三段供水泵的叶轮进行改进后，通过对管道设计材质、管径、阀门使用情况等进行调研，发现1号高炉炉缸水量和水压仍有提高的空间，考虑泵站受空间限制，增设1台泵难度较大，通过研究决定，对1号高炉炉缸二、三段供水泵进行更改，以提高泵的功率。

2号高炉炉缸二、三段供水泵设计为3用1备，由于2号高炉泵设计功率较大，开2台泵水量即能达到3800 m^3/h左右，为了提高冷却强度，经过研究决定增开一台泵，将2用2备改成3用1备，表6-17为增开1台泵前后水量水压变化情况。5月18日白班测量二、三段水温差与17日比较，二段的120个支管中，有39个支管温差降低了0.1 ℃。表6-18为增开1台泵后，炉缸二段温差变化情况。

表6-17　2号高炉增开1台泵前后水压和水量变化情况表

项　目	泵站显示水量 $/m^3 \cdot h^{-1}$	泵站显示压力 /MPa	高炉显示压力 /MPa
设计值	3250	<1.2	<1.2
2台泵	3790	0.86	0.71
3台泵	4750	1.06	0.91

表 6-18 2 号高炉增开 1 台泵前后炉缸二段温差变化情况表

水箱号	8 号-1	10 号-2	20 号-2	31 号-2	38 号-1	38 号-2	39 号-1	39 号-2	40 号-1	40 号-2
增开前温差/℃	0.6	0.8	0.5	0.7	0.7	0.7	0.6	0.6	0.6	0.6
增开后温差/℃	0.5	0.7	0.4	0.6	0.6	0.6	0.5	0.5	0.5	0.5
水箱号	41 号-1	41 号-2	42 号-2	43 号-1	43 号-2	44 号-1	44 号-2	45 号-1	45 号-2	46 号-2
增开前温差/℃	0.6	0.6	0.6	0.6	0.7	0.6	0.6	0.6	0.6	0.5
增开后温差/℃	0.5	0.5	0.5	0.5	0.6	0.5	0.5	0.5	0.5	0.4
水箱号	48 号-1	48 号-2	49 号-1	49 号-2	50 号-2	51 号-1	51 号-2	52 号-1	52 号-2	53 号-1
增开前温差/℃	0.5	0.5	0.4	0.4	0.4	0.4	0.4	0.4	0.4	0.4
增开后温差/℃	0.4	0.4	0.3	0.3	0.3	0.3	0.3	0.3	0.3	0.3
水箱号	53 号-2	54 号-2	55 号-1	56 号-2	57 号-2	58 号-1	58 号-2	60 号-1	60 号-2	
增开前温差/℃	0.5	0.4	0.4	0.4	0.4	0.4	0.5	0.5	0.5	
增开后温差/℃	0.4	0.3	0.3	0.3	0.3	0.3	0.4	0.4	0.4	

6.1.2.6 积极适应干熄炉年修，保障高炉顺稳

迁钢 1 号和 2 号高炉水温差上升多数伴随着炉况的波动，炉况良好的顺行状态是高炉实现长寿的重要前提，而焦炭质量的好坏是决定高炉顺稳的重要条件之一。

迁钢使用的焦炭来自于迁焦公司，迁焦有 3 座干熄炉，每年例修时间长达 2 个月，干焦比例由 95%下调至 50%左右，甚至更低，而且每次退干焦比例幅度不同、时间长短也不一样，退干焦比例前高炉顺行状态也有所差别，如果退干焦比例适应不好，势必对炉况造成一定波动，引起水温差的上涨。

迁钢高炉技术人员通过生产实践的不断探索，制订高炉“攻、守、退”措施和“干焦比例高炉调整方案”，积极主动分步进行减轻焦炭负荷来适应干焦比例下降。通过生产实践和理论计算得出，干焦比例下调 10%，焦比升高 7~10 kg/t，在干熄罐检修结束和焦炭负荷节奏上，要综合考虑炉况状态和死焦堆替换的影响，若操之过急，片面追求低焦比，必会造成炉况的波动。

6.2 高炉合理死铁层深度的实践探索

目前国内高炉长寿的限制性环节主要在高炉炉底、炉缸区域，铁水环流是造成炉底、炉缸象脚侵蚀的主要原因，而死铁层深度和死料柱的形态又是影响铁水环流的关键因素。对于死铁层的适宜深度，国内外专家学者始终存在分歧，但总体而言，加大死铁层深度有利于保护炉底、炉缸的论点是一致的。欧洲在 20 世纪 80 年代提出了将高炉死铁层深度增至炉缸直径 25%以上的建议，推荐死铁层深度为炉缸直径的 26%~28%；日本将高炉死铁层深度增至炉缸直径的 24.7%~30%。对于已经运行的高炉来说，若死铁层深度低于炉缸直径的 20%，则应强化对炉底、炉缸侵蚀的监测，尤其是新建高炉，在开炉 2 年内，炉底、炉缸会发生侵蚀突变。

6.2.1 首钢迁钢 1 号高炉炉缸运行情况

首钢迁钢公司 1 号高炉、炉底炉缸侧壁采用高导热、压小块和炭砖结合强化冷却的

“传热法”炉缸结构，炉底采用陶瓷垫+微孔炭砖+高导热炭砖的综合炉底结构，旨在高炉运行后能够形成自保护的渣铁壳，以实现炉底、炉缸的长寿。结合首钢迁钢1号高炉运行情况和炉底、炉缸破损调研结果，利用炉底、炉缸模拟仿真技术，在高炉炉底、炉缸浇注修复过程中，优化了浇注料选型和浇注炉型，浇注后高炉炉缸二段冷却壁水温差稳定，同时技术指标和经济指标均得到提升。

首钢迁钢公司1号高炉开炉后在高炉强化冶炼和技术指标优化过程中，炉底、炉缸发生了侵蚀突变，炉缸侧壁局部冷却壁的水温差和热电偶温度开始升高。首钢迁钢1号高炉自2005年4月开始，高炉炉缸二段冷却壁水温差升高，其中以炉缸二段46号-1冷却壁水温差变化情况最为典型，其3个月的水温差变化趋势见图6-15。为控制炉缸二段冷却壁水温差的升高问题，高炉采取了强化冷却、配加钛矿护炉、堵风口和适当控制冶炼强度等措施控制炉缸水温差。1号高炉2019年6月27日停炉进行炉底、炉缸局部浇注修复，高炉运行期间单位炉容产铁量11613 t。

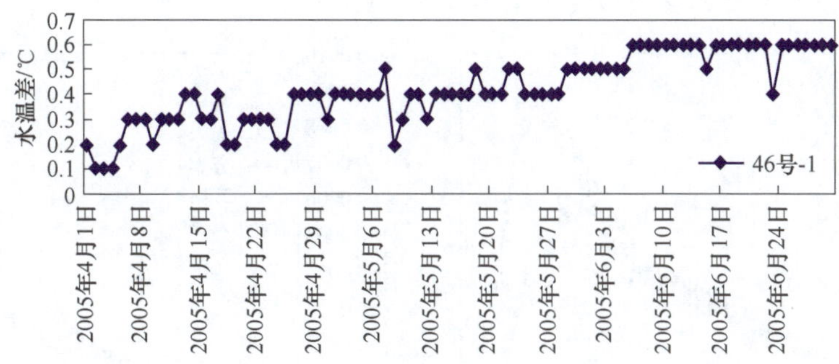

图6-15 1号高炉炉缸二段46号-1冷却壁水温差变化曲线图

由本书的1号高炉破损调研结果得出，对于炉缸侧壁，炉缸高导热压小块炭砖的破坏是有害元素、热应力、铁水环流等综合作用的结果，其中合理的死铁层深度对于缓解铁水环流是非常有效的。

6.2.2 死铁层深度优化研究

为了改善铁水环流对炉缸高导热小块炭砖的破坏，首钢迁钢公司1号高炉2019年6月在阶段性限产期间，对1号高炉炉缸进行了浇注修复。在保护性拆除侧壁炭砖的条件下，只能进行浇注修复，在浇注过程中对浇注炉型和浇注料进行了优化。

加深死铁层深度可以缓解铁水环流侵蚀，同时在炭砖材料没有很好解决抗渣铁侵蚀及微孔性的前提下，宜选择陶瓷质材料进行浇注。采用陶瓷质浇注料浇注修补内衬后，炉缸侧壁结构变成“炭砖+陶瓷杯”，侵蚀机理由渣铁凝结层保护变为耐火材料蚀损，因此适当加厚炉缸侧壁异常侵蚀区域厚度，可以延长高炉使用寿命。

首钢迁钢1号高炉原设计炉缸直径为11500 mm，死铁层深度为2100 mm，死铁层深度为炉缸直径的18.3%，加深死铁层深度到2500 mm。结合炉缸、炉底结构，利用Fluent软件，分别对2100 mm、2500 mm两种死铁层深度炉缸进行模拟仿真，研究两种死铁层深度结构对应不同产量水平条件下，炉缸内不同标高位置的铁水流动速度，以研究炉缸死铁层深度对炉缸内铁水流动速度的影响。该模拟仿真试验设计了6个方案，具体见表6-19。

表6-19　不同死铁层深度和产量水平条件铁水流速模拟仿真试验表

方案	项目	死铁层深度/mm	铁水产量/t·d^{-1}	铁口深度/mm	死料柱直径/mm	铁口角度/(°)
1	原设计	2100	6000	3000	4448	10
2			6300			
3			6600			
4	优化设计	2500	6000	3000	4238	10
5			6300			
6			6600			

距离炉底标高100 mm和500 mm，出铁口位置及通过高炉中心连接铁口对面位置，在不同方案下铁水流动速度模拟结果见图6-16。

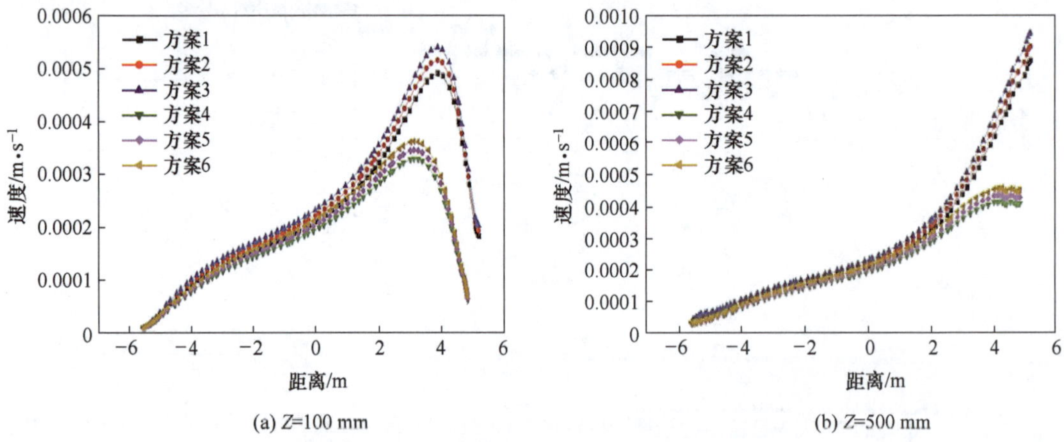

图6-16　不同方案下铁水流动速度模拟结果图

由图6-16可见，在图右侧出铁口位置的铁水流动速度，在距离炉底100 mm位置，在原设计方案中对应3个产量水平的平均铁水流速为0.00051 m/s，优化后设计方案中对应3个产量水平的平均铁水流速为0.00034 m/s。在距离炉底500 mm位置，在原设计方案中对应3个产量水平的平均铁水流速为0.00090 m/s，优化后设计方案中对应3个产量水平的平均铁水流速为0.00043 m/s。结果表明，随着死铁层深度增加，炉缸内铁水流动速度减小；随着铁水产量增高，铁水流动速度均有一定程度增大。在距离炉底500 mm的死料柱拐角处，铁水流动速度骤然增大，故假设当死料柱浮起时，侵蚀位置应位于死料柱角部。故首钢迁钢1号高炉在浇注时，优化后死铁层深度为2500 mm，为炉缸直径的22.05%，这种浇注炉型有利于减轻铁水环流对炉缸侧壁的侵蚀；同时对铁口区域、炉缸侧壁异常侵蚀区域进行了加厚设计。

炉缸浇注投入后，每天对炉缸二段冷却壁的水温差进行测量，同样选取炉缸二段46号-1冷却壁水温差变化进行对比，其一年多来的变化情况见图6-17。由图6-17可见，首钢迁钢公司1号高炉浇注后，炉缸二段46号-1冷却壁水温差稳定，最高炉不超过0.2 ℃，为高炉的打产降耗提供了保障。

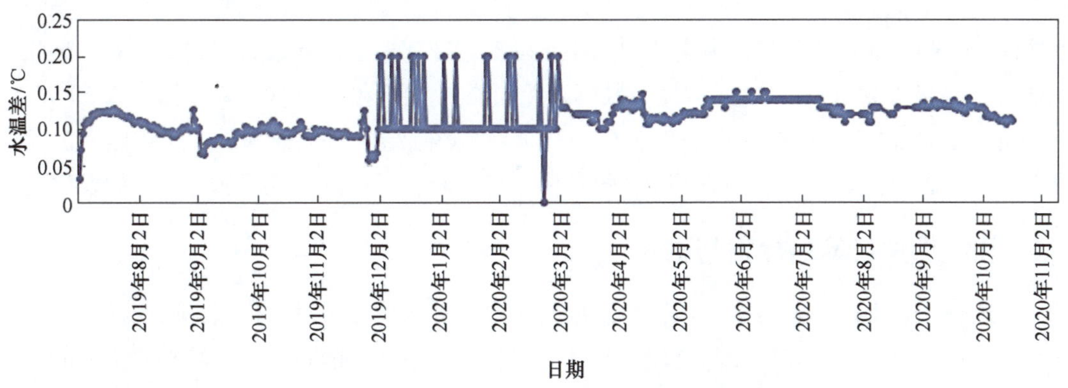

图 6-17 炉缸二段 46 号-1 冷却壁水温差变化图

6.3 强化冶炼条件下炉缸结构适配性探索

(1) 强化冷却理念。首钢几十年的生产实践经验表明：采用先进的炉缸、炉底结构，要特别注意炉缸、炉底炭砖的选用，同时必须辅以强化炉缸、炉底冷却的措施。关键部位选用高导热耐侵蚀的优质炭砖，其技术上要匹配有强化冷却，所以在冷却水量上要节约而不要制约，在冷却流量的设计能力上要考虑充分的调节能力，冷却流量控制应根据生产实际情况实施，从而达到节能降耗的目的，而不能在设计能力上过分炫耀冷却水量小，说明设计先进，从而导致调节能力不足，在检测到炉缸、炉底温度或热负荷异常时诸多措施难以实施，或能力不足，影响强化冷却长寿技术效果。

(2) 高炉炉缸、炉底内衬结构设计。首钢迁钢高炉炉缸、炉底的内衬结构是“高导热炭砖 +综合炉底”结构。主要立足于国内选用优质耐火材料，炉缸、炉底交界处即“象脚状”异常侵蚀区，引进部分美国 UCAR 公司的高导热、高抗铁水渗透性 NMA 和 NMD 热压炭块，风口和铁口区域分别采用国内尚不能生产的法国 SOVIE 的大块风口组合砖和美国 UCAR 公司的 NMA +NMD 铁口组合结构。炉底满铺 2 层国产高导热大块炭砖+2 层国产优质微孔大块炭砖，炉缸上部风口组合砖，下部 1 层环形炭砖，采用国产优质微孔大块炭砖。

迁钢高炉炉缸侧壁，紧贴冷却壁砌筑一层 UCAR 公司的 NMD 砖，NMD 砖本质上为石墨质砖，因此迁钢高炉侧壁结构为有一层“石墨墙”的内衬结构，此结构匹配强化冷却，在一定程度上提高了高炉炉缸末期的安全生产系数，可为今后高炉工程设计提供技术借鉴。

(3) 高炉炉缸、炉底冷却设计。首钢迁钢 1 号高炉炉底采用软水冷却，水量为 500 m^3/h,水压为 0. 65 MPa（高炉±0. 000 平面）。炉缸采用光面冷却壁，材质为灰铸铁 HT200；炉缸冷却壁（1~5 段）采用工业净水循环冷却，其中第 1、4、5 段冷却壁、风口大套采用常压工业水冷却，水量为 1500 m^3/h，水压为 0. 60 MPa（高炉 ±0. 000 平面）；第 2、3 段冷却壁位于炉缸、炉底交界处即“象脚状”异常侵蚀区，为强化该区域冷却能力，采用中压工业净水循环冷却，水量为 3250 m^3/h，水压为 1. 2 MPa（高炉±0. 000 平面）。

（4）运行效果。在 2008 年 1—4 月，1 号高炉高强度冶炼阶段，利用系数曾高达 2.62，负荷在 5.6 以上。因高负荷、高产量造成炉缸铁水环流加强，侧壁炭砖受到渣铁强烈冲刷，侧壁温度迅速升高，最高达到 900 ℃以上，冷却壁水温差最高达到 1.4 ℃，热流强度达 144444.6 kJ/(m^2·h)。为提高象脚区冷却能力，将第 2、3 段冷却水量由 3250 m^3/h 提高至 4200 m^3/h，冷却壁水速达 5.5 m/s 以上。炉缸结构适配性满足了炉缸侧壁温度或水温差的瞬时突变，有效保证了高炉的安全运行，避免了炉缸烧穿等恶性事故的发生。

6.4　加钛护炉技术的探索与认知

理论研究和生产实践表明，加钛护炉可以起到维护或修复炉缸的作用，这些钛的氮化物和碳化物在炉缸、炉底生成与聚集，并与铁水及铁水中析出的石墨等凝结在被侵蚀的炉缸、炉底的砖缝和内衬表面，从而起到了保护作用。

首钢迁钢 1 号高炉于 2019 年停炉大修后，对高炉炉缸采用了整体浇注。为了研究此炉缸结构是否有利于钛矿护炉以及探索有利于此炉缸结构的钛矿护炉模式，2020 年 10 月 20—23 日，配加高钛矿入炉料，开展研究试验。结合首钢迁钢 1 号高炉实际情况，计算实际的钛沉积量，炉缸侧壁和炉底热电偶温度的变化情况，以及通过水温差的变化情况说明取得的效果，为首钢迁钢高炉护炉操作提供指导。

6.4.1　首钢迁钢 1 号高炉炉缸钛沉积分析

由高炉钛收入项和支出项分析结果，可以得到：

$$\text{炉内 } TiO_2 \text{ 沉积量(kg/t)} = \text{总收入 } TiO_2 \text{ 量} - \text{总支出 } TiO_2 \text{ 量} \tag{6-1}$$

$$\text{钛回收率} = \frac{\text{铁水中带走的 } TiO_2}{\text{总收入 } TiO_2 \text{ 量}} \times 100\% \tag{6-2}$$

$$\text{沉积率} = \frac{\text{炉沉积 } TiO_2 \text{ 量}}{\text{总收入 } TiO_2 \text{ 量}} \times 100\% \tag{6-3}$$

根据上述公式可以计算出首钢迁钢 1 号高炉在 2020 年 10 月 20—23 日的生产数据，以此为基础，计算出炉内 TiO_2 沉积量、钛回收率和沉积率随时间的变化规律，可进一步了解钛矿护炉前后，高炉中钛含量的变化规律。图 6-18 为 2020 年 10 月期间钛试验收入量和钛支出量随时间的变化曲线，从图 6-18 中可以看出，在常规生产和加钛试验期间，入炉的 TiO_2 质量大于排出的 TiO_2 质量，为钛在高炉内的沉积提供了保障。

图 6-19 为首钢迁钢 1 号高炉钛沉积和钛负荷率随时间变化曲线，从图 6-19 中可以看出，即使在未采取加钛矿的时候，高炉中的钛负荷仍保持在 3 kg/t 左右，其中钛沉积率在 3%左右。随后在 10 月 20 日开始加钛矿试验后，入炉的钛负荷达到了 7.6 kg/t，高炉的钛沉积率也达到较高的水平，但在停止添加钛矿后，开始出现较大的钛流失，沉积率变为负值。

图 6-20 为高炉内钛的沉积含量，可以清晰地看出在常态的冶炼条件下，高炉内有一定的钛沉积量，当在进行加入高钛矿的试验后，炉内的钛沉积量出现了较大的涨幅，但在停止加高钛矿后，钛流失的较为严重，最后趋于稳定。

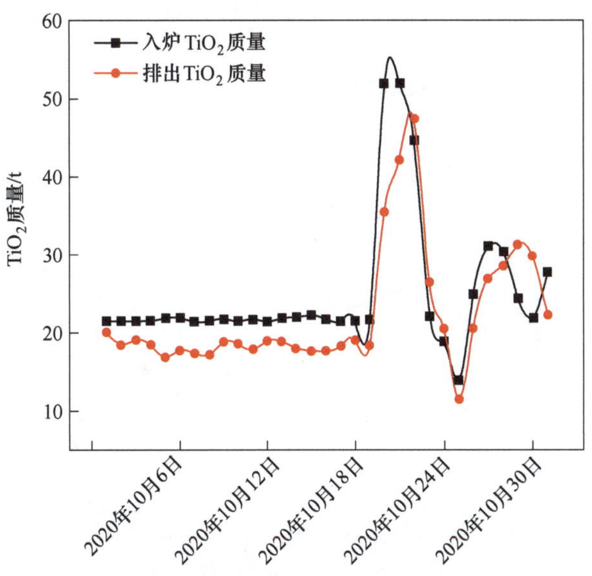

图 6-18　2020 年 10 月钛试验收入量和钛支出量随时间的变化曲线图

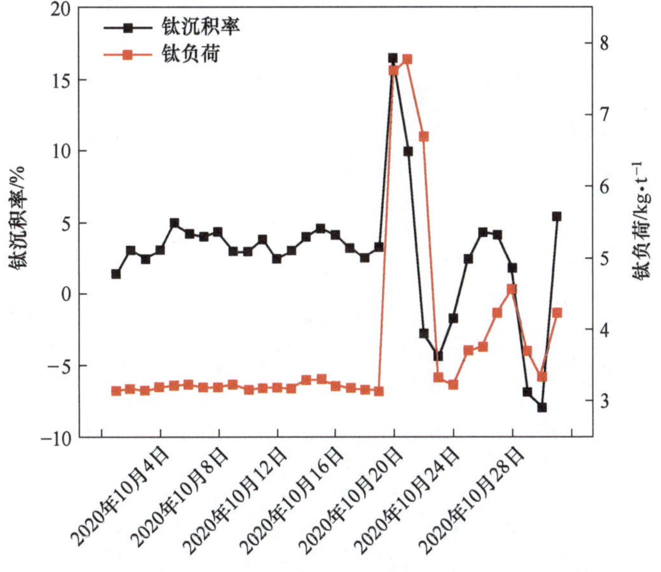

图 6-19　2020 年 10 月钛沉积率和钛负荷随时间的变化曲线图

6.4.2　高炉炉缸加钛矿效果分析

图 6-21 和图 6-22 为炉底及炉缸侧壁热电偶温度的变化情况。从图 6-21 中可以看出在加钛矿之前，炉底第四层和第五层热电偶温度有轻微升高趋势，其中在 10 月 19 日时，热电偶的温度达到最大值；随后在 20 日时开始添加钛矿，当日炉底热电偶温度即有下降趋势，热电偶温度下降趋势一直持续到试验结束。10 月 23 日停止配加钛矿后，热电偶温度

又开始有所回升，但整体温度已经低于19日的温度，说明添加钛矿起到了作用。

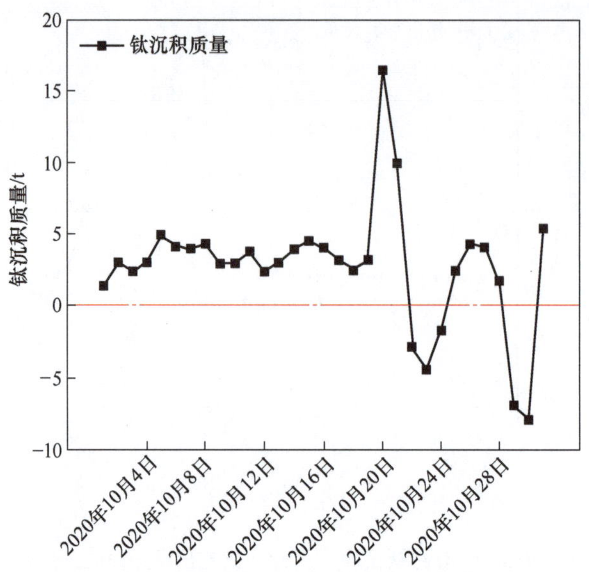

图6-20　2020年10月钛沉积质量随时间的变化曲线

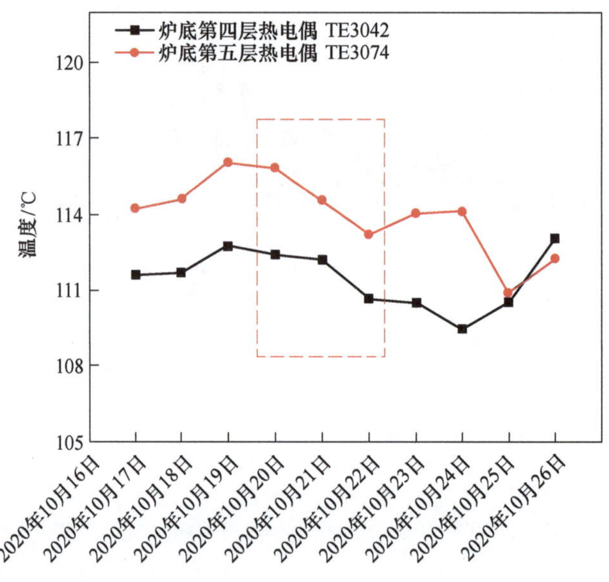

图6-21　炉底第四层和第五层热电偶温度变化情况图

同样地，从图6-22中也能得到相似的信息，10月19日炉缸侧壁热电偶温度达到峰值，之后随着钛矿的入炉，炉缸侧壁热电偶温度一直呈下降趋势，其中22日（最后一天加高钛矿）温度达到最小值。停止配加高钛矿之后炉缸侧壁热电偶温度又开始轻微回升。

见图6-23~图6-26，2020年10月17—23日，炉缸二段41号和42号的水温差变化情况，从图中可以看出，一开始的水温差相对较大一些，峰值基本都在10月17日左右，随

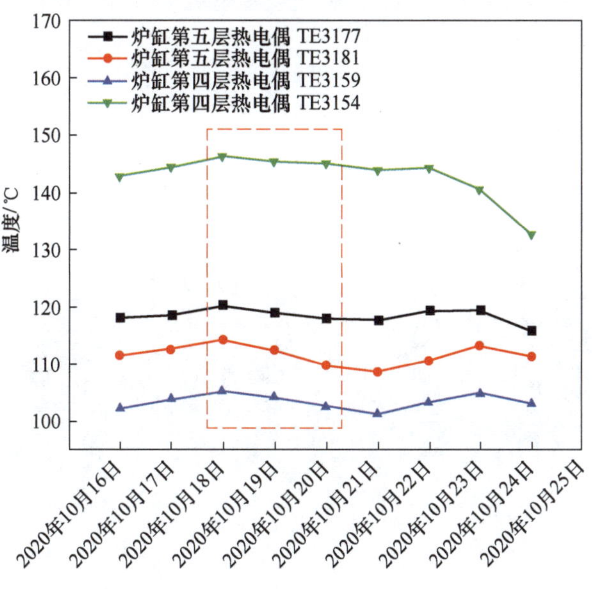

图 6-22 炉缸侧壁第四层和第五层热电偶温度变化情况图

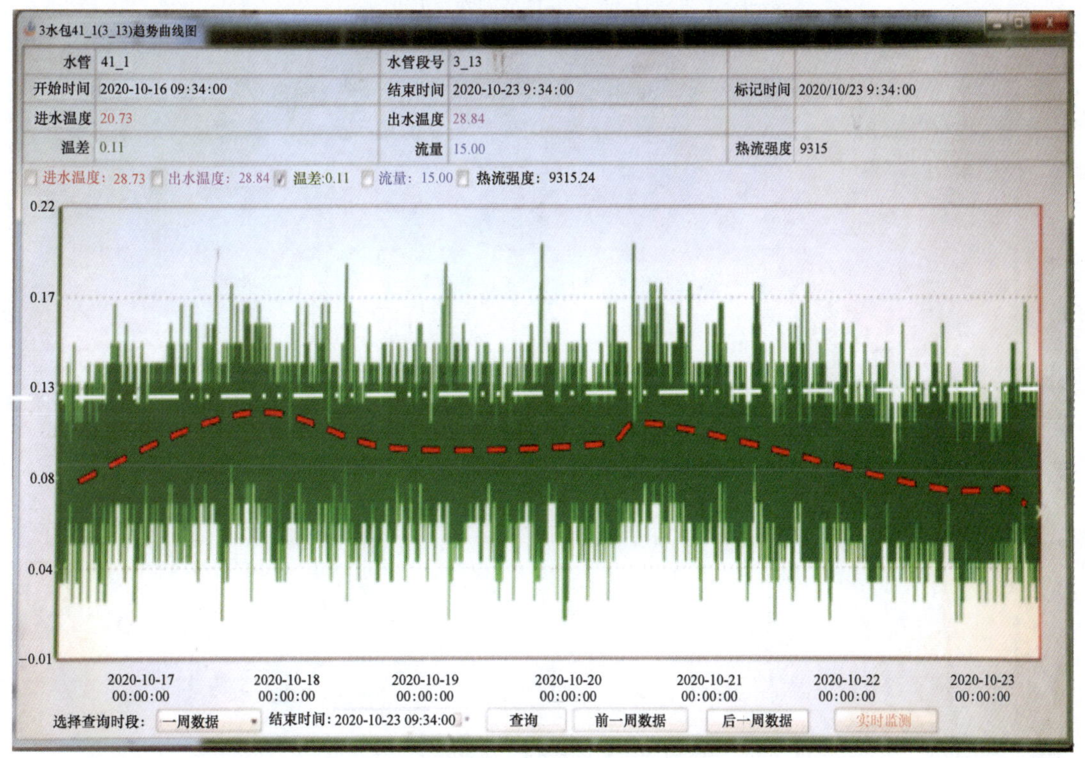

图 6-23 41 号-1 水管水温差变化情况图

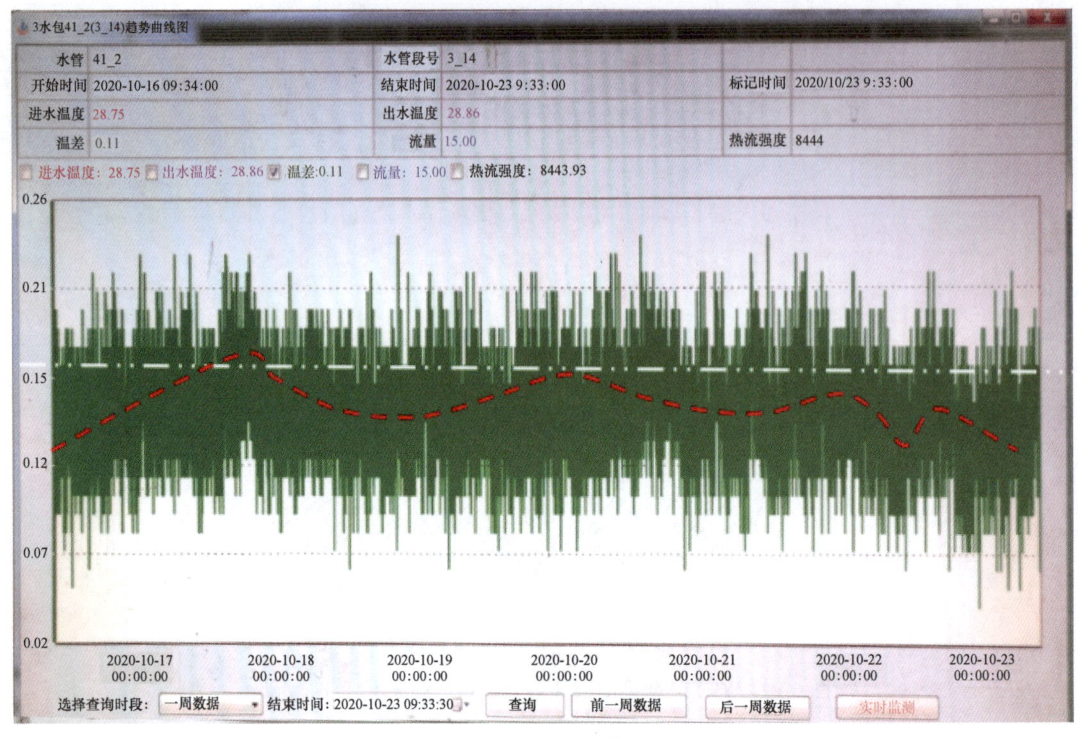

图 6-24　41 号-2 水管水温差变化情况图

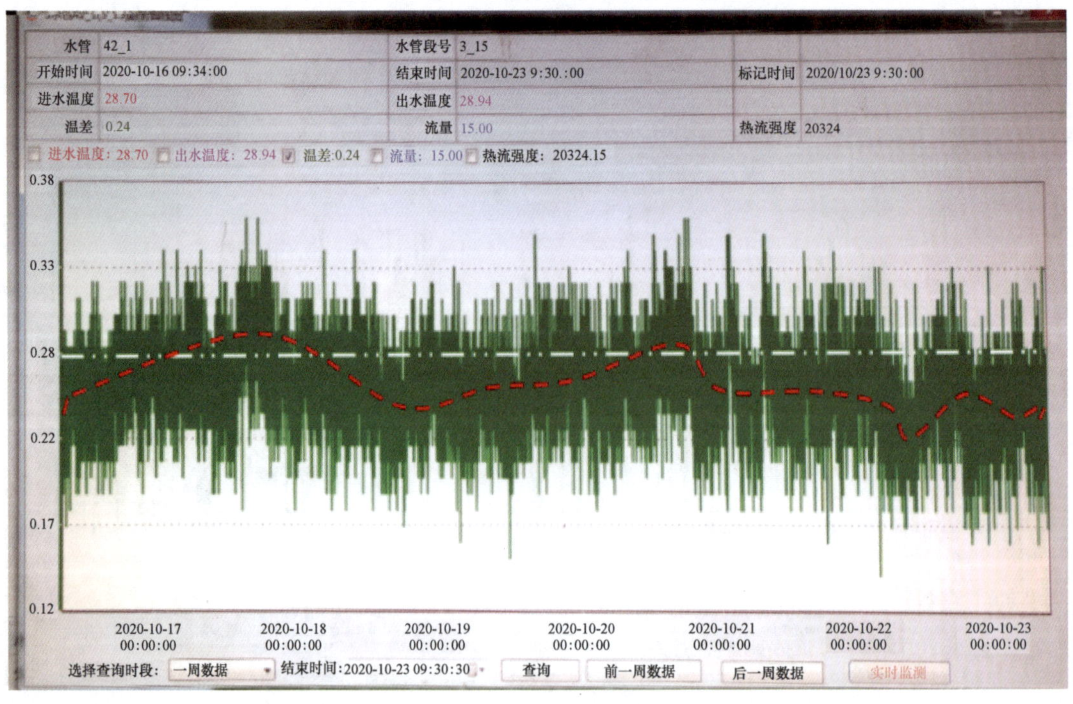

图 6-25　42 号-1 水管水温差变化情况图

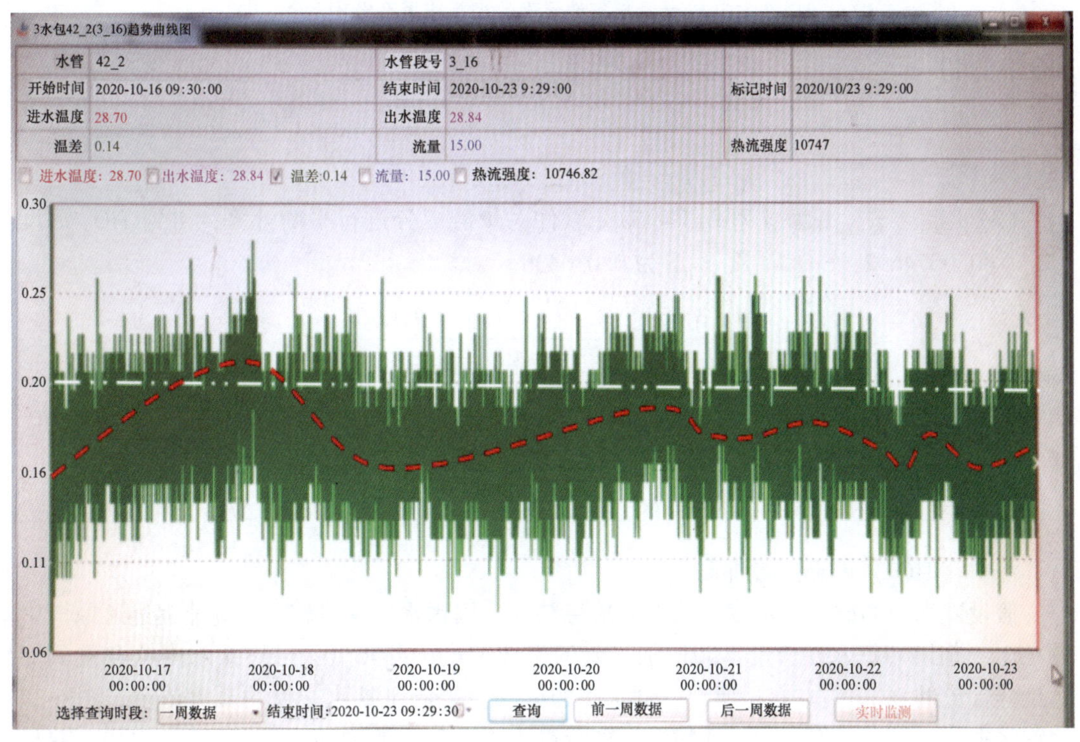

图 6-26　42 号-2 水管水温差变化情况图

后水温差逐渐变小一些，其中在 10 月 20 日到 10 月 21 日出现了较为明显的拐点，虽然水温差不断波动，但整体出现了略微下降的趋势。特别是对于 10 月 22 日之后，水温差比之前有了较大的降低。

综合上述，在添加钛矿后，无论是炉缸侧壁、炉底热电偶温度的变化趋势，还是水温差的变化情况，均出现了略微降低的趋势，并且变化规律也符合配加钛矿的时间段，由此综合考虑钛矿试验起到的效果。

6.4.3　铁水中硅含量对钛含量的影响

根据热力学分析，硅和钛的平衡反应为：

$$TiO_2 + [Si] \xlongequal{\quad} [Ti] + (SiO_2)$$

$$\Delta G = 106000 - 18T + RT\frac{w_{[Ti]} \cdot f_{[Ti]} \cdot a_{(SiO_2)}}{w_{[Si]} \cdot f_{[Si]} \cdot a_{(TiO_2)}} = 0$$

(1) f_{Si}。[Si] 的活度系数可根据下式进行计算：

$$\lg f_{Si} = \sum e_{Si}^{j}[\%j]$$

铁水中 Si 的活度系数是温度和铁液成分的函数，Mn、S、P、Ti、C、V 等微量元素以化学分析为主。

e_{Si}^{j} 是铁液中其他组分与 [Si] 相互作用系数。1873 K 时，铁液内 Si 元素与其他组分之间的相互作用系数见表 6-20。

表 6-20 铁水中 Si 元素与其他元素的相互作用系数 e_{Si}^{j}（1873 K）

j	C	Si	Mn	P	S	Ti	V
e_{Si}^{j}	0.18	0.11	0.002	0.11	0.056	0.03	0.025

$$\lg f_{Si} = 0.85426, f_{Si} = 7.1492$$

（2）a_{TiO_2}、a_{SiO_2} 活度。利用 FactSage 软件对炉渣成分进行平衡计算，得到 TiO_2 活度 a_{TiO_2} 为 0.0074692，SiO_2 活度 a_{SiO_2} 为 0.036439。

$$\frac{w_{[Ti]}}{w_{[Si]}} = \frac{6.5 \times 10^{-3} \cdot f_{[Si]} \cdot a_{(TiO_2)}}{f_{[Ti]} \cdot a_{(SiO_2)}}$$

根据上述计算所得数据代入得：$\frac{w_{[Ti]}}{w_{[Si]}} = 0.17178$ 时，当 $\frac{w_{[Ti]}}{w_{[Si]}} < 0.17178$，$\Delta G<0$，反应正向进行，会促进炉渣中（$TiO_2$）的还原。当 $\frac{w_{[Ti]}}{w_{[Si]}} > 0.17178$ 时，$\Delta G>0$，反应逆向进行，渣中（TiO_2）的还原被抑制。

假设铁水中的硅含量不变，那么在冶炼初期，因铁水钛含量较少，硅能促进还原渣中的 TiO_2。但随着铁水钛含量不断增加，钛的生成速度不断降低，最终铁水中钛含量只能达到硅含量的 0.17 倍左右。所以，铁水中的硅含量限制了铁水中钛的最大浓度。图 6-27 为铁水中［Si］和［Ti］的变化情况，随着铁水中［Si］的增加，［Ti］逐渐增加，并且［Ti］/［Si］的平均比值为 0.17 左右。

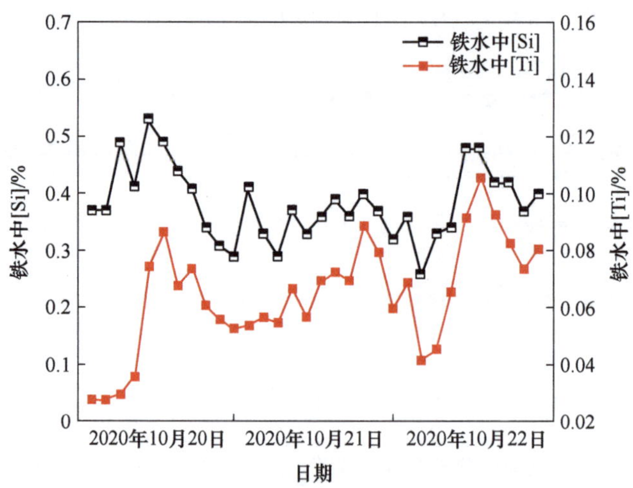

图 6-27 钛矿试验时，铁水中[Si]和[Ti]随时间的变化情况图

将现场得到的铁水硅含量代入上述公式，此时铁水中钛的质量分数为 0.0612，与现场实际的钛含量 0.069 十分接近。［Si］对于 TiC 的析出的影响主要是基于 Si 与 Ti 之间的相互作用系数，Si 与 Ti 之间的相互作用系数为正值，因此提高 Si 含量有利于提高铁水中 Ti 的活度，从而促进 TiC 的形成。

图 6-28 为不同温度和 Si 含量条件下 TiC 平衡的 $w_{[Ti]}$ 含量。从图 6-28 中可以看出，在

同一温度下，随着 Si 含量的增加其析出 TiC 的临界［Ti］含量会相对降低，即 Si 含量的增加有利于高炉炉缸护炉。

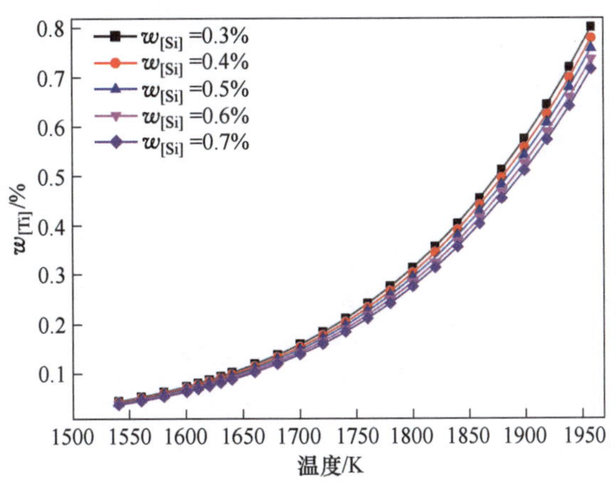

图 6-28　不同温度和不同 $w_{[Si]}$ 下，TiC 平衡的 $w_{[Ti]}$ 含量图

6.4.4　渣铁组分对钛分配比的影响

图 6-29 为钛分配比随炉渣中 TiO_2 含量的变化情况，钛分配比模型计算得出的钛分配比数据点较为分散，但整体是随着 TiO_2 含量的增加而降低。主要是由于渣中 TiO_2 含量的增加，有利于 TiO_2 的还原，但还原的量不能促进钛分配比的增加。由此可以看出，高炉炉缸护炉可以适当地加入钛矿，但钛负荷过高会造成护炉料的浪费，不利于炉缸维护的经济性。

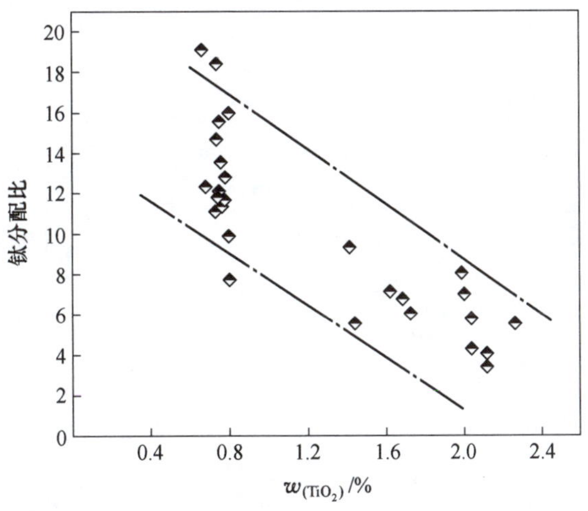

图 6-29　钛分配比随炉渣中 TiO_2 含量的变化情况图

图 6-30 为渣中镁铝比与渣铁间钛分配比的变化关系，整体上看，虽然钛分配的数值随镁铝比的变化较为分散，但总体上发现 MgO/Al_2O_3 在 0.48～0.5 之间时，钛分配比较

大，这可能由于镁铝比的变化对渣中 TiO_2 活度造成影响，从而影响渣铁间钛的分配比。从这个角度来看，为更好地提高护炉效果，应保证渣中镁铝比不能太低。

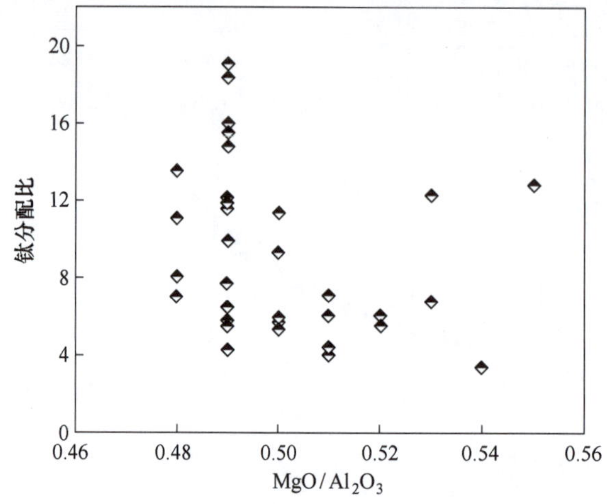

图 6-30　钛分配比随炉中 MgO/Al_2O_3 的变化情况图

图 6-31 为钛分配比随炉渣二元碱度的变化情况，钛分配比随碱度的增大而增大，这说明适当提高炉渣碱度将有利于炉渣中 TiO_2 的还原，提高钛分配比。同时有研究也表明，增大碱度可提高钛向铁水中的迁移速率，改善 TiO_2 还原的动力学条件。因此，在实际护炉期间，可以通过适当增大炉渣碱度，以提高护炉效果。对于首钢迁钢 1 号高炉的炉渣成分来说，将二元碱度维持在 1.20~1.27 之间，对护炉比较有利。

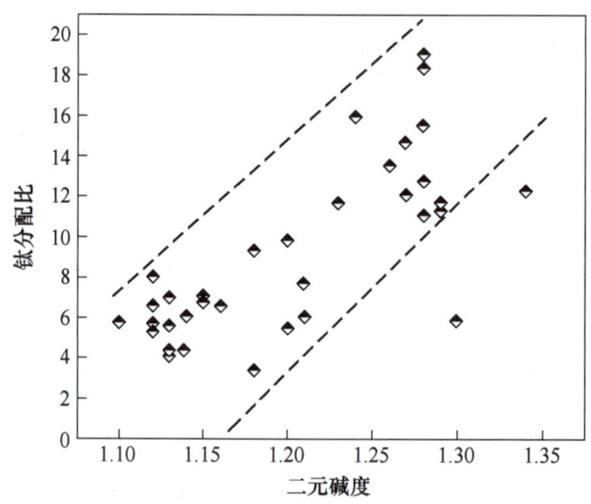

图 6-31　钛分配比随炉渣二元碱度的变化情况图

6.4.5　铁水成分对钛分配比的影响

铁水硅含量与钛分配比的计算值见图 6-32，可以看出，钛分配比与铁水硅含量有良好的线性关系，且钛分配比随着铁水硅含量增加而增加。在护炉操作过程中，应保证铁水[Si+Ti]≥0.65%，以提高护炉效果。此外，需要注意的是，在影响钛分配比的因素中，铁水硅含量与铁水温度联系密切。一般来说，铁水温度升高会促进渣中 SiO_2 的还原，提高铁水硅含量。因此，此时钛分配比的增大应该是铁水温度升高和铁水硅含量增大共同作用的结果。

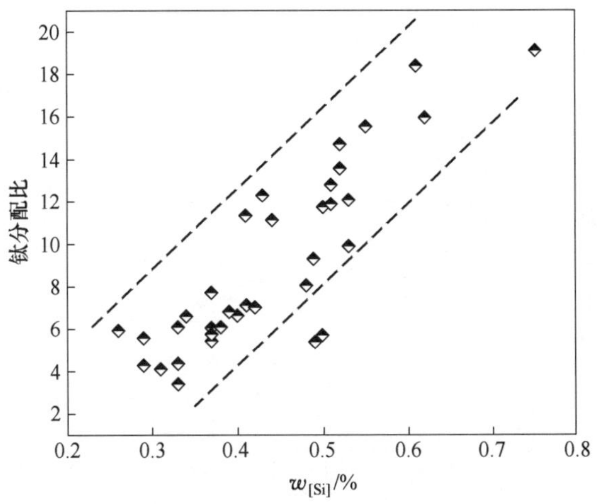

图 6-32　钛分配比随铁水中 Si 含量的变化情况

图 6-33 为钛分配比随铁水中 Ti 含量的变化情况。钛分配比随铁水钛含量的增加而增大，这主要是铁水中钛含量越高，表明炉渣中有越多的 TiO_2 被还原进入铁水，所以增大了钛分配比。在首钢迁钢 1 号高炉加钛试验过程中，钛的负荷为 7，有研究发现，当钛负荷小于 7 kg/t 时，铁水中的钛质量分数随着钛负荷的增加而增加；当钛负荷大于 7 kg/t 时，铁水中的钛质量分数随着钛负荷的增加而降低，甚至出现负值。所以不能通过增加钛负荷来作为提高钛分配比的主要办法。

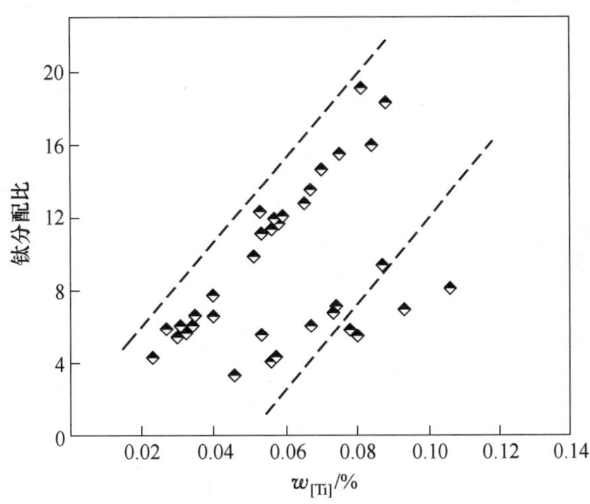

图 6-33　钛分配比随铁水中 Ti 含量的变化情况图

从图 6-34 可以看出，随着铁水中硫含量的增加，钛分配比降低，钛分配比与铁水硫含量呈现相反的变化趋势，这说明当铁水中硫含量增大时，不利于钛分配比的提高。在实际生产过程中，控制铁水中硫的含量不仅可以减轻铁水环流对炉衬的侵蚀，还可增大钛分配比，改善护炉效果。但是，应考虑到铁水中的硫含量相对比较低，且与铁水温度有着重要的联系，因此可能考虑为是铁水温度对钛分配比影响的一种反应。

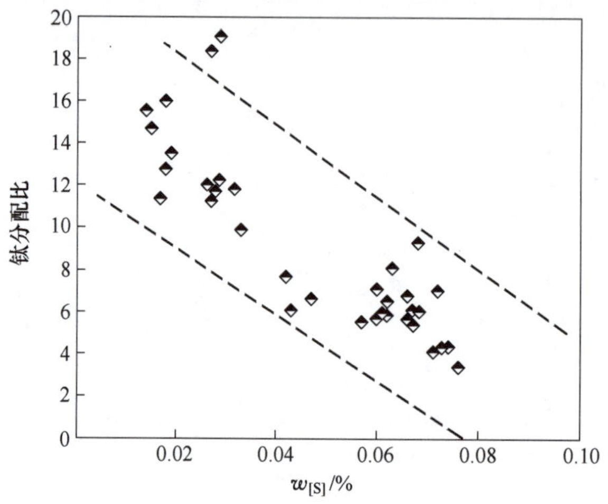

图 6-34　钛分配比随铁水中 S 含量的变化情况图

图 6-35 为首钢迁钢 1 号高炉加钛试验期间，铁水温度与钛分配比的变化关系。之前研究发现随着铁水温度的升高，钛分配比增大。由图 6-35 可知，钛分配比随铁水温度同步变化，温度升高后，指数值也升高，因此钛分配比升高，与理论分析结果一致。这是由于：一方面，渣中的 TiO_2 与 C 之间的氧化还原反应是吸热反应，温度的升高有利于反应的进行；另一方面，铁水温度的升高，增大铁水中 C 和 Ti 的传质速率，使得铁水碳含量增大，从而将改善渣中 TiO_2 还原的动力学条件。因此，控制铁水有较高的温度也是保证

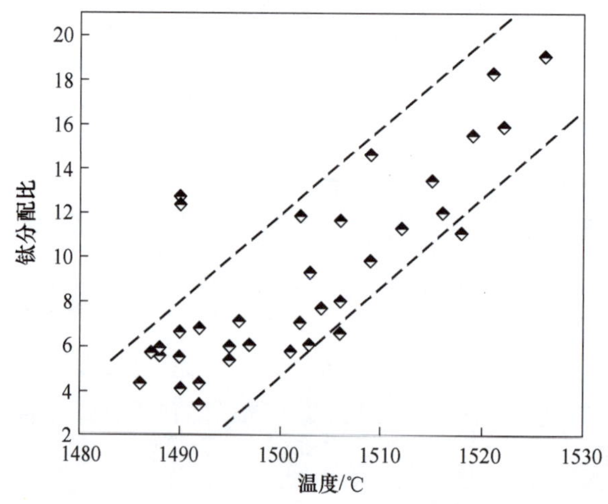

图 6-35　钛分配比随铁水温度的变化情况

铁水钛含量的重要措施。从 TiO_2 与 C 的氧化还原反应来看，温度可能是影响钛分配比的主要因素。因为，铁水温度的升高有利于促进 SiO_2 的还原并改善脱硫的热力学条件，从而增大铁水中的硅含量和降低硫含量。

6.4.6 加钛护炉技术总结

基于首钢迁钢 1 号高炉在加钛试验中的生产数据以及相关数据可以看出，在高炉的正常冶炼过程中也会有一定钛含量沉积。在开始加钛试验后，高炉中钛的沉积量有所增大。通过对炉缸侧壁、炉底的热电偶分析发现，在开始添加钛矿后热电偶的日均温度出现了不同幅度的下降；其中通过对比加钛前后水温差的变化情况，发现加钛后，水温差也出现了小幅度的下降趋势，综合说明此次钛矿试验达到了一定的效果。

渣-铁界面反应平衡时铁水中的钛含量会高于实际铁水中的钛含量，其中主要的影响因素是铁水中的硅含量，最终铁水中钛含量只能达到硅含量的 0.17 倍左右。因此保持炉缸内一定的冶炼温度有利于渣中 TiO_2 的还原，适当提高铁水中的硅含量有利于提高铁水钛含量。同时应当增加鼓风压力，使得炉内氮气分压增高，有利于降低钛的溶解度，有利于 Ti(C,N) 的生成。

钛矿护炉条件下，钛分配比随炉渣碱度的增大而增大，随炉渣中 TiO_2 含量的升高而降低。为保证铁水中的钛含量，在提高钛矿入炉负荷的同时，应适当提高炉渣碱度。渣铁间的钛分配比与铁水中硅、钛含量和铁水温度的变化呈正相关，与铁水硫含量呈负相关；在护炉操作中，为实现较好的护炉效果，应适当提高铁水硅、钛含量，并注意控制硫含量以及维持较高的铁水温度。

6.5 高炉炉体长寿技术探索及认知

6.5.1 炉体冷却壁匹配

迁钢 1 号、2 号和 3 号高炉炉身冷却壁均采用了铜冷却壁+带凸台铸铁冷却壁结构，在炉腹、炉腰和炉身下部，1 号、2 号、3 号高炉分别采用了 3 段、3 段、4 段铜冷却壁；在炉身中上部，1 号、2 号、3 号高炉分别采用了 7 段带凸台球墨铸铁冷却壁。铜冷却壁和带凸台铸铁冷却壁热面燕尾槽内均填充 SiC 捣打料，以提高冷却效率和挂渣能力，见图 6-36 和图 6-37。

1 号高炉在投产进入第 20 年、2 号高炉在投产第 17 年后，两座高炉的冷却壁凸台管和直冷管损坏量分别小于 10%、1%；3 号高炉在投产第 14 年后，铜冷却壁和铸铁冷却壁均为零破损，见表 6-21。

迁钢三座高炉生产实践表明，铜冷却壁+凸台冷却壁这种结构，是有利于高炉炉体长寿的。究其原因，笔者认为在高炉投产数年后，铜冷却壁、凸台冷却壁结构，会使高炉操作炉型的炉腹角和炉身角出现适度减小的趋势。炉腹角变小，有利于煤气流顺利上升，铜冷却壁热面形成稳定渣皮；而炉身角变小，则有利于炉料顺利下降，减轻炉料对冷却壁热面的磨损。这两方面原因，对迁钢三座高炉炉体长寿起到了积极作用。

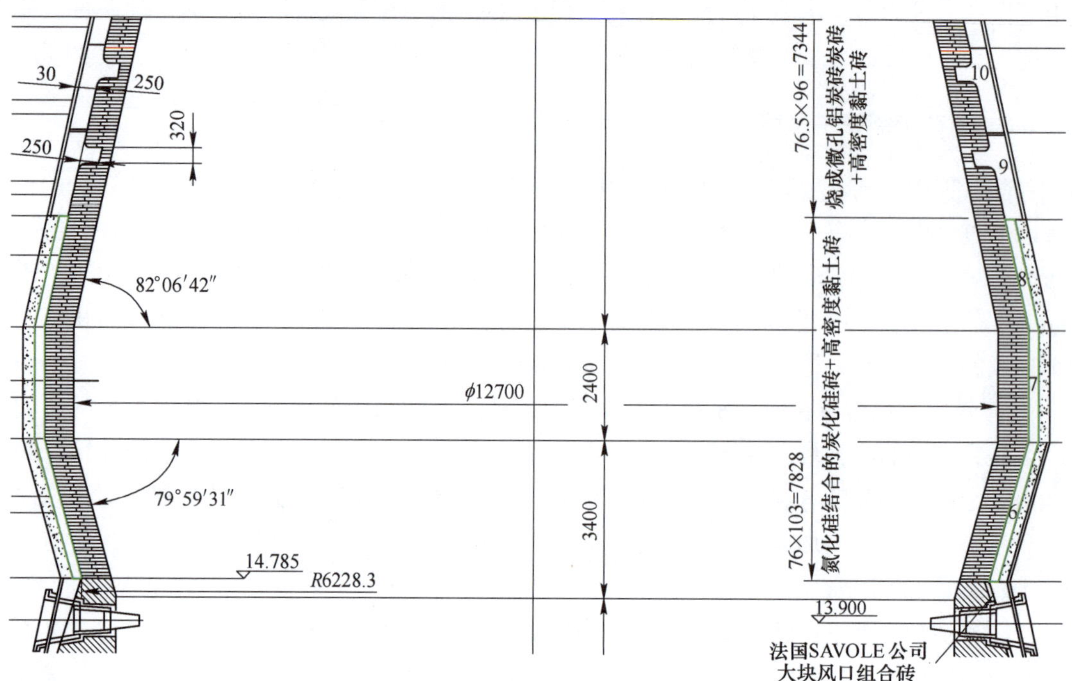

图 6-36　迁钢 1 号和 2 号高炉炉体冷却壁配置图

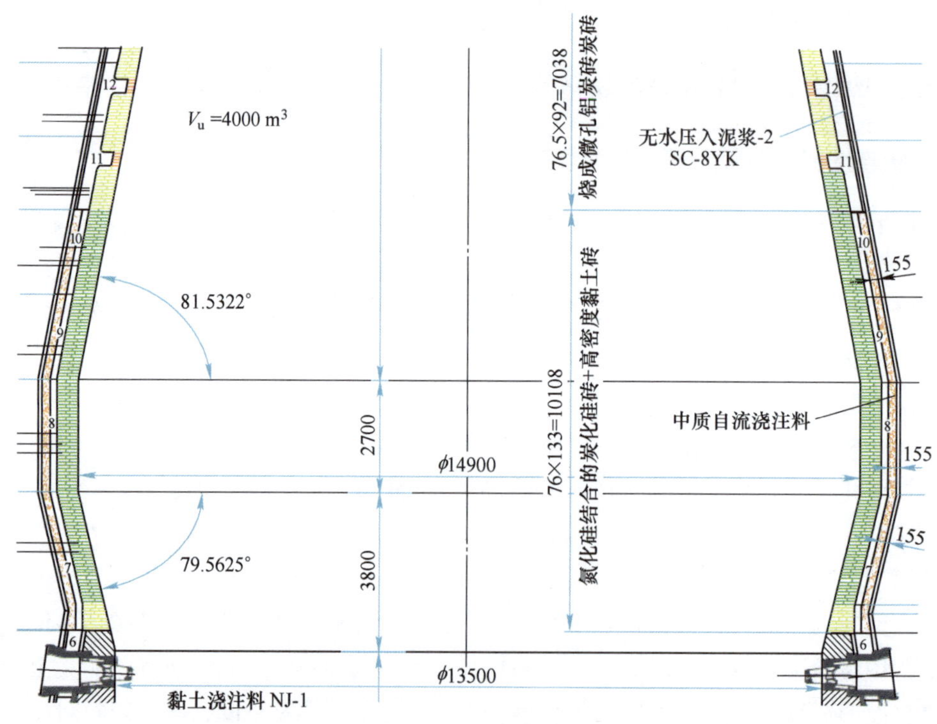

图 6-37　迁钢 3 号高炉炉体冷却壁配置

表 6-21 高炉冷却壁破损情况统计表

年份	凸台管损坏			直冷管损坏			备 注
	1号高炉	2号高炉	3号高炉	1号高炉	2号高炉	3号高炉	
2004	0			0			2004年10月8日1号高炉开炉
2005	0			0			
2006	5			0			
2007	4	0		0	0		2007年1月4日2号高炉开炉
2008	4	0		0	0		
2009	0	2		0	0		
2010	0	2	0	0	0	0	2010年1月8日3号高炉开炉
2011	0	1	0	0	0	0	
2012	1	10	0	0	0	0	
2013	1	2	0	0	0	0	
2014	1	5	0	0	0	0	
2015	2	2	0	0	4	0	
2016	0	6	0	0	0	0	
2017	3	2	0	0	0	0	
2018	3	3	0	0	0	0	2018年2号高炉炉缸浇注
2019	1	0	0	0	0	0	2019年1号高炉炉缸浇注
2020	2	2	0	0	1	0	2020年3号高炉降料面
2021	3	11	0	1	8	0	2021年2号高炉降料面
2022	8	0	0	0	0	0	2022年3号高炉炉缸浇注
2023	8	2	0	16	1	0	统计日期截至2023年10月10日
汇总	46	50	0	17	14	0	
总数量	585	585	676	1800	1800	2288	
百分比/%	7.9	8.5	0	0.9	0.8	0	

6.5.2 冷却壁勾头冷却效果分析

6.5.2.1 带勾头冷却壁结构特点

带勾头冷却壁结构图见图6-38。

(1) 增加了两条水路循环，增强了局部冷却；

(2) 物理结构上，凸台结构，为镶砖、渣皮提供了物理支撑。

6.5.2.2 类似冷却结构温度场分析

图6-39为常规四进四出冷却壁与结构优化加装冷却结构强化冷却壁剖面温度场对比结果。其中右侧强化型冷却壁与带勾头结构类似，增加了水路循环加强冷却。从图6-39可以看出，与常规冷却壁相比，由于增加了水冷装置，冷却壁的传热能力大大增强，剖面

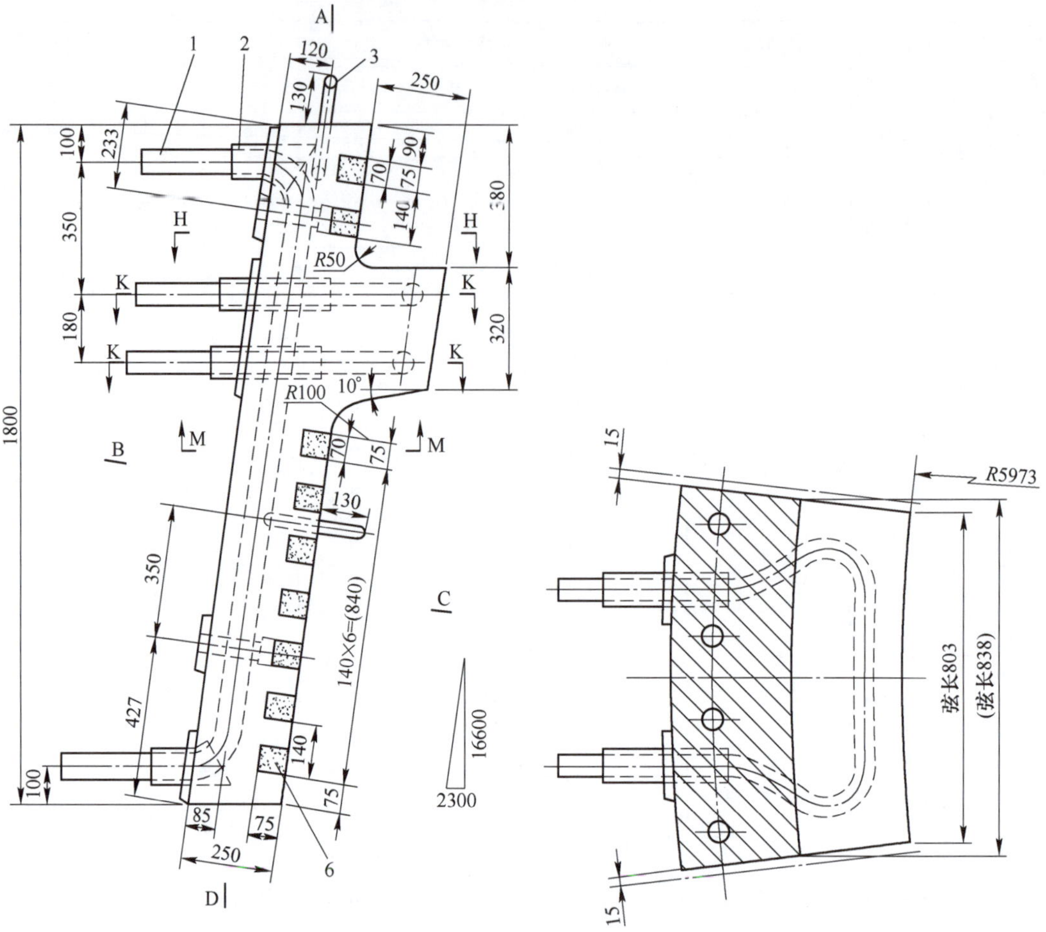

图 6-38 带勾头冷却壁结构图

的高温区更窄。尤其是在水冷装置标高位置，热面的高温区最薄，在热面形成了波浪形的温度场分布特点。

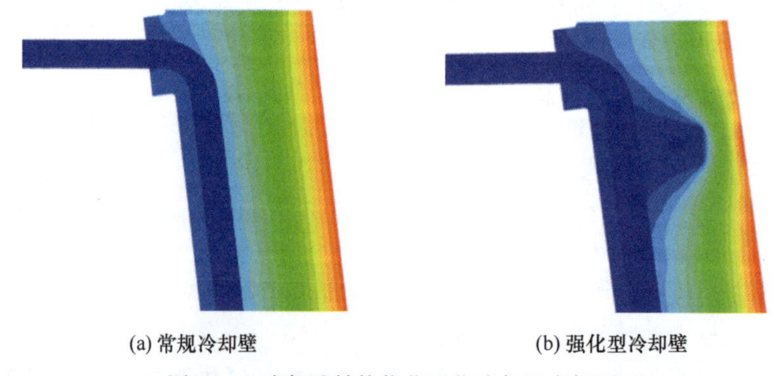

(a) 常规冷却壁　　(b) 强化型冷却壁

图 6-39 冷却壁结构优化强化冷却温度场图

图 6-40 为冷却壁加装微型冷却器剖面温度场结果，冷却壁中插入微型冷却器，在一

定程度上与带勾头冷却壁结构类似。其与常规冷却壁相比，微型冷却器部位的温度更低，低温区向热面移动，同样在热面形成了波浪形的温度场特征。

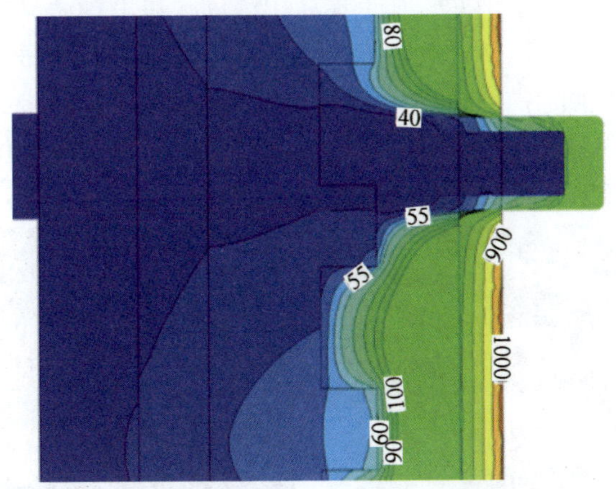

图 6-40　加装微型冷却器强化冷却温度场

综上所述，与常规冷却壁相比，带勾头冷却壁作用原理与上述类似结果冷却壁相似，在冷却壁的某一部位通过结构优化加装水冷元件或增设水冷部分，在强化冷却的部位温度会有一定幅度的降低现象，原本的温度分布特征会发生变化，在强化冷却的部位高温区变窄，表面温度更低。温度降低能够对冷却壁热面的砖衬起到一定的保护作用，同时较低的温度在热力学条件下也会让冷却壁热面更容易挂渣，对冷却壁起到保护作用。

图 6-41 为常规冷却壁与迁钢冷却壁厚度方向传热热阻分析图，炉内高温炉气温度为 T_g，炉气与炉衬对流使得镶砖热面温度升高，热量通过炉气对流、镶砖与冷却壁体导热、冷却水对流带走，因此厚度方向传热热阻由炉气-砖衬对流热阻 $1/h_1$、镶砖及冷却壁体导热热阻 λ/α（其中 α 为砖衬与冷却壁体的综合热导率）、冷却壁体-冷却水对流热阻 $1/h_2$ 三部分组成。当砖衬与冷却壁体厚度相同时，常规冷却壁与迁钢冷却壁在两侧的对流热阻相同，而迁钢冷却壁强冷部位砖衬厚度减薄，导热热阻减小，砖衬热面温度降低，砖衬热面受到的热力作用变小，更有利于砖衬长寿。同时，更低的温度有利于砖衬热面形成渣皮，进一步对砖衬及冷却壁起到保护作用。

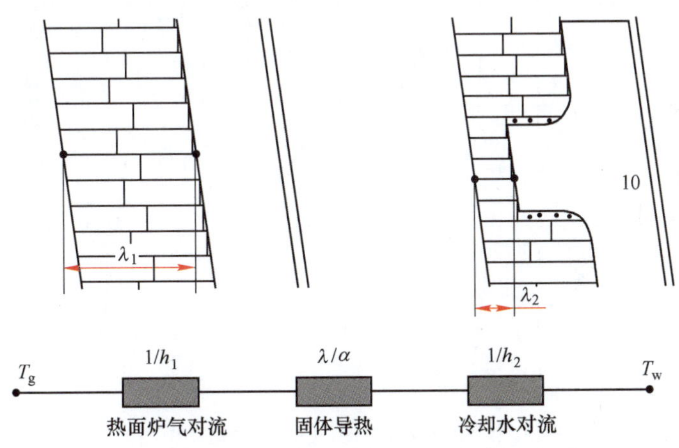

图 6-41　常规冷却壁与迁钢冷却壁厚度方向传热热阻分析

6.5.2.3　挂渣效果分析

图6-42为高炉破损调查冷却板挂渣效果图，可以看到在砖衬未完全侵蚀时，在冷却板上方，由于冷却板的冷却作用及物理支撑作用，冷却板上部砖衬较为完好，而冷却板下方砖衬侵蚀相对较多，对于挂渣效果的提升在一定程度上增加了砖衬的使用寿命。在炉役后期至末期砖衬完全侵蚀时，冷却板上部同样对于挂渣效果有一定的提升，导致冷却板上部参与渣量较多，而冷却板下部挂渣量较少。渣皮对于砖衬及冷却设备具有良好的保护作用，因此挂渣效果的提升一定程度上增加了砖衬和冷却设备的寿命。

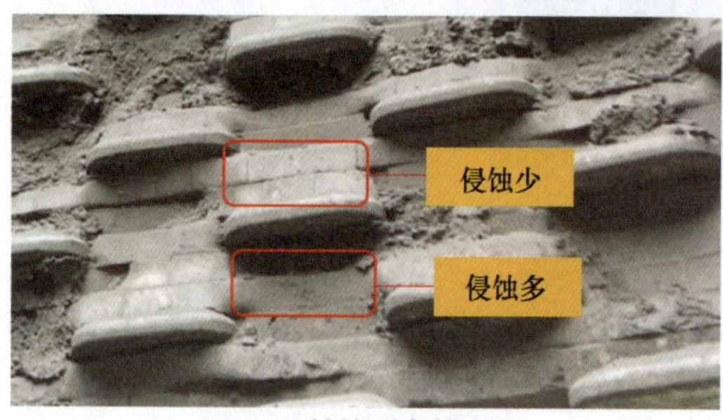

(a) 砖衬部分侵蚀

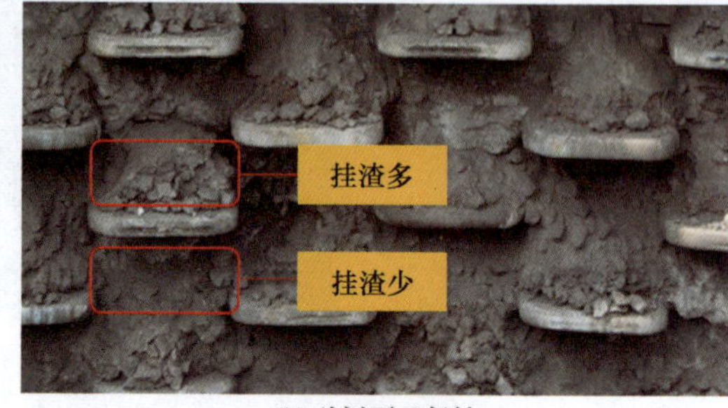

(b) 砖衬严重侵蚀

图6-42　高炉破损调查冷却板挂渣情况图

因此，对迁钢冷却壁在炉内的砖衬侵蚀线进行合理假设，见图6-43，灰色部分表示砖衬部分侵蚀时冷却壁热面的挂渣效果。在增加水冷勾头的下方由于挂渣效果不佳，砖衬存在一定侵蚀，而在勾头凸台位置及其以上一定范围内的砖衬由于冷却效果较强，温度较低易于挂渣，对砖衬和冷却壁起保护作用。

图6-44表示炉役后期至末期砖衬完全侵蚀时的极端情况下冷却壁热面的挂渣效果。在水冷勾头凸台位置及其以上一定范围内，由于冷却效果较强，温度更低以及凸台本身物理的支撑作用，更易于挂渣，渣皮保持一定厚度，对冷却壁起保护作用。

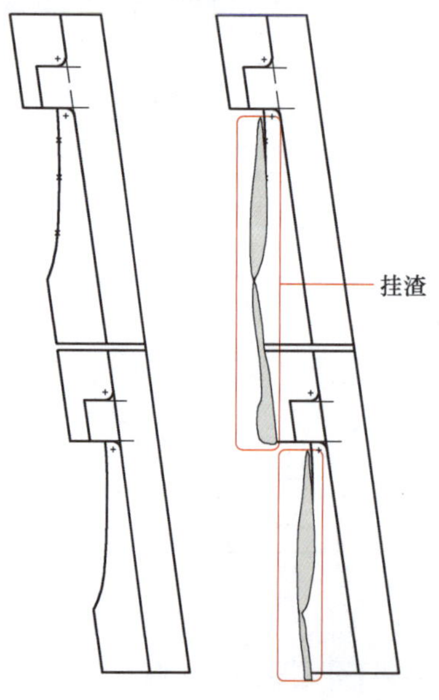

图6-43　带勾头冷却壁热面砖衬与渣皮示意图

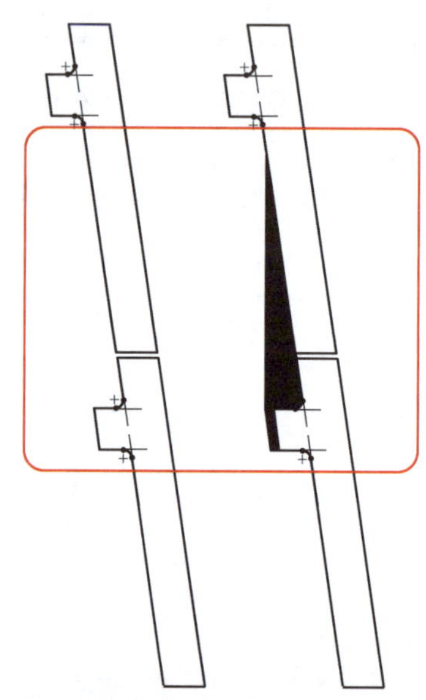
图6-44　带勾头冷却壁热面渣皮示意图

6.5.3 破损冷却壁处置技术

6.5.3.1 冷却壁穿管修复

迁钢1号高炉（2650 m^3）于2004年10月投产，从2021年开始铜冷却壁出现破损，至2023年10月共有10块铜冷却壁、17根水道（ϕ35×80）破损，均集中在炉腹、炉腰区域（第6~7段）。为了对破损的铜冷却壁及时进行修复，在铜冷却壁水道出现破损的初期，为了维持炉体冷却，利用高炉临时停风机会，在出现破损的冷却壁水道内穿入不锈钢波纹管，波纹管内通入高压水冷却，管外与原水道之间灌入导热炭素泥浆，使其具备一定的冷却能力。破损水道内所穿不锈钢波纹管尺寸分为4分（ϕ21×3）和6分（ϕ26×3）两种，见图6-45。4分管流量在3~4 t/h，6分管流量在6~7 t/h，为保证穿管具有足够冷却强度，建议穿不锈钢波纹管优先选择6分。

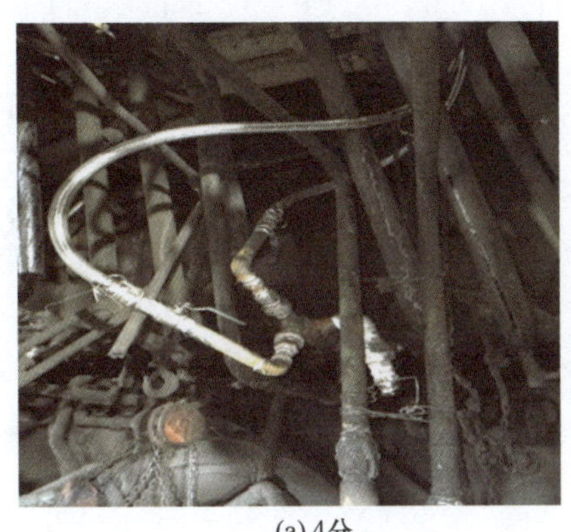

(a) 4分

(b) 6分

图6-45 破损水道内所穿不锈钢波纹管

迁钢1号高炉冷却壁穿管使用寿命短的不足1个月，长的可达1年以上。统计发现，穿管寿命与损坏原因（烧损或磨损）、损坏位置（炉腹或炉腰）密切相关。若冷却壁为烧损或皲裂损坏，或损坏位置在炉腹区域，则穿管使用寿命会长些；若冷却壁为磨损损坏，或损坏位置在炉腰区域，则穿管使用寿命就短些。

6.5.3.2 冷却壁安装冷却柱

为了保证穿管损坏后冷却壁能够继续安全工作，2023年5月和9月，迁钢1号高炉在炉腹6段、炉腰7段铜冷却壁损坏处安装了17支冷却柱（ϕ65×360），见图6-46，并在冷却柱前端压入刚玉质造衬料。6段安装冷却柱13支，集中在29号冷却壁上；7段安装冷却柱4支，分布在23号、24号冷却壁上。所安装冷却柱伸出铜冷却壁热面长度10~105 mm，均值38 mm；冷却水量13~14 t/h左右，单进单出，水速7.5~8.0 m/s，水温差0.3~0.4 ℃。

6.5.3.3 冷却壁冷却柱结构优化

从实践看，单压浆孔冷却柱存在冷却壁热面造衬效果差、造衬区域温度高、无法抑制水管损坏、不能多次压浆等不足。为此对冷却柱结构优化：压浆孔设计为前、后2个，前压浆孔可使造衬料直达冷却壁热面形成保持衬层，且可多次补浆；后压浆孔可有效密封炉壳孔与冷却柱的间隙，杜绝漏煤气。具体见图6-47。

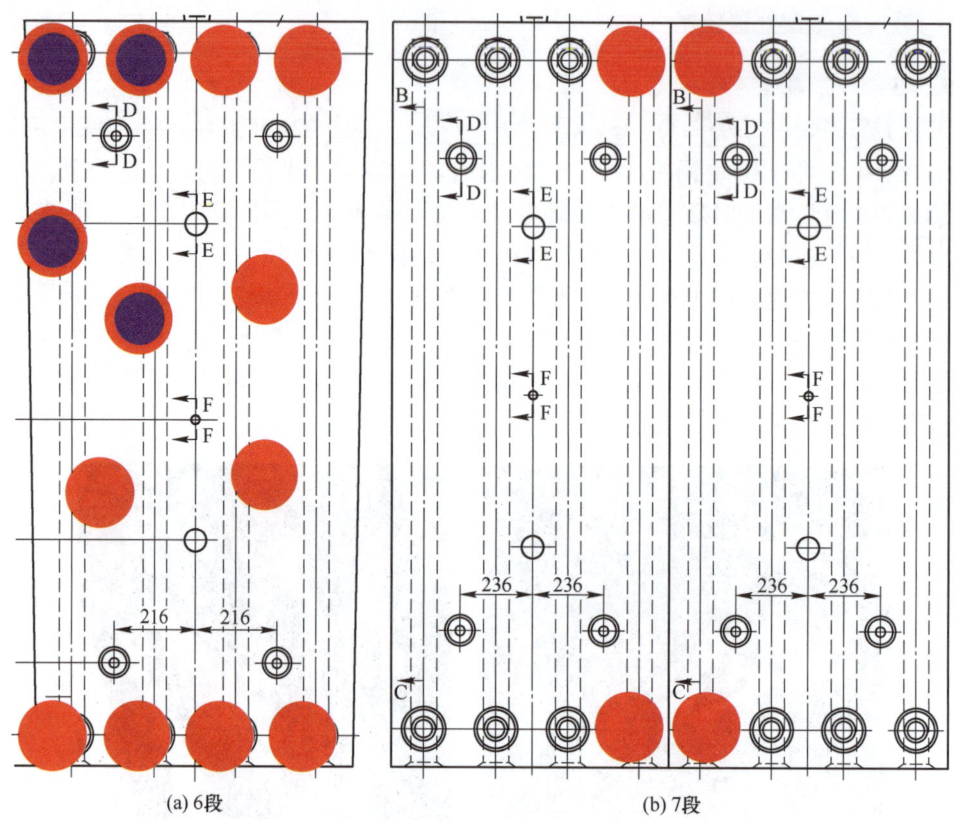

图 6-46　冷却柱安装图

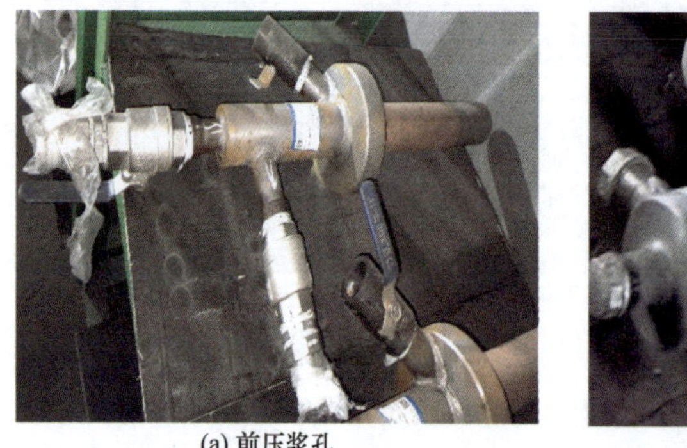

(a) 前压浆孔

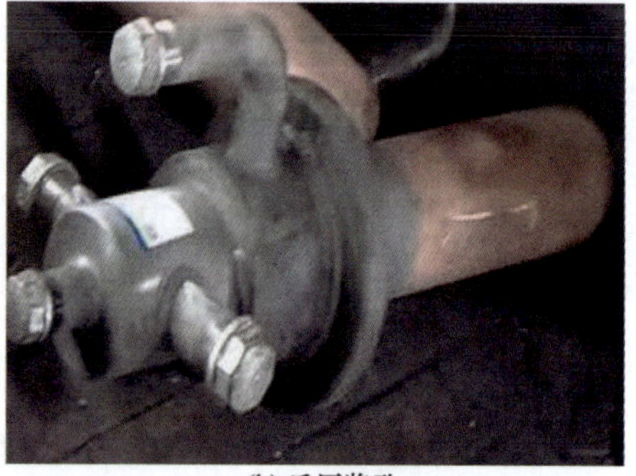

(b) 后压浆孔

图 6-47　冷却柱结构优化图

6.5.4　炉喉钢砖临时处置技术

高炉炉喉钢砖平整对保证高炉精准布料和规则煤气有重要作用，针对整体更换炉喉钢砖存在难度大、时间长等不利条件，首钢迁钢高炉开发了快速临时处理技术，在一定程度上消除了炉喉钢砖变形生产隐患。处置前后照片见图 6-48，涂抹料指标见表 6-22。

图 6-48 炉喉钢砖处置结构图

表 6-22 涂抹料指标表

化学成分	Al_2O_3	≥60
体积密度/g · cm^{-3}	110 ℃×24 h	≥2.4
抗折强度/MPa	110 ℃×24 h	≥5
	800 ℃×3 h	≥7
耐压强度/MPa	110 ℃×24 h	≥50
	800 ℃×3 h	≥60
线变化率	800 ℃×3 h	±0.5

6.6 本章小结

首钢迁钢公司结合高炉运行情况，对长寿技术进行了多方位和方向的技术探索，保证了高炉在实现长周期稳定的同时，延长了高炉高效长寿寿命。

7 高炉长寿技术设计优化

高炉长寿技术是炼铁产业的关键技术之一，对于提高生产效率和降低成本具有重要意义，高炉长寿技术需要从多个方面进行考虑，包括科学设计、炉体整体维护和修复、新型耐火材料的应用、智能监测系统的构建、高炉操作技术的优化以及新型高炉长寿技术的研发等，只有综合运用这些措施，才能有效地延长高炉的使用寿命，提高炼铁的效率和效益。

其中高炉设计优化是实现高炉长寿、高效、低耗的基础和根本，本章主要围绕高炉设计方面优化进行思考和说明。

(1) 炉体整体维护和修复：传统意义上的高炉大修周期相对较长，且难度较大。因此，需要加强对炉体的整体维护和修复，包括定期检查、维护和修复关键设备，以延长高炉的使用寿命。

(2) 新型耐火材料的应用：随着新材料技术的发展，新型耐火材料的应用可以有效地提高炉衬的寿命。例如，采用高温耐磨、抗氧化、抗热震等高性能耐火材料，能够增强炉衬的耐用性和稳定性。

(3) 智能监测系统的构建：利用现代化传感器和监测技术，构建智能监测系统，对高炉进行实时监控，及时发现和预测可能出现的问题，进而采取相应的措施，以避免因设备故障导致的高炉停炉。

(4) 高炉操作技术的优化：通过优化高炉的操作技术，包括合理控制送风制度、提高热风温度、降低冶炼强度等措施，减少对炉衬的损坏，延长高炉的使用寿命。

(5) 新型高炉长寿技术的开发：不断研发新型的高炉长寿技术，如采用新型的炉缸砌筑和修复方法、开发新型的冷却系统和炉衬维护技术等，以实现高炉的长寿化、绿色化、智能化发展。

7.1 高炉炉型设计优化

当前中国钢铁工业面临着节能减排、绿色发展等多重压力，呈现出减量化和创新性发展的新形态。在非高炉炼铁关键技术取得重大突破及大规模应用前，以高炉为主的炼铁工艺在一段时间内仍将保持主体地位。高比例球团冶炼是中国高炉炼铁的发展方向之一，是未来长流程钢铁工业实现减污降碳的有效技术路线。首钢迁钢公司未来炉料结构也将逐步增加球团比例，此设计优化在全面借鉴首钢迁钢高炉应用实际的基础上，充分考虑新技术、新材料、新设备、新环保安全要求，并兼容高炉后续使用高炉比例球团的需要，为后续首钢迁钢实施高炉大修方案提供技术参考。

7.1.1 高比例球团技术优势和实现方法

在“双碳”形势下，高比例球团矿冶炼是一种有效的技术措施，可以帮助钢铁行业

降低碳排放。以下是高比例球团矿冶炼的优势和实现方法。

(1) 提高球团矿使用比例：球团矿的原料主要为铁矿石，与烧结矿相比，球团矿具有更好的冶金性能，如高品位、高强度和良好的还原性。因此，提高球团矿的使用比例可以改善铁水质量，降低钢铁生产过程中的能耗和排放。

(2) 降低球团矿生产过程中的碳排放：球团矿生产过程中的碳排放主要来自燃料燃烧和化学反应。通过采用高效节能技术、优化球团矿生产流程和采用低碳原料等方法，可以降低球团矿生产过程中的碳排放。

(3) 优化钢铁生产流程：采用高炉—转炉联合冶炼工艺，利用高炉的高温、高压条件下的还原反应和转炉的吹氧反应，实现高效、低成本的钢铁生产。同时，采用先进的转炉渣处理技术，将转炉渣回收再利用，降低钢铁生产过程中的废弃物排放。

(4) 推广应用低碳技术：采用先进的低碳技术，如氢气还原、生物质能利用等，可以降低钢铁生产过程中的碳排放。同时，结合实际情况，推广应用各种节能减排技术和设备，提高能源利用效率，降低碳排放。

高比例球团矿冶炼可以帮助钢铁行业降低碳排放，实现可持续发展。通过优化生产流程、采用高效节能技术和低碳原料等方法，可以提高球团矿使用比例，降低生产过程中的碳排放，实现高效、低成本的钢铁生产。

7.1.2　高比例球团矿高炉炉型的设计理念

(1) 球团矿的物理和化学性质：球团矿的物理性质和化学性质与高炉冶炼过程密切相关。例如，球团矿的密度、导热性、熔点等物理性质会影响高炉内部的热量传递和物质传输。因此，需要根据球团矿的物理性质和化学性质，选择适合的高炉炉型设计。

(2) 球团矿在高炉中的位置和运动状态：球团矿在高炉中的位置和运动状态会影响高炉内部的热量传递和物质传输。因此，需要合理设计高炉炉型，使得球团矿能够在高炉内部保持合理的位置和运动状态。

(3) 高炉的操作条件：高炉的操作条件，如冶炼强度、送风量、燃料种类和用量等，会影响高炉内部的热量传递和物质传输。因此，需要根据具体的操作条件，选择适合的高炉炉型设计。

(4) 高炉的结构要求：高炉的结构要求，如炉壳厚度、耐火材料的选择和结构、冷却系统的设计等，都会影响高炉内部的热量传递和物质传输。因此，需要合理设计高炉炉型，满足高炉的结构要求。

(5) 环保要求：高炉生产过程中会产生大量的废气和废水，对环境造成一定的影响。因此，高炉炉型的设计需要考虑环保要求，采用环保技术和设备，减少对环境的影响。

总之，高比例球团矿高炉炉型的设计需要综合考虑球团矿的物理性质和化学性质、高炉的操作条件和结构要求、环保要求等因素，采用适合的设计方法和先进的技术设备，使得高炉能够高效、稳定、环保地运行。

首钢率先在世界上提出了并在国内实践了矮胖炉型和高效炼铁的理念。各级别高炉炉型设计合理，生产顺利稳定。首钢发明了一种适用于高比例球团矿冶炼的高炉炉型，其特征在于：炉腰面积与炉缸面积的比值为1.20~1.35；炉喉面积与炉腰面积的比值为0.40~0.45；炉喉面积与炉缸面积的比值为0.50~0.58；炉身高度与高炉横截面直径变化率为

0.30~0.42；炉腹高度与高炉横截面直径变化率为0.36~0.52；炉腹高度与高炉横截面直径变化率为0.36~0.52。此炉型结合高炉球团矿冶炼技术特点，解决了球团矿还原膨胀率高、布料过程料面形状不易控制、高炉中上部块状区炉料下降过程分布失衡等难题。同时克服了由于球团矿还原膨胀率高、低温还原粉化、球团矿下降过程的偏析偏聚等造成的高炉透气性恶化技术难题，从而实现高炉冶炼稳定顺行、高效长寿和节能低耗。

高炉冶炼方面要保持中心和边缘两股气流的稳定发展。高炉提高球团矿配比时，由于球团矿粒度稳定，堆密度较大，高炉布料时，球团矿的滚动性能较高，容易引发中心和边缘气流的阻塞，煤气流的稳定性降低。特别是中心气流受阻后，高炉炉况稳定性急剧下降。球团矿在高炉内首先还原成浮氏体 Fe_xO，Fe_xO 下降到高炉下部区域，开始由外到内进行 Fe_xO 向金属铁的还原，这时球团矿表面被铁覆盖，还原气体的内扩散受到抑制。在高温区域，生铁和炉渣难以有效分离，滴落带的直接还原进一步升高，高炉内的热制度易受到破坏。高炉使用高比例球团后，渣量降低到250 kg/t或更低，从而导致生铁含硅的变化和炉渣脱硫能力下降，影响后续铁水预处理脱硫，高炉脱硫效果变差。

中国绝大部分高炉按照烧结矿70%+球团矿20%+块矿10%的炉料比例进行生产。要想从根本上适应未来高比例球团冶炼，必须提出全新的高炉设计方案。本书基于低碳、绿色、发展理念，探讨适应高比例球团冶炼的高炉系统设计，为高炉设计单位和操作人员提供参考，从而推动高炉炼铁技术进步和可持续发展。

高炉炉身形状对炉料的有效下行影响较大，当炉身角偏大时，炉料下降速率降低，球团矿的膨胀特征容易对炉壁产生较大压力，引起炉衬磨损；当炉身角偏小时，炉壁受到压力降低，边缘煤气流得到发展，炉衬容易过热加速侵蚀。因此，高比例球团高炉炉型设计时，应充分考虑料柱透气性差、还原粉化、还原膨胀及整体炉料的软熔性能变化，选择多段式炉身设计。通过两段式变锥度炉身结构的炉型折角设计，定义炉身上部炉壳的炉身角为β，下部炉身角为$\alpha(\alpha > \beta)$，利用炉壳和内衬的变锥度结构，把传统炉身结构分为较小炉身角β的炉身上部和较大炉身角$\alpha(\alpha > \beta)$的炉身下部两个部分。变锥度高炉炉身结构通过改变高炉炉身上部的锥度，改变炉身内型的炉身角，两段式炉身角利于缓解炉料在炉身上部因还原粉化和膨胀产生对透气性的恶化影响，确保高炉煤气稳定顺行，进一步强化高炉冶炼。对于炉腹角的设计，考虑适度减小炉腹角，有助于炉腹煤气的顺利上抬，缓解热流冲击，另外，比较稳定地保护性渣皮对炉衬长寿起到关键作用。

7.1.3 高炉喷吹氢基燃料技术

高炉氢基燃料是一种可用于高炉炼铁的燃料，以氢气或富氢气体为主要成分。这种燃料具有以下优点。

（1）环保：使用氢气作为还原剂进行钢铁生产，能够大幅度降低钢铁产品的碳排放，有助于钢铁行业实现“双碳”目标。

（2）高效：氢基燃料可以促进高炉内的还原反应和透气性，有助于高炉的顺行生产。同时，氢气还可以提高铁的间接还原反应效率，降低铁的直接还原度，从而减少炭素燃料的消耗量。

（3）灵活：高炉氢基燃料技术主要包括高炉喷吹富氢燃料技术等，只需要增加燃料喷吹系统，即可在不更改现有钢铁生产工艺流程的情况下降低高炉的 CO_2 排放。

目前，国内外多家钢铁企业已经对氢冶金进行了深度布局，尤其是高炉喷吹富氢气体项目大都进入了建设或者试验阶段。然而，使用氢基燃料也面临一些挑战，例如，由非化石能源制氢的成本较高，以及氢气的储运、输送和使用存在技术难题等。总的来说，高炉氢基燃料是一种具有潜力的炼铁燃料，但需要在技术和经济上进一步研究和探索。

7.1.4 高炉喷吹氢基燃料炉型的设计理念

适应高炉喷吹氢基燃料的高炉炉型优化需要考虑多个方面，适应氢基燃料的特点，可以适当调整炉型结构，以改善煤气分布和透气性。这有助于促进氢气的燃烧和还原反应，提高高炉的生产效率。

优化炉腹角和炉缸结构，为了适应氢基燃料对高炉内部反应的影响，可以适当调整炉腹角和炉缸结构。例如，适当减小炉腹角，以增加煤气在炉腹中的停留时间，促进氢气的燃烧和还原反应。同时，优化炉缸的直径和深度，以适应氢基燃料对铁水流动和传热的影响。

同时加强冷却系统、改进燃料喷吹系统、加强煤气回收利用、改进料柱结构、加强生产管理等优化措施，以实现适应高炉喷吹氢基燃料。

7.2 高炉结构设计优化

7.2.1 炉喉钢砖结构

炉喉钢砖是高炉的关键部位之一，对于高炉的稳定生产和安全运行具有重要的作用。以下是炉喉钢砖设计优化的主要方面。

(1) 优化炉喉钢砖的形状和尺寸：根据高炉的设计要求和使用情况，优化炉喉钢砖的形状和尺寸，使其能够更好地适应高炉的工作条件和生产工艺要求。

(2) 提高炉喉钢砖的耐磨性：采用高强度、高耐磨性的材料来制造炉喉钢砖，提高其耐磨性能，延长使用寿命。

(3) 设计炉喉钢砖的冷却系统：在炉喉钢砖中设置冷却水管道，使用水冷装置对炉喉钢砖进行降温，防止长时间高温工作导致的钢砖受热过高而产生使用寿命降低的情况。

(4) 加强炉喉钢砖的支撑结构：优化炉喉钢砖的支撑结构，提高其稳定性和承载能力，防止因受力不均导致的损坏。

(5) 优化炉喉钢砖的内衬材料：选择具有优良耐高温、耐腐蚀性能的内衬材料，提高炉喉钢砖的抗磨损和抗腐蚀性能，减少维修和更换的频率。

(6) 增加炉喉钢砖的密封性能：优化炉喉钢砖的密封设计，采用高性能的密封材料和结构，提高其密封性能，防止炉料和高温气体泄漏。

(7) 引入智能监测系统：在炉喉钢砖中设置智能传感器和监测系统，实时监测炉喉钢砖的工作状态和温度，及时发现异常情况并进行处理，确保高炉的安全运行。

通过以上设计优化措施，可以进一步提高炉喉钢砖的性能和使用寿命，为高炉的稳定生产和安全运行提供更好的保障。

炉喉钢砖是炼铁高炉的主要炉体部件之一，安装于高炉的炉喉部位。高炉炉喉位于炉身以上部位，呈圆柱形。为防止炉喉变形，维持炉喉钢壳的结构强度，采用炉喉钢砖对炉喉加以保护。炉喉钢砖直接承受通过料钟或料罐进入高炉的炉料的冲击和磨损，对稳定高炉料面、保证炉料的合理分布起着重要作用。

炉喉钢砖工作时，主要承受高炉布料时炉料的冲击、摩擦，同时受到上升煤气流的冲刷，还承受间歇式装料时温度的急剧波动。炉喉钢砖分为水冷炉喉钢砖和非水冷炉喉钢砖两大类。每座高炉有炉喉钢砖几十块，分1段或2段布置。一般情况下，依靠螺栓、吊架或水平托圈，将炉喉钢砖安装在高炉炉喉部位的钢壳上。每两块炉喉钢砖之间留有20~30 mm的间隙，保证钢砖受热后体积膨胀时不相互挤压，炉喉钢砖之间用螺栓连接固定。

7.2.2　炉腹以上炉墙结构

砖壁一体薄壁炉衬结构是一种炉衬结构设计，它采用了一种特殊的砖体和炉衬相融合的设计理念，实现了炉衬与炉壳之间的无间隙结合。这种结构最大限度地减少了热损失和炉壳的机械损耗，提高了能源利用率和设备使用寿命。图7-1是典型的采用薄壁内衬高炉的炉体结构。

砖壁一体薄壁炉衬结构主要运用范围是炉腹及其以上区域，归纳起来，有两种结构形式。

第一种为全铸铁冷却壁形式。从炉腹至炉身中、上部冷却壁全部为砖壁合一冷却壁，材质为球墨铸铁，无凸台设计，内衬直接镶嵌在冷却壁中，炉身最上部采用2~3段倒“C”形光面冷却壁，材质为耐磨铸铁或灰口铸铁。在炉腹、炉腰和炉身下部，由于热负荷、热震性较大，设计采用双层水冷管冷却壁。并在炉体内侧再砌筑或喷涂一层耐火材料，作为开炉时的保护层。该种形式一般用于中小型高炉。

第二种为铸铁冷却壁和铜冷却壁混合形式。铸铁冷却壁布置与第一种方式基本一致，而在炉腹、炉腰、炉身下部采用铜冷却壁。铜冷却壁由于导热性好，抗热负荷冲击能力强，采用单层冷却即可满足要求。在渣皮脱落的情况下，壁体热面温度9 min达到最高170 ℃，再用11 min渣皮完全形成，壁体恢复到正常温度，整个周期20 min，铸铁则需几个小时。

总的来说，砖壁一体薄壁炉衬结构是一种先进的炉衬结构形式，能够提高高炉的使用寿命和生产效率，同时减少对环境的影响，具有显著的优点。

高炉炉腹是上大下小的漏斗形，处于风口回旋区之上，软融带根部一般处于炉腹区域，在风口回旋区形成的炉缸煤气和直接还原所生成的CO混合形成了炉腹煤气，炉腹煤气由此区域向上排升。现代高炉的炉腹设计具有明显的差异，即便是同级别的高炉，其炉腹角和炉腹高度也差异较大，炉腹角最小的为73°，而最大的甚至达到了83°。无论是厚壁内衬或是薄壁内衬的高炉，在高炉开炉以后，侵蚀最快的是炉腹上部区域的内衬，这被生产实践所证实，尽管在炉腹上部的砖衬消失以后，炉腹区域依然能够形成较为稳定的渣皮，保护冷却器免受损坏。为了保证渣皮的稳定黏结和炉腹煤气的顺利排升，现代高炉的炉腹角呈现明显的减小趋势，特别是采用铜冷却壁的薄壁内衬高炉，炉腹角一般低于80°。在炉缸上部与炉腹下部的炉体结构设计上，要充分考虑风口区铸铁冷却壁与炉腹铜冷却壁的合理衔接，炉腹冷却壁热面所形成的倾角应与炉腹角吻合，不应出现太大的偏离，因为在高炉生产过程中所形成的操作内型与冷却壁热面的位置具有密切的关系，甚至说高炉操作内型取决于冷却壁热面的位置。

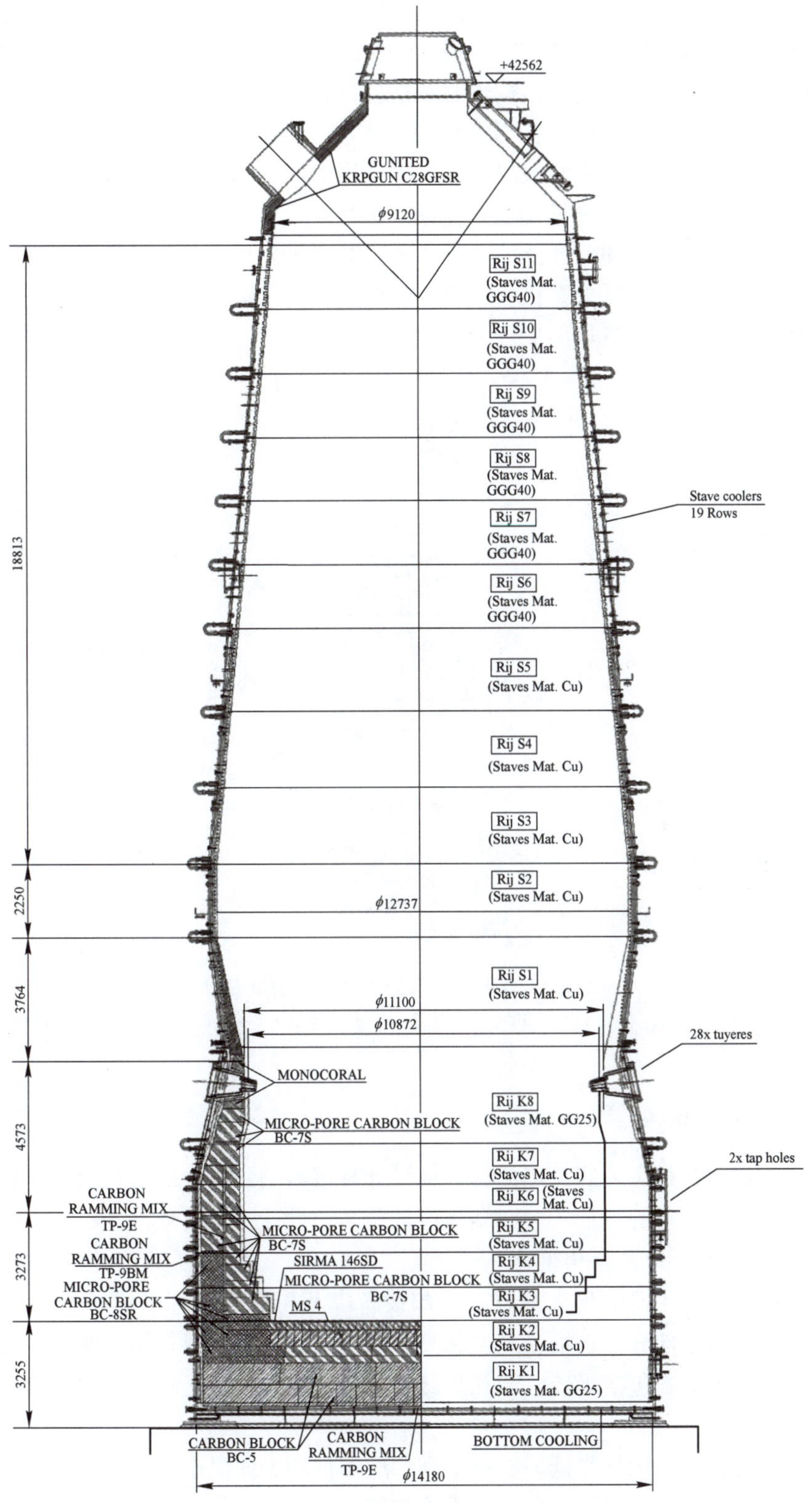

图 7-1 典型的采用薄壁内衬高炉的炉体结构

现代高炉高风温、高富氧大喷煤，炉腹煤气量变化较大，增加喷煤量，炉腹煤气量增加，而鼓风富氧、则炉腹煤气量相应降低。炉腹煤气的分布直接影响炉腹的热负荷，对于高富氧大喷煤的高炉，炉腹设计结构也必须适应现代高炉的冶炼特点。

风口与炉腹过渡衔接结构是首钢工程特色技术，结构图见图 7-2，由于传统冷却壁交接处凸起过于突兀，使得上下两段暴露在炉内，增大了冷却壁直接和高温煤气流、渣铁接触的概率，从而造成冷却壁过早侵蚀、烧损。首钢炉腹冷却壁折弯技术，可使冷却壁热面过渡平缓，维持了利于冷却壁挂渣的角度，并且减少了风口冷却壁的厚度。减少了风口冷却壁的厚度，减小应力、减少磨损。风口与炉腹过渡衔接结构本质上是替代了传统设计中此部位的冷却板结构，使得炉型更合理。

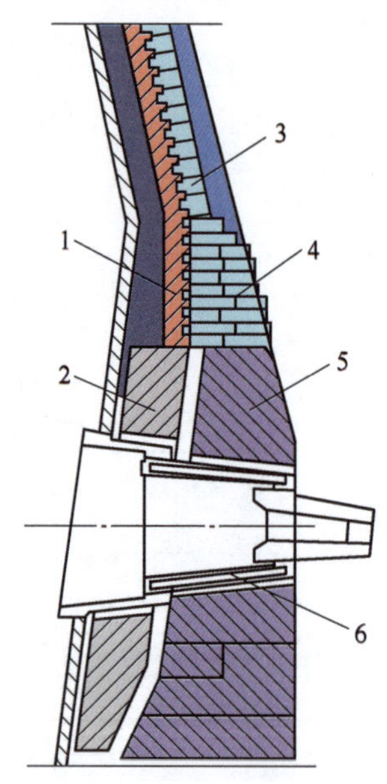

图 7-2　首钢风口与炉腹过渡衔接结构图

1—炉腹铜冷却壁；2—风口冷却壁；3—镶砖；4—炉腹砌砖；5—风口组合砖；6—风口中套

7.2.3　炉缸、炉底结构

炉缸、炉底结构是高炉的关键部位，其设计直接影响到高炉的运行效率、使用寿命和安全生产。因此，合理的炉缸、炉底结构设计是高炉设计的重要环节。

7.2.3.1　炉缸、炉底结构设计

炉缸、炉底结构主要由耐火材料、冷却设备以及陶瓷杯等部分组成。耐火材料是炉缸、炉底结构的核心部分，它承受高温和高压的侵蚀，因此需要选用具有优良性能的耐火材料。常用的耐火材料包括炭砖、微孔炭砖、超微孔炭砖、热压炭砖、碳复合 SiC 砖、石墨化炭砖等。

冷却设备的主要作用是降低炉缸侧壁和炉底部位的表面温度，以防止耐火材料受到破坏。常用的冷却设备包括水管冷却、喷水冷却等。

陶瓷杯是一种新型的炉缸、炉底结构，它由多层不同材质的陶瓷材料组成，具有良好

的隔热性能和耐高温性能。在陶瓷杯的底部，通常设有陶瓷复合垫，以保护耐火材料不受侵蚀和渗透。

在炉缸、炉底结构的设计中，还需考虑高炉操作条件、生产规模、燃料种类等因素。同时，为了确保高炉的安全生产和延长使用寿命，结构设计应充分考虑耐火材料的热稳定性、抗侵蚀性、抗冲刷性等性能要求。

综上所述，炉缸、炉底结构的设计需要综合考虑多方面的因素，以实现高炉的高效、安全、稳定运行。

7.2.3.2 炉缸、炉底结构的优化设计

为了优化炉缸、炉底结构，提高高炉的运行效率和使用寿命，以下是一些设计建议：

(1) 优化炉缸、炉底的几何结构，采用高导热的炭砖或减薄炉底和炉缸的厚度，使死铁层的深度增加，保护炉缸、炉底的炭砖及陶瓷杯。

(2) 优化炉缸、炉底内衬材质，采用导热体系，如霍戈文公司为代表的使用高导热材料薄炉缸、炉底体系；或采用隔热体系，如陶瓷砖体系。这两种体系的设计目的都是为了提高炉衬寿命。

(3) 优化炭砖的性能，采用高导热、抗侵蚀、抗冲刷的炭砖，以提高炉衬的寿命和保护炉缸、炉底。

(4) 设计合理的冷却系统，采用水管冷却、喷水冷却、气幕冷却等冷却方式，降低炉缸、炉底的表面温度，防止耐火材料受到破坏。

(5) 在陶瓷杯的底部设置陶瓷复合垫，以保护耐火材料不受侵蚀和渗透，提高炉衬的寿命。

(6) 考虑高炉操作条件、生产规模、燃料种类等因素，设计适合的炉缸、炉底结构，以提高高炉的运行效率和使用寿命。

(7) 结构设计应充分考虑耐火材料的热稳定性、抗侵蚀性、抗冲刷性等性能要求，以确保高炉的安全生产和延长使用寿命。

综上所述，优化炉缸、炉底结构的设计需要综合考虑多方面的因素，以实现高炉的高效、安全、稳定运行。

炉缸、炉底恰当的“扬冷避热”，才能体现出炉缸、炉底长寿节能的实质，就是保证炉缸、炉底有能力将高温铁水传入耐火材料的热量顺畅导出，使靠近铁水砖衬热面的温度降低至 1150 ℃凝固线，生成“自保护”的、不需要额外成本的“可再生”的渣铁壳，阻挡铁水对炭砖的侵蚀，并以此为前提尽量减小铁水额外的热量进入炭砖，以达到合理的“避热”。在靠近铁水砖衬达到合理“避热”的基础上，逐渐提高炉底靠近冷却系统耐火材料的导热性，使进入砖衬的热量快速地传过炉底被冷却水带走，使炉底炭砖层基本保持较低的温度，以达到恰当的“扬冷”。

因此，在不同铁水传热或冷却水“传冷”的影响范围内，应选择不同的耐火材料热导率。在炉缸、炉底非稳态升温过程中，其接近铁水的热端，铁水热量进入炭砖的能力要大于炭砖传出热量的能力；而在接近冷却系统的冷面，冷却水的对流换热能力要大于炭砖的导热能力。因此，如果把热导率小的耐火材料布置在靠近冷却系统的位置，而热导率大的耐火材料在靠近铁水，则铁水的侵蚀能力将加大，而冷却水的“传冷”能力将被抑制。所以，靠近铁水的炭砖应选取热导率大小适中、孔隙率低、抗铁水渗透性优异的材质；而

对于不与铁水直接接触的炭砖，为避免炭砖层温度过高，就要求尽快把铁水凝固所传入砖层的热量导走，即在靠近热面的第一层炭砖后部的各层炭砖的热导率要大于其上一砖的热导率，这样进入炭砖的热量才能尽快传至炉缸、炉底，进而被冷却水带走。对于紧靠冷却系统的最后一层砖，要选用最高导热性的炭砖，以保证在生成渣铁壳时最大限度地发挥冷却水的“扬冷”作用。同时，注意到冷却系统并不是分布在每层砖以下，对于最下层炭砖的“传冷”能力势必大于上述每层炭砖之间热量传输的能力，故炉缸、炉底布砖方式应是自热面至冷面，第一层砖的热导率最小，最后一层砖的热导率最大，而在第一层砖和最后一层砖之间要适当增大各层砖的热导率和厚度，这样在形成渣铁壳前炉底温度才不会过高，且能发挥冷却系统的作用。此外，由于“扬冷避热”炉缸、炉底的温度梯度自热面到冷面逐渐减小，为了减小应变造成的热应力破坏，耐火材料的厚度及热膨胀系数也应该自热面到冷面逐渐增加。上述优化的炉缸、炉底布砖方式，由于热导率、厚度及热膨胀系数逐渐变化，因此可以近似称之为“扬冷避热梯度布砖法”。

同时，为了防止炉缸、炉底在生产过程中出现“象脚状”侵蚀，还应根据高炉设计参数合理增加死铁层深度，保证死焦柱浮起以减弱炉缸铁水环流，在炉缸、炉底设计中尽量减少或取消填料、捣料等不定型耐火材料，使炉缸侧壁炭砖直接接触冷却壁，炉底可以在冷却水管与石墨砖之间采用高导热的石墨垫。

综上所述，经炉缸、炉底传热学计算提出“扬冷避热梯度布砖法”的长寿保温型炉缸、炉底结构，这种优化设计的炉缸、炉底结构自热面到冷面，依次布置热导率为 6 W/(m·K)、15 W/(m·K)、30 W/(m·K)、50 W/(m·K) 的耐火材料砖衬，可分别对应塑性相结合刚玉砖、超微孔炭砖、高导热炭砖及石墨砖，炉底总厚度为 2.2 m，炉缸壁总厚度为 1.1 m，炉缸、炉底交界处采用圆角砌筑结构。这种设计理念典型的炉缸、炉底结构在高炉开炉后的温度场分布见图 7-3，可见采用“扬冷避热梯度布砖法”的炉缸、炉底可以将 1150 ℃侵蚀线推移至炉缸、炉底陶瓷质砖衬的热面，易于形成“自保护”的渣铁壳，且在形成渣铁壳前，800 ℃以上高温线集中在塑性相结合刚玉砖内，使得炉缸、炉底

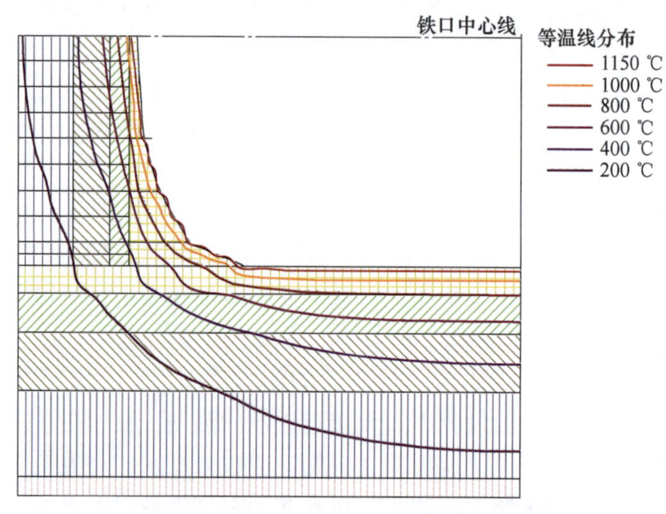

图 7-3　按照“扬冷避热梯度布砖法”理念设计的炉缸炉底初始温度场分布

炭砖均处于安全工作温度内，同时塑性相结合刚玉砖在保护炭砖的同时也基本达到了温度梯度最小（热面 1150 ℃，冷面 800 ℃），这样减小了自身受到的热应力，达到了合理的“避热”。此外，由于炭砖的热导率梯度增加，炭砖内的温度分布也更为合理，使得炉缸、炉底靠近冷却系统的炭砖温度在 100 ℃左右，既可以发挥冷却水的作用，又不会造成过大的热量损失，实现了适度的“扬冷”。

“扬冷避热梯度布砖法”克服了传统高炉炉缸炉底结构设计中存在的缺陷，提出了高炉长寿的本质是保证其“自保护”渣铁壳的生成和稳定存在，同时降低了炉缸、炉底的热量损失，是一种长寿节能型炉缸、炉底设计体系。目前新建的大型高炉已开始采用该理念进行高炉炉缸、炉底的结构设计。图 7-4 为某新建大型高炉原始设计方案的炉缸、炉底温度场分布，可见由于原始设计方案陶瓷垫过厚且热导率过低，导致从 400~1250 ℃的等温线都集中在陶瓷垫中，没有“自保护”渣铁壳生成，而且陶瓷垫内热应力过大，同时陶瓷垫下基本全部采用了微孔炭砖，不符合“扬冷避热梯度布砖法”的设计理念。计算表明，在陶瓷垫侵蚀消失以后也很难将 1150 ℃侵蚀线推至炭砖热面，炉底仍将继续被侵蚀。图 7-5 为采用“扬冷避热梯度布砖法”理念进行设计优化后的炉缸、炉底温度场分布，可见改进后的重新设计的炉缸、炉底砖衬温度分布更加合理，达到了“扬冷避热”，有利于实现高炉的长寿高效。

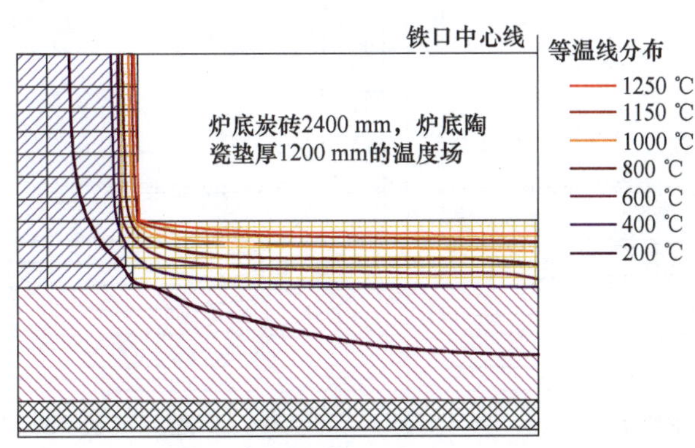

图 7-4 原始设计的温度场分布

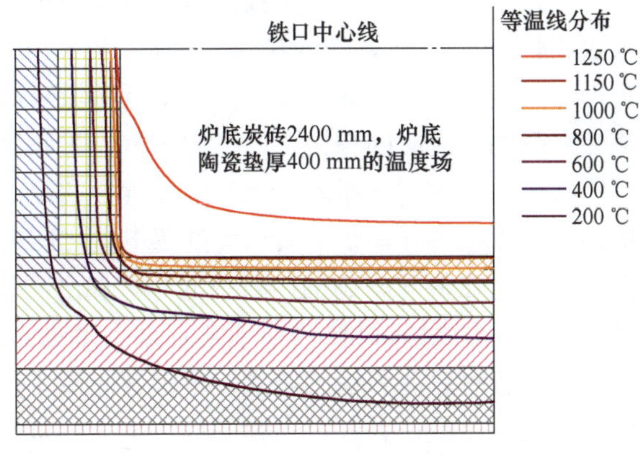

图 7-5 优化设计后的温度场分布

应当指出，炉缸、炉底结构的合理设计，不但要考虑到设计炉型对应的温度场分布，同时还要考虑高炉投产后，随着炉缸、炉底内衬的侵蚀，当砖衬减薄以后或陶瓷垫基本被侵蚀消失时，剩余的炭砖是否能够利于“自保护”渣铁壳的长期稳定存在。经过计算分析可知，即使是采用“隔热法”设计体系，为了实现高炉的长寿，炉底陶瓷垫下的炭砖布置也要符合“扬冷避热梯度布砖法”的理念。某新建大型高炉在炉底陶瓷垫下设计了两种不同的炭砖布置方案：方案一是在陶瓷垫下自热面到冷面分别布置超微孔炭砖、高导热炭砖及石墨炭砖；方案二是分别布置超微孔炭砖、微孔炭砖及石墨炭砖。这两个方案的主要区别在于方案一遵循热导率梯度增加的原则，而方案二在超微孔炭砖下布置了热导率降低的微孔炭砖。对于这两种炉底满铺炭砖的设计方案，进行开炉初期的温度场计算对比，得出两种方案的温度场分布差异较小。这是由于在开炉初期，陶瓷垫较厚，这也是传热过程的限制性环节，因此炉底炭砖在陶瓷垫较厚时，对温度场影响较小，但是如果陶瓷垫基本被侵蚀消失以后，对两种设计方案的温度场进行计算比较，见图 7-6，可见符合“扬冷避热梯度布砖法”理念的方案一的炉底温度场分布要优于方案二，不仅 1150 ℃侵蚀线更容易被推出炭砖热面，而且炉底炭砖高于 800 ℃的区域也要小于方案二，更利于实现炉底的长寿。

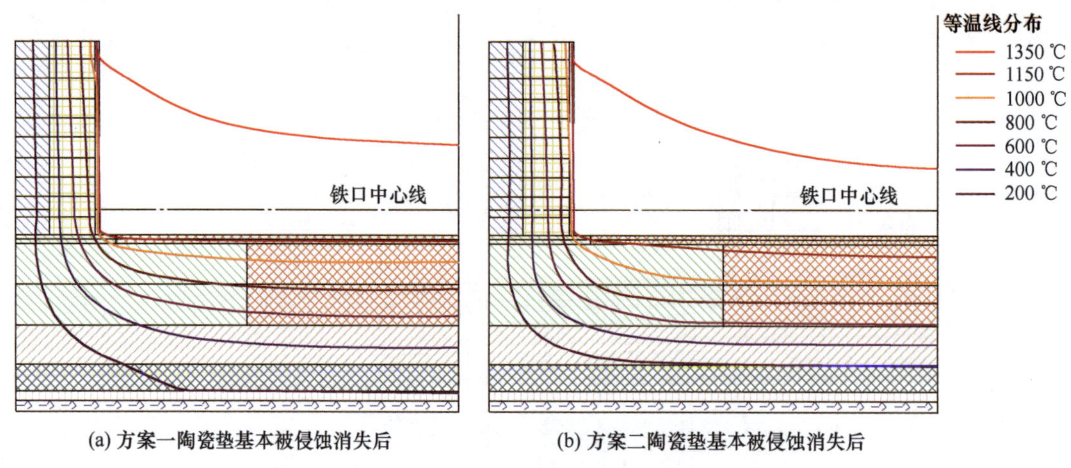

图 7-6 不同炭砖布置方案对炉底温度场分布的影响

炉缸、炉底热电偶的合理布置，是实现高炉投产运行后及时全面地侵蚀监测的必要条件。传热学上的半无限大物体的非稳态导热理论可近似应用于高炉炉缸、炉底的加热过程，当炉缸、炉底某一局部温度突然升高或降低时，其附近区域对此变化的反应敏感时间因材料热导率而异，热导率高的反应时间快，由于高炉炉缸、炉底自热面到冷面各层耐火材料的热导率不同，所以低热导率的耐火材料如果某处发生异常侵蚀，其周围区域的温度对此变化的反应较不敏感，所以在热导率低的砖衬中的热电偶之间的间距要小些，否则可能无法及时发现异常侵蚀，反之在热导率高的砖衬中的热电偶之间的间距可以大些。“扬冷避热梯度布砖法”炉缸、炉底的耐火材料热导率自热面到冷面逐渐增大，也恰好符合热电偶在圆周方向上分角度布置时对应弧长的增大。考虑到侵蚀变化的影响区域，以保证尽快发现砖衬侵蚀变化为前提，以铁口为起点，在圆周方向上每隔 20°选取剖面布置热电偶，炉缸、炉底垂直剖面的热电偶优化布置见图 7-7。

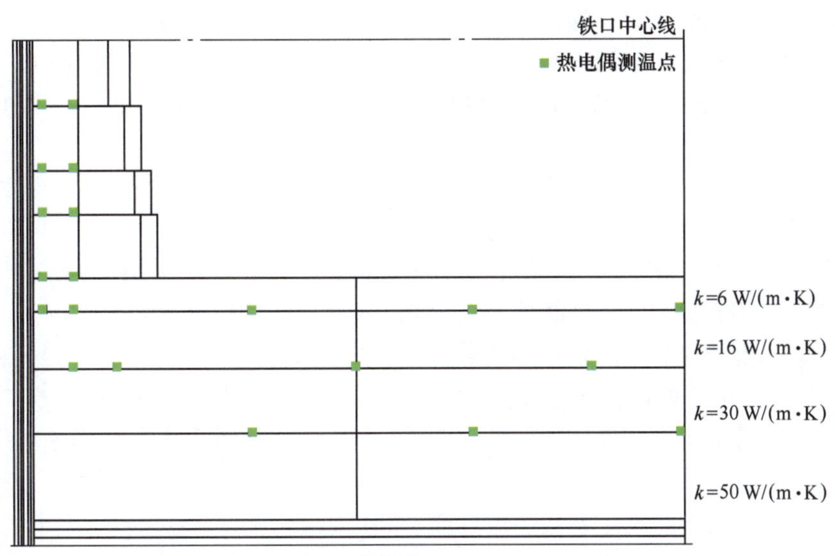

图 7-7 炉缸炉底垂直剖面上的热电偶布置示意图

在炉缸侧壁的中上部，自上而下在不同标高的砖层界面处，半径向由内向外前后设置两个热电偶。这种“步进式”的热电偶布置方式可以判断炉缸的侵蚀状况、热流方向和大小的变化，并可以通过和冷却壁的平均热流对比来预测局部可能出现的异常侵蚀。在此基础上还可以在半径向等间距地布置 3 个热电偶，这样两个热电偶之间如果温差不同，还可以判断炭砖热导率在生产过程中的变化或环裂、窜气等异常状况的存在。

在炉缸炉底交界处，可以布置径向距离相等的两环热电偶，可以判断在固定角度的剖面上此处二维热流方向及大小，进而推断侵蚀线位置，及时判断是否出现“象脚状”侵蚀。

由炉底第一层满铺炭砖开始，在不同砖层的界面处分别设置热电偶。在炉底最下两层热电偶应靠近冷却壁布置，这是由于高炉实际生产中，炉底侵蚀线将向下推移，使炉底侧壁成为新的炉缸侧壁。此外，随着炉底耐火材料热导率逐渐增加，每层布置的热电偶数目也可以逐渐减少，并且在炉底交叉布置热电偶，还可以满足全面的温度场监测，有利于判断炉底局部是否存在渗铁或耐火材料热导率是否发生变化。在炉缸、炉底的每个垂直剖面内，大约需要设置 20 个热电偶测温点。

即使炉缸、炉底采用完全相同的耐火材料内衬，但采取不同的布砖方式，其温度场分布将产生很大差别而导致寿命的不同，靠近铁水区域要恰当“避热”，而非“绝热”，而逐渐靠近冷却水区域应充分“扬冷”。

基于对“传热法”和“隔热法”炉缸、炉底内衬设计体系的研究分析，提出了“扬冷避热型梯度布砖法”长寿保温型炉缸炉底设计的新理念，这种新型的炉缸、炉底设计结构有利于“自保护”渣铁壳的稳定生成，具有更为合理的温度场和应力场分布，减少了炉缸、炉底的热量损失。其结构设计特点是：自砖衬热面到冷面，依次布置热导率、厚度和热膨胀系数逐渐增加的耐火材料砖衬，炉底总厚度约为 2.2 m，炉缸侧壁总厚度约为 1.1 m。

为了实现炉缸、炉底的长寿，除了内衬结构的合理设计，在高炉投产后还要加强对炉缸、炉底内衬侵蚀的在线监测，根据耐火材料的热导率自热面至冷面逐渐增加，且为了及时监测“象脚状”侵蚀、渗铁及耐火材料热导率变化等异常现象，提出了炉缸、炉底热电偶的优化设置的方案。

炉缸是高炉冶炼进程的起始和终结，炉缸内型参数设计也是高炉内型参数设计的基础。炉缸内型设计的重点是确定合理的炉缸直径，该值关系到整个高炉内型的合理性。确定炉缸直径要综合考虑高炉冶炼条件、炉缸燃烧强度、炉缸截面积利用系数等，参考近似原燃料条件与冶炼条件的同级别高炉内型参数，择优比选、权衡确定。

长期以来，衡量高炉生产效率一般采用两个技术指标进行评价，即“容积利用系数”和“冶炼强度”。由于炉缸反应是高炉冶炼十分重要的冶金过程，因此采用高炉炉缸截面积利用系数来衡量高炉生产效率则更具科学性，炉缸面积利用系数体现了高炉冶炼的本质特征。

不同级别高炉的容积利用系数和炉缸面积利用系数不同。研究分析表明，1260 m^3高炉容积利用系数为2.5~2.7 t/(m^3·d)，炉缸面积利用系数为61.16~66.05 t/(m^2·d)；2500 m^3高炉容积利用系数为2.4~2.6 t/(m^3·d)，炉缸面积利用系数为60.93~66.01 t/(m^2·d)；3200 m^3高炉容积利用系数为2.3~2.5 t/(m^3·d)，炉缸面积利用系数为60.98~66.28 t/(m^2·d)；4080 m^3高炉容积利用系数为2.2~2.4 t/(m^3·d)，炉缸面积利用系数为61.51~67.10 t/(m^2·d)；5500 m^3高炉容积利用系数为2.1~2.3 t/(m^3·d)，炉缸面积利用系数为62.04~67.95 t/(m^2·d)。在同等冶炼条件下，小型高炉与大型高炉的容积利用系数不可进行简单的类比。图7-8为2010年我国不同级别高炉年平均容积利用系数和年平均炉缸面积利用系数。由图7-8中可以看出，随着高炉容积增加，容积利用系数和炉缸面积利用系数，呈现不同的变化趋势。

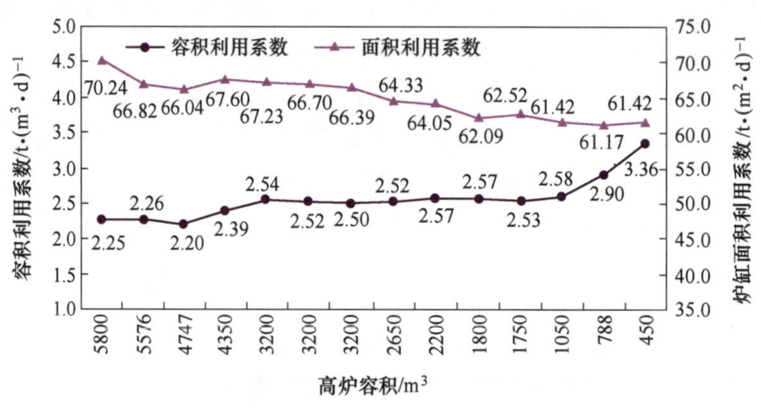

图7-8 2010年我国典型高炉的利用系数

现代高炉采用高风温、高富氧、大喷煤、高顶压等强化冶炼措施，炉缸风口回旋区结构、形状及其特性日益受到国内外炼铁工作者的关注，控制合理的风口回旋区是现代高炉操作的重点要素，是使高炉煤气流获得合理分布的根本所在，也是现代高炉下部调剂的关键。合理的炉缸设计不仅要关注炉缸直径的确定，对于炉缸高度、有效容积与炉缸截面积的比值、炉缸容积与高炉有效容积的比值、死铁层深度、风口数量、铁口数量等高炉内型

参数均应给予足够的重视。

确定高炉炉缸直径可以按照传统的炉缸燃烧强度经验公式进行估算，还可以根据高炉炉缸截面利用系数进行推算。在现代高炉冶炼条件下，不同级别高炉的炉缸截面积利用系数在 60~70 t/(m^3 · d) 的范围，高炉越大，炉缸截面积利用系数就越高，这与容积利用系数正好呈现相反的变化规律。

高炉有效容积与炉缸截面积的比值 V_u/A 是目前受到普遍关注的一个参数。该值表征的是高炉单位炉缸面积所对应的有效容积，该值越大，表明高炉单位炉缸面积所具有的高炉有效容积越大。如果将高炉假设为一个圆柱体，将炉缸截面积假设为高炉的“当量截面积”，即为高炉的平均截面积，则 V_u/A 的物理意义实质上就是高炉的“当量高度”。高炉容积越大，V_u/A 也就越大，对于 1000~5800 m^3的高炉，其值在 22~32 的范围，这与高炉有效高度的数值十分接近。

近年来，由于高炉冶炼条件的变化和高炉生产效率的提高，大型炉缸高度呈现增加趋势。适宜的炉缸高度为风口回旋区提供了足够的燃烧空间，有利于燃料燃烧动力学条件的改善，为高炉稳定顺行创造了有利条件。20 世纪 80 年代，不少高炉由于炉缸高度不足，在接近出铁时，由于炉缸内液态渣铁的蓄积导致液面升高，供风口回旋区工作的空间被压缩，使高炉热风压力增高、风量减小、下料速度减慢，表现为高炉“憋风”；高炉延误出铁的情况下，甚至会出现炉况不顺，容易产生悬料、崩料或风口灌渣等炉况失常事故。在高炉出铁过程中，随着炉缸内渣铁的排放，渣铁液面降低，风口回旋区工作所需要的燃烧空间得到恢复，热风压力在较短的时间内迅速恢复到正常水平，高炉容易接受风量，高炉顺行，下料速度加快。这种随着高炉出铁过程的周期性变化，使高炉始终处于波动的工作状态，对高炉稳定顺行影响很大，更不利于高炉强化冶炼，实现高效低耗。

理论研究和生产实践表明，合理的死铁层深度是抑制炉缸铁水环流和减轻“象脚状”异常侵蚀的有效措施，现代高炉死铁层呈现明显的增加趋势。

高炉炉缸、炉底寿命是首钢一直特别关注的问题，从 20 世纪 50 年代以来，首钢不断改进结构设计，以延缓侵蚀。炉缸、炉底是高炉的关键部位，也是决定高炉寿命的重要因素。近年我国频繁发生高炉炉缸侧壁温度升高甚至烧穿事故的问题，根据其事故分析结果表明，主要有耐火材料质量问题、施工问题、炉缸冷却能力不足问题、设计不合理问题以及生产管理、操作、维护问题等。首钢公司拥有全品类炉缸、炉底结构，首钢工程按照特性组合碳质材料、高铝陶瓷质材料、不定形耐火材料，减缓侵蚀；优化陶瓷杯结构设计，加强冷却结构；增加冷却水量；合理布置热电偶，有效监测整个炉缸温度，及时发现薄弱的地方。首钢工程公司拥有全品类炉缸、炉底结构技术储备，设计出应对不同生产条件的炉缸、炉底结构，能够满足不同用户需求。

冷却结构采用过无冷炉底结构、风冷炉底结构、水冷炉底结构、喷水冷却炉缸结构、铜水箱炉缸冷却、板式水箱、支梁水箱、镶砖铸铁冷却壁、光面铸铁冷却壁、铜冷却壁等多种形式。

7.2.3.3 炉缸、炉底冷却结构的演变

随着高炉设计结构优化和耐火材料的进步，进入 20 世纪，高炉的炉缸、炉底结构逐步趋于完善，形成了“小块炭砖炉缸+高导微孔炭砖综合炉底结构”的基本模式。设计思想由原来的完全抗侵蚀、抗磨损内衬，逐步发展到了今天以“无过热，无过应力”为核

心指导思想，强调缸炉、炉底整体结构，强化冷却，形成“炉缸、炉底陶瓷杯结构”的长寿设计体系。

首钢工程在炉底钢结构设计上有独到之处，和其他设计院都不一样，采用首钢国际专有技术，避免炉壳底部钢结构变形、开裂、漏煤气。首钢工程在高炉炉底结构设计中，采用水管在上、基墩在中、封板在下的独特结构，该项技术成熟可靠，已经成功应用在50多座高炉上，完全不存在炉壳底部钢结构变形、开裂、漏煤气等问题。炉底结构图见图7-9。

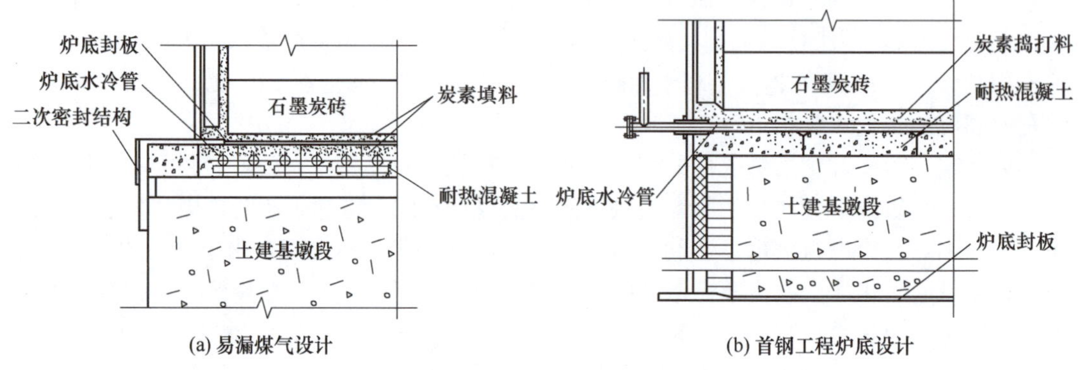

图7-9 炉底结构图

7.3 高炉冷却设备设计优化

铜冷却壁的优化主要从设计和材料两个方面进行：

(1) 设计方面，可以采用多通道铜冷却壁，增加冷却壁的冷却通道，提高冷却效率。此外，可以优化冷却壁的冷却结构，如增加冷却水的流动速度和流量，采用更高效的冷却方式，如喷雾冷却、板式冷却等，以提高冷却效果。

(2) 材料方面，可以采用高热导率的铜合金，如磷脱氧铜、银铜等，以提高冷却壁的导热性能。此外，可以在铜合金中添加合金元素，如锡、铝、硅等，以改善材料的耐腐蚀性能和高温强度。

此外，可以采用先进的铸造工艺，如连铸连轧、水平连续铸造等，以获得更致密、更均匀的铜冷却壁材料，进一步提高其性能和可靠性。

综合设计优化和材料改进两个方面，可以进一步提高铜冷却壁的性能和质量，使其更加适应高炉的运行要求，延长高炉的使用寿命。

六通道高效铸铁冷却壁是一种高炉内衬的关键部件，用于高炉的冷却系统。它由多个冷却通道组成，可以有效地将热能从高炉内部传递到冷却水中，从而实现高炉的稳定生产和安全运行。

六通道高效铸铁冷却壁具有以下优点：

(1) 高冷却效率：由于其六通道结构的设计，使得冷却水的流量和速度得到优化，提高了冷却效率，降低了高炉内部的温度和热流。

(2) 高强度和耐久性：采用铸铁材料制造，具有良好的力学性能和耐腐蚀性能，能够承受高炉内部的高温和高压。

(3) 适应性强：可以适应不同的高炉型号和生产工艺要求，具有较广泛的适用性。

(4) 维护方便：在正常使用情况下，其寿命长，无须频繁更换，维护成本较低。

20世纪末期，基于对高炉炉体无过热冷却系统的研究开发，铜冷却壁大规模推广应用，现代薄壁高炉应运而生。以无过热、高效率为技术特征的铜冷却壁主要应用在高炉炉腹、炉腰和炉身下部，由于铜冷却壁具有优异的传热学特性，可以承受高炉高热负荷的热冲击，在高炉极限热流强度下仍可满足快速黏结渣皮的要求，而且在漫长的炉役期间，并不依靠耐火材料的保护，具有铸铁冷却壁和铜冷却板无可比拟的技术优势。采用铜冷却壁，由于其传热特性和结构特性与采用铸铁冷却壁发生了本质性的变化，炉体设计理念和设计结构也发生了根本变化，同时出于降低工程投资的考虑，采用铜冷却壁的高炉普遍采用薄壁内衬结构，甚至不少高炉取消了内衬，仅在铜冷却壁热面喷涂一层50~100 mm的不定型耐火材料，以保护铜冷却壁在高炉开炉初期免受装料过程中炉料的机械磨损。目前铜冷却壁的厚度仅为90~120 mm，而采用双排水管冷却的铸铁冷却壁厚度一般为300~350 mm，而且铸铁冷却壁热面还必须维持345~575 mm的砖衬，而采用铜冷却板时，则必须维持一定的砖衬厚度。图7-10是20世纪90年代采用铸铁冷却壁的炉体结构，图7-11是采用铜冷却壁的炉体结构。

因此，对于采用铜冷却壁的薄壁高炉而言，高炉内型设计不能沿用传统的厚壁高炉的观念，特别是高炉炉腰直径的确定。厚壁高炉开炉投产以后，在一定时期内，高炉内衬随着高炉生产会出现侵蚀减薄，逐渐形成高炉操作内型并维持一定的时间，高炉内衬侵蚀后形成的操作内型与原来的设计内型具有较大的差异，最主要的变化是高炉炉腰直径扩大，炉身角和炉腹角则相应变小。在此期间内高炉生产操作稳定顺行，一般都会取得较好的生产操作指标。但随着高炉寿命的延长，高炉内衬侵蚀加剧，通过高炉冶炼而形成的合理操作内型遭到不可逆转的破坏，此时高炉操作内型的恶化对于炉料分布、煤气流分布、煤气利用和炉况顺行等将产生负面影响，高炉生产操作指标也明显下降，这是厚壁高炉一代炉役的生命周期中高炉内型变化的客观规律。为应对高炉操作内型恶化，不少企业采取了高炉定期喷补或压浆造衬的措施以修复高炉操作内型，大量实践证实，在采用内衬喷补或压浆造衬等措施使高炉操作内型修复以后，高炉在一定时期内仍会获得较好的生产操作指标，这也从另一个侧面印证了合理的高炉内型对高炉冶炼的重要影响和重要意义。

而采用铜冷却壁的薄壁高炉，由于其特有的薄壁结构技术特征，在高炉开炉以后很短时间内便形成了操作内型。特别是在炉腹至炉身下部采用铜冷却壁的部位，铜冷却壁热面的耐火材料在高炉开炉后很快消失，主要依靠铜冷却壁热面反复“脱落—生成”的渣皮作为炉衬工作，因此可以近似地认为铜冷却壁热面的轮廓线即为实际高炉的操作内型。换言之，薄壁高炉的设计内型与操作内型差异较小，因此对于薄壁高炉而言，高炉设计内型的科学合理对于高炉生产和高炉长寿都具有更为重要的意义。

因此现代薄壁高炉的设计内型，炉腰直径的确定如果沿用厚壁高炉的设计理念，就会造成高炉操作内型炉腰直径偏小，而炉身角和炉腹角偏大，对高炉冶炼进程的顺行造成不利影响。由于高炉设计内型不合理，甚至造成高炉边缘气流过分发展，炉体热负荷和热流强度急剧升高，即便采用铜冷却壁也不能形成稳固的保护性渣皮，渣皮频繁脱落和再生对高炉炉况顺行仍会造成破坏，更不利于延长高炉寿命。

高炉高径比（H_u/D）是高炉有效高度与炉腰直径的比值。早在1872年，法国炼铁学家格留涅尔对当时的高炉内型进行了研究，提出了高炉高径比的概念和H_u/D的合理范围，成为影响深远的高炉内型设计准则。尽管他在当时提出的高径比数值现在已不适用，但是用高径比来评价高炉内型的合理性已成为人们遵守的设计准则。

如前所述，现代高炉内型一个重要的发展趋势是矮胖化，即降低H_u/D。换言之，高炉大型化以后，有效高度并非随高炉有效容积的扩大而增加，与此相反，4000 m^3以上

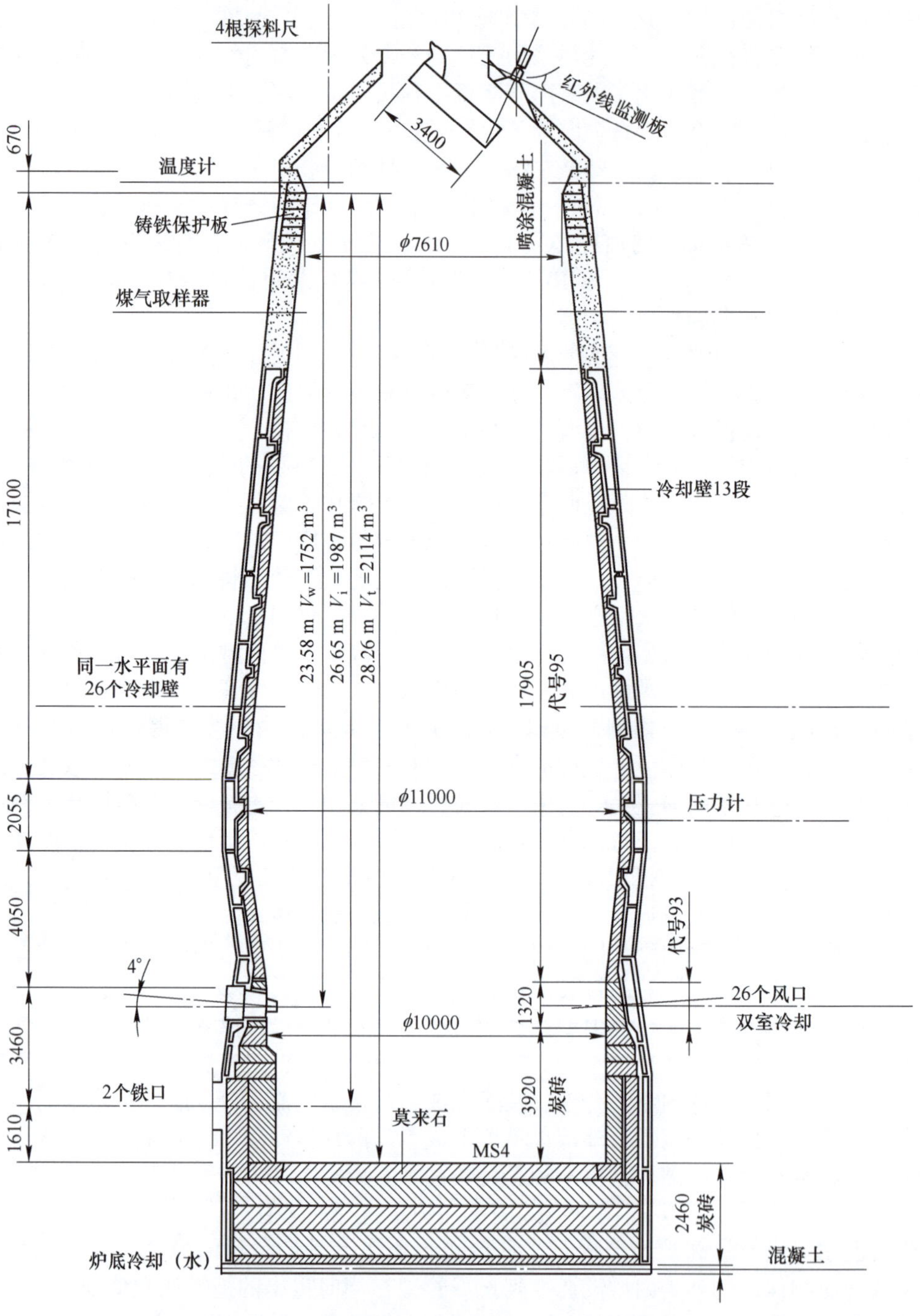

图 7-10　20 世纪 90 年代采用铸铁冷却壁的炉体结构

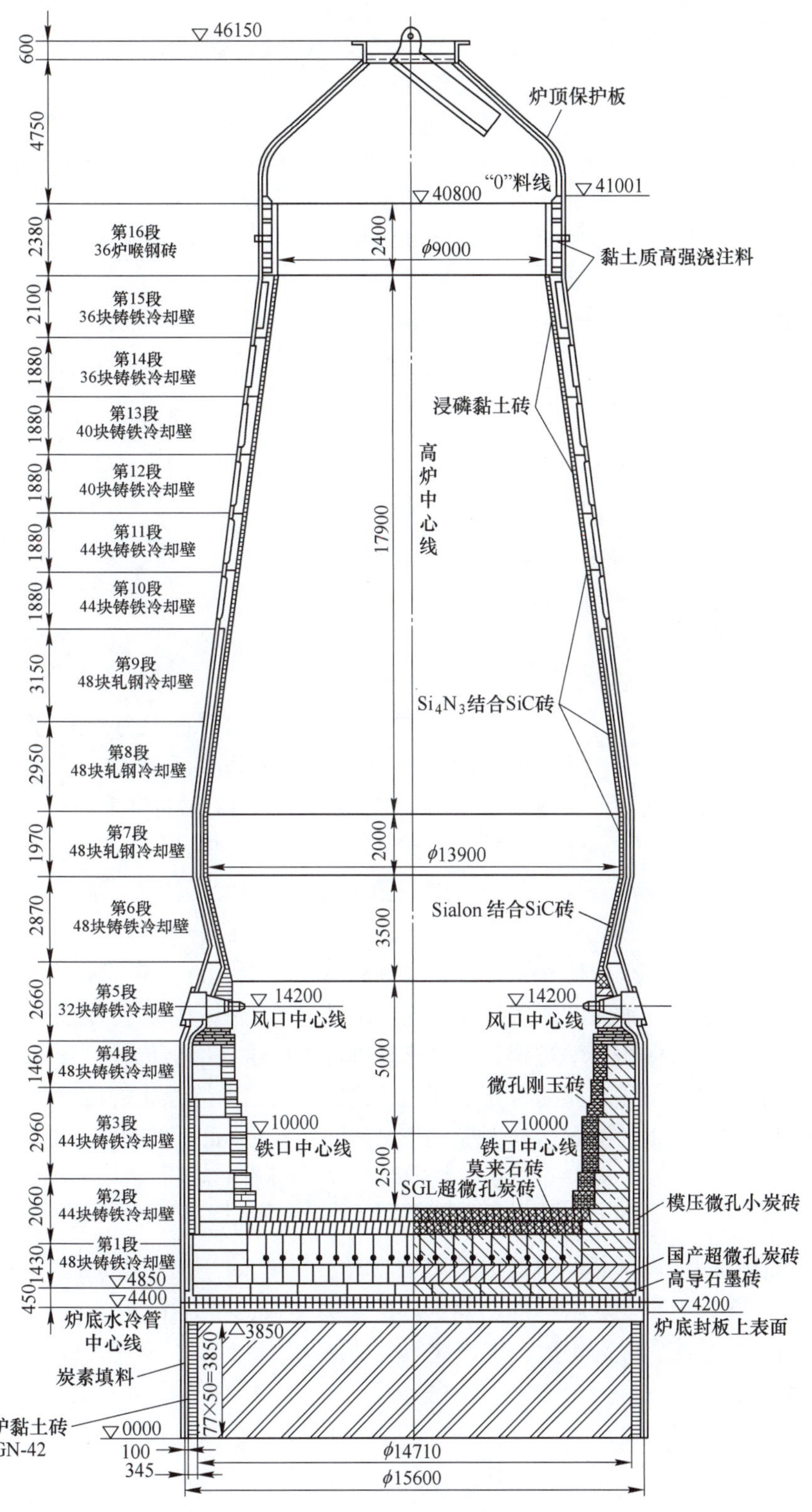

图 7-11 采用铜冷却壁的炉体结构

高炉的有效高度则相对变化平缓，在一定范围内波动，高炉容积的扩大呈径向发展，即不断扩大炉缸直径和炉腰直径。有效高度与炉腰直径的关系近似直线关系。高炉容积越大，炉腰直径越大，而 H_u/D 则越小。现代高炉的 H_u/D 一般在 1.9~2.6。

当时，格留涅尔提出高径比的概念也仅限于统计学的范畴，并未给出具体的物理意义。就在格留涅尔提出高炉高径比概念 11 年以后的 1883 年，英国科学家雷诺（Reynuld）进行了著名的雷诺试验，研究了液体运动的状态，并将液体在管道中的流动划分为层流流动、湍流流动和过渡状态，解析了液体流动的特征，提出了雷诺数的概念，并以此来判定液体的流动状态，从而也构建了现代传输理论基础。

液体在管道中流动，其阻力损失可以表示为：

$$\Delta P = \lambda \frac{L}{d}\frac{\rho v^{-2}}{2} + \xi \frac{\rho \bar{v}^{-2}}{2} \tag{7-1}$$

式中　ΔP——阻力损失，N/m^2；

λ——摩擦阻力系数；

L——管道直径，m；

d——管道（当量）直径，m；

ρ——流体体积密度，kg/m^3；

$\bar{v}$——流体的平均流速，m/s；

ξ——局部阻力系数。

由式（7-1）中可以得出，对于液流体在管道中流动的沿程阻力损失与管道的长径比 L/d 有关，其值越小，则沿程阻力损失越小，从而降低管道长径比 L/d 可以降低管道内的摩擦阻力损失，而降低液体速度则更有利于降低沿程阻损和局部阻损。

当然，式（7-1）所描述的是经典的管道中流动阻力损失，这种管道内的流动状态与高炉冶炼过程煤气的流动有很大差异，也不能用式（7-1）来解析计算高炉冶炼过程的煤气阻力损失。

高炉是气体、固体、液体和粉体多相流共存的反应器，具备热能和化学能的煤气流，在与固体料流和液态渣铁流的逆向运动中完成了动量传输和传热、传质过程，其中以动量传输为特征的多相流体的力学过程乃是冶炼基础过程，这些冶金传输过程决定了高炉冶炼能否稳定顺行和热能与化学能能否充分利用，这也是高炉冶炼强化的核心关键问题。

描述煤气在料柱中的基本运动方程是著名的欧根（Ergun）方程：

$$\frac{\Delta P}{H} = 150\frac{\mu v_0(1-\varepsilon)}{(\varphi d_p)^2\varepsilon^3} + 1.75\frac{\rho v_0^2(1-\varepsilon)}{\varphi d_p \varepsilon^3} \tag{7-2}$$

式中等号右侧第一项表示黏性力造成的阻力损失，与 v_0 的一次方成正比，在层流状态下起主导作用；第二项则表示由运动动能引起的压力损失，与 v_0 的平方成正比，在湍流状态下起主导作用。在实际高炉冶炼中，煤气运动处于湍流状态，因此，计算时可将第一项忽略。简化为：

$$\frac{\Delta P}{H} = 1.75\frac{\rho v_0^2(1-\varepsilon)}{\varphi d_p \varepsilon^3} \tag{7-3}$$

式中　ΔP——料柱阻力损失，N/m^2；

H——料柱高度，m；

μ——煤气的黏度，m；

v_0——煤气的表观（空炉）流速，m/s；

ε——炉料的空隙率；

φ——炉料颗粒的形状系数，为与颗粒体积相等的球体表面积与所求颗粒表面积之比的比值，球形的形状系数为 1；

d_p——炉料的平均粒径，m。

欧根方程是描述流体流经移动填充床阻力损失的经典方程，是用于解析高炉冶炼过程上升煤气穿透炉料最广泛的动力学方程。由式（7-3）中可以得出，煤气上升时的阻力损失除了与炉料的物理特性有关外，炉料的空隙率、煤气平均流速是影响煤气阻力损失的重要因素。而阻力损失与料柱高度也呈正相关关系，即料柱高度越高，阻力损失越大，这也为高炉生产实践所证实。

用于欧根方程的煤气表观流速也称为空炉流速 v_0，该值表征的是在高炉断面上上升煤气的平均线速度，也可理解为高炉空炉状态下的煤气平均流速。

煤气表观流速可由式（7-4）计算：

$$v_0 = \frac{V_{BG} P_0 T}{60 P T_0 S} \tag{7-4}$$

式中 V_{BG}——炉腹煤气量，m^3/ min；

P_0——标准状态下的绝对压力，MPa；

P——高炉内的平均绝对压力，可取炉顶压力和风口前鼓风压力的平均值，MPa；

T_0——标准状态下的绝对温度，K；

T——高炉内的平均温度，可取炉顶温度和风口前回旋区温度的平均值，K；

S——高炉当量断面积，m^2。$S=\varepsilon V_W/H_W$，ε 为炉料填充系数，V_W 为高炉工作容积（m^3），H_W为高炉工作高度（m）。

现代高炉炉腹至炉身下部的高热负荷区主要采用冷却板或冷却壁冷却，还有两种技术组合的“板壁结合”冷却结构。这三种冷却结构都有高炉长寿的实绩，同时又有明显的优势和缺陷（表 7-1）。铜冷却板为点式冷却，其优点是可承载的热流强度大，插入到砖衬内部，可以实现对砖衬的“深度”冷却，也可以为砖衬提供有效的支撑，耐火材料砖衬使用寿命长，而且即使铜冷却板损坏以后，也可以从炉外对损坏的铜冷却板进行更换，便于炉体的维护。铜冷却板的技术缺陷是必须与砖衬协同配合才能发挥作用，脱离了砖衬的保护和协同作用，由于水平布置的结构特点，铜冷却板黏结渣皮的作用并不具有优势，铜冷却板也会很快损坏。因此采用铜冷却板结构必须采用高导热的高质量、高性能的耐火材料，而且必须保持一定的砖衬厚度，同采用冷却壁特别是铜冷却壁的高炉相比，砖衬厚度明显较厚。另外高炉生产中砖衬侵蚀以后，由于铜冷却板点式冷却的作用，使砖衬热面轮廓呈现凹凸变化，高炉操作内型不光滑，甚至阻碍炉料运动，影响高炉顺行和煤气流分布。与冷却壁相比，冷却面积相对较小，在砖衬出现侵蚀以后，对炉壳的保护作用也相应消弱，容易造成炉壳局部发红过热，甚至煤气泄漏。冷却壁作为面式冷却，与冷却板相比更有利于保护炉壳，有利于维护光滑规整的高炉操作内型，而且砖衬厚度相对较薄，在采用铜冷却壁时，甚至可以取消独立的砖衬结构。铜冷却壁的技术优势是在无需砖衬保护的条件下稳定工作，可以承载约 300 kW/m^2的热流强度，而且能够快速形成稳定的自保护渣皮，是一种无过热的高效冷却器，故冷却器总体技术发展趋势在采用以铜冷却壁为主导的冷却壁体系。

表 7-1　炉腹至炉身下部采用不同冷却器的比较

项目	铜冷却板	铸铁冷却壁	铜冷却壁
优势	1. 采用点冷却方式，导热性能高，能对砖衬提供高效冷却； 2. 为砖衬提供可靠的支撑，提高砖衬的结构稳定性，有效防止砖衬脱落； 3. 损坏后可以从炉外进行更换，便于维护； 4. 设计成多通道冷却结构，提高冷却效率； 5. 采用密集式布置，缩小上下层的垂直间距，增强冷却效果	1. 采用面冷却方式，可以对炉壳提供全面的保护； 2. 高炉热量损失较少； 3. 冷却均匀，砖衬侵蚀后形成的操作内型相对平滑规整； 4. 炉壳开孔小，可以减少炉壳热应力破损； 5. 第三代冷却壁采双排管结构，强化了凸台冷却； 6. 第四代冷却壁实现砖壁一体化，减薄砖衬厚度，增加了对镶砖的固定支撑作用，使施工安装简化	1. 除具有铸铁冷却壁的技术优势外，还具有高导热性和高传热能力，可以承载高炉冶炼条件下的峰值热流强度； 2. 热面无需砖衬保护，完全可以取消砖衬结构； 3. 在高热负荷区域工作，在渣皮脱落时能够快速生成新的渣皮； 4. 冷却效率高、壁体厚度薄，结构简单，一代炉役期间无需更换
缺陷	1. 砖衬侵蚀后，高炉热量损失相对较大； 2. 不能对炉壳提供均匀、全面的冷却； 3. 高温状态下易弯曲变形； 4. 炉壳开孔大，炉壳应力高、设计复杂； 5. 不利于形成稳定的操作内型； 6. 必须与耐火材料协同匹配并采用厚壁炉墙，要求匹配高级耐火材料（如石墨、半石墨、碳化硅等）	1. 由于铸铁热导率低，总体冷却能力不如铜冷却壁和铜冷却板； 2. 对砖衬支撑效果差，砖衬易脱落； 3. 不易于维修更换； 4. 冷却壁边角及凸台部位由于冷却强度低，容易破损； 5. 在温度超过 760 ℃的条件下会出现相变，力学性能下降，破损加剧； 6. 水管与铸铁冷却壁壁体之间热阻大，传热效率低于铜冷却板	1. 壁体温度必须低于 200 ℃以下，高温状态下机械强度变差； 2. 抗机械磨损能力不如铸铁冷却壁，不适用于难以形成渣皮的块状带； 3. 制造安装精度和质量要求较为严格

当然高炉采用何种冷却结构，与高炉所采用的原燃料条件和炉料结构具有重要关系，同时还取决于工厂的传统和操作者的习惯。普遍认为，采用高球团矿率的高炉，炉墙热负荷和热震性波动较大，因而采用高导热性的耐火材料（如石墨、半石墨、碳化硅等）配合密集式铜冷却板较为适宜。而采用以烧结矿为主的高炉，炉体热负荷较为稳定，温度波动较小，采用冷却壁更为适宜。在炉腹、炉腰至炉身下部采用铜冷却壁的薄壁高炉，为了合理解决炉缸风口区域与炉腹区域界面问题，在炉缸风口组合砖上部与炉腹铜冷却壁之间，设置几层密集式铜冷却板，可以适当缩短铜冷却板的长度，对于延长风口区域砖衬的寿命、避免风口冷却壁的损坏具有积极作用。这种以冷却壁冷却结构为主、局部使用铜冷却板的新型板壁结合方式在当前不失为一种炉体结构的解决方案。

冷却器的使用寿命在很大程度上决定了高炉寿命，当今高炉冷却器的总体发展趋势以冷却壁为主，特别是铜冷却壁采用以后，这种趋势更为显著。因此，在研究高炉长寿技术问题时，应将长寿冷却壁的研究作为重点。20 世纪末期，国外（尤其是日本）的冷却壁技术取得了长足进步，我国高炉长期以来习惯使用冷却壁，但冷却壁技术和国外相比仍存在差距。因此，吸收国外先进技术，结合我国国情和设计制造冷却壁的经验，研究开发更先进的冷却壁，具有重要意义。

纵观冷却壁的发展过程可以看出，冷却壁技术的改进和创新主要体现在结构和材质两个方面。其中结构改进是基础，如改进冷却管的排列方式、冷却壁厚度、镶砖面积、冷却水温度和流速等。长期以来，高炉冷却壁的设计基本上还是经验性的，冷却壁内部结构参数的选取，主要是对冷却壁进行解体调查并分析研究以后得出的，如新日铁各代冷却壁的开发都对前一代冷却壁作了解体分析。这些解体分析结果为冷却壁的改进提供了一定依据，但这些解析缺乏理论依据和预测性。随着计算机的出现和发展，在冷却壁的研究开发中，以解析冷却壁和砖衬传热过程为基础的解析模型及数值计算应运而生，并在冷却壁的研究中占据了重要位置，是冷却壁设计和优化的一个重要手段。通过计算机仿真技术，可以构建数字化模型，预测各种不同因素对冷却壁温度分布的影响，为冷却壁设计和优化提供理论依据。随着计算技术的发展，这种解析计算已达到了很高的精度，计算结果与实测值比较，误差可小于30℃。目前，高炉冷却壁和砖衬温度场的数值计算受到普遍的重视，国内外高炉冷却壁的设计一般都能够通过数值仿真技术进行优化设计。在具备条件的情况下，还应对新开发研制的冷却壁进行热态试验，以直接验证模型计算的准确性和可靠性。这种热态试验研究将为冷却壁的开发提供更直接准确的参数，也是近年来国内外冷却壁研究开发的重点。

2000年以后，我国铜冷却壁技术发展迅猛，不少高校、设计院所、科研单位、钢铁企业和制造单位组成“产、学、研、用”的技术团队，研究开发了一系列铜冷却壁技术，为新世纪我国高炉长寿技术进步奠定了基础。与此同时，各种砖壁一体化的铸铁冷却壁也得到了广泛应用，在炉腹至炉身下部采用铜冷却壁以后，炉身中上部的铸铁冷却壁取消了凸台结构，冷却壁结构简化，而且有利于延长冷却壁使用寿命。目前，我国高炉使用铜冷却壁已有10年，已有近200座高炉采用了铜冷却壁，总体上取得了显著的技术经济效果，使长期困扰的炉腹至炉身下部问题基本得到彻底解决。但是，近几年我国有3座采用铜冷却壁的高炉，出现了铜冷却壁局部损坏的现象，有的冷却壁边缘磨损严重，有的水管出现断裂，还有的由于制造质量缺陷出现了漏水。目前铜冷却壁破损的原因还需要深入研究，分析这些个别现象可以初步得出冷却系统配置和控制不合理是造成铜冷却壁损坏的重要原因。事实证明这些高炉都有在较长时间内大幅度减少冷却水量或断水的经历，这是造成铜冷却壁出现损坏的根本原因。由此可见，采用铜冷却壁以后，冷却制度必须相应调整，传统的开路工业水冷却的操作观念必须转变，铜冷却壁必须与可靠的冷却系统协同作用才能实现长寿。总之，以铜冷却壁为代表的新一代高炉冷却器和冷却技术还需要进行优化、改进和创新，进一步优化设计结构、提高铜冷却壁的制造质量、降低铜冷却壁的制造成本等方面仍有许多课题需要研究解决。

我国早在20世纪50年代就开始采用苏联的光面冷却壁，但冷却壁一直采用普通铸铁，冷却壁本体内部铸入蛇形冷却水管，镶砖为黏土砖。从20世纪50年代开始，这种冷却壁迅速成为我国高炉炉缸、炉底、风口带和炉腹区域的主导冷却器结构形式，并且逐步取代了冷却板。首钢自1978年以后，将1号、2号、3号高炉部分冷却壁改为带凸台的镶砖冷却壁。带凸台的冷却壁能够提高砖衬的稳定性，延长其使用寿命，从而可延长冷却壁本体的使用寿命。1991—1994年，首钢4座高炉相继进行了新技术扩容大修改造，均采

用了软水密闭循环冷却系统，自主设计开发了用于炉腹至炉身下部的双排管铸铁冷却壁。20 世纪 90 年代初，首钢设计制造的 2500 m^3级高炉铸铁冷却壁见图 7-12，双排管的设计强化了冷却效果，同时前排管能够保护后排管，在前排管破损的情况下，后排管依旧能够起到补偿冷却的作用。2020 年应用在酒钢高炉上的高效六通道铸铁冷却壁，取消了双层水管的设计，而是通过缩小水管之间的间距，从而提高冷却能力；冷却水管的比表面积不小于 1. 2，最高可达 1. 4 以上，酒钢高炉铸铁冷却壁模型见图 7-13。

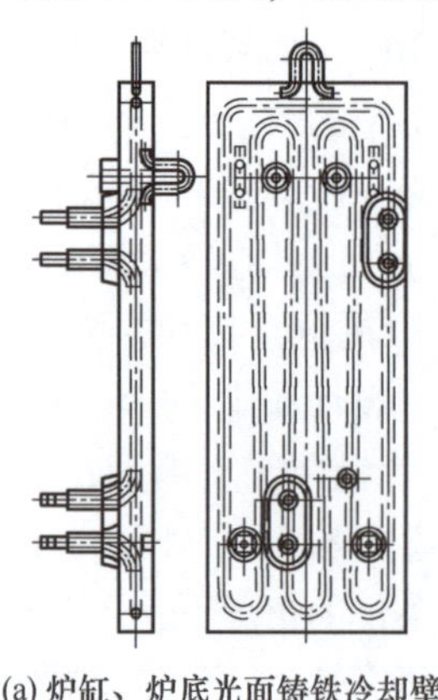
(a) 炉缸、炉底光面铸铁冷却壁

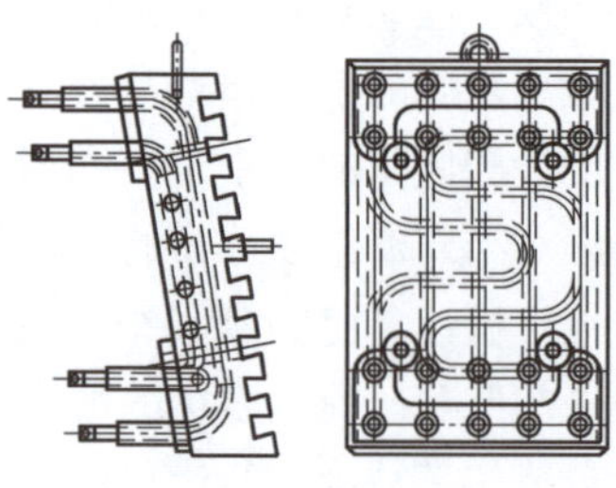
(b) 炉腹双排管球墨铸铁镶砖冷却壁

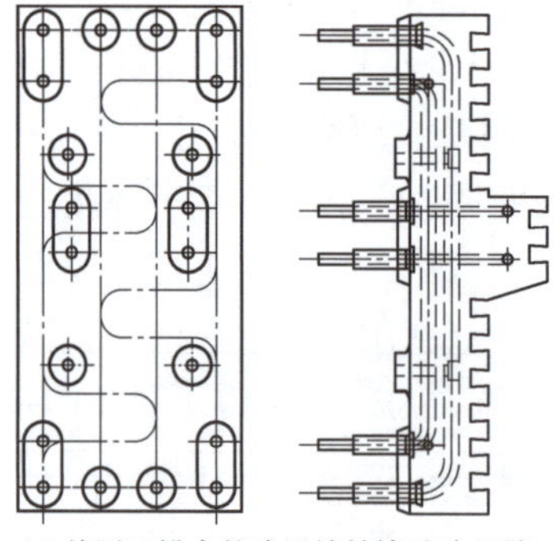
(c) 炉腰双排水管球墨铸铁镶砖冷却壁

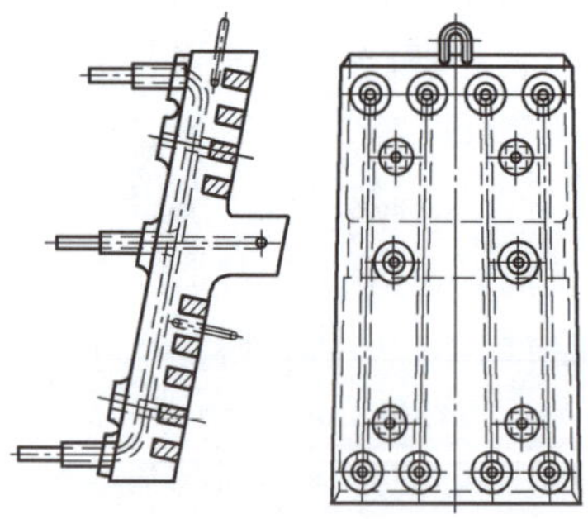
(d) 炉身中部单排水管凸台冷却壁

图 7-12　首钢 3 号高炉冷却壁结构图

高炉是一种重要的冶炼设备，常用于炼铁过程中。为了保证高炉的正常运行，提高其使用寿命，需要对其进行有效的冷却措施，其中六通道铸铁冷却壁就是一种优秀的解决方案。六通道铸铁冷却壁是由六个平行的冷却通道组成，每个通道中都有冷却液流动。冷却壁一般采用铸铁材料制成，具有较高的强度和耐磨性，适合在高温环境下工作。冷却壁的外形呈现有多个连续的通道的结构，通道数量固定为六个。

图 7-13　酒钢高效六通道铸铁冷却壁模型图

（1）六通道铸铁冷却壁的工作原理。冷却水通过供给系统被引入六通道铸铁冷却壁内的冷却通道中。冷却液的供给方式可以采用多种方式，如自然流动或者通过泵充入。在高炉生产过程中，高温物质会接触到冷却壁表面的炉衬或者渣皮。热量会从高温物质传导到冷却壁上。当冷却水流经冷却壁内的通道时，它吸收了

冷却壁上传导过来的热量。通过对流和换热的作用，冷却水将热量带走并降低了冷却壁的温度。通过调节冷却水的流量和温度，可以控制冷却壁的温度。这有助于防止冷却壁过热，减缓冷却壁应力的产生，并提高高炉的稳定性和耐久性。

（2）六通道铸铁冷却壁的作用。六通道铸铁冷却壁在高炉中发挥着重要的作用，主要体现在以下几个方面：

1）温度控制：高炉的冷却壁温度是冶炼过程中的一个关键参数。通过六通道铸铁冷却壁的冷却效果，可以控制冷却壁的温度，进而控制整个高炉的温度。这有助于保持炉内冶炼反应的稳定性，并提高冶炼效率。

2）热应力缓解：高炉的冷却壁在冶炼过程中面临着高温和热应力的影响。通过六通道铸铁冷却壁的冷却作用，可以减缓冷却壁温度的升高，从而减少冷却壁的热膨胀差异，降低热应力的产生，延长冷却壁的使用寿命。

3）冷却壁保护：高炉内存在大量的高温腐蚀性气体，如 CO、CO_2 等。六通道铸铁冷却壁的冷却作用可以有效降低气体的温度，防止冷却壁被腐蚀和侵蚀，保护冷却壁的完整性和稳定性。

4）运行稳定性提升：通过对高炉内部进行良好的冷却控制，包括使用六通道铸铁冷却壁，可以提高高炉的运行稳定性。冷却控制的有效实施有助于减少操作波动，提高产品质量和产量稳定性。

六通道铸铁冷却壁是高炉冷却系统中的重要组成部分。它通过冷却水的流动和热量传导，为高炉提供了有效的冷却作用，从而控制冷却壁温度、减轻热应力、保护冷却壁、提高高炉的运行稳定性和延长使用寿命。这种优化的设计结构和工作原理使得六通道铸铁冷却壁在高炉冶炼过程中得到了广泛的应用和认可。对于高炉的运行和冶炼过程，六通道铸铁冷却壁的应用具有重要的意义，并为冶金领域的进一步发展提供了支持。

7.4　高炉水冷系统设计优化

7.4.1　软水密闭循环冷却技术

全联合软水密闭循环冷却系统，应用于青钢 2 号高炉、酒钢 7 号高炉、湘钢 4 号高炉等工程上。结合首钢及国内外高炉炉体软水密闭循环冷却系统应用情况，对高炉软水密闭循环冷却系统进行了设计优化。整体可分为 A、B、C 三个系统。A 系统为炉底水冷管、炉体冷却壁软水密闭循环系统，B 系统为风口中套及热风炉阀门软水密闭循环系统，C 系统为风口小套软水密闭循环系统。该软水密闭循环冷却系统具有冷却效率高、操作灵活的特点。通过巧妙的设计，可以实现高炉炉缸的强化冷却，满足高炉炉缸在炉役中后期的强化冷却要求。

7.4.2　软水密闭循环冷却系统工艺流程

软水密闭循环冷却系统是一个完全密闭的循环系统，冷却介质为软水或纯水。整个系统由膨胀罐、脱气罐、循环水泵站、热交换器、冷却器（保证安全供水）和水处理系统组成。高炉冷却系统对于高炉正常生产和长寿至关重要。20 世纪 80 年代末期，我国高炉开始采用软水密闭循环冷却技术，经过不断改进和完善，软水密闭循环冷却技术已日臻完善，并成为我国大型高炉冷却系统的主流技术。

软水密闭循环冷却技术使冷却水质得到极大改善，解决了冷却水管结垢的致命问题，为高效冷却器充分发挥作用提供了技术保障。系统运行安全可靠，动力消耗低，补水量小，维护简便。

近年来，我国高炉软水密闭循环冷却技术进行了许多优化创新：（1）根据高炉热负荷分布和炉体冷却结构优化确定合理的冷却水量、水温差和水流速等工艺参数；（2）根据高炉不同区域冷却器的工作特性，分系统强化冷却，单独设置冷却回路；（3）根据高炉不同部位的热负荷状况，在高炉垂直方向上进行分段冷却，将炉缸、炉底设置为一个冷却单元，炉腹、炉腰和炉身下部设为一个冷却单元；（4）改进系统流程，优化管路布置，提高系统脱气排气功能；（5）为便于系统操作和检漏，采用圆周分区冷却方式，在高炉圆周方向分为四个冷却区间；（6）采用软水串联冷却技术，软水经炉底和炉体冷却壁后，分流一部分升压再冷却风口、热风阀等高热负荷的冷却器。这种串联软水密闭循环冷却系统具有占地省、投资低、动力消耗低的特点，在武钢、涟钢、沙钢等高炉上已得到广泛应用。

现代高炉软水密闭循环冷却系统设计应遵循以下原则：

（1）软水密闭循环冷却系统在高炉炉役末期最大热负荷条件下，应满足高炉冷却的要求，使冷却器不产生局部过热，并在其热面能够形成稳定的保护性渣皮，维持合理的操作炉型，在一代炉役期间内，冷却系统应具有足够的冷却能力。因此，设计中确定合理的热负荷、冷却水温差、冷却水速以及冷却水量成为至关重要的重点内容。

（2）软水密闭循环冷却系统的流程设计应根据高炉的具体条件确定。系统设计应重点关注高炉圆周方向的水量分配均匀性，供回水环管与供回水支管的设计应相互匹配，保证冷却器串联连接的管路阻力损失基本一致，使进入冷却器的水量均匀分布，合理设置脱气罐和膨胀罐。

（3）注重软水密闭循环冷却系统脱气、排气功能的设计。冷却系统设计应具备3个功能：1）能够及时将冷却水管中的气体带走，避免在冷却器内气泡大量积聚而形成气栓，这要求冷却水具有足够的流速；2）气体能与冷却水有效的分离；3）分离出的气体能够有效地排放。满足上述3个功能的要求，需要垂直冷却水管内的水速要大于1.5 m/s，水平管内的水速要大于2.0 m/s。冷却水管布置应遵循垂直上升的原则，尽量采用垂直布置，避免水平布置，杜绝管道向下折返，使冷却水中的气泡能够顺畅地被水流携带，冷却水管向下倒流布置将会产生排气困难而造成管道气栓。与此同时，系统中还必须设置脱气罐。当回水进入脱气罐以后，由于脱气罐内截面积增大而水速降低，气体可以顺畅地上浮溢出，实现气水分离。因此脱气罐应能够使冷却水在罐内具有一定的停留时间，才能保证气水完全分离。为了保证良好的气水分离效果，应在高炉炉顶平台设置卧式脱气罐。

（4）合理选择热交换器。热交换器的功能是将冷却水吸收的热量释放到环境中，使经过换热器的软水温度满足高炉冷却的要求。换热器的选择要满足高炉冷却水温的要求，使冷却系统在不同的气候条件下均能正常运行，同时还要注重节约水资源和能源，降低工程投资。

当前新建或大修改造的高炉，一般根据上述原则将整个高炉软水密闭循环冷却系统划分为若干个子冷却系统，如炉体冷却壁系统、热风阀和炉底系统、风口冷却系统等。

根据高炉各部位的工作条件，选择适宜合理的冷却结构和冷却系统，是延长高炉寿命的重要措施。现代高炉采用的冷却系统主要有：工业水开路循环冷却系统、汽化冷却系统和软水或纯水密闭循环冷却系统。由于工业水系统不是主流的发展方向，以下重点对软水密闭循环系统予以描述。

20 世纪 80 年代以前，我国高炉冷却系统主要以工业水作为冷却介质。由于工业水中碳酸盐、磷酸盐、悬浮物的沉积，在冷却设备的通道壁上结垢，造成冷却设备过热直至烧毁，导致冷却壁寿命过短。20 世纪 90 年代初期，国内开始大规模采用高炉软水密闭循环冷却技术，其中首钢在 2100 m^3 级别以上大型高炉推广应用，实践证明应用效果令人满意。首钢北京厂区 1 号高炉、3 号高炉、4 号高炉等，这些大型高炉都已取得一代炉役 15 年以上无中修的长寿实绩，充分证实了高炉软水密闭循环冷却技术的优势。

为了提高高炉各区域的冷却强度，根据高炉高度方向上的不同热流强度来确定冷却水量，但是高炉独立分区冷却会引起冷却水的循环流量大幅度增加，工程投资也相应增加。为了解决此问题，一种基于高炉分区域冷却设计理念的串联软水密闭循环冷却系统应运而生（首钢工程首创），在首钢首秦 1 号高炉（1200 m^3）、2 号高炉（1800 m^3）上得到成功应用。

此后国内部分高炉将整个高炉的多个冷却回路串联组合成一个密闭冷却回路的工艺流程，称为联合软水密闭循环的冷却系统，该系统降低冷却水量和动力消耗，充分利用冷却水的冷却能力。首钢工程也在许多工程上加以应用，并形成首钢工程特色工艺流程，如将高压系统和中压系统分开，形成 A+B 系统，方便一些用户的操作和管理。

（1）首钢在首秦高炉的设计中首次发明使用了分段式软水密闭循环冷却技术。分段软水的出现，把高炉上、下部区域的冷却系统进行分段，可单独对上部区域冷却设备的冷却水量进行调节、断水等操作，而下部区域冷却设备的冷却水量不会受到影响，避免了上、下部两个区域冷却系统互相牵制，影响各自正常冷却的问题。同时，根据各部位热负荷不同，供给不同的冷却水量，使冷却设备串联管路的阻力损失在炉体 360°圆周方向分布一致，保证进入冷却设备的水量能够均匀分布，提高冷却效果，延长冷却设备的使用寿命。

（2）软水密闭循环冷却系统的工作压力是由充填在膨胀罐内的氮气压力来控制的。足够的氮气充填压力可以使系统具有一定的欠热度，从而可以有效抑制系统内气泡的生成和聚集，在一定条件下可以将膨胀罐设置在地面的软水泵站内，这样便于膨胀罐的检查维护，也有利于冬季的防冻，而且可以快速反映系统泄漏情况。首钢高炉软水密闭循环冷却系统的膨胀罐全部设置在软水泵站内，首钢京唐 2 座 5500 m^3 高炉软水密闭循环冷却系统的膨胀罐也设置在软水泵站内，实践证实了这种布置方式的合理性和可靠性。首钢的膨胀罐设计能够较为快速地检测出漏水问题，在稳定的压力下较为节水。

（3）在保证相同冷却效果的前提下，全联合软水密闭循环冷却系统在柴油机泵数量、换热器数量、二次冷却泵组配置、管道材料量、脱气罐和膨胀罐及其检测元件的数量等方面的设备投资以及相应的土建结构投资均大幅减少。从运行能耗角度来看，由于联合软水的总循环水量远小于独立软水，相应地，联合软水换热用的二次冷却水量也远小于独立软水，因此运行能耗大幅减少。从系统可靠性角度来看，联合软水中各子系统在事故状态时可以互为备用，大大提高了系统运行的可靠性。

高炉采用水冷却已有100多年的历史。高炉冷却系统是现代高炉炉体不可或缺的工艺单元，对高炉长寿具有举足轻重的关键作用，是现代高炉实现长寿的基础和重要支撑，进而言之，没有合理可靠的高炉冷却就根本无法实现高炉长寿。现代高炉设计更加注重炉体冷却的重要性、必要性和合理性，建构功能完备的冷却工艺和体系是现代长寿高炉设计的核心重要内容。

高炉炉体冷却的目的是降低炉体内衬的温度，使耐火材料在合理的温度下工作，使炉体内衬温度场合理分布，降低耐火材料内衬的温度梯度，消除或降低热应力，使耐火材料远离高温区域；促使冷却器或耐火材料砖衬热面形成渣皮，保护高温区域工作的设备和炉壳，防止冷却器和耐火材料的过早破损，保持高炉操作炉型的稳定，从而维护合理的操作内型和高炉顺行。因此，高炉冷却器和冷却系统的主要功能是保护高炉内衬和炉壳，在维持合理操作炉型的前提下，延长高炉炉体的使用寿命。为了达到这个目的，高炉冷却器和冷却系统必须能够将足够的热量顺畅地传递出去，从而使机械应力、热应力以及造成耐火材料破损的化学侵蚀降低到最小。与此同时，冷却系统还必须保持冷却器热面的温度在合理控制的范围内，使高炉冷却器在不过热的条件下长期稳定工作，以确保高炉达到15年以上的寿命。

根据高炉各部位的工作条件，选择适宜合理的冷却结构和冷却系统，是延长高炉寿命的重要措施。现代高炉采用的冷却系统主要有：工业水开路循环冷却系统（图7-14）、汽化冷却系统（图7-15）和软水密闭循环冷却系统（图7-16）。目前，随着软水密闭循环冷却技术的日臻完善和显著的技术优势，国内外新建或大修改造的大型高炉普遍采用软水密闭循环冷却工艺。

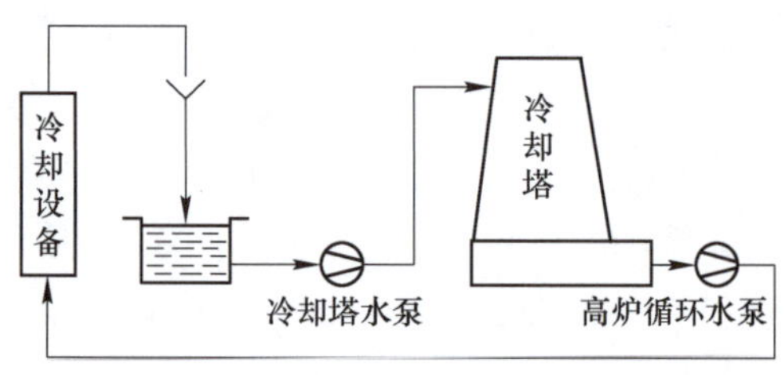

图7-14　高炉工业水开路循环冷却系统原理图

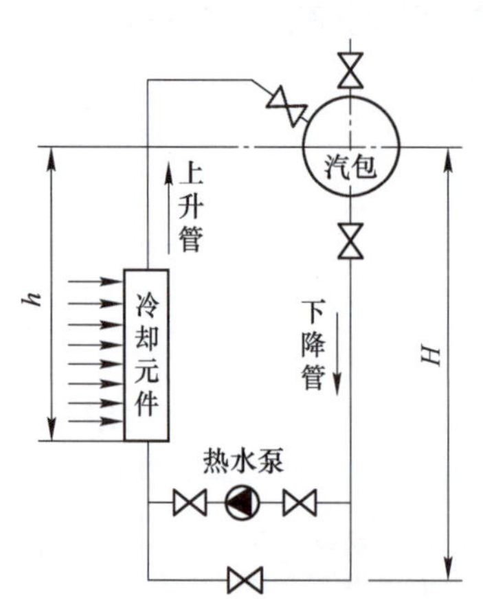

图7-15　高炉汽化冷却系统原理图

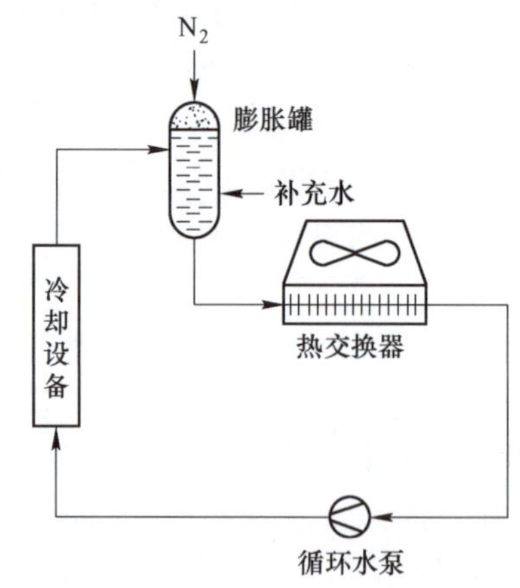

图7-16　高炉软水密闭循环冷却系统原理图

20世纪50年代以来，软水密闭循环冷却技术得到快速发展，在欧洲、日本的高炉上得到普及推广。20世纪80年代以来，我国高炉软水密闭循环冷却技术发展迅速，武钢、首钢、鞍钢、本钢、太钢、唐钢、宝钢、攀钢等企业的一些大型高炉均已采用这项高炉冷却新技术。进入 21 世纪以后，高炉软水密闭循环冷却技术已成为主流技术，在容积 1000 m^3 以上的高炉上得到普遍应用。

高炉冷却系统的主要作用在于以水为介质从冷却器中吸收热量，并将这些热量放散到环境中，使冷却水恢复到进入冷却器前的状态，从而达到循环使用的目的。上述三种冷却系统的主要区别在于热量散发方式和冷却介质循环方式不同。工业水开路循环冷却系统采用工业水作为冷却介质，冷却系统与环境相连通，通过水在冷却塔或冷却池中蒸发向环境中散热；汽化冷却系统冷却介质为软水或纯水，通过水的汽化相变吸热进行冷却，然后再通过水释放汽化潜热；软水密闭循环冷却系统冷却介质为软水，为密闭循环系统，软水与环境不接触，完全独立密闭，通过热交换器将热量散发到环境中。

按照高炉冷却技术的发展历程，软水密闭循环冷却系统是在高炉汽化冷却技术的基础上发展起来的。20 世纪 50 年代以苏联为代表，开发了高炉自然循环汽化冷却技术，随后在欧洲、日本、澳大利亚和我国的高炉上应用，汽化冷却的出现可以避免高炉冷却器结垢，当时在一定程度上为延长高炉寿命起到了积极作用。汽化冷却耗水量较低，并且是有可能利用二次热量的理想冷却方式。但是自然循环汽化技术存在固有的缺陷，高炉冷却器在波动剧烈的高热负荷的冲击下，系统容易产生循环脉动，甚至出现膜态沸腾，造成冷却器过热而烧毁；采用汽化冷却时，冷却壁本体的温度比采用工业水开路循环冷却时要高，造成冷却壁过早破损。经过长时间的试验和应用，汽化冷却系统影响高炉寿命而改进为软水密闭循环冷却系统。

软水密闭循环冷却系统在克服了工业水开路冷却和汽化冷却技术缺陷的同时，继承两者的优势，改善了冷却水质，消除了冷却器结垢，采用密闭系统，还可以根据工艺要求氮气稳压技术在维持较高欠热度的条件下工作，提高了冷却系统工作的可靠性。

软水密闭循环冷却系统是一个完全密闭的系统，以软水或纯水作为冷却介质，整个系统由高炉冷却器、热交换器（散热器）、膨胀罐、循环水泵组及管路系统组成。该系统中设置膨胀罐的目的在于吸收软水，在密闭系统中由于温度升高而引起的膨胀。膨胀罐内充填氮气，系统的工作压力由膨胀罐内充填的氮气压力控制，使冷却介质具有较大的欠热度而抑制软水在系统中的汽化。软水密闭循环冷却系统在高炉炉缸、炉底、炉腹至炉身、风口及热风阀等冷却器上均可应用。其主要有以下 5 个技术优势：

（1）改善冷却水质，消除冷却器结垢，提高冷却可靠性。冷却系统的可靠性是衡量冷却系统性能优劣的重要标准。高炉采用工业水开路循环冷却时，由于水质稳定性差、碳酸盐沉积，在冷却器的冷却通道内壁很容易结垢，降低传热效率、恶化传热过程。实践证实水垢的形成是造成冷却器过热直至损坏的重要原因，在冷却水硬度高、水质稳定性差、强化冶炼热负荷较高的高炉上尤为突出。

软水是经过软化处理的水，有效控制水中钙、镁离子含量，同工业水相比软水中钙、镁离子大幅度降低，因而消除了冷却水管管壁上的结垢，极大地提高了冷却效果。实践表明，冷却水管内壁 1 mm 厚的水垢就可以造成 100~200 ℃的温差，使冷却器的冷却效率急剧降低，水垢是恶化冷却器传热效果最重要的因素，因此采用经过处理的软水或纯水成为高炉冷却的主导技术。软水密闭循环冷却系统投入运行之前，需要对管道进行清洗和钝化处理，系统投入运行后，冷却水中定期加入一定量的缓蚀剂，可有效降低冷却元件和管道腐蚀速率，延长其使用寿命。

软水密闭循环冷却系统采用软化水或纯水作为冷却介质，提高冷却水质量和冷却水的稳定性，消除冷却器内壁结垢，从根本上解决了由于水质不良造成的传热恶化的问题；采用密闭循环系统维持较高的欠热度，使整个系统的可靠性比工业水冷却和汽化冷却具有显著的提高。

（2）水量消耗降低。软水密闭循环冷却系统是一个完全与大气隔离的密闭系统，由于软水密闭循环冷却系统为封闭体系，因此没有冷却水的蒸发损失，系统泄漏流失也极少，而且在循环中水质不受任何污染，损耗降低，对管道的腐蚀也相应减小。正常情况下软水补水量仅为系统循环量的0.04%~0.1%。同工业水开路循环冷却系统相比，水消耗量大幅度降低，是现代高炉炼铁降低水资源消耗实现绿色制造的重要技术措施。

（3）系统运行稳定。软水密闭循环冷却系统的压力由膨胀罐内充填的氮气压力来控制，不仅提高了系统的密封性，而且提高了软水的汽化温度，使软水具有一定的欠热度。特别是各冷却单元系统回水进入脱气罐，及时脱去水中气泡，避免产生两相流和膜态沸腾，消除管道汽塞，使循环水流稳定运行。

（4）动力消耗降低。软水密闭循环冷却系统同工业水开路循环冷却系统相比，具有动力消耗低的技术特点。开路系统中水泵的扬程取决于管道系统的阻力损失、供水点的高度和剩余压力，因此在相同冷却水量的条件下，工业水开路系统的供水泵需要更高的扬程。而软水密闭循环系统中由于冷却水的静压头能够得到充分的利用，并且设有膨胀罐，冷却系统的工作压力取决于膨胀罐内填充的氮气的压力，因此水泵的扬程是由系统的管道阻力损失决定的，而且无需单独设置将冷却水提升至冷却塔的提升泵组，系统的动力消耗显著降低。

（5）管道系统流程优化、管道腐蚀小。采用软水密闭循环冷却系统，高炉炉体和冷却泵站之间只有1~2根供水总管和1~2根回水总管连接，无需设置其余辅助设施，从而使管道系统简化，且高炉炉体的冷却管道工艺布置简化。由于采用软水或纯水作为冷却介质，使管道腐蚀减小，提高了管道系统的使用寿命，同时也降低了管道系统的工程投资。

为了保证现代高炉冷却系统的可靠性、有效性、稳定性和安全长寿，应优先采用以软水或纯水作为冷却介质、通过氮气加压的强制密闭循环冷却系统。在软水密闭循环冷却系统的每个主要冷却子系统中，软水经过泵组加压后进入各子系统的冷却器与其进行换热，吸收冷却器传出的热量，之后汇集到回水主管。回水主管上设有脱气装置、膨胀罐和热交换器，通过热交换器，将软水携带的热量传递到二冷水系统或被直接排放到大气环境中。经过热交换器冷却以后的软水，再经泵组加压进入到每个冷却子系统的循环回路泵中。软水补充水补给到泵的入口侧。膨胀罐中充填的氮气用于控制系统压力，使系统具有足够的欠热度，并可进行系统的水位监控。各种软水密闭循环冷却系统工艺流程见图7-17。

20世纪60年代，国外高炉开始采用软水密闭循环冷却系统。经过数十年的生产实践，这种稳定可靠、高效节能的高炉冷却系统不断得到创新完善，当前已成为国内外高炉冷却系统的主流发展趋势。我国20世纪90年代初期开始大规模采用高炉软水密闭循环冷却技术，在武钢、宝钢、首钢、鞍钢等企业的2500 m^3以上大型高炉推广应用，至今已取得令人满意的应用效果。武钢5号高炉、首钢1号高炉、首钢3号高炉、首钢4号高炉、宝钢3号高炉等，这些大型高炉都已取得一代炉役15年以上无中修的长寿实绩，充分证明了高炉软水密闭循环冷却技术的优势。

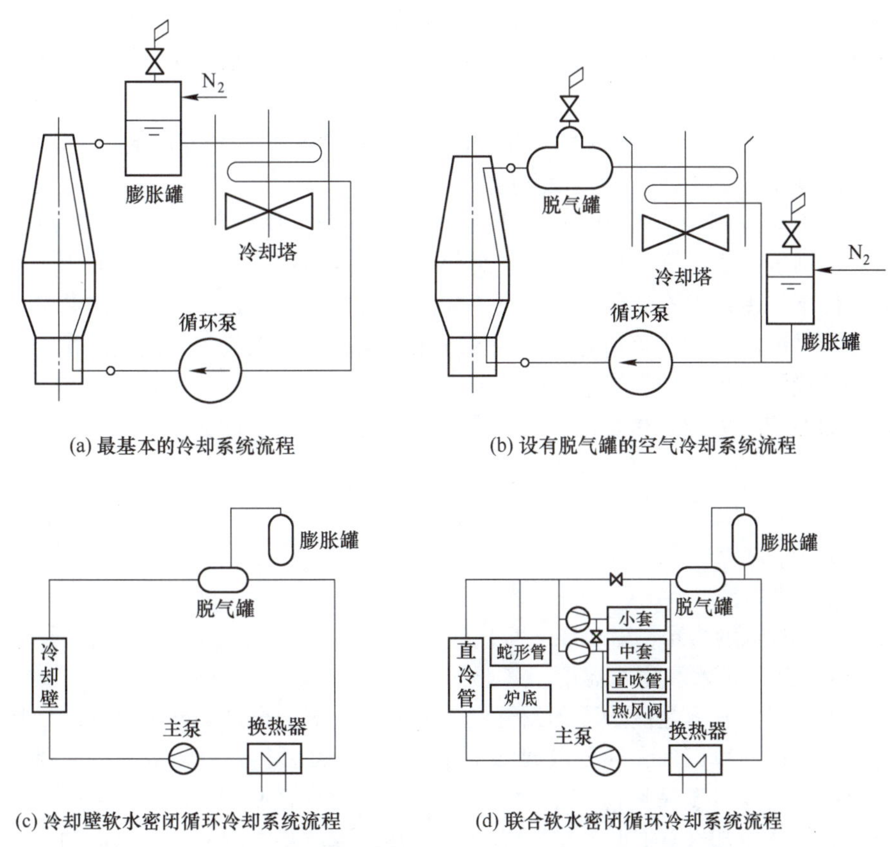

(a) 最基本的冷却系统流程　　(b) 设有脱气罐的空气冷却系统流程

(c) 冷却壁软水密闭循环冷却系统流程　　(d) 联合软水密闭循环冷却系统流程

图 7-17　各种软水密闭循环冷却系统工艺流程

热流强度是冷却系统和冷却器设计的重要参数。可靠适宜的冷却是保证高炉长寿、并获得良好技术经济指标的必要条件之一。冷却强度不足将造成冷却器换热能力差，难以形成保护性渣皮，冷却器内壁膜态沸腾，造成冷却器局部过热导致过早损坏；过度的冷却则造成冷却水量较大，使动力消耗增加，而且将对高炉操作带来不利的影响。因此在冷却系统及冷却器设计时，确定科学合理的热流强度是十分重要的问题，热流强度是高炉冷却系统设计最基本的关键参数。所谓热流强度是指冷却水由每 1 m^2冷却面积所带出的热量。一般而言，高炉的冷却面积应以高炉炉壳的内表面积为依据进行计算。在实际工程设计中，根据高炉冷却结构的不同，采用如下的计算方法：对采用冷却壁冷却的高炉，热流强度以冷却壁内表面积作为冷却面积进行计算；对采用冷却板冷却的高炉，热流强度则以高炉炉壳的内表面积作为冷却面积进行计算。

实测表明，高炉内热流强度最大的区域在炉身下部。热流强度取决于高炉冶炼强化的程度以及煤气流分布等因素。对于同一座高炉，炉身下部的热流强度，也将随着砖衬的侵蚀状态而发生很大的变化。在砖衬被完全侵蚀后，冷却器热面完全暴露在高炉中，高炉将依靠在冷却器热面形成的渣皮维持长期工作。如果操作条件变化、边缘煤气流发展时会造成渣皮脱落，其热流强度将出现剧烈的波动。在冷却系统设计传热学计算时，对采用冷却壁高炉冷却系统，通常采用以下 4 种热流强度值：

(1) 最小热流强度值，开炉初期冷却器所承受的热流强度值。

(2) 平均热流强度值，在整个炉役期内热流强度的算术平均值。经验表明，大部分高炉冷却壁在平均热流强度值的条件下工作。该值可作为计算冷却系统技术经济指标的依据。

(3) 最大热流强度值，在炉役后期所测得的一组冷却壁最大热流强度的算术平均值。该值可作为冷却系统热负荷计算的设计值。

(4) 峰值热流强度值，在炉役后期特殊炉况条件下，所测单一冷却壁在短时间内出现的最高热流强度的算术平均值。该值作为核算校验冷却壁的热承载能力使用。在峰值热流强度值条件下，冷却壁本体的最高温度不应超过所用材料的最高允许工作温度。

高炉冷却系统的最大热负荷是高炉各区域热流强度的最大值与其传热面积的乘积的总和，热负荷是确定高炉冷却系统能力的主要参数之一。

高炉冷却系统最大的总热负荷是确定冷却水量最重要的设计依据，计算公式如下：

$$M = (q \cdot F)/[c \cdot (t_2 - t_1)] \tag{7-5}$$

式中 M——冷却水用量，m^3/h；

q——高炉炉体平均热流强度，kJ/h；

F——传热面积，m^2；

c——水的质量热容，kJ/(kg · ℃)；

t_1，t_2——冷却器进水和出水温度,℃。

高炉冷却水量的确定是高炉冷却系统设计成败的关键。合理的高炉冷却水量除了根据高炉炉体总热负荷计算以外，还要依据避免冷却水在冷却器内汽化所要求的水流速和冷却通道的断面积确定。对于采用冷却壁的高炉，冷却水管内的平均水速应达到 1.5 m/s 以上，这样才能保证冷却壁具有足够的冷却能力，并减少水管内两相流和气泡的聚集，避免冷却壁局部过热而破损。实践证实，软水密闭循环冷却系统的冷却器内水流速越高，管道内形成气塞的可能性越小，相应冷却系统的冷却效果也就越好。但是水速过高，造成系统水量过大，阻力加大，动力消耗增加，而且传热学计算研究也证实，过高的冷却水速对于改善冷却器的冷却效果并不显著，因此高炉设计中确定科学合理的冷却水速也至关重要。

在根据高炉各部位热负荷初步确定满足高炉传热要求的总水量以后，还需要对高炉软水密闭循环冷却系统的总水量进行合理分配，确定各冷却系统的水量分配。各子系统水量分配可参照式 (7-6) 计算：

$$M_i = 3600 \cdot (\pi D^2/4) \cdot v \tag{7-6}$$

式中 M_i——冷却子系统的水量，m^3/h；

D——冷却水管径，m；

v——冷却水速，m/s

表 7-2 为首钢 2 号高炉 (1780 m^3) 炉体冷却传热学设计参数。

表 7-2 首钢 2 号高炉软水密闭循环冷却系统热传热学参数

冷却系统	最大热流强度 /$kW \cdot m^{-2}$	传热面积 /m^2	系统热负荷 /MW	循环冷却水速 /$m \cdot s^{-1}$	冷却水流量 /$m^3 \cdot h^{-1}$	系统水温差 /℃
冷却壁前排管系统	46.52	491.01	19.65	1.83	1910	8.85
冷却壁后排管系统	17.45	141.51	2.20	1.50	300	6.29
冷却壁凸台 I 系统	69.78	70.98	4.24	2.30	600	6.07

续表 7-2

冷却系统	最大热流强度 /kW·m^{-2}	传热面积 /m^2	系统热负荷 /MW	循环冷却水速 /m·s^{-1}	冷却水流量 /m^3·h^{-1}	系统水温差 /℃
冷却壁凸台Ⅱ系统	63.97	73.87	3.98	2.30	600	5.71
合　计		777.37	30.07		3410	7.58

7.4.2.1　膨胀罐

软水密闭循环冷却系统与工业水开路循环系统不同，是完全封闭的循环体系，系统中的冷却水与外界是隔离的。当系统中的冷却水温度发生变化时，其体积也随之发生变化，特别是软水经过冷却器后，温度升高，体积膨胀，为了保障系统的正常运行，系统中必须设置膨胀罐以吸收软水由于温度升高造成的体积膨胀。因此软水密闭循环冷却系统设置膨胀罐的主要作用是吸收软水在密闭循环系统中由于温度升高而引起的膨胀，还可以使冷却水中的气泡从循环水中分离出来；膨胀罐内充填氮气，软水密闭循环冷却系统的工作压力由膨胀罐内的氮气压力控制，使得软水具有较高的欠热度，从而抑制软水在系统中的汽化，以提高冷却系统可靠性；膨胀罐还可以储存一定的水量，并对水位进行控制，根据水位变化对系统进行补水。

A　膨胀罐的布置

膨胀罐可以设置在高炉炉顶平台与冷却器的回水环管相连接处，也可以将其设置在软水泵房内与循环水泵的入口管道相连接处，这两种布置方式在国内外的高炉上都有应用的实例。

软水密闭循环冷却系统的工作压力是由充填在膨胀罐内的氮气压力来控制的，冷却系统的工作压力必须高于高炉炉内压力，以防止冷却器水管损坏后高炉煤气渗漏到冷却系统中，影响系统正常工作，除此之外还必须维持合理的冷却水欠热度。冷却水的欠热度，即冷却水沸点与实际工作温度之差，该值与系统压力密切相关。在实际工作温度不变的条件下，如果提高系统压力，冷却水的沸点将升高，欠热度也随之升高。也就是说维持较高的系统压力，使软水具有足够的欠热度，相应提高了软水的沸点，可以使软水和冷却水管内壁之间处于强制对流换热或过冷沸腾换热状态，不至于超越泡态沸腾而达到膜态沸腾状态。强制对流换热状态下，冷却水管内壁不生成气泡；过冷沸腾状态下冷却水管内壁有少量气泡生成，但可迅速被具有一定流速的水流带走，并在远低于沸腾温度的水流流股中破裂消失。因此足够的欠热度可以有效抑制冷却水管内壁的膜态沸腾，防止冷却器局部过热，提高冷却效果和冷却效率。

膨胀罐的工作压力应满足式（7-7）、式（7-8）的要求：

静态时
$$P_g = P_o + P_h \tag{7-7}$$

动态时
$$P_g = P_o + P_h - \Delta P \tag{7-8}$$

式中　P_g——膨胀罐的工作压力，MPa；

P_o——处于最高位置的冷却器所要求的工作压力，MPa；

P_h——膨胀罐与最高位置冷却器之间的位差静压，MPa；

ΔP——处于最高位置冷却器至膨胀罐之间的管路系统阻力损失，MPa。

由此可以看出，膨胀罐的工作压力不但要满足最高位置冷却器的工作压力要求，还要考虑二者之间的位差。当膨胀罐设置在炉顶平台冷却器上方时，P_h 为负值；当膨胀罐设置在软水泵房时，P_h 为正值。

国内外高炉长期的生产实践表明，软水欠热度为 50 ℃时可以保障软水密闭循环冷却系统的安全可靠性，维持冷却水静压在 0.2 MPa（绝对压力）时即可使冷却水欠热度达到 50 ℃以上。由此可见，膨胀罐内采用压力大于 0.2 MPa 的氮气充填，就可以使整个系统保持足够的欠热度，系统不易生成气泡，工作安全可靠。一般膨胀罐的工作压力设计为 0.5 MPa（表压），实际生产中可以根据实际情况进行调整控制。因此从膨胀罐的功能和系统控制的机理分析，足够的氮气充填压力可以使系统具有足够的欠热度，从而可以有效抑制系统内气泡的生成和聚集，完全可以将膨胀罐设置在地面的软水泵站内，这样便于膨胀罐的检查维护，也有利于冬季的防冻，而且可以快速反应系统泄漏情况。首钢高炉软水密闭循环冷却系统的膨胀罐全部设置在软水泵站内，首钢京唐 2 座 5500 m^3 高炉软水密闭循环冷却系统的膨胀罐也将膨胀罐设置在软水泵站内，实践证实了这种布置方式的合理性和可靠性。

B　膨胀罐的容积

膨胀罐的容积由下列因素确定：

（1）系统内的循环水由于温度升高而膨胀所需要的容积，系统内水的膨胀量根据系统内冷却水的总容积量和最高工作温度确定：

$$\Delta V = V(\alpha_t - \alpha_o) \tag{7-9}$$

式中　ΔV——循环水的体积总膨胀量，m^3；

V——系统内水的总容积，m^3；

α_t——水在最高工作温度下的比容，m^3/t；

α_o——水在 4 ℃时的比容，m^3/t。

水在不同温度下的比容见表 7-3。

表 7-3　水在不同温度下的比容

温度/℃	比容/$m^3 \cdot t^{-1}$	温度/℃	比容/$m^3 \cdot t^{-1}$
0	1.00021	50	1.0121
4	1.0	60	1.0171
10	1.0004	70	1.0228
20	1.0018	80	1.0290
30	1.0044	90	1.0359
40	1.0079	100	1.0435

（2）氮气充填的容积：一般为 ΔV 的 10%～15%。

（3）水的储存容积：可根据实际情况确定。

高炉软水密闭循环冷却系统的膨胀罐有水平设置的卧式和竖直设置的立式。从系统补水的角度出发，立式膨胀罐优于水平式膨胀罐。立式膨胀罐的优点在于下部直径大，有利于储水，而上部直径小，水位的变化对于系统泄漏反应比较灵敏，因此有利于及时补水。目前国内一般采用立式和卧式相结合的膨胀罐，效果较好。

7.4.2.2 脱气罐

水软化处理后只是除去水中形成水垢的钙、镁离子，并未除去溶解于水中的气体，其中软水中的氧气和二氧化碳对金属冷却水管道和阀门等具有腐蚀作用。

水中溶解气体量与该气体在水面上的分压力成正比。随着水温升高，水面上水蒸气分压力增大，气体的分压力相对减小，溶解气体量也相应减少。因此，一部分溶解在水中的气体随着水温升高而逸出。图 7-18 为大气压下氧气的分压和溶解量与水温的关系。

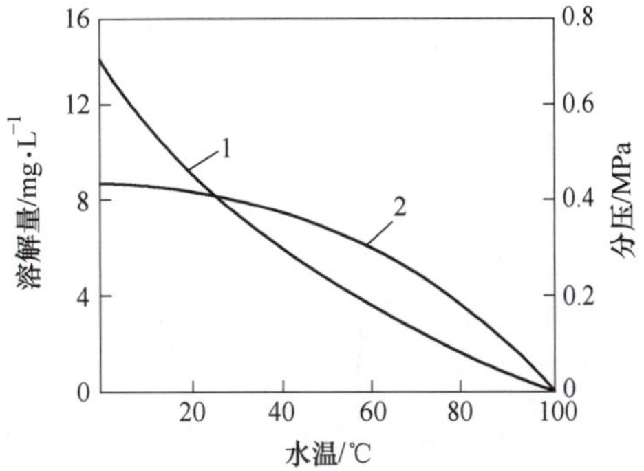

图 7-18 大气压下氧气的分压和溶解量与水温的关系

1—氧气溶解量；2—氧气分压

软水密闭循环冷却系统脱气的方法是降低循环水流速，使气体从水流中浮升到脱气罐顶部集气包内。软水在冷却水管内流速一般为 1~2.5 m/s，扩大断面使用水流速降低到 0.1~0.2 m/s 即可实现脱气。脱气罐应布置在软水密闭循环冷却系统的最高处，积聚的气体可通过排气阀定期排出。

当软水密闭循环冷却系统兼具汽化冷却功能时，脱气罐可以兼作汽包。此时脱气罐必须同时满足汽包要求，并设置必要的水位表、安全阀、汽水分离装置、给排水装置等。

7.4.2.3 循环水泵站

循环水泵站是高炉软水密闭循环冷却系统，是保证软水循环流动的重要设施。在软水密闭循环冷却系统中，冷却水通过水泵送至各冷却器元件，并利用其余压通过热交换器将冷却水降温后循环使用，循环水泵站机组工作的可靠性直接影响整个冷却系统的使用效果。

(1) 冷却水量的确定。软水密闭循环冷却系统均以每个冷却器的水管自下而上串联。一般水流量是根据热流强度最大区段的冷却通道流速、断面积和数量来确定。

软水密闭循环冷却系统设置 3 台电动泵（其中 2 台工作，1 台备用）和 1 台事故柴油泵。柴油泵是作为停电时保证向高炉安全供水用的事故备用泵。

(2) 水泵扬程的确定。软水闭路循环冷却系统与工业水开路循环冷却系统不同，由于系统封闭可以保持系统的内压力，因此水泵的扬程仅由系统的管路阻力损失决定，与供水点的高度无关，即闭路循环系统的水泵扬程 $H=\Delta P$。系统的阻力损失根据一般的水力学计算确定，同时为了防止高炉煤气渗漏到冷却水中，必须保持各部位冷却器的水压大于高炉内的煤气压力，要在阻力损失计算结果的基础上预留 25%~30%的富余量。

因此，高炉软水密闭循环冷却系统的阻力计算对于系统设计十分重要，是确定水泵扬程的重要设计依据。如果对系统阻力损失计算不当，水泵扬程选择过大会造成能源浪费；过小则会造成系统不能正常运行。武钢 5 号高炉软水密闭循环冷却系统冷却壁冷却回路的阻力损失计算采用如下的经验公式：

$$\Delta P = R \cdot L + h \tag{7-10}$$

$$R = 0.0010575672(v^2/d^{1.3}) \tag{7-11}$$

$$h = \xi \cdot v^2/(2g) \tag{7-12}$$

式中 ΔP——系统阻力损失，MPa；

R——直管段单位长度阻力损失，Pa/m；

L——管道长度，m；

h——局部阻力损失，Pa/m；

v——水流速，m/s；

d——管径，m；

ξ——局部阻力损失系数；

g——重力加速度，9.81 m/s^2。

应该特别指出的是，软水密闭循环冷却系统的工作压力为：$P = \Delta P + P_0$（P_0 为膨胀罐充填的氮气压力），在系统设计中应充分考虑此问题。

（3）补充水泵的设置。理论上软水密闭循环冷却系统正常运行时无需补充新水，但实际运行中因水泵轴封渗漏、阀门泄漏、管道系统泄漏等各种因素，系统会有水的损失；在冷却器水管出现破损时，冷却水也会向高炉内泄漏，因此必须使系统损失的软水得到及时补充。泄漏水量很难用理论计算确定，一般根据实践经验选取。补水泵除了根据膨胀罐内水位指令实现正常补水以外，还兼有首次向整个系统充灌软水的功能，补水泵流量选择过小会使充水时间过长，延误高炉投产时间。推荐采用 6~8 h 充满系统用水选择补水泵流量，补水泵扬程必须大于补水点的系统压力。补水泵一般选择 1 台工作，1 台备用，必要时可 2 台同时运行。补水管道可与钢铁厂锅炉房的软水制备系统连接，也可以在软水泵房内设置专用的软水箱与补充水泵连接。

7.4.2.4 热交换器

采用软水或纯水密闭循环冷却系统时，冷却水在经过冷却器时被加热，温度升高，由于经过不同冷却器的热流强度不同，冷却水温升也不同，一般进出水温差控制在 10 ℃以下。为了将冷却水从高炉内吸收的热量散发到环境中，使冷却水进水温度达到符合冷却器正常工作的要求，必须经过热交换器降温后才能循环使用。常用换热器有水-水板式换热器、水-空气干式空冷器、水-空气喷淋蒸发式空冷器。由于材料焊接技术的提高，近年来在化工行业开始使用水-空板式换热器。循环冷却水在高炉内吸收的热量必须在冷却器中全部释放才能保证高炉正常稳定地运行。随着高炉热负荷的变化，换热器的换热能力也应相应变化，否则会出现循环水温度上升或下降的现象。因此，换热器应具备多台工作、可根据工况要求增减的调控条件。根据高炉热负荷和夏季环境温度条件选择换热器的台数和容量。一般采用强力通风空气冷却器，可使水温下降 8~10 ℃，因此，冷却水在高炉内温升也只能控制在 8~10 ℃，进水温度为 55 ℃以下，出水温度为 65 ℃以下。此外，还可以采用水-水板式换热器对软水进行冷却，以降低软水温度，提高软水的冷却能力。

目前用于软水密闭循环冷却系统的换热器主要有干式空冷器、板式换热器和表面蒸发式空冷器，其主要技术性能对比见表 7-4。

表 7-4 3 种常用换热器的性能对比

项 目	换热效率	冷却介质	设备投资	运行成本	设备清理维护
干式空冷器	一般	空气	高	较低	较容易
板式换热器	高	水	低	高	容易

续表 7-4

项目	换热效率	冷却介质	设备投资	运行成本	设备清理维护
表面蒸发式空冷器	较高	空气+水	高	较低	较困难

（1）采用传统干式空气冷却器的软水密闭循环冷却系统。空冷器是由翅片管束和通风机组成的换热设备。软水由翅片管内流过，通过通风机造成在翅片管外流动的空气与管内的软水进行热交换，这种工艺适用于年平均气温低、缺水的北方地区。但其体积比较庞大，为了节约占地面积，一般把其设置在循环水泵站的屋面上。水-空干式空冷器，在北方地区采用较多，其优点是投资低，运行成本也低；其缺点是由于传导散热方式的限制，管内的软水冷却后温度，受空气干球温度限制，造成换热能力受限，达不到 10 ℃以上换热温差的工艺要求，在夏季环境温度较高时，容易造成高炉进水温度达到 70~80 ℃，高炉刚开炉前 1~2 年尚可满足工况要求，其后翅片管上翅片松动和积灰则容易造成换热效率的降低，难以满足现代高炉对冷却水水温的要求。采用传统干式空气冷却器的软水密闭循环冷却系统工艺流程见图 7-19。

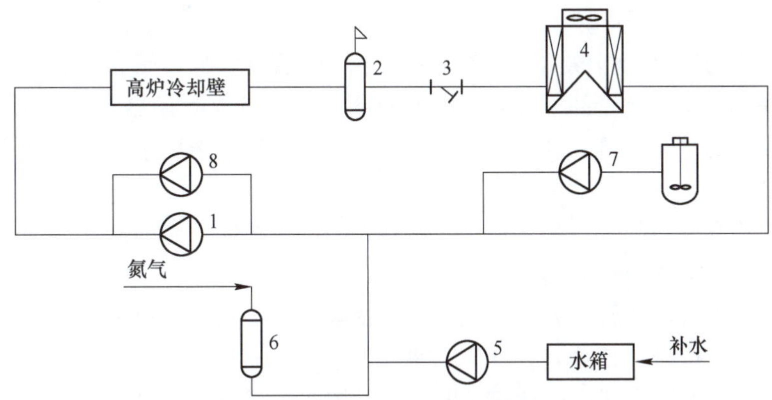

图 7-19 采用传统干式空气冷却器的软水密闭循环冷却工艺流程

1—循环供水泵；2—脱气罐；3—管道过滤器；4—空气冷却器；5—补水泵及软水箱；6—膨胀罐；7—水稳加药装置（包括计量泵）；8—柴油机事故水泵

（2）采用板式换热器的软水密闭循环冷却系统。水-水板式换热器是以波纹板为换热面的水-水换热设备。换热器本身具有换热效率高、设备体积小和拆装方便等优点，但是需要的二次冷却水流量大，只有在水源充足的地区才是适用的。板式换热器的突出优点是系统换热能力大，检修维护方便，可达到大温差的工艺要求；其缺点是板式换热器需要建一套净环低温冷媒水系统，占地面积较大，耗水量较多，一次性投资大，运行成本高，二次冷却水量约是被冷却软水水量的 1.2 倍，二次冷却塔蒸发损耗大，适用于水量充足的地区。采用板式换热器的软水密闭循环冷却系统工艺流程见图 7-20。

（3）采用蒸发式空冷器的软水密闭循环冷却系统。表面蒸发式空冷器是将冷却塔和空冷器结合为一体的新型换热器。表面蒸发式空冷器的主要特点是利用管外水膜的蒸发，从而强化管外传热过程。其工作过程是利用水泵将下部水箱的冷却水输送到位于水平放置的光管管束上方的喷淋水分配器，由分配器将冷却水向下喷淋到传热管表面，使传热管外表面形成连续均匀的薄水膜，同时用风机将湿热空气从换热器顶部抽出，使空气自下而上

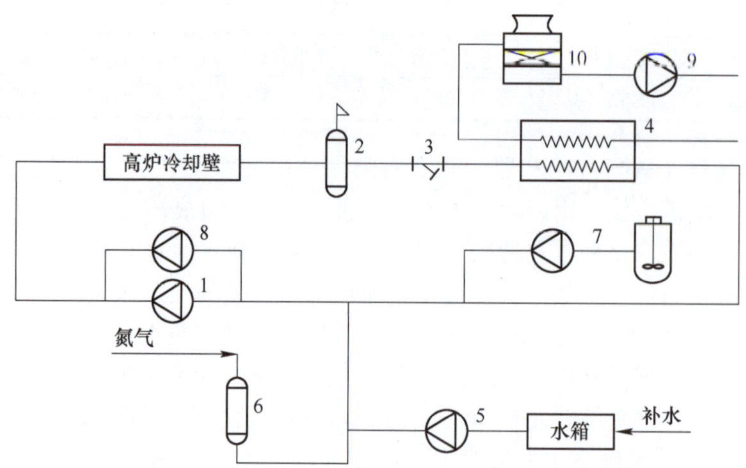

图 7-20 采用板式换热器的软水的密闭循环冷却系统工艺流程

1—循环供水泵；2—脱气罐；3—管道过滤器；4—板式换热器；5—补水泵及软水箱；6—膨胀罐；7—水稳加药装置（包括计量泵）；8—柴油机事故水泵；9—间接换热冷媒水循环供水泵；10—冷却塔

流动，加强空气与管束之间的对流换热。此时，传热管的管外换热除了依靠水膜与气流间的显热传递外，主要还是借助管外表面水膜的迅速蒸发吸收大量热量，强化了管外传热。由于水具有较高的汽化潜热，因此管外表面水膜的蒸发有利强化了管外传热，使换热器总体热效率明显提高。

表面蒸发式空冷器的结构特点是：换热器采用汽化蒸发换热的方式，设备总传热效率显著提高；将冷却塔和换热器结合为一体，配置循环水系统，相应减少了设备占地面积；采用光管作为传热管，光管阻力小，风机负荷相应降低；与板式换热器相比，还减少了二次冷却水的消耗，设备操作简单，维护方便。

随着近几年表面蒸发式空冷器设备的开发应用，大型高炉闭路循环软水冷却器部分开始采用表面蒸发式空冷器来替代干式空气冷却器，新型蒸发式空冷器虽然换热效率高，但相对也存在工程投资较大、设备质量大、运行设备多、维护量大的缺陷。采用蒸发式空冷器的软水密闭循环冷却系统工艺流程见图 7-21。

（4）基于工业水串级冷却的软水密闭循环冷却系统。21 世纪初，由于操作习惯等原因，我国部分高炉炉缸炉底冷却壁和风口采用工业水开路循环冷却系统，而炉腹以上区域采用软水密闭循环冷却系统。迁钢 1 号高炉（2650 m^3）除了设有软水密闭循环冷却系统以外，还另设有工业水开路循环冷却系统，其供水量为 7080 m^3/h，供水温度不高于 35 ℃，主要供给炉体第 1～5 段冷却壁、风口大、中、小套及炉前液压站等用户。其回水量为 7012 m^3/h，回水温度不高于 38 ℃，温升仅有 2～3 ℃。

结合迁钢 1 号高炉的特定高炉冷却系统工况条件，采用高炉工业水开路循环冷却，回水在上塔冷却前的进水（Q=7012 m^3/h，温度≤38 ℃）串接作为软水板式换热器冷媒水进水进行换热，可以保证热媒水出水温度不高于 45 ℃。由于工业回水水量充足，在保证适当换热面积的条件下，与冷媒水的温度梯度差大（可达 7 ℃），能够保证板式换热器热媒出水温度不高于 45 ℃。通过恰当的组合方式便满足了工艺用水要求，同时也减少了开路冷却过程中的飞溅及漏损水量。

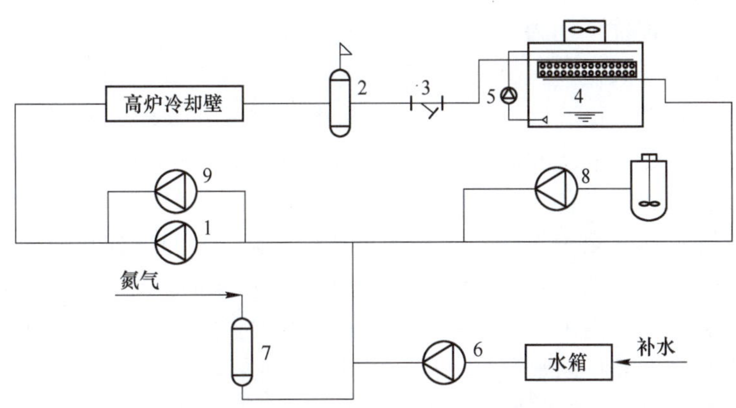

图 7-21 采用蒸发式空冷器的软水密闭循环冷却系统工艺流程

1—循环供水泵；2—脱气罐；3—管道过滤器；4—蒸发式空冷器；5—喷淋泵；6—补水泵及软水箱；7—膨胀罐；8—水稳加药装置（包括计量泵）；9—柴油机事故水泵

软水密闭循环冷却系统水量为 5150 m³/h（其中热风炉系统水量为 650 m³/h），供水温度不高于 45 ℃。回水温度不高于 55 ℃。炉体软水密闭循环冷却系统选用 BR1.6 型板式换热器 5 台；热风炉密闭循环系统选用 BR1.3 型板式换热器 2 台。工业水冷却采用 5 台（4 用 1 备）中温玻璃钢塔，每个冷却塔的冷却功率为 90 kW，采用 700S45 型冷却水上塔泵 3 台（2 用 1 备），水泵功率为 710 kW；设置冷媒水上塔柴油机事故泵 1 台。这种基于工业水串级冷却的软水密闭循环冷却系统工艺流程见图 7-22。

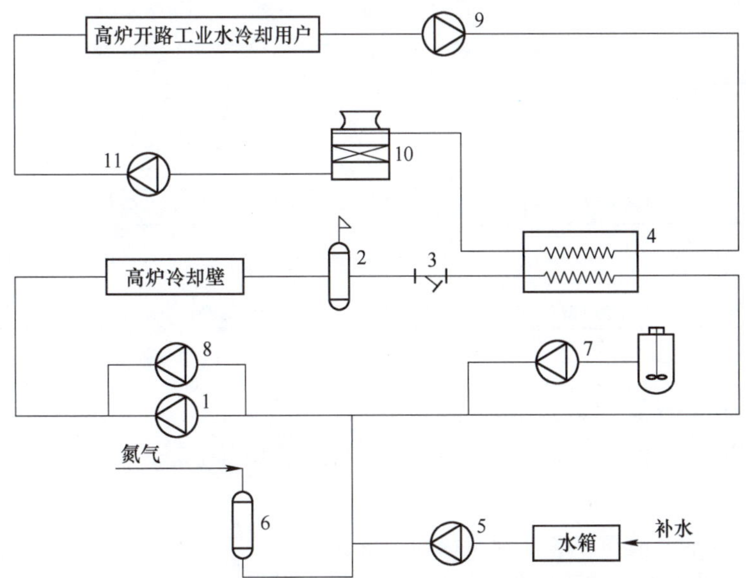

图 7-22 基于工业水串级冷却的软水密闭循环冷却系统工艺流程

1—循环供水泵；2—脱气罐；3—管道过滤器；4—板式换热器；5—补水泵及软水箱；6—膨胀罐；7—水稳加药装置（包括计量泵）；8—柴油机事故水泵；9—工业净环回水串接板式换热器冷媒水供水泵；10—工业回水冷却塔；11—开路工业净环水供水泵

7.4.2.5 安全供水

高炉冷却系统要保证冷却器在任何条件下都能有冷却水流过，这是保证高炉正常冷却、连续生产的条件，为保证高炉冷却系统的安全稳定运行，必须保证系统安全供水。所有泵组均应设有两路独立电源供电，当一路供电电源停电时，另一路电源仍能正常工作，保证泵组即使在异常停电的状况下也能工作，同时各子系统和补水系统的水泵应设保安电源。软水泵站内的泵组需设备用泵，当工作泵出现故障时，备用泵可以自动投入使用，并互为备用。软水泵站内还要设置快速启动的事故柴油泵，一旦两路供电电源均出现停电时，事故柴油泵应快速启动，1~5 s即可投入运行，一般10~15 s就可以达到出水管水压的要求，满足故障条件下高炉冷却的要求。为避免供回水管网出现故障，高炉软水密闭循环冷却系统一般采用双路供回水主管，当一根管道出现故障时，另一根管道仍可满足系统70%左右的供回水能力。目前高炉软水密闭循环冷却系统一般不再独立设置工业水事故水塔，而依靠双路供电电源、事故柴油泵等设施就可以避免泵组故障时的安全供水；另外也有一些高炉采用单路架空敷设的供回水管道，一根管道可以满足系统100%的供回水能力。

7.4.2.6 水处理系统

软化水或软水是指将水中硬度（主要指水中钙、镁离子）去除或降低到一定程度的水，在软水的基础上，将软水中阴离子再除掉的水称之为除盐水或纯水，海水淡化处理后的水再经过脱盐处理而成为除盐水。目前对水进行除盐处理的工艺有两种：一种是树脂交换处理工艺，一种是反渗透除盐水处理工艺。树脂交换处理工艺中要使用酸碱，对操作人员和环境带来一定的污染。目前采用反渗透处理工艺越来越多。两种典型的处理工艺见图7-23、图7-24。

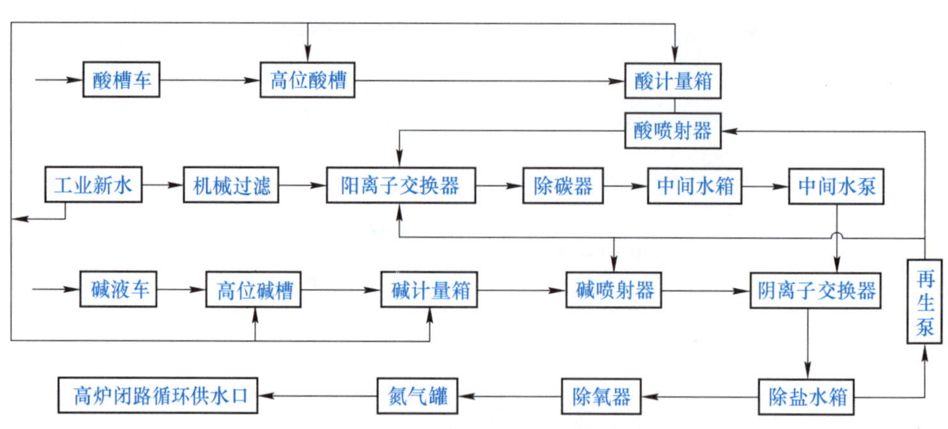

图7-23 国内某高炉除盐水制备工艺流程

7.4.2.7 软水密闭循环水冷却系统的冲洗及试压

在软水密闭循环水冷却系统投入运行之前，整个系统必须进行严格的冲洗、酸洗、预膜钝化及系统严密性试验和压力试验。

(1) 系统开始运行前，应逐一检查所有供回水管道安装是否正确。

(2) 所有大直径的管道和容器在施工完成后都应认真清理施工过程中残留的焊渣和其他杂物，确保系统内清洁无杂物。

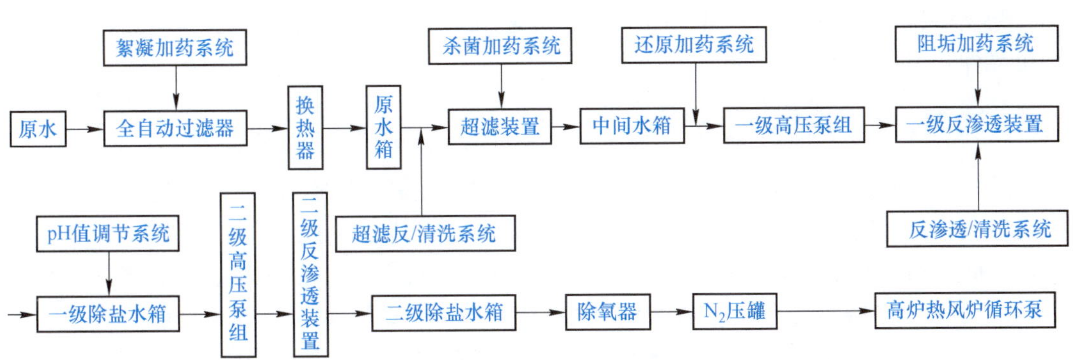

图 7-24 国内某高炉采用渗透法进行除盐水制备工艺流程

(3) 系统必须进行有效的分段冲洗，冲洗水（工业水）应从该区段的顶部进入，并从底部排出，冲洗直至水流洁净不含任何杂质时方可认为冲洗完成。

(4) 冲洗后打开所有的排气孔，用工业水通过最低点充填冷却系统，并进行系统的严密性试验，试验压力应为系统工作压力的 1.3 倍，试压时间应不少于 1 h，在试压期间系统的压力应保持恒定。

(5) 系统试压完成后，泄放系统的工业水。此时系统中最高的管口应打开，以防止系统形成真空。

(6) 系统充填软水后即可投入试运行。

7.5 高炉耐火材料设计优化

进行高炉耐火材料优化设计需要综合考虑高炉的工作环境、耐火材料种类、耐火材料组合和生产工艺等多个因素。以下是优化设计的主要步骤：

(1) 了解高炉的工作环境：了解高炉不同部位的工作温度、压力变化、热负荷等情况，可以为选择合适的耐火材料提供依据。

(2) 确定耐火材料种类：根据高炉的工作环境和生产工艺要求，选择适合的耐火材料种类。例如，在高炉的炉缸和炉底等高温部位，需要选用具有高热导率和抗高温侵蚀的耐火材料。

(3) 选择耐火材料组合：根据高炉不同部位的工作环境和热负荷情况，选择不同性能的耐火材料进行优化组合。例如，在炉身中可以使用轻质耐火材料来减轻炉体质量，提高高炉的热效率。

(4) 设计耐火材料的厚度：根据高炉的设计要求和使用情况，设计合理的耐火材料厚度，保证高炉的稳定运行和安全使用。

(5) 考虑生产工艺因素：高炉的生产工艺也会对耐火材料的选择和设计产生影响。例如，高炉的送风制度、冶炼强度、炉料性质等因素都会影响高炉的温度场和热负荷，进而影响耐火材料的选择和设计。

(6) 进行模拟分析和实验验证：通过模拟分析和实验验证，可以对耐火材料的优化设计进行验证和修正，提高优化设计的可靠性和准确性。

综上所述，进行高炉耐火材料优化设计需要综合考虑高炉的工作环境、耐火材料种类、耐火材料组合、生产工艺等多个因素，并进行模拟分析和实验验证，以提高优化设计的可靠性和准确性。

7.5.1　炉缸、炉底碳质材料的选用

炉缸、炉底碳质材料要求具有高导热性、抗渗透性好、抗碱等特性，在实践中证明，炉底满铺导热性较好的国产半石墨炭砖或微孔炭砖，凭其较好的导热性有利于将 1150 ℃ 铁水凝固等温线稳定在陶瓷垫中，更好地保护炉底。炉缸部位，从炉缸、炉底交界处到铁口采用美国的 NMA 热压碳块，从铁口到风口组合砖以下 600~800 mm 环砌国产微孔炭砖。当然采用 NMD 或全部采用美国的 NMA 更好，但太昂贵。日本 NDK 公司的 BC-7S 微孔炭砖、BC-8SR 超微孔炭砖、法国的 AM-101、AM-102 都是大块炭砖，因炉缸、炉底热冲击热应力很高，大块炭砖易产生裂缝，造成环裂断层。美国的 NMA 热压炭块具有高达 18 W/(m·K) 的热导率及其特殊的内在机理（加入 SiO_2 和石英材料优先与碱发生反应生成无破坏产物提高抗碱性），有效地将 1150 ℃ 铁水凝固等温线向中心推移减小“象脚状”侵蚀。同时将 870~1100 ℃ 的脆化区向陶瓷杯壁推移，避开碱金属对炭砖的侵蚀，有利于防止环裂。NMA 已在宝钢（3 号）、包钢（3 号、4 号）、首钢（1 号、2 号、3 号、4 号）鞍钢（10 号）、本钢（4 号）等高炉上取得很好的效果。

近年来，高炉炉缸和炉底所使用的碳质耐火材料在性能上取得了显著的进步，这对于高炉的稳定运行和提高冶炼效能具有重要意义。

（1）耐高温性能的改进：高炉内炉缸和炉底的工作温度非常高，对碳质耐火材料的耐高温性能提出了很高的要求。近年来，在材料配方和生产工艺方面的改进使得碳质耐火材料的耐高温性能得到显著提升。新材料的开发以及加入了高温稳定剂的配方，使得材料能够在更高的温度下保持稳定的物理和化学性能。

（2）抗冲刷性能的改进：高炉的冶炼过程中，铁水对碳质耐火材料的冲刷作用非常严重，容易造成材料表面的冲刷剥落。近年来，通过改进材料的微观结构和添加抗冲刷增韧剂等方法，使得碳质耐火材料的抗冲刷性能得到进一步提升，延长了材料的寿命。

（3）耐火性能的改进：碳质耐火材料在高温下容易发生氧化和磨损，导致耐火性能下降。近年来，通过改变材料配方、提高原料纯度等措施，可以有效提高碳质耐火材料的耐火性能，减少氧化和磨损现象，延长材料的使用寿命。

（4）抗热震性能的改进：高炉运行过程中，碳质耐火材料会因温度变化和热应力产生热震裂纹，从而影响材料的使用寿命。近年来，研究人员通过改变材料的微观结构和添加抗热震剂等方式，提高了碳质耐火材料的抗热震性能，减少了热震裂纹的产生。

碳质耐火材料在高炉炉缸和炉底的应用上取得了一系列的性能改进。这些改进主要包括耐高温性能的提升、抗冲刷性能的改善、耐火性能的增强以及抗热震性能的提高。这些改进为高炉的稳定运行和提高冶炼效能提供了有力的支持，也为高炉冶炼技术的进一步发展和创新打下了坚实的基础。值得注意的是，随着技术的不断进步，碳质耐火材料的性能将继续改进，为高炉冶炼提供更多的可能性和机遇。

7.5.2　炉缸、炉底陶瓷质材料的选用

炉底陶瓷垫可选用国产刚玉莫来石。国产刚玉莫来石的性能与进口材料接近，完全可

以满足其要求，而且经济。在国内已得到广泛应用。炉缸陶瓷杯壁用法国 MONOCORAL 大预制块较好，虽然国产刚玉莫来石、复合棕刚玉在性能上达到要求，但因其块小，砌筑要求高，且在受热后应力分布不均，而易造成局部坍塌漂浮破损。法国 MONOCORAL 大预制块有利于避免这种漂浮破损。不过选用国产刚玉莫来石、复合棕刚玉也未尝不可，在国内的应用中也取得较好的效果。采用法国陶瓷杯的有宝钢（1 号）、包钢（1 号）、首钢（1 号）梅钢（1 号、2 号）、上钢（4 号），采用国产陶瓷杯的有包钢（4 号）、鞍钢（4 号、7 号、10 号、11 号）、本钢（3 号）高炉和酒钢、太钢、唐钢、邯钢等厂高炉。

近年来，高炉炉缸、炉底陶瓷质材料在性能方面取得了显著的进步，主要体现在以下几个方面的重要性能：

（1）耐温性能：高炉炉缸、炉底陶瓷质材料需要承受高温冶炼环境的作用，因此耐温性能是其重要性能之一。近年来，通过改进陶瓷质材料的配方和工艺，提高了陶瓷质材料的耐高温性能，使其能够承受高温条件下的热应力，保持较长时间的稳定性。

（2）抗热震性能：高炉冶炼过程中的温度变化会对炉缸、炉底陶瓷质材料产生热应力，从而导致热震裂纹和破坏。近年来，通过优化陶瓷质材料的结构和添加抗热震剂等措施，改善了陶瓷质材料的抗热震性能，使其能够承受高温和温度变化带来的热应力，减少热震裂纹的生成和扩展。

（3）抗渣蚀性能：高炉冶炼过程中产生的腐蚀性渣会对炉缸、炉底陶瓷质材料造成损害，因此抗渣蚀性能也是关键性能之一。近年来，通过选用耐渣蚀材料和改进陶瓷质材料的表面处理工艺，提高了陶瓷质材料的抗渣蚀性能，减少了渣对陶瓷质材料的侵蚀和破坏，延长了使用寿命。

（4）密实度和强度：炉缸、炉底陶瓷质材料需要具备足够的密实度和强度，以承受高炉操作过程中产生的机械压力和振动。近年来，通过优化陶瓷质材料的成分和改进工艺，提高了陶瓷质材料的粒径分布和致密度，增加了陶瓷质材料的密实度和强度，使其能够更好地承受高炉的工作环境。

（5）磨损性能：由于高炉操作过程中的机械压力和渣侵蚀，炉缸、炉底陶瓷质材料容易发生磨损。近年来，通过改进材料的组成和调整陶瓷质材料的微观结构，提高了陶瓷质材料的抗磨损性能，减缓了磨损导致的陶瓷质材料破坏和损坏。

高炉炉缸、炉底陶瓷质材料在耐温性能、抗热震性能、抗渣蚀性能、密实度和强度以及磨损性能等方面取得了显著的进步。这些改进使得陶瓷质材料能够更好地适应高炉的工作环境，提高高炉的冶炼效率，延长陶瓷质材料的使用寿命，减少维护和更换的频率，同时也推动了高炉冶炼技术的发展和创新。随着科技的不断进步，相信陶瓷质材料的性能还会有进一步的提升，为高炉冶炼技术的发展作出更大的贡献。

7.5.3 风口铁口用耐火材料

风口用砖要求抗氧化、热稳定性好、耐剥落性和耐碱性。在国内外使用的种类较多，有法国的 MONOCORAL、硅线石砖、莫来石-碳化硅砖、β-SiC-SiC 砖、Si_3N_4-SiC 砖、高铝砖等。β-SiC-SiC 砖在国内尚无应用，且国内不能生产。那么选用莫来石-碳化硅砖更经济适用，完全可以满足要求，其完整性、密封性、稳定性也较好，可以很好地起到保护下部砖衬撑托上部砖衬的作用，莫来石-碳化硅风口组合砖在首钢现行的几座高炉上应用效果较好。

铁口用耐火材料在国内外使用的种类较多。有硅线石砖、莫来石-碳化硅砖、炭砖、高铝砖等，硅线石砖在宝钢应用中发现寿命短，莫来石-碳化硅砖虽然抗氧化抗冲刷较好，但其与炉缸碳质砖衬的性能差异较大，受热体积变化差异较大，内衬的整体性差，易产生间隙，造成煤气泄漏，和铁水渗透的危险。莫来石-碳化硅砖在首钢铁口上应用就存在煤气泄漏问题。目前，大多数高炉使用无水炮泥，使用碳质材料已成趋势，在国内外得到认可。笔者认为使用高导抗碱抗铁水渗透性好的美国的 NMA、NMD 热压碳块交错砌筑的铁口组合结构更为合理，与炉缸形成统一的整体。弥补因材质差异引起的不足。应用美国的 NMA/NMD 铁口砖的高炉有宝钢（3 号）、包钢（3 号、4 号）、本钢（4 号、5 号）几座高炉，均得到较好的应用。

在风口组合砖以下 600~800 mm 区间，砌筑高铝砖和刚玉莫来石盖砖，以避免风口漏水直接对炭砖的破坏。

近年来，高炉的风口和铁口所使用的耐火材料在性能上取得了显著的进步，这对于高炉的冶炼效率和设备寿命具有重要意义。

（1）耐热性能的改进：高炉的风口和铁口所承受的温度极高，对耐火材料的耐热性能提出了极高要求。近年来，耐火材料的配方和生产工艺方面的改进使得耐热性能得到了显著提高。例如，采用高纯度的原材料，调整材料的微观结构以及添加热稳定剂等措施，使耐火材料能够在更高温度下保持稳定的物理和化学性能。

（2）耐热震性能的改进：高温冶炼过程中，高炉的风口和铁口所承受的热应力非常高，容易导致热震裂纹的出现。近年来，通过改变材料的配方和加入抗热震剂等方法，提高了耐火材料的耐热震性能，减少了热震裂纹的产生，延长了材料的使用寿命。

（3）耐渣蚀性能的改进：高炉内冶炼过程中产生的渣对耐火材料有很大的侵蚀作用，容易导致材料的腐蚀和磨损。近年来，通过改变材料的成分和结构、加入抗渣蚀剂以及采用涂层保护等方法，有效提高了耐火材料耐渣蚀性能，降低了材料的磨损程度，延长了材料的使用寿命。

（4）延长使用寿命：针对高炉的风口和铁口耐火材料使用寿命有限的问题，近年来有一些新的技术得到了应用，能够延长耐火材料的使用寿命。例如，采用预制块技术，将耐火材料分为若干个小块进行预先烧制和模块化，然后再进行拼装，可大大提高材料的耐热震性能和寿命。

高炉的风口和铁口用耐火材料在性能方面取得了显著的改进。这些改进主要包括耐热性能的提升、耐热震性能的改善、耐渣蚀性能的增强以及延长使用寿命的手段。这些改进能够提高高炉的冶炼效率，延长设备的使用寿命，同时降低维护和更换耐火材料的成本。随着技术的不断进步，相信在未来还会有更多创新的耐火材料加入到高炉的风口和铁口使用中，为高炉冶炼技术的发展作出进一步的贡献。

7.5.4 高炉炉腹、炉腰、炉身用耐火材料

7.5.4.1 高铝砖

高炉用高铝砖是以高铝矾土熟料为主要原料制成的用于砌筑高炉的耐火材料制品。高炉中使用的高铝砖在性能方面取得了显著的进步，主要体现在以下几个方面的重要性能：

（1）耐高温性能：高铝砖具有出色的耐高温性能，能够承受高温环境下的热应力和高温气体的侵蚀。近年来，通过改进材料配方和工艺，提高了高铝砖的热稳定性和材料的抗蚀性能，使其在高温条件下能够保持较长时间的稳定性。

（2）耐热震性能：高炉冶炼过程中，热震会对高铝砖材料造成破坏，严重影响高炉的正常运行。近年来，通过优化高铝砖的结构和添加热震稳定剂等措施，改善了高铝砖的热震性能，使其能够承受高温和温度变化时产生的热应力，减少热震裂纹的生成。

（3）抗渣蚀性能：高炉中存在大量的高温腐蚀性渣，对高铝砖的耐火性能提出了较高要求。近年来，通过选择高纯度原材料和改进材料配方，增加材料中致密度矽相和其他抗渣蚀物质，有效提高了高铝砖的抗渣蚀性能，减缓了渣侵蚀导致的耐火材料磨损和损坏。

（4）压破强度和抗折强度：高铝砖在高炉环境下需承受高温和机械压力的共同作用，所以具有较高的压破强度和抗折强度非常重要。近年来，通过调整材料的成分和提高烧结工艺的精度，高铝砖的压破强度和抗折强度得到了显著提高，能够更好地承受高炉操作过程中的机械压力。

总结起来，高炉用高铝砖在耐火性能方面取得了显著的进步，包括耐高温性能、耐热震性能、抗渣蚀性能以及压破强度和抗折强度等重要性能的提升。这些改进使得高铝砖能够更好地适应高炉的工作环境，提高高炉的稳定运行和冶炼效率，延长高铝砖的使用寿命，减少维护和更换的频率。随着科技的不断发展，相信高铝砖的性能还会有进一步的提升，为高炉冶炼技术的发展作出更大的贡献。

7.5.4.2　黏土砖和磷酸浸渍黏土砖

高炉用黏土砖主要用于高炉炉身或炉缸、炉底内衬保护砖。高炉用黏土砖要求常温耐压强度高，能够抵抗炉料长期作业磨损；在高温长期作业下体积收缩，有利于炉衬保持整体性，显气孔率低和 Fe_2O_3 含量低，以减少炭素在气孔中沉积，避免砖在使用过程中膨胀疏松而损坏，低熔点物形成少。高炉用黏土砖比一般黏土砖更具有优良性能。

近年来，高炉中使用的黏土砖和磷酸浸渍黏土砖在性能方面取得了显著的进步，主要体现在以下几个方面的重要性能：

（1）耐温性能：高炉中的冶炼过程需要承受极高的温度，在此条件下，耐火材料的耐温性能至关重要。近年来，通过优化原材料选择、改进工艺和增加添加剂的方式，黏土砖和磷酸浸渍黏土砖的耐温性能得到了显著提高，能够承受更高的温度，在高炉冶炼过程中保持稳定。

（2）耐渣蚀性能：高炉冶炼过程中产生的渣是对耐火材料的一种严峻考验，容易导致渣侵蚀和磨损。近年来，通过改变砖材的成分和结构，加入抗渣蚀剂和增强耐蚀涂层等方法，提高了黏土砖和磷酸浸渍黏土砖的耐渣蚀性能，减缓了渣对砖材的侵蚀速度，延长了使用寿命。

（3）力学性能：高炉内的操作过程中会对砖材产生机械压力和振动，因此耐火材料需要具备一定的力学性能。近年来，通过调整砖材的成分和优化烧制工艺，黏土砖和磷酸浸渍黏土砖的压破强度和抗折强度得到了提高，能够更好地承受机械应力和振动，减少破裂和碎裂的风险。

（4）耐热震性能：高炉运行中由于温度的变化，砖材会遭受热应力的影响，容易出现热震裂纹导致破坏。近年来，通过改进砖材的晶体结构和烧制工艺，黏土砖和磷酸浸渍黏土砖的耐热震性能得到了提高，能够抵御高温条件下的热应力，减少热震裂纹的生成和扩展。

高炉用黏土砖和磷酸浸渍黏土砖在耐火性能方面取得了显著的进步，包括耐温性能、耐渣蚀性能、力学性能和耐热震性能等重要性能的提升。这些改进使得黏土砖和磷酸浸渍黏土砖能够更好地适应高炉的工作环境，提高高炉的冶炼效率，延长耐火材料的使用寿命，减少维护和更换的频率，同时也推动了高炉冶炼技术的发展和创新。随着科技的不断进步，相信耐火材料的性能还会有进一步的提升，为高炉冶炼技术的发展作出更大的贡献。

7.5.4.3　碳化硅砖

碳化硅砖的主要特征是 SiC 为共价结合，不存在通常的烧结性，依靠化学反应生成新相达到烧结。我国 1985 年在鞍钢 5 号高炉上首次使用 Si_3N_4-SiC 砖并获得成功经验后，迅速在大型高炉上推广应用。目前，我国高炉用优质碳化硅砖主要品种有 Si_3N_4-SiC 砖、Sialon-SiC 砖和自结合（β-SiC 结合）SiC 砖。

（1）Si_3N_4-SiC 砖：Si_3N_4-SiC 砖是用 SiC 和 Si 粉为原料，经氮化后烧成的耐火制品。SiC、Si_3N_4 都是共价键化合物，烧结非常困难。在多级配的 SiC 颗粒和细粉中，加入磨细的工业硅粉，Si 与 N_2 在高温下进行 $2N_2+3Si \rightarrow Si_3N_4$ 反应烧结。反应时生成的 Si_3N_4 与 SiC 颗粒紧密结合，而形成以 Si_3N_4 为结合相的碳化硅制品。研究发现，大多数 Si_3N_4 结合相为针状或纤维状结构，存在于 SiC 颗粒周围或 SiC 颗粒的孔隙处，Si_3N_4 呈纵横交错的结构与 SiC 颗粒紧密结合，使之具有很高的常温和高温强度。

（2）Sialon-SiC 砖：在 1700 ℃时，在 Si_3N_4-Al_4N_4-Al_4O_6-Si_3O_6所构成的正方形相图中，有以 Si_3N_4 为起点向 4/3（Al_2O_3，AlN）延伸、组成在相当大范围内变化的 β-Sialon 相，有以 Si_2N_2 为起点大体向 X 相方向延伸、组成在较小范围内变化的 O-Sialon 相。在 Si_3N_4-SiC 制品的生产过程中，加入适量加入物，使氧进入 Si_3N_4 晶格，生成一定数量的 β-Sialon 固熔体相，从而可以制造出 Sialon-SiC 砖。

（3）自结合 SiC 砖：在工业 α-SiC 原料中加入工业硅和碳，在高温还原气氛下发生 $Si(s)+C \rightarrow SiC(s)$ 的反应，生成 β-SiC，与原生高温型 α-SiC 颗粒结合，制出自结合 SiC 材料，使制品具有良好的性能。与国外同类产品相比，我国生产的 SiC 质耐火制品各方面指标均达到了国外同类产品的水平。

7.5.4.4　热面喷涂料

高炉炉腹至炉身下部采用铜冷却壁时，铜冷却壁热面在高炉冶炼状态下可以迅速形成渣皮保护，可以不采用砌砖结构。高炉开炉前，在铜冷却壁热面采用喷涂不定形耐火材料保护铜冷却在开炉过程中的破坏。近年来，高炉的热面喷涂料在性能方面取得了显著的进步，主要体现在以下几个方面的重要性能：

（1）耐高温性能：高炉工作环境的高温条件对于喷涂料的耐火性能提出了更高的要求。近年来，通过改进喷涂料的配方和采用新的材料，如陶瓷纤维等，使得喷涂料能够承受更高的温度，延长使用寿命，并保持更好的物理和化学性能。

（2）耐热震性能：高炉冶炼过程中，由于温度的变化和热应力的作用，热面喷涂料容易出现热震裂纹和脱落。近年来，通过改进喷涂料的配方和采用新的工艺，提高了喷涂

层的抗热震性能，减少了热震裂纹的生成和扩展，延长了喷涂层的使用寿命。

(3) 抗渣蚀性能：高温下产生的腐蚀性渣对喷涂层的耐蚀性能提出了挑战。近年来，通过改进喷涂料的材料组成和添加抗渣蚀剂等措施，提高了喷涂层的抗渣蚀性能，减少了渣侵蚀对喷涂层的破坏，延长了使用寿命。

(4) 热导率和热阻性能：喷涂料在高炉的热面应用中，对导热性能和热阻性能的要求较高。近年来，通过优化喷涂料的配方和控制工艺参数，提高了喷涂层的热导率和热阻性能，改善了热传导效率，提高了高炉的热能利用效率。

(5) 黏结强度和密实度：喷涂层的黏结强度和密实度是影响其性能的重要指标。近年来，通过改进喷涂料的成分和调整喷涂工艺，提高了喷涂层的黏结强度和密实度，增加了喷涂层的稳定性和耐久性。

高炉热面喷涂料在耐火性能、耐热震性能、抗渣蚀性能、热导率和热阻性能等方面取得了显著的进步。这些改进使得喷涂层能够更好地适应高炉的工作环境，提高高炉的冶炼效率和能源利用效率，延长喷涂层的使用寿命，减少维护和更换的频率。随着科技的不断发展，相信热面喷涂料的性能还会有进一步的提升，为高炉冶炼技术的发展作出更大的贡献。

7.6 满足高炉炉缸、炉底多次修复的配套技术

随着高炉炉缸、炉底整体浇注等长寿新技术的进步，使得高炉炉缸、炉底多次快速修复成为可能。高炉炉缸、炉底的快速修复技术的发展现状十分积极，新型的高性能修复材料不断被研发出来，这些材料具有更高的耐高温、耐腐蚀和耐磨损性能，能够有效地提高修复质量和寿命。随着科技的不断发展，高炉炉缸、炉底的修复技术也在不断升级，新的修复技术和方法不断涌现，这些新技术具有更高的修复效率和修复质量。然而，尽管高炉炉缸、炉底快速修复技术的发展取得了重要进展，但仍存在一些挑战和问题需要解决。需要在设计之初配套满足，以保证高炉炉缸、炉底多次快速修复技术更加成熟和完善。

7.6.1 残铁口的设计

高炉残铁口的设计通常考虑放残铁的安全性和侵蚀实际标高来确定。残铁口设计的注意事项包括以下几点：

(1) 考虑高炉的整体结构：残铁口的方位需要与高炉的其他部分相互配合，确保铁水能顺利、安全地排出。

(2) 尽量位于炉底开阔处：这样设计有利于残铁的收集和排放，确保残铁能完全从高炉中排出。

(3) 考虑操作的便利性：设计的方位应便于操作人员进行监控和操作，同时保证操作人员的安全。

(4) 防止冷却水管路受热损伤：在设计时，要确保冷却水管路不会被高温残铁直接热辐射，防止冷却水管路受损。

(5) 预留维修空间：为了防止因维修导致的高炉停产，应在设计时预留出足够的维修空间，便于日后对残铁口进行维护和修理。

总的来说，残铁口的方位设计要综合考虑高炉的结构、操作便利性、冷却效果以及维修等因素，确保高炉的稳定运行和高效生产。

7.6.2　冷却水管排布

冷却水管排布要避开残铁口周围，并考虑冷却水管的走向和连接方式。在布置冷却水管时，应尽量避免弯曲和交叉，以减少流体阻力和压力损失。

残铁口下方的环形供水管，需要做防护，以防止残铁对水管的损害。在设计冷却水管排布时，还需要考虑维护和检修的便利性。应留出足够的空间，方便工作人员进行冷却水管的更换、维修和操作。

7.6.3　炉外空间的利用

可以在高炉周围设置专门的残铁收集区域，这个区域应该能够容纳从高炉中排放出的残铁，并确保其安全放置。可以设置残铁收集槽或残铁罐，以便有效收集和存放残铁。

炉外空间还可以用于设置冷却设备和辅助设施。例如，可以设置冷却水箱、冷却水管路等，用于供应冷却水给冷却壁和其他需要冷却的设备。此外，还可以设置操作平台、控制系统等，以方便操作人员对放残铁过程进行监控和操作。

在炉外空间利用方面，还需要考虑通行和安全性。保持放残铁区域周围的通道畅通，确保操作人员和设备的安全通行。同时，设置必要的防护设施和安全警示标识，提醒人员注意安全，并防止意外事故的发生。

炉外空间的利用还可以考虑环境保护和资源化利用。可以设置相应的排放处理设备，对放残铁过程中产生的废气、废水等进行处理，以减少对环境的影响。同时，对于残铁的处理，可以进一步探索资源化利用的途径，如回收利用或再加工等，以提高资源的利用效率。

在放残铁时，炉外空间的合理利用对于高炉操作的顺利进行至关重要。通过合理规划和布置炉外设施，可以确保放残铁过程的安全、高效和环保。

7.6.4　残铁口冷却壁设计

残铁口冷却壁的设计显得尤为重要。残铁口作为高炉排放残铁的关键部位。设计时要选择能够承受这些恶劣条件的材料，并确保其结构和稳定性，以便长时间有效地工作。根据首钢高炉多次的炉缸、炉底修复经验得出，将残铁口方向的第 2 段冷却壁分为上下两段，以满足不同标高对残铁口开孔的要求。

冷却壁的冷却效果在残铁口位置尤为重要。由于残铁口周围温度较高，冷却壁需要更有效地带走热量，防止过热和损坏。因此，在设计中要优化冷却水管路的布置，确保冷却水能够充分流过冷却壁，并提供足够的冷却能力。

残铁口冷却壁的设计需要综合考虑材料选择、冷却效果、结构强度和密封性等因素，以确保其在高炉中的稳定运行和有效冷却。同时，在实际应用中，也需要根据具体情况进行监测和调整，确保设计的安全性和经济性。

7.6.5　炉缸清理通道设计

出于保障炉壳整体强度和保护炭砖砌体考虑，在不切割炉壳的情况下进行炉缸清理已成为共识。要采用有效的清理装置，以便使得高炉下部区域圆柱空间停炉残留物料可以实

现机械化清理。同时，还要满足有限作业空间恶劣环境和位置多变的需求。

为炉缸清理提供专门通道，用于清理炉缸内的残留物和积渣。这个通道的设计需要考虑高炉的结构和运行特点，确保清理工作能够顺利进行。上层易清理的死焦堆散料，通过风口运出；大块物料从炉顶大方人孔吊出。具体来说，炉缸清理通道应该满足以下要求：

（1）通道尺寸适中：根据炉缸的大小和清理设备的需求，设计合适的通道尺寸，确保清理设备能够顺利进入炉缸进行清理工作。

（2）安全性：炉缸内温度较高，且存在磨损和冲刷，因此清理通道需要具备良好的耐高温和耐磨损性能，以确保通道的稳定性和安全性。

（3）便于观察和操作：为了方便观察和操作，炉缸清理通道应该设置合适的观察窗和操作口，以便操作人员能够实时观察炉缸内的清理情况，并进行必要的操作和调整。

（4）安全防护措施：在炉缸清理通道周围，应该设置相应的安全防护措施，如防护栏、警示标识等，确保操作人员的人身安全。

7.7　高炉设计方优化实例（2650 m³）

考虑到首钢迁钢高炉已经使用近 20 年，如有机会大修，运行时间将超过 20 年，设备和结构老化严重，故原地大修设计范围：高炉框架利旧，各层平台局部改造。确保炉顶法兰标高不变，高炉炉壳全部更换。高炉本体所有工艺设备，耐火材料全部更换。水系统配管全部更换，整合软水水量，提升风口中套和小套冷却水水质。

7.7.1　炉型设计

大修炉型设计主要面临的难点是炉型需要适应大比例球团矿的冶炼。

大比例球团矿冶炼，具有还原膨胀率高、低温还原粉化、布料过程料面形状不易控制、球团矿下降过程的偏析偏聚等造成的高炉透气性恶化等技术难题。设计合理的炉喉和炉腰截比，以保障炉料分布精准控制，形成合理的料层结构和料面形状，特别是满足炉料下降过程中一系列冶金过程物理化学变化、体积膨胀、料层重构及其均匀分布，同时也有利于煤气流的稳定上升和均匀分布。从而实现高炉冶炼稳定顺行、高效长寿和节能低耗。

针对目前的高产高炉，主要体现在大风量、高富氧、高顶压和大批重四方面。这四方面不约而同指向了对煤气流的控制，对高炉炉型适应煤气流提出了更高的要求。此次大修改造高炉炉型见表 7-5。

表 7-5　高炉炉型尺寸表

项　目	单 位	原始设计	改造方案（厚壁）
有效高度 H_u	mm	28800	28800
炉缸直径 d	mm	11500	11500
炉腰直径 D	mm	12700	12900
炉喉直径 d_1	mm	8100	8100
死铁层深度 h_0	mm	2100	2600
炉缸高度 h_1	mm	4200	4500
炉腹高度 h_2	mm	3400	3400

续表 7-5

项　目	单 位	原始设计	改造方案（厚壁）
炉腰高度 h_3	mm	2400	2400
炉身高度 h_4	mm	16600	16500
炉喉高度 h_5	mm	2200	2000
风口高度 h_f	mm	3700	4000
风口数	个	30	30
铁口数	个	3	3
风口间距	mm	1204. 3	1204. 3
H_u/D		2. 268	2. 233
炉腹角		79°59′31″	78°21′58″
炉身角		82°6′41″	81°43′26″
V_u/A		25. 78	26. 34
V_1/V_u	%	16. 29	17. 09
d_1/D		0. 64	0. 63

高炉设铁口 3 个，风口 30 个。风口数量适当，使得进风更均匀，保证高炉均匀、顺行。

大修后高径比由 2. 268 减小至 2. 233，炉型适当矮胖。炉腰直径由 12700 mm 扩大至 12900 mm，适当扩大炉腰直径，提供了煤气充分扩张的空间。高炉越容易接受风量，透气性越好，越容易强化冶炼；加大高炉上部横向截面积，有利于增加煤气在炉内的停留时间及煤气与炉料的接触面积，从而有助于提高煤气利用率。

炉缸直径 11500 mm 不变，炉缸高度由 4200 mm 提高至 4500 mm，V_1 由 436 m^3 提高到 467 m^3，炉缸绝对容积增大，增大安全储铁量，并使得炉缸热量充沛，利于活跃炉缸。并使风口前有足够的风口回旋区，利于煤粉的充分燃烧，改善了高炉下部中心焦的透气（液）性，有利于改善气体动力学条件，适应了大风量和高压操作，有利于提高产量和节能，符合高炉发展趋势。

死铁层深度由 2100 mm 加深至 2600 mm，根据首钢及结合国内外高炉生产经验，炉缸、炉底铁水的流场分布对炉缸寿命有着相当重要的影响，适宜加深死铁层深度能够减小铁水环流速度，增强铁水在炉底流动的通透性。从实际停炉后炉缸、炉底的侵蚀状况，适宜但不过分增大死铁层深度有益于炉缸整体冷却系统的有效发挥，提高炉缸、炉底寿命。

高炉在使用过程中 d_1/D 将长期维持在最优炉型值 0. 63，煤气流的第二次和第三次分布受炉料分布的制约，高炉内型的差异会导致煤气流分布显现不同特点。通过日本学者对内型尺寸变化进行的统计和利用高炉过程模型得出，在 $d_1/D=0.63$ 时为最优的高炉内型设计，能够在不同风量下均获得较低的燃料比，较高的炉顶煤气利用率和较低的炉顶煤气温度。在此最优炉型下通过增大风量进行强化冶炼而达到增大高炉产率的效果也最为明显。该炉型能高效利用炉缸产生高炉煤气的热能以及化学能。

炉身角 81°43′26″，控制在 82°以下。适当减小炉身角，减小炉料对炉墙的侧向压力，减小摩擦，减少冷却壁机械磨损，有利于炉料顺利下降。

炉腹角 78°21′58″，适当减小炉腹角，可以为炉腹煤气提供适宜的扩张空间，有利于

煤气流的均匀分布，提高煤气与炉料的接触面积，减小煤气对炉腹冷却壁的冲刷；同时，可以使熔渣与冷却壁之间的摩擦力增大，有利于挂渣，形成稳定的渣皮。冷却壁热面约为79.1°，实际操作炉型可在两个角度之间自适应，提供较大范围的自适应空间。

7.7.2 冷却设备

（1）炉底冷却结构：炉底采用 ϕ76 mm×12 mm 的无缝钢管作为冷却设备，管间距为200 mm，平行排列布置在炉底封板之上。管径不宜过大，达到水量、冷却效果和比表面积的匹配。

（2）炉体冷却结构：采用砖壁合一技术，从炉底到炉喉钢砖下沿共设 17 段冷却壁，按照炉内纵向各区域不同的工作条件和热负荷大小，采用不同结构形式和材质的冷却壁。

第 1~4 段，即风口以下采用 4 段光面灰铸铁冷却壁，材质为灰铸铁 HT200，比表面积可达 1.0 以上。第 5 段风口区采用光面灰铸铁冷却壁，材质为球墨铸铁 QT400-20，比表面积可达 1.0 以上。第 6~10 段，即炉腹、炉腰和炉身下部采用铜冷却壁，材质为无氧铜 TU2，比表面积可达 1.0 以上。炉腹铜冷却壁不宜过长，炉腹铜冷却壁分为两段，即第 6 段和第 7 段；且第 6 段下设置水管外凸台，使冷却壁热面温度场过渡平缓，防止铜冷却壁背后窜气，保证铜冷却壁使用寿命。比表面积可达 1.0 以上。第 11~15 段，炉身中部采用带凸台球墨铸铁冷却壁，材质为球墨铸铁 QT400-20，比表面积可达 1.0 以上。凸台位于冷却壁中上部，采用双管凸台。第 16 段，即炉身上部采用带凸台球墨铸铁冷却壁，材质为球墨铸铁 QT400-20，比表面积可达 1.0 以上。凸台位于冷却壁顶部，采用单管凸台。第 17 段，即炉喉钢砖下方采用倒扣“C”形冷却壁，材质为球墨铸铁 QT400-20，冷却壁冷面浇注轻质浇注料，用以维护合理炉型，延长高炉寿命。

水管规格 ϕ73 mm×7 mm，可达到比表面积、管径、流速、水量四者的合理匹配。管径不宜过大，在比表面积相同的情况下，管径越小，冷却壁换热能力越强。

7.7.3 高炉内衬

（1）炉缸、炉底内衬：首钢高炉长寿设计的技术思想是强化冷却，以“无过热、低应力”为核心，强调炉缸、炉底的整体结构，将侵蚀线向内推移远离炉壳，在炉缸、炉底形成相对稳定的渣铁冻结层。经过 50 年的发展，首钢工程具备全品类高炉炉缸、炉底内衬设计技术储备，此次大修形成了以“碳质+陶瓷杯复合炉缸、炉底”结构、“石墨墙”结构、“碳复合砖”结构为主流的炉缸、炉底内衬结构方案（图 7-25~图 7-27）。其中“陶瓷杯”可以是“全杯”或“半杯”，可以是“大块砖”“小块砖”或“浇注杯”，皆有相应业绩。

“碳质+陶瓷杯复合炉缸、炉底”结构：陶瓷材料的保温性能较好，炉缸热损失少，可得到较高的炉缸温度。同时由于陶瓷材料耐铁水冲刷能力强，完全侵蚀需要一定的时间，有利于节能、降硅和稳定操作。

“石墨墙”结构是在大块炭砖的基础上，紧贴炉缸冷却壁砌筑一层 200 mm 小块石墨炭砖。将炭素捣料层向炉内推移，显著提高炭素捣料的热导率，将侵蚀线推向炉内，提高炉缸侧壁的综合热导率，减少温度差和侧壁热应力。

“碳复合砖”结构，兼具碳质和陶瓷质的优点。碳复合砖优良的导热性，能够将铁水

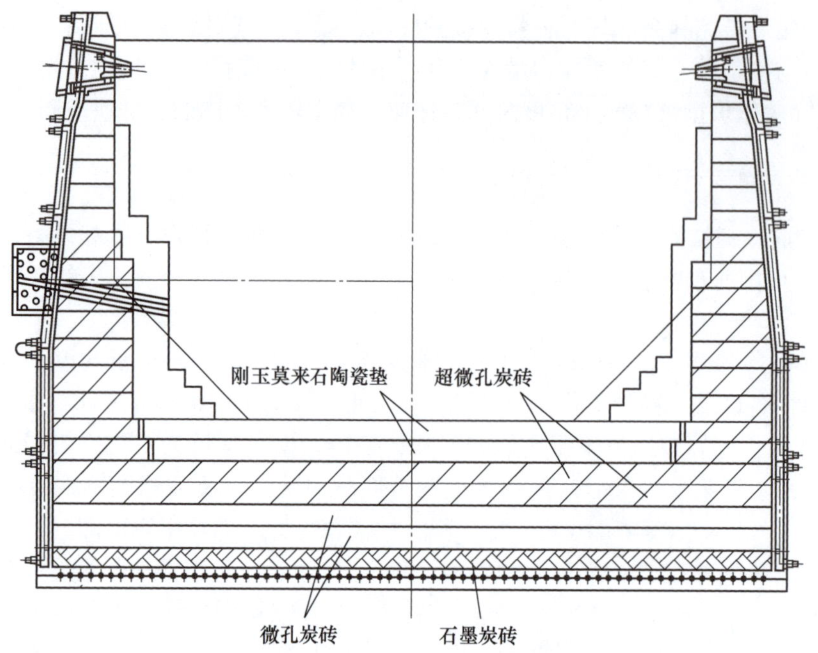

图 7-25 “碳质+陶瓷杯复合炉缸炉底”结构方案

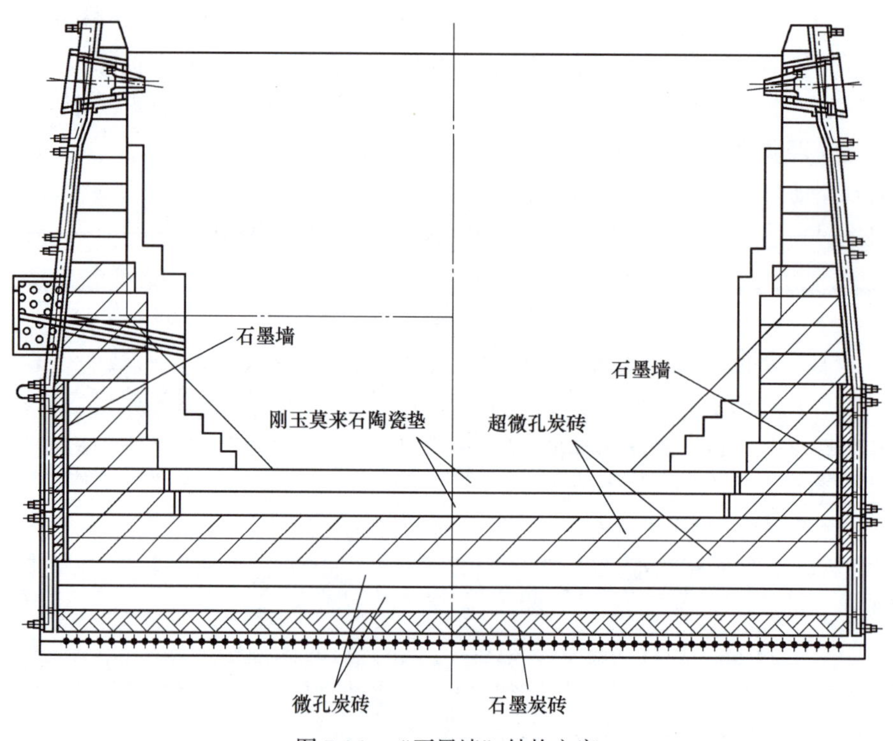

图 7-26 “石墨墙”结构方案

凝固等温线推至砖衬热面，促进碳复合砖热面黏滞保护层的形成，陶瓷相与炉渣良好的润湿性保证了保护层的稳定性，进一步保护砖衬。具备陶瓷相耐铁水冲刷能力，能有效延长寿命。

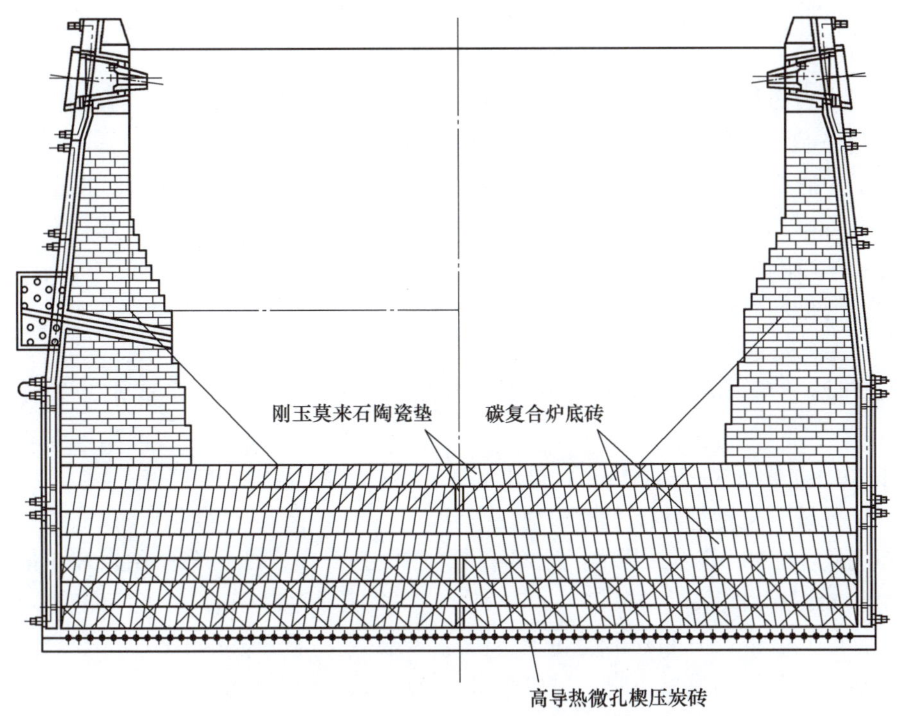

图 7-27 “碳复合砖”结构方案

铁口区域：铁口框内及铁口孔道整体浇注硅凝胶结合高氧化铝和碳化硅浇注料。整体浇注增强铁口孔道耐火材料的整体性，防止铁口窜气；材质具有高强度和高导热性的特点，兼具抵抗炉外的机械冲击和传热促进炮泥烧结的优点。

(2) 风口区域内衬：风口区域是一个承上启下的区域，此区域内衬结构和材质选择的合理与否，对高炉寿命有相当大的影响，在风口区域可采用微孔刚玉质砖砌筑，其抗渣铁侵蚀及抗热震性能好。

采取风口带密封技术，在风口组合砖下部加装铜片，一方面防止有害元素（如锌、碱金属等）对炭砖的侵蚀，另一方面防止风口漏水对炭砖的破坏。

(3) 炉腹及其以上区域内衬：采用砖壁合一技术，在冷却壁热面镶砖。炉身上部镶砖厚度逐渐过渡设计，可稳定内型，避免了镶砖脱落，煤气流不稳，难以控制的情况发生。

炉头内采用耐 CO 侵蚀能力较强和热态抗折强度较高的喷涂料，厚度 150 mm。其锚固件采用首钢工程专有的方式，增强喷涂料的稳定性。

7.7.4 冷却水系统

随着低碳、环保观念深入人心，高炉低碳炼铁是国家发展的需要。对于高炉传统工艺技术，为达到高炉工序单位产品能耗标杆水平 361 kg/t（标准煤），要进一步研究并应用先进技术，提高生产效能、降低能源消耗和碳排放。面对未来，在提高资源和能源利用效率的同时，基于现有技术需要推进采用低碳节能技术和先进工艺。

现代高炉设计，普遍的共识是提高冷却强度，增强冷却设备的可靠性，提高冷却设备的使用寿命。通过加密水管排布，提高冷却比表面积；通过提高水速，提高冷却换热能力。

冷却壁比表面积为 1.0，设计水速 2.6 m/s。提高风口中套和小套的冷却水质等级，由工业水开路循环提升至软水密闭循环，将进一步提高使用寿命。

炉缸、炉底区域与炉身区域软水系统要求独立供水，以满足不同区域水量调节要求。高炉冷却设备用水与其他区域用户（热风炉、液压站、气密箱等）用水采用独立水泵供水，避免互相影响。

软水密闭循环冷却系统分 A、B、C 三个系统。

（1）A 系统：包括炉缸、炉底冷却壁和炉底水冷管。

冷却水量：5785 m^3/h，其中：冷却壁冷却用水 5325 m^3/h，炉底水冷管冷却用水 460 m^3/h。

水压：0.90 MPa（±0.000 m）；进水温度：≤45 ℃；温升：4~7 ℃。

（2）B 系统：包括炉腹以上冷却壁及凸台。

冷却水量：6750 m^3/h，其中：冷却壁用水 5120 m^3/h，凸台管一用水 815 m^3/h，凸台管二用水 815 m^3/h。

水压：1.0 MPa（±0.000 m）；进水温度：≤45 ℃；温升：7~10 ℃。

（3）C 系统：包括风口小套、风口中套、直吹管。

冷却水量：2100 m^3/h，其中：小套用水 1200 m^3/h，中套用水 750 m^3/h，直吹管用水 150 m^3/h。

水压：1.9 MPa（±0.000 m）；进水温度：≤40 ℃；温升：≤3 ℃。

系统中多处设置检测点，以便于用户及时掌握循环系统及高炉各区域、各段热负荷状况。整个软水系统设脱气罐，用于排除软水中的气体；设膨胀罐用于吸收软水因温度波动引起的膨胀，并监测整个系统是否漏水。在膨胀罐上设水位检测装置和充 N_2 稳压措施，实现系统自动稳压、自动排气、自动检漏和自动补水。

各系统安全供水采用事故柴油泵，供水量为正常供水量的 50%，供水压力与正常时相同。

7.7.5　附属设备

炉喉钢砖采用两段式结构，沿纵向可自由滑动。材质为铸钢 ZG270-500，采用无水冷结构。两段式钢砖减少了由于单条钢砖过长而带来的应力，有效地避免了弯曲变形。其缝隙采用铁屑填料填充，钢砖与炉壳间采用高铝质耐火浇注料浇注。

风口大套采用无水冷结构，材质为铸钢 ZG230-450。风口送风装置直吹管采用水冷结构。

7.7.6　智能化检测设施

为了确保高炉生产稳定、安全、长寿，设置完善的炉体检测仪表，以加强对高炉各系统的检测。通过增加检测元件，增强“感知”能力，提升智能化水平。

（1）高炉炉衬温度检测：在高炉炉基、炉底、炉缸的不同纵向和径向位置设置耐火材料温度检测 636 点，对不同部位的耐火材料温度进行实时检测，并重点检测炉缸易侵蚀

区域，在炉缸象脚区、铁口区等区域加强温度监控，实现无死角密集监控。铁口周围设置炉壳温度检测点，通过检测到的温度数据，建立炉缸、炉底侵蚀模型，监测炉衬侵蚀情况。

(2) 高炉冷却壁温度检测：在高炉冷却壁和炉喉钢砖沿不同的纵向和径向位置设置温度检测 186 点，进行冷却壁温度的实时检测。

(3) 软水密闭循环系统监控装置：整个软水系统监控包括温度、压力、流量、水位等，其中大部分温度检测、全部流量检测及部分压力检测进入主控楼计算机，有画面显示，并具有超工作范围自动报警功能。

系统具有自动排汽功能，根据脱汽罐及膨胀罐间的压力传感器自动控制调节阀进行系统排汽。

系统具有水位监控、自动补水、破损报警功能，计算机根据膨胀罐上设置的水位计自动控制系统水位及补水，并根据水位情况及补水情况通过累计比较及瞬时变化量的异常自动发出系统漏损报警。

系统还具有自动稳压功能，系统设置有自动充氮装置，根据系统实际压力由主控楼计算机自动控制系统充氮，确保系统压力稳定。

(4) 热负荷检测：在冷却壁间进出水连管上，设有沿圆周均布的检测元件，自动测量水温及水量，进行热负荷计算，以便及时进行生产调节。其中冷却壁间连管上和风口小套进出水管设温度检测 938 点，精度±0.02 ℃。在冷却壁和每个风口小套进出水管上设置流量计，配套自动检漏系统。

(5) 其他检测：炉身设置静压力检测，用于检测料柱阻损，可进行透气性指数计算，指导高炉操作。3 层，每层 4 点，共 12 点。

炉顶设置 1 套红外摄像仪和 1 套热成像仪，用于观察炉顶料面煤气发展、炉喉炉料及旋转溜槽的工作情况，通过图像处理技术显示炉顶料面温度。可以获得料面的温度分布信息，为优化布料提供基础，从而降低操作成本。

设置风口成像，便于实时监测高炉风口区的煤粉输送情况、燃烧状况及温度分布状况等。并增加图像识别功能，以便自动识别风口挂渣、漏煤、下大块、生降等。

7.8 本章小结

高炉长寿设计是一个系统工程，做好高炉设计需要掌握、平衡、思考的因素也非常多，对高炉设计者也是一次智慧大考，但减少高炉投入后的问题或遗憾一直是高炉设计者的追求目标。

(1) 大比例球团矿冶炼，具有还原膨胀率高、低温还原粉化、布料过程料面形状不易控制、球团矿下降过程的偏析偏聚等造成的高炉透气性恶化等技术难题。设计合理的炉喉和炉腰截比，以保障炉料分布精准控制，形成合理的料层结构和料面形状，特别是满足炉料下降过程中一系列冶金过程物理化学变化、体积膨胀、料层重构及其均匀分布，同时也有利于煤气流的稳定上升和均匀分布。从而实现高炉冶炼稳定顺行、高效长寿和节能低耗。

针对目前的高产高炉，主要体现在大风量、高富氧、大喷吹、高顶压和大批重这些技术的应用；针对目前的高炉低碳要求，主要体现在综合喷吹技术的应用。这几方面不约而

同指向了对煤气流的控制，对高炉炉型适应煤气流提出了更高的要求。适当扩大炉腰直径，提供了煤气充分扩张的空间。高炉越容易接受风量，透气性越好，越容易强化冶炼；加大高炉上部横向截面积，有利于增加煤气在炉内的停留时间及煤气与炉料的接触面积，从而有助于提高煤气利用率。并使风口前有足够的风口回旋区，利于煤粉的充分燃烧，改善了高炉下部中心焦的透气（液）性，有利于改善气体动力学条件，适应了大风量和高压操作，有利于提高产量和节能，符合高炉发展趋势。

（2）采用两段式无水冷炉喉钢砖可完全适应现代高炉高负荷的使用工况，且便于维护；炉身中上部采用带凸台的铸铁冷却壁，利于稳定砖衬，且利于使用后期对冷却壁的自身保护。

（3）炉腹、炉腰和炉身下部积极采用新型铜冷却壁，在原有铜冷却壁性能基础上，通过优化设计，避免变形，增强热面挂渣能力。

（4）炉缸、炉底结构宜采用“碳质+陶瓷杯复合炉缸、炉底”结构。陶瓷材料的保温性能较好，炉缸热损失少，可得到较高的炉缸温度。同时由于陶瓷材料耐铁水冲刷能力强，完全侵蚀需要一定的时间，有利于节能、降硅和稳定操作。

（5）水冷系统采用全联合密闭循环软水冷却系统，这种软水密闭循环冷却系统具有设备冷却效果好，高效、节能、节水，占地面积小，总投资省，技术先进可靠的特点，符合目前高炉低碳的发展方向。现代高炉设计，普遍的共识是提高冷却强度，增强冷却设备的可靠性，提高冷却设备的使用寿命。通过加密水管排布，提高冷却比表面积；通过提高水速，提高冷却换热能力。

（6）积极尝试应用新型耐火材料，注重耐火材料的性能，使用优质耐火材料。

8 展　　望

在全球“碳达峰、碳中和”的发展形势下，钢铁工业和钢铁制造流程将发生产业性和革命性的巨变。第一次工业革命以来，经过近200年不断演变发展的高炉—转炉钢铁制造流程和工艺技术，也将在绿色低碳的历史发展进程中不断迭代升级、演化嬗变，有的生产工艺和装置甚至还将会被淘汰。这种产业革命不是以人的意志为转移的，是遵循着工程演化、技术革命和产业创新的客观规律。尽管如此，仍有大量的研究结果表明，预计到21世纪中期，高炉炼铁技术仍将是炼铁工业的主要工艺之一、无法被完全取代，高炉仍将在一定时期内成为生产效能最高、运行成本最低、生产规模最大、使用寿命最长的炼铁工艺装置。

因此，从工程演化的视野展望可预见的未来，到2050—2060年，钢铁工业基本实现“碳中和”发展目标的时间阶段，在全球范围内，特别是我国还将存在一定数量的高炉并在生产运行，延长高炉寿命与产业发展战略目标则是相辅相成的。总体来看，延长高炉寿命无论是现在还是未来，仍有许多课题需要研究，高炉长寿技术仍是现代高炉炼铁工艺的关键核心技术之一。随着高炉炼铁技术进步和相关行业的快速发展，更先进的工艺、技术、设备和材料也将陆续问世并推广应用，在21世纪中期为进一步延长高炉寿命创造条件。

在钢铁工业绿色化、低碳化、智能化发展的产业背景下，高炉大型化、高效化、现代化、长寿化仍将是21世纪高炉炼铁技术的重要发展方向，而且相互支撑、相互促进。以高炉大型化带动高炉长寿化，以高炉长寿化促进高炉大型化，将是未来高炉炼铁技术发展的重要特征之一。进入21世纪以来，高炉炼铁工艺再次受到自然资源短缺、能源供给不足以及环境保护等方面的制约，还受到产能过剩、市场竞争激烈等产业发展环境的影响，特别是在全球“双碳”发展背景下，面临着较大的可持续发展问题。面对当前严峻的形势和挑战，21世纪高炉炼铁工业要实现可持续发展，必须在高效长寿、优质低耗、节能减排、循环经济、低碳绿色、清洁环保等方面取得显著突破，使传统的高炉炼铁工艺技术及装备升级迭代，通过技术优化和工程创新，在更高层次上具有独特的技术优势，才能使悠久历史的高炉炼铁工艺得以生存、发展和再创新。因此，高炉长寿是保障高炉炼铁技术实现可持续发展的重要技术支撑。

在“双碳”发展背景下，面向可预见的未来，现代高炉炼铁技术的发展目标可以简要归纳为：

（1）高炉燃料比≤500 kg/t，先进高炉燃料比应≤480 kg/t；入炉焦比应≤300 kg/t，先进高炉焦比应≤280 kg/t；煤比≥180 kg/t，先进高炉煤比应达到200~250 kg/t，喷煤率达到45%~50%。在采用高炉炉顶煤气脱碳后循环利用、喷吹富氢气体的工艺条件下，先进高炉的燃料比可以降低到460 kg/t以下；入炉焦比降低到280 kg/t以下。

（2）高炉有效容积利用系数达到2.0~2.3 t/(m^3·d)，炉缸面积利用系数达到60~

$65\ t/(m^2 \cdot d)$；原燃料条件好、技术装备水平高的大型高炉应达到或超过 $2.5\ t/(m^3 \cdot d)$，炉缸面积利用系数达到 $65 \sim 70\ t/(m^2 \cdot d)$。采用高富氧或全氧炼铁的高炉耦合大比率高品质球团矿冶炼，高炉利用系数还可以进一步提升，达到 $2.5 \sim 5.0\ t/(m^3 \cdot d)$。到21世纪30年代，随着“碳达峰”目标的实现，中国钢铁工业将发生重大产业变革，钢铁产量将逐渐下行直到维持合理的供需区间。在高炉数量减少、铁水产量降低的减量化发展阶段，为了保障高炉—转炉工序之间的铁素物质流稳定供应和输运，由于高炉数量减少，可以预见单座高炉利用系数提高、产量增长将成为一种产业发展的“新常态”。

（3）未来高炉在不进行中修的条件下，一代炉役寿命达到15年以上，高炉一代炉役单位容积产铁量应达到 $10000 \sim 15000\ t/m^3$；技术装备水平高、原燃料条件好的大型高炉，一代炉役寿命要力争达到20年以上，高炉单位容积产铁量达到 $15000\ t/m^3$ 以上；热风炉寿命要大于或等于一代高炉寿命。可以预见，近期新建或大修改造的高炉，如果高炉一代炉役寿命达到15年，到2050年基本实现“碳中和”的阶段，期间高炉可进行新技术一次炉衬更新和大修改造。2050年以后，由于我国钢铁工业的发展阶段和产业特征，还将会有一批高炉生产运行。

（4）热风温度达到1200~1250 ℃，大型高炉风温应达到1250~1300 ℃。高风温是低碳清洁高效能源，高温热风是高炉冶金过程的初始能源，是高炉炼铁的基础能源和重要驱动。未来高炉将在工艺上进行革新和优化，为了最大限度降低固体炭素燃料的消耗，高炉炉缸燃烧反应将被限制在最优的范围内，以减少过剩焦炭和煤粉的燃烧。为了保障风口前合理的理论燃烧温度，将经过脱碳处理后的炉顶煤气或富氢气体进行加热，输入高炉使其具有初始热量，耦合一定量的炉缸燃烧（造气）反应，以满足高炉冶金过程对传质、传热的需求，这将是21世纪高炉升级换代的一个发展方向。因而，热风炉或等离子加热装置等，将由加热富氧鼓风转变为加热煤气或富氢（纯氢）还原气体。无论如何，是采用燃烧加热还是电加热工艺，用于高炉冶金的气体高温加热炉（热风炉、煤气加热炉）仍是必不可少的单元工艺装置。

（5）高炉富氧率达到3%~5%，先进高炉富氧率将达到5%~10%。常规高炉炼铁工艺，采用富氧鼓风和喷煤技术，可以显著提高高炉生产效率、降低焦炭消耗，富氧-喷煤是当代高炉实现高效低耗的重要技术途径。为了进一步降低炭素消耗、减少 CO_2 排放，在现有基础上提高鼓风富氧率，优化高炉操作，提高高炉生产能效的一项关键技术。高炉富氧鼓风操作时，随着富氧率的不断提高，高炉鼓风量则相应降低，将从不富氧时的 $1250\ m^3/t$ 左右降低到 $850\ m^3/t$ 以下，这对于降低高炉炉腹煤气量、降低高炉料柱阻力损失，改善高炉透气性具有积极作用。与此同时，由于鼓风富氧率的提高，风口回旋区煤粉的燃烧率也将相应得到改善，对提高炭素利用率、降低燃料比效果明显。

长期的理论研究和生产实践均证实，现代高炉长寿技术的核心，是构建高炉“无过热、低应力、自保护”的炉体内衬和冷却体系，在高炉一代炉役期间，使高炉保持具有合理操作内型的“永久性炉衬”。因此从一定意义上讲，高炉长寿的本质就是维持高炉合理的操作内型。众所周知，高炉内型特别是高炉操作内型是实现高炉冶金过程传热、传质和动量传输以及一系列物理化学反应的几何空间，从技术科学角度、冶金传输原理和冶金反应工程学的视野分析，高炉操作内型其本质就是一系列高炉冶金过程多相/多态复杂传输过程和反应的场域，是温度场、速度场、浓度场、压力场等多场耦合的物理空间和几何结构。几何结构、参数以及相互关系的合理与否，直接影响的是高炉冶金过程的“三传一反”，进而影响高炉的稳定顺行和炉体长寿。从冶金流程工程学的层次和耗散结构理论分析，高炉内型是高炉冶金过程物质流、能量流和信息流流动和流变的路径，是远离平衡的、不可逆的，需要不断输入物质和能量的耗散过程。从钢铁冶金工程科学的视角观察，尽管高炉炼铁过程的工艺本体是个密闭体系，但从更广阔的工艺尺度范围来看，仍然是物质和能量不断输入/输出的开放体系，如炉顶装料和炉前出铁，风口送风和炉顶煤气排出，其本质就是一种物质和能量输入/输出的现象和过程。

因此，基于工程科学为研究对象的耗散结构理论，高炉炼铁过程就是要实现耗散结构优化。保持高炉操作内型的长期合理，就是使高炉生产获得高效、低耗、优质、长寿多目标协同优化的重要和不可缺失的重要技术途径。从工程哲学的视野上观察，简而言之，高炉长寿的本质，不仅仅表现为高炉一代炉役的寿命或服役时间，还应当关注和重点考察高炉一代炉役期间的“寿命质量”，或者说是寿命效能，即一代炉役期间的总产铁量、单位容积产铁量等生产效率指标；同样还应当考察一代炉役期间的能源消耗指标，如一代炉役平均燃料比、焦比等。

为了构建高炉一代炉役期间具有合理操作内型的永久性炉衬，未来高炉长寿技术路线总体上可以凝练成两个方面：

（1）在高炉设计建造方面，高炉合理设计内型—无腐蚀无结垢冷却水—无过热低应力冷却器—无过热低应力炉衬；合理的高炉设计为高炉获得并长期保持合理操作内型奠定了物质基础，设计过程就是对高炉进行结构优化和功能优化。

（2）在高炉操作维护方面，精料—炉料分布控制—煤气流分布控制—炉体冷却与热负荷管理—渣铁流动控制—保持合理操作内型。对于运行的高炉，通过控制合理的煤气流分布、炉体热负荷分布和炉缸渣铁流动，抑制或减缓高温煤气和液态渣铁对冷却器和内衬的侵蚀破坏，以最大限度延长高炉寿命。

对于高炉炉腹以上区域，必须构建高效的冷却体系，使冷却器在高炉峰值热负荷的条件下仍能可靠工作，依靠保护性渣皮形成所谓永久性炉衬，以延长高炉冷却器使用寿命，与此同时使高炉在一代炉役期间长期保持合理的操作内型，从而使高炉操作保持稳定顺行。对于高炉炉缸、炉底区域，必须构建合理内衬与高效冷却协同的集成体系，合理内衬与高效冷却两者相互依存、缺一不可。高质量、高性能的炭砖及其合理的炉缸、炉底内衬设计结构至关重要，高效可靠的炉缸、炉底冷却系统也是不可或缺，其核心是最大限度地抑制炉缸、炉底的异常侵蚀，从而控制炉缸、炉底内衬均匀破损，也是要达到使高炉获得合理操作内型的目标。构建高效的炉缸、炉底内衬与冷却系统的协同功能，形成无过热—低应力—自保护的“永久性炉缸、炉底内衬”，同样是在炉缸、炉底内衬热面形成稳定的保护性渣铁壳，从而抑制或减缓耐火材料内衬的侵蚀破损。显而易见，高炉炉缸、炉底区域与炉腹以上区域的长寿技术原理是完全相同的，只是对于炉缸、炉底区域，还要着重关注耐火材料内衬的功能和作用，在一代炉役期间必须维持一定厚度的耐火材料内衬，因此必须择优选用高质量、高性能的耐火材料，而且还必须采用合理的内衬设计结构与冷却系统。

综上所述，面向“碳中和”现代高炉长寿技术的发展方向可以概括为以下几个方面：

（1）利用现代技术设计合理的高炉内型，为高炉一代炉役期间获得合理的操作内型奠定基础。在高炉设计中积极推广应用软水或纯水密闭循环冷却技术，实现并确保高炉在一代炉役期间冷却水无腐蚀、无结垢。未来高炉随着球团矿入炉比率的改变，炉料下降和煤气上升运动进程与现有常规高炉发生较大变化，特别是在富氢还原气和炉顶煤气循环利用的条件下，在极低焦比和高矿焦比操作条件下，高炉透气性将成为高炉稳定运行的关键技术问题。热量的供应、补给和传输也会成为未来高炉设计的一个要点和难点。随着钢铁冶金基础科学和技术科学的发展，基于场域尺度优化的数值仿真计算已经广泛应用，高炉温度场、速度场、压力场、应力场等可以通过计算流体力学（CFD）等软件，通过建模和仿真模拟，得出优化的设计方案。利用离散元仿真模型计算（DEM）可以解析炉料下降运动过程，采用有限元模型计算（FEM）可以计算得出冷却器、炉衬和炉壳的应力场分布及其强化措施的优化选择。高炉炼铁工艺过程的三维数字化仿真和动态模拟，将是实现现代高炉智能化设计的基础和重要手段，也是实现信息化、数字化和智能化高炉控制、构建信息物理系统的技术基础。

（2）设计开发并研制应用新一代高效无过热冷却器。高炉冷却器的选用和配置，应依据高炉不同区域的热负荷状态和工况环境，通过传热学计算对不同区域的冷却器材质、结构以及冷却参数进行优化，实现冷却器的冷却能力与高炉不同区域热状态的自动耦合匹配。例如，在高炉炉缸侧壁采用铸铁冷却壁，关键部位还可以采用铜冷却壁；在炉腹、炉腰和炉身下部，采用铜冷却壁或铜冷却板；炉身中上部采用球墨铸铁冷却壁。通过冷却器功能的解析与集成，实现冷却器结构优化、功能优化和效率优化，确保高炉运行过程中冷却壁热面温度低于其安全工作温度，在冷却器或炉衬的热面形成能够达到动态平衡的稳定且具有合理厚度的“自保护”渣皮或黏结层。冷却器的制造质量进一步提高，铸铁冷却壁或铸铜冷却壁要严格防止冷却壁基体和冷却水管之间存在气隙。对于铜冷却壁而言，提高铜冷却壁的冷却效率，改善冷却壁热面的结渣性、耐磨性和服役耐久性，依然是一个重要的课题；冷却器的力学性能、传热性能、力学性能、服役性能还应进一步提高。

（3）采用高精度数字化检测元器件和装置实现对高炉各区域冷却壁水温差、热负荷的在线检测，采用传热学“正-反问题”相结合的方法实现对高炉操作内型、渣皮黏结厚度、热面温度的智能监测，依据监测诊断结果优化高炉操作，控制煤气流合理分布，实现高炉操作稳定顺行和炉体长寿。针对不同容积、不同设计结构、不同装备水平、不同原燃料条件、不同冶炼操作模式的高炉，制订适合其高炉自身特点的合理热负荷和操作内型管理标准和技术体系。未来高炉实现智能化，其中重要的研究开发内容就是依靠高精度的检测元器件，通过高炉冶金过程信息（数据）的采集、传输和处理，实现机理模型耦合数据驱动的智能化高炉操控体系，进而建立高炉炼铁信息物理系统（CPS），通过智能化控制进一步提高高炉生产运行的高效、低耗、低碳和长寿。

（4）进一步完善现代高炉炉缸炉底设计理论，构建“自维护”“自修复”的高炉炉缸内衬体系。运用传热学、流体力学、材料学理论，优化高炉炉缸、炉底设计，对炉缸、炉底耐火材料选择和匹配进行优化。基于耗散结构优化和自组织理论，将炉缸、炉底耐火材料内衬的热面温度控制在 1150 ℃侵蚀线以下，进而形成可动态生成的“自保护”“自修复”凝铁层或“渣铁壳”。开发研制并应用具有优异的导热性、抗铁水渗透性、抗碱金属侵蚀性的新型炭砖也将是未来炭素材料行业的重点课题；用于炉缸、炉底的陶瓷质材料也将进一步提高质量和性能。

（5）进一步研究解析高炉炉缸渣铁排放及风口回旋区工作过程。未来高炉将逐步降低燃料消耗、增加喷煤量、提高风温、顶压和富氧率，入炉焦比将在现有基础上进一步降低，高炉燃料结构也将发生较大的变化。在未来的高炉冶炼条件下，高炉风口回旋区工作状态和传输理论的研究将成为普遍关注的重点，高炉喷吹煤粉和加热后富氢气体的工艺条件下，炉缸渣铁流动、炉缸透气性与透液性以及死焦柱行为的研究也将取得新的成果。基于上述高炉冶炼工艺过程的理论研究成果，高炉设计以及高炉操作将会在现有的基础上有所创新。

（6）高效精准操作运行将成为新一代高炉的重要技术特征。高炉炼铁的科学管理和精准操作是实现多目标优化的重要基础和前提，依靠数字化、智能化技术手段，实现高炉智能化精准操作和运行是保障高炉长寿的重要支撑。从钢铁工业发达国家产业演化发展的历史和轨迹中，可以清晰地看到，在“双碳”发展的背景下，传统高炉炼铁工艺的技术优势正逐渐衰减。究其根本，就是现代高炉炼铁重要的技术缺陷在于无法完全摆脱对焦炭的依赖，从而导致高炉流程的 CO_2 排放很难实现“近零排放”，甚至在现有技术基础上，通过技术优化和操作改善，CO_2 排放降低 30%已经趋于理论极限。因而，高炉炼铁工艺革命和流程创新的根本出路在于炉料结构和燃料结构的变革和创新，基于原燃料条件的变革，进而开展的工艺、装置和设备的优化及创新。从工艺本质上讲，高炉炼铁工艺技术无法实现完全的“脱碳化”，但是必将从传统的“碳冶金”发展演化为“碳-氢耦合冶金”，未来高炉冶金过程中，焦炭的功能将从发热剂、还原剂、渗碳剂和料柱骨架的四个作用，优化为料柱骨架和部分渗碳剂的作用，最大程度减少固体炭素的直接和间接消耗，进而减少高炉炼铁过程的 CO_2 排放。高富氧或全氧高炉、炉顶煤气脱碳后循环喷吹、CO_2 和天然气协同重整炉外制备合成气喷吹（即所谓的蓝色高炉或称无氧高炉）等工艺技术将得到试验或商业化应用。与此同时，高比率或全球团矿冶炼工艺，预还原炉料、铁焦、氢基直接还原铁（DRI、HBI）等新型高炉炉料也有望得到工业化应用。基于未来高炉炼铁工艺革命，高炉操作也将从单纯地追求高产高效，转变为以低碳操作为主导，在科学有序推动“能耗双控”向“碳排放双控”的国家战略部署实施进程中，高炉操作的稳定顺行、低碳高效势在必行。

（7）高炉快速修复技术的研究应用。随着高炉大型化和装备现代化，高炉炉体的局部破损和异常侵蚀，将不会成为终结高炉一代炉役寿命的限制和标志。从高炉全生命周期考察，高效精准快速维护是未来高炉实现高效长寿的重要技术措施。如果依然采取传统的高炉大修、中修、换衬的维修模式，将会造成工程投资和生产损失巨大，在高炉数量减少或单座高炉运行的钢铁厂，对钢铁制造全流程的影响是巨大的，甚至是不可承受的。因此，冷却器的快速更换技术、炉衬喷补和造成技术、炉缸修复造衬技术等快速修复技术将不断发展并取得新的进步。毫无疑义，高炉本体的设计、建造仍然是最关键和重要的环节，并不意味着有了快速精准修复技术，就可以完全取消冷却器和砖衬体系，构建高炉长寿的物理实体对于长寿高炉而言，是功能集成优化和系统建构的复杂过程，是绝不能忽视和缺失的。

面向百年未有之大变局，高炉炼铁技术挑战与机遇并存，在“双碳”发展的背景下，高炉炼铁的本构技术优势将在碳中和的进程中进一步得到发挥，一系列以高炉工艺优化和技术变革的新技术、新设备、新装置和新材料也将不断问世并得到应用。可以预言，21

世纪是高炉炼铁的持续发展期，也是技术革命和颠覆性创新的辉煌时代，高炉炼铁将在新的发展时代，成为低碳化、智能化的制造流程典范，作为这个重要技术迭代和技术革命时代的参与者和见证者，当代炼铁工作者都愿意为此作出努力和贡献，来迎接这个辉煌的时代！

在可追溯的炼铁技术发展和工程演化进程中，更高效、更长寿、更低碳的新一代高炉，将在不久的未来出现，我们期待着这个创造新辉煌的技术时代早日到来！